电子科技大学本科规划教材

U1019435

微计算机原理与接口

WEIJISUANJI
YUANLI YU JIEKOU

——基于STM32处理器

陈客松　汪玲　庞晓凤　编著

电子科技大学出版社
University of Electronic Science and Technology of China Press

图书在版编目（CIP）数据

微计算机原理与接口：基于STM32处理器 / 陈客松，汪玲，庞晓凤编著. -- 成都：电子科技大学出版社，2017.7（2022.1重印）
ISBN 978-7-5647-4766-4

Ⅰ.①微… Ⅱ.①陈… ②汪… ③庞… Ⅲ.①微型计算机－理论－高等学校－教材②微型计算机－接口技术－高等学校－教材 Ⅳ.①TP36

中国版本图书馆CIP数据核字（2017）第154028号

微计算机原理与接口——基于STM32处理器

陈客松　汪　玲　庞晓凤　编著

策划编辑　刘　凡
责任编辑　刘　凡
出版发行　电子科技大学出版社
　　　　　成都市一环路东一段159号电子信息产业大厦　邮编 610051
主　　页　www.uestcp.com.cn
服务电话　028-83203399
邮购电话　028-83201495

印　　刷　成都市火炬印务有限公司
成品尺寸　185mm×260mm
印　　张　24.75
字　　数　640千字
版　　次　2017年7月第1版
印　　次　2022年1月第4次印刷
书　　号　ISBN 978-7-5647-4766-4
定　　价　60.00元

版权所有　侵权必究

前言 PREFACE

近三十年来，国内高等院校的工程类专业，诸如电子信息工程、集成电路、自动化、机械电子工程等非计算机专业的“微型计算机系统原理及接口技术”或“微机原理与接口技术”课程，一直沿用 Intel 8086/8088 CPU 及其外围芯片作为主要教学内容，国内外出现过不少 x86 架构的计算机原理和接口的经典教材，其知识体系和教学内容成熟而且适用。然而随着计算机技术的突飞猛进，这些教材逐渐在近十年来的教学过程中受到业界越来越多的质疑和诟病。主要原因是知识点已经过于陈旧和不足，基础知识和技术概念亟待更新。

当前有大量的微计算机新技术、新器件、新应用等待学生去学习和掌握。当然，业界看重的基本原理和基础知识确实也很重要，不过这些基础性的内容并非 8086CPU 所独有的。当代 CPU 中所包含的基本工作原理和基础知识已经比 8086 更加全面和更加深刻，是到了引入更先进的处理器来介绍微计算机基本知识和工作原理的时代了。

本书以 ST 公司的 STM32 处理器为蓝本介绍微处理器体系结构、指令系统及汇编/C 语言程序设计、接口应用技术等内容。在大幅度更新课程内容的同时，保持了课程结构的稳定。ST 公司的 STM32 处理器在技术上是先进、成熟和实用的，能够学以致用；它有比较宽广的应用范围，能够承载学生大量的理论学习和实践活动；有较低的应用成本和学习门槛，有利于实践训练和快速入门，期望能起到抛砖引玉的作用。

全书分 11 章，第 1 章主要介绍微型计算机系统的基础知识；第 2 章介绍计算机的基本结构和工作原理；第 3 章介绍 ARM 微处理器；第 4 章介绍 STM32 微处理器；第 5 章介绍 Cortex-M3 指令系统；第 6 章介绍汇编程序设计；第 7 章介绍存储器及其接口技术；第 8 章介绍输入/输出接口；第 9 章介绍总线；第 10 章介绍中断系统；第 11 章介绍 ARM 嵌入式计算机系统设计，并给出了一个应用实例。

本书既重视微型计算机的基本概念和基本原理，又重视接口技术的实际应用，二者协调一致，相得益彰。可作为高等院校电子信息工程、通信工程、电子科学与技术、集成电路、自动化等专业的教材，也可作为ARM技术培训教材和有关人员的自学教材。建议课内72学时，其中授课56学时，上机实践16学时。

参加本书编写的教师多年来一直从事“计算机系统原理”“微型计算机系统原理与接口技术”和“软件技术基础”等课程的理论与实践教学，同时也有一定的项目开发经验。本书由陈客松组织编写和统稿，完成了第1-3、第11章的编写，第4章由陈客松和庞晓凤共同编写、第5、6章由庞晓凤编写，第7-10章由汪玲编写。

本书的出版得到了电子科技大学教务处、出版社的大力支持。编著本书时参考了国内外大量著作、文献和网络资源，难以一一列出。同课程组的任课老师提出了宝贵的建设性意见，研究生郭瑞、巩云龙、石佳佳、李亚飞和姜金男完成了部分编辑工作，在此一并表示衷心感激！鉴于作者水平有限，书中难免存在不足和失误之处，恳请和希望读者提出宝贵意见和建议，以便再版时改进。

编著者

2017年5月

目录
CONTENTS

第 1 章 微型计算机系统的基础知识

计算机又称电脑，是一种用于高速计算的电子机器，可以进行数值计算、字符处理和逻辑运算，还具有存储记忆功能。计算机是能够按照程序运行，自动、高速处理海量数据的现代化智能电子设备。计算机按照性能或应用领域可分为超级计算机、工业控制计算机、网络计算机、个人计算机、嵌入式计算机五类，较先进的计算机有生物计算机、光子计算机、量子计算机等。

计算机是 20 世纪人类最先进的科学技术发明之一，对人类的生产活动和社会活动产生了极其重要的影响，并以强大的生命力飞速发展。它的应用领域从最初的军事科研应用扩展到社会的各个领域，现已形成了规模巨大的计算机产业，带动了全球范围的技术进步，由此引发了深刻的社会变革。如今计算机已遍及一般学校、企事业单位，进入寻常百姓家，成为信息社会中必不可少的工具。

计算机是非常“确定”的一个同步时序逻辑系统，所谓“确定”，即在任何时候，在相同的方法、相同的状态下(当然还包括相同的起始条件)，同样的问题必然获得相同的结果。计算机本身是没有心智的，不是什么具有思维能力的神秘、高级生物，它只是一个机器，只会精确地按照人的要求去执行任务。在计算机按照性能指标的分类中，除了巨型机、大型机、中型机和小型机外都是微型计算机，包括台式机、笔记本电脑以及各种嵌入式计算机等，简称为微计算机。

本章主要介绍计算机进行运算的相关基础知识，概述微型计算机系统的组成，介绍微型计算机的硬件系统、软件系统和计算机的发展简史。

1.1 计算机的运算基础

自然界和社会生活中广泛存在着两类显著对立的事物，譬如黑与白、火与水、真与伪，正如电子计算机内有低电平和高电平两个状态对立的物理量，分别被人们抽象地标记为信息“0”和“1”。计算机就是记忆、存储、转换、处理和传输这类信息的系统。

计算机处理的对象可以统称为数据，其中具有数值大小和正负特性的数据称为数值数据，其他表示文字、图形、声像一类的信息并无大小和正负特性的数据统称为非数值数据，它们在计算机内部是以不同形式编码的“0”和“1”的二进制数(数值数据)或“0”和“1”组合编码的符号串(非数值数据)来表示和存储的。计算机内部所有的数字逻辑部件都只能“识别”由 0、1 组成的二进制形式的数据，因此人们在现实世界中所使用的任何形式的信息，不论是数字、文字、声音、图像，还是动画与视频等其他类型的信息，它们都必须转换成二进制数形式表示以后，才能在计算机内部进行存储、计算、处理和传输。

这里主要介绍各种数制之间相互转换的综合表示法、常见的二进制编码以及有关补码溢出等几个问题。

1.1.1 计算机中数值信息的表示与运算

本节介绍计算机中用于表示数值信息的常见术语，包括二进制编码、机器数与真值、原码、反码、补码、定点数与浮点数。

1. 二进制数据及其编码

由于计算机只能识别二进制数，所以，输入的信息，如数字、字母、符号等都需要用特定的二进制码来表示，这就是二进制(Binary)编码。二进制编码只用“0”和“1”两个符号。位b(bit)是计算机系统所能表示的最基本、最小的数据单位，也就是二进制数中的一个数值位。计算机系统处理的数据对象可分为多种数据类型，如位b(bit)、字节B(Byte,8bits为1Byte)、字W(Word)、双字DW(Double Word)、4字QW(Quad Word)等。一个位只有两种取值情况，即“0”或“1”，对应的是硬件电路中单根导线上“低”电平或“高”电平的状态。

数据用二进制位表达时，仍然按日常书写习惯：低位在右边、高位在左边。20世纪80年代，IBM系列机以16位结构的Intel 8086和80286作为处理器并获得广泛应用，所以Intel 80x86系列处理器以16位二进制数据为一个字，这样，32位称为双字，64位称为四字。

近年来，随着计算机理论和技术的快速发展，“字”作为一种数据类型，其含义已经发生了变化。新的更高位数的微处理器不断涌现，为了表述和使用方便，不再以16位为一个字，而是定义32位二进制数据为一个字，譬如在ARM体系结构中，字类型的数据是4个字节，把64位二进制数据称为双字类型的数。

二进制表示的数的最低位常称为最低有效位(Least Significant Bit,LSB)，即D0位；最高位则称为最高有效位(Most Significant Bit,MSB)。对应x86系列处理器的字节、字、双字和四字数据，MSB依次是D7、D15、D31和D63。二进制表达不直观且不方便，所以通常使用十六进制(Hexadecimal)，它容易与二进制相互转换。汇编语言常使用后缀字母H(大小写均可)表示十六进制数据，高级语言通常用前缀0x表示十六进制数据。二进制数据用后缀字母B(大小写均可)或前缀0b表示。一个十六进制位对应4个二进制位，即0H=0000B，1H=0001B，…，9H=1001B，AH=1010B，…，FH=1111B。

8个位(严格地说是8个二进制位)作为一个整体就构成1个字节。计算机中的存储容量就是用字节数来度量的，常见的度量单位有KB、MB、GB和TB，其换算关系为

$$1KB = 2^{10}B = 1024B$$

$$1MB = 2^{10}KB = 2^{20}B = 1048576B = 1024KB$$

$$1GB = 2^{10}MB = 2^{30}B = 1073741824B = 1024MB$$

$$1TB = 2^{10}GB = 2^{40}B = 1099511627776B = 1024GB$$

ARM体系结构中，“字”数据类型如图1-1所示，是将4个字节联合成的一个整体。因此1个字由32个二进制位(4Bytes)构成，双字就是2个字一起作为数据整体的二进制数，它有64个二进制位(8 Bytes)。

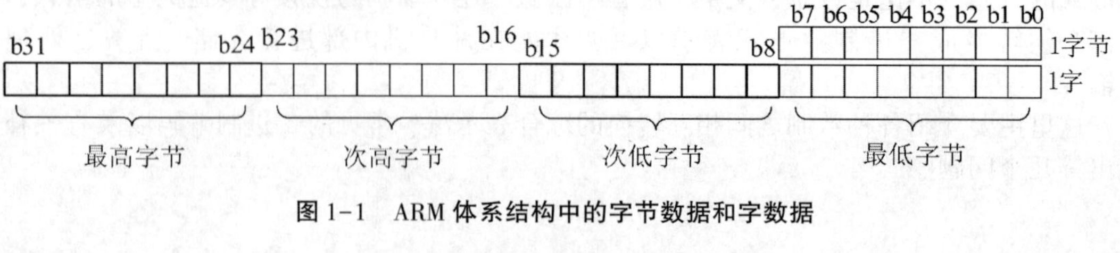

图1-1 ARM体系结构中的字节数据和字数据

在计算机系统中，数据的传输和存储通常以 2^n 个字节为单位，如 1 个字节、2 个字节或 4 个字节等。计算机中存储的多字节数据一定占用连续的存储器单元，各种类型的数据可以交叉存储，如字节之后存储的是双字数据，然后存储字数据等。计算机中存储的数据根据其具体应用不同，可能是数据，也可能是地址信息或状态信息等。

2. 机器数与真值

数学上用“+”和“-”表示数的正和负，在计算机中，约定用“0”和“1”分别表示符号位“+”和“-”，约定一个数的符号位始终在最左边，这个符号位的右面是各数据位，计算机中把这样的带符号二进制数称为机器数，而把用“+”和“-”表示符号的带符号数称为真值。机器数是将符号“+”和“-”也“数字化”的数，是数值在计算机中的二进制表示形式。

机器字长是指计算机中央处理单元(Central Processing Unit,CPU)一次可处理的二进制数码的位数，通常 CPU 中寄存器的数据宽度等于机器字长。机器数有两个特点：一是符号数字化；二是机器数的表示范围或表示精度受机器字长的限制。默认情况下，使用数据的最高位作为符号位，当其为“0”时，表示正数；而当其为“1”时，表示负数。这就是说，数的符号在计算机中已被数字化。

机器数除了可以写成二进制的形式外，通常也写成十六进制(H 后缀或 0x 前缀)的形式。如真值为+2754 的数所对应的机器数可写为 0101011000010B 或 0AC2H 或 0xAC2；真值为-2754 的数所对应的机器数则可写为 1101011000010B(原码)或 1AC2H 或 0x1AC2。

当用 H 作为后缀表示十六进制数时，为了区分标识符与数值，若十六进制数的最高位为 A、B、C、D、E、F 的某一数值符号时，在该数值的最前面再加一个 0，表示它是数值而非标识符。但该数值在计算机中传输和存储时，添加的 0 既不需要传输也不占用存储空间，或者说这个 0 实际上是不存在的，只是数值书写的标识而已，目的是使人们识读更方便，也为了方便编译器区分标识符和数值。譬如将十六进制数 0xF0A8 书写为 0F0A8H(编译器的主要功能是将一种高级语言翻译成低级的计算机语言，如将汇编语言程序翻译为机器语言)。

3. 原码、反码与补码

机器数的符号数字化后，带符号数在计算机中的传输、存储就没有任何问题了。但在进行运算时又应该如何处理呢？符号位需要区别对待还是与数值位一起进行处理呢？为了解决这些问题，引入了 3 种不同编码形式的机器数，即原码、反码和补码，分别用 $[X]_{原}$、$[X]_{反}$、$[X]_{补}$表示。

1) *原码*

用“0”和“1”分别表示数的符号“+”和“-”，然后紧跟数值部分(该数的绝对值的二进制表示形式)就是这个数的原码形式的机器数。例如当计算机字长为 8 位时，$[+31]_{原}$=00011111B，$[-4]_{原}$=10000100B。

在原码表示法中，根据定义，数 0 的原码有两种不同的形式，字长为 8 位时的两种表示分别为 $[+0]_{原}$=00000000B，$[-0]_{原}$=10000000B。

原码表示简单易懂，而且与真值的转换方便。但原码表示的数不便于计算机运算，因为两个原码数进行运算时，首先要判断它们的符号，然后再决定是用加法还是用减法，因而使计算部件的结构复杂化，运算时间更长。为解决上述弊病，引入了反码和补码表示法。

2）反码

对于正数，反码与原码相同，在最左边的是符号位为 0(最高位)，其余位为数值位本身；对于负数，符号位为 1，数值位按位求反(原来为 1 的位变为 0,而原来为 0 的位变为 1)。例如：$[+31]_{\text{反}}$=00011111B,$[-0]_{\text{反}}$=11111111B,$[-4]_{\text{反}}$=11111011B。

在反码表示法中,根据定义,数 0 的反码也有两种不同形式,字长为 8 位时 0 的两种反码表示分别是$[+0]_{\text{反}}$=00000000B,$[-0]_{\text{反}}$=11111111B。反码表示相对原码更复杂,但用反码运算时,则要简单一些,不需要判断数值的正负,也不需要比较数值的大小。但运算结果的最高进位需要返回到最低位进行修正,才能得到正确的结果(如用反码计算 8+(-1)=?)，从而影响了运算速度。

3）补码

对于正数，补码与原码、反码相同，即符号位为 0，其余位为数值位本身；对于负数，求其补码有两种方法：(1)从其正数(绝对值)开始，写出其原码，再带符号位逐位取反，最后加 1；(2)直接由原码求补码，方法是负数补码的符号位按定义应该为 1，从原码数值的最右边开始向左找到第一个 1，这个 1 及其右边的所有 0 都保持不变，其余各位按位求反。$[+31]_{\text{补}}$=00011111B，$[+0]_{\text{补}}$=00000000B，$[-4]_{\text{补}}$=11111100B。特别要注意的是，计算机中的机器数都是用补码表示的。表 1-1 是 8 位二进制数码表示法对照表。

表 1-1 8 位二进制数码表示法对照表

8位二进制数码组合	十六进制数	无符号数（十进制）	有符号数（十进制）			8位二进制数码组合	十六进制数	无符号数（十进制）	有符号数（十进制）		
			原码	反码	补码				原码	反码	补码
00000000	00H	0	+0	+0	+0	10000000	80H	128	-0	-127	-128
00000001	01H	1	+1	+1	+1	10000001	81H	129	-1	-126	-127
00000010	02H	2	+2	+2	+2	10000010	82H	130	-2	-125	-126
⋮	⋮	⋮	⋮	⋮	⋮	⋮	⋮	⋮	⋮	⋮	⋮
⋮	⋮	⋮	⋮	⋮	⋮	⋮	⋮	⋮	⋮	⋮	⋮
01111100	7CH	124	+124	+124	+124	11111100	FCH	252	-124	-3	-4
01111101	7DH	125	+125	+125	+125	11111101	FDH	253	-125	-2	-3
01111110	7EH	126	+126	+126	+126	11111110	FEH	254	-126	-1	-2
01111111	7FH	127	+127	+127	+127	11111111	FFH	255	-127	-0	-1

在补码表示法中，数值 0 的标识形式是唯一的 00000000B，这一点完全不同于数值 0 的原码表示和反码表示。补码数 11111111B 的真值是-1；补码数 1000000B 的真值是-128。补码的运算比较简单，而且可以将减法运算变换为加法运算。因此在计算机系统中，只需要设计加法器电路，就可完成加法和减法运算，并通过循环加法实现乘法、循环减法实现除法，再进一步实现任意复杂程度的运算。不过为了使运算速度得到提高，现代计算机系统中直接设计了硬件乘法器。

由于补码具有运算过程简单、效率高、硬件电路结构简单和便于实现各种运算等优点，计算机系统中的带符号数都用补码表示。

计算机中用补码表示带符号数，如果带符号数的位数是一个字节，方便在字长为 8 位的计算机上处理，但是如果要在字长为 16 位或 32 位的计算机上进行数据处理，就不方便了，此时就需要在这个补码数的左边添加 0 或者 1，使其数据宽度增加到 16 位或 32 位，这就是补码数的符号位扩展，简称符号扩展。补码数的符号扩展方法是新增位用符号位填充，符号位是 0 就在前面直接补 0，符号位是 1 就全部补 1。简单地分析后可以发现，补码数的符号扩展后位数实现了扩展，但数的真值保持不变，下面举例说明。

如果 8 位二进制补码的最高位(符号位)为 0，那么扩展后的 16 位补码直接在最高位前面添加 8 个 0 即可。

如果 8 位二进制补码的最高位(符号位)为 1，那么扩展后的 16 位补码直接在最高位前面添加 8 个 1 即可。

真值-13 的 8 位原码是 1000 1101，8 位补码是 1111 0011，为了让 16 位计算机处理方便，需要将它扩展为 16 位二进制，在补码的表示形式上，最高位为 1，所以直接在最高位前面添加 8 个 1 即可变为 16 位补码表示，即 1111 1111 1111 0011，根据前面的知识，它是-13 的 16 位补码表示。

真值+13 的 8 位补码是 0000 1101，补码的最高位(符号位)为 0，那么扩展后的 16 位补码直接在最高位前面添加 8 个 0，即 0000 0000 0000 1101.

数的补码进行运算时，满足

$[X]_{原}=[[X]_{补}]_{补}$

$[X+Y]_{补}=[X]_{补}+[Y]_{补}$

$[X-Y]_{补}=[X]_{补}+[-Y]_{补}$

4）补码运算的溢出及其判断方法

在计算机系统中，两个带符号数的补码运算的结果若超出了允许的表示范围，就会发生溢出，称为补码溢出，简称溢出。溢出即意味着结果是错误的。如何判断溢出呢？进行加法运算时，如果次高位和最高位都不产生进位或都产生进位，结果不溢出；而如果有且只有一处产生进位，则结果溢出。进行减法运算时，如果次高位和最高位都不产生借位或都产生借位，结果不溢出；而如果有且只有一处产生借位，则结果溢出。

例如，字长为 8 位的二进制数用补码表示时，其范围为 $-2^{8-1}\sim+2^{8-1}-1$，即 $-128\sim+127$，如果运算结果超出此范围，就会产生溢出。

【例 1-1】 已知 X=0b 01000000，Y=0b 01000001，进行补码的加法运算。

　　$[X]_{补}$=0b 01000000　　　　(+64 的补码)

　+ $[Y]_{补}$=0b 01000001　　　　(+65 的补码)

即 $[X]_{补}+[Y]_{补}$=0b 10000001　　　　(-127 的补码)

　$[X+Y]_{原}$=0b 11111111　　　　(-127)(由上一行得到的补码结果 0b100 00001，再求补码，即 $[X+Y]_{原}=[[X]_{补}+[Y]_{补}]_{补}=[[X+Y]_{补}]_{补}$)

两正数相加，其结果应为正数，且为+129，但运算结果为负数(-127)，这显然是错误的。其原因是和数+129>+127，即超出了 8 位二进制正数所能表示的最大值，使数值部分占据了符号位的位置，产生了溢出错误。

【例 1-2】 已知 X=-1111111，Y=-0000010，进行补码的加法运算。

　　$[X]_{补}$=0b 10000001　　　　(-127 的补码)

　+ $[Y]_{补}$=0b 11111110　　　　(-2 的补码)

$[X]_{补}+[Y]_{补}$=0b 101111111　　　　(+127 的补码)

　　自动丢失的进位 ↑↑ 符号位

两负数相加，其结果应该为负数，应为-129，但补码运算的结果为+127，这显然是错误的，其原因是和数-129<-128，即超出8位二进制负数所能表示的最小值，也产生了溢出错误。

根据参加运算的两个数的符号及运算结果的符号可以判断溢出，此外，观察双进位的状态也是常用的一种判断方法。对于8位二进制补码表示($D_0, D_1, \cdots, D_7$)，假设D_{7c}表示运算结果最高位(符号位)的进位，D_{6c}表示运算结果次高位(数值部分最高位)的进位，用V表示溢出，则$V=D_{7c} \oplus D_{6c}$。当D_{7c}与D_{6c}异或结果为1，即V=1，表示有溢出；当异或结果为0，即V=0，表示无溢出。

如上述例1-1与例1-2，V分别为$V=0\oplus1=1$与$V=1\oplus0=1$，故两种运算均产生溢出。

5）进位与溢出

进位是指运算结果的最高位向更高位的进位。如有进位，用CF=1表示；无进位，用CF=0表示。当CF=1(即$D_{7c}=1$)，若$D_{6c}=1$，则$D_{7c}\oplus D_{6c}=1\oplus1=0$表示无溢出；若$D_{6c}=0$，则$V=1\oplus0=1$，表示有溢出。当CF=0(即$D_{7c}=0$)，若$D_{6c}=1$，则$V=0\oplus1=1$，表示有溢出；若$D_{6c}=0$，则$V=0\oplus0=0$，表示无溢出。可见，进位与溢出是两个不同性质的概念，不能混淆。例如上述例1-2中，既有进位也有溢出；而例1-1中，虽无进位却有溢出。可见，两者没有必然的联系。在微机中，都有检测溢出的办法。为避免产生溢出错误，可用多字节表示更大的数。

对于字长为16位的二进制数用补码表示时，其范围为$-2^{16-1} \sim +2^{16-1}-1$，即-32768~+32767。判断溢出的双进位式为$V=D_{15c}\oplus D_{14c}$。

4. 定点数与浮点数

在计算机中，不仅要处理整数运算，而且也要处理小数运算。与带符号数的符号位表示相同，小数点在计算机中并没有表示，也不需要存储，而是约定，即大家统一认可小数点所处的位置。因此，小数点位置的处理很重要。如果小数点的位置在数的表示中是固定的，称为定点表示法；与此相对，如果小数点的位置在数的表示中不是固定的，则称为浮点表示法。

1）定点表示法

定点表示法要求小数点的位置是固定的，但具体在什么位置并无限制(在具体应用时，需要事先约定好)。在计算机中，有两种常用的定点数表示方法。

一种是定点纯小数，小数点固定在最高数值位左边，小数点左边留有一位符号位，且小数点本身不占位，其格式为

符号位	尾数

↑

小数点隐含在此处

另一种是定点纯整数，把小数点固定在最低数值位右边，最高位为符号位，且小数点本身也不占位，其格式为

符号位	尾数

↑

小数点隐含在此处

【例 1-3】下面的 8 位二进制补码数表示的真值是多少？

N₁:	0 1 0 1 0 1 0 0	↑ 小数点位置	$N_1=+84$
N₂:	1 0 1 0 1 1 0 0	↑ 小数点位置	$N_2=-84$

【例 1-4】下面的 8 位二进制补码数表示的真值是多少？

N₁:	↑ 小数点位置	0 1 0 1 0 1 0 0	$N_2=+0.65625$
N₂:	↑ 小数点位置	1 0 1 0 1 1 0 0	$N_2=-0.65625$

从上面的例子可以看出，定点纯整数和定点纯小数在格式上毫无差别，但真值却不一样。这是因为它们有小数点，而小数点的位置不同但却是隐含的。还需要说明的是，相同位数、不同编码的定点数所表示的数的范围是不同的，如表 1-2 所示。

表 1-2 N 位二进制定点数的表示范围

码制	8 位整数	8 位纯小数	N 位定点纯整数	N 位定点纯小数
$[X]_{原}$	−127～127	−0.9921875～0.9921875	$-2^{N-1}-1\sim 2^{N-1}-1$	$-(1-2^{-(N-1)})\sim 1-2^{-(N-1)}$
$[X]_{反}$	−127～127	−0.9921875～0.9921875	$-2^{N-1}-1\sim 2^{N-1}-1$	$-(1-2^{-(N-1)})\sim 1-2^{-(N-1)}$
$[X]_{补}$	−128～127	−1～0.9921875	$-2^{N-1}\sim 2^{N-1}-1$	$-1\sim 1-2^{-(N-1)}$

2）浮点数表示法

为了在位数有限的前提下，尽量扩大位的表示范围，同时又保持位的有效精度，计算机往往采用浮点数表示数值。浮点数是用指数和尾数来表示数值的，由于指数可以选择不同的编码方式，尾数的格式和小数点的位置也可以有不同的约定，所以浮点数的表示方法不是唯一的。计算机大多采用 IEEE 规定的浮点数表示方法，即

$$(-1)^S 2^E (b_{0\nabla} b_1 b_2 b_3 \cdots b_{p-1})$$

式中，$(-1)^S$是该数的符号位，S=0 表示正数，S=1 表示负数；E 为指数，是一个带偏移量的整数，表示成无符号的整数形式；$(b_{0\nabla} b_1 b_2 b_3 \cdots b_{p-1})$是尾数，共有 p 位二进制，▽表示隐含的小数点位置。

在表示成规格化的形式时，通常 $b_0=1$，并与小数点一起被隐含了，二进制编码的规格化形式为

S	$E_1E_2E_3E_4\cdots E_i$	$b_1b_2b_3b_4\cdots b_{p-1}$

在奔腾微机系统中，浮点数有 3 种类型：单精度浮点数、双精度浮点数及扩充精度浮点数，如表 1-3 所示。

表 1-3 计算机系统中的三种浮点数类型

浮点数中的参数	单精度浮点数	双精度浮点数	扩充精度浮点数
浮点数长度(位数)	32	64	80
尾数长度 p (位数)	24	53	65
符号位 S(位数)	1	1	1
指数长度 E(位数)	8	11	15
最小指数	−126	−1022	−16382
最大指数	+127	+1023	+16383
指数的偏移量值	+127	+1023	+16383

【例 1-5】将十进制数 219.125 表示成单精度浮点数。

分析：十进制数 219.125 的二进制形式为 $1101\ 1011.001_B$。

二进制数化成规格化形式：$1101\ 1011.001_B = 1.1011\ 011001 \times 2^7$。

指数为 7，所以 $E = 7 + 127 = 134 = 1000\ 0110_B$。则可得到二进制表示的规格化的浮点数形式：

0	10000110	10110110010000000000 000

符号 1 位，指数 8 位，尾数 23 位，一共 32 位，注意 b_0 被隐含，实际表达的尾数是 24 位。

【例 1-6】已知单精度浮点数为 1100 1000 0101 0110 0010 0000 0000 0000，求其对应的真值。由给定的浮点数格式可知 S = 1，表示是负数，E = 10010000B = 144，所以指数为 E = 144 − 127 = 17，尾数为后 23 位，去掉后面无效的 0，该数的真值为

$$
\begin{aligned}
-1.1010\ 1100\ 01 \times 2^{17} &= -11\ 0101\ 1000\ 1000\ 0000B \\
&= -35880H \\
&= -219264
\end{aligned}
$$

1.1.2 计算机中字符信息的表示与运算

1. 二进制编码的十进制数(二-十进制或 BCD 码)

由于二进制数容易用硬件设备的两种稳定的状态来表达和呈现，运算规律也十分简单，所以，在计算机中采用二进制表示信息。但是，人们并不熟悉二进制。因此，在计算机输入和输出时，通常还是用十进制数表示，不过，这样的十进制数是用二进制编码表示的，1 位十进制数用 4 位二进制编码来表示的方法很多，比较常用的是 8421BCD 编码。

8421BCD 码有 10 个不同的数字符号，由于它是逢“十”进位的，所以它是十进制；同时，它的每一个数字符号是用 4 位二进制编码来表示的，因此称为二进制编码的十进制，即二-十进制码或 BCD(Binary Coded Decimal)码，如表 1-4 所示。BCD 码具有二进制和十进制两种数制的某些特征。表 1-4 列出了标准的 8421BCD 编码和对应的十进制数。与二进制编码类似，要将 BCD 数转换成相应的十进制数，只要把二进制数出现 1 的位权

相加即可。注意：4 位码仅有 10 个是有效的，表示十进制数 10～15 的 4 位二进制数在 BCD 数制中是无效的。即 8421BCD 编码中，没有定义 1010、1011、1100、1101、1110 和 1111 这六个编码。

表 1-4 8421BCD 编码表

十进制数	8421BCD 编码	十进制数	8421BCD 编码	十进制数	8421BCD 编码
0	0000	6	0110	12	0001 0010
1	0001	7	0111	13	0001 0011
2	0010	8	1000	14	0001 0100
3	0011	9	1001	15	0001 0101
4	0100	10	0001 0000	16	0001 0110
5	0101	11	0001 0001	17	0001 0111

要用 BCD 码表示十进制数，只要把每个十进制符号用对应的二进制 4 位码代替即可。例如，十进制整数 256 用 BCD 码表示，则为$(0010\ 0101\ 0110)_{BCD}$。每位十进制符号用 4 位 8421 码表示时，为了避免 BCD 格式与纯二进制码混淆，必须在每 4 位之间留一空格。这种表示法也适用于十进制小数。例如，十进制小数 0.764 可用 BCD 码表示为$(0.0111\ 0110\ 0100)_{BCD}$。

注意，十进制与 BCD 码之间的转换是直接的，而二进制与 BCD 码之间的转换却不能直接实现，必须先转换为十进制。例如，将二进制数 1011.01 转换成相应的 BCD 码。首先，将二进制数转换成十进制数：

$$
\begin{aligned}
1011.01\text{B}——&(1\times2^3)+(0\times2^2)+(1\times2^1)+(1\times2^0)+(0\times2^{-1})+(1\times2^{-2})\\
&=8+0+2+1+0+0.25\\
&=11.25\text{D}
\end{aligned}
$$

然后，将十进制结果转换成 BCD 码：

$11.25\text{D}——(0001\ 0001.0010\ 0101)_{BCD}$。

如果要将 BCD 码转换成二进制数，则完成上述运算的逆运算即可。

一位数的非压缩 BCD 码(非组合 BCD 码)用一个字节表示，该数的 BCD 码占据这个字节的低 4 位，高 4 位补满 0。若把两个 BCD 码放在一个字节中，就叫压缩 BCD 码。例如 83_D 的压缩 BCD 码表示为 10000011_B。

2. 字母与字符的编码(ASCII 码)

如上所述，字母和各种字符在计算机内是按特定的规则用二进制编码表示的。这些编码有各种不同的方式。目前在微机、通信设备和仪器仪表中广泛使用的是 ASCII(American standard Code for Information Interchange)码——美国标准信息交换码。7 位 ASCII 代码能表示 $2^7=128$ 种不同的字符，其中包括数码 0~9、英文大小写字母、标点和控制的附加字符，如表 1-5 所示。

表 1-5 ASCII 码(表中二进制代码按顺序 $b_6b_5b_4b_3b_2b_1b_0$ 排列)

MSD $b_6b_5b_4$ \ LSD $b_3b_2b_1b_0$		0 0000	1 0001	2 0010	3 0011	4 0100	5 0101	6 0110	7 0111	8 1000	9 1001	A 1010	B 1011	C 1100	D 1101	E 1110	F 1111
0	000	NUL	SOH	STX	ETX	EOT	ENQ	ACK	BEL	BS	HT	LF	VT	FF	CR	SO	SI
1	001	DLE	DCI	DC2	DC3	DC4	NAK	SYN	ETB	CAN	EM	SUB	ESC	FS	GS	RS	US
2	010	SP	!	“	#	$	%	&	′	(	)	*	+	,	−	.	/
3	011	0	1	2	3	4	5	6	7	8	9	:	;	<	=	>	?
4	100	@	A	B	C	D	E	F	G	H	I	J	K	L	M	N	0
5	101	P	Q	R	S	T	U	V	W	X	Y	Z	[	\	]	↑	←
6	110	、	a	b	c	d	e	f	g	h	i	j	k	l	m	n	o
7	111	p	q	r	s	t	u	v	w	x	y	z	{	|	}	~	DEL

NUL 空
SOH 标题开始
STX 标题结束
ETX 本文结束
EOT 传输结束
ENQ 询问
CAN 取消
EM 媒介结束
SUB 减
ACK 应答
BEL 报警
BS 退格
HT 横向列表
LF 换行
VT 垂直列表
ESC 换码
FS 文字分隔符
GS 组分离符
FF 走纸控制
CR 回车
SO 移位输出
SI 移位输入
DLE 数据链换码
DC1 设备控制 1
RS 记录分离符
US 单元分隔符
SP 空格
DC2 设备控制 2
DC3 设备控制 3
DC4 设备控制 4
NAK 否定
SYN 同步
ETB 信息组传送结束
DEL 作废

3. 汉字编码

上面讨论的 ASCII 码字符总数不足 128 个，用 7 位二进制数就可以区分每个符号，仅用一个字节就可存放一个字符的 ASCII 码。而汉字的总数超过 6 万字，显然用一个字节不足以表示出所有汉字。因此，我国在 1981 年公布了“国家标准信息交换用汉字编码基本字符集(GB2312—80)”。该标准规定一个汉字用两个字节(256×256＝65536 种状态)编码，同时用每个字节的最高位来区分是汉字编码还是 ASCII 字符码。

GB2312—80 编码按使用频度把汉字分为高频字(约 100 个)、常用字(约 3000 个)、次常用字(约 4000 个)、罕见字(约 8000 个)和死字(约 4500 个)，并将高频字、常用字和次常用字归结为汉字字符集(6763 个)。该字符集又分为两级：第一级汉字有 3755 个，属于常用字，按汉语拼音顺序排列；第二级汉字有 3008 个，属于非常用字，按部首排列。

国标字符集为二维表形式，分成 94 行 94 列，行号称为区号，列号称位号。由于每一个汉字或符号在码表中都有各自的位置，所以，各有一个唯一的位置编码，该编码就是字符所在的区号(行号)及位号(列号)的二进制代码(7 位区号在左、7 位位号在右，共 14 位)，这也就是汉字的区位码。因此，字符集中的任何一个图形、符号及汉字都用唯一的区位码表示。

在数据通信应用中，一些较小数值的二进制码已规定用于通信流程的控制，如 0000 0110B(06H)用于通信的联络应答(用 ACK 表示)，为了不影响已经约定好的数据通信规程，将区位码的区号和位号都加 32(即 100000B)，变换成对应的国标码。例如，处于

19 区、3 位的汉字“常”的区位码为 0010011 0000011(13H03H),其国标码则为 0110011 0100011(33H23H)。

目前许多计算机为了在内部能区分汉字与 ASCII 码字符,把汉字国标码的每个字节的最高位置 1,这样就形成了汉字机内码(内码),国标码与机内码是一一对应的。国标码、机内码和区位码的关系为

国标码的每个字节=区位码相应字节+20H

机内码的每个字节=国标码的相应字节+80H

由于 GB 2312—80 编码所含汉字有限,为了与通用字符集(UCS)接轨,我国于 1994 年制定了 GB 13000.1 国家标准。该标准收入 20902 个表意文字,表意文字采用中、日、韩汉字统一标准编码(简称 CJK 编码)。为了与国际统一字符集标准 ISO 10646 一致,在保持现有应用软件兼容性的前提下,我国制定了 GBK 汉字扩展规范。GBK 字符集的汉字字库是:原 GB 2312—80 的汉字按照原有的排列方式;GB 13000.1 的其他 CJK 汉字,按 UCS 代码大小顺序排列;追加的 80 个汉字、部首/构件与上述两类汉字分开,按照康熙字典页码、字位单独排列。

汉字的输入方法很多,如区位、拼音、五笔、郑码、认知码和智能 ABC 等。不同的输入方法有自己的编码方案,各种输入法所采用的汉字编码统称为输入码。输入码进入计算机后,必须转为机内码。汉字的输出是用汉字字型码(一种用点阵表示汉字字型的编码),把汉字按字形排列成点阵,常用点阵有 12×12、16×16、24×24、32×32 或更高。一个 16×16 点阵汉字要占用 32 个字节,可见汉字字型点阵的信息量很大,占用的存储空间也很大。所有的不同字体、字号的文字字形构成字库,并存储在硬盘上。绝大多数打印机是自带字库的。

1.1.3 计算机中逻辑信息的表示与运算

逻辑运算又称布尔运算。逻辑运算通常用来测试逻辑变量的真与假。最常见到的逻辑运算就是由逻辑表达式值的真与假来处理循环过程,用来判断是否该离开循环或继续执行循环体内的指令。

计算机中常见的逻辑运算如表 1-6 所示。

AND:与运算。只有同为真时才为真,相当于逻辑乘。

OR:或运算。只有同为假时才为假,相当于逻辑加。

XOR:异或运算。相同为假,不同为真。

表 1-6 逻辑变量运算

逻辑变量 A	逻辑变量 B	逻辑与运算	逻辑或运算	逻辑异或运算	A 的逻辑非
A	B	A AND B	A OR B	A XOR B	! A
0	0	0	0	0	1
1	0	0	1	1	0
0	1	0	1	1	1
1	1	1	1	0	0

1. 逻辑或

逻辑加法(“或”运算)通常用符号“+”或“∨”来表示。逻辑加法运算规则如下：

$$0+0=0,\ 0\vee 0=0$$
$$0+1=1,\ 0\vee 1=1$$
$$1+0=1,\ 1\vee 0=1$$
$$1+1=1,\ 1\vee 1=1$$

从上式可见，逻辑加法有“或”的意义。也就是说，在给定的逻辑变量中，A 或 B 只要有一个为 1，其逻辑加的结果为 1；两者都为 1 则逻辑加为 1。

2. 逻辑与

逻辑乘法(“与”运算)通常用符号“×”或“∧”或“·”来表示。逻辑乘法运算规则如下：

$$0\times 0=0,\ 0\wedge 0=0,\ 0\cdot 0=0$$
$$0\times 1=0,\ 0\wedge 1=0,\ 0\cdot 1=0$$
$$1\times 0=0,\ 1\wedge 0=0,\ 1\cdot 0=0$$
$$1\times 1=1,\ 1\wedge 1=1,\ 1\cdot 1=1$$

不难看出，逻辑乘法有“与”的意义。它表示只有当参与运算的逻辑变量都同时取值为 1 时，其逻辑乘积才等于 1。

3. 逻辑非

逻辑非运算又称逻辑否运算。其运算规则为

$$!0=1(\text{非 0 等于 1})$$
$$!1=0(\text{非 1 等于 0})$$

4. 异或

异或运算(半加运算)通常用符号“⊕”表示，其运算规则为

$$0\oplus 0=0,\ \text{0 同 0 异或，结果为 0}$$
$$0\oplus 1=1,\ \text{0 同 1 异或，结果为 1}$$
$$1\oplus 0=1,\ \text{1 同 0 异或，结果为 1}$$
$$1\oplus 1=0,\ \text{1 同 1 异或，结果为 0}$$

即两个逻辑变量相异，输出才为 1。

1.2 微型计算机系统概述

微型计算机系统的结构和组成是与电子技术、集成电路技术及计算机技术的发展紧密联系的，这决定了微机系统的基本性能和功能虽然在不断增强，但微机系统的典型组成在一定历史时期内始终保持着相似性和一致性。

硬件是计算机系统的物质基础，正是在硬件高度发展的基础上，才有软件赖以生存的空间和活动场所，没有硬件对软件的支持，软件的功能就无从谈起；同样，软件是计算机系统的灵魂，没有软件的硬件“裸机”将不能提供给用户使用。因此，硬件和软件是相辅相成、不可分割的整体。

1.2.1 微型计算机系统的组成

微处理器、微型计算机与微型计算机系统是三个常见的基本术语，它们之间的联系和区别如下。

1. 微处理器(Microprocessor)

微处理器是整个微型计算机的核心部件和总控制单元，决定了微机的基本性能。微处理器是把运算器、寄存器组和控制器集成在一个超大规模集成电路芯片上的功能部件，又称为具有计算机系统运算和控制功能的中央处理单元(CPU)。

2. 微型计算机(Microcomputer,MC)

微型计算机是以微处理器芯片为核心，配以一定规模的半导体存储器、系统总线(包括数据总线、地址总线和控制总线)及其控制单元、硬盘、输入/输出(Input/Output,I/O)接口电路和辅助电路构成的装置，这些构成了微型计算机的基本硬件结构。

3. 微型计算机系统(Microcomputer System,MCS)

微型计算机系统是以微型计算机为主体，配上输入设备、输出设备、外部存储器设备如移动硬盘和光盘驱动器、电源、机箱以及系统软件和应用软件组成的系统，简称微机系统。

单纯的微型计算机总体上只是一个硬件模块的组织结构，本身无法运行；如果在微机中建立起必要的软件，就能独立执行程序，完成运算和逻辑判断功能。但是，微机所运行的程序和所需的数据需要通过外部设备输入，而运算完成后的结果也需要显示器或打印机之类的外部设备帮助输出显示或打印出来。因此，需要配备必要的输入和输出设备，所有这一切就构成了能投入实际应用的微型计算机系统。

微处理器、微型计算机与微型计算机系统是三个含义不同但又密切相关的概念，对应着互为依存的各类软硬件部件，三者的关系可以用如图 1-2 所示的结构来描述。

- 微型计算机系统
  - 微型计算机
    - 微处理器(CPU)：运算器、控制器、寄存器组等
    - 系统总线：地址总线、数据总线、控制总线
    - 输入/输出接口：各类串行、并行接口电路
    - 存储器：RAM、ROM、高速缓冲存储器、硬盘等
  - 软件系统
    - 系统软件：操作系统、服务性软件、数据库管理软件等
    - 应用软件：汇编语言、编译系统、各种软件包、文字处理系统等
  - 外部设备：键盘、鼠标、显示器、打印机、外部存储器（如U盘、移动硬盘等）

图 1-2 微型计算机系统的组成

1.2.2 微机系统基本结构

图 1-3 所示为微机系统的硬件组成基本电路结构示意图。微机硬件系统由微处理器、存储器、译码控制模块、系统总线控制模块、系统总线、输入/输出接口电路和各类外部设备等部件组成。其中，CPU 是核心部件，通过系统总线控制模块和译码控制模块，控制地址总线、数据总线和系统总线与其他部件进行数据和消息交换，完成指定的计算和控制任务。

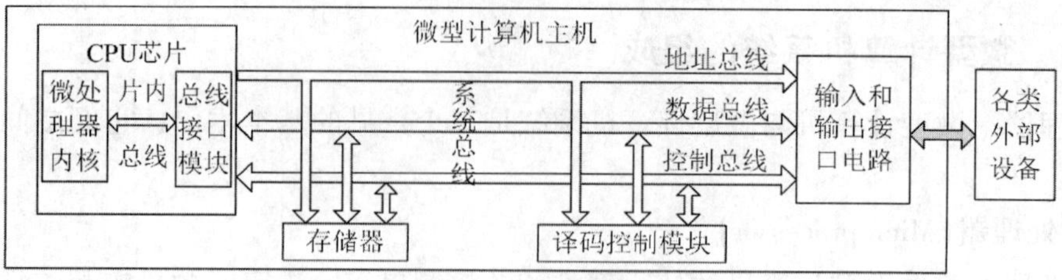

图 1-3　微机系统的硬件基本结构

具体而言，CPU 指挥控制模块，经由系统总线把需要执行的指令代码从存储器中取出，进入 CPU 后实行执行指令的操作，完成各类运算、逻辑判断，或对外设进行输入或输出的控制操作，从而完成程序员预设的各类任务。

存储器是微机存放和记忆程序、数据的重要部件，通常把位于主机内部用于暂时存放程序和数据的存储器称为内存，也称为主存，由只读存储器（ROM）和随机存储器（RAM）两部分组成，属于主板（安装、焊接所有实现微机功能的芯片和接插件的印制电路板，即 PCB）内的存储器，而主板外或主机外部的用于存放大量信息的存储器则称为外存。

外存分为两大部分：一部分是硬盘存储器，用于存储微机运行必需的系统软件和应用软件。对于现代微机来说，微机的运算和控制已无法离开硬盘，因此硬盘存储器应该属于微机主机内部的部件，但属于主板外的存储器。另一部分属于主机外部的，可以不介入微机运行和控制的辅助型存储器，包括 U 盘、光盘、移动硬盘等大存储量存储器。

输入/输出接口电路是设置在外部设备（简称外设）与系统总线之间的专门电路，又称为 I/O 接口，用于协调 CPU 与外设之间的信息和数据的交换。

系统总线包括数据总线、地址总线和控制总线，简称三总线。系统总线把 CPU、存储器和输入/输出接口电路有机地连接起来，用来传送微机内部各部件间的信息。数据总线传送各类数据，其中包括指令代码、运算数据、中间数据和结果数据；地址总线上的信息主要是针对存储器具体存储单元或具体外设对象的地址信息，这些地址信息指出了数据的来源或传送的目的地；控制总线传送 CPU 对存储器或 I/O 设备的控制命令和 I/O 设备对 CPU 的请求服务的信号。整个系统总线的工作由系统总线控制模块统一安排和指挥。

外部设备，即 I/O 设备，可以分成两部分：一部分是指直接为计算机本身的顺利运行而服务的，必须与外界及时进行信息与数据交换的输入和输出设备，如键盘、鼠标器、扫描仪、图形或文字识别仪、条码读入器、模/数和数/模转换器等；另一部分是暂时不会影响计算机运行的外设，如打印机、外部存储器（如 U 盘、光盘等）、开环控制对象（如步进电动机）、大屏幕 LED 显示器、VGA 显示器等。

1.2.3　计算机系统的层次结构

1. 计算机系统的层次结构

现代计算机系统是由软件和硬件构成的一个十分复杂的系统。为了方便计算机的应用、开发和设计，可以将计算机系统抽象化，在抽象化的基础上划分成多个层次或级别（Level）。一个抽象层次对应着一类计算机相关人员所见的计算机特性，它需要下层提供支持，同时又为上层提供服务，如图 1-4 所示。

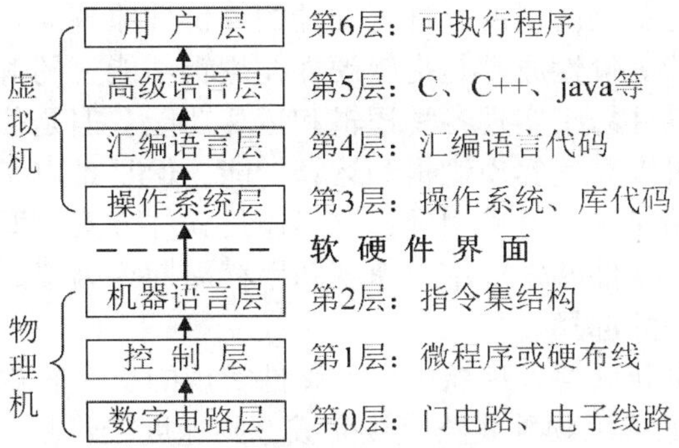

图 1-4 计算机系统的层次结构

第 6 层是用户层，是计算机用户所见的计算机，也是我们最熟悉的计算机。计算机系统呈现给用户的是各种各样的可执行程序和数据文件，如 Word 文字处理软件、多媒体播放器以及游戏程序等。

第 5 层是高级语言层，面向软件程序员，包括 C、C++、Java、FORTRAN、BASIC 等。程序员进行程序设计时，需要操作系统、编译程序等软件支持，但不用了解太多下层尤其是硬件的情况。

第 4 层是系统程序员看到的汇编语言层。汇编语言程序员需要利用操作系统提供的功能，掌握指令系统，理解主存储器的组织，但不用关心指令功能是如何由底层硬件实现的。

第 3 层是操作系统层。操作系统是最主要的系统程序，所以这一层也称为系统软件层。它不仅以库代码形式向程序员提供功能调用，而且也向系统管理员提供各种控制命令，还直接面向用户提供各种实用软件。

第 2 层是机器语言层，由处理器可直接识别的指令组成，面向系统结构设计师。该层具有承上启下的功能，典型特征是计算机的指令集结构(ISA)。它一方面为上层软件提供硬件指令支持，另一方面是下层硬件实现的目标。

第 1 层是控制层，面向硬件设计师。这一层可以由微程序(Microprogram)实现，也可以由硬布线(Hardwire)实现。硬布线即硬件线路，它使用数字逻辑器件生成控制信号，速度较快。微程序用由硬件实现的微指令(微代码,Microcode)编写，方便修改，但相对硬布线执行速度略慢。控制层也常称为微程序层。

所有数字计算机都建立在由逻辑门电路和电子线路组成的物理器件的基础上，是计算机的具体物理实现，这就是第 0 层，即数字电子电路层。

不同的人员看到不同层面的计算机。通常，将用软件实现的机器称为虚拟机(Virtual Machine)，指通过软件模拟的具有完整硬件系统功能的、运行在一个完全隔离环境中的完整计算机系统。定义虚拟机是为区别由硬件实现的实际机器，即物理机。将计算机系统层次化，利用了人们将复杂问题逐步简化的思想，它类似于结构化程序设计中采用的自顶向下、逐步求精的算法分析和设计方法，具有普遍意义。

2. 软件与硬件的等价性原理

现代计算机是一个十分复杂的软硬件结合而成的整体。但是，计算机系统中并没有一条硬性准则来明确指定什么必须由硬件完成，什么必须由软件来完成。这是因为，原则上来说任何一个由软件所完成的操作也可以直接由硬件来实现，任何一条由硬件所执行的指令也能用软件来完成。这就是所谓的软件与硬件的等价性原理。

但是，软件与硬件的等价性原理是指软硬件在逻辑功能上的等价，并不意味着在现实中性能和成本的等价。软件易于实现各种逻辑和运算功能，但是往往速度较慢，甚至不能满足时间要求。硬件则可以高速实现逻辑和运算功能，但是难以实现复杂功能或计算，甚至无法实现。对于某一功能，究竟采用硬件方案还是软件方案，既取决于硬件的价格、速度、变更周期，也取决于软件开发成本、速度和生存周期等因素。学习计算机系统结构的知识将帮助我们做出更好的选择。

例如，在早期计算机和低档处理器中，由硬件实现的指令较少，乘法操作由一个子程序(软件)实现。但是，如果用硬件线路直接完成，则速度较快。而由硬件线路直接完成的操作，却可以由控制器中微指令编制的微程序来实现，把某种功能从硬件转移到微程序上。另外，还可以把许多复杂、常用的程序硬件化，制作成所谓的固件(Firmware)。固件是介于传统的软件和硬件之间的实体，功能上类似于软件，但形态上却是硬件。现在，通常将固件归为硬件。

微程序是计算机硬件和软件相结合的重要形式。从形式上看，用微指令编写的微程序与用机器指令编写的系统程序差不多。微程序深入机器的硬件内部，以实现机器指令操作为目的，控制着信息在计算机各部件之间流动。微程序也基于存储程序的原理，存放在控制存储器中，所以它也是借助软件方法实现计算机工作自动化的一种形式。

以上充分说明软件和硬件是相辅相成的。一方面，硬件是软件的物质支柱，正是在硬件高度发展的基础上才有了软件的生存空间和活动场所；没有大容量的主存和辅存，大型软件将发挥不了效益；而没有软件的“裸机”也毫无用处，相当于没有灵魂的人的躯壳。另一方面，软件和硬件相互融合、相互渗透、相互促进的趋势越来越明显，硬件软化可以增强系统功能和适应性，而软件硬化则能有效发挥日益降低硬件成本的潜力。

3. 计算机的结构、组成与实现

具有承上启下作用的机器语言层(常被称为传统机器层)，是早期程序员(即机器语言程序员)所见的计算机属性。计算机结构(Computer Architecture)的经典定义由阿姆达尔(Amdahl)于1964年推出IBM 360系列计算机时提出：计算机结构是指为机器编写正确的(时间无关的)程序、机器语言程序员必须理解的一种结构。(The structure of a computer that a machine language programmer must understand to write a correct (timing independent) program for that machine.)

计算机结构的经典定义确定了计算机系统中软件和硬件的接口，即指令集结构(Instruction Set Architecture, ISA)。它包括指令集(指令系统)、指令格式、数据类型、寄存器、寻址方式、主存访问方式和I/O机制等。机器语言和汇编语言程序员以及编译程序和操作系统等系统程序员在了解这些属性后，才能编写出运行正确的程序。学习计算机结构有助于了解如何设计计算机，在软件方案和硬件方案中如何进行取舍，如何编写与处理器相关的、性能更优的程序，如何设计外部设备以及外设驱动程序等。

计算机组成(Computer Organization)也称为计算机组织，是计算机结构的逻辑实现(逻辑设计)，对应计算机层次结构的控制层。它包括计算机各部件的功能以及各部件之间的联系，涉及如何控制计算机、信号产生方式、存储器类型等。学习计算机组成有助于理解计算机是如何工作的，即计算机的工作原理。

计算机实现(Computer Implementation)是计算机组成的物理实现，对应数字电路层。

它包括处理器、主存等部件的物理结构、器件的集成度和速度、部件连接、信号传输以及电源、冷却和组装技术等，主要利用器件技术进行物理实现。

计算机的结构、组成和实现是三个不同的概念。例如，计算机结构决定是否设置浮点开方指令，计算机组成选择采用微程序、硬布线或固件方式实现开方指令，而具体的物理实现方案则属于计算机实现范畴。但是，计算机的结构、组成和实现相互间有着十分密切的依赖关系，有时区别并不明显。一种计算机结构可以有多种计算机组成，一种计算机组成又可以有多种物理实现。所以，现在人们往往笼统地使用计算机系统结构(体系结构)这个概念，它既包括经典的指令集结构，也包括计算机组成和实现。

4. 软件兼容与系列机和兼容机

集成电路生产能力的不断提高和计算机革新技术的大量涌现，使得计算机不断更新换代。为了最大限度地保护已有的科研成果，尤其是开发成本不断增加的软件资源，程序设计人员提出了软件兼容(Software Compatibility)的要求：同一个软件可以不加修改地运行于体系结构相同的各档机器，结果一样但运行时间可能不同。

软件兼容可从机器性能和推出时间分成向上(向下)兼容和向前(向后)兼容，如图 1-5 所示。

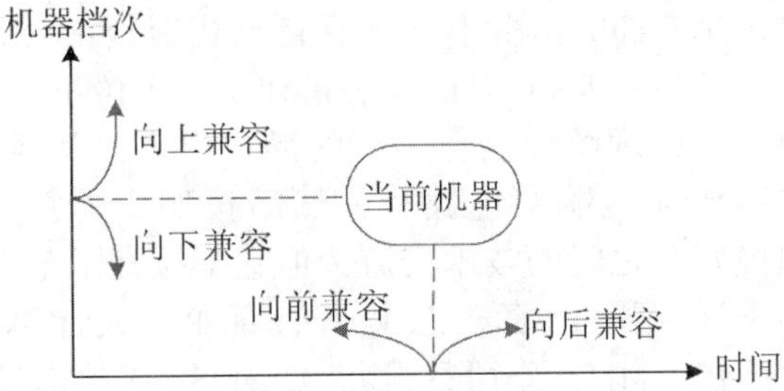

图 1-5 软件兼容示意图

向上兼容是指软件能够在更高档次机器上保持兼容；向下兼容则是指软件能够在较低档次机器上保持兼容。向后兼容是指软件能够在此后生产的机器上保持兼容；向前兼容则是指软件能够在此前生产的机器上保持兼容。

系列机是指同一个厂家生产的具有相同计算机结构，但具有不同组成和实现的一系列(Family)不同档次、不同型号的机器。例如，IBM 公司在 20 世纪 80 年代先后推出的 IBM PC、IBM PC/XT 和 IBM PC/AT 就是 16 位 IBMPC 系列机。兼容机是指不同厂家生产的具有相同计算机结构(不同的组成和实现)的计算机。例如，32 位计算机就是以 IBM PC/AT 的结构为基础生产的 IBM PC/AT 兼容机。系列机和兼容机保证了软件兼容，同时也是“一种计算机结构可以有多种计算机组成，一种计算机组成又可以有多种物理实现”的体现。

为了保证软件的向上向下、向前向后兼容，系列机和兼容机必须保持结构不变，但这又限制了计算机结构的发展。事实上，为了提高性能和扩大应用领域，后续推出的各档机器必然会对原有计算机结构进行改进。例如，32 位计算机就陆续增加了对浮点处理指令、多媒体指令等的支持。所以，可以对系列机和兼容机的向下、向前兼容不做要求，有时向上兼容也可能做不到，但一定要保证向后兼容。系列机和兼容机需要在保证向后兼容的前提下，不断改进其组成和实现，延续该计算机结构的生命。

兼容还是一个广泛的概念，包括软件兼容、硬件兼容、系统兼容等。兼容具有巨大的意义，它使计算机便于推广，也给广大使用计算机的用户提供了方便。

1.2.4 微型计算机的分支

在微型计算机的发展过程中逐步形成了面向各种应用的通用微机和面向专门应用的嵌入式系统(Embedded System)两大重要分支。

通用微机以各种标准化硬件为基础，配以各种操作系统和软件，能帮助人们完成各式各样的任务，能满足人们办公、科学计算、辅助设计、娱乐等各种应用。其中，个人计算机作为通用型微机中的一类，其发展速度和普及速度都非常惊人，它逐渐地改变了人们的生活方式。

嵌入式系统以完成特定的任务为设计目标，没有严格的软、硬件标准，它至今也没有一个权威和全面的定义，但它却是生活中无处不在的“微型计算机”。单片微型计算机(Single Chip Microcomputer)作为嵌入式系统产业链的核心器件，在微处理器诞生不久便已问世，它随着微处理器的发展也经历了一个从无到有、从弱到强的发展过程。

1. 个人计算机(Personal Computer,PC)的发展

从Intel发布第一个8位微处理器Intel 8008开始，将微机家用化、个人化的步伐便开始了。1973年，电子爱好者J.Titus，由于不满意自己当时所能使用的最小的计算机DEC公司的PDP-8，于是他采用Intel 8080自己动手搭建了一个微机。1974年，他将该机器取名为Mark-8，以提供电路板原理图和制作手册的形式出售，其他人可以按照他提供的电路板原理图自己制作或直接向他购买电路板，然后按照手册搭建属于自己的Mark-8。Mark-8虽然更像计算机爱好者之间的技术交流，但它却拉开了个人计算机的序幕。

1975年，MITS公司发布第一款真正意义上的商业个人计算机Altair 8800，它使用Intel 8080作为处理器。起初，MITS公司只是将Altair 8800的市场定位于计算机爱好者，预期销售量为200台，但结果大大出乎MITS的意料，在Altair 8800的广告刊登出来的第一个月，销量便突破2000台。其中非常有趣的一点是，Altair 8800刚一面世，MITS公司的主席Ed Roberts就收到了两个年轻人的来信，询问MITS公司是否有兴趣在Altair 8800上搭配一个BASIC语言解释器(Interpreter)，这两个年轻人就是Bill Gates和Paul Allen，后来的Microsoft创始人。经过考核，Bill Gates和Paul Allen的解释器被采用，取名为Altair BASIC，并且他俩还被Ed Roberts雇用，负责Altair BASIC的升级维护工作。

Altair 8800虽取得了成功，但似乎还不足以引起当时计算机业界内大公司的关注。1976年4月1日，在愚人节这一天Apple公司成立，同时发布了该公司的第一款个人计算机Apple I，该机使用物美价廉的MOS 6502作为处理器。虽然Apple I与之前曾经热销的Altair 8800相比，能扩展键盘、显示器等设备，但它算不上一个划时代的产品。1977年7月，Apple II诞生了。在Apple II中，键盘、显示器等设备成为标配，同时它也是第一个带有彩色图形显示的个人计算机。Apple II一经推出便脱销，此后又先后推出了IIPlus、IIe、IIc、IIcPlus和IIGS改进机型，Apple II系列个人计算机风靡全球，这使Apple公司成为微型机时代最成功的计算机公司之一，直到1993年Apple II才被宣布停产。

Apple的成功引来了IBM公司的关注。1981年8月，IBM公司推出了它的个人计算机产品——IBM PC，这款个人计算机领域迄今最重量级的产品诞生了。IBM PC采用Intel 8088微处理器，以微软的DOS作为随机附带操作系统，采用开放的系统结构，IBM公开了 IBM PC 除 BIOS 之外的全部技术资料，这一系列开放措施极大地促进了个人计算机的发展，同时也给兼容机制造商开辟了巨大的空间。虽然最初的“PC”只是 IBM 公司个人计算机的注册商标，但不久“PC”便成为所有个人计算机的代名词。伴随着 IBM PC 成功而脱胎换骨的两家公司是 Intel 和 Microsoft。随着日后 IBM PC 及其兼容机的迅猛发展，这两家当年的小公司也名声大噪，终于成为今日计算机产业界的巨人。“x86 架构处理器+Windows 操作系统”的个人计算机成为当今的绝对主流。

为了与 IBM PC 竞争，Apple 公司先是在 1983 年 1 月推出 Lisa 个人计算机(Lisa 是第一款使用鼠标器和图形用户界面的个人计算机)，但高昂的售价让 Lisa 的销量不佳。此后，Apple 公司于 1984 年 1 月推出了 Macintosh 个人计算机(简称 MAC)，该机采用 Motorola 的 MC 68000 作为处理器，其鼠标器和图形用户界面都得到了一定程度的加强。MAC 的推出帮助 Apple 挽回了颓势，形成了个人计算机领域 MAC 对抗 IBM PC 的局面。此后，Apple 与 Motorola 结成联盟，MAC 系列个人计算机一直采用 MC 680x0 处理器，直到 AIM 联盟成立后推出了 Power PC 处理器。当个人计算机进入微软的 Windows 时代后，虽然 Apple 的 MAC 系列中也不乏经典之作，但 MAC 个人计算机(Power PC 处理器+MACOS 操作系统的运行平台)由于售价高、开放性和扩展性差、应用软件相对少等各种原因，其市场变得越来越小。最终 Apple 公司在 2005 年夏天宣布，从 2006 年开始，MAC 开始使用 x86 架构处理器替代现在的 Power PC 处理器，不过标配操作系统仍为 MACOS。至此，主流个人计算机市场被 Intel 的 x86 架构完全占据。

从台式机(或称台式计算机、桌面电脑)、笔记本电脑到上网本、平板电脑以及超级本等都属于个人计算机的范畴。最近无论是在国内还是在国外，都有不少专家认为在不久的某一天里传统个人计算机会被更为便携的手机和平板所替代。

2. 单片微型计算机的发展

在智能化仪器仪表、电信设备、自动控制设备、汽车乃至家用电器等应用领域，对计算机的性能相对要求不高，但对体积、成本、功耗等的要求却比较苛刻。为适应这方面的需求，产生了一种将微处理器、存储器、I/O 接口电路，以及连接它们的总线都集成在一块芯片上的计算机，即单片微型计算机。由于单片微型计算机在设计上主要突出了控制功能，调整了接口配置，所以它通常也被称为微控制器(Micro Controller)，然而在国内却比较习惯于使用“单片机”这一名称。

单片机按照用途可分为通用型和专用型两大类。通用型单片机具有比较丰富的内部资源，性能全面且适应性强，能覆盖多种应用需求。用户可以根据需要设计成各种不同应用的控制系统，即通用单片机有一个再设计的过程，经过用户的进一步设计，才能组建成一个以通用单片机芯片为核心，再配以其他外围电路的应用控制系统。通常所说的单片机是指通用型单片机。然而在单片机的应用过程中，有许多是专门针对某个特定产品的，如打印机控制器、各种通信设备和家用电器中的单片机等。这种“专用”单片机针对性强且用量大，为此，厂家常与芯片制造商合作，设计和生产专用的单片机芯片。由于专用的单片机芯片是针对一种产品或一种控制应用而专门设计的，设计时已经在系统结构的最简化、软硬件资源利用的最优化、可靠性和成本的最佳化等方面进行了全面的考虑和设计，所以专用的单片机具有比较明显的综合优势。

1976 年 9 月，Intel 公司推出世界上第一个单片机——MCS-48，它一经推出就受到了广大用户的欢迎。因此，各半导体公司都争相推出各自的单片机。单片机的发展直接利用了微处理器发展的成果，期间也经历了8位、16位、32位的发展过程。

1）8位单片机

8位单片机虽然已诞生40年，但它至今仍然是整个微控制器产业中出货量最大的一类。比较典型的8位单片机有如下几款。

(1)1977年，GI(General Instrument)公司推出PIC1650系列单片机。PIC1650系列经过不断升级发展，形成了此后Microchip公司的PIC 1×系列8位单片机。值得注意的是，PIC系列的所有单片机都是精简指令集(Reduced Instruction Set Computer,RISC)结构。

(2)1978年，Motorola公司推出了以8位微处理器MC6800为核心的M6800系列单片机。M6800系列经过不断发展，先后推出了6800、6801/6803、6804、6805、68HC05、68HC08和68HC11等8位型号。M6800系列单片机凭借优良的性能和强大的后续支持，一直在8位单片机领域占有一席之地。

(3)Zilog公司推出的Z8系列单片机及后续的各种增强版。

(4)1980年，Intel公司在MCS-48系列基础上又推出了高性能的MCS-51系列单片机。它功能强大，兼容性强，软硬件资料丰富。在国内此系列的单片机应用最为广泛。直到现在，MCS-51仍不失为单片机中的主流机型。在今后相当长的一段时间内，它在单片机应用领域中的8位机主流地位还不会改变。

(5)20世纪80年代，Rockwell公司推出了基于6502微处理器的R6500系列单片机。

(6)台湾凌阳科技的SPMC65系列8位单片机。

(7)Atmel公司基于AVR(RISC结构)系列的8位微控制器。

2）16位单片机

由于16位单片机推出的时间较迟，再加上价格昂贵、开发设备有限等多种原因，至今还未得到广泛应用。在推出16位单片机的同时，高性能的新型8位单片机却不断问世，而8位单片机已能满足大部分应用的需要，16位单片机与32位和8位单片机相比，始终处于一种高不成低不就的尴尬局面。比较典型的16位单片机有如下几种。

(1)1982年，Intel公司先后推出了性能更高的MCS-96系列16位单片机。

(2)1987年，Intel公司宣布推出性能比8096高两倍的CMOS型80C196；1988年，Intel公司推出了带EPROM的87C196单片机。

(3)Motorola公司推出16位单片机68HC12、68HC16。

(4)台湾凌阳科技的SPMC75系列16位单片机。

(5)Microchip公司的PIC24系列16位单片机。

3）32位微控制器

32位的微控制器大多采用RISC处理器为核心，其中ARM架构逐渐占据主导地位，在各种通用、专用微控制器都能见到ARM的影子。其他比较常见的32位微处理器有：

(1)Motorola公司基于68K微处理器推出的Dragon Ball和Cold Fire系列微控制器。

(2)Motorola公司基于PowerPC架构的MPC系列微控制器。

(3)Motorola公司基于MCore的MMC系列微控制器。

(4)Atmel公司的AVR32(RISC结构)系列微控制器。

1.3 微型计算机的硬件系统

微机系统是由微型计算机硬件系统、软件系统以及通信网络系统组成的一个整体系统。硬件系统是一个复杂的机体，是由许多简单的部件，经过精心地设计、系统地组合而成的。微机硬件系统是指构成微机的所有实体部件的集合，这些部件包括集成电路芯片、机械等物理部件，通常称为“硬件”。微机系统的硬件是微机工作的基础，是微机系统的所有硬设备的总称，是能够看得见的实体。

1.3.1 微机系统的硬件组成

微机系统的硬件包括系统主板、电源、机箱和外设等。

一个最基本的微机硬件系统组成如图 1-6 所示。图中，微处理器是微机的运算、控制中心，用来实现算术、逻辑运算，并对全机进行控制；存储器(简称主存或内存)用来存储程序或数据；输入/输出(I/O)芯片是微机与输入/输出设备之间的接口；总线是微型计算机中所有组成部分传输信息共同使用的通道。

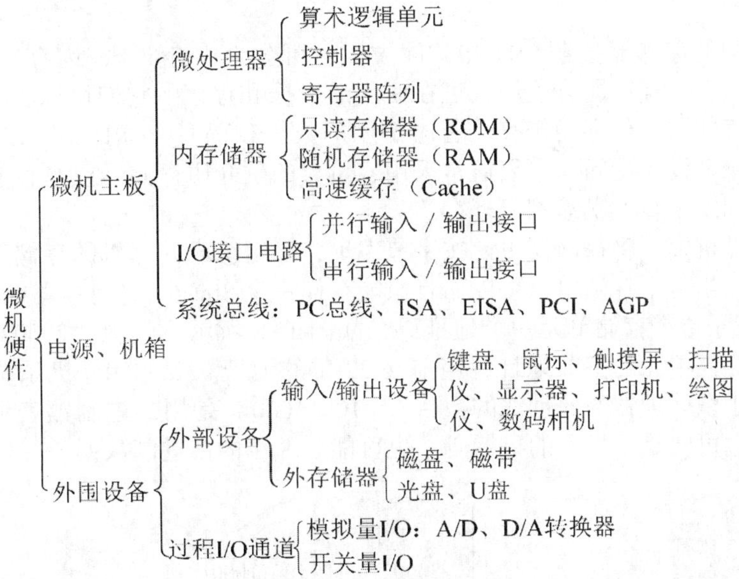

图 1-6 微机系统硬件组成

目前，最流行的实际微机硬件系统一般都是由主机板(包括 CPU、主存储器 RAM、CPU 外围芯片组、总线插槽)、外设接口卡、外部设备(如硬盘、显示器、键盘、鼠标)以及电源等部件组成的。

1.3.2 微机的主要组件

1. 微处理器

微处理器是微型计算机的运算和指挥控制中心。不同型号的微型计算机，其性能的差别首先在于其微处理器性能的不同，而微处理器性能又与其内部结构、硬件配置有关。每种微处理器有其特有的指令系统。图 1-7 显示了微处理器的基本组成部件。

- 微处理器
  - 运算器（ALU）
  - 寄存器
    - 通用寄存器
      - 累加器
      - 寄存器组
    - 专用寄存器
      - 标志寄存器(Flag Register, FR)
      - 堆栈指针(Stack Pointer, SP)
      - 程序计数器 (Program Counter, PC)
  - 指令寄存器和指令译码器
  - 控制器（CU）
  - 中断系统
  - 高速缓冲存储器（Pentium以后，都含有Cache）
  - 内部数据总线、地址总线、控制总线和总线接口部件

图 1-7　微处理器基本组成部件

微处理器都具有控制器和运算器的功能。运算器主要由算术逻辑单元(ALU)和寄存器组成；控制器由指令寄存器(IR)、指令译码器(ID)、控制逻辑阵列和程序计数器(PC)等组成；中断系统也是微处理器必须具有的，一般情况下，它直接受控制器控制。

2. 存储器

微机系统中的存储器按照功能和访问方式，可分为内存储器(内存)和外存储器(外存)。内存用于存放 CPU 即将使用或正在使用的数据和程序，它们可以直接被 CPU 访问，通常为半导体存储器。外存用于存放暂时不用的数据和程序，CPU 不可以直接访问它们，需通过专门的驱动设备访问，它们通常采用容量大的磁介质存储器或光存储器，计算机中的机械硬盘、固态硬盘及光盘都是外存。

在微型计算机中，将存储器单元按字节编址，并组织成计算机的存储器系统。按字节编址的含义是：当每个存储单元可以而且只能存储一个 8bits 二进制数据或数码(即一字节的数据)时，赋予这个存储单元一个地址码，如图 1-8 所示。其中“20002000H”是用 16 进制数表示的存储单元的字节地址，当前是 32 位的地址。实际计算机系统中具体是多少位地址，取决于微处理器的地址线的数目。“10011000”是用二进制数表示的在存储器中存放的内容，它可能是某指令的机器码，也可能是 8 位的二进制数据。

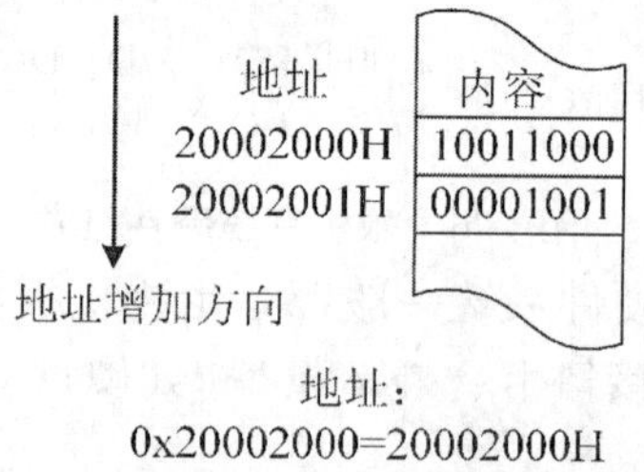

图 1-8　存储器的字节地址及其内容

另外，在微控制器系统的设计和应用中，还经常可以见到位地址的概念，也就是给一个二进制位分配一个地址码，这个地址码称为该位的位地址。

3. 输入/输出(I/O)设备的接口

I/O 设备是微型计算机系统的重要组成部分，微型计算机通过它与外部交换信息，完

成实际工作任务。键盘、鼠标、扫描仪等是输入设备；显示器、打印机等是输出设备。I/O 设备被统称为外部设备，简称外设。

I/O 设备一般不能直接和计算机连接，而是通过 I/O 接口和计算机连接。I/O 接口是计算机主机与各种外设的连接部件(电路)，是计算机与外设进行信息交换的中转站。

接口技术是采用硬件与软件相结合的方法，研究微型计算机如何与外设进行最佳耦合匹配，以实现高效、可靠的信息交换。

4. 总线

总线实际上是一组导线，传输特定的信息：数据、地址或控制信息。总线是微型计算机中所有组成部分传输信息共同使用的通道。

1）数据总线

数据总线(Data Bus,DB)用来传输数据信息，是双向三态总线。双向是指数据既可以从 CPU 通过数据总线传输到内存或输出设备，也可以从内存或输入设备传输到 CPU。三态是指数据总线和 CPU、其他部件都是通过三态门来连接的。三态是指逻辑 0、逻辑 1 和高阻抗。只有当前和 CPU 发生数据传输的设备处于逻辑状态，不参与传输的设备都处于高阻抗状态。必要时，CPU 和数据总线的连接也可以是高阻抗状态，以便其他处理器控制和使用数据总线。

2）地址总线

地址总线(Address Bus,AB)用于传送 CPU 发出的地址信息，是单向三态总线。传送的地址可以是内存的地址，也可以是外设的地址。也就是说，不论是和存储器交换数据，还是和外设交换数据，都是首先发送地址，选定需要操作的存储单元或者外设，然后再通过数据总线进行数据传送。

3）控制总线

控制总线(Control Bus,CB)用来传送控制信号、时序信号和状态信息等。其中有的控制信息是 CPU 向内存和外设发出的信息，有的则是内存或外设向 CPU 发出的信息。也有少数控制线是双向分时使用。可见，控制总线中每一根线的传输方向是确定的，但作为一个整体而言，控制总线是双向的。

1.4 微型计算机的软件系统

微型计算机系统由硬件系统和软件系统所组成的。微机软件是程序、数据和有关文档的集合。程序是完成任务所需要的一系列指令序列；文档则是为了便于了解程序所需要的阐明性资料。正如大家所知，微机硬件是基础，是运行软件的平台；而微机软件是整个微机系统的主导和灵魂，能使硬件最大限度发挥作用。

软件就是能通过微机硬件系统完成特定任务的 CPU 指令代码的集合。微型计算机能正常工作的所有软件的总和称为软件系统。软件系统可分为系统软件和应用软件两大部分。其中，系统软件用来支持应用软件的开发和运行，主要包括操作系统、系统检测软件和编译软件等软件；而应用软件则是用来为用户解决某种具体问题的程序软件。

1.4.1 计算机语言和语言处理程序

1. 计算机语言

众所周知，人与人之间的交往是通过自然语言进行的。同样，人与计算机之间交换、传递信息也需要有一种语言，这种语言就称为“计算机语言”，或称为程序设计语言。计算机语言随着计算机技术的不断发展而逐步发展起来，按照其对计算机的依赖程度可分为4类：机器语言、汇编语言、高级语言和面向对象程序设计语言。

1）机器语言

微机系统的各种操作是由二进制代码实现的，这些二进制代码就是机器语言，它能够由CPU直接解释，并得到对应的各种信号从而达到执行的目的。一条机器指令就是一句机器语言。

机器语言编写的程序全是0和1的组合，不仅难学、难读、难记、难改，而且不同的CPU有不同的机器语言，因此只有少数专业人员掌握，这严重地影响了计算机的推广和应用。

2）汇编语言

为了克服机器语言的缺点，采用一些英文单词的缩写表示机器指令，这样就容易阅读和理解。如汇编语言指令“SUB AL，12H”中的“SUB(Subtract)”表示减法，“AL(Accumulator Low byte)”表示累加器的低字节，代表参加运算的目的操作数，“12H”是十六进制数，为参加运算的源操作数，读到这条指令时，就比较容易理解。

汇编语言指令与机器语言指令是一一对应的，仍然是面向机器的语言，不同的CPU采用不同的助记符，因此不同的CPU的汇编语言指令的写法和含义有差异。

汇编语言和机器语言一样，具有速度快、效率高、能够直接对硬件进行操作等优点，因此在实时控制和处理、硬件的底层驱动等场合中得到了非常广泛的应用。学习汇编语言也有助于理解微机系统的组成结构和工作过程。

需要注意的是：汇编语言不能直接在机器上运行，它只是为了改善程序的可读性和可记忆性而设计的，因此汇编语言程序在执行前，需要翻译成相应的机器语言程序，这是“语言处理程序”需要解决的问题。

3）高级语言

高级语言不依赖于具体的CPU，不受微机机型的限制，可读性更好。高级语言很接近人们习惯使用的自然语言和数学语言，允许使用英文单词或缩写词，允许使用各种运算符号和表达式，并按照一定规则组成语句。所以高级语言容易学习、理解和掌握，具有通用性。高级语言编写的程序具有非常好的可移植性。

高级语言目前有数百种之多，应用较普遍的有BASIC语言、FORTRAN语言、C语言、PASCAL语言等，而且高级语言还在不断朝面向对象、可视化和网络化方向发展，如Java等。高级语言也需要翻译成相应的机器语言，才能由计算机执行。

4）面向对象程序设计语言

针对对象模型进行程序设计的思想就叫作面向对象程序设计，对象就是现实世界中的各种事和物及其相互关系，这些事、物和其间的关系需要通过程序进行描述和说明。原始的程序设计思想是将方法和对象分离，而现代程序设计思想是将其结合。面向对象程序具有模块化、多态性、继承性和动态联编等特点。

2. 语言处理程序

语言处理程序的功能是把一种语言编写的程序翻译成与其等价的另一种语言所编写的程序。被翻译的程序通常称为源程序，而翻译后的程序称为目标程序。语言处理程序包括汇编程序、解释程序和编译程序。

1）汇编程序

汇编程序（Assembler）是把用汇编语言编写的源程序翻译成机器语言的目标程序的一种软件工具。整个汇编的过程实质上是对汇编语言指令逐条处理的过程，翻译后产生的机器指令与汇编语言程序的指令一一对应。翻译的过程常要进行两遍：第一遍将汇编语言指令转换为对应的机器语言指令；第二遍根据各指令的字节数，计算转移指令的地址偏移量。

2）解释程序

解释程序（Interpreter）是把高级语言编写的源程序按动态的运行顺序逐句进行翻译并执行的软件工具，每翻译一句，就产生一系列完成该语句功能所对应的机器指令，并立即执行这一系列的机器指令，直至全部源程序结束。翻译过程中若出现错误，系统立即显示出错信息，待修改后才能继续进行下去。

3）编译程序

编译程序（Compiler）把高级语言编写的源程序翻译成用机器语言表示的目标程序。在翻译过程中，编译程序对源程序的语法、句法和程序的逻辑结构进行检查，如果没有错误，则产生相应的目标代码。不同高级语言的编译程序是不同的，同一种高级语言在不同的计算机平台上的编译程序也不同。

1.4.2 软件的分类

微机的软件与一般计算机软件没有本质上的区别，是指为完成运行、管理和测试维护等功能而编制的各种程序的总和。现代微机软件系统更加丰富和复杂，其主要的功能可概括为以下四个方面：

（1）控制和管理硬件资源，协调各组成部件的工作，以使微型计算机安全而高效地运行（操作系统）；

（2）尽可能为用户提供方便、灵活而富于个性化的计算机操作使用界面（操作系统）；

（3）为专业人员提供开发多种应用软件所需的各种工具和环境（软件工具与环境）；

（4）为用户能完成特定信息处理任务而提供的各种处理软件（应用软件）。

软件的分类有多种，通常可分为两大类：系统软件和应用软件。系统软件是指不需要用户干预就能生成、准备和执行其他程序所需的一组程序，它们是为微型计算机所配置的用于完成上述功能（1）（2）（3）的基础性的软件。通常，这些软件在用户购置机器时由计算机供应商提供，如操作系统、某种程序设计语言的处理程序，以及一些常用的实用程序等。应用软件是指用于解决各种特定具体应用问题的专门软件，是用户可以使用的各种程序设计语言，以及各种程序设计语言编制的应用程序的集合。由于应用软件的多样性，现在尚无完全一致的分类标准，如数控机床的插补程序、控制系统的控制程序等。

如果按照应用软件的开发方式和应用范围，可将应用软件大致分为两类。

（1）定制软件：这是指根据用户的特定需求而专门开发的应用软件，它的针对性强，运行效率高，相应地成本也很高。

(2)通用应用软件：这是指为满足广大用户和多种行业的普遍需求而开发的应用软件，如文字处理软件、电子表格软件、多媒体制作软件、绘图软件、通信软件包、统计软件等。它们的通用性强，版本升级、更新快，使用效率和易用性也比较好。

常用的应用软件包括：办公软件、网络软件、多媒体软件、商务软件、数据库软件等。

1. 办公软件

办公软件是指可以进行文字处理、表格制作、幻灯片制作、简单数据库处理等方面工作的软件，包括微软Office系列、金山WPS系列等。办公软件的应用范围很广，大到社会统计，小到会议记录，数字化办公都离不开办公软件的鼎力协助。目前办公软件正朝着制作简单化和功能细化等方向发展。

2. 网络软件

网络软件是指在计算机网络环境中，用于支持数据通信和各种网络活动的软件。网络软件包括通信软件、网络服务软件、网络应用软件、网络管理系统以及用于特殊网络站点的软件等。

3. 多媒体软件

多媒体软件包括文字处理软件、绘图软件、图像处理软件、动画制作软件、声音编辑软件以及视频编辑软件等。

4. 商务软件

商务软件包括会计软件、企业工作流程分析、客户关系管理软件、企业资源计划软件、供应链管理软件、产品生命周期管理软件等。

5. 数据库软件

数据库软件是指用于数据管理的软件系统，具有信息存储、检索、修改、共享和保护的功能。目前流行的数据库软件有Access、Sybase、SQL Server、Foxpro等。

应当指出，硬件系统和软件系统是相辅相成的，共同构成微机系统，缺一不可，如图1-9所示。现代的计算机硬件系统和软件系统之间的分界线并不明显，总的趋势是两者统一融合，在发展上互相促进，人是通过软件系统与硬件系统发生联系的。通常，由人使用程序设计语言编制应用程序，在系统软件的干预下使用硬件系统。

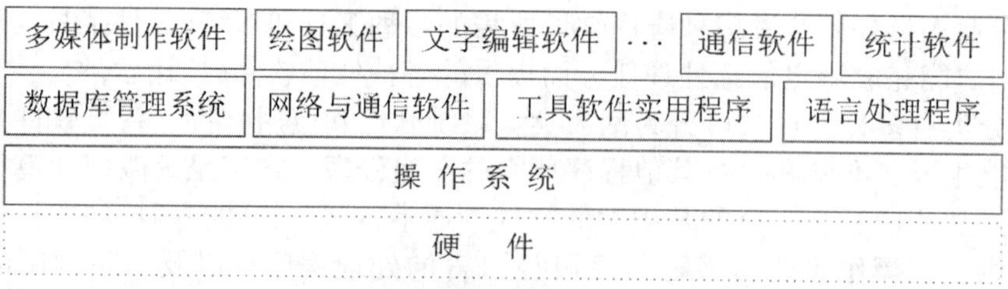

图1-9 微型计算机系统的软件层次构成

1.4.3 操作系统的概念

操作系统是微机软件的核心，与微机硬件联系密切，它不仅管理和控制系统的各种资源，使系统能够正常、协调地工作，而且其他软件都需要通过它才能发挥作用。在管理计算机中各部件协调工作的软件中，规模较大、功能较强、结构较复杂的软件称作系统(Operating System)软件，或称为操作系统。

操作系统的主要作用有如下两点：

(1)方便用户使用计算机。操作系统为用户提供了一整套方便使用整个计算机系统的计算机程序，因此可以把操作系统看作用户与计算机系统间的媒介或协调者。

(2)提高计算机的使用效率。在用户对计算机系统的具体硬件结构完全不熟悉的情况下，可通过操作系统提供的一整套功能很强大的命令调用相关软件来高效地使用计算机。操作系统本身是由许多程序软件组成的，其中许多软件负责管理计算机底层硬件的各部件进行协调工作。此外，各种应用程序、语言处理程序和辅助处理程序等软件都是在操作系统的管理协调和控制下运行。

微机系统的早期操作系统为 DOS(Disk Operating System)，提供了命令处理、文件管理和设备管理等功能，另外还提供了许多功能调用，且公开代码，为微机系统的快速发展起到了积极的推进作用。

目前微机常用的操作系统有 Windows 和 Linux。

1990 年 5 月，Microsoft 公司推出 Windows 3.0 操作系统，以其先进的动态内存管理方式和图形用户界面(Graphical User Interface,GUI)引起计算机界的强烈反响。它的图形窗口操作环境替代了 DOS 环境下的命令行操作方式，使计算机变成一个更直观、易学、好用的工具。但它是基于 DOS 平台的操作系统。

Microsoft 公司于 1993 年 5 月推出的 Windows NT(New Technology)操作系统是一个功能强大、多用途的网络操作系统。它的易用性、灵活性以及拓展的 Internet/Intranet 和通信服务，不仅能最大限度地满足当时网络的计算需求，而且也为未来提供了极好的网络基础。Windows NT 是一款真正的 32 位操作系统，所有的内部操作，从硬件接口到应用程序都通过 32 位数据通道进行。Win 32 应用程序界面(Application Programming Interface,API)为用户提供了编写 Windows 32 位应用程序的接口。

Windows 95 的 API 层包括 3 个主要元素：核心模块——不处理接口和设备，只与 Windows 本身交互，提供程序运行所需较低层的功能；图形设备界面(GDI)——处理字体、打印、显示、颜色等；用户(User)模块——显示窗口管理和各种用户服务。

Windows 95 的 API 层有两套 API：一套 API 是 Windows NT 使用的新 Windows 32API；另一套是 16 位版本的 API。两个 API 中间有一个转换(Thunk)层，允许 32 位和 16 位应用程序之间的对话通信和地址变换，使得 32 位和 16 位应用程序能在 Windows 95 中共同工作。

Windows NT 是一个多进程、多线程(Thread)、抢先式多任务操作系统。在这种模式下，一个具有高优先级的任务到来时能及时取得控制权并进行任务转换。此外，Windows NT 还具有很高的安全性，既能在 Intel x86 处理器的系统上运行，也能在各种 RISC 处理器的系统上运行；支持大容量的存储器和磁盘以及多种中文系统。Microsoft 公司之后又陆续推出了 Windows 95/98/XP/ME/2000 等操作系统。

Linux 操作系统的核心最早是由 Linus Torvalds 于 1991 年 8 月在芬兰赫尔辛基大学上学时发布的，后来经过众多世界顶尖的软件工程师的不断修改和完善，Linux 得以在全球普及开来，在服务器领域及个人桌面版得到越来越广泛的应用，在嵌入式开发方面更是具有其他操作系统无可比拟的优势。

Linux 是一套免费的 32 位多任务操作系统，它的源代码完全公开，在符合 GNUGPL

(General Public License)的原则下，任何人皆可自由取得、散布、甚至修改源代码。Linux具有以下特点：

(1)采用阶层式目录结构，文件归类清楚、容易管理；

(2)支持多种文件系统，如Ext2FS、ISOFS以及Windows的文件系统FAT16、FAT32、NTFS等；

(3)具有可移植性，系统核心只有少于10%的源代码采用汇编语言编写，其余均是采用C语言编写，因此具备高度移植性；

(4)可与其他的操作系统如Windows 98/XP/2000等并存于同一台计算机上。

1.5 计算机的发展

在计算机的发展历史上，先后经历了第一代电子管计算机，第二代晶体管计算机，第三代集成电路计算机和第四代大规模集成电路计算机。

计算机的发展历史与微处理器的发展历史紧密相关。微型计算机是基于微处理器技术而发展的计算机，这种微处理器能将计算机全部的处理功能做到硅材料的微芯片上，并具有不同的性能、特征和用途，如工作站、个人计算机、笔记本电脑。

第一代计算机是以电子管为逻辑元件的。1996年是世界上第一台电子计算机问世50周年。在为此举行的纪念仪式上，美国副总统戈尔按动了这台被称为“埃尼亚克”(ENIAC)的计算机的电源按钮，计算机上的两排数码灯随即以准确的节奏闪烁到“46”这一数字，表示它诞生于1946年，然后又闪烁50下到“96”，标志计算机已经走过了不平凡的50年。这台计算机是个庞然大物，装有17468个电子管、7万个电阻器、1万个电容器和6000个开关，它工作时不得不对附近的居民区停止供电，制造费用高达45万美元(相当于现在的1200万美元)。然而，这个庞然大物的计算速度却只有每秒5000次加法，仅及如今一台普通个人电脑的几千分之一，而后者轻轻一提即可带走，售价更是低于2000美元。

第二代计算机问世于1954年，由晶体管取代了电子管。与电子管相比、晶体管具有体积小、重量轻、寿命长、效率高、功耗低等特点，并把计算速度从每秒几千次提高到每秒几十万次。

第三代计算机诞生于1964年，由集成电路取代了晶体管。与晶体管相比，集成电路的体积更小，功耗更低，可靠性更高。第三代计算机由于采用了集成电路，计算速度从每秒几十万次提高到每秒上千万次，体积大大缩小，价格也不断下降。

在计算机的发展史上，20世纪70年代初问世的第四代计算机具有特殊重要的意义。对此，我们只要知道“微机”和“网络”是第四代计算机的产物就会一目了然了。第四代计算机是采用大规模集成电路制造的计算机，高度的集成化使得计算机的中央处理器和其他主要元件可以集中到同一块集成电路中，这就是人们常说的“微处理器”。第一台微处理器“4004芯片”于1971年由英特尔公司研制成功，这块集成了2300个晶体管的芯片的面积只有4.2×3.2平方毫米，其功能却已相当于1950年时像房子那么大的电路板。此后，微处理器的发展如同乘上了高速列车，每隔18个月，性能价格比就翻一番。

微处理器的问世不仅使得个人计算机——“微机”异军突起，让计算机进入寻常百姓家，它还真正实现了计算机技术向各行各业、各个领域的渗透。因为微处理器的功能如此之大，体积又是如此之小，人们可以把它安装到各种生产工具和生活用具上。现在人们常常说“机电一体化”，其实就是用微处理器改造传统的机器、通信设备和家用电器，使之接受电脑芯片的控制。

第四代计算机在实现微型化的同时，还实现了巨型化。当然，从体积上说，如今最大的巨型机也未必能和1946年的第一台计算机相比，但它的运算能力则达到了第一台计算机的百万倍、千万倍甚至上亿倍。1996年12月11日，美国耗资5500万美元制成了每秒可运算1.4万亿次的超级计算机，这台计算机的体积相当于57台冰箱，使用了9000多块“奔腾”芯片，可以在15秒钟内完成笔算需要25万年、个人计算机需要2天才能完成的任务，它主要用来进行核试验、天气和自然灾害预报、基因研究、太空模拟试验等数据量非常巨大的研究工作。我国在巨型机的研制上也拥有相当实力，2016年德国法兰克福超算大会上，我国自主研发的“神威·太湖之光”超级计算机以每秒12.54亿亿次运算的速度被评为全球第一。

现在是个人计算机发展的第五代，正在向第六代计算机过渡，其研究重点主要是放在人工智能计算机的突破上，其主要目标是实现更高程度上模拟人脑的思维功能。

计算机的发展是与微处理器的发展密切相关的，表1-7列出了微处理器的发展历史。

表1-7 微处理器发展的历史

代次 主要特点 比较项	第一代 1971—1973年	第二代 1974—1977年	第三代 1978—1980年	第四代 1981—1992	第五代 1993—2005	第六代 2006—至今
典型的微处理器芯片	Intel4004 Intel4040 lntel8008	Intel8080 M6800 Z80	Intel8086/8088 M68000 Z8000	Intel80186, 80286, 80386, 80486, 80586, hp32, M68020, IBM320, Z8000	奔腾系列芯片及与之兼容的AMD的K6系列芯片	酷睿(Core)系列微处理器，酷睿2处理器
字长/位	4/8	8	16	16/32	16/32	16/32
芯片集成度(晶体管/片)	1000~2000	5000~9000	20000~70000	10万个以上	4200万	1亿以上
时钟频率(MHz)	0.5~0.8	1~4.8	5~10	10以上	3500	5000
数据总线宽度（条）	4/8	8	16	16/32	16/32	16/32
地址总线宽度（条）	4~18	16	20~24	24~32	32	64
存储器容量	≤16KB实存	≤64KB实存	≤1MB实存	≤4000MB实存（4GB） ≤64TB虚存	（4GB）	（64GB）

第一阶段(1971—1973 年)为 4 位和低档 8 位微处理器。美国 Intel 公司首先研制成功 4 位的 4004 微处理器，并以它为核心再配以 RAW、ROM 和 I/O 接口芯片构成了 MCS-4 微型计算机，其集成度为 3300 只晶体管/片。随后又研制出 8 位的 8008 微处理器及 MCS-8 微型计算机，其特点是指令系统简单、运算功能较差且速度较慢(平均指令执行时间约为 20μs)。

第二阶段(1974—1977 年)为中档 8 位微处理器和微型计算机。其间又分为两个阶段。1974—1975 年为典型的第二代，以美国 Intel 公司的 8080 和 Motorola 公司的 M6800 为代表，集成度提高 1~2 倍，运算速度提高一个数量级。1976—1977 年为高档的 8 位微型计算机阶段，被称为第二代半微型计算机，代表产品是美国 Zilog 公司的 Z80 和 Intel 公司的 8085 微处理器，其集成度达 9000 只晶体管/片，集成度和运算速度都比典型的第二代提高 1 倍以上。

第三阶段(1978—1980 年)为 16 位微处理器和微型计算机，又称为第一代超大规模集成电路的微处理器。其代表产品是 Intel 公司的 8086/8088、Zilog 公司的 Z8000 和 Motorola 公司的 M68000，其集成度达 29000 只晶体管/片。这些 16 位微型计算机都具有丰富的指令系统，并配有强有力的软件系统，时钟频率为 4MHz ~ 8MHz，平均指令执行时间为 0.5μs。

第四阶段(1981—1992)为高性能的 16 位机及 32 位微处理器和微型计算机。其代表产品是 Intel 公司的 80386 和 Motorola 公司的 68020，集成度高达 68000 只晶体管/片，时钟频率达 16MHz~20MHz，平均指令执行时间约为 0.1μs。当时称由这类微处理器构成的微型计算机为超级微型机。

第五阶段(1993—2005)，1993 年 3 月，Intel 发布了第五代微处理器 Pentium(简称 P5)，其工作频率达 60/66MHz，运行速度达 112MIPS(百万条指令每秒)，利用亚微米级的 CMOS 技术，使集成度高达 320 万只晶体管/片。由于第一代 Pentium 采用 0.8μm 工艺技术和 5V 电源驱动，使其芯片尺寸大且功耗达 15W，所以成本和散热都提高了。1994 年，Intel 推出第二代 Pentium(以 P54C 代称)，它采用 0.6μm 工艺和 3V 电源，功耗降为 4W，并可在不需要时自动关闭浮点单元，这样就使系统散热问题得以改善。P54C 的主时钟频率为 90MHz 和 100MHz 两种，其系统处理能力一般比 P5 系统高出 40%。在体系结构上，Pentium 在内核中采用了 RISC 技术，可以说它是复杂指令集(Complex Instruction Set Computer,CISC)和 RISC 技术相结合的产物。

1995 年 2 月，Intel 发布了代号为 P6(Pentium Pro)的新一代微处理器产品，它采用了 0.6μm 工艺，在面积为 $306mm^2$的芯片上集成了 550 万只晶体管，具有 8KB 指令和 8KB 数据的一级超高速缓存(L1 Cache)，256KB 的二级超高速缓存(L2 Cache)，电源电压为 2.9V，主时钟频率为 166MHz 以上；采用了二级超标量流水微结构，一个时钟周期可以执行 3 条指令，其性能是 Pentium 的两倍。同一时期推出的第五代微处理器还有 IBM、Apple 和 Motorola 三家联盟的 Power PC，以及 AMD 公司的 K5 和 Cyrix 公司的 M1 等。

1998—1999 年，Intel 又推出了 Pentium Pro 的改进型，即 Pentium II 和 Pentium III(奔腾 II 代和奔腾 III 代)。同 Intel 激烈竞争的其他公司类似的产品有 AMD 的 K7，这些微处理器的集成度高达 750 万只晶体管/片以上，时钟频率也达到了 750MHz。

进入 21 世纪，CPU 市场更加活跃，主要表现为 CPU 的工作频率节节提升，Intel 与 AMD 的交替领先。Intel 于 2001 年年底推出的代号为 Northwood 的 Pentium 4，其主频高达

2GHz，采用了0.13μm的工艺技术，有多达478根引脚，取代Pentium III处理器在市场中的地位，成为主流高端32位CPU市场的佼佼者，特别是在多媒体应用领域中，更具有突出的表现。后来，Intel又推出主频为3.66GHz的Pentium 4 CPU。AMD于2001年3月发布了代号为“雷鸟(Thunder bird)”的Athlon CPU，分别使用了100MHz外频的1.3GHz主频和133MHz外频的1.33GHz主频。AMD同期宣布的代号为Palomino的新型Athlon CPU，在体系优化方面则做了进一步的改进，主要表现在：加入了温控电路，降低了耗电与发热；在提高CPU的执行流水线深度的同时，改善了在高频条件下运行的稳定性；为了配合执行流水线深度的延长，增强了分支预测能力，到2002年年初，AMD继Intel之后也推出了主频为2GHz的CPU。

在不断完善32位CPU系列的同时，Intel和AMD在开发第七代CPU，即64位CPU方向展开了更加激烈的竞争，并采用了不同的策略。Intel从CPU长远的发展战略考虑，在开发64位的Itanium时放弃了其沿用多年的x86架构，在IA-64架构的体系中采用了显式并行指令计算(Explicitly Parallel Instruction Computing,EPIC)核心技术，保持了技术上的优势。而AMD在开发64位CPU K8SledgeHammer(大锤)时，则采取了更为平滑的过渡方式。尽管它在运行64位软件时速度不及Intel的Itanium，但由于注重了IA-32指令的兼容性，所以在执行IA-32软件时又明显优于Itaniurn。

值得一提的是，2002年9月28日，我国第一个具有自主知识产权的实用化32位嵌入式CPU芯片“龙芯1号”通过鉴定，经SPEC2000基准程序测试和产品测试，运行稳定可靠，可正式批量生产、投入使用。它既可以作为安全服务器的CPU芯片，又是通用的嵌入式芯片。至此，结束了我国无“芯”的历史，为我国未来信息产业的发展开创了一个新的局面。目前，与“龙芯”配套的专业主板、Linux操作系统以及应用程序等也都投入使用。

微处理器的迅速发展和更新换代，使基于微处理器的微型计算机的性能不断提高。

1.5.1 微型计算机的特点与分类

1. 微机的特点

微型计算机广泛采用了集成度相当高的器件和部件，因此具有以下特点。

1) 体积小、重量轻、耗电低

由于采用大规模集成电路和超大规模集成电路，微机所含的器件数目大为减小，体积也大为缩小。近几年来，出于大量采用大规模集成专用芯片(ASIC)和通用可编程门阵列(GAL)器件，微机的体积又进一步缩小。而微机中的芯片大多采用MOS和CMOS工艺，因此耗电量很小。一些过去无法实现的应用(如在航空、航天等领域)，现在利用微机就可以很容易实现。

2) 可靠性高

微处理器及其配套系列芯片采用大规模集成电路，减少了大量的焊点，简化了外接线和外加逻辑，因而大大提高了可靠性。

3) 系统设计灵活，使用方便

微处理器芯片及其可选用的支持逻辑芯片都有标准化、系统化的产品，同时又有许多相关的支持软件可供选用，所以用户可根据不同的要求构成不同规模的系统。

4）价格低廉

微处理器及其配套系列芯片采用集成电路工艺，因而集成度高，产品造价十分低廉。

5）方便维护

微处理器及其系统产品已逐渐趋于标准化、模块化和系列化，从硬件结构到软件配置都做了较全面的考虑，所以一般可通过自检诊断及测试发现系统故障。发现故障后，可方便地更换标准化模块芯片来排除故障。

2. 微机的分类

微机就是以超大规模集成电路的中央处理器为核心部件，配以内存储器、外存储器、输入设备(如键盘、鼠标)和输出设备(如显示器)等，再配以操作系统和应用系统所构成的计算机系统。它主要有以下几种类型。

1）单片机

把微处理器、存储器、输入/输出接口都集成在一块集成电路芯片上，这样的微机叫作单片机。它的最大优点是体积小，可放在仪表内部。但其存储器容量小，输入/输出接口简单，功能较少。

2）单板机

将计算机的各个部件组装在一块印制电路板上，包括微处理器、存储器、输入/输出接口，还有简单的七段码发光二极管显示器、小键盘、插座等。其功能比单片机强，适用于进行生产过程的控制。它可以直接在实验板上操作，适用于教学。

3）个人微型计算机

供单个用户操作的微型计算机系统称为个人微型计算机，通常我们所说的微机或家用电脑就是指这类个人微型计算机。它也是本书讨论的主要对象。

4）多用户系统

多用户系统是指一个主机连接着多个终端，多个用户同时使用主机，共享微型计算机的硬件、软件资源。

5）微机网络

把多个微机系统连接起来，通过通信线路实现各个微机系统之间的信息交换、信息处理、资源共享，这样的网络叫作微机网络。

计算机网络和多用户微机的根本区别在于，网络的各终端有一个自己的微机系统和CPU，能独立工作和运行，而多用户微机的终端用户不含CPU，不能离开主机系统工作。自20世纪90年代以来，由于因特网的日益普及与发展，微机从功能上可大致分为网络工作站(客户端——Client)和网络服务器(Server)两大类。网络客户端又称为台式个人计算机(Desktop PC)。

目前，由于微机在网络环境下处理多媒体信息的技术日益成熟，所以，它在个人及家庭应用中的普及进程大大加快。在不久的将来，当微机与交互式电视、电话(手机)等家电设备相融合，而成为家庭和个人学习、办公、娱乐与通信的常用工具时，一个真正意义上的智能时代就已经到来。

1.5.2　嵌入式计算机系统的发展

1. 嵌入式技术发展史

嵌入式计算机系统简称嵌入式系统，它从出现至今已有40多年了。进入20世纪90

年代后，以计算机和软件为核心的数字化技术取得了迅猛发展，不仅广泛渗透到社会经济、军事、交通、通信等相关行业，而且深入到家电、娱乐、艺术、社会文化等各个领域，掀起了一场数字化技术革命。多媒体技术与Internet的应用迅速普及，消费电子(Consumptive Electron)、计算机(Computer)、通信(Comunication)的3C一体化趋势日趋明显，嵌入式技术再度成为一个研究热点。综观嵌入式技术的发展，大致经历了以下4个阶段。

第一阶段是以单芯片为核心的可编程控制器形式的系统，同时具有与监测、伺服、指示设备相配合的功能。这种系统大多应用于一些专业性极强的工业控制系统中，一般没有操作系统的支持，通过汇编语言编程对系统进行直接控制，运行结束后清除内存。这一阶段系统的主要特点是：系统结构和功能都相对单一，处理效率较低，存储容量较小，几乎没有用户接口。由于这种嵌入式系统使用简便、价格低廉，以前在国内工业领域应用较为普遍，但是已经远远不能适应高效的、需要大容量存储介质的现代化工业控制和新兴的信息家电等领域的需求。

第二阶段是以嵌入式CPU为基础、以简单操作系统为核心的嵌入式系统。这一阶段系统的主要特点是：CPU种类繁多，通用性比较弱；系统开销小，效率高；操作系统具有一定的兼容性和扩展性；应用软件较专业，用户界面不够友好；系统主要用来控制系统负载以及监控应用程序运行。

第三阶段是以嵌入式操作系统为标志的嵌入式系统。这一阶段系统的主要特点是：嵌入式操作系统能运行于各种不同类型的微处理器上，兼容性好；操作系统内核精练、效率高，并且具有高度的模块化和扩展性；具备文件和目录管理、设备支持、多任务、网络支持、图形窗口以及用户界面等功能；具有大量的应用程序接口，开发应用程序简单；嵌入式应用软件丰富。

第四阶段是以基于Internet为标志的嵌入式系统，这是一个正在迅速发展的阶段。目前大多数嵌入式系统还孤立于Internet之外，但随着Internet的发展以及Internet技术与信息家电、工业控制技术等结合日益密切，嵌入式设备与Internet的结合将代表着嵌入式技术的真正未来。

2. 嵌入式系统的定义

根据IEEE(国际电气和电子工程师协会)的定义，嵌入式系统是“控制、监视或者辅助设备、机器和车间运行的装置”。这主要是从应用上加以定义的，由此可以看出嵌入式系统是软件和硬件的综合体，可以涵盖机械等附属装置。

目前国内的一个普遍认同的定义是：以应用为中心，以计算机技术为基础，软、硬件可裁剪，适应应用系统对功能、可靠性、成本、体积、功耗等严格要求的专用计算机系统。“嵌入性”“专用性”与“计算机系统”是嵌入式系统的三个基本要素。对象系统则是指嵌入式系统所嵌入的宿主系统。

一般而言，嵌入式系统的架构可以分成四个部分：处理器、存储器、输入/输出(I/O)和软件。

3. 嵌入式系统的分类

按照上述嵌入式系统的定义，只要是满足该定义中三要素的计算机系统，都可称为嵌入式系统。嵌入式系统按形态可分为设备级(工控机)、板级(单板、模块)、芯片级(MCU/SOC)。

有人把嵌入式处理器当作嵌入式系统，但由于嵌入式系统是一个嵌入式计算机系统，所以，只有将嵌入式处理器构成一个计算机系统，并作为嵌入式应用时，这样的计算机系统才可称作嵌入式系统。

嵌入式系统与对象系统密切相关，其主要技术发展方向是满足嵌入式应用要求，不断扩展对象系统要求的外围电路(如 ADC、DAC、PWM、日历时钟、电源监测、程序运行监测电路等)，形成满足对象系统要求的应用系统。因此，嵌入式系统作为一个专用计算机系统，要不断向计算机应用系统发展。所以，可以把定义中的专用计算机系统引申成满足对象系统要求的计算机应用系统。

4. 典型的嵌入式系统

信息家电商机引发全球嵌入式操作系统平台大战，全球 4 大操作系统阵营 WinCE、PalmOS、EPOC 和 Linux 展开规格战，携各自拥有的软件及硬件合作厂商逐鹿信息家电市场的份额。

全球手持式信息家电快速增长，据测算，2000—2004 年市场增长率到达 77.4%，个人数字助理器(PDA)、智慧型手机等手持式信息家电操作系统竞争日益激烈。除了为后个人电脑时代的硬件大厂带来新一轮商机外，应用软件厂商包括电子字典、电子地图、游戏开发业者的商机也大量涌现。

微软 Windows 操作系统拥有个人电脑操作系统占有率方面的优势，这使得 WinCE 拥有强大的窗口资源支援。不过 PalmOS 操作系统拥有全球 PDA 产品 70%的市场占有率；同时获得 3COM、IBM 和索尼等跨国公司的支持。EPOC 是诞生于欧洲的操作系统，由诺基亚、爱立信和摩托罗拉共同开发。

此外，在三大主流操作系统品牌外，Linux 也将是今后一股强劲的力量。由于 Linux 开放源码，经过这些年的发展，已经成为一个健壮的、可靠的、高性能的操作系统。愈来愈多的嵌入式系统设计员发现 Linux 可以成为一个优秀的嵌入式操作系统。而 Linux 的最大的优势是它是一个开放的操作系统，用户可以最大限度地控制系统开发的进度和造价。在开发过程中遇到各种各样的硬件设备，可以方便地在网上找到这些设备的驱动程序，以得到支持。Linux 内置网络支持，用户可以轻松地使自己的嵌入式系统具有网络功能。Linux 是模块化的操作系统，提供了优秀的可缩放功能，用户可以方便地删除不需要的模块。大多数嵌入式系统对操作系统的体积非常敏感，Linux 可以根据用户的需要，选择特定的功能模块，自主搭建嵌入式操作系统。Linux 支持绝大多数 CPU，包括 Intel、MIPS、ASIC、ALPHA、68K、POWERPC 等。这使 Linux 几乎可以嵌入各种硬件设备，成为各家厂商积极发展的操作系统，加上其核心小，所以潜力可观。

习题

1. 选择题

(1) 下列无符号数中最小的数是 (　　)。

A. $(0D3)_H$　　　　B. $(11010011)_B$

C. $(210)_D$　　　　D. $(323)_Q$

（2）下列无符号数中最大的数是（　　）。

A.（101110011）$_B$　　B.（564）$_Q$

C.（173）$_H$　　D.（371）$_D$

（3）在机器数的（　　）表示中，零的表示形式是唯一的。

A. 补码　　B. 原码

C. 补码和反码　　D. 原码和反码

2. 术语解释：计算机架构；计算机组成；计算机实现；虚拟机；机器字长；BCD 码。

3. 完成下列二进制数的运算。

（1）111+1.01　（2）110.001−10.1　（3）−11.011−1.1　（4）110011/11

4. 完成下列逻辑运算。

（1）10100101∨11110000　（2）11000001∧10101111　（3）10101011⊕00001111

5. 完成下列各进制数之间的转换。

（1）将十进制数 548.375$_D$ 转化成二进制、十六进制和 BCD 数；

（2）将十六进制数 0.58$_H$ 转换成二进制、十进制和非组合 BCD 数。

6. 试计算（10101.01）$_2$+（10101.01）$_{BCD}$+（15.4）$_6$ =（　　）$_D$。

7. 选字长为 8 位，用补码列出竖式计算下列各式，并且回答是否有溢出？若有溢出，是正溢出还是负溢出？

（1）01111001+01110000　（2）−01111001−01110001

8. 十进制数 92 的压缩 BCD 码、非压缩 BCD 码各表示什么？字符 92 的 ASCII 码是什么？

9 一台数码相机标配的存储卡的存储容量是 16GB，如果每个像素需要 3 字节的存储空间，而且一张照片包括每行 1024 个像素和每列 1024 个像素，那么这台数码相机可以存放多少张照片？

10. 微处理器和微型计算机的发展经历了哪些阶段？有哪些代表性的芯片？

11. 微型计算机系统的硬件基本结构是怎样的？

12. 计算机系统的层次结构中，机器语言层的作用是什么？

13. 微机软件系统主要包括哪些组成部分？它和硬件系统之间的关系如何？

14. 嵌入式计算机系统是如何定义的？

15. 微型计算机的发展过程中逐步形成了哪两大重要分支？

16. 计算机的操作系统的作用是什么？列举三种典型的操作系统。

第 2 章 计算机的基本结构和工作原理

计算机系统是由计算机硬件系统、软件系统及通信网络系统组成的一个整体系统。计算机硬件系统是指构成计算机的所有实体部件的集合，这些部件包括集成电路芯片、电路板卡、机箱，显示器等物理部件，通常称为硬件；软件通常泛指各类程序和文件，实际上是由一些算法及其在计算机中的表示所构成的。

计算机系统的核心部件微处理器通过不断解释和执行存放在存储器中的程序，产生各种信号，控制计算机系统的各个部件协调工作，从而达到运算和处理各种信息的目的。

本章主要介绍计算机的基本结构和工作原理相关的内容，包括计算机的体系结构、指令集、并行技术、流水线技术和描述计算机性能的技术指标。

2.1 计算机的体系结构

计算机体系结构是程序员所看到的计算机的属性，即概念性结构与功能特性。它是指根据属性和功能不同而划分的计算机理论组成部分及计算机基本工作原理、理论的总称。计算机的体系结构一般分为冯·诺伊曼结构和哈佛结构两种。

2.1.1 冯·诺伊曼结构

目前的各种微型计算机与通用计算机没有本质区别，从硬件体系结构来看，绝大部分采用的基本上是计算机的经典结构——冯·诺依曼（Von Neumann）结构。冯·诺依曼结构也称为普林斯顿结构，图 2-1 所示为基于冯·诺依曼体系结构的计算机组成结构图。

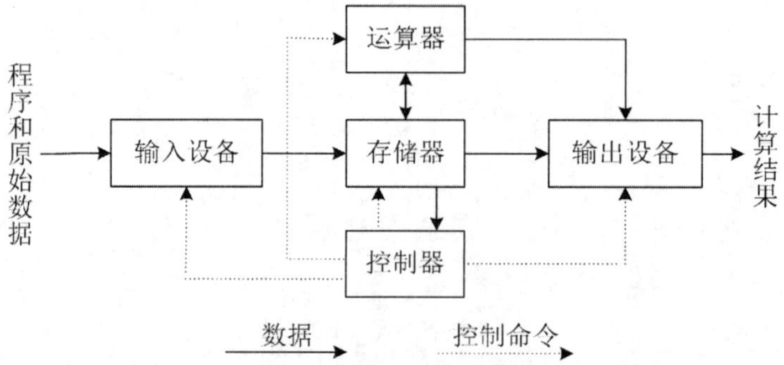

图 2-1 基于冯·诺依曼体系结构的计算机组成

为解决复杂的弹道计算问题，美国军方与宾夕法尼亚大学于 1943 年 6 月签约开始研制电子计算机。1946 年 2 月，宾夕法尼亚大学莫尔学院的物理学博士莫克利（Mauchley）和电气工程师埃克特（Eckert）领导的小组，成功研制出世界上第一台数字式电子计算机 ENIAC（Electronic Numerical Integrator And Calculator，电子数字积分器和计算器）。这台计算机使用了 18800 个电子管、1500 个继电器，耗电量达 140 千瓦，大约 15 分钟烧坏一支电子真空管，操作人员需花15分钟以上才能找出坏的管子，占地面积为167平方米，重量约30吨，每秒能执行5000次加法或者400次乘法，比机械式的继电器计算机快1000倍，采用字长为10位的十进制计数方式，编程通过接插导线进行，使用上极不方便。1944年，美籍匈牙利著名数学家冯·诺依曼获知ENIAC的研制后，参加了为改进ENIAC而举行的一系列专家会议，研究了新型的计算机体系结构。在由冯·诺依曼执笔的报告里，提出了采用二进制表示信息和存储程序(Stored Program)，并在程序控制下自动执行的设计思想。Herman Goldstine发表了这份备忘录，并冠以冯·诺伊曼的名字。这样，术语“冯·诺伊曼计算机”被广泛引用，它代表存储程序的计算机结构，并成为现代计算机的基本特征。

按照这一计算机的设计思想，新机器将由运算器、控制器、存储器、输入设备和输出设备五大部件构成。报告还描述了各部件的功能和相互间的联系。1949年，英国剑桥大学的威尔克斯等人在EDSAC(Electronic Delay Storage Automatic Calculator,电子延迟存储自动计算器)上实现了这种模式。直到半个多世纪后的今天，冯·诺依曼体系结构依然是绝大多数数字计算机的基础。

冯·诺伊曼计算机的典型特征如下。

1. 五大组成部件

冯·诺伊曼计算机由五大部件组成：控制器、运算器、存储器、输入设备和输出设备。控制器是整个计算机的控制核心；运算器是对信息进行各类运算处理的加工中心；存储器用来存放数据和程序；输入设备将数据和程序转换成计算机内部所能识别和接受的信息形式，并顺序地把它们送入存储器中；输出设备将计算机处理的结果以人或其他机器能够识别或接受的形式送出。

最原始的冯·诺伊曼计算机在结构上是以运算器为中心的，逐步演变到现在，已经转向以存储器为中心，如图2-1所示。计算机各部件之间的联系是通过两种信息流实现的。实线代表数据流，虚线代表控制流。数据由输入设备输入，存入存储器中；在运算过程中，数据从存储器中被读出，送到运算器进行处理；处理的结果存入存储器，或经输出设备输出；而这一切都是由控制器执行存储于存储器中的指令而实现的。

现代计算机在很多方面都对冯·诺伊曼计算机结构进行了改进。例如，在现代计算机中，五大部件成为三个硬件子系统：处理器、存储系统和输入/输出系统，如图2-2所示。处理器(中央处理单元,CPU)包括运算器和控制器，是信息处理的中心部件。存储系统由寄存器、高速缓冲存储器、主存储器和辅助存储器几个层次的存储器共同组成。处理器和存储系统在信息处理中起主要作用，是计算机硬件的主体部分，通常被合称为主机。输入设备和输出设备统称为外部设备，简称为外设或I/O设备。输入/输出子系统的主体是外设，还包括外设与主机之间相互连接的I/O接口电路。

2. 二进制编码

冯·诺伊曼计算机采用二进制形式表示数据(Data)和指令(Instruction)。这说明现实中的一切数据(信息)，包括控制计算机操作的指令，在计算机中都是一串“0”和“1”表示的数码。这串数码是按照一定规律(即二进制编码规则)组合起来的。不同的信息用不同的数码表示，以便计算机进行不同的处理。当然，同样的信息也可以按照不同的编码规则表示成不同的数码。

指令是控制计算机操作的基本命令，通常表示为机器语言。机器语言是处理器不需要翻译就能识别(直接执行)的“母语”。程序虽然可以用C、C++或Java等高级语言编写，但需要先由编译程序或解释程序翻译成指令，才可以由处理器执行，所以程序是由指令构成的。

指令的二进制编码规则形成了指令的代码格式，指令由操作码和地址码组成。指令的操作码(Opcode)表明指令的操作，例如，数据传送、加法运算等基本操作。操作数(Operand)是参与操作的数据对象，主要以寄存器或存储器地址的形式指明数据的来源，所以也称为地址码。例如，数据传送指令的源地址和目的地址，加法指令的加数、被加数及和值，它们都是操作数。

二进制只支持“0”和“1”两个数码，可以表示电源的关(Off)和开(On)等两种状态，对应数字信号的低电平(Low)和高电平(High)。数字计算机中信息的最基本单位就是二进制位(所以,计算机专业书籍等文献中的“位”常常是二进制位,而不是日常生活中的十进制位)，或称为比特(bit)。4个二进制位称为半字节(Nibble)，8个二进制位构成一个字节(Byte)。

3. 存储程序和程序控制

存储程序是把指令按一定的规则组成的程序以二进制代码的形式事先输入计算机的主存储器中。程序控制是指当计算机启动后，程序会控制计算机按规定的顺序逐条执行指令，自动完成预定的信息处理任务。因此，程序和数据在执行前需要存放在主存储器中，在执行时才从主存储器进入处理器。

主存储器是一个很大的信息存储库，被划分成许多个存储单元。为了区分和识别各个存储单元，并按指定位置进行存取，给每个存储单元编排一个唯一的编号，称为存储单元地址(Memory Address)。在现代计算机中，主存储器是字节可寻址的(Byte Addressable)，即主存储器的每个存储单元具有一个地址，保存一个字节(8个二进制位)的信息。对存储器的基本操作是按照要求向指定地址(位置)存进(即写入,Write)或取出(即读出,Read)信息。只要指定位置就可以进行存取的方式，称为随机存取，指的是当存储器中的消息被读取或写入时，所需要的时间与这段信息所在的位置无关，也称直接访问。

处理器的主要功能是从主存储器读取指令(简称“取指”)，翻译指令代码的功能(简称“译码”)，然后执行指令所规定的操作(简称“执行”)。当一条指令执行完以后，处理器会自动去取下一条将要执行的指令，重复上述过程直到整个程序执行完毕。处理器就是在重复地进行“取指→译码→执行(Fetch-Decode-Execute)”的过程中完成一条又一条指令的执行，实现程序规定的任务。

处理器中包含一个程序计数器(Program Counter,PC)，处理器利用它确定下一条将要执行的指令在主存储器中的存放地址。程序计数器具有自动增加数量(增量)的能力，指示处理器按照地址顺序执行指令，即程序的顺序执行。而指令集中的转移指令能够改变程序计数器内的数值，从而改变程序的执行顺序，实现分支、循环、调用等程序结构。

总体而言，冯·诺依曼结构的计算机具有如下的三个主要特征。

(1)计算机以存储器为中心，由运算器、控制器、存储器、输入设备和输出设备五大部分组成。运算器是数据处理中心，存储器存放各种信息，控制器对程序代码进行解释并产生各种控制信号来协调各部件工作，输入设备和输出设备主要用于进行人机交互。

(2)数据和程序均以二进制代码形式不加区别地存放在同一个存储器中，这就是“存储程序”和“程序控制”(简称“存储程序控制”)的概念。存放位置由地址指定，地址码也为二进制形式。

(3)计算机按存储程序原理工作。指令的执行是顺序进行的，即一般按照指令在存储器中存放的顺序执行，程序分支由转移指令实现。

按“程序存储”原理工作的计算机的基本特点是指令驱动(或者说控制驱动)。控制器是根据存放在存储器中的指令序列(即程序)来工作的，在不需要人工干预的情况下由程序计数器控制指令的执行。控制器具有判断能力，能根据当前的运算结果选择不同的指令序列继续执行。

另外，程序的局部性原理是指程序在执行时呈现出局部性规律，即在一段时间内，整个程序的执行仅限于程序中的某一部分。相应地，执行所访问的存储空间也局限于某个内存区域。局部性原理又表现为时间局部性和空间局部性。时间局部性是指如果程序中的某条指令一旦执行，则不久之后该指令可能再次被执行；如果某数据被访问，则不久之后该数据可能再次被访问。空间局部性是指一旦程序访问了某个存储单元，则不久之后。其附近的存储单元也将被访问。

2.1.2 基于总线的冯·诺伊曼模型机

图2-2所示为一个基于总线的冯·诺伊曼结构的模型计算机，它更好地反映了冯·诺伊曼计算机系统的工作原理。与复杂的现代数字计算机一样，模型机由CPU子系统(包括控制器、运算器和寄存器,寄存器由很少量的存储器构成)、存储器子系统和输入/输出子系统通过总线互连而成。

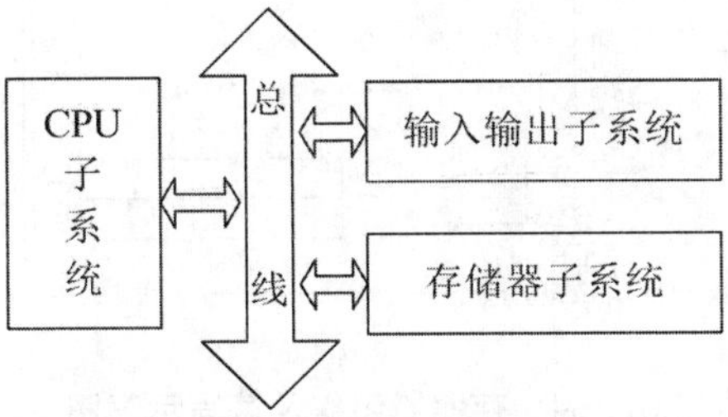

图2-2 基于总线的冯·诺伊曼结构模型机

1. **总线**

微型计算机也采用冯·诺依曼结构，在部件之间的连接上采用了总线结构。图2-3所示为采用总线结构的微型计算机典型硬件组成框图。微处理器MPU包含了图2-1中的运算器和控制器；RAM是随机存储器(Random Access Memory)，ROM是只读存储器(Read Only -Memory)。各组成部分之间通过系统总线连接在一起。

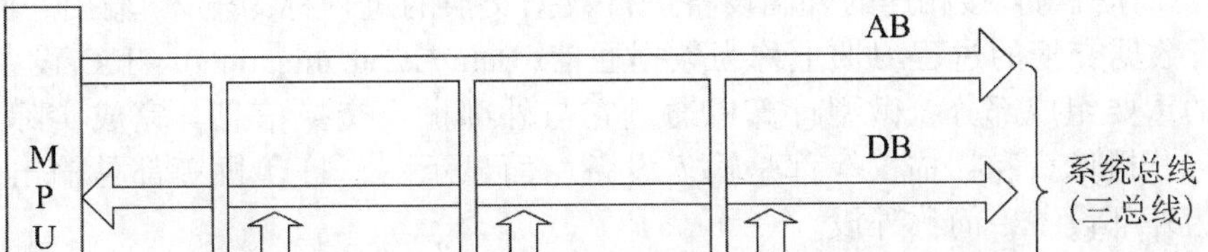

图2-3 采用总线结构的微型计算机典型硬件组成框图

总线实际上是一组导线，传输特定的信息：数据、地址或控制信息。总线是微型计算机中所有组件或部件传输信息共同使用的通道。图中 DB 是 Data Bus 数据总线，AB 是 Address Bus 地址总线，CB 是 Control Bus 控制总线。

2. **存储器子系统**

计算机系统中的存储器按照功能和访问方式，可分为内存储器(内存)和外存储器(外存)。内存用于存放 CPU 即将使用或正在使用的数据或程序，它们可以直接被 CPU 访问，内存通常为半导存储器。外存用于存放暂时不用的数据和程序，CPU 不可以直接访问它们，需通过专门的驱动设备访问，它们通常采用容量大的磁介质存储器或光存储器。在微型计算机中通常按字节编址组织存储器，每个字节存储单元有一个唯一的物理地址，可以存放 8bits 的二进制数据或数码。

存储器子系统用来存放程序和数据。如图 2-4 所示，存储器由许多字节单元组成，每个单元都有一个唯一的编号。这个编号称为存储单元地址，而其中保存的字节信息称为存储单元的内容。

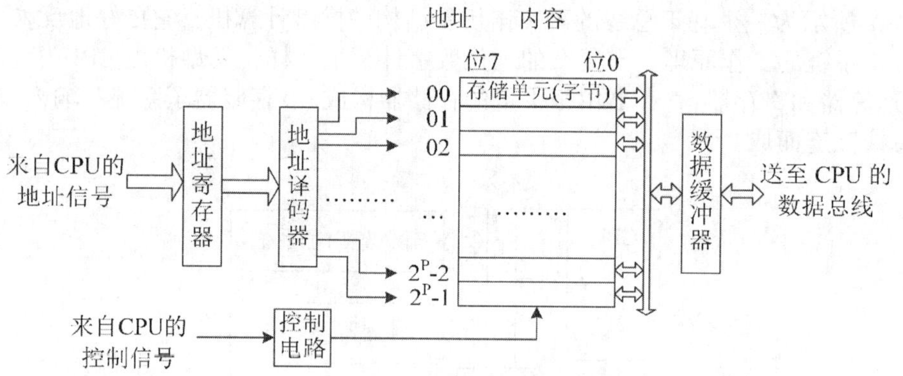

图 2-4 存储器组织及读写示意图

对指定的存储单元进行读或写统称为对该存储单元的访问。要访问指定的存储单元，应该首先将该存储单元的地址经数据总线送入地址寄存器，经地址译码后产生相应的选通信号，并在控制信号的作用下，将存储单元内容读出到数据缓冲器，或将数据缓冲器中的内容写入选定的单元。

3. **输入/输出子系统**

信息是计算机加工处理的对象，输入/输出子系统用于完成计算机与外部的信息交换。一般来说，计算机与直接相连的外围设备进行数据交换的过程称为输入/输出。而与远距离的设备进行数据交换的过程习惯上称为数据通信(Data Communication)。I/O 设备是微型计算机系统的重要组成部分，微型计算机通过它与外部世界交换信息，完成实际工作任务。键盘、鼠标、摄像头和扫描仪等都是输入设备。而显示器、打印机等都是输出设备。I/O 设备统称为外部设备，简称外设。

因为外部设备有许多不同厂家生产，种类繁多，它们不仅结构和工作原理不同，而且数据的传输方式也可能完全不同。所以，I/O 设备一般不能直接和计算机连接，而是通过 I/O 接口与之连接。I/O 接口就是计算机主机与各种外设的连接部件(电路)，是计算机与外设进行信息交换的中转站。

实际上，外部设备与计算机的连接最终是归结到通过总线与 CPU 进行信息数据的交换，为了匹配和简化互连，需要在总线和设备之间添加一个信息交换的中间环节——接口(Interface)。接口一方面应该负责接收、转换、解释并执行总线主设备(如 CPU)发来的命令；另一方面应能将总线从设备(如显示器、打印机)的状态或数据传送给总线主设备，从而完成数据交换。I/O 接口寄存器的组织及读/写方式一般与存储器类似。

接口技术是采用硬件与软件相结合的方法，研究微型计算机如何与外设进行最佳耦合匹配，以实现高效、可靠的信息交换。

4. CPU 子系统

中央处理器 CPU 是微型计算机的运算和指挥控制中心。不同型号的微型计算机，其性能的差别首先在于其微处理器性能的不同，而微处理器性能又与其内部结构、硬件配置有关。每种微处理器有其特有的指令系统。图 2-5 所示为微处理器的基本结构。

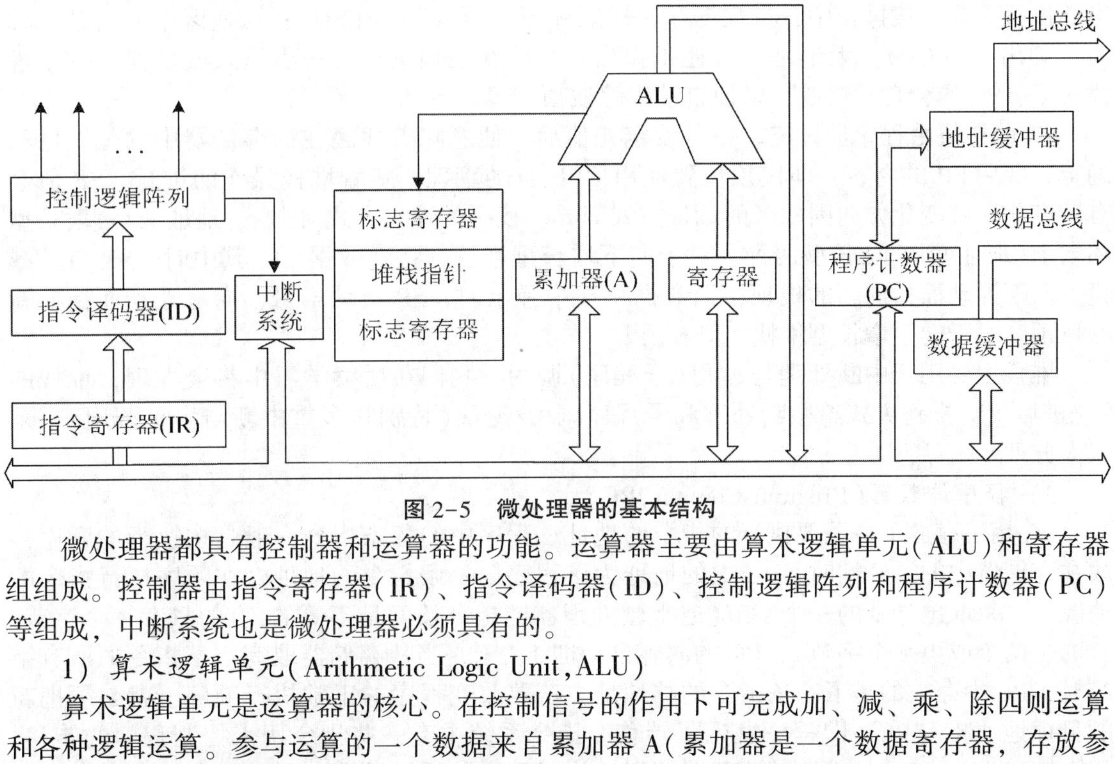

图 2-5 微处理器的基本结构

微处理器都具有控制器和运算器的功能。运算器主要由算术逻辑单元(ALU)和寄存器组组成。控制器由指令寄存器(IR)、指令译码器(ID)、控制逻辑阵列和程序计数器(PC)等组成，中断系统也是微处理器必须具有的。

1) 算术逻辑单元(Arithmetic Logic Unit,ALU)

算术逻辑单元是运算器的核心。在控制信号的作用下可完成加、减、乘、除四则运算和各种逻辑运算。参与运算的一个数据来自累加器 A(累加器是一个数据寄存器，存放参与计算的数据和运算结果)，另一个数据来自其他寄存器或存储单元。

2) 寄存器组(Register)

微处理器内部的寄存器分为通用寄存器和专用寄存器两大类。寄存器组是 CPU 内部临时存储单元，用来暂时存放数据或地址等信息。

通用寄存器是微处理器内部的一组高速的存储单元，可以存放数据，也可以存放地址。通用寄存器的数目因微处理器而异。有了这些寄存器，在需要重复使用某些操作数或中间结果时，就可将它们暂时存放在通用寄存器中，而不是存放到外部存储器中，从而加快对这些数据处理的过程。高档微处理器的设计中无不对通用寄存器进行精心设计。使用者也必须充分掌握微处理器中寄存器的组成和功能。

专用寄存器的作用是特定的，它们与微处理器的运行密切相关。一个微处理器通常必须有下面的几个专用寄存器或功能部件。

(1)标志寄存器(Flag Register,FR)。FR 用于寄存 ALU 操作结果的某些重要状态或特征，如是否溢出、是否为零、是否为负、是否有进位、是否有偶数个“1”等。每种状态或特征用一位标志。FR 中的状态标志常为 CPU 执行后续指令时使用，如根据某种状态标志来决定程序是顺序执行还是跳转执行。

(2)堆栈指针(Stack Pointer,SP)。在计算机中广泛使用堆栈作为数据的一种暂存结构。堆栈由栈区和堆栈指针构成。栈区是一组按先进后出(FILO)或后进先出(LIFO)方式工作的寄存器或存储单元，用于存放数据。当它是由微处理器内部的寄存器组成时，叫硬件堆栈；当它是由软件在内存中开辟的一个特定 RAM 区构成时，叫软件堆栈。目前，绝大多数微处理器都支持软件堆栈。

堆栈指针是用来指示栈顶地址的寄存器，用于自动管理栈区，指示当前数据存入或取出的位置。在堆栈操作中，将数据存入栈区称为“压入”（PUSH）；从栈区中取出数据称为“弹出”（POP）。无论是压入还是弹出，只能在栈顶进行。每当压入或是弹出一个堆栈元素，SP 均会自动修改，以便自动跟踪栈顶位置。

SP 的初值由程序员设定。一旦设定初值后，便意味着栈底在内存储器中的位置已经确定，此后 SP 的内容，即栈顶位置便由 CPU 自动管理。随着堆栈操作的进行，SP 值会自动变化，其变化方向因栈区的编址方式而异。栈区的编址方式有向下(地址减小)增长型和向上(地址增加)增长型两种。对于向下增长型堆栈，将新数据压入其中时，SP 自动减量，向下浮动而指向新的栈顶；当数据从栈中弹出时，SP 自动增量，向上浮动而指向新的栈顶。对于向上增长型堆栈，则相反。

堆栈主要用于中断处理与过程(子程序)调用。我们在后续学习中将会发现，堆栈的“先进后出”操作方式给中断处理和子程序调用/返回(特别是多重中断与多重调用)带来很大方便。

3）程序计数器(Program Counter,PC)

PC 用于存放下一条要执行的指令的地址。程序中的各条指令一般是按执行的顺序存放在存储器中的。开始时，PC 中的地址为该程序第一条指令的地址。在顺序执行指令的情况下，每取出指令的一个字节(通常微处理器的指令长度是不等的,有的只有一个字节，有的是两个或更多个字节)，PC 的内容自动加 1，于是当从存储器取完一条指令的所有字节时，PC 中存放的是下一条指令的首地址。若要改变程序的正常执行顺序，就必须把新的目标地址装入 PC，即程序发生了转移。指令系统中有一些指令用来控制程序的转移，称为转移指令。PC 是维持微处理器有序地执行程序的关键性寄存器，是任何微处理器都不可缺少的。

一般认为 PC 是控制器的组成部分。PC 的内容经过地址缓冲器送到地址总线，以便到存储器取出下一条指令，继续执行。

4）指令寄存器(Instruction Register,IR)和指令译码器(Instruction Decoder,ID)

从存储器取回的指令存放在指令寄存器中，以便进行指令译码。指令译码器对指令码进行分析，确定取回的是不是一条完整的指令。如果是完整的指令，要确定指令的操作，并确定操作数的地址，再得到操作数，以完成指定的操作。

5）控制器(Controler)

指令译码器的输出还必须经过一个控制器或称控制逻辑阵列(Control Logic Array)，来产生执行指令所需要的各种控制命令或命令序列。这种由硬件逻辑电路产生的控制命令序列是精简指令集型微处理器RISC经常采用的结构，这类控制器称为随机逻辑控制器。也可以将每条指令的执行，事先分解为若干条微指令，存放在存储器中。在执行指令的时候，按照微指令序列进行操作。采用这种方式的控制器称为微码控制器结构，需要的硬件成本较低，但是执行的时间较长。

6）中断系统(Interrupt System)

为了更好地和外部世界配合工作，微处理器都有各自的中断系统。中断系统可以接收外部的中断请求，暂停正在执行的程序，以便及时对外服务，或者通过中断系统处理内部发生的异常。中断系统的引入使CPU的工作效率更高。

5. 微型计算机的三种总线结构

总线结构的采用，使得微型计算机的系统构造比较简单，并且具有更大的灵活性和更好的可扩展性、可维护性。根据系统总线组织方法的不同，可把总线结构分为单总线、双总线和双重总线三类，如图2-6所示。

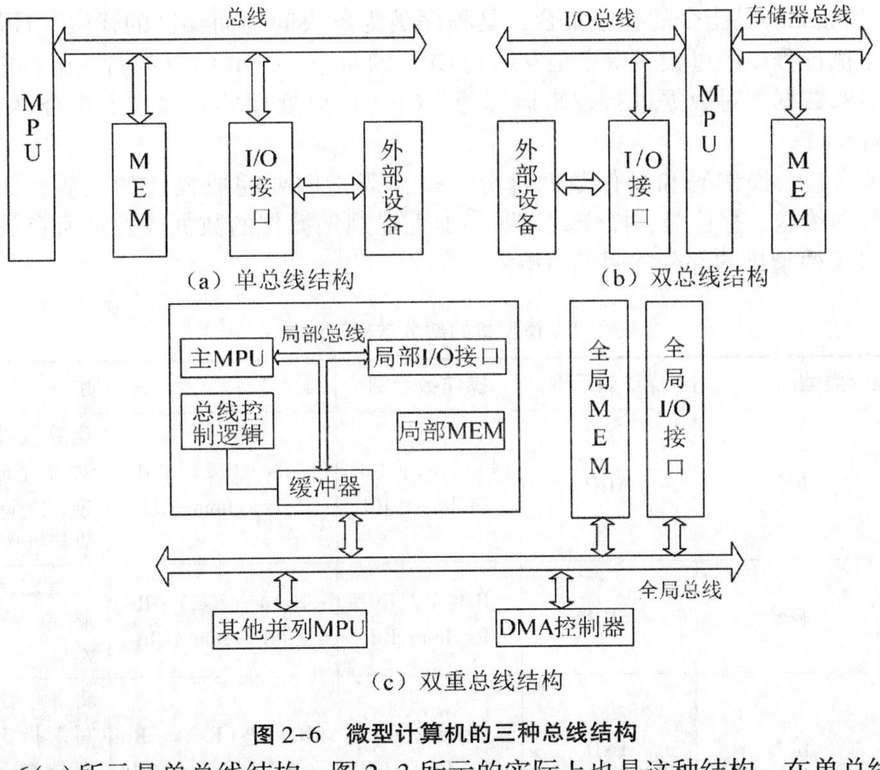

图2-6 微型计算机的三种总线结构

图2-6(a)所示是单总线结构，图2-3所示的实际上也是这种结构。在单总线结构中，系统存储器和I/O使用唯一的一条信息通路，因而微处理器对存储器和I/O的读写只能分时进行。因为它的逻辑结构简单、成本低廉、实现容易，大部分中低档微机都是采用这种结构。

图2-6(b)所示是双总线结构，I/O接口和存储器各自具有到MPU的总线通路。这种

结构的 MPU 可以分别在两套总线上同时与存储器和 I/O 接口交换信息，相当于扩展了总线带宽，提高了总线的数据传输速率。目前，部分微控制器和高档微机采用这种结构。不过在这种结构中，MPU 要同时管理与存储器和 I/O 接口的通信，这势必加重 MPU 在管理方面的负担。为此，现在通常采用专门的 I/O 处理芯片(即智能 I/O 接口)来履行 I/O 管理任务，以减轻 MPU 的负担。

图 2-6(c)所示是双重总线结构。在这种结构中，主 MPU 通常通过局部总线访问局部存储器和局部 I/O，这时的工作方式与单总线情况类似；也经常作为主设备访问全局存储器和 I/O。当一个其他并列 MPU 需要对全局存储器和全局 I/O 访问时，必须由总线控制逻辑统一安排才能进行，这时该 MPU 就是系统的主控设备。比如，图 2-6(c)中的 DMA 控制器也可成为系统的主控设备。DMA 控制器可以通过系统总线直接控制全局 I/O 外部设备和全局存储器之间的数据传输。在其他处理器进行全局 I/O 的同时，主 MPU 还可以通过对局部存储器或局部 I/O 进行访问。显然，这种结构可以实现在双重总线上并行工作，并且对等效总线带宽的增加、系统数据处理和数据传输效率的提高效果更明显。目前，各种高档微型机和工作站基本上都是采用这种双重总线结构。

2.1.3 模型机的指令集与工作过程

程序(Program)是指令的有序集合，是程序员为解决问题而编制的代码。计算机工作的本质就是执行程序的过程。指令是发送到 CPU 的命令，指示 CPU 执行一个特定的处理，如从存储器取数据、对数据进行逻辑运算等。CPU 可以处理的全部指令集合称为指令集(Instruction Set)。

指令通常包含操作码和操作数两部分。操作码指明要完成操作的性质，如加、减、乘、除、数据传送、移位等；操作数指明参加上述规定操作的数据或数据所存放的地址。表 2-1 定义了模型机的部分常用汇编指令。

表 2-1　模型机的部分常用汇编指令

指令类型		操作码示例	操作数示例	说明	
算术类	加法	ADD	Rs1,Rs2, Rd Rs,Imm, Rd	(Rs1+Rs2)→Rd (Rs)+Imm→Rd	运算类指令只能对寄存器中的数据，立即数进行直接操作
	减法	SUB	Rsl,Rs2,Rd Rs,Imm,Rd	(Rs1)-(Rs2)→Rd (Rs1)-Imm→Rd	将指定地址的存储单元或 I/O 端口
逻辑类	位与	AND	Rsl,R2,Rd Rs,Imm,Rd	(Rs1)∧(Rs2)→Rd (Rs1)∧Imm→Rd	将寄存器 Rs 的值写入指定地址的存储单元或 I/O 端口
	位或	OR	Rsl,Rs2,Rd Rs,Imm,Rd	(Rs1)∨(Rs2)→Rd (Rs)∨Imm→Rd	
	位非	NOT	Rs,Rd	！(Rs)→((Rd)	

（续表）

指令类型		操作码示例	操作数示例	说 明	
传送类	存储器或 I/O 读	LDR	[MEM],Rd	[MEM]→Rd	
	存储器或 I/O 写	STR	Rs，[MEM]	(Rs)→ [MEM]	
	寄存器访问	MOV	Rs，Rd Imm，Rd	(Rs)→(Rd) Imm→Rd	将 Rs 中内容复制一份送入 Rd 立即数送入 Rd
跳转类	无条件跳转	JMP	Label	Label→(PC)	从标号 Label 处执行程序
	条件跳转	JX/JNX	Label	If X 为真/假，则 Label→(PC)	
	过程调用	CALL	Sub-Label	Sub-Label→(PC)	调用子程序
	过程返回	RET			返回主程序
其他	停机	HLT			

(1)Rx 为 CPU 内部的通用寄存器。其中，Rs 表示源寄存器；Rd 表示目的(结果)寄存器。

(2)Imm 表示立即数。

(3)MEM 为存储单元或 I/O 端口的地址，[·] 表示存储单元或 I/O 端口中的值。

(4)Label 表示目的地址。

(5)x 表示可用的条件标志位：Z(结果为 0)，C(进/借位)，S(符号位)，O(溢出)。

(6)Sub-Lable 为过程名,表示子程序的入口地址。

计算机系统的工作必须按人的意志进行,反映这种意志的具体方法就是编写程序,并通过底层硬件的执行来实现。计算机执行这些程序实际上就是模仿或部分模仿了人脑的思维过程,如顺序思维、判断跳跃、逻辑推理与推测、综合考虑与利用等。

微型计算机每执行一条指令都分成三个阶段进行:取指令(Fetch)、分析指令(Decode)和执行指令(Execute)。

取指令阶段的任务是：根据程序计数器(PC)中的值从存储器中读出现行指令，送到指令寄存器(IR)，然后 PC 自动加“1”。如果一条指令有 N 个字节，取指令就要取出这 N 个字节的内容。也就是取完这一条指令后，PC 的值要加 N，指向下一条指令地址。

分析指令阶段的任务是：对指令操作码进行指令译码，分析其指令性质。如指令要求操作数，则应形成寻找操作数的地址。

执行指令阶段的任务是：取出操作数，执行指令规定的操作。根据指令不同还可能写操作结果到寄存器或存储器。

微型计算机程序执行过程如图 2-7 所示，程序的运行过程实际上就是周而复始地完成这三个阶段操作的过程，直至遇到停机指令时才结束整个机器的运行。

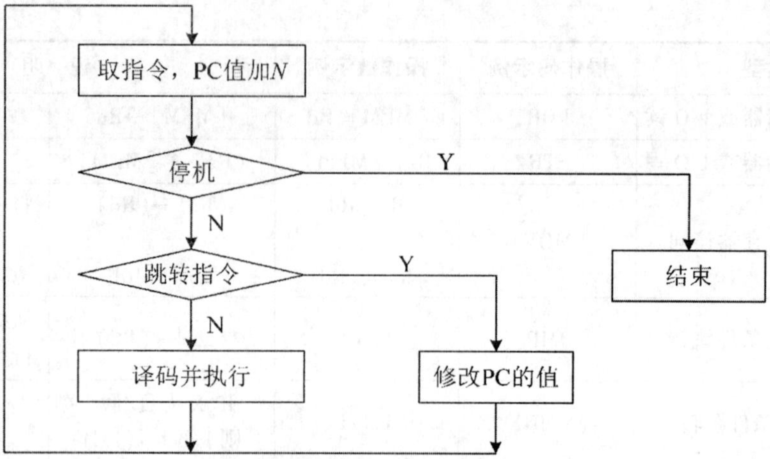

图 2-7　程序执行过程

图 2-8 所示为一个简化的计算机系统模型。图中虚线以内部分为微处理器内部简化模型，虚线以下部分的存储器中从 1000H 地址单元开始存放了一段待执行的机器语言程序。为简化起见，图中忽略了输入/输出系统。

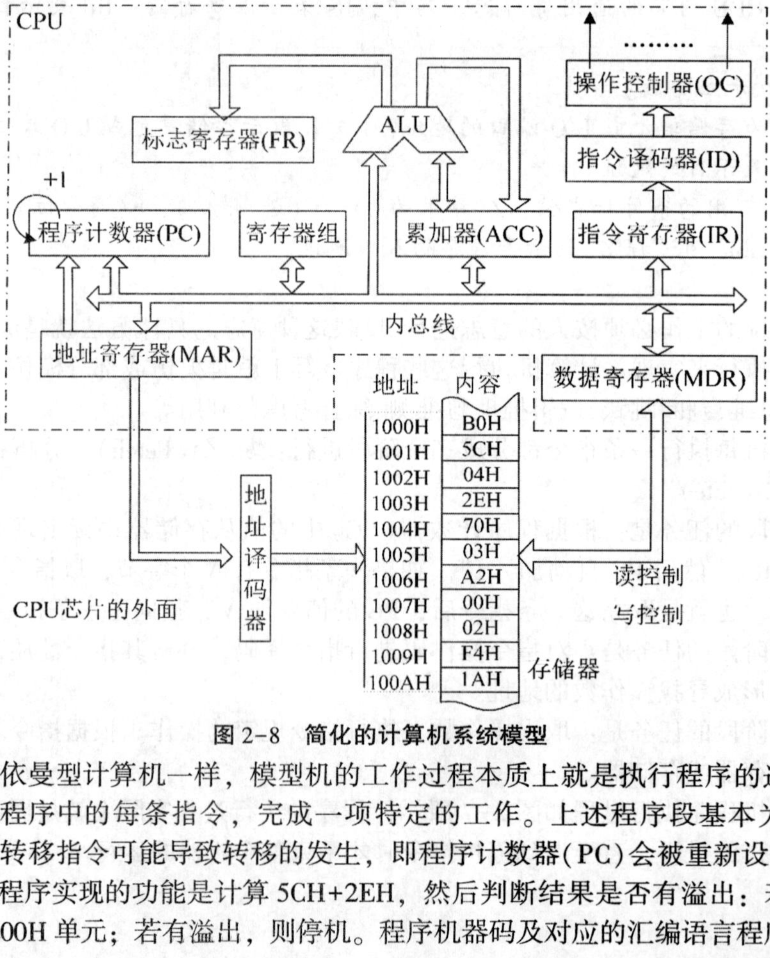

图 2-8　简化的计算机系统模型

与冯·诺依曼型计算机一样，模型机的工作过程本质上就是执行程序的过程。模型机通过逐条执行程序中的每条指令，完成一项特定的工作。上述程序段基本为顺序执行过程，其中溢出转移指令可能导致转移的发生，即程序计数器(PC)会被重新设置。

存储器中程序实现的功能是计算 5CH+2EH，然后判断结果是否有溢出：若无溢出，将结果存放到 0200H 单元；若有溢出，则停机。程序机器码及对应的汇编语言程序清单如下。

```
汇编指令机器指令                              机器码
1:MOV    5CH,  R1                           B0H 5CH
2:ADD    R1,  2EH,  R2                      04H 2EH
3:JO     L1                                 70H 03H
4:STR    R2,[0200H]                         A2H 00H 02H
5:L1     HLT                                F4H
```

该程序由五条指令组成。每条指令对应的第一个机器码为指令操作码，紧随操作码之后的机器码为操作数。第一条指令将立即数5CH送到寄存器R1，其机器码为B0H和5CH两字节。第二条指令将立即数2EH与寄存器R1中的数相加，结果放在寄存器R2中，其机器码为04H和2EH两字节。第三条指令为溢出转移指令，其机器码为70H和03H两字节，如果上条指令的运算结果有溢出，则转向第五条指令首地址L1，否则依次执行第四条指令。第四条指令将寄存器R2中的内容存储到地址单元0200H中，其机器码为A2H、00H和02H这三字节。第五条指令为停机指令，没有操作数，所以与之对应的机器码只有操作码F4H这一字节。

设在运行本程序前程序计数器PC的值为1000H。程序运行步骤如下所示：

(1)将PC内容1000H送至地址寄存器（MAR）；

(2)PC值自动加1，为取下一字节机器码做准备；

(3)MAR中的内容经地址译码器译码，找到存储器1000H单元；

(4)CPU发读命令；

(5)将1000H单元内容B0H读出，送至数据寄存器(MDR)；

(6)由于B0H是操作码，故将它从MDR中经内部总线送至指令寄存器(IR)；

(7)经指令译码器（ID）译码，由操作控制器(OC)发出对应于操作码的控制信号。

下面将要取操作数5CH，送至寄存器R1。

(1)将PC内容1001H送至MAR；

(2)PC值自动加1；

(3)MAR中内容经地址译码器译码，找到1001H内存单元；

(4)CPU发读命令；

(5)将1001H单元内容5CH读至MDR；

(6)因5CH是操作数，将它经内部总线送至操作码规定的寄存器R1中。

至此，第一条指令“MOV 5CH，R1”执行完毕。其余几条指令的执行过程也是类似的，先读取和分析操作码，再根据操作码性质确定是否要读操作数及读操作数的字节数，最后执行操作码规定的操作。

2.1.4 哈佛结构

冯·诺伊曼结构的一种总线改进结构是哈佛(Harvard)结构，它从存储器分离的角度改善了冯·诺依曼计算机存储器串行读/写速率低下的瓶颈，是适用于数字信号处理器的一种计算机体系结构。如图2-9所示，该结构可以提供较大的存储器带宽。当然，程序存储器与数据存储器的并行读/写需求要求CPU提供两套独立的地址和数据总线。

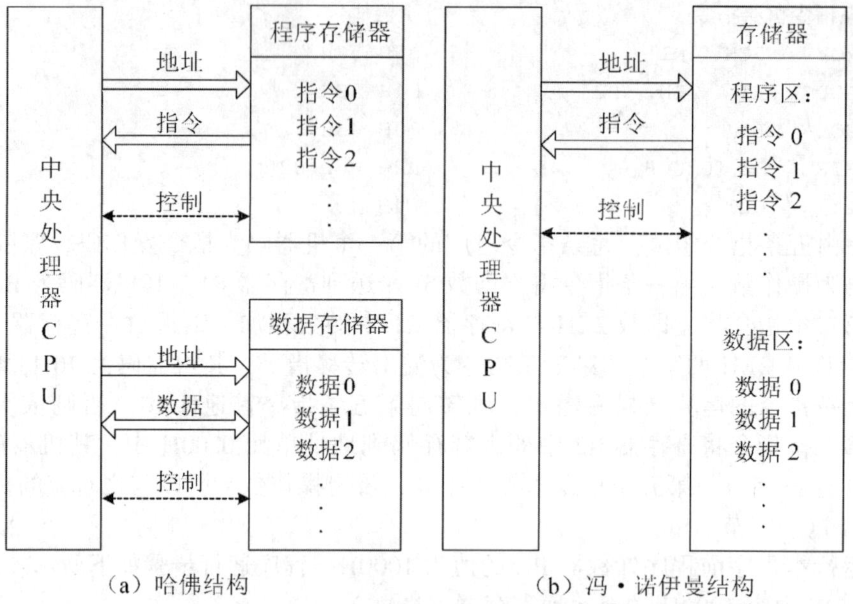

图 2-9　哈佛结构冯·诺伊曼结构的对比

冯·诺伊曼结构的计算机由 CPU 和存储器组成，其程序和数据共用一个存储空间，程序指令存储器和数据存储器指向同一个存储器的不同物理位置；采用单一的地址及数据总线，程序指令和数据的宽度相同。

目前使用冯·诺伊曼结构的 CPU 和微控制器品种很多，如 Intel 公司的 x86 系列及其他 CPU，ARM 公司的 ARM7，MIPS 公司的 MIPS 处理器等。

哈佛(Harvard)结构的主要特点是将程序和数据存储在不同的存储空间中，即程序存储器和数据存储器是两个独立的存储器，每个存储器独立编址，独立访问。系统中有程序的数据总线和地址总线，也有数据的数据总线和地址总线。这种分离程序总线和数据总线可允许在一个机器周期内同时获取命令字和操作数，从而提高执行速度，提高数据的吞吐率。又由于程序和数据存储器在两个分开的物理空间中，所以取指令和执行指令能完全在时间上重叠，具有较高的执行效率。

目前使用哈佛结构的 CPU 和微控制器品种也很多，除 DSP 处理器外，还有摩托罗拉公司的 MC68 系列，ATMEL 公司的 AVR 系列和 ARM 公司的 ARM9、ARM10 和 ARM11 等。

2.1.5　冯·诺伊曼结构的改进

冯·诺依曼型计算机以存储程序原理为基础，将程序和数据混合存放在单一存储器中，并使用单一处理部件按“取指→分析→执行”的步骤顺序执行指令，串行性(或线性)作为冯诺依曼型计算机的本质特点，具体表现在两个方面：指令执行的串性和存储器读取的串行性。这种串行特性正是导致冯·诺依曼结构性能瓶颈的主要原因。

几十年来，伴随着微电子、通信以及网络技术的发展，微处理器的体系结构也发生了巨大的变化。这些演变主要包括两个层次：对冯·诺依曼体系结构的改进以及各种并行技术的使用。

现代计算机系统对冯·诺依曼结构的改进主要体现在以下几方面：

(1)指令集(包括指令功能、指令格式和寻址方式)的更新和优化；

(2)利用程序的局部性原理将存储器划分为多个层次，以达到速度、容量和价格的平衡；

(3)高速总线成为计算机系统的核心。

为了进一步提高计算机的性能，对冯·诺依曼型微处理器体系结构的改变主要集中在两个发展方向：一是改变冯·诺依曼机的串行执行模式，发展并行技术；二是改变冯·诺依曼机的控制驱动方式，发展数据驱动、需求驱动、模式驱动等其他驱动方式。近几十年来，前一种发展方向，即控制驱动方式下的并行处理体系结构计算机已取得重大进展，成为现代计算机体系发展的主流，而后一种发展方向大多还处于探索和研究阶段。

1. 存储器采用分层子系统

存储器是计算机的核心部件之一，它直接关系到整个计算机系统性能的高低。从技术上说，存储器读取速度的发展远远落后于 CPU 的运算速度，因此如何以合理的价格搭建出容量和速度都满足要求的存储系统，始终是计算机体系结构设计中的关键问题之一。

常用的存储设备或技术有很多，其速度、易失性、存取方法、便携性、价格和容量等特性不尽相同。通常来说，速度越快则每位价格越高；容量越大则速度越慢。现代的高性能系统要求存储器速度快、容量大，并且价格合理；然而按照当前的技术水平，仅用单种存储介质是很难满足要求的。所以，现代计算机系统通常把不同容量、不同速度的存储按一定的层次结构组织起来，形成一个统一的存储系统，以解决存储容量、存取速度和价格之间的矛盾。

大多数现代计算机采用了图 2-10 所示的四级存储结构。金字塔形状表明了各存储层次的特点：越靠近金字塔上层的存储器离 CPU 越近，存取速度越快，但价格也越较高，因此容量也越小。从整体上看，高速缓存 Cache—主存层次的存取速度接近于 Cache 的存取速度，容量和每位存储的平均价格却接近主存，解决了高速度和低成本之间的矛盾；而主存—辅存层次的存取速度接近于主存的存取速度，容量和每位存储的平均价格却接近辅存，解决了大容量和低成本之间的矛盾。

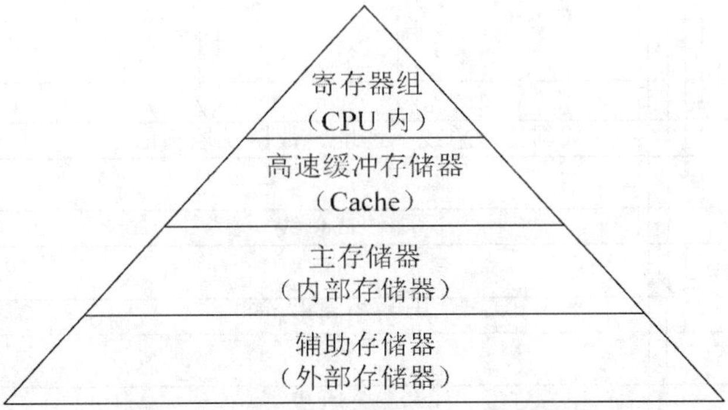

图 2-10 现代计算机的四级存储结构

2. 总线与输入/输出子系统

计算机系统中连接各子系统的通路集合称为互连结构(Interconnection Structure)。总线(BUS)是迄今为止使用最普遍的互连结构。总线是一组传送信息的公共通路，总线上的设备可分主设备和从设备两大类。总线主设备指能够启动总线活动的设备(如 CPU)，而那些只能等待启动命令的被动型设备称为总线从设备(如存储器)。

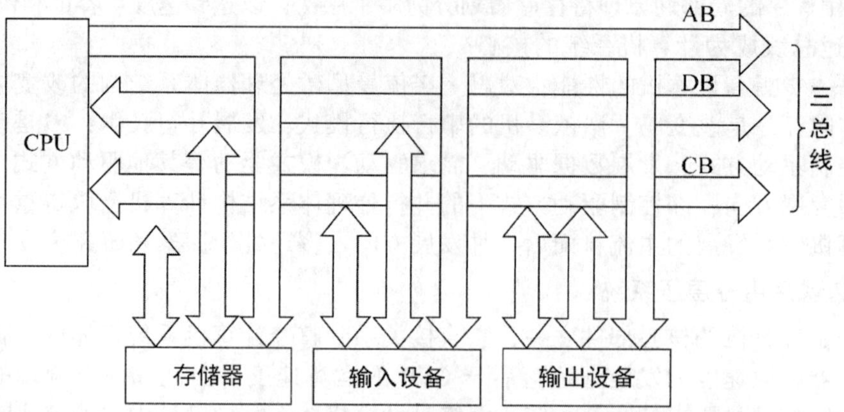

图 2-11　简单总线结构

早期计算机系统中的总线主要是 CPU 引脚的延伸，如图 2-11 所示。这种简单总线结构的不足表现在两个方面：第一，CPU 是总线唯一的主设备；第二，总线结构与处理器紧密相关，通用性差。为了适应计算机的批量生产，包括总线在内的各个部件开始逐渐标准化。标准总线力求与处理器结构及实现技术无关，并应支持多个主设备，由总线控制器来协调(仲裁)主设备对总线的请求。图 2-12 给出了一种标准总线结构的示意图，其中数据传送总线包括地址、数据及相应的控制线；仲裁总线包括总线请求线和总线授权线；中断和同步总线用于处理带优先级的中断操作，包括中断请求线和中断认可线；公用线包括时钟、电源/地、系统复位线等。

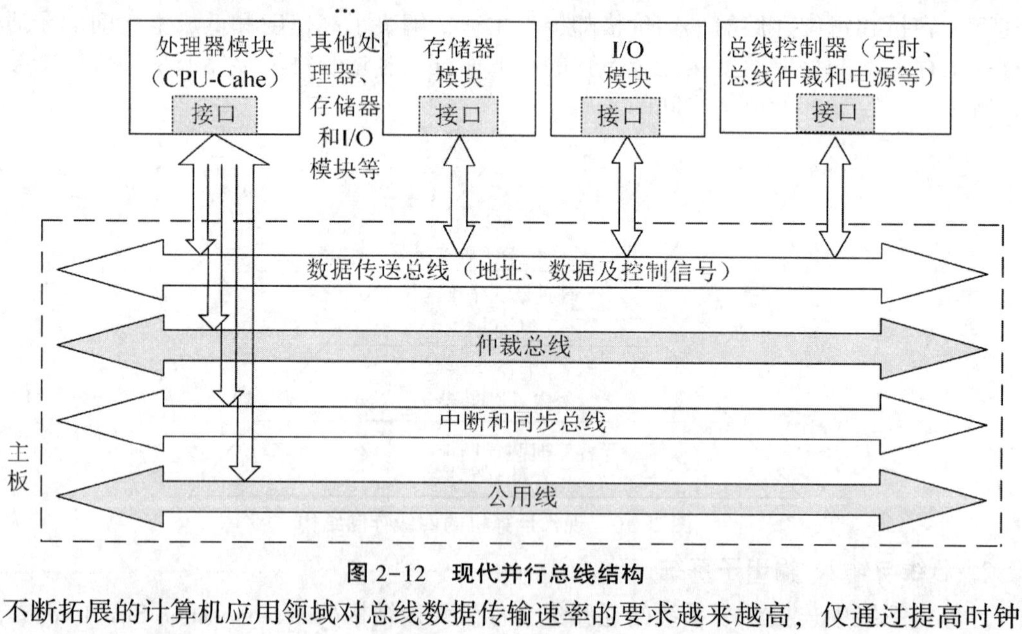

图 2-12　现代并行总线结构

不断拓展的计算机应用领域对总线数据传输速率的要求越来越高，仅通过提高时钟频率和增加并行传送位数来提高总线带宽的方法遇到了很大的障碍，而以差分信号传输、包传送及点对点通信为特征的、适用于远距离传输的高速串行总线技术(如 USB 和 SATA)变得越来越普及。现代计算机系统中的总线串行化体现了网络通信技术向计算机体系结构的成功渗透。

除了总线之外，计算机系统中输入/输出体系结构设计的好坏也会直接影响计算机系统的性能。作为衡量计算机系统性能的一个重要指标，系统响应时间包括 CPU 的处理时间和 I/O 系统的响应时间，如果 I/O 系统的响应时间很长，那么 CPU 的速度再快也没用。早期的冯·诺依曼计算机中，所有操作都由控制器集中控制，这使得输入/输出操作与运算操作只能串行进行。随着计算机系统中外设的不断丰富，如何实现低速外设和高速 CPU 的匹配，并使 CPU 能与外设尽可能地并行工作以提高整机效率，成为体系结构设计中的一个关键问题。

图 2-13 列出了目前常用的多种输入/输出方式。从上至下来看，这些输入/输出方式逐渐把越来越多的输入/输出的管理工作从 CPU 中分离出来，交给新设置的硬件去完成，从而提高了 CPU 的工作效率，同时改善了输入/输出系统的响应时间。

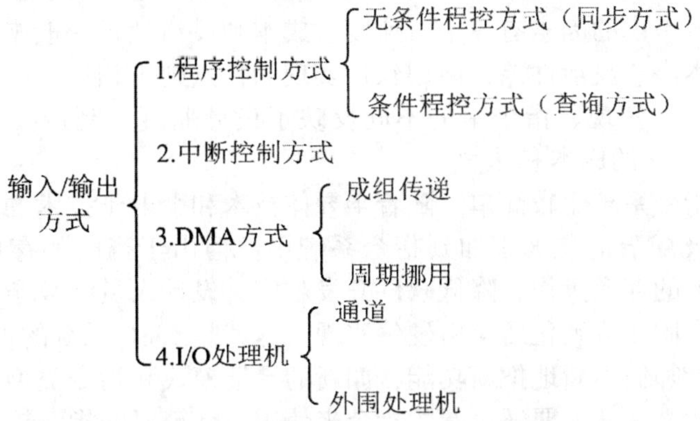

图 2-13　计算机系统的输入/输出方式

图 2-14 所示为计算机系统中，主机和外设之间常用的几种连接模式。其中，辐射型结构一般用在以 CPU 为中心，且外设种类单一、数量较少的系统中；通道型结构一般用于外设的数量多、设备差别大的大型计算机系统中。

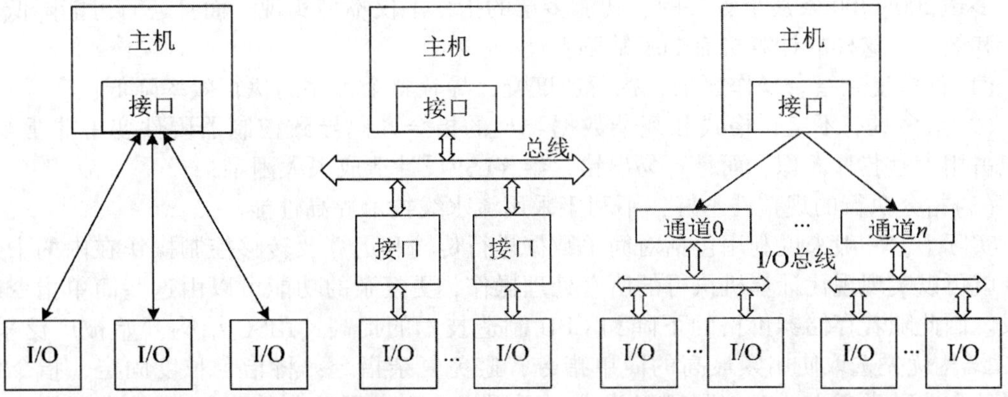

（a）辐射型　（b）总线型　（c）通道型

图 2-14　主机和外设之间常用的连接模式

2.2 精简指令集计算机与复杂指令集计算机

复杂指令集计算机(Complex Instruction Set Computer, CISC)与精简指令集计算机(Reduced Instruction Set Computer, RISC)是按照指令的执行方式和指令集的复杂程度来划分的两种计算机结构。由于处理器是计算机的核心，所以通常情况下，CISC与RISC两种结构的区别主要体现在处理器上。

2.2.1 指令集结构设计及优化

CPU的指令集结构(Instruction Set Architecture, ISA)是计算机体系结构的主要内容之一，其功能设计实际上就是确定软硬件的功能分配，即哪些基本功能由硬件实现，哪些由软件实现。这里主要考虑的因素有三个：速度、成本和灵活性。一般来说，用硬件实现的特点是速度快、成本高、灵活性差，而用软件实现的特点则正相反，因此对出现频率高的基本功能应首选用硬件实现。指令集的不同反映了设计原理、制造技术和系统类别的差别，由此也决定了CPU的成本和速度。

最初的计算机指令系统比较简单。随着半导体技术和微电子技术的发展，硬件成本降低，越来越多的高级复杂指令被添加到指令系统中。但由于当时的存储器速度慢、容量小，为减少对存储器的存取操作，降低软件开发难度，设计人员将复杂指令功能通过微程序实现，再将微程序固化或硬化后交由硬件实现，这就是CISC系统的设计思路。

由于计算机设计师们不断地把新功能，如新的寻址模式和指令类型等添加到计算机系统中，而这些新功能又常常需要通过新的指令来使用，计算机的指令越来越复杂。到了20世纪70年代后期，日趋庞杂的指令集变得无法适应优化编译和超大规模集成电路(Very-Large Scale Integration, VLSI)技术的发展，而同时存储器的成本却在不断降低。美国加州大学伯克利分校的研究结果表明，在CISC指令集的各种指令中，只有20%的简单指令使用频度较高(占运行时间的80%)，而其余80%的复杂指令只在20%的运行时间内才会用到，多达200~300条甚至更多的、功能多样的指令不仅不易实现，而且还有可能降低系统性能和效率，这样的计算机有如下缺陷：

(1)许多复杂指令操作繁杂，执行速度慢，导致整个程序的执行效率降低；

(2)众多具有不定长格式和复杂数据类型的指令译码导致控制器硬件变得非常复杂，不但占用大量芯片面积，而且容易出错，给VLSI设计造成很大困难；

(3)指令执行的规整性不好，不利于采用流水线技术提高性能。

实际上，一般来说利用包括对简单数据进行传输和运算及转移控制操作在内的十余条指令就可以实现现代计算机执行的所有处理操作，更复杂的功能可以由这些简单指令组合完成。因此随着存储器价格的下降和CPU制造技术的提高，RISC结构开始被广泛采用。RISC结构优先选取使用频最高的简单指令，避免复杂指令；将指令长度固定，指令格式和寻址方式种类减少；以控制逻辑为主，不用或少用微码控制等。RISC的出现简化了指令系统，克服了CISC的缺点，使得更多的芯片硅面积可以用于实现流水和高速缓存，有效地提高了计算机的性能。但也正因为指令简单，RISC的性能就更依赖于编译程序的有效性，如果没有一个很好的编译程序，RISC结构的潜在优势就无法发挥。

精简指令集计算机(RISC)的设计通常应当遵循以下原则：

(1)指令条数少，格式简单，易于译码；

(2)提供足够的寄存器，只允许 Load 和 Store 指令访问内存；

(3)指令由硬件直接执行，在单个周期内完成；

(4)充分利用流水线技术；

(5)强调优化编码器的作用。

1986 年起，计算机工业界开始发布基于 RISC 技术的微处理机，加州大学伯克利分校的 RISCII 后来发展为 Sun 公司的 SPARC 系列微处理器，斯坦福大学的 MIPS 发展为 MIPSRxxx 系列微处理器，IBM 则是在 801 的基础上推出了 INMRT-PC 及后来的 RS6000。

RISC 思想与技术已成为现代计算机设计的基础技术之一，然而 CISC 技术却也并没有马上退出历史舞台。这是因为由于历史原因，RISC 产品还远不及 CISC 产品丰富，各计算机厂商为了保持向后兼容，不会完全放弃 CISC 技术。并且，RISC 技术和 CISC 技术是改善计算机性能的两种不同方式，各有其优缺点：CISC 的复杂性在于硬件，即 CPU 中控制器部分的设计实现；而 RISC 的复杂性在于软件，即编译程序的编写和优化。

支持更少的操作数类型，以及只支持固定的指令代码长度，使 RISC CPU 的硬件设计变得较为简单，但用户程序却变得越来越庞大。摩尔定律的不断推进意味着如今在选择 RISC 结构或者 CISC 结构时又存在着新的因素。虽然拥有足够的存储空间已经不成问题，但是处理器与存储器之间越来越大的速度差距意味着存储器速度将成为计算机性能的瓶颈。在 CISC 结构上开发的用户程序较小，可以更有效地减少获取程序指令所需的存储器带宽，更好地利用指令缓存，从而提高系统性能。

注：摩尔定律是由英特尔(Intel)创始人之一戈登·摩尔(Gordon Moore)提出来的。其内容为：当价格不变时，集成电路上可容纳的元器件的数目，每隔 18~24 个月便会增加一倍，性能也将提升一倍。换言之，每一美元所能买到的电脑性能，将每隔 18-24 个月翻一倍以上。这一定律揭示了信息技术进步的速度。

尽管这种趋势已经持续了超过半个世纪，摩尔定律仍应该被认为是观测或推测，而不是一个物理或自然法则。预计该定律将持续到至少 2020 年。然而，2010 年国际半导体技术发展路线图的更新增长已经放缓在 2013 年年底，之后的时间里晶体管数量密度预计只会每三年翻一番。

2.2.2 RISC 和 CISC

CISC 和 RISC 这两种技术竞争的结果如何还很难预料，从目前的情况来看很有可能会出现两种技术的融合。例如，作为 RISC 机型的 Power PC 在一定程度上引入了 CISC 技术；而作为 CISC 代表的 Intel CPU 中，也已包含了 RISC 内核，一些最简单也是最常用的指令由硬件直接执行，其他复杂指令仍然采用原来的微码技术。

Intel 的 x86 系列处理器和 Motorola 的 68K 系列处理器是比较典型的 CISC 处理器。CISC 处理器的主要特点是指令集庞大，指令的长度(字节数)不相同，指令译码步骤也比较复杂。由于指令多而复杂，相应的硬件电路也就比较复杂。同时，随着同一系列处理器的发展还要不断引入新的更复杂的指令集，导致更复杂的处理器结构。CISC 结构的处理器的设计出发点主要有：①对高级语言编程的支持；②功能实现由软件向硬件的迁移；③兼容性需求。

RISC 结构正是在对 CISC 结构的质疑中被提出的(其实,CISC 一词是在 RISC 被提出后,为了区别新旧两种结构才被引入的)。RISC 结构并非只是简单地去减少指令，而是把着眼点放在了如何使计算机的结构更加简单合理上，并在简单合理结构的基础上提高处理器的运算速度。RISC 结构优先选取使用频率最高的简单指令，避免复杂指令；将指令长度固定，指令格式和寻址方种类减少；CPU 的控制功能主要通过硬件逻辑电路来实现，而不是通过软件的微程序控制方式来实现，可以更快地实现控制功能。

到目前为止，RISC 体系结构还没有非常严格的定义，一般认为，RISC 体系结构应具有如下特点：

(1)采用固定长度的指令格式，指令归整，简单，指令的基本寻址方式限制为 2~3 种；

(2)使用单周期指令，便于流水线操作执行；

(3)大量使用寄存器，数据处理指令只对寄存器进行操作，只有加载/存储指令可以访问存储器，以提高指令的执行效率。

和 CISC 结构相比，尽管 RISC 结构有上述优点，但绝不能认为 RISC 结构就可以完全取代 CISC 结构。RISC 的缺点也直接来源于它的优点，因为指令简单，RISC 结构的性能就依赖于编译器的有效性；正因为有大量的寄存器，所以寄存器的分配策略也就变得更复杂，等等。

事实上，RISC 和 CISC 各有优势，而且界限也并不那么明显(其实 Intel 的 x86 系列处理器从 i586 开始就引入了一些 RISC 设计理念)。现代的处理器往往采用 CISC 的外围，内部加入了 RISC 的特性，如超长指令集处理器就是融合了 RISC 和 CISC 的优势，成为 CPU 的发展方向之一。

2.3 计算机的并行技术

2.3.1 计算机并行技术

计算机系统发展到今天，其性能价格已经极大地满足了多数人的需要，VLSI 技术的发展使得计算机系统的性能得以飞速提高。单处理机系统提高运算速度的主要途径是体系结构和电路工艺上的改进。结构上包括流水线结构、向量处理和指令级并行性的开发等，它只能把速度提高大约十倍，电路上的新材料还未成熟，而微小化几乎要接近极限。现代高性能计算机系统的性能提升一方面得益于微电子技术的进步，另一方面则是因为计算机体系结构的创新，如何挖掘机器的并行性，一直是计算机设计者努力的主要方向。

计算机系统在同一时刻或同一时间间隔内进行多种运算或多个操作称为计算机的并行性(parauelism)。它包括同时性(simultaneity)和并发性(concurrency)。同时性指两个或两个以上事件在同一时刻发生，并发性指两个或两个以上事件在同一时间间隔内发生。简单地说，并行处理技术就是描述多个处理器或处理器模块并行执行的工作模式。

早在 20 世纪 80 年代初，各种 16/32 位的高性能微处理机的并行机系统就出现了。在 80 年代中期，美国科技政策署就提出了“巨大挑战(Grand Challenges)”的任务，其中的气候模拟、半导体模拟、受控核聚变研究、海洋环流等需要大量复杂计算的问题都需要运算速度比现有的系统高的超级计算机，于是出现了并行机系统。

对并行处理技术的研究包括了并行机硬件和并行软件系统。

1. 并行机的体系结构

根据并行计算机的基本结构特点，将并行计算机体系结构分成四种结构：传统的向量处理机(VCP)、多处理机(MP)、工作站机群(NOW)及大规模并行处理机(MPP)。

向量处理机(Vector computer)，面向向量型并行计算，以流水线结构为主的并行处理计算机。采用先行控制和重叠操作技术、运算流水线、交叉访问的并行存储器等并行处理结构，对提高运算速度有重要作用。但在实际运行时还不能充分发挥并行处理潜力。向量运算很适合流水线计算机的结构特点。向量型并行计算与流水线结构相结合，能在很大程度上克服通常流水线计算机中指令处理量太大、存储访问不均匀、相关等待严重、流水不畅等缺点，并可充分发挥并行处理结构的潜力，显著提高运算速度。

多处理机(Multi processor)是具有多个处理机的计算机，能够大大提高计算机的处理速度。从结构上说，多处理机分为共享存储器结构、分布式存储器结构两种。共享存储器结构：多个处理单元通过网络(内部连接)共享集中的主存储器，主存储器由多个并行的存储体组成，而每个存储体都有自己的控制单元(CU，这是与并行处理机的不同点)。系统资源易管理、利用，程序员易编程；但是处理机数目少，不易扩充。分布式存储多处理机：每个处理机都有自己的控制器、存储单元，CU 及存储器等构成多个较为独立的部分，各个部分通过网络(内部连接)协调工作。其特点是结构灵活、易扩充，但是，任务传输及任务分配算法复杂，通常要设计专有算法。

机群(Cluster)系统是互相连接的多个独立计算机的集合，这些计算机可以是单机或多处理器系统，每个节点都有自己的存储器、I/O 设备和操作系统。机群对用户和应用来说是一个单一的系统，它可以提供低价高效的高性能环境和快速可靠的服务。

大规模并行处理机(Massively Parallel Processor,MPP)中，每一个节点由微处理器，局部存储器(分布式存储器)及网络接口电路构成；节点间以定制的高速网络互联。MPP 是一种异步的多指令流多数据流(Multiple Instruction Stream Multiple Data Stream,MIMD)，因为它的程序有多个进程，它们分布在各个微处理器上，每个进程有自己独立的地址空间，进程之间以消息传递进行相互通信。

2. 并行软件

并行机使用的效率和方便性的解决有赖于并行软件(Parallel Software)的发展。对并行软件的讨论包括：并行操作系统、并行算法、并行语言和并行程序设计。

提高计算机系统的并行性可以有多种措施来实现，这些措施的基本思想包括时间重叠(Time Interleaving)、资源重复(Resource Replication)和资源共享(Resource Sharing)。目前在不同层面实现的并行处理主要包括系统级并行技术(即 SLP,如多处理器、多磁盘结构)、指令级并行技术(即 ISP,如流水线结构)、线程级并行技术(即 TLP,如同时多线程 SMT 处理器)以及电路级并行技术(即 CLP,比如组相连 Cache、先行进位加法器)等。其中指令级并行和多处理器级并行技术应用最为广泛，前者的主要目标是使计算机在单位时间里处理更多指令；后者的主要目标是使多个 CPU 一起工作，解决同一个问题。

并行计算机已有 20 多年的历史。20 世纪 90 年代，无疑是并行处理、超并行处理飞速发展的年代。当前并行计算机的发展还面临着许多的问题和挑战，但是可以坚信的是，并行处理技术以其高性能和巨大的发展潜力，必将成为 21 世纪制造高性能计算机的关键技术，也就是说并行处理和并行机是将来的主要趋势。

2.3.2 多机系统与多核系统、多线程技术

三维物理现象的模型计算、全球天气预报等应用是超级计算问题的典型实例，单个计算机系统是无法处理这类超级计算问题的。随着网络技术的发展，计算机系统之间相互高

性能通信的代价逐渐降低，规模经济大大降低了高速网络的成本。为支持一组特定服务或应用，可将多台计算机组织在一起成为多计算机配置，如大规模并行处理机、机群、刀片(Blade)、网格(Grid 或 Network Grid)等。多机并行技术能够组合并协调利用大量分布式计算资源，解决非常复杂的应用问题。

1. 多机系统

多处理器组织成为并行技术的一个新的发展方向，原因是指令级并行开发空间减小、存储器访问速度提高缓慢，以及对电源关注程度的增加，单处理器性能的提高受到限制，而数字通信技术、计算机网络技术的发展，以及硬件成本的大幅下降。

多机系统是指由两台以上的计算机经网络互连、并能够在操作系统的控制下合作解决一个共同问题的计算机系统。多机系统中的资源一般为相对独立的模块，模块在一定范围内的增减替换不至于影响系统的整体性。因此建立多机系统的目的是为了提高可靠性和运算速度。现代大型机几乎都是功能分布的多机系统，除含有高速中央处理器外，还有管理I/O 的输入/输出处理机(或前端用户机)、管理远程终端及网络通信的通信控制处理机、负责全系统维护诊断的维护诊断机和从事数据库管理的数据库处理机等。多机系统要求在更高级别(进程)上研究并行算法，高级程序语言应能提供并发、同步进程的手段，操作系统必须能够解决多机间多进程的通信、同步和控制等问题。

多机系统的种类很多。例如，大规模并行处理机(MPP)是一种价格昂贵的超级计算机，它由许多 CPU 通过专用的高速互联网络连接，而机群和网格等则是由现成的商用网络连接的普通 PC 机成工作站组。机群由多台同构或异构的独立计算机通过高性能网络或局域网连在一起，协同完成特定的并行计算任务。网格是一组由高速网络连接的不同的计算机系统，既可以相互合作，也可以独立工作。网格计算机将接受中央服务器分配的任务，然后在空闲的时候(如晚上或周末)执行这些任务。

刀片是另一种多机系统的应用形式。刀片通常指包含一个或多个 CPU、内存及网络接口的服务器主板。通常一个刀片柜共享其他外部 I/O 和电源，而辅助存储器则由距离刀片柜较近的存储服务器提供。实际上刀片也是一种特殊的集群，可以在较小的空间内集中较大的计算能力，并且易于配置和管理。

分布式计算机系统是多机系统的进一步发展，它是由物理上分布的多个独立而又相互作用的单机，协同解决用户问题的系统，其系统软件更为复杂。

2. 多核系统

半导体制造技术的发展使得单个芯片上能够安装数以亿计的晶体管及其连接，而一个功能全面的、包含多个 ALU 和流水处理技术的 64 位 CPU 通常都只需要不到 1 亿只晶体管。为进一步提高处理器和计算机系统的性能，单个微处理器芯片内部开始集成多个 CPU 核，这就是所谓的多核(Multicore)技术。芯片内部的多个 CPU 核共享内部缓存和内部总线，它们之间的通信和数据交换不必使用速度较慢的片外总线，所以在许多数字建模和图形处理应用中可以极大地提高性能。多核技术的研究使单纯的指令级并行转向了线程级并行和数据级并行。指令级并行技术主要依靠编译器和硬件实现，对程序员来说是透明的，而线程级并行和数据级并行则要求程序员能够编写并行代码，因此后者也称为显式并行。

随着大规模集成电路技术的发展及半导体制造工艺水平的提高，按照多机系统的模式将多个处理器集成到单个芯片中的想法已经成为现实。这种多核芯片称为单片多处理器

(Chip Multi Processor,CMP)，片内的多个处理器能并行执行不同的进程，从而大幅度提高CPU性能。然而CMP虽然结构设计起来比较容易，但是芯片中的晶体管数量、芯片面积及芯片发热量都是突出的问题，对后端设计和芯片制造工艺的要求较高。多核系统的另一种设计策略是仅复制单个处理器的某些部件，同时利用多线程技术，允许多个线程以交叠的方式在单个处理器上共享功能单元，使处理器能并发地执行多个线程，从而提高性能。这种多核芯片称为多线程处理器(Multi threaded Processor)。多线程处理器对线程的调度与传统意义上由操作系统负责的线程调度不同，它完全由处理器硬件负责线程间的切换。由于采用了大量的硬件支持，线程的切换效率更高，可以更有效地减少处理器的闲置状态，从而获得更高的工作效率。同时多线程(Simultaneous MultiThreading,SMT)是多线程的变种，它使用一个多发射的动态调度处理器的资源来实现线程级并行，同时它实现指令级并行。SMT最具吸引力的是，它只需小规模改变处理器内核的设计，几乎不用增加额外的成本即可获得显著的效能提升。

3. 多线程技术

在一个程序中，可以独立运行的程序片段叫作“线程”(Thread)，利用它编程的概念就叫作“多线程处理(Multi threading)”。多线程(multi threading)，是指从软件或者硬件上实现多个线程并发执行的技术。具有多线程能力的计算机因有硬件支持而能够在同一时间执行多于一个线程，进而提升整体处理性能。具有这种能力的系统包括对称多处理机、多核心处理器以及芯片级多处理(Chip-level multithreading)或同时多线程(Simultaneous multithreading)处理器。

多线程主要有两种实现方式。

(1)细粒度多线程(Fine-Grained Multithreading)：在每个指令中切换线程，结果是多个线程交叉处理。为了实现细粒度多线程，处理器必须能在每个时钟周期切换线程。它的一个重要优点是：由于其他线程在当前线程停止时可以执行指令，所以它可以隐藏由于短或长的停顿引起的吞吐量损失。它的主要缺点是，由于已经准备好处理的未阻塞线程被来自其他线程的指令拖延，所以单个线程处理速度变慢了。

(2)粗粒度多线程(Coarse-Grained Multithreading)是为了替代细粒度多线程而发明的。它仅当遇到开销大的阻塞时才切换线程，比如二级高速缓存不命中。由于来自其他线程的指令只有在当前线程出现了开销大的阻塞时才发射，所以这种改变能够允许适当的线程切换开销，并且对单个线程处理速度影响较小。然而，它的主要缺陷在于克服吞吐量损失能力的局限，特别是对于短的阻塞。这个限制是由粗粒度多线程流水线启动开销引起的。因为粗粒度多线程的CPU发射单个线程的指令，当停顿发生时，流水线将被清空或冻结。停顿之后，新线程开始处理指令前必须填满流水线。因为这样的启动开销，粗粒度多线程更适用于减少由高开销的停顿带来的损失。这时填充流水线的时间相对于停顿时间是可以忽略的。

2.4 指令流水线技术

为了克服冯·诺依曼模型计算机的处理器与存储器间的数据传输(CPU-MEM)和指令串行执行这两大性能瓶颈，改善系统的性能，人们提出了很多改进方案。例如：提出了哈佛体系结构、存储器分层结构、高速缓存与虚拟存储器、指令流水线、超标量等各种改进措施和技术方案。

程序的执行是一个周而复始的重复过程。在早期的冯·诺依曼计算机中，指令一般按存储顺序依次执行。每条指令的操作过程可归并为取指令、分析指令和执行指令这三个步骤，这三个步骤也是顺序串行进行的。也就是说，指令的执行是一条指令接着下一条指令的串行执行过程：取指令、译码指令和执行指令是顺序进行的，如图 2-15 所示。顺序执行的优点是控制简单，缺点是上一步操作未完成，下一步操作便不能开始，效率较低。例如，CPU 从存储器中取指令或操作数时，存储器忙而运算器空闲；CPU 执行运算时，运算器忙而存储器空闲。随着集成电路技术的不断进步，单一芯片上可集成晶体管数量的增加允许微处理器结构拥有更多的硬件资源来实现高性能的处理器。

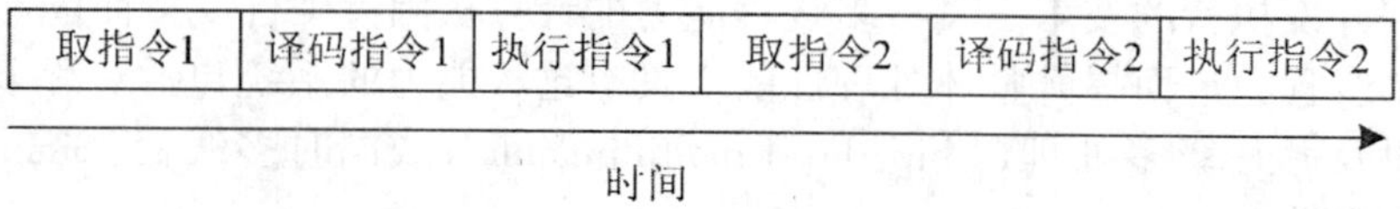

图 2-15 指令的串行执行

若每条指令都如图 2-15 那样串行执行，则取指令部件、译码部件和执行部件中总有两个是处于空闲状态的。如果可以使得上述各个部件同时工作，它们的利用率将大大提高，指令的执行过程也会大大加速。

指令流水就是针对这种需要而提出的。指令流水类似于工厂的装配线。一个产品有若干个部件，不同的部件在装配线上的不同阶段同时装配，不同部件的装配在时间上具有重叠性。同样地，完整执行一条指令可分为多个阶段，由不同的部件来同时完成指令执行的不同阶段，执行效率将大大提高。

流水线(Pipelining)是能够重叠执行若干条指令的方法，可以减少一组指令的执行时间。流水线中各指令的执行时间与非流水线中各指令的执行时间是相同的。实际上，由于采用流水线方法时需在处理器中添加相关硬件，所以每条指令的执行时间可能会更长，但通过重叠执行指令就可以提高程序的执行速率。

精简指令集计算机 RISC 为微处理器的指令流水线执行提供了先决条件。流水线技术应用于计算机体系结构的各个方面，流水线结构的种类众多。指令流水线就是将一条指令分解成一连串执行的子过程，其基本思想是将一个重复的时序分解成若干个子过程，而每一个子过程都可以有效地在其专用功能段上与其他子过程同时执行。

流水线中的每个子过程及其功能部件称为流水线的级(段)，级(段)数也称为流水线的深度(Pipeline Depth)。例如把指令的执行过程细分为取指令、指令译码和执行三个子过程，每个过程的执行时间几乎相同，称为指令的三级流水。图 2-16 所示是指令三级流水的示意图，从时刻 t 起称为流水线满载，三级流水线处于满载状态的过程中，保持着有三条指令正在执行的过程中。

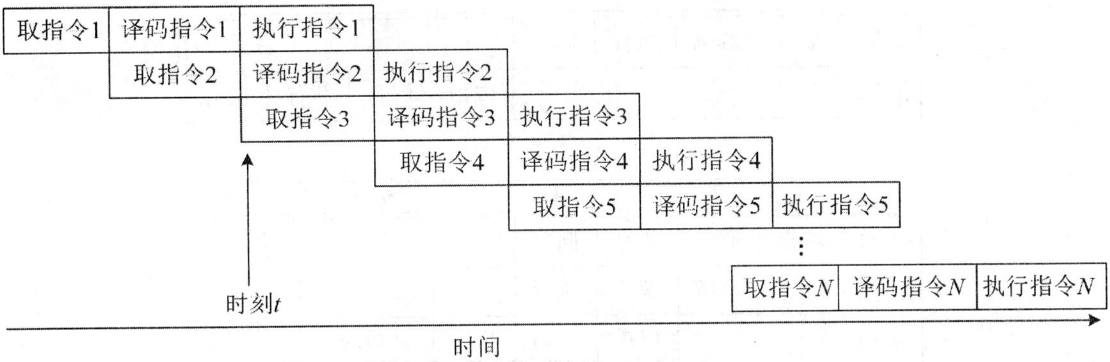

图 2-16 指令的三级流水执行

如果把指令的执行过程细分为取指令、指令译码、取操作数和执行四个子过程，每个过程的执行时间几乎相同，称为指令的四级流水。

流水线是指令级并行技术的典型应用。通常，在讨论指令流水线和计算机性能时，经常会用到两个术语：延迟(Latency)和吞吐量(Throughput)。延迟也称为时延或延时，是单位数据信号从数据电路的一端抵达另一端所经历的时间，此处是从头到尾执行一条指令所需的时间。吞吐量是指信道在单位时间内成功传输的总信息量，一个指令流水线的吞吐量定义为单位时间内完成的指令数。

在非流水线中，每个运算都是自行执行的，而在流水线中，可以重叠执行指令。但对于流水线，延迟仍然很重要，因为它可以确定每隔多长时间能够执行各种相关指令。

把流水线技术运用于指令的解释执行过程就形成了指令流水线(如图 2-17 所示)，为了能够体现并行性，通常采用时空图来表示流水过程。图 2-18 所示为一个 4 级指令流水线的时空图，图中横坐标代表时间的推移，纵坐标代表空间(独立的功能部件)的数量，方框中的数字代表指令(如“1”代表第一条指令)。图 2-19 所示为指令顺序执行和流水线执行情况的对比。

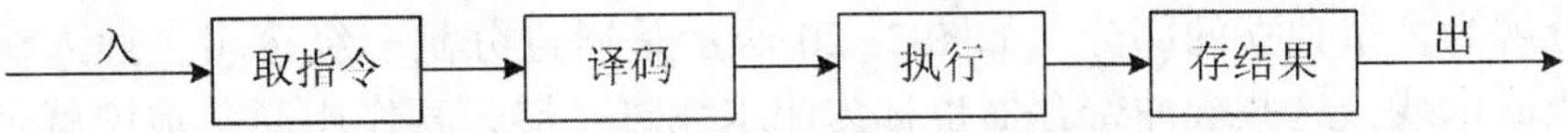

图 2-17 指令流水线分段(四级流水线)

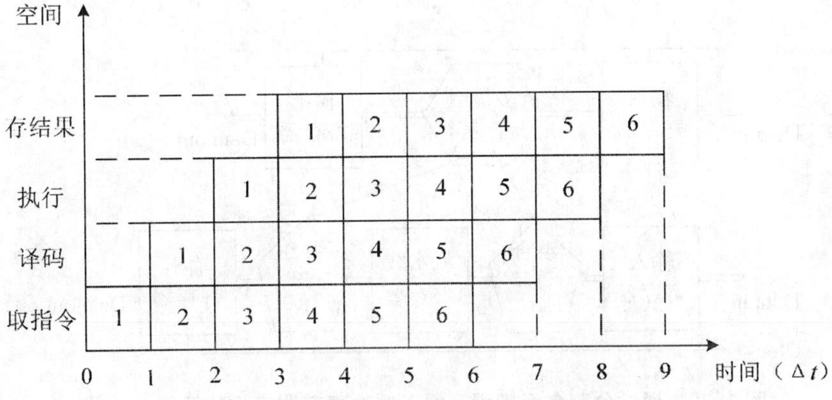

图 2-18 一个 4 级指令流水线的时空图

周期	1	2	3	4	5	6	7	8
指令1	取指	解码	执行	回写				
指令2					取指	解码	执行	回写

（a）指令顺序执行

周期	1	2	3	4	5	6	7	8
指令1	取指	解码	执行	回写				
指令2		取指	解码	执行	回写			
指令3			取指	解码	执行	回写		
指令4				取指	解码	执行	回写	
指令5					取指	解码	执行	回写
指令6						取指	解码	执行
指令7							取指	解码
指令8								取指

（b）流水线执行

图 2-19　指令顺序执行和流水线执行情况的对比

为进一步提高处理速度，可将指令完成过程再次细分为以下几个阶段：

(1)取指(FI)；(2)译码指令(DI)；(3)计算操作数地址(CO)；(4)取操作数(FO)；(5)执行指令(EI)；(6)写操作数(WO)。

此时流水线变为六级，并行处理的程度进一步提高。由于有了流水线结构，不同指令的取指、分析、执行三个阶段可并行处理，因而处理器的控制器的各部件在执行程序过程中基本上不会处于等待状态。

从硬件上讲，流水线技术通过在每个功能部件后面添加缓冲寄存器，将一个大的处理功能部件分解为多个独立的部分，如图 2-20 所示是通过分割多级逻辑，插入缓冲寄存器来构建两级流水线，这些缓冲寄存器也称为流水线寄存器，其作用简单地说就是在相邻两段间传送数据并把各段的处理工作相互隔离，以实现各段的并行工作。

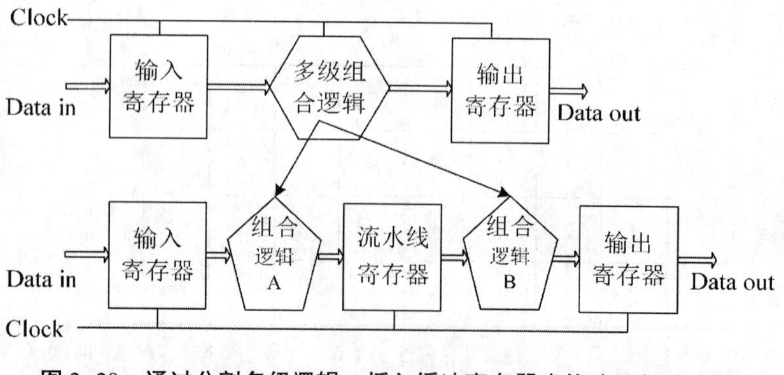

图 2-20　通过分割多级逻辑，插入缓冲寄存器来构建两级流水线

2.4.1 流水线技术的特点

图 2-21 所示是一个很简单的非流水线化的硬件系统的实例。它是由一些执行计算的逻辑以及一个保存计算结果的寄存器组成的。时钟信号控制在每个特定的时间间隔加载寄存器。CD 播放器中的译码器就是这样的一个系统。输入信号是从 CD 表面读出的位，逻辑电路对这些位进行译码，产生音频信号。图中的计算块是用组合逻辑来实现的，意味着信号会穿过一系列逻辑门，在一定时间的延迟之后，输出就成为输入的某个函数。

在现代逻辑设计中，电路延迟以微微秒(picosecond,ps)，也就是 10^{-12}s 为单位来计算。在这个例子中，假设组合逻辑需要 300ps，而加载寄存器需要 20ps。图 2-21(b)还给出了一种时序图，称为流水线图(pipeline diagram)。在图中，时间从左向右流动。从上到下写着一组操作(在此称为 I1、I2 和 I3)。实心的长方形表示这些指令执行的时间。在这个实现过程中，开始下一条指令之前必须完成前一个。因此，这些方框在垂直方向上并没有相互重叠。下面这个公式给出了运行这个系统的最大吞吐量：

吞吐量=(1 条指令/(20+300)ps)×(1000ps/1ns)= 3.125GIPS

式中，GIPS(Giga Instructions Per Second)表示以 GIPS(每秒十亿条指令)为单位来描述吞吐量；ns 表示纳秒(nanosecond)。在此系统中，延迟为 320ps。

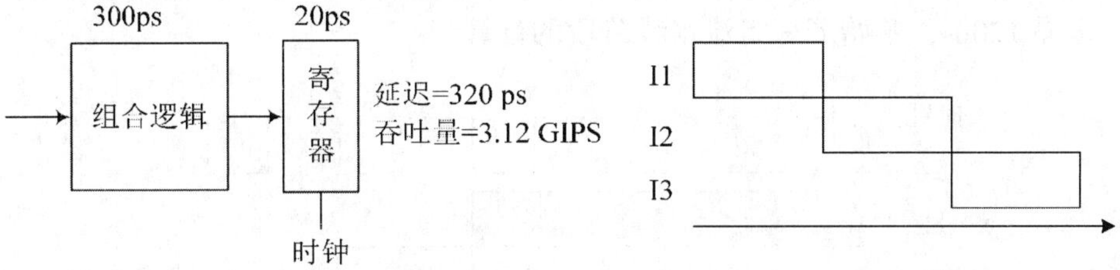

(a) 未流水线化的硬件　　(b) 流水线图

图 2-21　非流水线化的计算硬件

在非流水线化处理过程中，每个 320ps 的周期内，系统用 300ps 计算组合逻辑函数，用 20ps 将结果存到输出寄存器中。

假设将系统执行的计算分成三个阶段(A、B 和 C)，每个阶段需要 100ps，如图 2-22 所示。然后在各个阶段之间放上流水线寄存器(Pipeline Register)，这样每条指令都会按照三步经过这个系统，总共需要三个完整的时钟周期。如图 2-22 中的流水线图所示，只要 I1 从 A 进入 B，就可以让 I2 进入阶段 A 了。以此类推，在稳定状态下，三个阶段都应该是活动的，每个时钟周期，一条指令离开系统，另一条新的指令进入。从流水线图中第三个时钟周期就能看出这一点，此时，I1 在阶段 C，I2 在阶段 B，而 I3 在阶段 A。在这个系统中，将时钟周期设为 100+20=120ps，得到的吞吐量大约为 8.33GIPS。因为处理一条指令需要三个时钟周期，所以这条流水线的延迟就是 3×120=360ps。这样就把系统吞吐量提高到原来的 8.33/3.12=2.67 倍，代价是增加一些硬件，以及延迟的少量增加(360/320=1.12)。

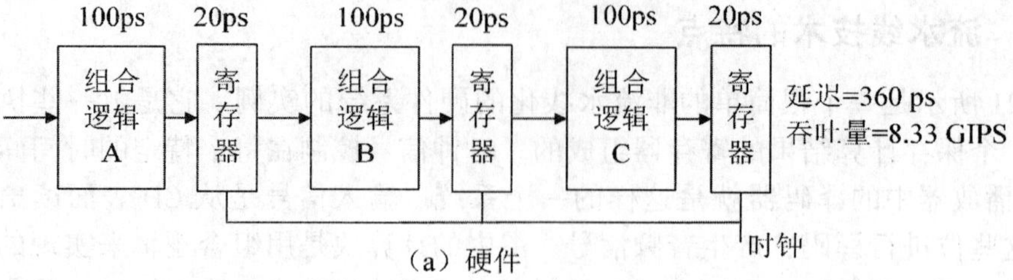

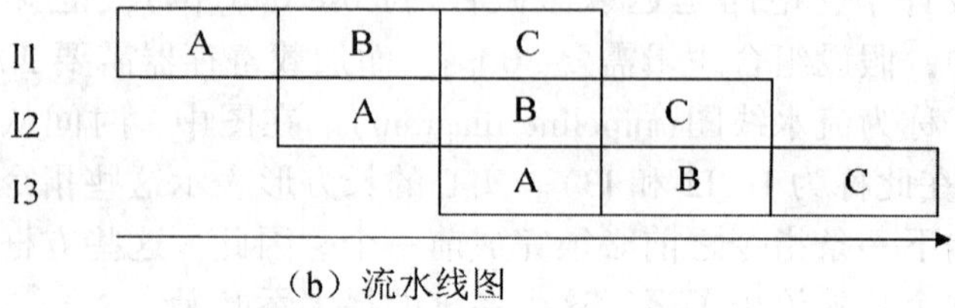

图 2-22 三阶段流水线化的计算硬件及流水线示意图

2.4.2 流水线的操作过程

图 2-23 所示是三阶段流水线(如图 2-22 所示)的流水线时序图。流水线阶段之间的指令转移是由时钟信号来控制的。时钟信号的上升沿控制指令从一个流水线阶段移到下一个阶段，每隔 120ps，开始下一组流水线阶段的计算。

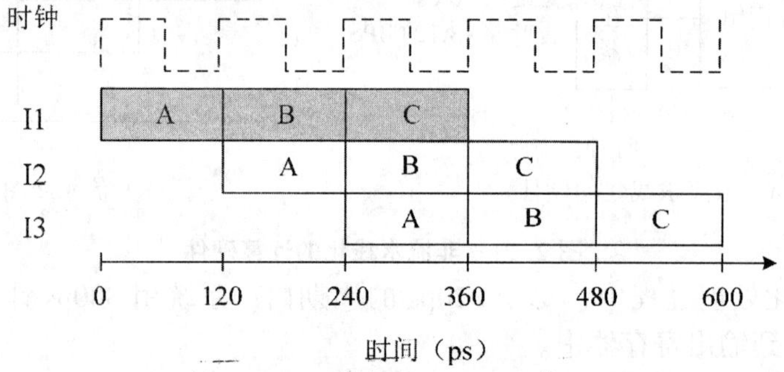

图 2-23 三阶段流水线的时序

图 2-24 给出了在 240-360ps 之间的电路运行示意图，指令 I1 经过阶段 C，I2 经过阶段 B，而 I3 经过阶段 A。在时刻 240ps(时间①)时钟上升之前，阶段 A 中计算的指令 I2 的值已经到达第一个流水线寄存器的输入，但是该寄存器的状态和输出还保持为指令 I1 在阶段 A 中计算的值。指令 I1 在阶段 B 中计算的值已经到达第二个流水线寄存器的输入。当时钟上升时，这些输入被加载到流水线寄存器中，成为寄存器的输出(时间②)。另外，阶段 A 的输入被设置成发起指令 I3 的计算。然后信号传播通过各个阶段的组合逻辑(时间③)。图中时间③处的图示%表明，信号可能以不同的速率通过各个不同的部分。在时刻 360ps 之前，结果值到达流水线寄存器的输入(时间④)。当时刻 360ps 时钟上升时，各条指令会前进经过一个流水线段。

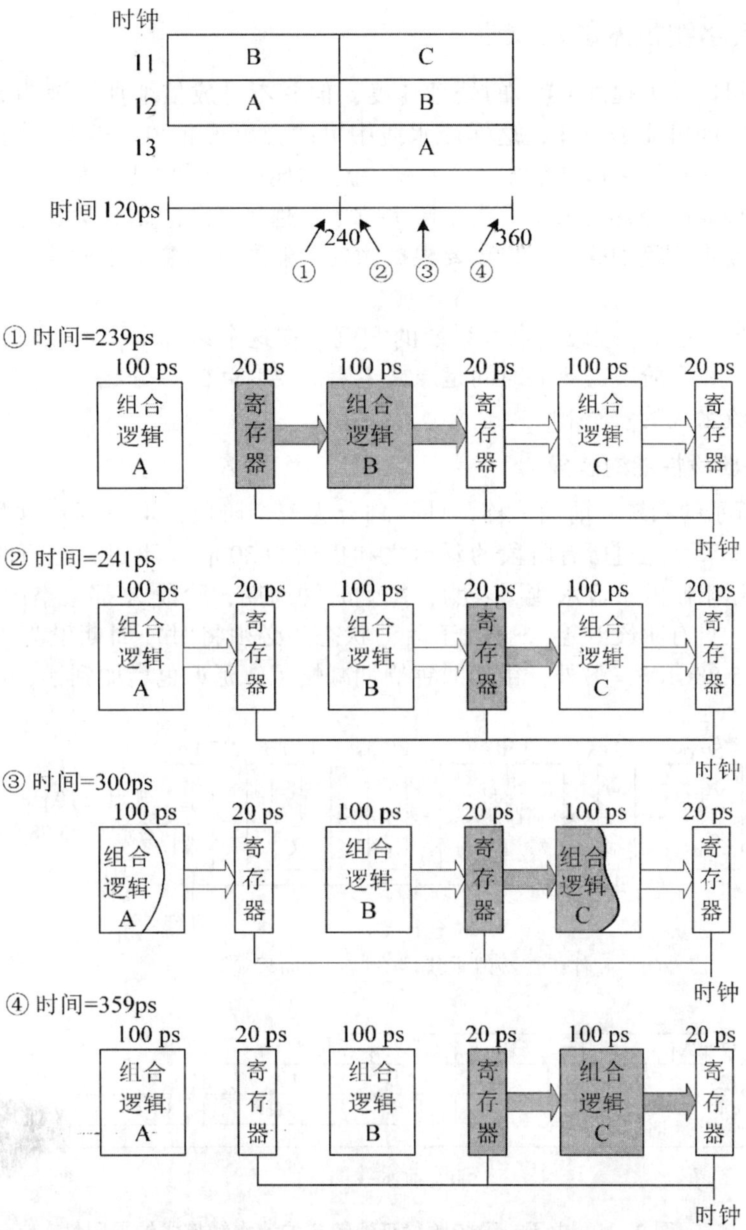

图 2-24 流水线在一个时钟周期内的电路操作示意图

从上述对流水线操作的描述中，可以看出，减缓时钟不会影响流水线的进行。信号传播到流水线寄存器的输入，直到时钟上升时才会改变寄存器的状态。同时，如果时钟运行得太快，信号的值可能会来不及通过组合逻辑，并且当时钟上升时，寄存器的输入还不是合法的值。

这种组合逻辑块之间采用时钟寄存器连接的简单机制，足以控制流水线中的指令流。随着时钟周而复始地上升和下降，不同的指令就会通过流水线的各个阶段，不会相互干扰。

2.4.3 流水线技术的局限性

指令流水可以大大提高 CPU 的处理速度，但并不是成倍增加。因为完成一条指令的每个步骤所需时间可能不一样，这样流水线中可能会出现瓶颈；再者当遇到转移指令时，必须等到本指令执行结束后才能知道下一条指令的地址，同时已进入流水线的指令作废。

现代微处理器已经普遍采用了指令流水技术。越是复杂的指令集，流水线的分级就可能越多。具体流水线级别的设计，还要根据微处理器的具体要求来确定，并不一定是分级越多越好。

图 2-22 所示是一个理想流水线系统的实例，在这个系统中，可以将计算分成三个相互独立的阶段，每个阶段需要的时间是原来逻辑需要时间的三分之一。但是下面一些情况的出现会降低流水线的效率。

1. 流水各阶段性能的差异

图 2-25 所示的系统和前面一样，计算划分为三个阶段，但是通过这些阶段的延迟从 50ps 到 150ps 不等，通过所有阶段的延迟之和仍然为 300ps。不过，运行时钟的速率是由最慢阶段的延迟限制的。流水线图表明，每个时钟周期，阶段 A 都会空闲 100ps，而阶段 C 会空闲 50ps。只有阶段 B 会一直处于活动状态。必须将时钟周期设为 150+20=170ps，得到吞吐量为 5.88GIPS。另外，由于时钟周期减慢了，延迟也增加到了 510ps。

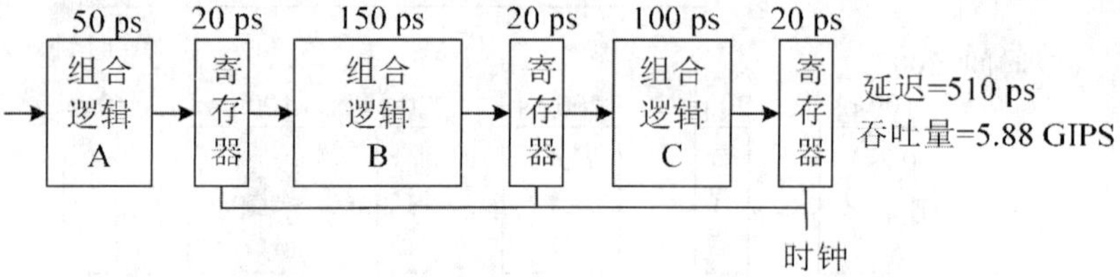

（a）硬件：三级流水线，不一致的阶段延迟

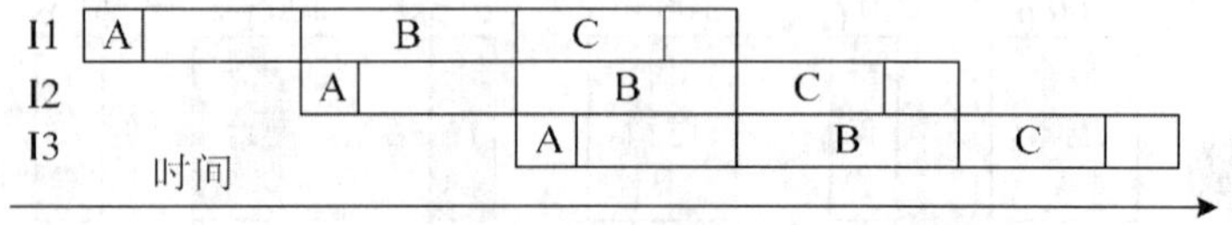

（b）流水线图

图 2-25　由不一致的阶段延迟造成的流水线技术的局限性

对硬件设计者来说，将系统计算设计划分成一组具有相同延迟的阶段是一个严峻的挑战。通常，处理器中的某些硬件单元，如 ALU 和存储器，是不太可能被划分成多个延迟较小的单元的，这使得设计一组各阶段均衡的流水线非常困难。因此，在流水线的实际系统设计中，理解流水线操作时序的优化非常重要。

2. 流水线过深，效率可能下降

图 2-26 说明了流水线技术的另一个局限性。在这个例子中，把计算分成了 6 个阶段，每个阶段需要 50ps。在各阶段之间插入流水线寄存器就得到了一个六阶段流水线。这个系统的最小时钟周期为 50+20=70ps，吞吐量为 14.29GIPS。因此，通过将流水线的阶段数加

倍，系统吞吐量提高到原来的 14.29/8.33=1.71 倍。虽然每个计算过程的时间缩短了一半，但是由于流水线寄存器的延迟，吞吐量并没有加倍。这个延迟成为流水线吞吐量的一个制约因素。在这个设计中，寄存器延迟占了整个时钟周期的 28.6%。

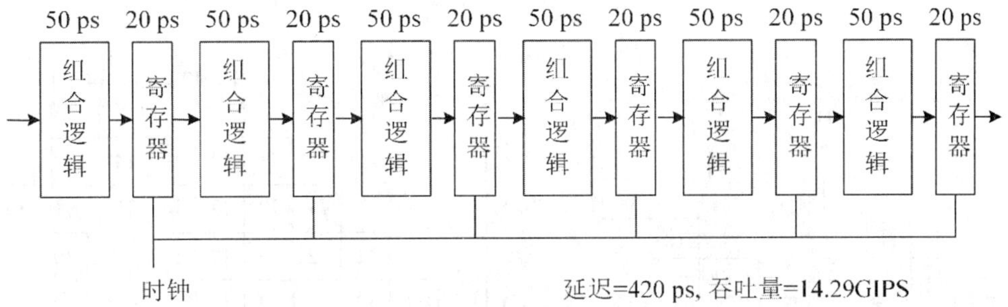

图 2-26 由开销造成的流水线技术的局限性

图中，组合逻辑被分成较小的块，由寄存器更新引起的延迟成为一个限制因素。

为了提高效率，现代处理器采用了很深的(32 或更多的阶段)流水线。处理器将指令的执行划分成很多非常简单的步骤，这样每个阶段的延迟就很小。电路设计者设计更精细的流水线寄存器，使其延迟尽可能小。芯片设计者也必须精细地设计时钟传播网络，以保证时钟信号在整个芯片上同时改变。所有这些都是设计高速微处理器时面临的挑战。

2.4.4 指令流水线设计

处理器与存储器间的数据传输(CPU-MEM)的性能瓶颈，主要通过采用同步存储器、多体存储器、交叉存取存储器、Cache 等措施，提高存储器或存储系统的性能。而指令串行执行瓶颈，通常采用并行处理技术提高处理器的性能，即减弱指令串行执行方式对处理器性能的影响。

并行性指两个或两个以上的事件在同一时刻或同一时间间隔内发生的特性。根据多个事件并行发生的时间，并行性有同时性和并发性两种含义。并行性可以体现在不同的处理等级上，如指令执行的操作级并行，或任务执行的指令级并行，或程序执行的线程级并行。并行处理技术是能够同时处理并行性事件的技术，如指令流水技术、超标量技术、多线程处理器技术等。

1. 指令流水线基本原理

指令流水的基本思想是将指令执行过程细化成若干个操作阶段，各个操作阶段可同时处理不同指令的操作，以提高程序执行的性能。虽然单条指令的执行时间未减少，但由于指令流水多条指令的执行过程重叠，程序执行时间大大减少。

指令流水线由所有细化的操作阶段串联而成。通常将流水线中细化的操作阶段称为段，将指令通过某个段的时间长度称为拍。以 CISC 处理器为例，假设指令执行过程划分为取指(IF)、译码(ID)、取操作数(OF)、执行(EX)和结果写回(WB)共 5 个段，则指令流水线的组成如图 2-27 所示。

图 2-27 五阶段指令流水线

指令流水线的工作原理可以用时(间)空(间)图来表示，如图 2-28 所示为指令串行方式执行及流水方式执行的时空图。从图中可以看出，指令流水方式执行的性能远远高于串行执行方式，其原因是同一时刻流水线各个段同时处理不同指令的操作，使多条指令的执行过程产生了重叠，从而缩短了程序的执行时间。

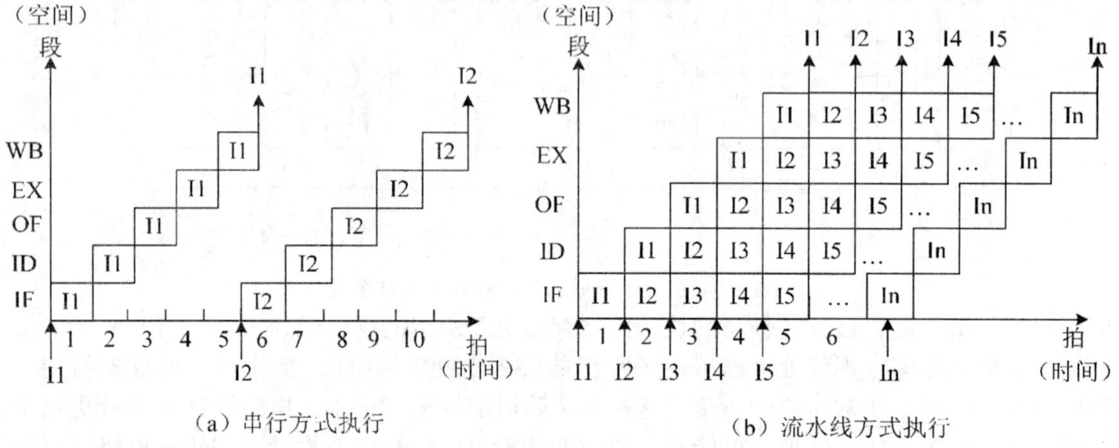

图 2-28 指令执行过程的时空图

2. 指令流水线的基本要求

由于指令流水线的每个段都需要使用相应的部件，要想实现图 2-25(b)所示的指令流水执行效果，必须满足下列两个基本条件。

(1)流水线各个段的操作相互独立。即各个段操作所需的部件不产生冲突，数据通路不产生冲突。因为若存在部件或数据通路使用冲突，则各个段不可能同时实现操作，或者串行操作的时间成倍增加而失去流水效果。

(2)流水线各个段的操作同步。即各个段的操作时长应尽量相同，通过公共时钟实现操作同步。由于各个段的操作时长可能不同，为了使操作同步成为可能，要求公共时钟脉冲宽度=拍长=max{各个段的操作时长}，故各个段的操作时长接近时效果最佳；由于相邻段间肯定有数据传送，为实现同步操作，各个段间都需要设置寄存器，以暂存需传送的中间结果。例如，设置寄存器可有效解决同一寄存器(如 IR)的读/写冲突问题。各段操作同步的实现如图 2-29 所示，段与段之间的是寄存器。

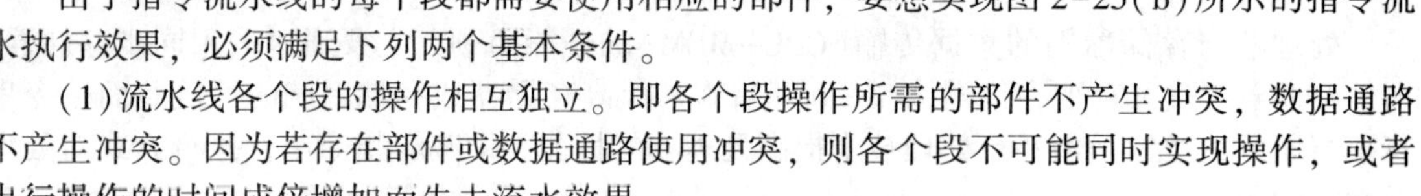

图 2-29 指令流水线的操作同步的实现

3. 流水线的性能指标

前面讨论流水线原理时，已提到了延迟和吞吐量这两个术语。通常，流水线的性能可以用吞吐量、加速比和效率这三个指标来评估。

1) 吞吐量

吞吐量是指单位时间内流水线能够处理的任务数(或指令数)或流水线能输出的结果的

数量，它是衡量流水线速度的主要性能指标，用 T_p 来表示。吞吐量描述了流水线执行各种运算的速率（通常表示为每秒执行的运算数或每周期执行的运算数）。

吞吐量又有最大吞吐量和实际吞吐量之分。流水线连续流动达到稳定状态后得到的吞吐量称为最大吞吐量（T_{pmax}）。设流水线各功能段时间相等，都为 Δt，达到稳定状态后，每隔 Δt 都会流出一个结果，则流水线的最大吞吐量 $T_{pmax}=1/\Delta t$。

设线性流水线有 m 段，各段时长（即拍长）均为 Δt，连续处理 n 条指令的时空图如图图 2-28(b)所示，则实际吞吐量 T_p 为

$$T_p=\frac{n}{T_{流水}}=\frac{n}{m\Delta t+(n-1)\Delta t}=\frac{1}{[1+(m-1)/n]\Delta t} \tag{2.1}$$

可以看出，当 $n\to\infty$ 时，最大吞吐量 T_{pmax} 为

$$T_{pmax}=1/\Delta t \tag{2.2}$$

2）加速比

加速比（Speedup Ratio）是指流水线工作方式下处理任务的速度与等效的顺序串行工作方式下处理任务的速度比，用 S_p 来表示。也就是说，加速比是程序在流水线上的执行速度与在等功能非流水线上的执行速度之比。

若线性流水线有 m 段，拍长均为 Δt，连续处理 n 条指令，则加速比 S_p 为

$$S_p=\frac{T_{串行}}{T_{流水}}=\frac{n\quad m\Delta t}{m\Delta t+(n-1)\Delta t}=\frac{nm}{m+n-1}=\frac{m}{1+(m-1)/n} \tag{2.3}$$

可以看出，当 $N\gg m$ 时，$S_p\to m$，即最大加速比等于流水线的段数。

3）效率

流水线上的各段并不总是满负荷工作的，其上设备的利用率就是效率（Efficiency）E 来表示。因此，效率指流水线的设备利用率，即一定时段内，流水线所有段处于工作状态的比率。若线性流水线有 m 段，拍长为 Δt，连续处理 n 条指令的时空图如图 2-28 所示，则效率 E 为

$$E=\frac{n\text{ 条指令完成的时间内占用的时空区}}{n\text{ 条指令完成时间内的总时空区}}=\frac{n\cdot m\Delta t}{m[m\Delta t+(n-1)\Delta t]}=\frac{1}{1+(m-1)/n} \tag{2.4}$$

可以看出，当 $n\gg m$ 时，$E\to 1$，即流过流水线的指令越多，流水线效率越高。

4.流水线冒险（Hazard）

流水线能够获得高的效率只有在不出现断流或阻塞的条件下才有可能。假如一个串行处理器每 4 个时钟周期完成一条指令，即 CPI（Cycle Per Instruction）= 4，而理想状态下一个 4 级流水线处理器每一时钟周期就可以完成一条指令，即 CPI=1。

流水线处理中，由于各个阶段的依赖关系、硬件资源的竞争等原因，会出现操作无法执行的情况。造成流水线故障的原因称为冒险，冒险分为结构冒险、数据冒险和控制冒险三种类型。

1）结构冒险

结构冒险是指由于硬件资源的竞争，操作无法同时执行的情况，也称构造冒险。有的流水线结构中，如果 IF（Instruction Fetch）阶段和 MEM 阶段都要涉及内存访问，由于访问内存使用的总线是共享资源，无法同时进行操作。所以，如果发生 IF 阶段和 MEM 阶段同时访问内存的情况，一方需要等待另一方访问完成。这种指令和数据使用同一通道的构造称为结构冒险。

如果导致冒险产生的硬件资源数量足够多，也可以避免冒险问题的发生。因此，指令用的内存和数据用的内存分别设置，即可解决结构冒险的问题。这种物理上将指令用和数据用的内存与访问通道分开的构造称为哈佛结构。

冯·诺依曼结构与哈佛结构如图 2-30 所示。

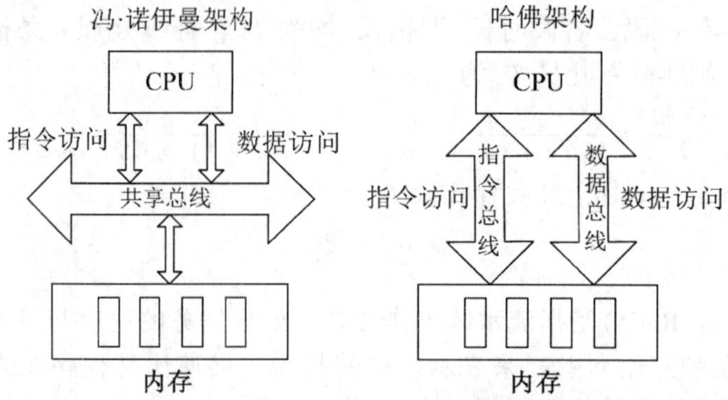

图 2-30　冯·诺依曼结构和哈佛结构(解决结构冒险)

哈佛结构的优点是，即便指令访问和数据访问同时发生，也不会发生冒险的情况，但是也有指令和数据地址空间不同的缺点。在哈佛结构中，指令的 0 号地址和数据的 0 号地址指向不同的内容，这将引起软件设计上的问题。

近年来，大部分 CPU 的指令和数据都放在同一内存中。但是，CPU 直接访问的缓存基本上都分为指令用和数据用两种，称为指令缓存和数据缓存。图 2-31 所示为带有缓存的 CPU 构造。通过两种缓存的使用，解决了指令访问和数据访问之间发生的结构冒险问题。

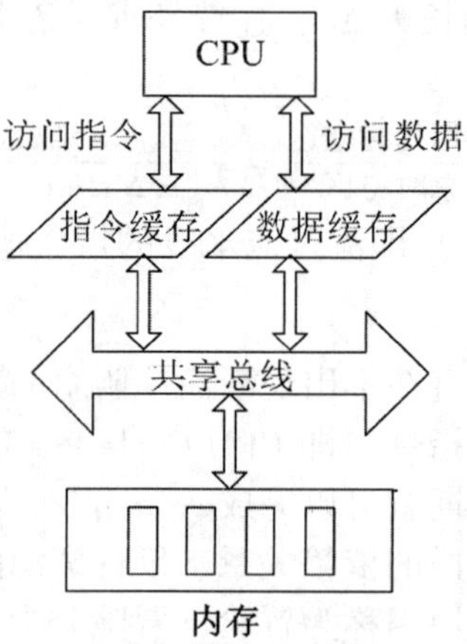

图 2-31　带有缓存的 CPU 构造

2）数据冒险

数据冒险是指，由于指令执行所需要的数据还未准备好所引起的冒险情况。当即将执行的指令依赖于还未处理完成的数据时，会导致指令无法立刻开始执行，引发数据冒险。

如图 2-32 所示，假设第一条除法指令需要在寄存器 R2 中存放计算结果，而第二条加法指令恰恰需要读取 R2 中的数据作为输入。为确保程序执行的正确性，加法指令的执行阶段必须延后，以等待除法指令执行完成。

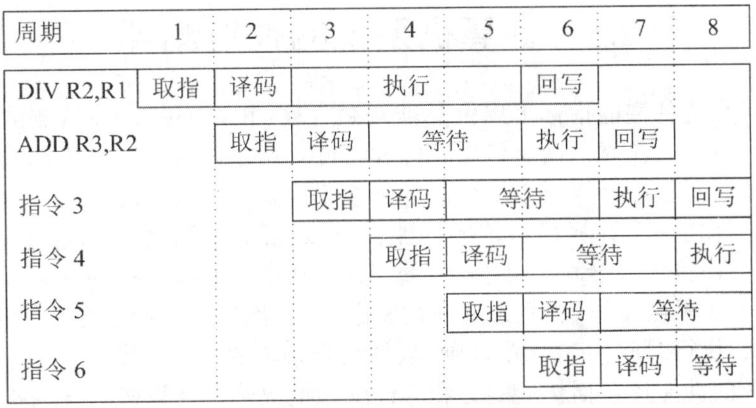

图 2-32 顺序流水线的数据冒险

数据冒险可以采用定向(forwarding)技术或调度(scheduling)技术来减少停顿时间。定向技术指将结果数据从其产生的地方直接传送到所有需要它的功能部件，而调度技术则可以利用编译器(静态)或硬件(动态)来重新组织指令顺序以减少流水线停顿。

与静态调度技术相比，使用硬件实现的动态调度技术可以处理一些在编译阶段无法预见的相关情况，同时简化了编译器的设计，当然这是以硬件复杂度的显著增加为代价的。

3）控制冒险

控制冒险是指无法确定下一条指令而引发的冒险情况。在执行可能会改变下一条指令地址的分支指令时，在这一条指令执行结果确定之前下一条指令无法开始执行，从而引起控制冒险。

控制冒险的情况发生于分支执行和跳转指令的操作过程。如图 2-33 所示，分支指令在执行结束之前可能需要中断流水线，因为只有在分支指令结束后才能决定下面哪一条指令可以进入流水线。

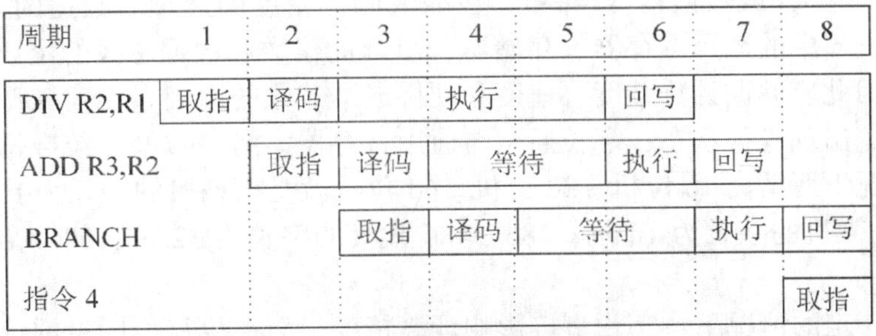

图 2-33 顺序流水线的控制冒险

控制冒险可以通过分支预测及预测执行技术来解决。分支预测技术包括静态和动态两种。静态分支预测主要依靠编译器预测跳转方向并调度指令按序流出。动态分支预测则在程序运行时执行分支预测算法，根据历史表中记录的以前发生的转移情况来预测下一次是否转移。动态分支预测可以适应程序的当前状态，但需要特殊的、复杂的硬件支持，因此极大地增加了芯片复杂度。

2.5 计算机系统的性能测评

微型计算机系统的性能指标可以由基准测试程序(Benchmark)在待测的计算机系统上运行而获得。计算机工作时，所有各层软件和硬件资源密切合作，以不同方式为系统性能做出贡献，因此，对整个计算机系统性能的全面评价是一个复杂的任务。

为了基本地评估一个计算机系统的性能，可以观测两项性能指标：(1)MIPS(Million Instructions Per Second,每秒百万条指令)或 MFLOPS(Million Floating-point Operations Per Second,每秒百万次浮点操作)，用这两项数值来衡量计算机系统的硬件速度；(2)T，这项指标是用 CPU 执行时间(T)来测评硬/软件结合系统的有效速度。

计算机系统的性能还包括扩展能力和软件配置情况等。计算机系统的扩展能力主要指计算机系统配置各种外设的可能性和适应性。例如，一台计算机允许配置多少种外设，对计算机的功能有重大影响。软件是计算机系统不可缺少的重要组成部分。一台计算机的软件配置情况、是否配置齐全，是关系到计算机性能的重要标志。

一个计算机系统是硬件和软件相结合的统一整体，用户应当根据自己的需要和应用场合来配置微机系统硬件、软件的种类和数量。确定微机系统配置的基本原则是：满足使用的要求，并兼顾近期发展的扩展需要。

计算机系统的功能强弱与系统结构、硬件组成、指令系统、软件配置等多方面的因素有关，全面衡量一个计算机系统的性能要考虑多种指标，但其中最基本和最重要的指标包括字长、存储容量和运算速度等。

2.5.1 计算机的字长

选取计算机的字长是设计微处理器的基本决策之一。字长指计算机内部一次可以处理(算术运算、逻辑运算、存储、复制等操作)的二进制数的位数。字长越长，计算机所能表示的数据表示范围越大(或数值精度越高)，在完成同样精度的运算时数据的处理速度越高。但字长越长，机器中的通用寄存器、存储器、ALU 的位数和数据总线的位数都要增加，硬件代价增大，因此应遵循计算精度、速度和硬件成本兼顾的原则来决定微型计算机系统的字长。为了避免出现等待状态，字长通常与通用寄存器、ALU 以及系统数据总线的宽度相一致。通常情况下所谓的 16 位机、32 位机、64 位机就是指该机的字长为 16bits、32bits 或 64bits。PC/XT 微机的字长为 16 位，386、486 微机的字长为 32 位，586 微机的字长为 32 位或 64 位。

运算速度一定的情况下，字长直接影响计算精度；而在执行相同量的计算工作时，字长较大的 CPU 会更快地完成。但同其他诸多 CPU 的设计参数一样。字长的增加受制于收益递减定律：字长每增加 1 倍，CPU 组件的数量增加 2.5~3 倍，CPU 制造难度加大，成本也以非线性速度增加。而对大多数软件程序来说，如果操作的数据项尺寸小于字长，那么因较大字长而增加的计算能力是白白浪费的。

2.5.2 访存空间与存储容量

访存空间是有关存储容量的信息中最重要的一个。访存空间是指 CPU 能直接访问的存储单元(主存单元)数量及容量，一般由 CPU 的地址总线宽度直接确定。

例如，某 CPU 地址总线宽度为 16 位，则其直接访存空间为 2 的 16 次幂个存储单位(字节)，即 64KB；若 CPU 地址总线宽度为 32 位，则其直接访存空间为 2 的 32 次幂个存储单位(字节)，即 4GB。

存储器容量是衡量计算机存储二进制信息量大小的一个重要指标。微型计算机中通常以字节为单位表示存储容量，如 B(byte)、KB(kilobyte)、MB(megabyte)、GB(gigabyte)、TB(terabyte)和 PB(petabyte)。

2.5.3 运算速度

计算机的运算速度以每秒能执行的指令条数来表示。由于不同类型的指令执行时所需的时间长度不同，所以有几种不同的衡量运算速度的方法。

(1) MIPS 法，根据不同类型指令出现的频度，乘以不同的权重系数，求得统计平均值，得到平均运算速度，这种运算速度用 MIPS 作为单位。

(2) 最短指令法，以执行时间最短的指令(如传送指令、加法指令)为标准来计算速度。

(3) 直接计算，给出 CPU 的主频和每条指令执行所需要的时钟周期，可以直接计算出执行每条指令所需的时间。

时钟频率是 CPU 性能的一个重要参考标准，但不同的 CPU 在一个时钟周期里完成的工作量是不同的，所以时钟频率并不等同于指令执行速率或系统总体性能。在很多场合下，CPU 每秒能快速启动执行的指令的条数(MIPS,也即处理器带宽)比单条指令的执行时间更重要。作为包括软硬件在内的计算机系统，通常情况下来说，单机用户关心的整体性能是单个程序的执行时间(Execution Time)，而数据处理中心的管理员则更关心单位时间里完成的任务数，即吞吐量(Throughput)。为了使性能的比较成为可能，通常计算机行业广泛采用的一致和可靠的评价方法是使用基准测试程序(Benchmark)的执行时间来衡量。

基准测试程序的最佳选择是真实应用程序(如编译器)，有时也使用简化的核心测试程序(从真实程序中选取的关键代码)，而执行时间最直观的定义是计算机完成某一任务所花费的全部时间，包括主存访问、磁盘访问、输入/输出、操作系统开销等，有时也使用 CPU 时间来衡量，但其仅包括用户程序运行时间和其间操作系统运行时间，不包含 I/O 等待时间，以及多任务系统中运行其他程序的时间。

从运行大量测试程序或实际程序产生的统计数据中计算出给定计算机上每种指令的平均执行周期数(Cycles Per Instruction,CPI)，就可以利用下列公式计算出上述相关性能的量度值：

$$\text{每秒百万条指令 MIPS} = f(\text{MHz})/\text{CPI} \tag{2.5}$$

$$\text{执行时间 } T(\text{s}) = (\text{NI}\times\text{CPI})/f(\text{Hz}) \tag{2.6}$$

式中，f 是时钟频率，而 NI(Number of Instructions)是指令数目，即运行中的程序的指令总数。

【例 2-1】 假设一台计算机支持的 5 类指令的使用率和 CPI 值分别如表 2-2 所示，若其 CPU 时钟频率为 200MHz(每秒百万周期)，试求其 MIPS 值，以及该计算机运行一个具有 10^8 条指令的程序所需的 CPU 时间。

表 2-2　4 类指令的使用率和 CPI 值

指令类型	使用率	执行该类指令所需平均周期
算术逻辑运算类(arithmetic-logic)	30%	2
加载存储类(load/store)	30%	4
比较类(compare)	8%	2.5
状态管理类(state management)	10%	2
转移类(branch)	22%	3

根据表 2-2 所给数据可以求得该计算机的平均 CPI 值，然后利用式(2.5)和式(2.6)即可求得所需结果。

$CPI = 0.3 \times 2 + 0.3 \times 4 + 0.08 \times 2.5 + 0.1 \times 2 + 0.22 \times 3 = 0.6 + 1.2 + 0.2 + 0.2 + 0.66 = 2.86$

计算机的 MIPS 值 = 200/2.86 = 69.93(MIPS)

一个具有 10^8 条指令的程序所需的 CPU 时间：$T = 10^8 \times 2.86/(200 \times 10^6) = 1.43$(s)

习题

1. 解释下列术语。

寄存器组；程序的局部性原理；计算机的并行性；CISC；RISC。

2. 选择题。

(1)从理论上说，计算机的所有功能都可以由硬件来实现，而实际中，计算机硬件只实现比较简单的功能，复杂的功能则交给软件完成，其缘由是（　　）。

A. 增强计算机的适应性，扩大应用面　　B. 提高解题速度

C. 易于制造　　D. 降低成本

(2)下列说法中不正确的是（　　）。

A 不论是三级流水线还是五级流水线，当出现多周期指令、跳转分支指令和中断发生的时候，流水线都会发生阻塞

B 相邻指令之间可能因为寄存器冲突导致流水线阻塞，降低流水线的效率，这称为结构冒险

C 流水线提高了单指令的处理速度

D 流水线技术提高了处理器的并行性，与串行 CPU 相比大大提高了处理器性能。

(3)假设一条指令的执行过程可以分为“取指令”“分析”和“执行”三段，每一段的执行时间分别为 Δt 、$2\Delta t$ 和 $3\Delta t$ ，顺序执行 n 条指令至少需要花费的时间为（　　）。

A. $3n\Delta t$　　B. $2n\Delta t$　　C. $6n\Delta t$　　D. $n\Delta t$

(4)假设一条指令的执行过程可以分为“取指令”“分析”和“执行”三段，每一段的执行时间均为 Δt ，连续执行 N 条指令所需要花费的最短时间约为（　　）（假设仅有“取指令”和“执行”可重叠，并假设 N 足够大）：

A. $3N\Delta t$　　B. $2N\Delta t$　　C. $1.5N\Delta t$　　D. $N\Delta t$

3. 假设一条指令的执行过程可分为“取指”“分析”和“执行”三阶段，每一段的时间分别为 Δt ，$2\Delta t$ 和 $3\Delta t$ ，在下列各种情况下，分别写出联系执行 n 条指令所需要的时间的表达式：

(1)顺序执行方式；

(2)仅“取指”和“执行”两阶段重叠的执行方式；

(3)“取指”“分析”和“执行”三阶段都重叠的执行方式。

4. 某在一个 100MHz 处理器上运行、测试程序的目标代码有 100000 条指令，由如下各类指令及其时钟周期计数混合组成，试确定这个程序的有效 CPI、MIPS 的值和执行时间。

指令类型	指令计数	时钟周期计数
整数算术	45000	1
数据传送	32000	2
浮点数	15000	2
控制传送	8000	2

5. 处理器有哪些功能？实现这些功能需要哪些部件？
6. 微处理器、微型计算机和微型计算机系统三者之间有何区别和联系？
7. 微型计算机的总线有哪几类？总线结构的特点是什么？
8. 某 CPU 向外输出 20 位地址，如何计算它能直接访问的存储空间是多大？
9. 衡量微机系统性能主要有哪些技术指标？
10. 什么是冯·诺依曼计算机结构？是什么导致了冯·诺依曼计算机的性能瓶颈？
11. 冯·诺依曼结构的三个主要特征指的是什么？
12. 说明 RISC 结构与 CISC 架构之间的区别。
13. RISC 体系结构具哪些特点？
14. 流水线三个常见的性能评价指标是什么？
15. 常见的流水线冒险包括哪几种？

第 3 章　ARM 微处理器

在计算机的组成系统中，运算器 ALU(Arithmetic Logical Unit)和控制器(Controller)通常合称为中央处理器 CPU(Central Processor Unit)或微处理器 MPU(Micro Processor Unit)，它是微型计算机的“心脏”。自 20 世纪 70 年代以来，随着大规模集成电路(LSI)和超大规模集成电路(VLSI)工艺与技术的发展，微处理器的集成度也越来越高，其应用渗透到工业、文化、教育及日常生活的各个领域。

本章首先介绍通用微处理器的主要性能指标，然后介绍 ARM 技术和 STM32 微处理器的内部结构、寄存器组织、存储器及 I/O 结构和总线操作，最后概述内核为 Cortex-M3 的 ARM 系列微处理器芯片的特性。

3.1　微处理器的指标

20 世纪 70 年代初期，Intel 公司研制出 4 位微处理器芯片 4004，70 年代中期研制出 8 位微处理器 8080，70 年代末期 16 位微处理器芯片 8086 研制成功。随后 80286、80386、80486 和 Pentium 微处理器使计算机的性能得到进一步提高。21 世纪以来，采用新结构、多核等新技术的 CPU 推动了个人计算机的高速发展。

生产微处理器的主流厂商有两家：Intel 和超微电子(AMD)，都是美国厂商。Intel 公司是最早生产 CPU 的厂家，20 世纪 70 年代以来，Intel 一直领导着 CPU 研发制造的技术潮流，占有最多的市场份额；AMD 公司是 Intel 最有力的挑战者。此外还有美国 IBM、中国台湾威盛(VIA)公司和中国龙芯(GodSon)公司生产各种类型的微处理器。

微处理器是微型计算机系统的核心部件，它的性能指标基本上决定了整机的性能。由于微处理器性能不断增强，对其性能的评价也在发生变化，下面简要阐述其主要性能指标：字长、指令集、主频、缓存大小和核心数。主频和缓存越大，微处理器的性能越好。另外，多核的要比单核的性能好，前端总线频率越大，微处理器的性能越好。

微处理器的主要性能指标有以下几项。

1. 字长

字长是 CPU 的主要技术指标之一，指的是 CPU 一次能并行处理的二进制位数，也就是 CPU 在单位时间内(同一时间)能一次处理的二进制数的位数。由于一个字节由 8 个二进制位组成，所以计算机的字长总是 8 的整数倍。通常计算机的字长为 16 位(早期)、32 位、64 位。能处理字长为 8 位数据的 CPU 通常就叫 8 位的 CPU；同理，32 位的 CPU 能在同一时间内处理字长为 32 位的二进制数据。字长的数值是不固定的，对于不同的 CPU，字长也不一样。

一般说来，计算机在同一时间内处理的一组二进制数称为一个计算机的“字”，而这组二进制数的位数就是“字长”。字长与计算机的功能和用途有很大的关系。字长直接反映了一台计算机的计算精度，为适应不同的要求及协调运算精度和硬件造价间的关系，大多数计算机均支持变字长运算，即机内可实现半字长、全字长(或单字长)和双倍字长运算。在其他指标相同时，字长越大的计算机的处理数据的速度就越快。早期的微机字长一般是8位和16位，386以及更高的处理器大多是32位。目前市面上的计算机的处理器的字长大部分已达到64位。

字长由微处理器对外数据通路的数据总线条数决定。计算机处理数据的速率，自然和它一次能加工的位数以及进行运算的快慢有关。如果一台计算机的字长是另一台计算机的两倍，即使两台计算机的速度相同，在相同的时间内，前者能做的工作是后者的两倍。一般地，大型计算机的字长为32或64位，小型计算机为16或32位，而单片嵌入式计算机为4、8或16位。字长是衡量计算机性能的一个重要因素。

计算机可以通过编程的方法来处理任意大小的数字，但数字越大，计算机就要花越长的时间来计算。计算机在一次操作中能处理的最大数字是由计算机的字长确定的。

2. 指令集

一个CPU的指令集(Instruction Set)是该CPU能执行的所有指令的集合。CPU的指令集是软件与CPU这两个层级之间的接口。指令集因CPU不同而不同。CPU有了这些指令集，就可以更高效地运行。Intel的处理器指令集主要有x86、EM64T、MMX等系列；AMD的处理器指令集主要有x86、x86-64、3D-Now指令集。

x86指令集是Intel公司为其第一块16位CPU(i8086)专门开发的，IBM公司1981年推出的世界第一台个人计算机中的CPU型号为i8088(i8086简化版)，使用的就是x86指令。同时，微机系统中为提高浮点数据处理能力而增加了x87芯片系列数字协处理器，则另外使用x87指令。后来就将x86指令集和x87指令集统称为x86指令集。虽然随着CPU技术的不断发展，Intel公司陆续研制出更新型的i80386、i80486等系列CPU，但为了保证微机系统能继续运行以往开发的各类应用程序，以保护和继承丰富的软件资源，所以Intel公司生产的所有x86系列及其兼容CPU仍然继续使用x86指令集，这些CPU仍属于x86系列，并形成了今天庞大的x86系列及兼容CPU指令集阵容。

RISC指令集是以后高性能CPU的发展方向。与传统的CISC相比，RISC的指令格式统一，种类较少，寻址方式较少。使用RISC指令集的体系结构主要有ARM和MIPS。

3. 主频和运算速度

CPU的主频是CPU的工作频率，也就是它的驱动时钟的频率，单位是MHz。CPU的外频是其外部时钟频率，由微机系统主板提供，单位也是MHz。CPU的倍频是主频比外频的倍数，故也叫倍频系数，它是没有单位的。即CPU的主频=外频×倍频。一般来说，主频越高，一个时钟周期里完成的指令数也越多，CPU的运算速度也就越快。但由于内部结构不同，并非所有时钟频率相同的CPU性能都一样。

运算速度是计算机完成操作的时间指标，也是衡量计算机性能的重要指标。计算机完成一个具体任务所需的一组指令称为执行该任务的程序，即程序为不同功能指令的集合。执行程序是需要时间的，即每条指令执行时需要时间。指令运行时间愈短，说明计算机的运算速度愈快。由于微处理器为不同功能指令分配的运行时间不一致，为了统一衡量标准，选用不同类型计算机实现同一操作的指令，即以寄存器加法指令所需时间为标准。寄存器加法指令的运行时间称为基本指令执行时间，用微秒(μs)表示，也可以用每秒能执行多少条基本指令来表示。例如，8086CPU的基本指令执行速度为2.5MIPS。基本指令执行时间与 CPU 的主频时钟周期有关，也与执行基本指令所需的时钟周期数量有关。所以，要提高指令执行速度应提高主频时钟频率及减少所需时钟周期数量。除此之外，计算机的运算速度还与数据宽度、指令作业方式等有关。

4. 核心数

核心数是指 CPU 核心的数量，单核就是 1，双核就是 2，四核就是 4。但是核心数不是 CPU 的数量，双核的 CPU 核心数量是 2，但是 CPU 数量是 1。

随着处理器主频提升，功耗和发热量是研发人员面临的巨大难题。Intel 公司和 AMD 公司在不用进行大规模芯片开发的情况下，将现有产品发展成为理论上性能更为强大的多核心处理器系统。以双核处理器为例，双核处理器是基于单个半导体的一个处理器上拥有两个一样功能的处理器核心，即将两个物理处理器核心整合入一个内核中。

5. 访存空间

计算机内存编址的基本单位是字节(Byte)。访存空间是指微处理器能访问的存储器单元的数量，其大小由微处理器的地址总线宽度确定。例如，8080 CPU 地址总线宽度为 16，能访问的存储器单元的数量是 $2^{16}=64K$(精确值为 65536)，访存空间为 64KB；8086 CPU 地址总线宽度为 20，能访问的存储器单元的数量是 $2^{20}=1M$，访存空间为 1MB；而 80486 CPU 地址总线宽度为 32，能访问的存储器单元的数量是 $2^{32}=4G$，访存空间为 $2^{32}B=4GB$。

虚拟存储空间是指通过硬件和软件的综合来扩大用户可用存储空间的技术。它是在内存储器和外存储器(软盘、硬盘或光盘)之间增加一定的硬件和软件支持，让两者形成一个有机整体，使计算机系统能运行比实际配置的内存容量大得多的任务程序。程序员在编程时不用考虑计算机的实际内存容量，程序文件预先放在外存储器中，在操作系统的统一管理和调度下，按某种置换算法依次调入内存储器而被 CPU 执行。这样，从 CPU 看到的是一个速度接近内存却具有外存容量的假想存储器，这个假想存储器就叫作虚拟存储器。80286 微处理器以上计算机均支持虚拟存存储空间。例如，80386 CPU 的地址线宽度为 32，实际地址可能的访存空间为 $2^{32}B=4GB$，而它的虚拟存储空间却高达 $2^{46}B=64TB$。

6. 高速缓存

高速缓冲存储器 Cache 是位于 CPU 与内存之间的临时存储器，它的容量比内存小但交换速度快。换句话说，访问高速缓存比访问内存更快，但是高速缓存价格昂贵，所以其容量相对内存来说较小。CPU 查找数据的时候首先在第一级(L1)缓存中查找，然后看第二级(L2)缓存，如果还没有命中，才到内存查找。一些服务器还有第三级(L3)Cache，目的也是提高速度。Cache 中的数据是内存中的一小部分，但这一小部分是短时间内 CPU 即将访问的。当 CPU 调用大量数据时。就可避开内存直接从 Cache 中调用，从而加快读取速度。

7. 多处理器系统

多处理器系统是指微处理器具有协处理器接口，微处理器可以将某些任务，如将数据的浮点运算交由协处理器去处理，从而减轻微处理器的工作负担，使计算机系统功能增强。与 8086 CPU 芯片对应的协处理器芯片为 8087，80386 CPU 以上的微处理器芯片已将协处理器集成到 CPU 芯片内。

8. 指令作业方式

随着微处理器的发展，指令作业方式也发生了很大变化。在早期的 CPU 中，取指令与执行指令是分时进行的，即当 CPU 取指令时就不能执行指令；反之，当 CPU 执行指令时就不能取指令。8086 CPU 采用了指令队列技术，可使取指令与执行指令同时进行，这样就提高了 CPU 的效率。指令流水线作业方式是更先进的指令作业方式，在近年来的微处理器上广泛使用。

9. **微处理器芯片的制造工艺**

半导体制造工艺技术是微处理器高速发展的基础。随着工艺的改进，微处理器的集成度愈来愈高，工作速度也愈来愈快，集成度从早期的每片数千个晶体管数量级到近期的每片数千万个晶体管数量级，主频从数 MHz 到数千 MHz。芯片制造工艺在 1995 年以后，从 0.5μm、0.35μm、0.25μm、0.18μm、0.15μm、0.13μm、0.09μm 到 0.035μm(35nm)的制造工艺已是历史，2016 年以来，10 或 7nm 是最新一代 CPU 的制造工艺。

以上介绍了微处理器的主要性能指标，除此之外还有集线、芯片热功耗、芯片工作电压、芯片温度系数等指标。

3.2 ARM 技术概论

ARM(Advanced RISC Machines)，既可以认为是一个公司的名字，也可以认为是对一类微处理器的通称，还可以认为是一种技术的名字。ARM 处理器是 Acorn 计算机公司面向低预算市场设计的第一款 RISC 微处理器，更早时期被称作 Acorn RISC Machine。ARM 处理器是按 32 位数据线设计的，但也配备 16 位指令集，广泛地使用在许多嵌入式系统设计中。美国微软公司在 2012 年 10 月 26 日发布的 Windows 8 操作系统也支持 ARM 系列处理器。在同一天发布的 ARM 架构版本微软 Surface(搭载 Windows RT 操作系统)中，已经采用了 ARM 处理器。

3.2.1 ARM 技术的发展及应用

ARM 公司于 1990 年成立，最初的名字是“Advanced RISC Machines Ltd.”，由三家公司合资建立，分别是苹果公司、Acorn 公司以及 VLSI 技术公司。1991 年，ARM 推出了 ARM6 处理器家族，VLSI 则是第一个使用 ARM6 处理器的公司。后来，陆续有其他处理器芯片生产厂商，包括 TI、NEC、Sharp、ST 等，都获取了 ARM 授权，真正把 ARM 处理器的使用大面积地推广，使得 ARM 处理器在手机、硬盘控制器、PDA、家庭娱乐系统及其他消费电子中被大量使用。

现在，ARM 芯片的出货量逐年上涨。不同于很多其他的半导体公司，ARM 从不制造和销售具体的处理器芯片，而是把处理器的设计授权给相关的商务合作伙伴，让这些公司依据自己的先进技术设计出具体的芯片，这些合作伙伴都是影响力极大的半导体公司。基于 ARM 低成本和高效率的处理器设计方案，得到授权的厂商生产了多种多样的处理器、微控制器以及片上系统(SoC)，这种商业模式就是所谓的“知识产权(IP)授权”。

除了设计处理器，ARM 公司也设计系统级 IP 和软件 IP。为了支持合作伙伴，ARM 开发了许多配套基础开发工具、硬件及软件产品。使用这些工具，芯片制造商可以更加方便地开发自己的产品。譬如 Cortex-M3 处理器内核是单片机的中央处理单元(CPU)，完整的基于 Cortex-M3 的微控制单元(Micro controller Unit,MCU,又称单片机)还需要很多其他组件。芯片制造商得到 Cortex-M3 微控制器内核的使用授权后，就可以把 Cortex-M3 内核用在自己的硅片设计中，添加存储器、外设、I/O 以及其他功能块。不同厂家设计出的单片机会有不同的配置，包括存储器容量、类型、外设等都各具特色(如图 3-1 所示)。如果想要了解某个具体型号的处理器，还需查阅有相关厂家提供的技术文档。

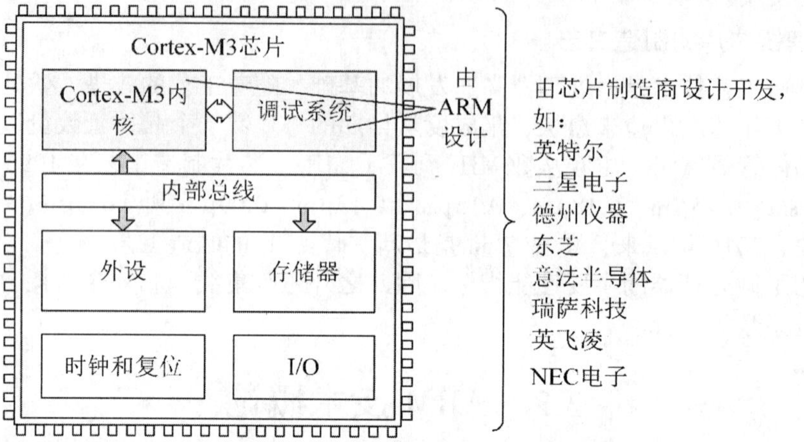

图 3-1　Cortex-M3 处理器内核及基于 Cortex-M3 的微处理器

ARM 处理器的特点有：

(1)体积小、低功耗、低成本、高性能；

(2)支持 Thumb(16 位)/ARM(32 位)双指令集，能很好地兼容 8 位/16 位器件；

(3)大量使用寄存器，指令执行速度更快；

(4)大多数数据操作都在寄存器中完成；

(5)寻址方式灵活简单，执行效率高；

(6)指令长度固定。

ARM 处理器系列有 ARM7 系列、ARM9 系列、ARM9E 系列、ARM10E 系列、SecurCore 系列、Intel 的 Xscale、StrongARM 和 ARM11 系列。其中，ARM7、ARM9、ARM9E 和 ARM10 为通用处理器系列，每一个系列提供一套相对独特的性能来满足不同应用领域的需求。SecurCore 系列专门为安全要求较高的应用而设计。

3.2.2　ARM 处理器架构

体系结构定义了指令集(ISA)和基于这一体系结构下处理器的编程模型。基于同样体系结构可以有多种处理器，每个处理器性能不同，所面向的应用也不同，但每个处理器的实现都要遵循这一体系结构。ARM 体系结构为嵌入式系统发展商提供很高的系统性能，同时保持优异的功耗和面积效率。

ARM 不断开发新的处理器内核和系统功能模块，包括已被广泛使用的 ARM7TDMI 处理器，以及高端产品 ARM1176TZ(F)-S 处理器，后者可用来做高档手机。功能的不断改进以及处理水平的持续提高，造就了一系列 ARM 架构。需要说明的是，架构版本中的数字和名字中的数字并不是同一个意义。比如，ARM7TDMI 是基于 ARMv4T 架构的(T 表示支持 Thumb 指令)；ARMv5TE 架构则采用 ARM9E 处理器，并添加了服务于多媒体应用增强的 DSP 指令。后来又推出了基于 ARMv6 架构的 ARM11 处理器。基于 ARMv6 架构的处理器有 ARM1136J(F)-S、ARM1156T2(F)-S 以及 ARM1176JZ(F)-S。ARMv6 是 ARM 发展史上的一个重要里程碑，其中引进许多突破性的新技术，存储器系统也加入了很多新的特性，开始引入单指令流多数据流(SIMD)指令。而其中最突出的新技术是经过优化的Thumb-2指令集，是专为低成本的单片机及汽车组件市场开发的。

基于ARMv6的新设计理念，ARM进一步扩展了CPU设计，推出了ARMv7架构。在这个版本中，内核架构首次从单一款式变成3种款式：(1)款式A　设计了用于高性能的“开放应用平台”，越来越接近于通用计算机；(2)款式R　用于高端的嵌入式系统，尤其是实时要求较高的系统；(3)款式M　用于深度嵌入的、单片机风格的系统中。

Cortex系列内核是基于ARMv7架构的，其中Cortex-M3就是按款式M设计的。其他Cortex家族的处理器包括款式A的Cortex-A8(应用处理器)及款式R的Cortex-R4(实时处理器)。图3-2所示是ARM处理器架构的历史进程。

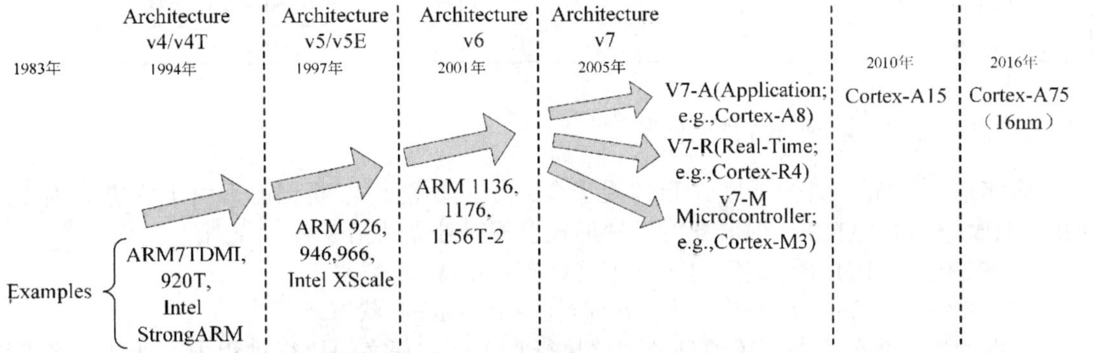

图3-2　ARM处理器架构的历史进程

早期的ARM处理器使用一种基于数字的命名法，即在数字后面添加字母后缀来进一步表明该处理器支持的特性。譬如ARM7TDMI，T代表Thumb指令集，D代表支持JTAG调试(Debugging)，M指快速乘法器，I则对应一个嵌入式ICE模块。后来，这4项基本功能成了所有新产品的标配，于是就不再使用这4个后缀。但是新的后缀不断被加入，包括定义存储器接口的、定义高速缓存的，以及定义“紧耦合存储器”(TCM)的字母，于是形成了一套新的命名法。ARM处理器名字见表3-1。

表3-1　ARM处理器名字

处理器名字	架构版本号	存储器管理特性	其他特性
ARM7TDMI	v4T		
ARM7TDMI-S	v4T		
ARM7EJ-S	v5E		Dsp，Jazelle
ARM920T	v4T	MMU	
ARM922T	v4T	MMU	
ARM926EJ-S	v5E	MMU	DSP，Jazelle
ARM946E-S	v5E	MPU	DSP
ARM966E-S	v5E		DSP
ARM968E-S	v5E		DMA，DSP
ARM966HS	v5E	MPU(可选)	DSP

（续表）

处理器名字	架构版本号	存储器管理特性	其他特性
ARM1020E	v5E	MMU	DSP
ARM1022E	v5E	MMU	DSP
ARM1026EJ-S	v5E	MMU 或 MPU	DSP，Jazelle
ARM1136J(F)V-S	v6	MMU	DSP，Jazelle
ARM1176JZ(F)-S	v6	MMU+TrustZone	DSP，Jazelle
ARM11MPCore	v6	MMU+多处理器缓存支持	DSP
ARM1156T2(F)-S	v6	MPU	DSP
Cortex-M3	v7-M	MPU(可选)	NVIC
Cortex-R4	v7-R	MPU	DSP
Cortex-R4F	v7-R	MPU	DSP+浮点运算
Cortex-A8	v7-A	MMU+TrustZone	DSP，Jazelle

3.2.3　ARM 处理器的指令集

多年来，ARM 一直为了增强和扩展指令系统的功能而不断努力。由于历史原因，从 ARM7TDMI 开始，ARM 处理器支持两种形式上相对独立的指令集，分别是：

(1)32 位的 ARM 指令集。对应处理器状态：ARM 状态。

(2)16 位的 Thumb 指令集。对应处理器状态：Thumb 状态。

这两种指令集分别对应了两种处理器执行状态。在程序的执行过程中，处理器经常性地在两种执行状态之间切换。实际上，Thumb 指令集在功能上是 ARM 指令集的一个子集，但它能使得代码密度变得更高，从而减小目标代码需要的存储总量，这对存储器容量有严格要求的应用是很适用的。也就是说，Thumb 指令集是 ARM 指令集的功能子集，但与功能等价的 ARM 代码相比较，可节省 30%~40%以上的存储空间，同时具备 32 位代码的所有优点。

ARM 处理器属于 RISC 体系结构，该结构优先选取使用频次最高的简单指令，避免复杂指令；指令长度固定，指令格式和寻址方式的种类比 CISC 指令集的格式和种类有所减少；以控制逻辑为主，不用或少用微码控制等。

RISC 体系结构具有如下特点：

(1)采用固定长度的指令格式，指令规整，寻址简单；

(2)使用单周期指令，便于采用流水线技术来操作执行；

(3)大量使用寄存器，数据处理指令只对寄存器中的数据进行处理，只有专用的加载/存储指令可以访问存储器，以提高指令的执行效率。

除此以外，为了在保证高性能的前提下尽量缩小芯片的面积，并降低功耗，ARM 体系结构还采用了一些特别技术：

(1)条件执行：所有指令都可根据前面的执行结果决定是否被执行，从而提高指令的执行效率。

(2)批量传输：可用加载/存储指令批量传输数据，以提高数据的传输效率。

(3)指令功能集成：可在一条数据处理指令中同时完成逻辑处理和移位处理。

(4)地址自增减：在循环处理中使用地址的自动增减来提高运行效率。

ARM 指令集不兼容 32 位与 16 位指令，如需用到 16 位指令，需要通知编译器，这时处理器状态在 Thumb 和 ARM 之间来回地切换，这种操作在 ARM7 和 ARM9 架构中常见。Cortex-M3 作为新生代的 ARM 处理器，不再使用 32 位 ARM 指令集，而是使用 Thumb-2 指令集的子集，兼容 32 位与 16 位指令。换句话说，Cortex-M3 的指令系统没有向前兼容。如图 3-3 所示为 ARM 的指令集演进图。

Thumb-2 指令集架构是一个突破性的指令集。它强大、易用、轻快、高效。Thumb-2 指令集是 16 位 Thumb 指令集的一个超集，在 Thumb-2 中，16 位指令与 32 位指令并存，指令集在 Thumb 状态下可以完成的事情已经很多，同样的工作任务需要的指令周期数也明显下降。

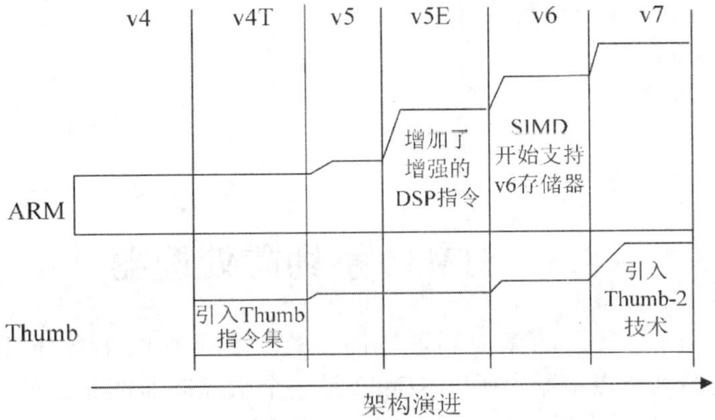

图 3-3　ARM 的指令集演进图

Thumb-2 并不是 Thumb 的升级，它继承并集成了传统的 Thumb 指令集和 ARM 指令集的各自优点，可以完全代替 Thumb 和原先的 ARM 指令集；Thumb-2 指令集与 Thumb 指令集的关系如图 3-4 所示。Thumb-2 指令集体系架构，无须处理器进行工作状态的显式切换，就可运行 16 位与 32 位混合代码，与 ARM 体系架构相比，速度提高 15%~20%。

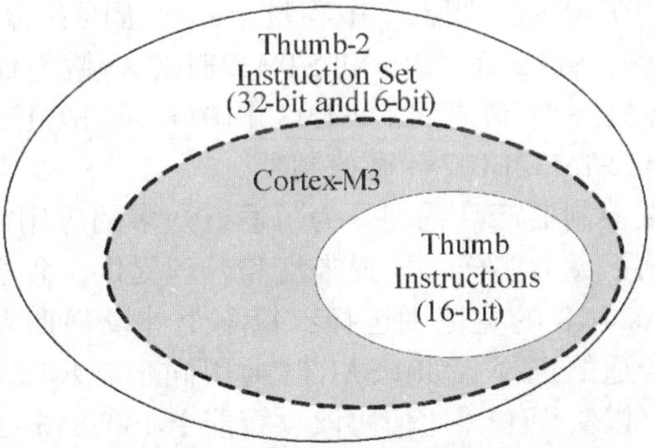

图 3-4　Thumb-2 指令集与 Thumb 指令集的关系

Cortex-M3 处理器使用的指令集是 Thumb-2 指令集的子集，如图 3-4 所示。Cortex-M3 处理器有两种工作状态：①Thumb-2 状态；②调试状态。它的(指令)工作状状态只有一个，就是 Thumb-2 状态。

Thumb-2 指令集按照指令的长度分类，可分为两种：①16-bit 指令集；②32-bit 指令集。若指令按功能和寻址方式分类，有以下几种。

(1)数据传送指令；
(2)Load/Store 指令；
(3)批量 Load/Store 指令；
(4)算术四则运算指令；
(5)逻辑操作指令；
(6)移位和循环指令；
(7)行号扩展指令；
(8)字节调序指令；
(9)位域处理指令；
(10)子程序调用与无条件转移指令；
(11)隔离(barrier)指令；
(12)饱和运算指令；
(13)If-Then 指令；
(14)比较跳转指令等。

3.3 STM32 系列微处理器

意法半导体(ST)是著名的微控制器厂商，STM32 是意法半导体开发并生产的基于 Cortex-M3 内核的系列微控制器，所以 STM32 是一个微控制器产品系列的总称。目前这个系列中已经包含了多个子系列，分别是：STM32 小容量产品、STM32 中容量产品、STM32 大容量产品和 STM32 互联型产品；按照功能的划分，又可分为 STM32F101××、STM32F102××和 STM32F103××系列。STM32 微控制器产品中大多数功能模块都是在多个产品(或所有产品)中共有的并且是相同的，因此只有一份 STM32 微控制器产品的技术参考手册对应所有产品。

小容量产品是指闪存存储器容量在 16K 至 32K 字节之间的 STM32F101××、STM32F102××和 STM32F103××微控制器；中容量产品是指闪存存储器容量在 64K 至 128K 字节之间的 STM32F101××、STM32F102××和 STM32F103××微控制器；大容量产品是指闪存存储器容量在 256K 至 512K 字节之间的 STM32F101××和 STM32F103××微控制器。互联型产品是 STM32F105××和 STM32F107××微控制器。

STM32 是一个通用微控制器产品系列。为了适应众多的应用需求和低成本的要求，在产品的规划和设计上遵循了灵活多样、配置丰富和合理提供多种选项的原则，如齐全的闪存容量配置，提供 16~1024KB 的宽范围选择；每一个外设都拥有多种配置选项，使用者可以按照具体需要做出合适的选择。如 USART(通用同步异步收发器)模块可以实现普通的异步 UART 通信，还可以实现 LIN 通信协议、智能卡 IS07816-3 协议、IrDA 编解码、同步的 SPI 通信，以及进行简单的多机通信等。考虑到用户应用的多样性和大跨度的需要，STM32 在整个系列保持了引脚的兼容性及外设配置的兼容性。

3.3.1 STM32 系列微处理器的系统结构

STM32 系列产品在 Cortex-M3 架构上进行了多项改进，包括在提升性能的同时又提高了代码密度的 Thumb-2 指令集；大幅度提高中断响应速度；而且所有新功能都同时具有业界最优的功耗水平。目前，意法半导体是第一个推出基于这个内核的主要微控制器厂商。它提供了一个完整的32位产品系列，在结合了高性能、低功耗和低电压特性的同时，保持了高度的集成性能和简易的开发特性。

在性能方面，STM32系列的处理速度比同级别的基于ARM7TDMI的产品快30%；如果处理性能相同，STM32产品功耗比同级别产品低75%。使用新内核的Thumb-2指令集，设计人员可以把代码容量降低45%，几乎把应用软件所需内存容量降低50%。

除工业可编程逻辑控制器(PLC)、家电、工业及家用安全设备、消防和暖气通风空调系统等传统应用，以及智能卡和生物测定等新兴消费电子应用外，STM32系列还适合要求低功耗的设备，如依赖电池工作的血糖和血脂监测设备。

目前，STM32产品有完整的开发支持产业环境，包括意法半导体免费提供的标准软件、评估板和第三方开发的入门开发工具套件。客户还可以获得意法半导体或第三方开发的USB Device/Host/OTG解决方案，以及第三方开发的TCP/IP协议栈，包括免费提供的interniche NicheLite协议栈。此外，现在还有很多软件开发工具链支持。

STM32系统结构图如图3-5所示。该框图包括了STM32的核心设备，其中Cortex-M3内核是最核心的模块，它通过指令总线ICode、数据总线DCode、系统总线与存储器和各种外设打交道；总线矩阵实现开关操作的功能；多DMA通道是STM32的重要特征，它有利于将Cortex-M3内核从繁重的数据转移工作中解放出来；高速总线AHB和低速总线APB之间通过AHB-APB桥进行交互。

STM32系统结构中的主要模块包括如下几项。

1）Cortex-M3核心

Cortex-M3核心是嵌入式处理器芯片的CPU所在之处，是指挥中心。

2）总线矩阵

总线矩阵实质上是矩阵开关，其功能如同电话接线员，根据请求进行线路连接。其核心功能是进行总线间的驳接。由于有多个使用总线的主设备，所以它必须具有仲裁的功能，主要由4个主动部件和4个被动部件构成。4个主动部件是数据总线DCode、系统总线、DMA1总线和DMA2总线；4个被动部件是Flash端口、SRAM、FSMC和AHB-APB桥。

3）闪存Flash

Flash通过Flash端口连接CPU。Flash有两条路径到达CPU：一条是传送指令的总线ICode；另一条是将Flash的数据线通过总线矩阵接数据总线DCode到达CPU。

4）静态存储器SRAM

SRAM通过总线矩阵连接CPU。SRAM是存放数据的地方，堆栈等也在SRAM中，所以其速度和容量是重要的两个因素。代码可以直接在Flash中执行，也可以选择将代码从Flash转移到SRAM来执行。

5）复位和时钟控制(RCC)

复位和时钟控制(RCC)是高速设备，连接在高速的AHB总线上。RCC是一整套的时钟管理设备，通过对与之相关的寄存器的配置，可以设置RCC的工作模式。例如选择内部还是外部的时钟；选择高速还是低速的时钟；时钟分频或倍频的比率等。

6）APB1总线

低速APB1外设通过APB1总线接APB桥2，然后通过AHB系统总线接矩阵开关，最后连接到CPU。低速外设的速度上限是36Mbit/s；串口、SPI、I2C及大部分的定时器都在其中。

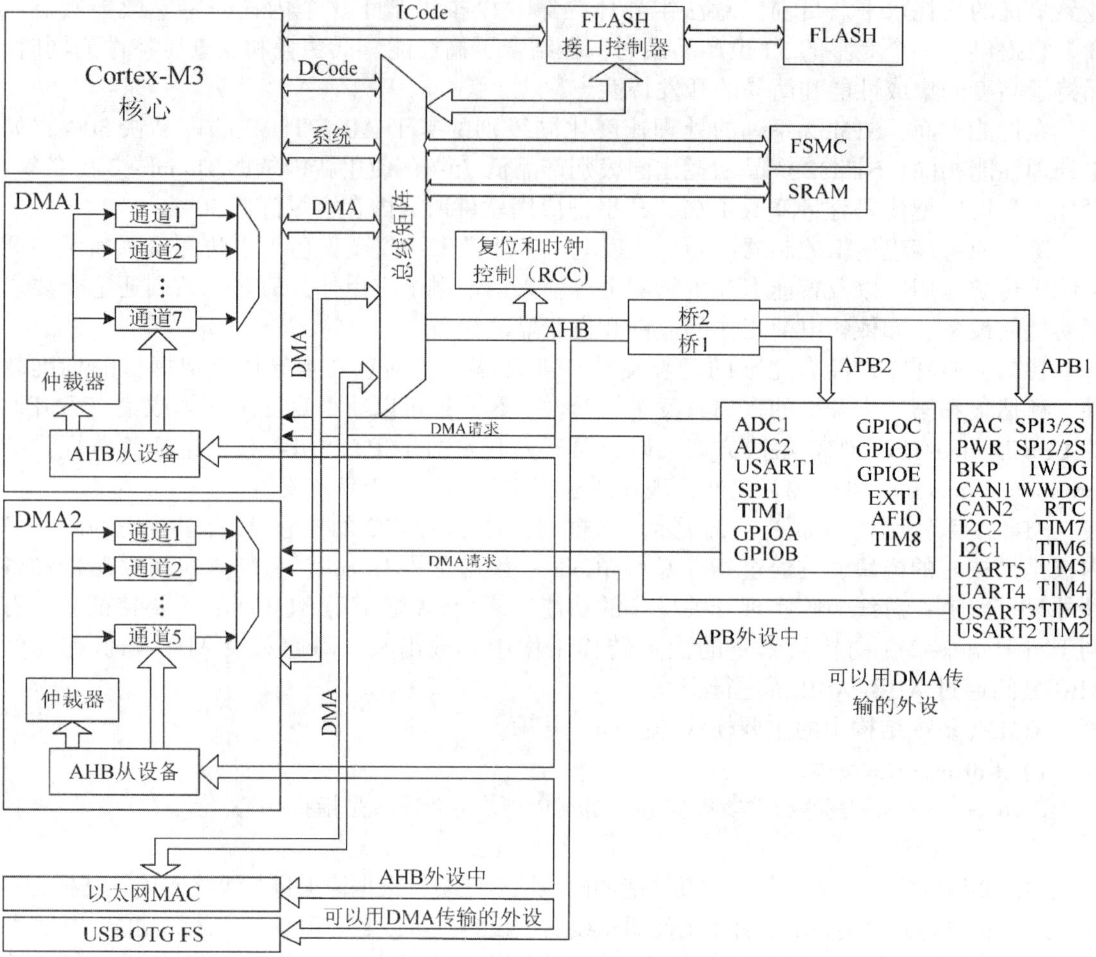

图 3-5　STM32 系统结构图

7) APB2 总线

APB2 外设，也是 APB 外设，通过 APB2 总线接 APB 桥 1，然后通过高速 AHB 系统总线接矩阵开关，最后连接到 CPU。APB2 外设的速度上限是 72Mbit/s。GPIO 口、ADC、定时 1 和定时器 8 在其中。

8) 可变静态存储控制器(FSMC)

FSMC 支持不同的静态存储器，具有多种存储器操作方法，并支持代码从 FSMC 扩展的存储器直接运行。通过对与 FSMC 相关的特殊功能寄存器的设置，FSMC 能够根据不同的外部存储器，发出相应的数据、地址、控制信号来匹配外部存储器，从而使得 STM32 能够应用各种不同类型、不同速度的外部静态存储器。FSMC 的这种特性，可以降低系统设计的复杂性。通过 FSMC 可以以总线的方式与液晶控制器通信，从而驱动高精度大屏幕液晶。因此，FSMC 经常被应用于液晶控制器的管理。

9) DMA 通道

采用 DMA 方式可以极大地降低 CPU 的负担。因为有了 DMA，CPU 不需要参与某些大批量的数据传送工作。DMA 控制器通过 DMA 总线连接到总线矩阵，再通过总线矩阵与其他设备进行互联。

总结起来，共有 4 条总线：总线 ICode 用于传输 Flash 指令，也用于预取指令；总线 DCode 是连接 Flash 的数据线；系统总线连接着 Cortex-M3 的系统总线(外设总线)；DMA 总线是 DMA 控制器进行控制的总线；总线矩阵使用轮换算法进行仲裁来决定这些总线的连接；通过矩阵开关之后，AHB 系统总线是高速的与外设通信的总线，再通过桥接芯片后，将 AHB 系统总线与低速的 APB 总线进行连接。

3.3.2 STM32 系列微处理器命名

STM32 系列微处理器命名方法采用了图 3-6 所示的规则。

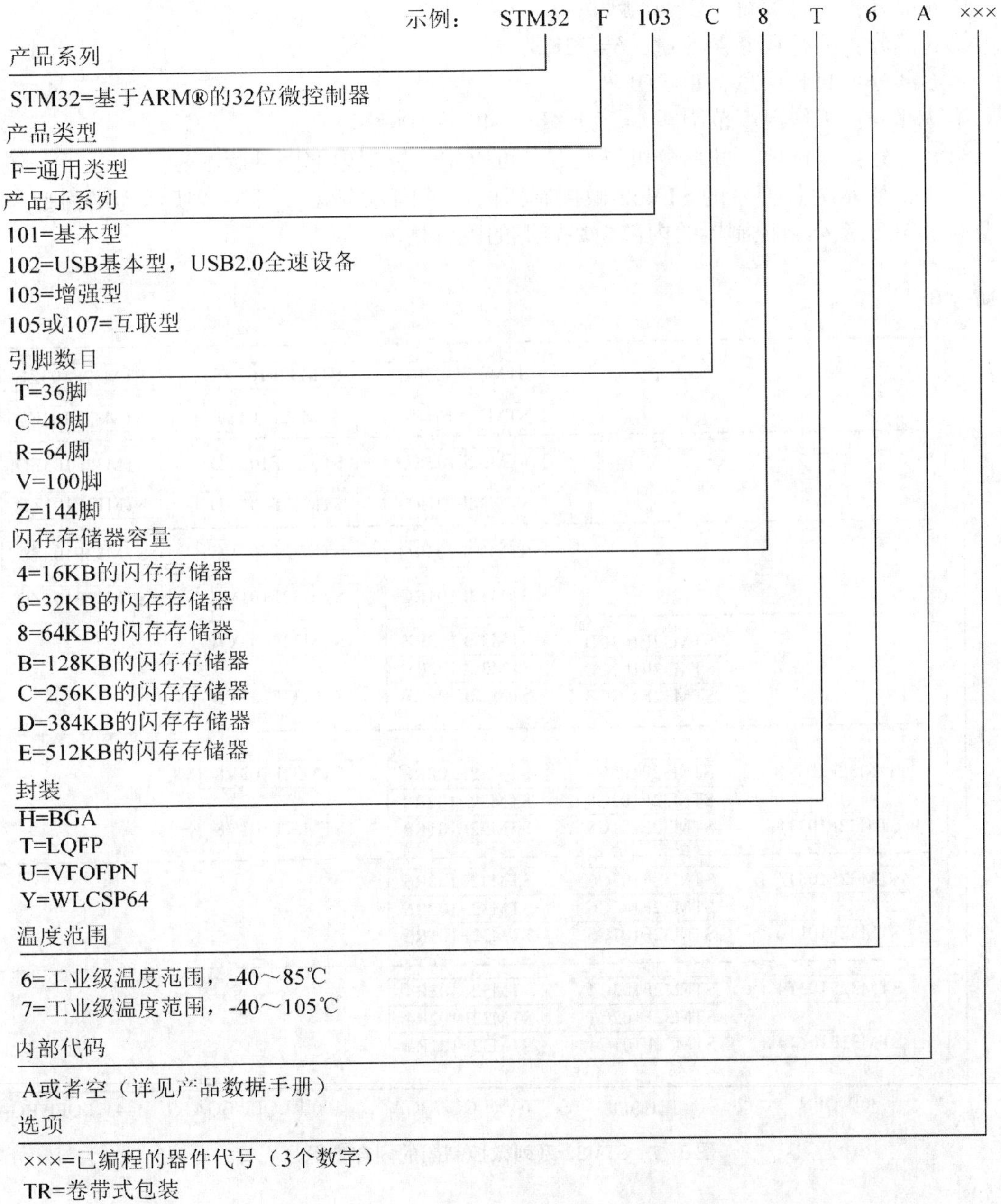

图 3-6　STM32 系列微控制器的命名

STM32 的产品都由 16 个字母或数字构成的编号标识，用户向 ST 公司订货时必须使用这个编号指定需要的产品。这 16 个字符分为 8 个部分。下面通过一个例子说明它们的意义。

【例 3-1】说明 STM32F103C6T7×××名字的含义。

STM32F103C6T7×××

1 2 3 4567 8

第 1 部分：产品系列名，固定为 STM32。

第 2 部分：产品类型，“F”表示这是 Flash 产品，目前没有其他选项。

第 3 部分：产品子系列.“103”表示增强型产品。

第 4 部分：引脚数目，C=48 脚。

第 5 部分：闪存存储器容量，6=32KB。

第 6 部分：封装信息，T=LQFP。

第 7 部分：工作温度范围，7=工业级，-40～+105℃。

第 8 部分：可选项。此部分可以没有，可以用于标识内部固件版本号。

图 3-7 所示为各型号的 STM32 微控制器内部的闪存资源，图 3-8 所示为增强型与基本型的 STM32 系列微控制器的内部模块资源的配置情况。

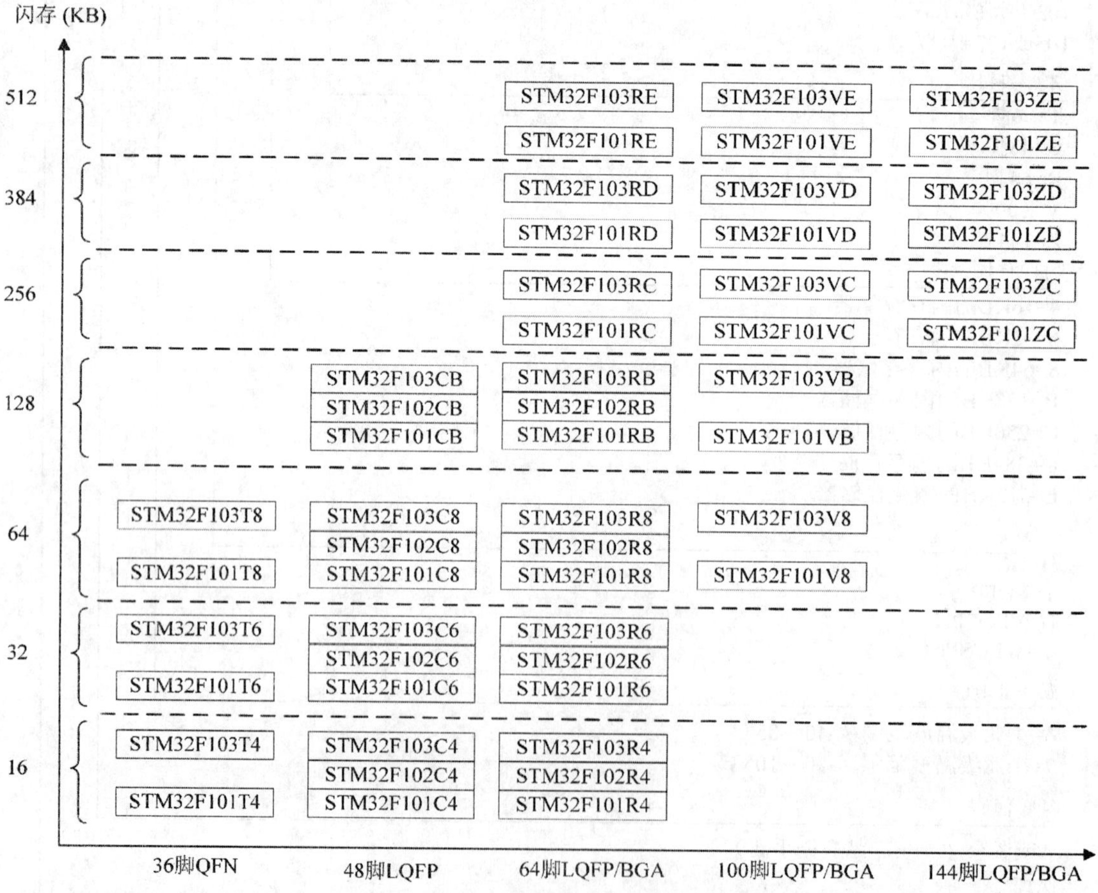

图 3-7 STM32 系列微控制器的闪存资源

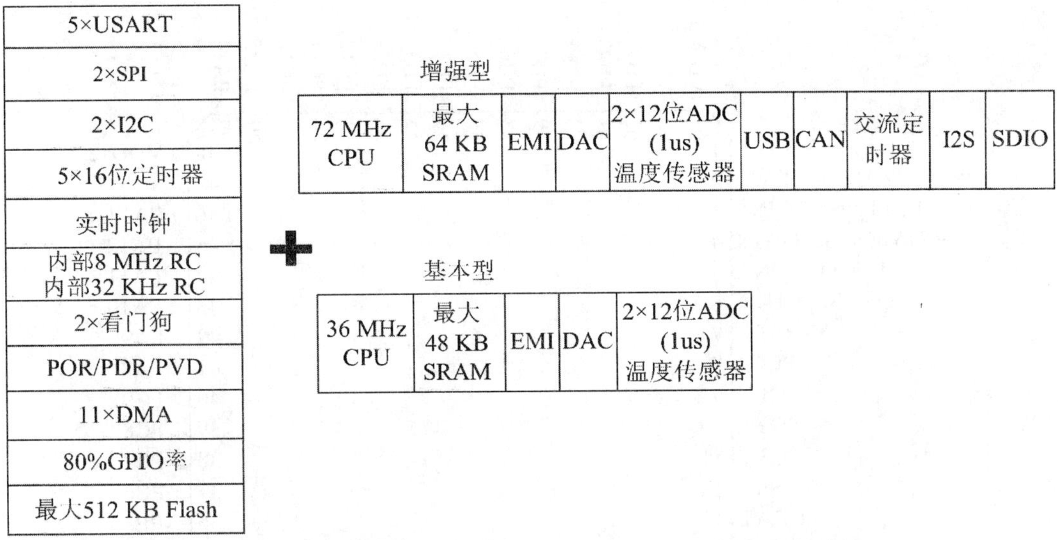

图 3-8 增强型与基本型的 STM32 系列微控制器资源配置

3.3.3 STM32 微处理器实例

1. STM32F103R8T6 微处理器

下面以 STM32F103 系列芯片中的 STM32R8T6 为例进行阐述，其引脚图和封装如图 3-9 所示。

STM32F103R8T6 内部资源概述如下。

(1)内核：ARM32 位的 Cortex-M3 微处理器；72MHz，1.25DMIPS/MHz，0 等待周期的存储器；单周期乘法和硬件除法。

(2)存储器：128KB 的闪存程序存储器；20KB 的 SRAM。

(3)时钟、复位和电源管理：2.0~3.6V 供电和 I/O 引脚；上电/断电复位(POR/PDR)、可编程电压监测器(PVD)；内嵌 4~16MHz 高速晶体振荡器；内嵌经出厂调校的 8MHz 的 RC 振荡器；内嵌 40kHz 的 RC 振荡器；锁相环(PLL)供应 CPU 时钟；带校准功能的 32kHz 实时时钟(Real-TimeClock,RTC)振荡器。

(4)低功耗：专用电源电压 VBAT 为 RTC 和后备寄存器供电。

(5)5 组 I/O 口：5 组多功能双向 5V 兼容的 I/O 口；所有 I/O 口可以映像到外部中断。

(6)DMA 控制器：支持定时器、ADC、SPI、I^2C 和 USART 等外设。

(7)两个 12 位模数转换器：1μs 转换时间(16 通道)；转换范围 0~3.6V；双采样和保持功能；温度传感器。

(8)9 个通信接口：3 个 USART 接口，支持 ISO7816、LIN、IrDA 接口和调制解调控制；2 个 I^2C 接口(SMBus/PMBus)；两个 SPI 同步串行接口(18Mbps)；1 个 N 接口(2.0B 主动)；1 个 USB2.0 全速接口。

(9)两个高级控制定时器，4 个通用定时器，2 个基本定时器，1 个实时时钟、2 个看门狗定时器和 1 个系统嘀嗒定时器(SysTick 时钟)。

(10)调试模式：串行线调试(SWD)和 JTAG 接口。

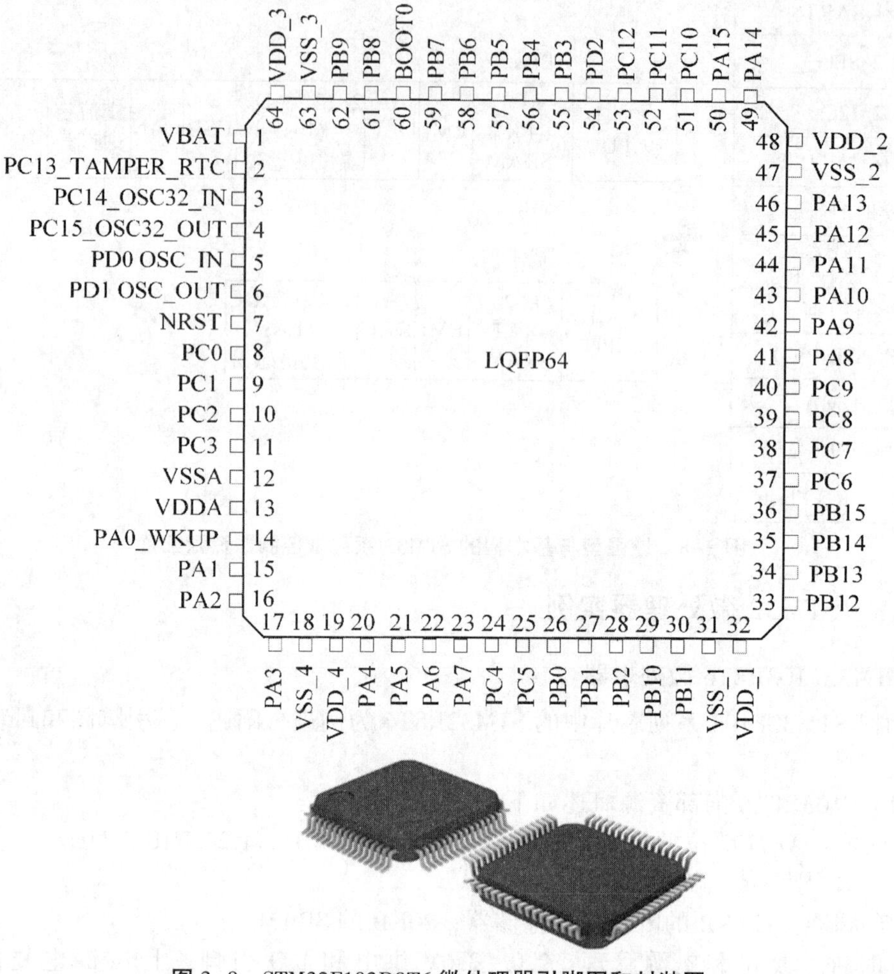

图 3-9　STM32F103R8T6 微处理器引脚图和封装图

2. STM32F103VET6 微处理器

STM32F103VE 的封装是 LQFP100，图 3-10(a)所示为其引脚图，图 3-10(b)所示为封装图。LQFP100 封装的 STM32F103 不同子型号引脚都是相同的。要进行硬件设计必须了解每个引脚的功能和电气特性。

其中，6 脚 VBAT 为电池供电端，在未提供电源(VDD 不满足要求或无电压)时为实时时钟 RTC、备份寄存器和外部时钟 32kHz 晶体振荡器供电。当不使用电池的时候必须将其连接到 VDD。所有 VDD 都是电源输入端，所有 VSS 都接地。这些电源和地引脚一共 5 组(VSS1、VDD1)~(VSS5、VDD5)，共用 10 个引脚。

GPIO 为通用输入/输出端口，占据了大量的引脚，共 80 个。该类引脚以 P 开头，都是 16 位的，分为 5 个组，分别为 PA0~PA15，PB0~PB15，PC0~PC15，PD0~PD15，PE0~PE15。这些端口大都有多重功能，既可作为 I/O，又可编程为其他功能。

OSC_ IN 和 OSC_ OUT 是外部时钟输入引脚，共用 2 个引脚。

NRST 为外部复位引脚。该引脚上的低电平将导致系统复位。

VREF-和 VREF+为 ADC 和 DAC 提供参考电压，VSSA 和 VDDA 为 ADC 和 DAC 提供

电源，共用 4 个引脚。如果项目需要高精度的数模转换和模数转换，应该将其连接到外部高精度的参考源。

BOOT0 和 BOOT1 为芯片启动模式配置引脚，其中 BOOT1 与 PB2 复用引脚。

未用引脚 NC 一个。

综合统计 GPIO 引脚 80 个，电源引脚 10 个，其他引脚 10 个，合计引脚数量为 100 个。

STM32 可对引脚功能进行编程，大多数的引脚都可以通过编程定义其功能，称为复用。SPI 引脚、FSMC 引脚、USART 引脚等都是复用引脚。

某些引脚可以配置成什么样的复用功能，在厂家器件手册中有详细的说明。

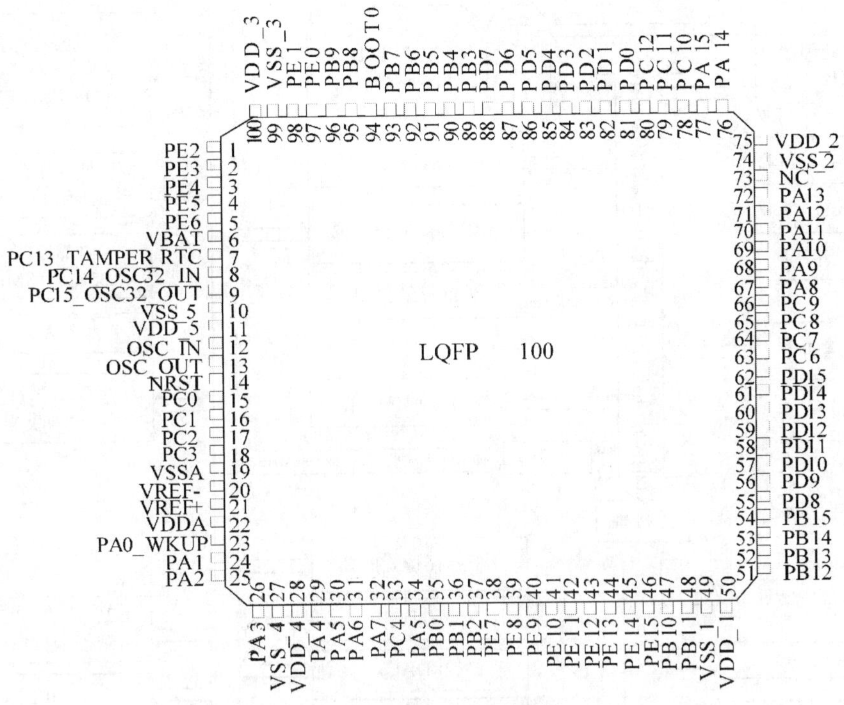

（a）引脚图

（b）封装图

图 3-10　STM32F103VET6 微处理器引脚图和封装图

3.4 STM32 微处理器的内部资源简介

STM32 微处理器由两部分构成。

4 个驱动单元：Cortex-M3 内核 DCode 总线(D-bus)和系统总线(S-bus)，通用 DMA1 和通用 DMA2。

4 个被动单元：内部 SRAM、内部闪存存储器、FSMC、AHB 到 APB 的桥(AHB-APB)，它连接所有 APB 设备。这些都是通过一个多级的 AHB 总线构架相互连接的，如图 3-11 所示。

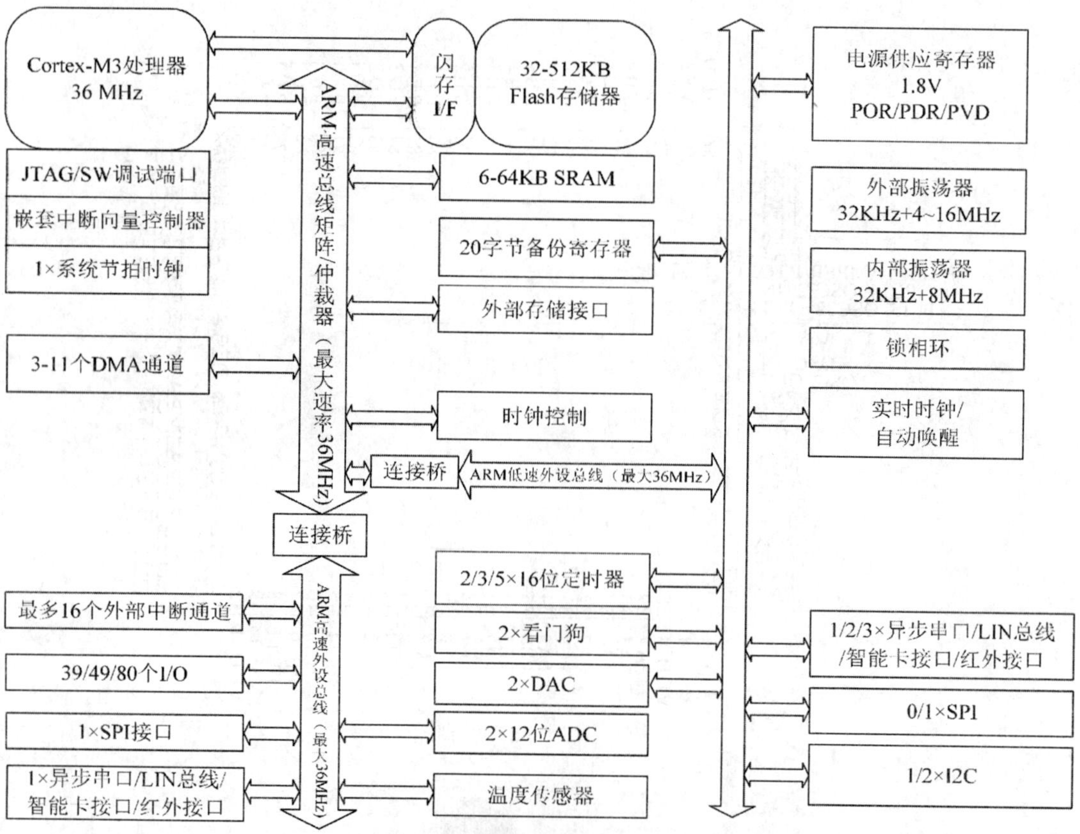

图 3-11 STM32 微控制器的内部资源互联图

ICode 总线将 Cortex-M3 内核的指令总线与闪存指令接口相连接。指令预取在此总线上完成。

DCode 总线将 Cortex-M3 内核的 DCode 总线与闪存存储器的数据接口相连接(常量加载和调试访问)，用于查表等操作。

系统总线连接 Cortex-M3 内核的系统总线(外设总线)到总线矩阵，系统总线用于访问内存和外设，覆盖的区域包括 SRAM、片上外设、片外 RAM、片外扩展设备，以及系统级存储区的部分空间。

DMA 总线将 DMA 的 AHB 主控接口与总线矩阵相连，总线矩阵协调 CPU 的 DCode 和

DMA 到 SRAM、闪存和外设的访问。

总线矩阵协调内核系统总线和 DMA 主控总线之间的访问仲裁。此仲裁采用轮换算法。AHB 外设通过总线矩阵与系统总线相连，允许 DMA 访问。

AHB/APB 桥(APB)在 AHB 和两个 APB 总线间提供同步连接。APB1 操作速度限于 36MHz，APB2 操作于全速(最高 72MHz)。当对 APB 寄存器进行 8 位或 16 位访问时，该访问会被自动转换成 32 位的访问；桥会自动将 8 位或 32 位的数据扩展以配合 32 位的向量。

3.4.1 STM32 的电源、时钟及复位

1. STM32 的电源要求

STM32 的电源有电压和功率要求。STM32 采用 2.0~3.6V 的电源，标准电压是 3.3V；设计电源时还应满足系统的最大功率要求。例如系统电流有 300mA，需要选择 3.3V/300mA 的电源，图 3-12 所示是 STM32 的芯片的供电方案。

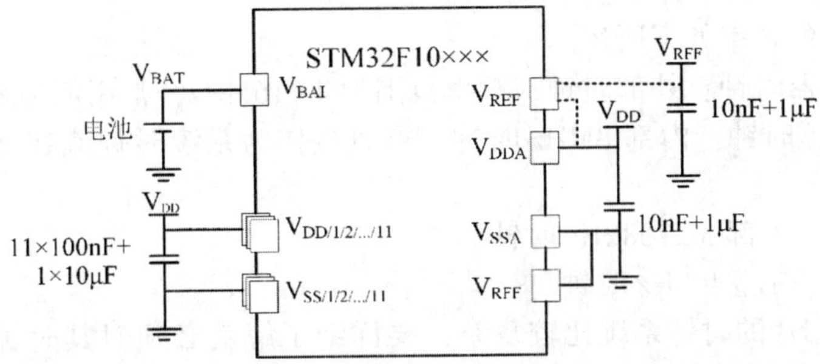

图 3-12 STM32 供电方案

1) 数字电源部分

V_{DD}接 2.0~3.6V 的直流电源，V_{DD}引脚为 I/O 引脚和内部调压器供电。通过内置的电压调节器提供核内所需的 1.8V 电源，而 I/O 端口电压是 3.3V。V_{DD}引脚必须连接到带外部稳定电容的 V_{DD}电源。

2) 模拟电源部分

为了提高转换精度，ADC 使用一个独立的电源供电，过滤和屏蔽来自 PCB 上的毛刺干扰。U_{ssA}为独立电源地，V_{DDA}接 2.0~3.6V，为 ADC、复位模块、RC 振荡器和 PLL 的模拟部分供电。V_{DD}≥2.4V 时，ADC 工作；V_{DD}≥2.7V 时，USB 工作。

V_{REF+}电压范围在 2.4V 和 V_{DDA}之间，可以连接到 V_{DDA}外部电源。如果在 V_{REF+}上使用单独的外部参考电压，必须在这个引脚上连接一个 10nF 和一个 1μF 的电容。

3) 备份电源部分

V_{BAT}为 1.8~3.6V，当主电源 V_{DD}关闭时，为 RTC、外部 32kHz 振荡器和后备寄存器供电。如果没有外部电池，这个引脚必须和 100nF 的陶瓷电容一起连接到 V_{DD}电源上。当使用 V_{DD}时，V_{BAT}上无电流损失。

由图可知，V_{DD}和 V_{DDA}必须连接到同一个电源；2.4V≤V_{REF+}≤V_{DDA}；V_{ss}、V_{ssA}、$V_{REF_}$必须连接到地线。

STM32 具有电源管理功能，包括上电复位和掉电复位；可编程电压监测器(PVD)。

STM 复位后，电压调节器总是使能的，根据应用方式，有如下 3 种不同的模式工作。

(1)运行模式：调节器以正常功耗模式提供 1.8V 电源(内核、内存和外设)。

(2)停止模式：调节器以低功耗模式提供 1.8V 电源，以保存寄存器和 SRAM 的内容；

(3)待机模式：调节器停止供电。除了备用电路和备份区域外，寄存器和 SRAM 的内容全部丢失。

当复位电路工作时，在待机模式下最低功耗 2μA×1.8V，因此是最适合电池供电的应用设备。其他省电功能包括 1 个集成的实时时钟、1 个专用的 32kHz 振荡器和 4 种功率模式，其中实时时钟含有 1 个备用电池专用引脚。

2. STM32 的时钟

STM32 有高速和低速两种内部时钟，另外可以外接高速(HSE)和低速(LSE)两组外部时钟。STM32 内部有高速内部(HSI)RC 振荡器和低速内部(LSI)RC 振荡器两种，产生两组时钟信号。HSI 振荡器输出频率典型值是 8MHz，精度典型值是 1%，最差值是 2.5%。如果要求高精度不能采用片内 HSI，一般都会选择外部时钟源。LSI 输出频率典型值是 40kHz，最小值是 30kHz，最大值是 60kHz。

4 种主要时钟的频率如下所述。

(1)HSE 振荡器时钟：外部时钟，频率范围为 4~16MHz，常用值为 8MHz。

(2)HSI 振荡器时钟：内部 8MHz 时钟，可直接作为系统时钟或在 2 分频后作为 PLL 输入。

(3)LSE 时钟：外部 32.768kHz 时钟。

(4)LSI 时钟：内部 40kHz 时钟。

ARM 嵌入式芯片的时钟系统比较复杂，要详细了解就必须对其时钟树进行分析。其原因之一是为了使外设和微处理器协调工作。随着芯片工艺的发展，计算机和嵌入式系统的处理器频率越来越快，而外设接口(如串口)的时钟较慢。如果处理器与外设接口共用同一个时钟，那么处理器在同一时间内可以完成很多工作，而外设接口只能完成一件任务，这势必造成处理器长时间等待，其高速性能就不能发挥出来。时钟系统复杂的另一个原因是时钟分开有助于实现低功耗。

STM32 微控制器的时钟树是可配置的，其时钟输入源与最终达到外设处的时钟速率不再有固定的关系，时钟设置首先需要考虑系统时钟的来源，是内部时钟、外部晶振、还是外部的振荡器，是否需要 PLL 等等因素；然后再考虑内部总线和外部总线；最后考虑外设的时钟信号。应遵从先倍频作为处理器的时钟，然后再由内向外分频的原则。

时钟管理寄存器包括时钟控制寄存器(RCC_CR)、时钟配置寄存器(RCC_CFGR)和时钟中断寄存器(RCC_CIR)。

3. STM32 的复位

复位分 3 种形式，即电源复位、系统复位和备份区域复位。图 3-13 所示是 STM32 的复位电路。

当系统上电、掉电及从待机模式返回时，发生电源复位。电源复位除将备份区域的寄存器复位外，所有的工作寄存器都复位。

系统复位将复位除时钟控制寄存器 CSR 中的复位标志和备份区域中的寄存器以外的所有寄存器。当在 NRST 引脚上产生一个低电平时，系统复位发生，即通过按复位按钮可以引发复位。另外，当看门狗定时器计数终止时，窗口看门狗(WWDG)和独立看门狗(IWDG)计数终止，会产生复位。另外，软件复位和低电压也会导致系统复位。

对于备份区域的复位，一种是在软件复位的时候设定备份区域控制寄存器中的对应位产生，另一种是当电源和电池都掉电又都重新上电时产生。

备份区域寄存器 BKP 是由 42 个 16 位的寄存器组成的，可以存储 84B 的用户程序数据。由于处于备份区域，所以当系统掉电时，可以由电池供电，当系统复位或电源复位时不会失去数据。

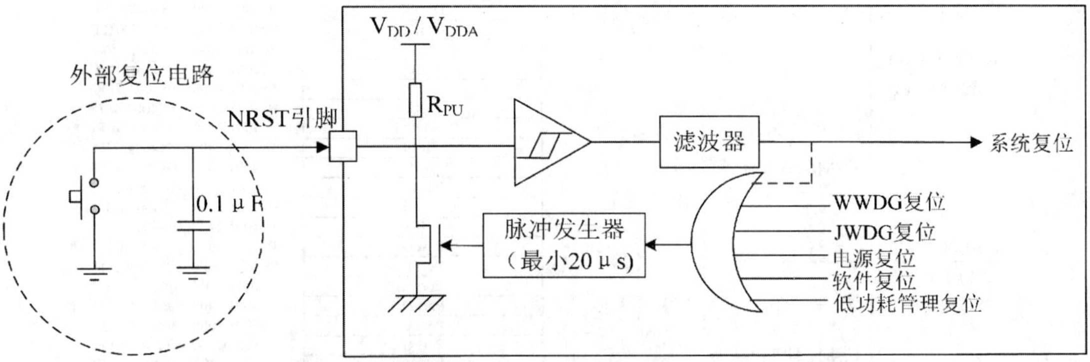

图 3-13 STM32 复位电路

3.4.2 STM32 的存储器映射

STM32 将可访问的存储器空间分成 8 个块，每块为 512MB。其他没有分配给片上存储器和外设的空间都是保留的地址空间，如图 3-14 所示。8 个块分别如下所述。

(1)代码区(0x00000000~0x1FFFFFFF)：该区可以存放程序。

(2)SRAM 区(0x20000000~0x3FFFFFFF)：用于片内 SRAM。此区也可以存放程序，用于固件升级等维护工作。

(3)片上外设区(0x40000000~0x5FFFFFFF)：用于片上外设。片上外设区存储结构如图 3-14 所示。STM32 分配给片上各个外围设备的地址空间按总线分成 3 类：APB1 总线外设存储地址(见表 3-2)，APB2 总线外设存储地址(见表 3-3)，AHB 总线外设存储地址(表 3-4)。如果某款控制器不带有某个片上外设，则该地址范围保留。

(4)外部 RAM 区的前半段(0x60000000~0x7FFFFFFF)：该区地址指向片上 RAM 或片外 RAM。

(5)外部 RAM 区的后半段(0x80000000~0x9FFFFFFF)：同前半段。

(6)外部外设区的前半段(0xA0000000~0xBFFFFFFF))：用于片外外设的寄存器，也用于多核系统中的共享内存。

(7)外部外设区的后半段(0xC0000000~0xDFFFFFFF)：目前与前半段的功能完全一致。

(8)系统区(0xE0000000~0xFFFFFFFF)：此区是私有外设和供应商指定功能区，不可执行代码。系统区涉及很多关键部位。

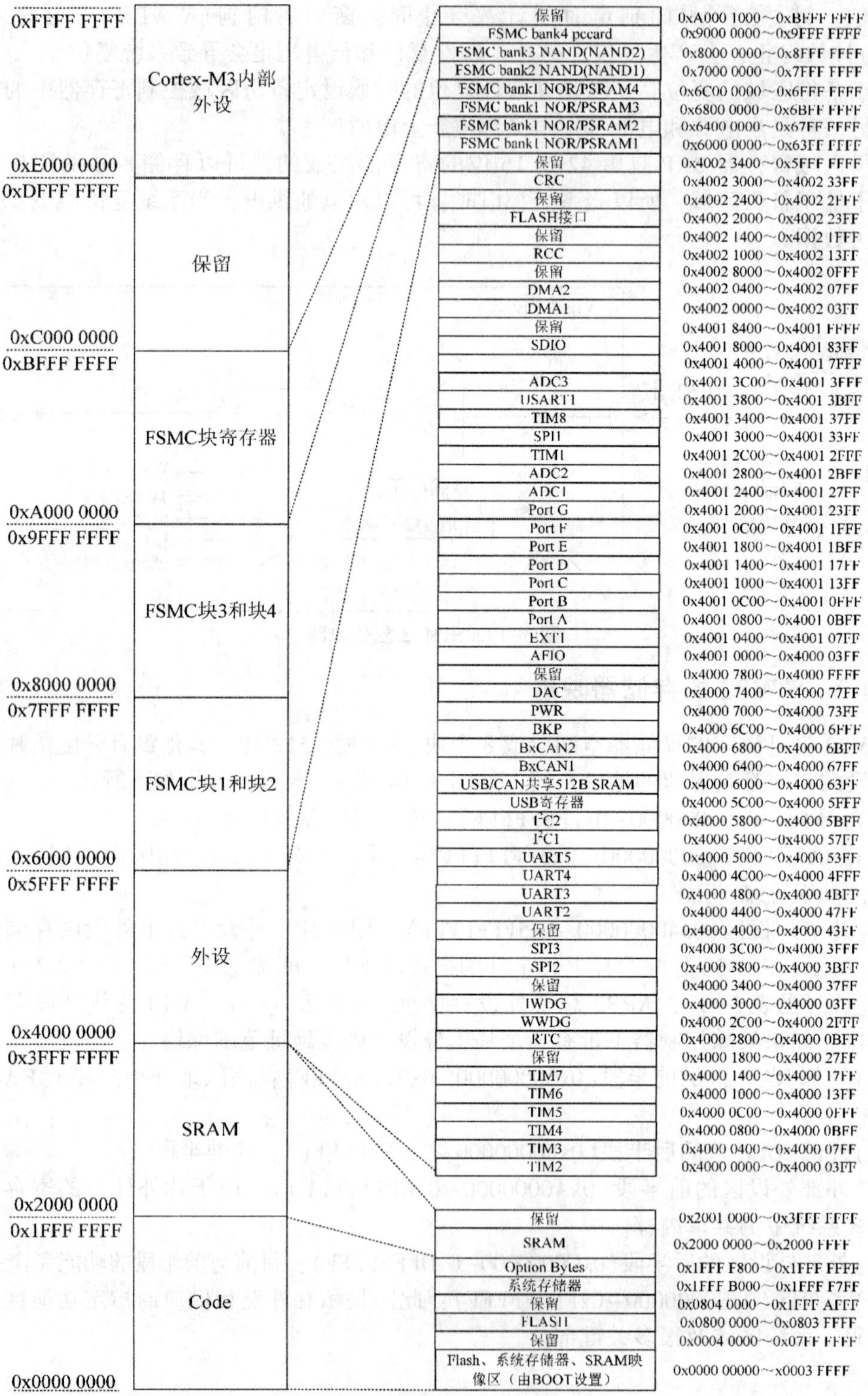

图 3-14 片上外设区存储结构

表 3-2　APB1 总线外设存储地址表

地址范围	外　设
0x40000000～0x400003FF	TIM2 timer
0x40000400～0x400007FF	TIM3 timer
0x40000800～0x40000BFF	TIM4 timer
0x40000C00～0x40000FFF	TIM5 timer
0x40001000～0x400013FF	TIM6 timer
0x40001400～0x400017FF	TIM7 timer
0x40001800～0x40001BFF	TIM12 timer
0x40001C00～0x40001FFF	TIM13 timer
0x40002000～0x400023FF	TIM14 timer
0x40002400～0x400027FF	保留
0x40002800～0x40002BFF	RTC
0x40002C00～0x40002FFF	WWDG
0x40003000～0x400033FF	IWDG
0x40003400～0x400037FF	保留
0x40003800～0x40003BFF	SPI2/I2S
0x40003C00～0x40003FFF	SPI3/I2S
0x40004000～0x400043FF	保留
0x40004400～0x400047FF	USART2
0x40004800～0x40004BFF	USART3
0x40004C00～0x40004FFF	USART4
0x40005000～0x400053FF	USART5
0x40005400～0x400057FF	I^2C1
0x40005800～0x40005BFF	I^2C2
0x40005C00～0x40005FFF	USB device FS registers
0x40006000～0x400063FF	Shared USB/CAN SRAM 512Bytes
0x40006400～0x400067FF	BxCAN1
0x40006800～0x40006BFF	BxCAN2
0x40006C00～0x40006FFF	BKP
0x40007000～0x400073FF	PWR
0x40007400～0x400077FF	DAC
0x40007800～0x4000FFFF	保留

表 3-3 APB2 总线外设存储地址

地址范围	外 设
0x40010000~0x400103FF	AFIO
0x40010400~0x400107FF	EXTI
0x40010800~0x40010BFF	GPIO Port A
0x40010C00~0x40010FFF	GPIO Port B
0x40011000~0x400113FF	GPIO Port C
0x40011400~0x400117FF	GPIO Port D
0x40011800~0x40011BFF	GPIO Port E
0x40011C00~0x40011FFF	GPIO Port F
0x40012000~0x400123FF	GPIO Port G
0x40012400~0x400127FF	ADC1
0x40012800~0x40012BFF	ADC2
0x40012C00~0x40012FFF	TIM1 timer
0x40013000~0x400133FF	SPI1
0x40013400~0x400134FF	TIM8 timer
0x40013800~0x40013BFF	USART1
0x40013C00~0x40013FFF	ADC3
0x40014000~0x40014BFF	保留
0x40014C00~0x40014FFF	TIM9 timer
0x40015000~0x400153FF	TIM10 timer
0x40015400~0x400157FF	TIM11 timer
0x40015800~0x40017FFF	保留

表 3-4 AHB 总线外设存储地址表

地址范围	外 设
0x40018000~0x400183FF	SDIO
0x40018400~0x4001FFFF	保留
0x40020000~0x400203FF	DMA1
0x40020400~0x400207FF	DMA2
0x40020800~0x40020FFF	保留
0x40021000~0x400213FF	RCC
0x40021400~0x40021FFF	保留
0x40022000~0x400223FF	Flash memory interface
0x40023000~0x400233FF	CRC

（续表）

地址范围	外 设
0x40023400～0x40027FFF	保留
0x40028000～0x40029FFF	Ethernet
0x40030000～0x4FFFFFFF	保留
0x50000000～0x5003FFFF	USB OTG FS

3.5 STM32 微处理器的内核型号 Cortex-M3

Cortex-M3 是一种 32 位 ARM 微处理器的内核型号，这种内核中将数据通路设计为 32 位的数据宽度。Cortex-M3 微处理器具有一组 32 位的寄存器以及 32 位地址线的存储器接口；指令是三级流水线执行，且具有高速嵌入式中断控制器。该处理器具有哈佛体系架构，这也就意味着它具有独立的指令总线和数据总线，这样指令和数据访问可以同时进行。因此，由于数据访问不会影响指令流水线，处理器的性能也就得以提升，这个特性使得 Cortex-M3 上具有多个总线接口，每个都具有优化的用法，并且它们可以同时使用。不过，指令和数据总线共用相同的存储器寻址空间(4GB 的存储器空间,即存储器和 I/O 端口统一编址,I/O 寻址采用存储器映像的方式)，换句话说，不会因为具有分离的指令和数据总线接口而拥有了 8GB 的存储器空间。

对于需要更多存储器系统特性的复杂应用来说，Cortex-M3 处理器具有一个可选的存储器保护单元(MPU)，并且有必要的话，可以使用一个外部缓存。处理器支持小端和大端两种存储器系统。Cortex-M3 处理器包含多个固定的内部调试部件，这些部件提供了对调试操作的支持和特性，如断点和监视点等。

3.5.1 Cortex-M3 内核

Cortex-M3 处理器的结构图如图 3-15 所示，其中虚线框内的部分是 Cortex-M3 内核的模块图，各个部分的解释和功能如下：

(1)嵌套向量中断控制器(NVIC)：负责中断控制。该控制器和内核是紧耦合的，提供可屏蔽可嵌套、动态优先级的中断管理。

(2)Cortex-M3 处理器核(Cortex-M3 Processor Core)：Cortex-M3 处理器核是处理器的核心所在。

(3)内存保护单元(MPU)：内存保护单元的主要作用是对存储器实施保护，它能够在系统或程序出现异常而非正常地访问不应该访问的存储空间时，通过触发异常中断而达到提高系统可靠性的目的。STM32 嵌入式微控制器并没有使用该单元。

(4)跟踪接口：调试中用于观察数据。

(5)总线连接：Cortex-M3 总线矩阵(Bus Matrix)，CPU 内部的总线通过总线矩阵连接到外部的 ICode、DCode 及系统总线。

(6)嵌入式跟踪宏单元(ETM)：调试中用于处理指令跟踪。

(7)调试系统：跟踪端口的接口单元。用于向外部跟踪捕获硬件发送调试信息的接口单元，作为来自ITM(指令跟踪宏单元)和ETM(嵌入式跟踪宏单元)的Cortex-M3内核跟踪数据与片外跟踪端口之间的桥接。

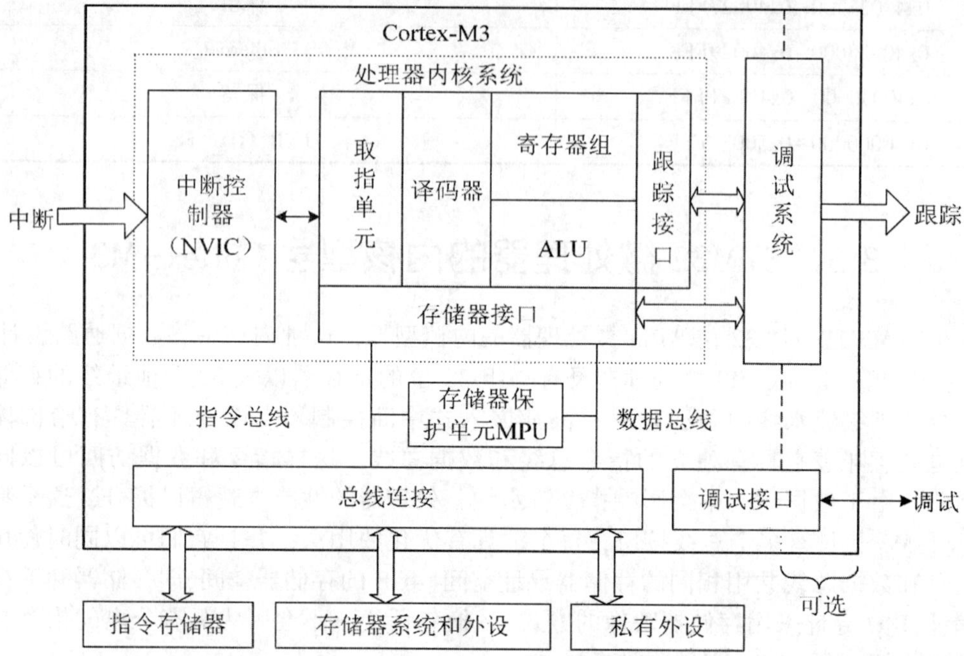

图3-15　Cortex-M3处理器的结构图

Cortex-M3是32位处理器核，地址线和数据线都是32位的，采用哈佛结构。

哈佛这种并行结构将程序指令和数据分开进行存储，这样，在一个机器周期内处理器可以并行获得执行字(即操作码)和操作数，提高了执行速度。由于指令存储器和其他数据存储器采用不同的总线(ICode和DCode总线)，所以可以并行地取得指令和数据。

Cortex-M3内核的四个特点如下：

(1)哈佛体系结构；

(2)拥有分支预测功能的三级流水线；

(3)Thumb-2指令集和传统的Thumb指令集；

(4)带有硬件除法和单周期乘法的ALU。

如表3-5所示，相比于ARM7TDMI-S，Cortex-M3处理器由于架构不同，有更多的中断资源，中断延迟更小。总的说来，各方面的性能都有大幅度提高。

表3-5　ARM7TDMI-S和Cortex-M3的比较

特性比较	ARM7TDMI-S	Cortex-M3
体系结构版本	ARMv4T(冯·诺伊曼结构)	ARMv7M(哈佛结构)
指令集	ARM(32位)Thumb(16位)	Thumb/Thumb-2(兼容32/16位)
DMIPS (MHz)	0.74Thumb/0.93ARM	1.25Thumb-2
流水线	3级	3级+分支预测
中断	FIQ/IRQ	NMI,240个物理中断

（续表）

特性比较	ARM7TDMI-S	Cortex-M3
中断响应时间	24~42 时钟周期(依赖于 LSM)	12 时钟周期(6 时钟尾联中断)
存储器映射	未定义	架构定义
系统状态	6 种工作模式，20 寄存器组	2 种模式，1 组堆栈寄存器
睡眠模式	无	3
功耗	0.28mW/MHz	0.19mW/MHz
面积	$0.62mm^2$(仅内核)	0. $86mm^2$(内核+外设)

3.5.2 Cortex-M3 的存储器组织

Cortex-M3 的存储系统采用统一编址的方式，如图 3-16 所示。Cortex-M3 预先定义好了“粗线条的”存储器映射，把片上外设的寄存器映射到外设区，就可以简单地以访问内存的方式来访问这些外设的寄存器，从而控制外设的工作。这种预定义的映射关系可以对访问速度进行优化，而且对于片上系统的设计更易集成。片上外设可以使用 C 语言来操作。

Cortex-M3 处理器为高达 4GB 的可寻址存储空间提供简单和固定的存储器映射。程序可以在代码区、内部 SRAM 区及外部 RAM 区中执行。但是，由于指令总线与数据总线是分开的，最理想的办法是把程序放到代码区，从而使取指令和数据访问各自使用自己的总线，实现并行处理。

Cortex-M3 处理器上 SRAM 区的大小是 512MB，这个区通过系统总线来访问。如图 3-16 所示，在这个区的下部，有一个 1MB 的区间，称为“位绑定区(bit-band)”。该位绑定区还有一个对应的 32MB 的“位绑定别名(alias)区”，容纳 8M 个位变量。位绑定区对应的是最低的 1MB 地址范围，而位绑定别名区里面的每个字对应位绑定区的 1 位。通过位绑定功能，可以把一个布尔型数据打包在一个单一的字中，从位绑定别名区中，像访问普通内存一样使用它们。位绑定别名区中的访问操作是原子的(不可分割)，省去了传统的“读—修改—写”三个步骤。

与 SRAM 相邻的 512MB 范围由片上外设的存储器使用。这个区中也有一个 32MB 的位绑定别名区，以便于快捷地访问外设寄存器，用法与片上 SRAM 区的位绑定相同。

此外还有两个 1GB 的范围，分别用于连接片外 RAM 和片外外设。

最后 512MB 的隐秘区域，包括了系统及组件、内部私有外设总线、外部私有外设总线，以及由芯片供应商提供定义的系统外设。数据字节以小端格式存放在存储器中。

私有外设总线有两条：AHB 私有外设总线，只用于 Cortex-M3 内部的 AHB 外设，它们是 NVIC、FPB、DWT 和 ITM；APB 私有外设总线，既用于 Cortex-M3 内部的 APB 设备，也用于片外外设。Cortex-M3 允许器件制造商再添加一些片上 APB 外设到 APB 私有总线上，它们通过 APB 接口来访问，如图 3-16 所示。

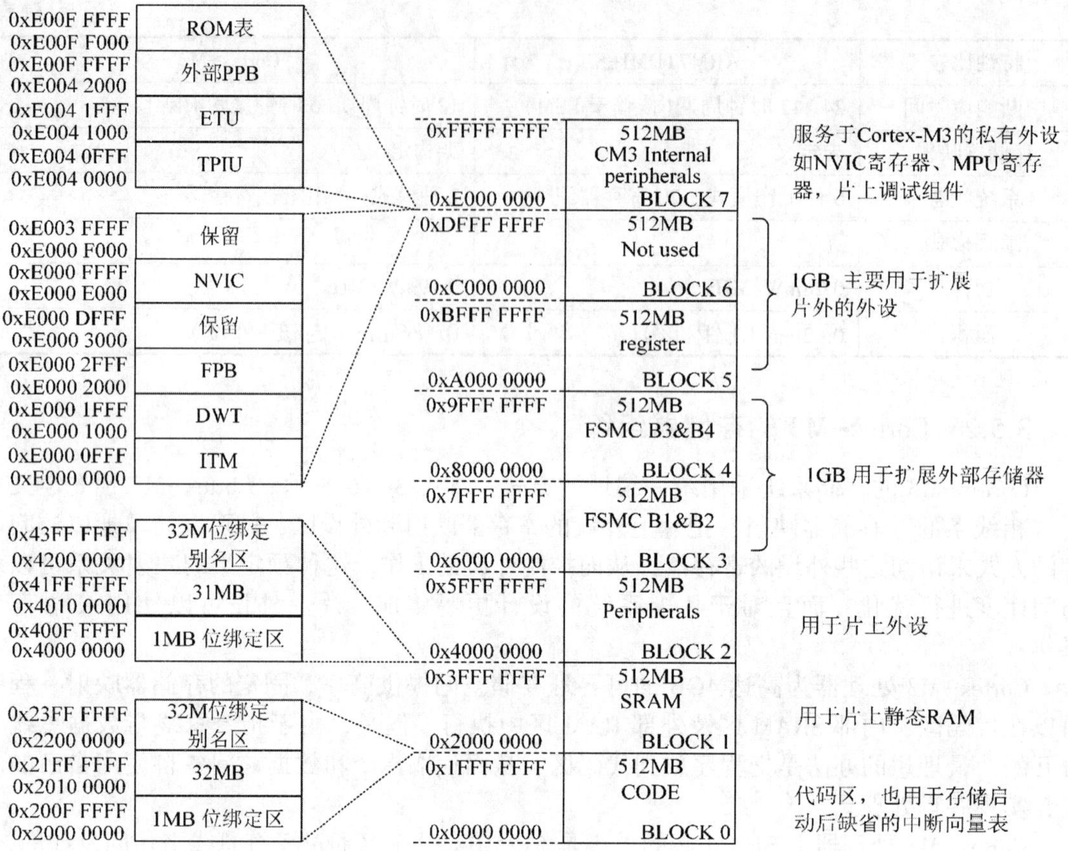

图 3-16　Cortex-M3 预定义的存储器映射

3.5.3　Cortex-M3 存储系统的位段操作

位段操作允许单次加载/存储操作(读/写)访问单个数据位 bit。

1. 位绑定操作定义

在 MCS-51 系列单片机中，以位(bit)为数据对象的操作称为位操作，例如：

```
P1.2=0;//把 P1 口的第 3 个脚(bit2)清 0
P1.2=1;//把 P1 口的第 3 个脚(bit2)置 1
```

类似位操作，位绑定操作是把一个地址单元的 32 位变量中的每一位，通过一个简单的地址变换算法，映射到另一个地址空间，每一位占用一个地址，对此地址空间的操作，只有数据的最低位是有效的。这样对某空间位操作时，就可以不用屏蔽操作，优化了 RAM 和 I/O 寄存器的读/写，提高了位操作的速度。

Cortex-M3 中支持位绑定操作的地址区称为位绑定区。在寻址空间的另一地方，有一个“别名区”空间，从这个地址开始处，每一个字(32bits)就对应位绑定区的一位。而在位绑定区中，每个 bit 都映射到别名地址区的一个字，对别名地址的访问最终会变换成对位绑定区的访问。

位绑定操作可以把代码缩小，速度更快，效率更高，更安全。一般操作是“读—改—写”的方式，而位绑定别名区是“写”操作，防止中断对“读—改—写”方式的影响。

位绑定还能用来简化跳转程序。以前依据某个位跳转时，必须这样做：①读取整个寄存器；②掩蔽不需要的位；③比较并跳转。有了位绑定操作，可以从位绑定别名区读取状态位，比较并跳转。除此之外，其他总线活动不能中断位绑定操作。

2. 支持位绑定操作的内存区

支持位绑定操作的两个内存区的地址范围是：

0x20000000~0x200FFFFF(SRAM 区中的最低 1MB)；

0x40000000~0x400FFFFF(片上外设区中的最低 1MB)。

对于 SRAM 内存区，位绑定地址映射见表 3-6；对于片上外设区中的位绑定地址映射关系见表 3-7。

表 3-6 SRAM 区中的位绑定地址映射

位绑定区	等效的别名地址
0x20000000. 0	0x22000000
0x20000000. 1	0x22000004
0x20000000. 2	0x22000008
…	
0x20000000. 31	0x2200007C
0x20000004. 0	0x22000080
0x20000004. 1	0x22000084
0x20000004. 2	0x22000088
…	
0x200FFFFC. 31	0x23FFFFFC

表 3-7 片上外设区中的位绑定地址映射

位绑定区	等效的别名地址
0x40000000. 0	0x42000000
0x40000000. 1	0x42000004
0x40000000. 2	0x42000008
…	
0x40000000. 31	0x4200007C
0x40000004. 0	0x42000080
0x40000004. 1	0x42000084
0x40000004. 2	0x42000088
…	
0x400FFFFC. 31	0x43FFFFFC

3. 位绑定区与位绑定别名区的对应关系

对于 SRAM 位绑定区的某个 bit，若它所在字节地址为 A，位序号为 $n(0\leqslant n\leqslant 7)$，则该 bit 在别名区的地址为

$$\begin{aligned}\text{AliasAddr} &= 0x22000000+((A-0x20000000)\times 8+n)\times 4\\ &= 0x22000000+(A-0x20000000)\times 32+n\times 4\end{aligned}$$

对于片上外设位绑定区的某个 bit，若它所在字节的地址为 A，位序号为 $n(0\leqslant n\leqslant 7)$，则该 bit 在别名区的地址为

$$\begin{aligned}\text{AliasAddr} &= 0x42000000+((A-0x40000000)\times 8+n)\times 4\\ &= 0x42000000+(A-0x40000000)\times 32+n\times 4\end{aligned}$$

上述两式中，"×4" 表示一个字为 4 个字节，" ×8 "表示一个字节有 8 个 bit。

下面的映射公式统一给出了别名区中的每个字是如何对应位绑定区的相应位的。

$$\text{Bit\_ word\_ addr}=\text{bit\_ band\_ base}+(\text{byte\_offset}\times 32)+(\text{bit\_number}\times 4)$$

式中，bit_ word_ addr 是别名存储器区中字的地址，它映射到某个目标中；bit_ band_ base 是别名区的起始地址，对于 SRAM 位绑定区为 0x22000000，对于片上外设位绑定区为 0x42000000；byte_ offset 是包含目标位的字节在位段里的序号；bit_ number 是目标位所在位置(0—>7)。

【例 3-2】 写出图 3-17 中位绑定区与位绑定别名区的对应关系。

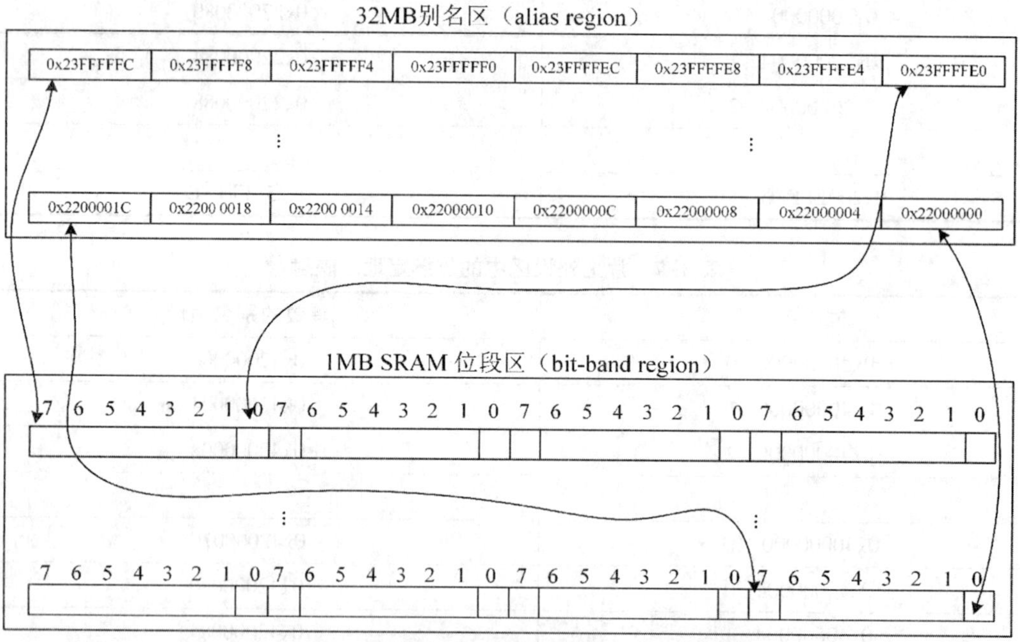

图 3-17　位绑定区与位绑定别名区的对应关系图

图 3-17 中，位地址和别名区关系如下所述。

(1) 地址 0x23FFFFE0 的别名字映射为 0x200FFFFF 的 bit-band 字节的位 0。

$$0x23FFFFE0=0x22000000+(0xFFFFF\times 32)+0\times 4$$

(2) 地址 0x23FFFFFC 的别名字映射为 0x200FFFFF 的 bit-band 字节的位 7。

$$0x23FFFFFC=0x22000000+(0xFFFFF\times 32)+7\times 4$$

(3)地址 0x22000000 的别名映射为 0x20000000 的 bit-band 字节的位 0。

0x22000000 = 0x22000000+(0×32)+0×4

(4)地址 0x220001C 的别名字映射为 0x20000000 的 bit-band 字节的位 7。

0x2200001C = 0x22000000+(0×32)+7×4

【例 3-3】 SRAM 地址为 0x20000300 的字节中的第 2 位，对应别名区中地址是多少？

因为：0x22006008 = 0x22000000+(0x300×32)+(2×4)

所以：对 0x22006008 地址的写操作与对 SRAM 中地址 0x20000300 字节的第 2 位执行“读—改—写”操作有着相同的效果。读 0x22006008 地址返回 SRAM 中地址 0x20000300 字节的第 2 位的值(0x01 或 0x00)。

对别名区中某个字进行写操作，该写入信息的第 0 位将影响位段区中对应的位，例如写 0xFF 或 0x01 则对应的位将被置为 1，写 0xFE 或 0x00 则对应的位将被清为 0。对别名区中某个字进行读操作，若位段区中对应的位为 0，则读的结果为 0x00；若位段区中对应的位为 1，则读的结果为 0x01。

位段别名区的地址段并无实际的物理存储器与之对应，它只是位段区的别名而已。通过对别名区的读/写可以实现对位段区中每一位的原子操作，而且只需要一条指令即可实现。

习 题

1. 选择题。

(1) Cortex-M 系列正式发布的版本是（　　）。

A. Cortex-M3　　B. Cortex-M4　　C. Cortex-M6　　D. Cortex-M8

(2) 4. Cortex-M3 提供的流水线是（　　）。

A. 2 级　　B. 3 级　　C. 5 级　　D. 8 级

(3) 嵌入式系统有硬件和软件部分构成，以下（　　）不属于嵌入式系统软件。

A. 系统软件　　B. 驱动　　C. FPGA 编程软件　　D. 嵌入式中间件

2. ARM 处理器一直支持的两种形式的指令集是哪两种？

3. ARM 处理器有哪些特点？

4. Cortex-M3 处理器使用什么样的指令集？

5. STM32 的复位有几种具体的形式？

6. 位绑定操作的含义是什么？Cortex-M3 支持位绑定操作的两个内存区的字节地址范围是什么？

7. 位段区 0x20000001 的 bit_band 字节的位 0 的别名区地址是多少？

8. 简述 STM32F10×的几种复位形式。

第 4 章 STM32 微处理器

ARM 公司设计出 32 位 Cortex-M3 微处理器内核，然后 ST 购买了该设计的授权，再进一步设计和集成了 RAM、Flash 等外设，最终生产出 STM32 系列微处理器芯片。本章主要以 ST 公司开发的基于 ARM Cortex-M3 内核的 STM32 系列嵌入式微处理器为例，介绍 STM32 嵌入式微处理器的结构和编程模型。

4.1 STM32 处理器内核结构

4.1.1 Cortex-M3 内核的功能模块

体系结构定义了指令集(ISA)和基于这一体系结构下处理器的编程模型。基于同种体系结构可以有多种处理器，每个处理器性能不同，所面向的应用也不同，每个处理器的实现都要遵循这一体系结构。ARM 体系结构为嵌入式系统发展商提供很高的系统性能，同时保持优异的功耗和面积效率。

目前，ARM 体系结构共定义了 7 个版本，从版本 1 到版本 7，ARM 体系的指令集功能不断扩大，不同系列的 ARM 处理器，性能差别很大，应用范围和对象也不尽相同，但是，如果是相同的 ARM 体系结构，那么基于它们的应用软件是兼容的。

Cortex 系列处理器是基于 ARMv7 架构的，分为 Cortex-M、Cortex-R 和 Cortex-A 共三类。

Cortex-M3 是 32 位 ARM 微处理器的一种内核型号，属于 ARMv7-M 体系结构。Cortex-M3 内核采用哈佛体系结构，引入三级流水线技术，具有独立的指令总线和数据总线，使得指令与数据访问可以同时进行。由于数据访问不影响指令流水线，所以处理器的性能得以提升，此特性使得 Cortex-M3 上具有多个总线接口，每个接口都具有优化的用法，并且它们可以同时使用。然而，当指令和数据总线共用相同的存储器寻址空间(4GB 的存储器空间,即存储器和 I/O 端口统一编址,I/O 寻址采用存储器映像的方式)时，不会因为具有分离的指令和数据总线接口而分别拥有各自独立的 4GB 存储器空间。Cortex-M3 处理器内核设计有 32 位数据通路、32 位存储器接口及一组 32 位的寄存器，还有高速嵌入式中断控制器(NVIC)。

Cortex-M3 内核还包含一个 Thumb 和新型 Thumb-2 指令的译码器，一个支持硬件乘法和硬件除法的先进 ALU、控制逻辑和用于连接处理器其他部件的接口模块。Cortex-M3 是 32 位处理器，内部带有 32 位宽的数据通路、32 位宽的寄存器和 32 位宽的内存接口。其中有 13 个通用寄存器、2 个堆栈指针、1 个链接寄存器、1 个程序计数器和一系列包含程序状态寄存器的特殊功能寄存器。

对于需要更多存储器系统特性的复杂应用来说，Cortex-M3 处理器设有一个可选的存储器保护单元(MPU)，若有需要，还可以使用一个外部缓存。处理器内核支持小端和大端两种存储器系统。Cortex-M3 处理器包含多个固定的内部调试部件，这些部件提供了对调试操作的支持，如断点和监视点等。

基于 Cortex-M3 处理器内核的嵌入式处理器的应用非常广泛，主要应用于商业微控制器、汽车控制系统、电动机控制系统、大型家用电器控制器、无线传感器网络、有线传感器网络、大容量存储控制器、打印机、网络设备等。除此之外，还用于环境监测、航空航天系统中的各种测控系统等。

Cortex-M3 处理器的内核是嵌入式微处理器的中央处理单元(CPU)，如图 4-1 所示。一个完整的基于 Cortex-M3 内核的嵌入式微处理器还需要许多其他组件。通常芯片生产商在获取了 Cortex-M3 处理器内核的使用权后，就可以根据芯片设计需要添加存储器、外设、I/O 及其他功能模块。不同商家设计出的嵌入式微处理器会有不同的配置。

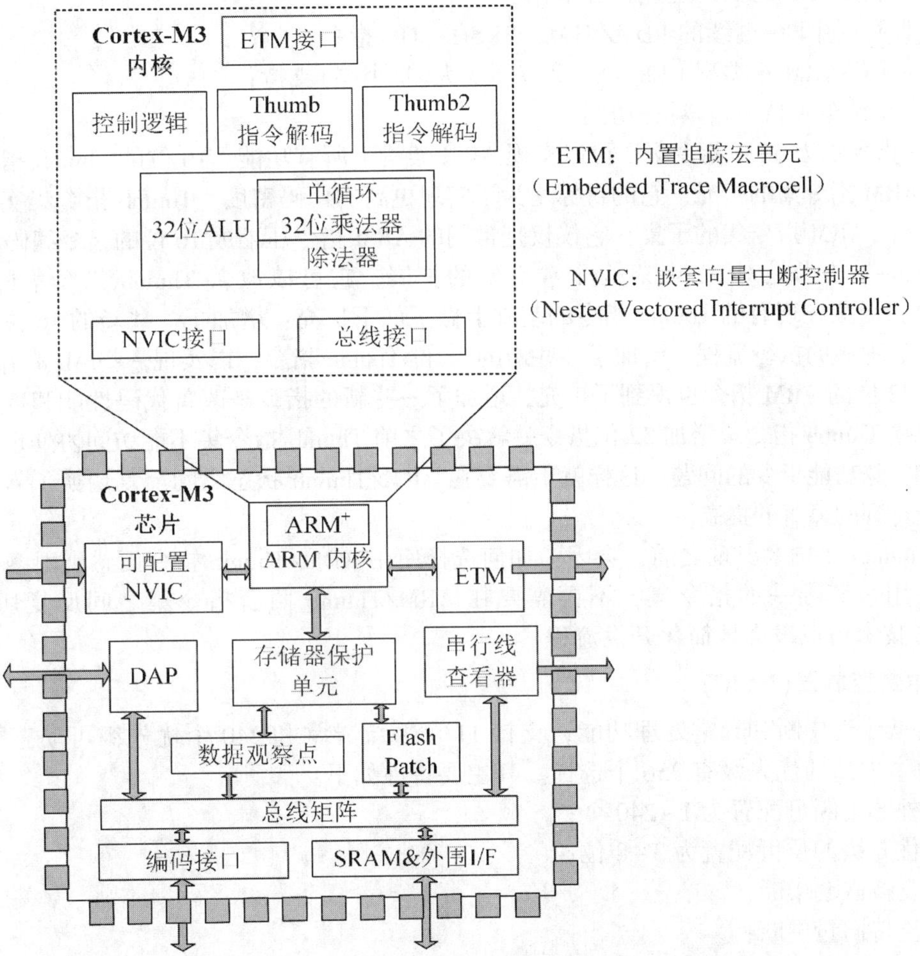

图 4-1 Cortex-M3 核结构图

4.1.2 Cortex-M3 处理器内核的特点

1. Cortex-M3 处理器内核

基于 ARMv7 架构，采用高性能哈佛结构和流水线技术，引入 Thumb-2 技术使 Thumb

指令集架构更高效、功能更强大。Thumb-2 指令集可同时支持 16 位和 32 位指令，使处理器不需要实现 ARM 状态(32 位指令集)和 Thumb 状态(16 位指令集)之间的切换。其主要特性如下：

(1)采用哈佛处理器架构；

(2)采用 Thumb-2 技术和指令集架构；

(3)采用三级流水线和分支预测技术；

(4)能实现 32 位单周期乘法；

(5)能实现 2~12 周期硬件除法；

(6)具有 Thumb 状态和调试状态；

(7)具有处理器模式和线程模式；

(8)可实现 ISR 的低延迟进入和退出；

(9)具有可中断-继续的 LDM/STM、PUSH/POP 指令；

(10)具有 ARMv6 类型 BE8/LE(字节不变大端/小端)支持；

(11)可实现 ARMv6 非对齐访问。

ARM 指令集为 32 位指令集，可以实现 ARM 架构下所有功能。16 位的 Thumb 指令集是对 32 位 ARM 指令集的扩充，它的目标是为了实现更高的代码密度。Thumb 指令集实现的功能只是 32 位 ARM 指令集的子集，它仅仅把常用的 ARM 指令压缩成 16 位的指令编码方式。

Thumb-2 技术是对 ARM 架构非常重要的扩展，它可以改善 Thumb 指令集的性能。Thumb-2 指令集在现有的 Thumb 指令的基础上做了如下扩充：增加了一些新的 16 位 Thumb 指令来改进程序的执行流程，增加了一些新的 32 位 Thumb 指令，以实现一些 ARM 指令的专有功能，32 位的 ARM 指令也得到了扩充，增加了一些新的指令来改善代码性能和数据处理的效率。给 Thumb 指令集增加 32 位指令就解决了之前 Thumb 指令集不能访问协处理器、特权指令和特殊功能指令的问题。这样就不需要在 ARM/Thumb 状态之间反复切换了，代码密度和性能得到的显著的提高。

在 Thumb-2 技术出现之前，会因为如何选择使用 ARM/Thumb 指令而感到困惑。如今只需要使用一套唯一的指令集，不再需要在 ARM/Thumb 两套指令集之间反复切换了。Thumb-2 技术可以极大地简化开发流程。

2. 中断控制器(NVIC)

具有低延迟中断和异常处理功能，支持 11 个系统异常和 240 个优先级可动态配置的中断，每个中断的优先级有 256 个选择。其主要特性如下：

(1)外部中断可配置为 1~240 个；

(2)优先级的位可配置为 3~8 位；

(3)支持嵌套中断；

(4)支持向量中断；

(5)可动态修改优先级；

(6)支持中断等待减小；

(7)支持中断屏蔽。

3. 总线接口

Cortex-M3 具有多个总线接口，通过总线接口可实现指令的读取和数据的存取操作。

主要的总线接口有如下几种。

(1)代码存储器总线：主要用于实现代码存储器中指令与数据的访问。该总线在物理上分为ICode和DCode两个总线。

(2)系统总线：主要用于访问存储器系统和外设，系统总线提供了访问多种外设的接口，如SRAM(静态随机访问存储器)、外部RAM、外设及部分系统级存储器区域。

(3)私有外设总线：主要用于面向私有外设的数据访问。

4. 存储器保护单元(MPU)

MPU是Cortex-M3处理器的一个可选模块，主要由微控制器和SoC的设计决定其使用情况。MPU的主要作用是为特权访问和用户程序访问设定访问规则。当违反访问规则时，错误异常就会产生。如果有必要，该错误异常处理应能分析问题并做出修正。

通常情况下，操作系统可以设置MPU来对OS和其他特权进程使用的数据进行保护，以免它们被其他恶意用户程序访问。MPU还可以用于将存储器区域设置为只读，防止数据被意外擦除或者在多任务系统中隔离不同任务间的存储器区域。选择MPU可以增强嵌入式系统的可靠性。

5. 调试支持

Cortex-M3处理器具有：暂停和单步的程序执行控制、指令断点、数据监视点、寄存器和存储器访问、使用情况和跟踪等多种调试特性。

其调试硬件基于CoreSight架构，与传统的ARM处理器不同，CPU核本身没有JTAG接口，而是专门设有一个调试接口模块，处理器在内核层级提供调试访问端口(DAP)的总线接口。通过这个总线接口，外部调试器可以访问控制寄存器调试硬件和系统存储器。该总线接口的控制由调试端口(DP)设备执行，当前可用的DP为串行线JTAG调试端口(SWJ-DP)(支持传统的JTAG协议以及串行线协议)或SW-DP(只支持串行线协议)，也可以使用ARM CoreSight产品系列中的JTAG-DP模块，芯片生产商可以选择其中的一个DP模块，以提供调试接口。

芯片生产商还可以使用嵌入式跟踪宏单元(EMT)，实现指令跟踪。跟踪信息通过跟踪端口接口单元(TPIU)输出，然后调试主机(通常是个人计算机)，可以通过外部跟踪捕获硬件采集已执行的指令信息。

在Cortex-M3处理器中，多个事件都可以触发调试动作，调试事件可以是断点、监视点、错误条件或者外部调试请求输入信号。当调试事件发生时，Cortex-M3处理器可以进入暂停模式或执行调试监控异常处理。

对于Cortex-M3处理器，数据监视点功能由数据监视点和跟踪(DWT)单元提供，它可用于停止处理器(或者触发调试监控异常程序)或者产生数据跟踪信息。在使用数据跟踪时，跟踪到的数据可以通过TPIU输出(在CoreSight架构中,多个跟踪设备可以共用一个跟踪端口)。

除了这些基本的调试特性，Cortex-M3处理器还提供了Flash补丁与断点(FPB)单元，该单元可以提供简单的断点功能或将指令访问从Flash重映射到SRAM的不同位置。

指令跟踪宏单元(ITM)为开发者提供了一种输出调试数据的新方法，通过写入ITM中的寄存器，调试器可以利用跟踪接口采集数据并且对它们进行显示或处理。这种方法易于使用，并且比JTAG输出的速度快。

所有的这些部件都可以由 Cortex-M3 处理器中的 DAP 接口总线控制，也可由处理器内核中运行的程序控制，并且所有的跟踪信息都可以通过 TPIU 访问。

4.2 STM32 处理器编程模型

STM32 微处理器属于采用 ARM 的 Cortex-M3 内核的微处理器。STM32 处理器编程模型也称为 Cortex-M3 处理器的编程模型。

模型是对事物共性的抽象，编程模型就是对编程的共同属性的抽象。计算机设计和应用工程师总是在一定抽象层次上工作，熟悉处理器的编程模型便于理解和熟悉计算机的基本工作原理。

4.2.1 工作模式

手机的无线电辐射会对飞机的飞行安全造成影响，因此乘客在飞机起飞前和降落时必须关掉手机。这样做虽然消除了安全隐患，但手机的其他功能如拍照、看电影、听音乐、玩游戏就不能使用了，这些都是乘客打发旅途无聊时间的娱乐功能，而且娱乐功能并不会对安全造成影响。为了解决这个问题，有别于手机正常待机模式的飞行模式应运而生。当手机处于飞行模式时，手机的正常通话功能被关闭，手机不再产生辐射，但飞行模式的手机娱乐功能可以照常使用。飞行模式解决了手机娱乐功能在空中无法使用的同题。通常情况下，为用户提供通话功能是手机的基本用途之一，手机会一直处于正常待机模式，飞行模式仅在飞机起飞后和降落前的特定场合使用。不同的应用场景下会有不同的工作模式，不同的模式解决不同的问题。

智能手机的飞行模式、手机来电的静音模式是人们常见的手机的工作模式，不开启这些模式的工作模式称为正常待机模式。来电的静音模式限制了手机来电的提示铃声，但仍然允许振动方式的来电提示。智能手机的飞行模式虽然限制了手机的通话、短信和网络等部分功能，但仍然保留了视频播放、音乐欣赏等附属功能的正常使用。可见不同的工作模式实质上是某类问题的特定解决方案。

Cortex-M3 处理器具有两种工作模式：线程模式和处理器模式。用于区别普通应用程序的代码与异常处理程序的代码(包含异常处理代码和中断服务程序代码)。

(1)线程模式(Thread)：系统成功复位以后或异常处理返回之后，处理器进入线程模式。特权和用户代码能够在线程模式下运行。

(2)处理器模式(Handler)：系统出现异常时处理器进入处理器模式。在该模式中，所有代码都是特权级访问的。

Cortex-M3 处理器的工作模式表明它是运行在普通应用程序还是异常处理程序。异常处理包括中断处理和系统异常处理。

4.2.2 工作状态

Cortex-M3 处理器有两种工作状态：Thumb 状态和调试状态。

(1)Thumb 状态：正常执行状态，Cortex-M3 处理器可能正在执行 Thumb 指令，也可能正在执行 16 位或 32 位的 Thumb-2 指令，这些指令都是 16 位半字对齐的。

(2)调试状态：处理器停机调试时进入调试状态。

4.2.3 特权等级

处理器为程序赋予两种特权等级：特权级和用户级。

Cortex-M3 处理器提供一种存储器访问的保护机制，即对关键区域的存储器安全访问机制以及基本的安全模型，使得普通的用户程序代码不能意外地或恶意地执行涉及系统安全的操作。因此处理器为程序赋予两种权限，分别为特权级和用户级。

Cortex-M3 中的工作模式和特权等级对应关系如图 4-2 所示。

(1)特权级：处于特权访问的程序可以访问所有存储器区域(被 MPU 禁止除外)，并且可以使用所有支持的指令。

(2)用户级：处于用户访问状态的程序不能访问 SCS(系统控制空间,是存储器空间的一部分,用于配置寄存器和调试部件)或特殊寄存器。

当 Cortex-M3 处理器运行主程序(线程模式)时，可以处于特权级，也可以处于用户级。而运行异常处理程序时则必须在特权级下执行。当处理器退出复位时，处理器默认处于线程模式，并且具有特权访问权限。特权级下的程序可做的任务比用户级多一些。

	特权级	用户级
运行异常程序	处理器（handler）模式	错误用法
运行主程序(未运行异常处理)	线程模式	线程模式

图 4-2　Cortex-M3 中的工作模式和特权等级

从图 4-3 可以看到，处于特权级的软件可以通过对控制寄存器编程将程序切换到用户级。当异常发生时，处理器切换到特权级，并在异常处理退出时返回到之前的状态。一旦进入用户级，用户级的程序不能直接通过改写控制寄存器 CONTROL 切换到特权级的访问状态，只能通过异常处理在返回线程模式时，设置控制寄存器的异常处理才能重新进入特权级。

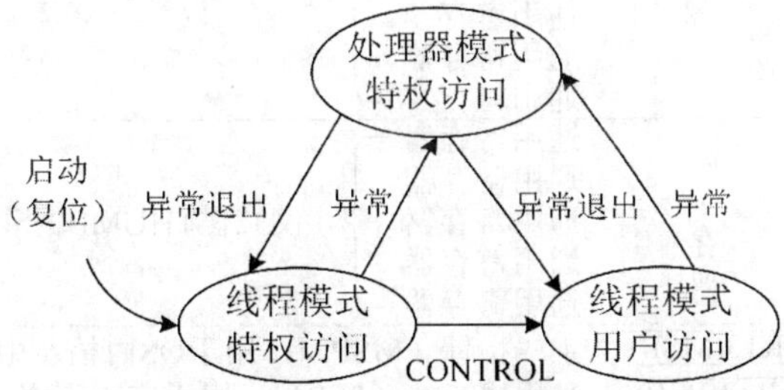

图 4-3　允许的操作模式转换

控制寄存器定义了处理器的工作模式和访问等级，只有在特权级中，控制寄存器才是可编程的。用户级的程序要切换到特权级，必须发起一个中断并在中断处理中修改控制寄存器。

举例来说，操作系统的内核通常都在特权级下执行，所有没有被存储器保护单元禁止访问的存储器都可以被访问。在操作系统开启了一个用户程序后，通常都会让它们在用户级下执行，从而使操作系统不会因某个程序的崩溃而受损。

4.3 寄存器

寄存器(又称缓存)一般是指受控于同一个时钟信号的多个触发器的组合，一般整合在CPU内，其读/写速度与CPU的运行速度基本匹配。但因为性能优越，所以寄存器造价昂贵，数量相比内存储器来说少得多。使用寄存器可以缩短指令长度，节省存储空间，提高指令的执行速度。不同的寄存器有不同的作用，一般用字母或其功能来命名。而外存储器在主板外，一般指硬盘、U盘等可以在切断电源后保存资料的设备，容量比较大，其缺点是读/写速度都较慢，原因是必须经由CPU外部的总线操作来进行数据的存取访问。内存和寄存器就是为了解决外存储器读/写速度慢而产生的多级存储机制，本质上它们都是存放信息的容器。

CPU处理数据时，会预先把要用的数据从硬盘读到内存，然后再把即将要用的数据读到寄存器。最理想的情况就是CPU所有的数据都能从寄存器里读到，这样读/写速度就快。如果寄存器里没有要用的数据，就要从内存甚至硬盘里面读，那样读/写数据占用的时间就比CPU运算的时间还多。

Cortex-M3寄存器对于编程是非常重要的，尤其是当进行操作系统移植需要写汇编的时候，需直接编程操作这些寄存器，因此我们先来认识这些寄存器。

4.3.1 Cortex-M3 中的寄存器

Cortex-M3中的寄存器如图4-4所示。

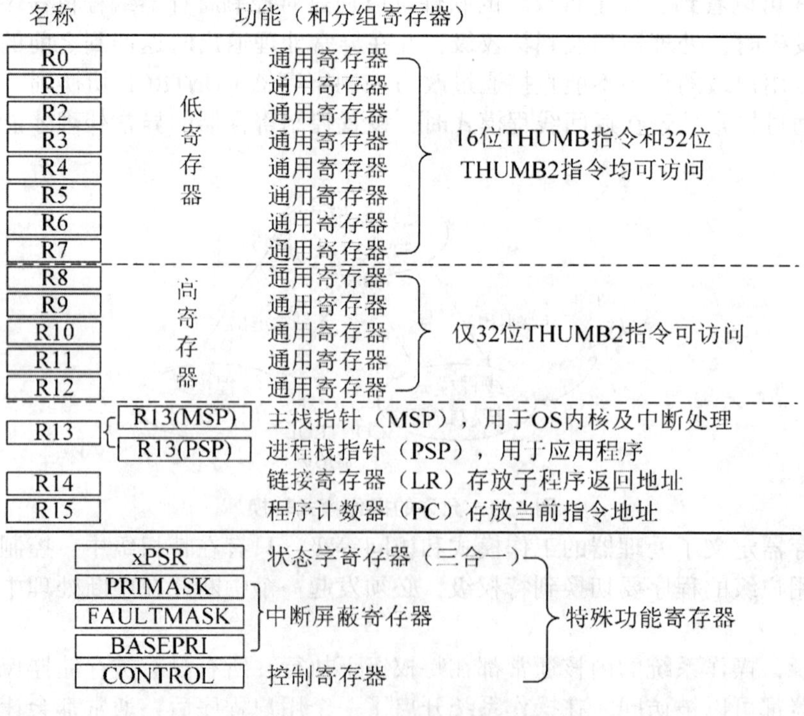

图4-4 Cortex-M3中的寄存器

4.3.2 寄存器分类与功能

1. 通用寄存器

R0~R12是通用寄存器，大多数指定采用通用寄存器的指令都能使用R0~R12。

低寄存器R0~R7：寄存器R0~R7都是32位宽，16位Thumb指令和32位Thumb-2指令都可以访问。

高寄存器R8~R12：寄存器R8~R12都是32位宽，32位Thumb-2指令可以访问，16位Thumb指令不能访问。

2. 堆栈指针

寄存器R13用作堆栈指针。

Cortex-M3设有两个独立的堆栈指针SP，它们分组存放，同一时刻只有其中一个对程序员而言是可见的。利用这种结构，程序员可以设置两个独立的栈指针。

(1)主栈指针(Main Stack Pointer,MSP)：这是系统默认的SP，在ARM文献中也被称作SP_main，用于操作系统(OS)内核、异常处理以及所有需要特权访问的应用程序代码。

(2)进程栈指针(Progress Stack Pointer,PSP)：在ARM文献中也被称作SP_process，用于基本的应用程序代码(未运行异常处理时)。

程序中使用寄存器名R13时，只能访问当前SP，若要访问另一个SP，只能通过MSR指令从通用寄存器到特殊寄存器以及MRS指令从特殊寄存器到通用寄存器实现。

3. 链接寄存器

寄存器R14用作链接寄存器(Link Register,LR)。该寄存器用于子程序或函数调用时保存返回地址。调用一个子例程时，返回地址存储在链接寄存器R14中。

4. 程序计数器

寄存器R15用作程序计数器，该寄存器用于指示当前的指令地址。我们可以写这个寄存器以控制程序流。如果对它进行修改，就可改变程序的走向。

5. 特殊功能寄存器

Cortex-M3中设有8个特殊功能寄存器。特殊功能寄存器具有预定义的功能，并且只能通过特殊功能寄存器访问指令进行操作：

(1)组合程序状态寄存器(xPSR)；

(2)应用程序状态寄存器(APSR)；

(3)中断程序状态寄存器(IPSR)；

(4)执行程序状态寄存器(EPSR)；

(5)中断屏蔽寄存器(PRIMASK)；

(6)中断屏蔽寄存器(FAULTMASK)；

(7)中断屏蔽寄存器(BASEPRI)；

(8)控制寄存器(CONTROL)。

其说明见表4-1。

表 4-1 特殊功能寄存器说明

寄存器		名称	说明
程序状态寄存器 xPSR	APSR	ALU 标志寄存器	存放上条指令结果的标志，包括 N、Z、C、V、Q 位
	IPSR	中断号寄存器	存放中断号
	EPSR	执行状态寄存器	含 T 位，在 CM3 中 T 位必须是 1。含 ICI 位，记录下一个即将传送的寄存器是哪一个
PRIMASK		中断关闭寄存器	为 1 时关闭所有可屏蔽中断
FAULTMASK		异常关闭寄存器	为 1 时屏蔽除 NMI 外所有异常
BASEPRI		屏蔽优先级寄存器	定义屏蔽优先级的阈值，所有优先级低于该值的中断被关闭
CONTROL		状态控制寄存器	定义特权级别，选择堆栈指针

1）程序状态寄存器（xPSR）

程序状态寄存器包含了 CPU 所有状态标记，如表 4-2 所示。

表 4-2 组合程序状态寄存器（xPSR）

位号	31	30	29	28	27	26：25	24	23：20	19：16	15：10	9	8	7	6	5	4：0
xPSR	N	Z	C	V	Q	ICI/IT	T	保留	保留	ICI/IT	保留	中断号				

xPSR 分为三个状态寄存器：应用程序状态寄存器（APSR）、中断程序状态寄存器（IPSR）和执行状态寄存器（EPSR）。每个状态寄存器都是由程序状态寄存器中某一部分标记位组成，这三个状态寄存器都可以被独立地当作访问 xPSR 的捷径使用。xPSR 是个完整的状态寄存器，而不是某一个状态寄存器。

（1）应用程序状态寄存器（APSR）。APSR 包含条件代码标志，用于反映运算类指令结果对状态标志位的影响，如表 4-3 所示。

表 4-3 应用程序状态寄存器

位号	31	30	29	28	27	26：0
APSR	N	Z	C	V	Q	保留

N、Z、C、V 和 Q 均为条件码标志位。其内容可被算术或逻辑运算指令的结果改变，由条件码标志位状态可以决定某条指令是否执行。

条件码标志的含义如下所述。

①标志 N：当用两个补码表示的带符号数进行运算时，N=1 表示运算结果为负数；N=0 表示运算结果为正数或零。

②标志 Z：Z=1 表示指令运算结果为 0；Z=0 表示指令运算结果为非零。

③标志 C：可用如下 4 种方法设置。

- 加法运算（包括比较指令 CMN）：C=1 表示运算结果产生进位（即无符号数溢出）；

C=0 表示运算结果未产生进位。

• 减法运算(包括比较指令 CMP)：C=0 表示运算结果产生借位(即无符号数溢出)；C=1 表示运算结果未产生借位。

• 对于包含移位操作的非加/减运算指令：C 为移出值的最后一位。

• 对于其他非加/减运算指令：C 的值通常不改变。

④标志 V：可用如下 2 种方法设置。

• 对于加法/减法指令：当操作数和运算结果为二进制的补码表示的带符号数时，V=1 表示符号位溢出；V=0 表示符号位未溢出。

• 对于其他非加/减运算指令：V 的值通常不改变。

⑤标志 Q：Q=1 表示饱和运算过程中产生了饱和；Q=0 表示饱和运算运程中未产生饱和。

(2)中断程序状态寄存器(IPSR)。中断程序状态寄存器中包含当前激活的异常的中断号，如表 4-4 所示。

表 4-4　中断程序状态寄存器

位号	31：9	8：0
IPSR	保留	中断号

(3)执行程序状态寄存器(EPSR)。执行程序状态寄存器包含有两个重叠的区域和一个状态位，如表 4-5 所示。

表 4-5　执行程序状态寄存器

位号	31：27	26：25	24	23：16	15：10	9：0
EPSR	保留	ICI/IT	T	保留	ICI/IT	保留

可中断-可继续指令(ICI)区：用于保存从产生中断的断点继续执行多寄存器加载和存储操作时所必需的信息。

用于 If-Then(IT)指令的执行状态区：包含 If-Then 指令的执行状态位。

T 位：是 Thumb 状态位标志。

ICI 区和 IT 区是重叠的，因此，If-Then 模块内的多寄存器加载或存储操作不具有可中断可继续的功能。

EPSR 是不能直接访问的，其修改必须满足如下条件之一：

①执行多寄存器加载或存储指令时产生一次中断

②执行 If-Then 指令

2) 中断关闭寄存器(PRIMASK)

寄存器中只有 1 位，若该位置位(置位即设置为 1)，则关掉所有可屏蔽的异常，只允许不可屏蔽中断和硬件错误异常。该位默认为 0，表示没有关中断。

3) 异常关闭寄存器(FAULTMASK)

寄存器中只有 1 位，若该位置位时，只有不可屏蔽中断(NMI)才能响应。该位默认为 0，表示没有关中断。

4）屏蔽优先级寄存器(BASEPRI)

寄存器中最多8位，用于定义屏蔽优先级。当寄存器中某位置位时，相同或更低等级的所有中断都被禁止，更高优先级的中断仍可执行。寄存器中的位默认为0，则禁止屏蔽功能。

在对时间比较敏感的任务中需要暂时禁止中断时，可以使用PRIMASK和BASEPRI寄存器。当一个任务崩溃时，操作系统可以使用FAULTMASK暂时禁止错误处理。

5）状态控制寄存器(CONTROL)

控制寄存器的作用是定义特权等级和堆栈SP的选择。

(1)CONTROL [1]：该位置位时，在线程或基本等级中，使用堆栈PSP。该位默认为0，使用堆栈MSP。该位只有在内核处于线程模式及特权状态下才是可写的，在用户或处理器模式下，该位不允许进行写操作。除了写这个寄存器外，也可以在异常返回时修改LR的第2位来修改这个位。

(2)CONTROL [0]：该位置位时，设置为线程模式的用户级；该位复位时，设置为线程模式的特权级。该位只有在特权级下可写，一旦进入了用户级，要想切换回特权级，只能触发一次中断，并且在异常处理中进行修改。

4.4 异常与中断

在日常生活中我们经常遇见异常或中断等现象，譬如汽车在行驶中由于驾驶员熄火或者突遇路况恶劣导致抛锚而停下，我们就说汽车的正常行使被“中断”了。汽车在行驶中发动机的声音变大，油门不太灵敏或动力不足，我们就称汽车出现了“异常”。

计算机的中断现象的表现是CPU暂停当前程序应该执行的工作，去处理其他突发事件，主程序的执行已处于停滞的状态。中断的发生一般具有突发性和偶然性，即对计算机而言是不可预测的。中断处理的过程是CPU受计算机中断系统的引导去执行一段事先设计好的中断服务程序。

异常是指CPU遇到了无法响应的工作，然后进入一种非正常状态。表现出来的现象是计算机的程序执行工作尚未停止，但又不是正常状态。譬如程序中的一条指令要求CPU执行一个除数是零的除法运算，由于计算机无法表示出结果，于是被迫进入一种异常状态，需要特别的处理(由异常服务程序来完成)。导致异常出现的原因通常是程序设计有逻辑上的缺陷。

通常外部原因触发导致CPU暂停执行当前程序称为中断，内部原因导致计算机处于不正常的状态称为异常，中断和异常共同的表现是主程序的执行不再正常。在实际应用中，计算机应用工程师通常将中断用作一种有效的数据输入/输出方式，让计算机的主程序停顿下来，以便完成数据从接口电路的输入或输出，然后重新回到主程序去执行。

4.4.1 系统异常类型和外部中断类型

异常(Exception)是程序在执行时发生的事件，它会打断指令的正常流程。

有许多种错误会触发异常，从硬盘受外力冲击突然毁坏这样的严重硬件错误，到尝试访问越界数组元素这样的简单程序错误，这些错误如果在函数执行过程中发生，函数将创建一个异常对象并把它输入到运行时系统(Runtime System)。异常对象包含异常信息(如异常的类型、异常发生时程序的状态)，运行时系统负责找到指定代码处理这个错误。

一个异常处理器是否合适取决于输入的异常是否和异常处理器处理的异常是同一种类型。因而异常向后寻找整个调用堆栈，直到一个合格的异常处理器被找到，调用函数处理这个异常。异常处理器的选择称为捕获异常(catch the exception)。

计算机中的常见系统异常有以下几种：

(1)算术异常类(Arithmetic Exception)；

(2)空指针异常类(Null Pointer Exception)；

(3)类型强制转换异常(Class Cast Exception)；

(4)数组负下标异常(Negative Array Exception)；

(5)数组下标越界异常(Array Index Out Of Bounds Exception)；

(6)违背安全原则异常(Security Exception)；

(7)文件已结束异常(EOF Exception)；

(8)文件未找到异常(File Not Found Exception)；

(9)字符串转换为数字异常(Number Format Exception)；

(10)操作数据库异常(SQL Exception)；

(11)输入/输出异常(IO Exception)。

Cortex-M3 支持多个系统异常和 IRQ 外部中断，其异常类型见表 4-6。异常编号 1-15 为系统异常，编号 16 以上的为外部中断。异常与中断的优先级有些是固定的，有些是可编程设定的。

表 4-6 Cortex-M3 中的异常类型

异常编号	异常类型	优先级	功 能
1	复位	-3	复位
2	NMI	-2	不可屏蔽中断(来自外部 NMI 输入脚)
3	硬件错误	-1	所有硬件故障,
4	存储器管理错误	可编程	MPU 访问出错等引起的异常
5	总线错误	可编程	总线访问引发的异常
6	使用错误	可编程	程序错误导致的异常
7~10	保留	NA	保留
11	SVCall	可编程	系统调用异常
12	调试监控	可编程	调试监控(断点、监视点或外部调试请求)
13	保留	NA	保留
14	PendSV	可编程	系统服务的可挂起请求
15	SYSTICK	可编程	系统节拍定时器
16	IRQ#0	可编程	外部中断#0
17~255	IRQ#1~#239	可编程	外部中断#1~#239

当前正在运行的异常编号可以由两个寄存器体现：中断程序状态寄存器(IPSR)和嵌套向量中断控制器(NVIC)中的中断控制状态寄存器(VECTACTIVE 域)。

4.4.2 异常向量表

当异常发生，Cortex-M3 处理器接受异常时就会执行异常处理程序。为了确定异常处理程序的起始地址，处理器使用了向量表机制。异常向量表就是由一组异常服务程序的入口地址组成的一个向量表格，一般放在程序的开头。如表 4-7 所示的向量表中列出了各种异常类型的异常处理程序的起始地址。向量表在系统复位后位于 ROM 地址 0x0 处，向量表的位置可以由 NVIC 中的重定位寄存器决定。

表 4-7 复位后的异常向量表定义

异常类型	地址偏移	异常向量
0	0x00	MSP 的起始地址
1	0x04	复位
2	0x08	NMI
3	0x0C	硬件错误
4	0x10	存储器管理错误
5	0x14	总线错误
6	0x18	使用错误
7~10	0x1C~0x28	保留
11	0x2C	SVC
12	0x30	调试监控
13	0x34	保留
14	0x38	PendSV
15	0x3C	SYSTICK
16	0x40	IRQ#0
17	0x44	IRQ#1
18~255	0x48~0x3FF	IRQ#2~IRQ#239

4.4.3 优先级定义

系统中存在着多个外部中断源，或者有多种类型的系统异常，当有多个中断源或系统异常同时发出异常请求时，要求计算机能确定哪个异常更紧迫，以便首先响应。为此，计算机给每个异常规定了优先级别，称为优先级。这样，当多个异常同时发生时，优先级高的异常能先被响应，只有优先级高的异常处理结束后才能响应优先级低的异常。计算机按中断源优先级高低逐次响应的过程称优先级排队。

Cortex-M3 支持 3 个最高的固定优先级以及 256 个可编程的优先级(最多 128 个抢占等级)。异常是否执行以及何时执行都会受到异常优先级的制约。在嵌套异常或中断时，高优先级(优先级编号较小)异常可以抢占低优先级(优先级编号较大)异常。有些异常具有固定的优先级，它们的优先级数值为负，比其他异常的优先级要高，其他异常具有可编程的优先级。

4.5 存储器与堆栈

4.5.1 数据类型

ARM微处理器支持字节(8位)、半字(16位)、字(32位)的有符号和无符号数。对存储器进行数据读/写操作时，可以实现按字节、半字、字为单位进行读/写操作。

ARM处理器的内部操作都面向32位操作数，只有数据传送指令(STR,STM,LDR,LDM)支持较短的字节和半字数据。

存储器中每一个字节数据都有唯一的存储地址，称为字节地址。字节数据可以存放在一个字节地址对应的字节存储单元；半字数据占有两个字节地址，字数据占有四个字节地址。

4.5.2 存储格式

ARM体系结构将存储器看作从0地址开始的字节的线性组合。从0字节到3字节放置第一个存储的字数据，从第4个字节到第7个字节放置第2个存储的字数据，依次排列。作为32位的微处理器，ARM体系结构所支持的最大寻址空间为4GB(2^{32}个字节)。

ARM体系结构可以用两种方法存储字数据，称为大端格式和小端格式，具体说明如下。

(1)在大端格式中，字数据的高字节信息存储在低地址的存储单元中，而字数据的低字节信息则存放在高地址的存储单元中。

(2)小端格式与大端存储格式相反，在小端存储格式中，低地址中存放的是字数据的低字节，高地址存放的是字数据的高字节。图4-5所示为0xFEDCBA98字数据的大、小端存储方式。

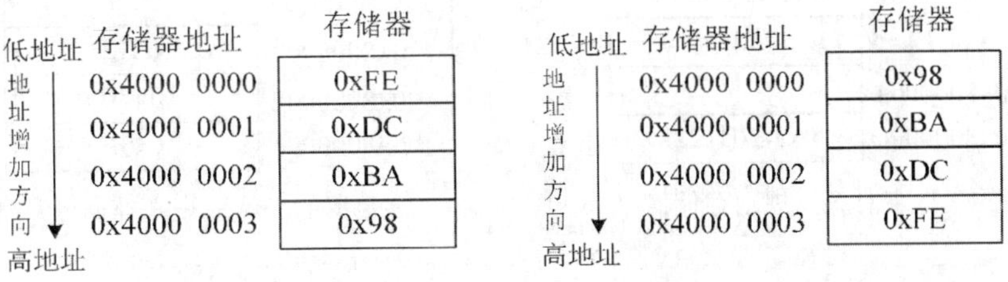

(a) 大端格式　　(b) 小端格式

图4-5 大端格式和小端格式

Cortex-M3既支持大端格式也支持小端格式，其支持的存储格式取决于微控制器设计的总线连接、存储器控制器及外设等。Cortex-M3有一个配置引脚BIGEND能方便地配置这两种格式，该引脚在复位时被采样，结束复位后存储器格式不能修改。其默认设置是小端格式。

4.5.3 按字对齐与按半字对齐

对半字数据的存储有两种可能的方式。一种是半字总是开始于一个偶数的存储器字节地址，高字节存储于相邻的奇地址存储单元，称为规则存储，这是按半字对齐的存储方式。

另一种方式是半字总是开始于一个奇数的存储器字节地址，称为非规则存储，或随机地址存储，如图 4-6 所示。

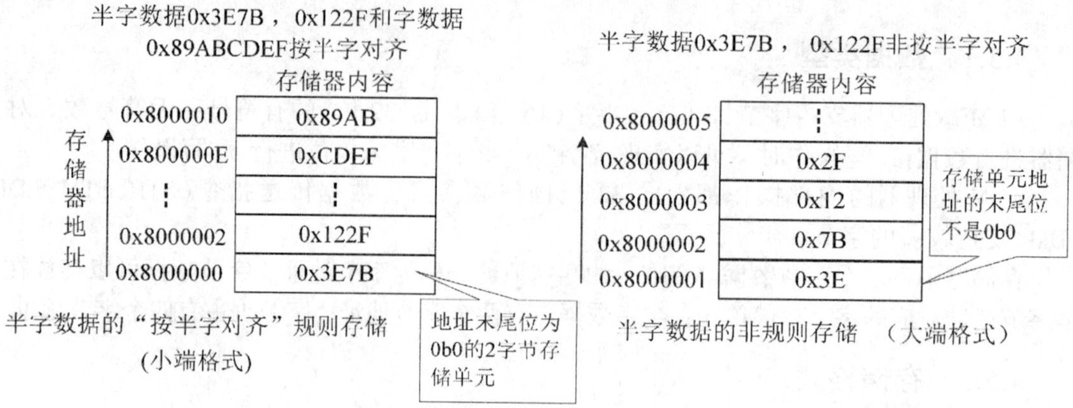

图 4-6　半字数据的规则存储(按半字对齐)与非规则存储(非按半字对齐)

对存储器按半字读写时，要求地址的最低位是 0，即 2 字节对齐。

对字数据的存储有四种可能的方式，其中首字节存储开始于地址 0x0、0x4、0x8、0xc 是按字对齐的规则存储，也就是要求数据的存储器地址的低两位是 0b00。其他三种都属于未按字对齐的非规则存储，如图 4-7 所示。

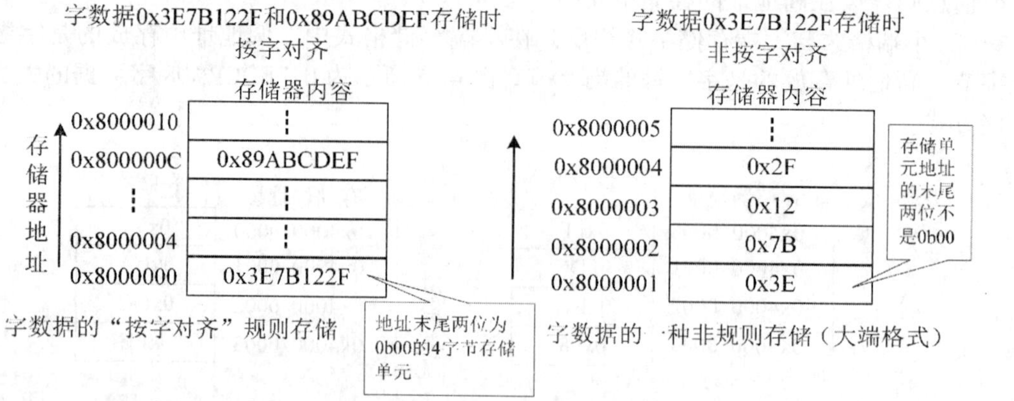

图 4-7　字数据的规则存储(按字对齐)与非规则存储(非按半字对齐)

对数据总线是 32 位的计算机系统而言，要在一次数据操作中正好完成 32 位字数据的传送，则希望字数据是以四字节的边界对齐的。

进行字节数据传送时，对字节数据的地址没有要求，地址的最低位为 0 或 1 均可。

4.5.4　堆栈

堆栈是存储器中的某一存储区域，一般称为堆栈区。堆栈的操作是对存储器该存储区域进行读或写的一种操作方式。堆栈只有一个出入口，并用堆栈指针 SP 来指示。SP 始终指向堆栈当前的栈顶，其数据采用先进后出、后进先出的操作规则。寄存器中的数据由入栈 PUSH 操作存入堆栈区，用出栈 POP 操作恢复到寄存器中。

若堆栈指针指向最后压入堆栈的数据时，则称该堆栈为满堆栈；若堆栈指针指向下一个将要放入数据的空位置时，称该堆栈为空堆栈。根据堆栈的生成方式不同，可将堆栈分为递增堆栈和递减堆栈。数据入栈，堆栈指针是向高地址方向生长时，称为递增堆栈；数据入栈，堆栈指针是向低地址方向生长时，称为递减堆栈。

ARM 的堆栈有四种类型：满递增堆栈、满递减堆栈、空递增堆栈、空递减堆栈。

Cortex-M3 使用了一种满递减的栈操作模型，SP 指向压入栈存储区的最后一个数据，而不是指向一个空的可用的存储字节空间，这即是"满"的含义。数据入栈时，堆栈指针的值减小，这是"递减"的含义，满递减的栈操作模型是四种堆栈操作模型之一。有数据入栈时，堆栈指针的值向低地址方向变化；相应地，有数据出栈时，堆栈指针的值向高地址方向变化。

Cortex-M3 处理器在执行入栈操作时，先修改 SP 值(先 SP-4,然后将结果重新赋值给 SP)，再将数据存入 SP 指针所指的连续的四字节存储单元。执行出栈操作时，先将 SP 指向的存储单元内容依次读出，共 4 个字节单元的数据，然后再修改 SP 值(先 SP+4,然后将结果重新赋值给 SP)。在 Cortex-M3 中，R13 被定义为 SP，访问栈空间的指令 PUSH 和 POP 将在第 5 章中阐述。

例如：入栈操作，即压栈过程。

汇编指令 PUSH {R0};R13⇐R13-4,存储器[R13]⇐R0

Cortex-M3 的压栈过程如图 4-8 所示。

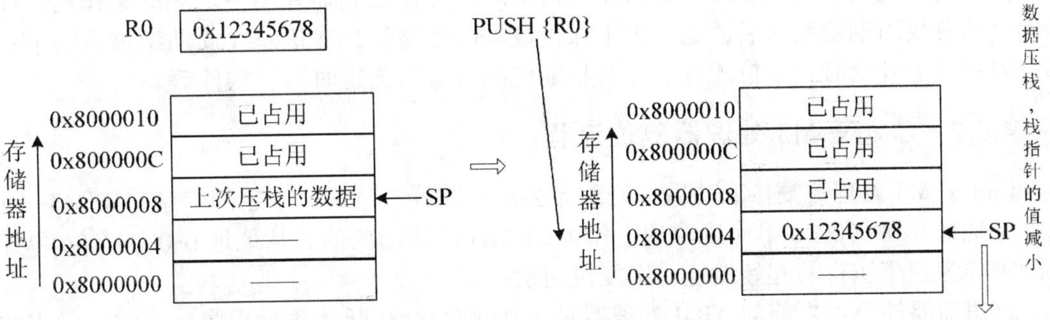

图 4-8 Cortex-M3 的压栈

Cortex-M3 的出栈过程如图 4-9 所示。

例如： 汇编指令 POP {R0} ;R0⇐存储器[R13],R13⇐R13+4

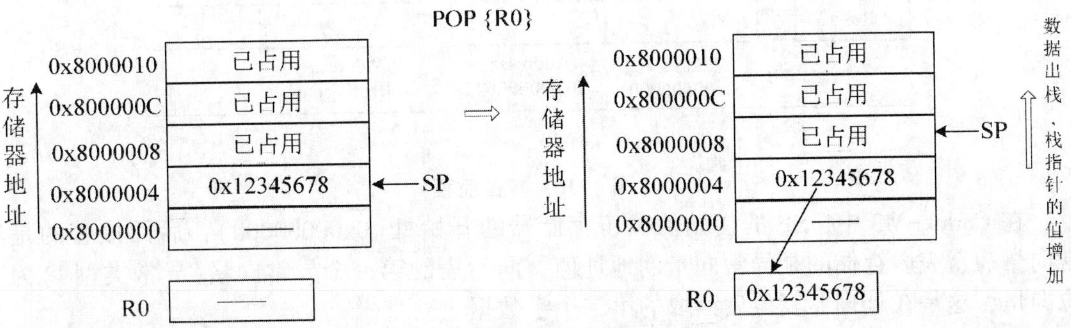

图 4-9 Cortex-M3 的出栈

由于每次 PUSH/POP 操作传输 4 字节的数据，SP 会增加/减少 4 字节，如果多于 1 个寄存器的数据需要压栈或出栈，SP 的变化将是 4 的倍数。

4.6 复位

4.6.1 复位的分类

从引起微处理器复位的内部与外部因素来区分，复位可分为外部复位和内部复位两种。外部复位有上电复位、按下“复位按钮”复位。内部复位有看门狗定时器复位、低电压复位、低漏唤醒(LLWU)复位、MCG(Multi purpose Clock Generator)丢失时钟复位、软件复位锁定复位、EzPort 复位等。

从复位芯片是否处于上电状态来区分，复位可分为冷复位和热复位。芯片从无电状态到上电状态的复位属于冷复位，芯片处于带电状态时的复位叫热复位。冷复位后，处理器内部 RAM 的内容是随机的。而热复位后，处理器内部 RAM 的内容会保持复位前的内容，即热复位并不会引起 RAM 中内容丢失。

从 CPU 响应快慢来区分，复位还可分为异步复位与同步复位。异步复位源提出的复位请求一般表示一种紧要的事件，因此复位控制逻辑不等到当前总线周期结束，复位立即有效。异步复位源有上电、丢失时钟、低压检测、失去锁定等。同步复位的处理方法与异步复位不同：当一个同步复位源提出复位请求时，复位控制器并不使之立即起作用，而是等到当前总线周期结束之后，这是为了保护数据的完整性，在该总线周期结束后的下一个系统时钟的上升沿时，复位才有效。同步复位源有看门狗定时器、软件等。

4.6.2 Cortex-M3 处理器复位流程

Cortex-M3 处理器复位成功后，处理器会从存储器中读取两个字的信息，如图 4-10 所示。从地址 0x00000000 单元读取的字作为 SP(R13)的初始值，从地址 0x00000004 单元读取的字作为程序执行的起始地址，即复位向量。

这里需要注意：之前的 ARM 处理器是从 0x00000000 开始执行程序；异常向量表的内容是指令(跳转指令,异常处理程序存放在另外的位置)。

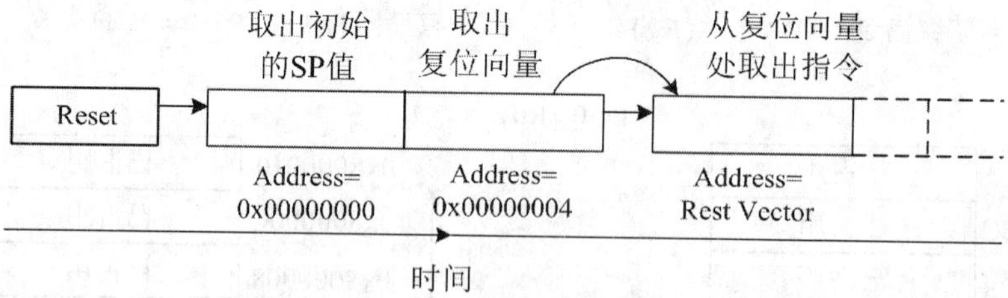

图 4-10 复位流程

在 Cortex-M3 中，SP 的初始值位于存储器的开始处(0x00000000)，后面接着的是异常向量表，表内存储的是异常向量的地址值。向量表的第一个异常向量(异常类型 1)为复位向量，这是在处理器复位后读取的第二个字数据。

由于 Cortex-M3 的栈操作模型是满递减，SP 的初始值应该设置为栈顶下的第一个存储器地址。例如，若栈存储区域范围是 0x20007C00 到 0x20007FFF 共 1KB，则栈的初始值应该设置为 0x20008000。

在 Cortex-M3 中，向量表中的向量地址的最低位应该置 1，以表明它们为 Thumb 代码，如果复位向量为 0x101，那么启动代码是从 0x100 地址开始的。取出复位向量后，Cortex-M3 可以从复位向量地址处执行行程序，并开始正常操作。SP 需要被初始化是因为复位后就可能会发生一些异常(如 NMI)，而这些异常的响应就可能是需要用到堆栈存储信息。

下面是一个初始化堆栈指针的数值和初始化程序计数器的实例，如图 4-11 所示。

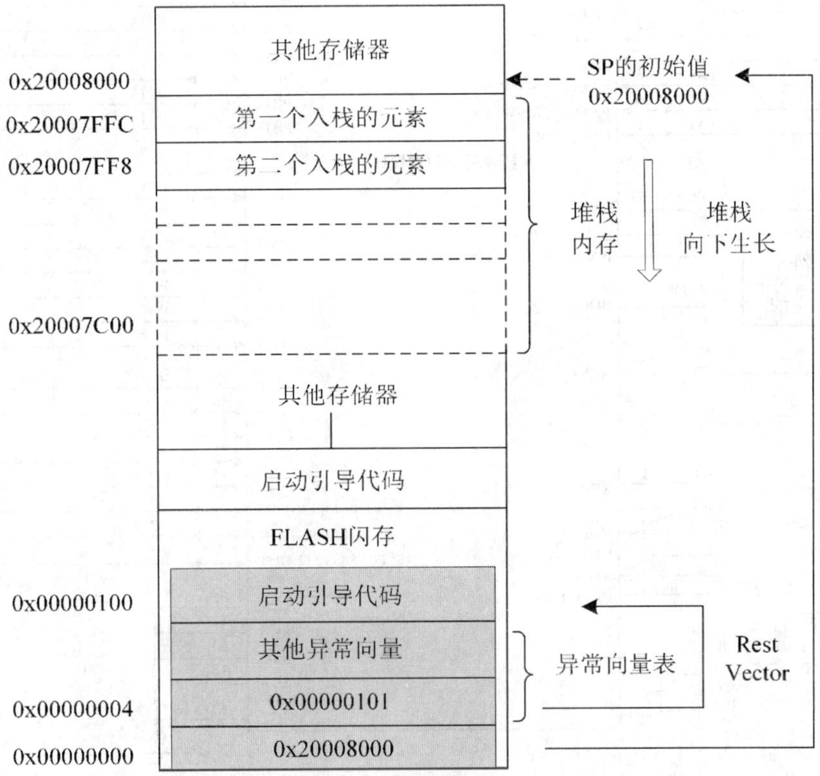

图 4-11 初始堆栈指针数值和初始程序计数器设定的实例

4.7 STM32 的最小系统

STM32 的最小系统是以处理器芯片为核心，可以运行起来的最简单的硬件组成。如图 4-12 所示，最小系统的硬件组成主要包括电源电路、时钟电路、复位电路、启动电路和程序下载电路，这五个部分是相互关联的。计算机最基本的操作是执行指令，即在每个指令周期从存储器取出指令、译码和执行，需要有能量的注入，时钟电路是协调处理器和存储器间的信号交换，由于 Flash 存储器技术的发展，大部分芯片提供了在板或在线系统(on system)的写入程序功能，即把空白芯片焊接到电路板上后，再通过写入器把程序下载到程序存储器芯片中，启动电路通知微处理器程序的存储位置，复位电路提供不掉电的情况下处理器重新启动的手段，并初始化内部数据存储器和寄存器。

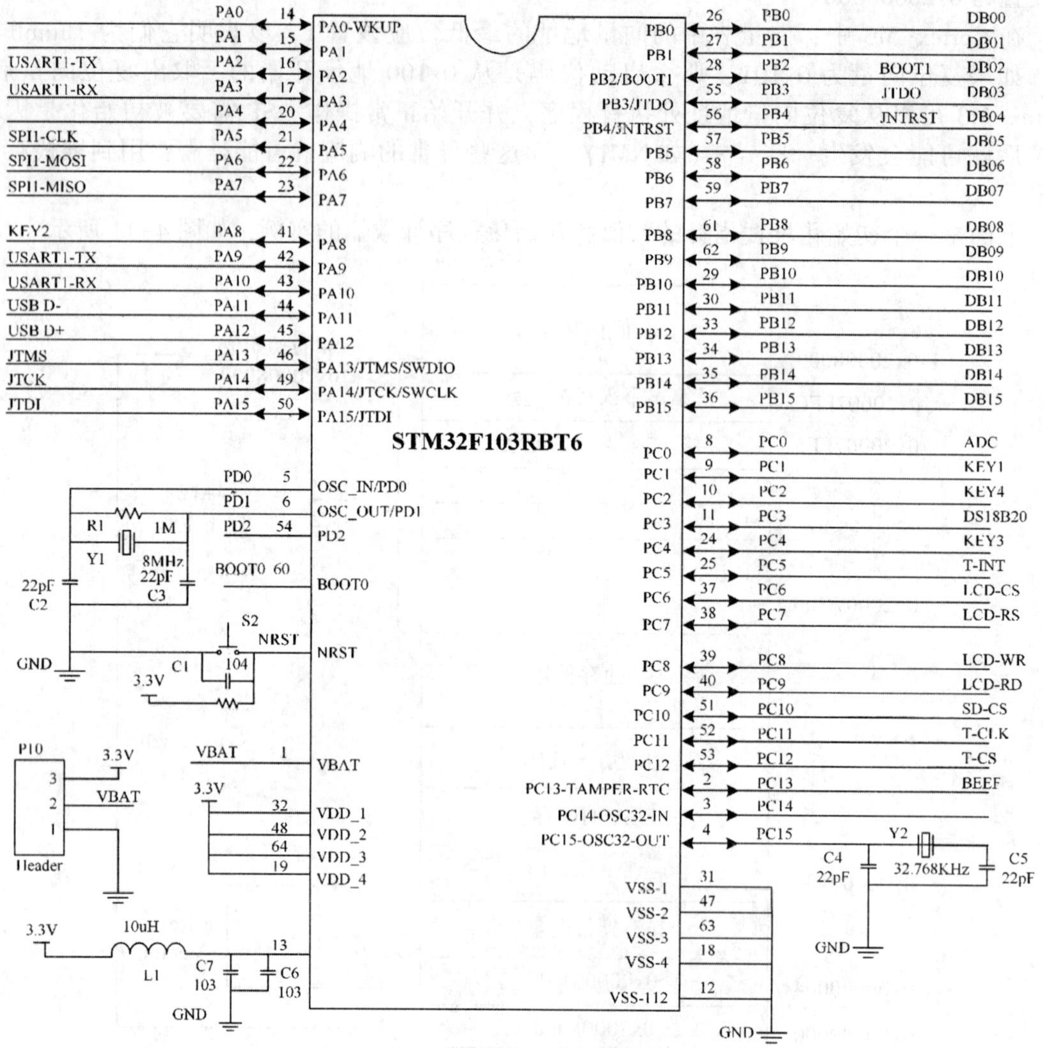

图 4-12 STM32 处理器最小系统

习 题

1. 选择题。

(1) Cortex-M3 的提供的单周期乘法位数是（ ）。

A. 8 B. 16 C. 32 D. 64

(2) 下面是 Cortex-M3 处理器工作状态的是（ ）。

A. 特权方式 B. Thumb 状态 C. Handle 方式 D. Thread 方式

(3) 下面是 Cortex-M3 处理器的工作模式的是（ ）。

A. Thread 模式 B. Thumb 模式 C. Thumb-2 模式 D. Debug 模式

(4) 下列是 Cortex-M3 处理器可以使用的堆栈的栈是（ ）。

A. 线程栈　　B. 进程栈　　C. 多线程栈　　D. 空栈

(5) Context-M3 处理器的寄存器 r14 代表（　　）。

A. 通用寄存器　　B. 链接寄存器　　C. 程序计数器　　D. 程序状态寄存器

(6) Handle 模式一般使用（　　）。

A. Main_SP　　B. Process_SP

C. Main_SP 和 Process_SP　　D. Main_SP 或 Process_SP

(7) Cortex-M3 使用的存储器格式是（　　）。

A. 小端格式　　B. 大端格式　　C. 小端或大端格式　　D. 没有正确答案

2. 论述 Cortex-M3 和 STM32 的关系，STM32 的外设有哪些？

3. Cortex-M3 内核有哪些特点？

4. Thumb-2 指令集与 Thumb 指令集、ARM 指令集是什么关系？

5. 简述以 STM32 处理器为核心的最小系统的组成。

6. 简述 Cortex-M3 处理器复位流程。

7. ARM 体系结构用大端格式规则字数据 0x89ABCD76 到存储器地址 0x8000000C，按字节画出存储器存储该数据的示意图。

8. 计算机的异常与中断在定义上有什么区别？

9. 阐述 Cortex-M3 处理器为程序赋予两种特权等级是什么。

10. 阐述 Cortex-M3 内核的总线接口。

11. Cortex-M3 处理器具有哪两种工作模式，设置它们的必要性是什么？

12. Cortex-M3 处理器有有哪两种工作状态，详细说明这两种状态的含义。

第5章　Cortex-M3 指令系统

在计算机应用系统的开发过程中，程序代码可以用汇编语言也可以用高级语言实现。用汇编语言能针对硬件写程序，是最直接的编程方法，编译效率最高。指令系统是汇编语言程序设计的基础。

早期，基于 ARM 的软件开发需要考虑全功能的 32 位 ARM 指令集和精简的 16 位 Thumb 指令集，并处理好 ARM 和 Thumb 两个执行状态的切换。但由于两种状态的切换增加了系统开销，为此引入了 Thumb-2 指令集。Thumb-2 功能更加完备，可替代 ARM 和 Thumb 两套指令集而独立工作。

本章以 Cortex-M3 内核为基础，从指令的格式、操作数的寻址方式等方面入手，介绍基于 Cortex-M3 内核的 Thumb-2 指令集中各类指令的功能、书写格式及应用。

5.1　Cortex-M3 指令结构

5.1.1　Cortex-M3 指令的格式

1. 指令和指令系统

计算机通过执行程序来完成指定的任务，而程序是由一系列有序指令组成的，指令是指挥计算机进行某种操作的命令，处理器内核支持的指令的集合称为该处理器的指令系统。指令系统集中反映了微处理器的硬件功能和属性。不同系列的微处理器，由于其内部结构不同，其指令系统也不同。

2. Cortex-M3 指令书写格式

```
<opcode>[<cond>][s]<Rd>,<Rn>[,<op2>];
```

其中，<>中的参数是必选参数，[ ] 中的参数是可选参数。

<opcode>表示指令的操作码，通常用英文助记符表示，如 MOV 和 SUB 等。

<cond>表示指令执行的条件码，说明在何种条件下执行该指令。

[s] 用于决定指令执行结果是否影响程序状态寄存器 xPSR 的值，使用该后缀则指令执行的结果影响 xPSR 的值，否则不影响。

<Rd>表示目的寄存器。

<Rn>表示第一源操作数，该操作数必须是寄存器。

<op2>表示第二源操作数，该操作数可以是立即数、寄存器或寄存器移位。

例如：

```
SUBNES  R0,R1,#2
```

其中，SUB 为指令操作码；NE 为条件码，表示当前 Z=0，则这条指令被执行，若 Z=1，不执行；S 表示该指令的运行结果要影响(更新)xPSR 的值；R0 是目的寄存器；R1 是第一源操作数；立即数#2 是第二源操作数。

5.1.2 指令的条件码

指令可包含一个条件码，只有当 xPSR 的值满足指定的条件时，带条件码的指令才能执行。

每一条 ARM 指令机器码包含 4 位的条件码，共有 16 种条件码，如表 5-1 所示。在 ARM 指令格式中每种条件码可用两个字符表示，这两个字符位于指令助记符之后，与指令同时使用。

表 5-1 指令的条件码

条件码	助记符后缀	标志	含义
0000	EQ	Z 置位	相等
0001	NE	Z 清零	不相等
0010	CS	C 置位	无符号数大于或等于
0011	CC	C 清零	无符号数小于
0100	MI	N 置位	负数
0101	PL	N 清零	正数或零
0110	VS	V 置位	溢出
0111	VC	V 清零	未溢出
1000	HI	C 置位或 Z 清零	无符号数大于
1001	LS	C 清零或 Z 置位	无符号数小于或等于
1010	GE	N 等于 V	带符号数大于或等于
1011	LT	N 不等于 V	带符号数小于
1100	GT	Z 清零且(N 等于 V)	带符号数大于
1101	LE	Z 置位或(N 不等于 V)	带符号数小于或等于
1110	AL	忽略各标志位	无条件执行

5.1.3 指令的第二源操作数

在 ARM 指令格式中，灵活使用第二源操作数 op2，可以有效地提高代码执行效率。第二源操作数有各种表示形式，其具体形式如下所述。

1. 立即数方式　#Constant

Constant 可以是：

(1)将一个 8 位的无符号数值常量，高位用 0 补到 32 位后，左移任意位得到的常量；

(2)0x00XY00XY 格式的任意常量；

(3)0xXY00XY00 格式的任意常量；

(4)0xXYXYXYXY 格式的任意常量。

注：X 和 Y 为十六进制的数码。

2. **寄存器方式** Rm

Rm 是存储第二源操作数的 ARM 寄存器。例如：

```
ADD R0,  R1,  R2
SUB R1,  R2,  R3
```

3. **寄存器移位方式** Shift

ARM 微处理器内嵌了桶形移位器，支持数据的各种移位操作。移位操作在 ARM 指令集中不作为单独的指令使用，只作为指令格式中的一个选项。数据处理指令的第二源操作数为寄存器 Rm 时，就可以加入移位操作选项对它进行各种移位操作。

Rm 的可选移位方法可以是 ASR、LSL、LSR、ROR 和 RRX 这五种。

1）ASR(*算术右移*)

指令书写格式：Rm，ASR#n

指令操作：将寄存器 Rm 中的内容向右移动 n 位，左端用 Rm 第 b_{31} 位的值来填充。算术右移 n 位相当于将 Rm 除以 2^n。移位次数 n 的范围为 $1 \leqslant n \leqslant 32$。算术右移如图 5-1(a)所示。例如：

```
MOV R0,  R1,  ASR#1    ;将 R1 中的内容右移 1 位后传送到 R0 中
MOV R0,  R1,  ASR R3   ;将 R1 中的内容右移 R3 位后传送到 R0 中,若 R3 中值为 2,则右移 2 位
```

2）LSL(*逻辑左移*)

指令书写格式：Rm，LSL#n

指令操作：将寄存器 Rm 中的内容向左移动 n 位，低位用 0 填充。逻辑左移 n 位相当于将无符号数据做乘以 2^n 的操作。移位次数 n 的范围为 $1 \leqslant n \leqslant 31$。逻辑左移如图 5-1(b)所示。

例如：`MOV R1,  R0,  LSL#2`　　;将 R0 中的内容左移 2 位后传送到 R1 中

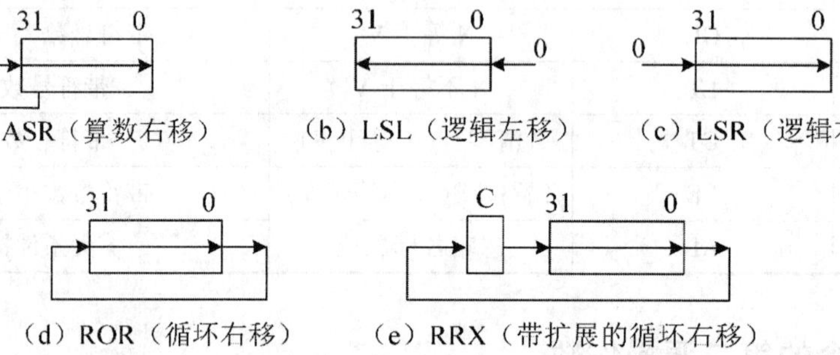

图 5-1　移位操作示意图

3）LSR(*逻辑右移*)

指令书写格式：Rm，LSR#n

指令操作：将寄存器 Rm 中的内容向右移动 n 位，最高位用 0 填充。逻辑右移 n 位相当于将无符号数据做除以 2^n 的操作。移位次数 n 的范围为 $1 \leqslant n \leqslant 32$。逻辑右移如图 5-1(c)所示。

例如：`MOV R1,  R0,  LSR#2`　　;将 R0 中的内容右移 2 位后传送到 R1 中

4）ROR(*循环右移*)

指令书写格式：Rm，ROR#n

指令操作：将寄存器 Rm 中的内容循环右移 n 位，左端用右端移出的位填充。移位次

数 n 的范围为 $1 \leqslant n \leqslant 31$。循环右移如图 5-1(d)所示。例如：

```
MOV R1,  R0,  ROR#2  ;将 R0 中的内容循环右移 2 位后传送到 R1 中
```

5) RRX(*带扩展的循环右移*)

指令书写格式：Rm，RRX

指令操作：将寄存器 Rm 中的内容进行带扩展的循环右移 1 位的操作，右移时 32 位数据和 C 标志位共 33 位数据组成一个循环，向右移一次。C 标志位移入最高位，最低位移入 C 标志位。带扩展的循环右移如图 5-1(e)所示。

5.1.4 指令宽度选择

在 Cortex-M3 指令集中，根据指令中指定的操作数不同，有许多指令既可以产生 16 位编码也可以产生 32 位编码。对于这类指令，可使用指令宽度后缀来强制指定特定的指令宽度。

有两种指令宽度后缀。

(1)后缀.W：强制指定指令产生 32 位编码

(2)后缀.N：强制指定指令产生 16 位编码

例如：

```
ADDS.N  R0,#1  ;使用 16 位 Thumb 指令
ADDS.W  R0,#1  ;使用 32 位 Thumb-2 指令
```

5.2 ARM 基本寻址方式

所谓寻址方式，指的是处理器根据指令中给出的内存地址信息，找出操作数的物理地址，实现对操作数的访问。根据指令中给出的操作数的不同形式，ARM 指令系统支持的常见寻址方式有：立即寻址、寄存器寻址、寄存器移位寻址、寄存器间接寻址、基址变址寻址、多寄存器寻址、相对寻址及堆栈寻址。

1. 立即寻址

立即寻址又称为立即数寻址，是一种特殊的寻址方式，指令中直接给出操作数，只要取出指令也就取到了操作数，这个操作数称为立即数。例如：

```
MOV R0,  #2         ;R0←2
ADD R0,R0,#100      ;R0←R0+100
```

以上两条指令中，以“#”为前缀的操作数即为立即数。对于以十六进制表示的立即数，要求在“#”后加上“0x”或“&”；对于以二进制表示的立即数，要求在“#”后加上“0b”；对于以十进制表示的立即数，要求在“#”后加上“0d”或缺省。

2. 寄存器寻址

寄存器寻址指的是将寄存器中存放的数值作为操作数，这是各类微处理器常采用的一种执行效率较高的寻址方式。例如：

```
ADD R0,  R1,  R2    ;R0←R1+R2
```

此指令中，两个输入操作数分别存放在寄存器 R1 和 R2 中，该指令的功能是将 R1 和 R2 中的数值相加，结果存放在寄存器 R0 中。

3. 寄存器移位寻址

寄存器移位寻址是 ARM 指令系统特有的寻址方式。寻址的操作数由寄存器中的数值进行相应移位得到，移位的方式在指令中以助记符形式给出。移位的位数可由立即数或寄存器寻址方式表示。例如：

```
ADD R0, R1,R2,LSL#1
```

该指令表示将 R2 中的值向左移 1 位，然后与 R1 中的值相加，结果存入 R0 中。

```
MOV R1, R0,LSR#2
```

该指令表示将 R0 中的值向右移 2 位，移位后的结果存入 R1 中。

4. 寄存器间接寻址

寄存器间接寻址指的是将寄存器中存放的数值作为操作数的有效地址，而操作数本身存放在内存中。用于寄存器间接寻址的寄存器必须用“ [ ] ”括起来。例如：

```
LDR R0,[R1]  ;R0←[R1]
```

该指令表示将寄存器 R1 中的值作为地址，将内存该地址单元中的字数据传送到寄存器 R0 中。寻址示意图如图 5-2 所示。

```
STR R1,[R2]  ;[R2]←R1
```

该指令表示将 R1 的值(字数据)传送到以 R2 的值作为地址的内存单元中。

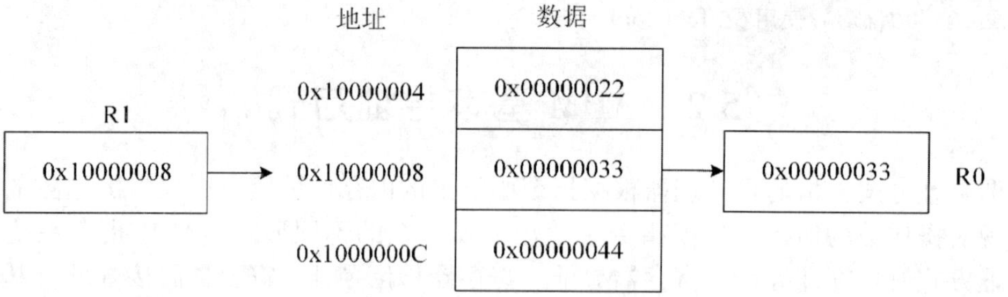

图 5-2　寄存器间接寻址示意图

5. 基址变址寻址

基址变址寻址指的是将寄存器（该寄存器一般作为基址寄存器）的内容与指令中给出的地址偏移量相加，形成操作数的有效地址。此寻址方式常用于访问某基址附近的存储单元。例如：

```
LDR R0, [R1, #4]        ;R0←[R1+4]
```

该指令表示，将基址寄存器 R1 中的内容加上位移量 4，形成操作数的有效地址，将内存该地址单元中的字数据传送到寄存器 R0 中。寻址示意图如图 5-3 所示。

```
LDR R0, [R1, #4]!       ;R0←[R1+4]
                        ;R1←R1+4
```

该指令表示，将基址寄存器 R1 中的内容加上位移量 4，形成操作数的有效地址，将内存该地址单元中的字数据传送到寄存器 R0 中；然后再将基址寄存器 R1 的值加 4。寻址示意图如图 5-4 所示。指令中的符号“!”表示在完成数据传送后需要更新基址寄存器的内容。

```
LDR R0, [R1], #4        ;R0←[R1]
                        ;R1←R1+4
```

该指令表示，将基址寄存器 R1 中的内容作为操作数的有效地址，将内存该地址单元中的字数据传送到寄存器 R0 中；然后再将 R1 的值加 4。

```
LDR R0, [R1, R2]        ;R0←[R1+R2]
```

该指令表示，将寄存器 R1 中的值加上寄存器 R2 中的值，形成操作数的有效地址，将内存该地址单元中的字数据传送到寄存器 R0 中。

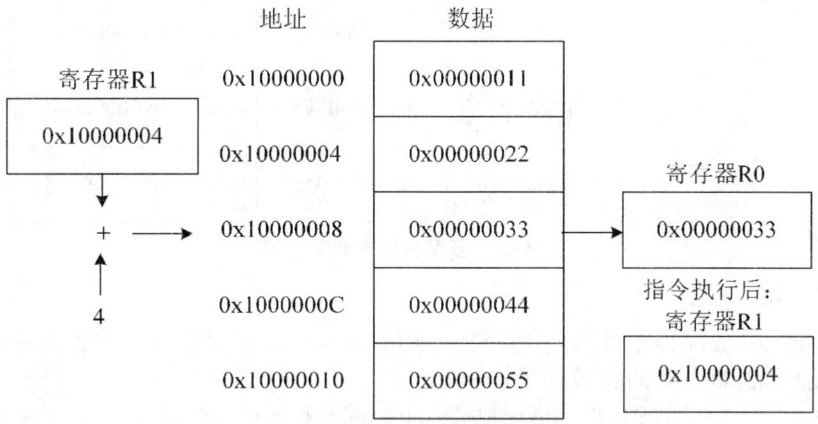

图 5-3 基址变址寻址示意图

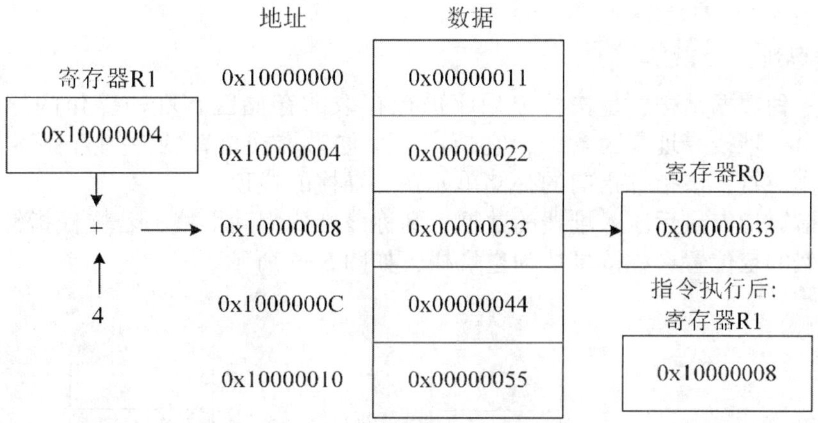

图 5-4 基址变址寻址示意图

6. 多寄存器寻址

多寄存器寻址指的是一条指令可以完成多个通用寄存器值的传送，该寻址方式可以用一条指令传送最多 16 个通用寄存器的值。连续的寄存器之间用“-”连接，不连续则用“,”分隔。例如：

```
LDMIA R0, {R1, R3, R4, R5}  ;R1←[R0]
                            ;R3←[R0+4]
                            ;R4←[R0+8]
                            ;R5←[R0+12]
```

该指令表示，将寄存器 R0 中的值作为操作数的有效地址，将内存该地址开始的连续单元的内容依次送到寄存器 R1、R3、R4 和 R5 中。寻址示意图如图 5-5 所示。

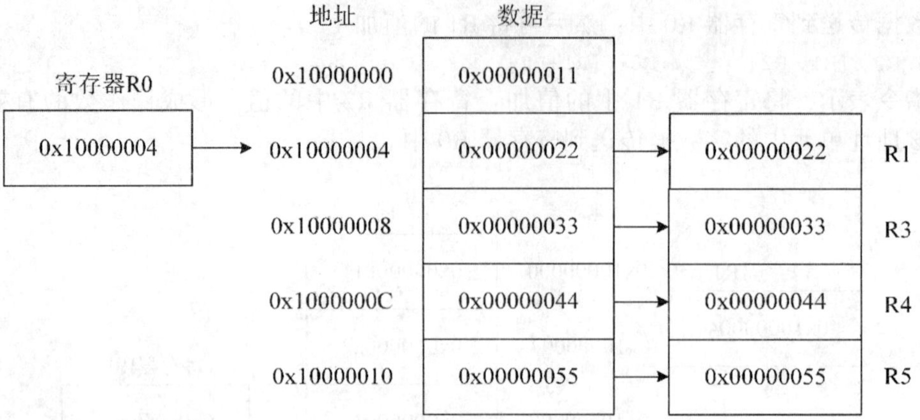

图 5-5 多寄存器寻址示意图

7. 相对寻址

相对寻址指的是以程序计数器 PC 的当前值为基地址，以指令中的地址标号作为偏移量，两者相加形成操作数的有效地址。例如：

```
    BL SUBB        ;转移到子程序 SUBB 处执行,SUBB 是子程序入口地址
    …
SUBB…
    MOV PC,LR     ;从子程序返回
```

8. 堆栈寻址

堆栈是一种数据结构，是按特定顺序进行存取的存储区。堆栈操作的原则是先进后出，后进先出。堆栈寻址是隐含的，它使用一个称为堆栈指针的专用寄存器 SP，指示堆栈当前的操作位置，该指针指向的存储单元就是堆栈的栈顶。

若堆栈指针指向最后压入堆栈的数据，则称该堆栈为满堆栈；若堆栈指针指向下一个将要放入数据的空位置，称该堆栈为空堆栈，如图 5-6 所示。

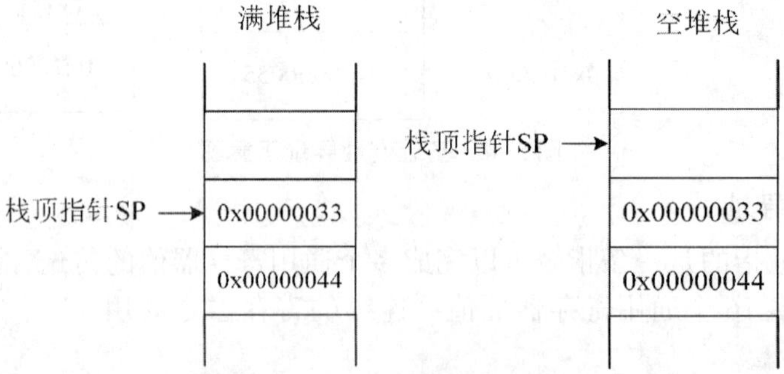

图 5-6 满堆栈与空堆栈示意图

根据堆栈的生成方式不同，可将堆栈分为递增堆栈和递减堆栈。当数据入栈时，堆栈是向高地址方向生成的，称为递增堆栈；当数据入栈时，堆栈是向低地址方向生成的，称为递减堆栈，如图 5-7 所示。

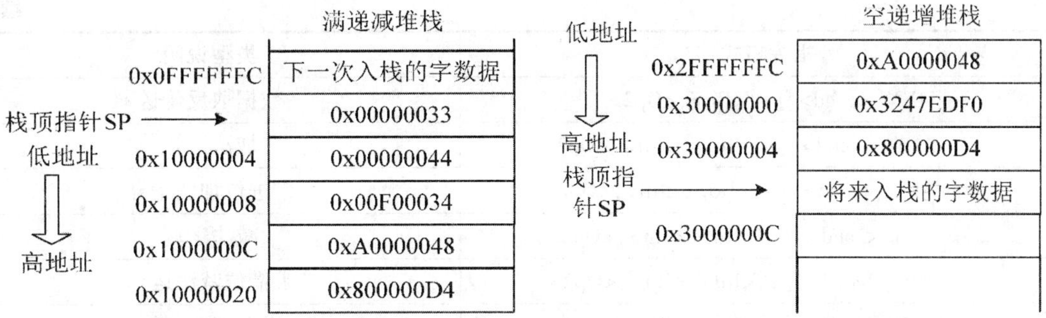

图 5-7 递减与递增堆栈示意图

ARM 微处理器支持如下四种类型的堆栈工作方式。

(1)满递增堆栈(Full Ascending)：堆栈指针指向最后压入的数据，且新数据入栈时，堆栈存储区由低地址向高地址生成。

(2)满递减堆栈(Full Desending)：堆栈指针指向最后压入的数据，且新数据入栈时，堆栈存储区由高地址向低地址生成。

(3)空递增堆栈(Empty Ascending)：堆栈指针指向一个将要放入数据的空位置，且新数据入栈时，堆栈存储区由低地址向高地址生成。

(4)空递减堆栈(Empty Desending)：堆栈指针指向一个将要放入数据的空位置，且新数据入栈时，堆栈存储区由高地址向低地址生成。

5.3 Cortex-M3 指令集

ARM Cortex-M3 支持的指令集包括 ARMv6 的大部分 16 位 Thumb 指令及 ARMv7 的 32 位 Thumb-2 指令集。Thumb-2 指令集分为：数据处理指令、跳转指令、程序状态寄存器访问指令和加载/存储指令等几种类型。

5.3.1 数据处理指令

数据处理就是对数据进行加工处理，数据处理指令分为数据传送指令、算术运算指令、比较指令、逻辑运算指令、测试指令和乘法指令等。

数据传送指令用于在寄存器之间进行数据传输。算术运算指令完成基本的加、减运算。逻辑运算指令完成常用的逻辑运算。算术运算和逻辑运算指令要将运算结果保存在目的寄存器中，并且需要更新 xPSR 中的标志位。比较指令不保存运算结果，只更新 xPSR 中的标志位。

数据处理指令见表 5-2。

表 5-2 数据处理类指令

指令格式	类型说明
MOV[<cond>][s]<Rd>,<Op2>	数据传送
MOV[<cond>]<Rd>,#imm16	数据传送
MOVT[<cond>]<Rd>,#imm16	数据传送到顶部

(续表)

指令格式	类型说明
MVN[<cond>][s]<Rd>,<Op2>	数据取反传送
ADD[<cond>][s]<Rd>,<Rn>,<Op2>	加法运算
ADC[<cond>][s]<Rd>,<Rn>,<Op2>	带进位加法运算
SUB[<cond>][s]<Rd>,<Rn>,<Op2>	减法运算
SBC[<cond>][s]<Rd>,<Rn>,<Op2>	带借位减法运算
RSB[<cond>][s]<Rd>,<Rn>,<Op2>	逆向减法运算
RSC[<cond>][s]<Rd>,<Rn>,<Op2>	带借位逆向减法运算
CMP[<cond>]<Rd>,<Op2>	比较
CMN[<cond>]<Rd>,<Op2>	负数比较
AND[<cond>][s]<Rd>,<Rn>,<Op2>	逻辑与运算
ORR[<cond>][s]<Rd>,<Rn>,<Op2>	逻辑或运算
EOR[<cond>][s]<Rd>,<Rn>,<Op2>	逻辑异或运算
BIC[<cond>][s]<Rd>,<Rn>,<Op2>	位清零
TST[<cond>]<Rn>,<Op2>	位测试
TEQ[<cond>]<Rn>,<Op2>	测试相等

1.数据传送指令

数据传送指令主要用于将一个寄存器中的数据传送到另一个寄存器中,或者将一个立即数传送到寄存器中,这类指令通常用来对寄存器初始化。

1)数据传送指令

指令书写格式如下:

(1)`MOV[<cond>][s]<Rd>, <Op2>` ;将操作数 Op2 的值传送到目的寄存器 Rd 中。

(2)`MOV[<cond>]<Rd>,#imm16` ;将 16 位的立即数送到目的寄存器 Rd 中。

其中:

(1) <cond>为指令编码中的条件码，用于指示 MOV 指令在什么条件下执行。当<cond>缺省时，指令为无条件执行。

(2)s 用于决定指令的操作是否影响 xPSR 中的条件标志位。当 s 缺省时，指令执行结果不影响 xPSR 中条件标志位的值。

(3)<Rd>只能是寄存器数。

(4)imm16 为 0~65535 范围内的任何数值。

【例 5-1】 MOV 指令举例。

(1)`MOV R1, R0` ;将寄存器 R0 的值传送到寄存器 R1 中,即 R1←(R0)

(2)`MOV R0, #1` ;将立即数 1 传送到寄存器 R0 中,即 R0←1

(3)`MOV R1, R0,LSL#3` ;将寄存器 R0 的值逻辑左移 3 位(R0* 2^3)后传送到 R1 中,即 R1←(R0)* 8

(4)`MOV PC, R14` ;将寄存器 R14 的值传送到 PC 中,即 PC←(R14),返回调用代码。

(5)`MOVS PC, R14` ;将寄存器 R14 的值传送到 PC 中,返回到调用代码并恢复标志位。

MOV 指令主要完成以下功能：

(1)将数据从一个寄存器传送到另一个寄存器。

(2)将一个常数传送到寄存器中。

(3)当 PC 寄存器作为目的寄存器时，可以实现程序跳转。

2) 数据传送到顶部指令

指令书写格式：`MOVT{cond}Rd,#imm16`

指令操作：将 16 位立即数 imm16 写入目的寄存器 Rd 的高半字，也就是 Rd［31：16］，但不会影响 Rd［15：0］。其中：

(1)<cond>为指令编码中的条件码，用于指示 MOVT 指令在什么条件下执行。<cond>缺省时，指令为无条件执行。

(2)Rd 只能是寄存器，不能是寄存器 SP 及 PC。

(3)imm16 为 0~65535 范围内的任何数值。

【例 5-2】 MOVT 指令举例

```
MOVT R3, #0xF123   ;将 0xF123 写入 R3 的高半字,低半字不变
```

3) 数据取反传送指令

指令书写格式：`MVN[<cond>][s]<Rd>,<Op2>`

指令操作：将操作数 Op2 的值按位取反后传送到目的寄存器 Rd 中。其中：

(1)<cond>为指令编码中的条件码，用于指示 MVN 指令在什么条件下执行。<cond>缺省时，指令为无条件执行。

(2)s 用于决定指令操作的结果是否影响 xPSR 中的条件标志位。当 s 缺省时，指令执行结果不影响 xPSR 中条件标志位。

(3)<Rd>只能是寄存器数。

【例 5-3】 MVN 指令举例

```
(1)MVN R1,#0  ;将立即数 0 按位取反后传送到寄存器 R1 中(R1←-1)
(2)MVN R0,#4  ;将立即数 4 按位取反后传送到寄存器 R0 中(R0←-5)
```

2. 算术运算指令

算术运算指令主要指加法和减法运算，用于实现两个 32 位数据的相加或相减操作。

1) 加法指令

指令书写格式如下：

(1) `ADD[<cond>][s][<Rd>,]<Rn>,<Op2>`

(2) `ADD[cond][Rd,]Rn, #imm12`

指令操作：`Rd←(Rn)+(Op2)/#imm12`

其中：

(1)<cond>为指令编码中的条件码，用于指示 ADD 指令在什么条件下执行。当<cond>缺省时，指令为无条件执行。

(2)s 用于决定指令的运行结果是否影响 xPSR 中的条件标志位。当 s 缺省时，指令执行结果不影响 xPSR 中条件标志位。当指令中有 s 时，则指令执行结果影响 xPSR 中的标志位 N、Z、C 和 V。若结果为正数，C=1，否则 C=0；若带符号数运算产生溢出，则 V=1，否则 V=0。

(3)<Rd>只能是寄存器数。

(4)<Rn>只能是寄存器数。

(5)imm12 为 0~4095 范围内的任何数值。

【例 5-4】 ADD 指令举例。

(1)ADD R0, R1, R2　　　　;R0←(R1)+(R2)

(2)ADD R0, R1, #100　　　　;R0←(R1)+100

(3)ADDS R0, R2, R3, LSL#1　;R0←(R2)+(R3)* 2,结果影响 xPSR 中相应的标志位

2) 带进位的加法指令

指令书写格式：ADC[<cond>][s]<Rd>,<Rn>,<Op2>

指令操作：Rd←(Rn)+(Op2)+(C)

其中：

(1)<cond>为指令编码中的条件码,用于指示 ADC 指令在什么条件下执行。当<cond>缺省时,指令为无条件执行。

(2)s 用于决定指令操作的结果是否影响 xPSR 中的条件标志位。当 s 缺省时,指令执行结果不影响 xPSR 中条件标志位。当指令中有 s 时,则指令执行结果影响 xPSR 中的标志位 N、Z、C 和 V。

(3)<Rd>只能是寄存器数。

(4)<Rn>只能是寄存器数。

ADC 指令常用于多字的加法运算。

【例 5-5】实现两个双字(64 位)数据相加。将 R2 和 R3 中的 64 位数与 R0 和 R1 中的 64 位数相加，结果存放在 R4 和 R5 中(注：R0，R2，R4 分别存放双字数据的低字)。

(1)ADDS R4, R2, R0　　　;低字相加

(2)ADC R5, R3, R1　　　;高字相加

【例 5-6】 实现两个四字(128 位)数据相加。

第一个四字(128 位)数：按字由低到高顺序存放于寄存器 R4、R5、R6 和 R7。

第二个四字(128 位)数：按字由低到高顺序存放于寄存器 R8、R9、R10 和 R11。

相加结果(128 位)：按字由低到高顺序存放于寄存器 R0、R1、R2 和 R3。

```
ADDS R0, R4, R8     ;低字相加
ADCS R1, R5, R9     ;加下一个字,带进位
ADCS R2, R6, R10    ;加第三个字,带进位
ADCS R3, R7, R11    ;加高字,带进位
```

3) 减法指令

指令书写格式：

(1)SUB[<cond>][s][<Rd>,]<Rn>,<Op2>

(2)SUB[cond][Rd,] Rn, #imm12

指令操作：Rd←(Rn)-(Op2)/#imm12

其中：

(1)<cond>为指令编码中的条件码，用于指示 SUB 指令在什么条件下执行。当<cond>缺省时，指令为无条件执行。

(2)s 用于决定指令操作的结果是否影响 xPSR 中的条件标志位。当 s 缺省时，指令执行结果不影响 xPSR 中条件标志位。当指令中有 s 时，则指令执行结果影响 xPSR 中的标志

位 N、Z、C 和 V。这里应注意 C 标志位的设置。若减法运算时没有借位产生，则 C=1；若有借位产生，则 C=0。C 标志在这里作为非借位标志。

(3)<Rd>只能是寄存器数。

(4)<Rn>只能是寄存器数。

(5)imm12 为 0~4095 范围内的任何数值。

【例 5-7】SUB 指令举例。

(1)`SUB R0, R1, R2            ;R0←(R1)-(R2)`

(2)`SUB R0, R1, #100          ;R0←(R1)-100`

(3)`SUB R0, R2, R1, LSL#1     ;R0←(R2)-(R1)* 2`

4) 带借位减法指令

指令书写格式：`SBC[<cond>][s]<Rd>,<Rn>,<Op2>`

指令操作：`Rd←(Rn)-(Op2)-NOT(C)`

其中：

(1)<cond>为指令编码中的条件码，用于指示 SBC 指令在什么条件下执行。当<cond>缺省时，指令为无条件执行。

(2)s 用于决定指令操作的结果是否影响 xPSR 中的条件标志位。当 s 缺省时，指令执行结果不影响 xPSR 中条件标志位。当指令中有 s 时，则指令执行结果影响 xPSR 中的标志位 N、Z、C 和 V。

(3)<Rd>只能是寄存器数。

(4)<Rn>只能是寄存器数。

SBC 指令常用于多字的减法运算。

【例 5-8】实现两个 64 位数相减。将存放在 R1 和 R0 中的数减去存放在 R3 和 R2 中的数，结果存入 R1 和 R0 中。

(1)`SUBS R1, R1, R3      ;低字相减`

(2)`SBC  R0, R0, R2      ;高字相减`

5) 逆向减法指令

指令书写格式：`RSB[<cond>][s]<Rd>,<Rn>,<Op2>`

指令操作：`Rd←(Op2)-(Rn)`

其中：

(1)<cond>为指令编码中的条件码，用于指示 RSB 指令在什么条件下执行。当<cond>缺省时，指令为无条件执行。

(2)s 用于决定指令操作的结果是否影响 xPSR 中的条件标志位。当 s 缺省时，指令执行结果不影响 xPSR 中条件标志位。当指令中有 s 时，则指令执行结果影响 xPSR 中的标志位 N、Z、C 和 V。

(3)<Rd>只能是寄存器数。

(4)<Rn>只能是寄存器数。

【例 5-9】RSB 指令应用举例。

(1)`RSB R0, R1, R2            ;R0←(R2)-(R1)`

(2)`RSB R0, R1, #250          ;R0←250-(R1)`

(3)`RSB R0, R1, R2, LSL#2     ;R0←(R2)* 4-(R1)`

3. 比较类指令

比较类指令通常用于将一个寄存器数与一个 32 位的数进行比较，比较结果更新 xPSR 中的标志位，不影响寄存器的内容。比较指令更新 xPSR 中的标志位后，其他指令可以通过条件码来改变程序的执行顺序。对于比较指令，不需要使用 s 后缀即可改变标志位的值。

1) 比较指令

指令书写格式：CMP[<cond>]<Rd>,<Op2>

指令操作：将操作数 Rd 的值减去操作数 Op2 的值，结果影响 xPSR 中相应的标志位 N，Z，C 和 V。其中：

(1)<cond>为指令编码中的条件码，用于指示 CMP 指令在什么条件下执行。当<cond>缺省时，指令为无条件执行。

(2)<Rd>只能是寄存器数。

【例 5-10】CMP 指令应用举例。

(1)CMP R1, R2　　;(R1)-(R2)结果影响 xPSR 中相应的标志位

(2)CMP R0, #20　　;(R0)-20 结果影响 xPSR 中相应的标志位

CMP 指令进行一次减法运算，并更改 xPSR 中的标志位。其与 SUBS 指令的区别在于 CMP 指令不存储运算结果。通常，在进行两个数据大小判断时，常用 CMP 指令及相应的条件码来操作。

2) 负数比较指令

指令书写格式：CMN[<cond>]<Rd>,<Op2>

指令操作：将操作数 Rd 的值减去操作数 Op2 的负值，结果影响 xPSR 中相应的标志位 N，Z，C 和 V。其中：

(1)<cond>为指令编码中的条件码，用于指示 CMN 指令在什么条件下执行。当<cond>缺省时，指令为无条件执行。

(2)<Rd>只能是寄存器数。

(3)<Op2>可以是立即数或寄存器数。

【例 5-11】CMN 指令应用举例。

(1)CMN R1, R0　　;(R1)+(R0)结果影响 xPSR 中相应的标志位

(2)CMN R0, #200　;(R0)+200 结果影响 xPSR 中相应的标志位

4. 逻辑运算指令

逻辑运算指令是对操作数按位进行操作的，位与位之间无进位或借位。

1) 逻辑与指令

指令书写格式：AND[<cond>][s][<Rd>,]<Rn>,<Op2>

指令操作：将操作数 Rn 中的数据与 Op2 中的数据按位相与，结果存入寄存器 Rd 中，执行结果更改 xPSR 中的状态标志位 N 和 Z，计算 Op2 时更新标志位 C，不影响标志位 V。

根据逻辑与的运算规则，任何二进制位与 1 相与均保持不变，与 0 相与结果为 0。因此，AND 指令常用于需要将某数的特定位清零的场合。

【例 5-12】

(1)将寄存器 R0 中数据的高位清零，保留最低两位。

```
AND R0,R0,#3
```

(2)将寄存器 R1 中的低 8 位清零，保留高 24 位，结果存入 R0 中。

```
AND R0,R1,#0xFFFFFF00
```

2）逻辑或指令

指令书写格式：`ORR[<cond>][s][<Rd>,]<Rn>,<Op2>`

指令操作：将操作数 Rn 中的数据与 Op2 中的数据按位相或，结果存入寄存器 Rd 中，执行结果更改 xPSR 中的状态标志位 N 和 Z，计算 Op2 时更新标志位 C，不影响标志位 V。

根据逻辑或的运算规则，任何二进制位与 0 相或均保持不变，与 1 相或结果为 1。因此，ORR 指令常用于需要将某数的特定位置位的场合。

【例 5-13】

(1)保留寄存器 R1 中的高位不变，将最低 2 位置位。

```
ORR R1,R1,#3
```

(2)保留寄存器 R1 中的高 24 位不变，将低 8 位置位，结果存入寄存器 R2 中。

```
ORR R2,R1,#0x000000FF
```

(3)将 R2 中的高 8 位数据移到 R3 的低 8 位中，R3 中原来的低 8 位移到高 8 位。

```
MOV R1, R2, LSR#24
ORR R3, R1, R3, LSL#24
```

3）逻辑异或指令

指令书写格式：`EOR[<cond>][s][<Rd>,]<Rn>,<Op2>`

指令操作：将操作数 Rn 中的数据与 Op2 中的数据按位相异或，结果存入寄存器 Rd 中，执行结果更改 xPSR 中的状态标志位 N 和 Z，计算 Op2 时更新标志位 C，不影响标志位 V。

根据逻辑异或运算的特点，任何二进制位与 0 相异或均保持不变，与 1 相异或则位取反。两个相同的二进制位异或结果为 0，不同的二进制位异或结果为 1。因此，EOR 指令常用于将某数的特定位取反的场合。

【例 5-14】

(1)将寄存器 R1 中的最低 3 位取反，其他位保留。

```
EOR R1, R1, #7
```

(2)将寄存器 R2 中的低 8 位取反，保留高位，结果存入寄存器 R3 中。

```
EOR R3, R2, #0x0FF
```

(3)将寄存器 R1 与寄存器 R3 相异或，结果存入 R2 中，并更新 xPSR 中的状态位。

```
EORS R2, R1, R3
```

4）位清零指令

指令书写格式：`BIC[<cond>][s]<Rd>,<Rn>,<Op2>`

指令操作：将操作数 Rn 与操作数 Op2 的值中相应位的反码相与，结果存入寄存器 Rd 中，执行结果更改 xPSR 中的状态标志位 N 和 Z，计算 Op2 时更新标志位 C，不影响标志位 V。BIC 指令常用于清除某操作数中的相应位，其余位保持不变。

【例 5-15】

(1)将寄存器 R2 中的位 0、位 2 和位 5 清零，其余位保留。

```
BIC R2, R2, #0x25
```

(2)将寄存器 R0 清零。

```
BIC R0, R0, #0xFFFFFFFF
```

5. 测试指令

1) 位测试指令

指令书写格式：`TST[<cond>]<Rn>,<Op2>`

指令操作：将操作数 Rn 中的数据与 Op2 中的数据按位相与，根据执行结果更改 xPSR 中的状态标志位 N 和 Z。

TST 功能与 ANDS 相同，区别在于 TST 指令不保存运算结果。

在实际应用中，TST 指令常用于检测某操作数中是否设置了特定位。一般情况下操作数 Rn 是要测试的数据，而操作数 Op2 提供掩码(掩码是一串二进制代码，对目标字段进行位与运算，屏蔽当前的输入位)。

【例 5-16】 测试寄存器 R0 中最低位的状态。

```
TST R0, #1
```

该指令将 R0 中的数据与二进制数 1 按位相与，根据执行结果设置 xPSR 中的状态标志位，用于测试寄存器 R0 的最低位是否置位。

2) 测试相等指令

指令书写格式：`TEQ[<cond>]<Rn>,<Op2>`

指令操作：将操作数 Rn 中的数据与 Op2 中的数据按位相异或，根据执行结果更改 xPSR 中的状态标志位。

TEQ 指令与 EORS 指令的功能一样，区别在于 TEQ 指令不保存运算结果。

TEQ 指令常用于比较两个操作数是否相等。

【例 5-17】 测试寄存器 R0 与寄存器 R1 中的数是否相等。

```
TEQ R0, R1
```

若指令执行结果使 xPSR 中的状态标志位 Z=1，表示 R0 与 R1 中的操作数是相等的；若 Z=0 则表示不相等。

6. 乘法指令

乘法指令是将一对寄存器的内容相乘，然后根据指令类型把结果存放到其他的寄存器。微处理器支持的乘法指令与乘加指令共有 6 条，根据运算结果可分为 32 位运算和 64 位运算两类。64 位乘法又称为长整型乘法指令，由于结果太大，不能放在一个 32 位的寄存器中，所以把结果存放在两个 32 位的寄存器 Rdlo 和 Rdhi 中。Rdlo 存放低 32 位，Rdhi 存放高 32 位。与前述的数据处理指令不同，指令中的所有源操作数和目的寄存器都必须为通用寄存器，不能为立即数或被移位了的寄存器。同时，目的寄存器 Rd 和操作数 Rm 必须是不同的寄存器。

1) 32 位乘法指令

指令书写格式：`MUL[<cond>][s]<Rd>, <Rm>, <Rs>`

指令操作：将操作数 Rm 与操作数 Rs 中的值相乘，并把结果的低 32 位存到寄存器 Rd 中。其中：

(1)<cond>为指令编码中的条件码，用于指示 MUL 指令在什么条件下执行。当<cond>缺省时，指令为无条件执行。

(2)s 用于决定指令操作的结果是否影响 xPSR 中的条件标志位。

当 s 缺省时，指令执行结果不影响 xPSR 中条件标志位。

当指令中有 s 时，需要注意：

①Rd、Rm 和 Rs 必须是 R0～R7 中的任一寄存器

②Rd 必须与 Rs 相同

③不能使用<cond>后缀

④执行结果影响 N 和 Z 标志

【例 5-18】MUL 指令应用举例。

```
(1)MUL R0, R1, R2      ;R0←(R1)×(R2)
(2)MULS R0,R1,R0       ;R0←(R1)×(R0),同时设置 xPSR 中的相应标志位
```

2）32 位乘加指令

指令书写格式：MLA[<cond>]<Rd>, <Rm>, <Rs>, <Rn>

指令操作：将操作数 Rm 与操作数 Rs 中的值相乘，再将乘积加上 Rn 的值，并把结果的低 32 位保存到寄存器 Rd 中。

【例 5-19】MLA 指令应用举例。

```
MLA R0,R1,R2,R3  ;R0←(R1)×(R2)+(R3)
```

3）64 位带符号数乘法指令

指令书写格式：SMULL[<cond>]<Rdlo>,<Rdhi>,<Rm>,<Rs>

指令操作：将带符号操作数 Rm 与带符号操作数 Rs 中的值相乘，并把乘积的低 32 位保存到寄存器 Rdlo 中，高 32 位保存到寄存器 Rdhi 中。

【例 5-20】SMULL 指令应用举例。

```
SMULL R0, R1, R2, R3  ;R0←(R2)×(R3)的低 32 位
                      ;R1←(R2)×(R3)的高 32 位
```

4）64 位带符号数乘加指令

指令书写格式：SMLAL[<cond>][s]<Rdlo>,<Rdhi>,<Rm>,<Rs>

指令操作：将带符号操作数 Rm 与带符号操作数 Rs 中的值相乘，再将 64 位乘积的低 32 位与 Rdlo 相加，结果保存在寄存器 Rdlo 中，高 32 位与 Rdhi 相加，结果保存在寄存器 Rdhi 中。

【例 5-21】SMLAL 指令应用举例。

```
SMLAL R0, R1, R2, R3  ;R0←(R2)×(R3)的低 32 位+(R0)
                      ;R1←(R2)×(R3)的高 32 位+(R1)
```

5）64 位无符号数乘法指令

指令书写格式：UMULL[<cond>][s]<Rdlo>,<Rdhi>,<Rm>,<Rs>

指令操作：将无符号操作数 Rm 与无符号操作数 Rs 中的值相乘，并把乘积的低 32 位保存到寄存器 Rdlo 中，高 32 位保存到寄存器 Rdhi 中。

【例 5-22】UMULL 指令应用举例。

```
UMULL R0, R1, R2, R3  ;R0←(R2)×(R3)的低 32 位
                      ;R1←(R2)×(R3)的高 32 位
```

6）64 位无符号数乘加指令

指令书写格式：UMLAL[<cond>][s]<Rdlo>,<Rdhi>,<Rm>,<Rs>

指令操作：将无符号操作数 Rm 与无符号操作数 Rs 中的值相乘，再将 64 位乘积的低 32 位与 Rdlo 相加，结果保存在寄存器 Rdlo 中，乘积的高 32 位与 Rdhi 相加，结果保存在

寄存器 Rdhi 中。

【例 5-23】UMLAL 指令应用举例。

```
UMLAL R0, R1, R2, R3  ;R0←(R2)×(R3)的低 32 位+(R0)
                      ;R1←(R2)×(R3)的高 32 位+(R1)
```

5.3.2 跳转指令

跳转指令又称为分支指令，用于实现程序流程的跳转，这类指令可用来改变程序的执行流程或调用子程序。在 ARM 程序中可使用专门的跳转指令，也可以通过直接向程序计数器 PC 写入跳转地址值的方法实现程序流程的转移。

Cortex-M3 指令集中的跳转指令可以完成从当前指令向前或向后的 32MB 的地址空间的跳转。

Cortex-M3 指令集中的跳转指令如表 5-3 所示。

表 5-3　跳转指令

指令格式	指令类型说明	指令操作
B［<cond>］<label>	跳转指令	PC←label
BL［<cond>］<label>	带返回的跳转指令	PC←label LR←BL 后的第一条指令地址
BX［<cond>］<Rm>	间接跳转指令	PC←Rm ^0xFFFFFFFE
BLX［<cond>］<Rm>	带返回的间接跳转指令	PC←RM ^0xFFFFFFFE LR←BL 后的第一条指令地址

1. 跳转指令

指令书写格式：B[<cond>]<label>

指令操作：使程序跳转到指定目标地址执行。

其中：

(1)<label>为指令跳转的目标地址。

(2)指令实现在当前指令的 ±16MB 范围内跳转。

【例 5-24】指令应用举例。

```
(1)B AGAIN       ;跳转到 AGAIN 标号处执行
(2)CMP R1, #0    ;根据比较结果设置 xPSR 的状态标志位
   BNE NEXT      ;当 xPSR 中的状态标志位 Z=0 时,跳转到 NEXT 标号处执行
```

2. 带返回的跳转指令

指令书写格式：BL[<cond>]<label>

指令操作：将当前程序计数器 PC 的值(下一条指令的地址)送到 R14(LR)中保存，并使 ARM 跳转到指定目标地址执行程序。

(1)<label>为指令跳转的目标地址。

(2)指令只能实现在当前指令的 ±16MB 的范围内跳转。

【例 5-25】指令应用举例。

(1) BL NEXT ;调用标号为 NEXT 的子程序执行,并将当前的 PC 值存入 R14(LR)中

(2) CMP R0, #5

BLLT SUB1 ;若 R0<5,则调用标号为 SUB1 的子程序执行,调用结束返回到 MOV 指令执行

MOV R0, R1

BL 指令常用于实现子程序调用,子程序的返回可以通过将 R14(LR)寄存器的值复制到程序计数器 PC 来实现。

3. 间接跳转指令

指令书写格式:BX[<cond>]<Rm>

指令操作:使程序跳转到 Rm 指定的地址执行。

其中:<Rm>是含有转移地址的寄存器。Rm 中的高 31 位是转移地址,最低位必须置 1 才能保证正确执行。

【例 5-26】指令应用举例。

LDR R5,=#0x00120005;

BX R5 ;程序转移到 R5 中存的地址 0x00120004 处执行

4. 带返回的间接跳转指令

指令书写格式:BLX[<cond>]<Rm>

指令操作:将程序转移到由 Rm 指定的目标地址处执行,Rm 最低位必须置 1 才能保证正确执行,同时将程序计数器 PC 的当前值保存到寄存器 R14(LR)中。

【例 5-27】指令应用举例。

(1) MOV R3, #0x32000021

BLX R3;程序转移到 R3 中存的地址执行,并将 BLX 指令的下一条指令地址送 R14(LR)中保存

(2) BLX SUB;调用入口地址标号为 SUB 的子程序,并将当前 PC 值送 R14(LR)中保存

5.3.3 特殊寄存器访问指令

ARM 支持的特殊寄存器访问指令,可直接控制特殊寄存器,用于特殊寄存器和通用寄存器之间的数据传送。

特殊寄存器访问指令如表 5-4 所示。

表 5-4 特殊寄存器访问指令

指令格式	指令类型说明	指令操作
MRS[<cond>]<Rd>,<spec_reg>	读状态寄存器指令	Rd←spsc_reg
MSR [<cond>] <spec_reg>, <Rm>	写状态寄存器指令	spec_reg←Rm

1. 读程序状态寄存器指令

指令书写格式:MRS[<cond>]<Rd>, <spec_reg>

指令操作:将特殊寄存器的内容传送到通用寄存器中。

其中:

(1) <Rd>为寄存器数,不允许为 SP、PC。

(2)<spec_reg>可以是 APSR、IPSR、EPSR、IEPSR、IAPSR、EAPSR、PSR、MSP、PSP、PRIMASK、BASEPRI、BASEPRI_MAX、FAULTMASK 或 CONTROL。

【例 5-28】 指令应用举例。

(1)`MRS R0, APSR ;将 APSR 内容传送到 R0`

(2)`MRS R1, PRIMASK ;将 PRIMASK 内容传送到 R1`

当需要改变特殊寄存器的内容时，可用 MRS 指令将特殊寄存器的内容读入通用寄存器，修改后再写回到特殊寄存器中。

2. 写特殊寄存器指令

指令书写格式：`MSR[<cond>]<spec_reg>,<Rm>`

指令操作：将 Rm 的内容传送到特殊寄存器中。

其中：

(1)<Rd>为寄存器数，不允许为 SP、PC。

(2)<spec_ reg>可以是 APSR、IPSR、EPSR、IEPSR、IAPSR、EAPSR、PSR、MSP、PSP、PRIMASK、BASEPRI、BASEPRI_ MAX、FAULTMASK 或 CONTROL。

【例 5-29】 指令应用举例。

(1)`MSR CONTROL, R0 ;将 R0 的内容传送到 CONTROL`

(2)`MSR APSR, R1 ;将 R1 的内容传送到 APSR`

MSR 指令通常用于恢复或改变特殊寄存器的内容。

将 MRS 与 MSR 指令配合使用，可以实现 xPSR 寄存器的读-修改-写操作，可用于处理器中的相关设置。

5.3.4 存储器访问指令

指令系统中的存储器访问指令，用于产生 PC 相关地址及在 ARM 寄存器和存储器之间传送数据。加载指令用于将存储器中的数据传送到寄存器，存储指令则将寄存器中的数据传送到存储器中。处理器对存储器的访问只能通过加载/存储指令实现。

对于冯 · 诺伊曼存储结构的 ARM 处理器，其存储器空间及 I/O 映射空间统一编址，除了对存储器操作以外，对外围 I/O 和程序数据的访问都要通过加载/存储指令进行。

存储器访问指令如表 5-5 所示。

表 5-5 加载/存储指令

指令格式	指令类型说明	指令操作
ADR[<cond>]<Rd>,label	产生 PC 相关地址	Rd←label
LDR[<cond>]<Rd>,<addr_mode>[<! >]	加载字数据	Rd←[addr_mode]
LDRB[<cond>]<Rd>,<addr_mode>[<! >]	加载无符号字节数据	Rd←[addr_mode]
LDRH[<cond>]<Rd>,<addr_mode>[<! >]	加载无符号半字数据	Rd←[addr_mode]
LDRSB[<cond>]<Rd>,<addr_mode>[<! >]	加载带符号字节数据	Rd←[addr_mode]
LDRSH[<cond>]<Rd>,<addr_mode>[<! >]	加载带符号半字数据	Rd←[addr_mode]
LDRD[<cond>]<Rd>,<Rn>,<addr_mode>[<! >]	加载双字数据	Rd,Rn←[addr_mode]

（续表）

指令格式	指令类型说明	指令操作
STR[<cond>]<Rd>,<addr_mode>[<! >]	存储字数据	[addr_mode]←Rd
STRB[<cond>]<Rd>,<addr_mode>[<! >]	存储字节数据	[addr_mode]←Rd
STRH[<cond>]<Rd>,<addr_mode>[<! >]	存储半字数据	[addr_mode]←Rd
STRD[<cond>]<Rd>,<Rn>,<addr_mode>[<! >]	存储双字数据	[addr_mode]←Rd,Rn
LDM[<cond>]<mode><Rn>[<! >],<reglist>[<^>]	数据块加载	reglist←[Rn...]
STM[<cond>]<mode><Rn>[<! >],<reglist>[<^>]	数据块存储	[Rn...]←reglist

1. 产生 PC 相关地址的指令

该类指令用于将与 PC 相关的地址送到寄存器中。

1）小范围传送地址的指令

指令书写格式：`ADR[<cond>]<Rd>, <label>`

指令操作：将 PC 与立即数相加得到的地址写到目的寄存器 Rd 中。

其中：label 为程序标号，label 必须在当前指令的 ±4KB 范围内。

这里注意：Rd 不能是 PC 或 SP。

【例 5-30】 指令应用举例

```
ADR R1,AGAIN   ;将 AGAIN 标号表示的地址值写入寄存器 R1。
```

2）大范围传送地址的指令

指令书写格式：`LDR[<cond>]<Rd>, <=expr>/<=label>`

指令操作：将表达式值或标号地址写到目的寄存器 Rd 中。

这里注意：Rd 不能是 PC 或 SP。

【例 5-31】 指令应用举例

```
(1)LDR R1,=0x32   ;将立即数 0x32 赋给寄存器 R1
(2)LDR R0,=NEXT   ;将 NEXT 标号对应的地址值送到寄存器 R0 中
```

2. 单数据加载/存储指令

单数据加载/存储指令在 ARM 寄存器和存储器之间提供了灵活的单数据项传送方式。支持的数据项类型为字节（8 位）、半字（16 位）、字（32 位）和双字（64 位）。

1）字数据加载/存储指令

（1）字数据加载指令。

指令书写格式：`LDR[<cond>]<Rd>, <addr_mode>[<! >]`

指令操作：将 addr_mode 指定地址中的数据（32 位字数据）传送到寄存器 Rd 中。该指令常用于从存储器中读取 32 位的字数据到通用寄存器，然后对数据进行处理。

<addr_mode>有如下四种可能的形式：

①零偏移。

指令书写格式：`LDR[<cond>]Rd, [Rn]`

指令操作：Rn 作为传送数据的存储地址，即地址偏移量为 0。

【例 5-32】 指令应用举例

```
LDR R0, [R1]    ;将地址为 R1 的字数据读入 R0 中
```

②前索引偏移

指令书写格式：LDR[<cond>]Rd, [Rn, #offset][<! >]

指令操作：将 Rn+#offset 作为传送数据的存储地址。若使用后缀“!”，则需要将 Rn+#offset 写回 Rn 中。若 Rn 为 R15，则不能使用后缀“!”。这里的 offset 是立即数，Rd 可以是 SP 或 PC，Rn 和 Rd 不能为同一寄存器。

【例 5-33】指令应用举例。

- LDR R0, [R1, #7]　　;将地址为 R1+7 的字数据读入 R0 中(R1 的值不变)
- LDR R0, [R1, #7]!　　;将地址为 R1+7 的字数据读入 R0 中,并将地址 R1+7 写入 R1 中

③寄存器偏移。

指令书写格式：LDR[<cond>]Rd, [Rn, Rm{,LSL#n}]

指令操作：将 Rn+Rm 左移 n 位(n 的范围 0~3)作为传送数据的存储地址。这里 Rn 不能是 PC，Rm 不能是 SP 或 PC，Rd 可以为 SP 或 PC。

【例 5-34】指令应用举例。

- LDR R0, [R1, R2]　　;将地址为 R1+R2 的字数据读入 R0 中
- LDR R0, [R1, R2,LSL#1]　;将地址为 R1+2×R2 的字数据读入 R0 中

④程序相对偏移。

指令书写格式：LDR[<cond>]Rd,label

指令操作：将程序计数器 PC 作为传送数据的地址。其中：label 为程序标号，label 必须在当前指令的 ±4KB 范围内。这里 Rd 可以为 SP 或 PC。注意，该指令格式中不能使用后缀“!”。

【例 5-35】指令应用举例

```
LDR R0, locdata      ;将地址为 PC=locdata 的字数据读入 R0
```

⑤后索引偏移。

指令书写格式：LDR[<cond>]Rd,[Rn],#offset

指令操作：将 Rn 作为传送数据的地址，在数据传送后，将 Rn+#offset 写入到 Rn 中。这里 Rd 可以是 SP 或 PC，Rn 和 Rd 不能为同一寄存器。

【例 5-36】指令应用举例。

- LDR R0, [R1], R2　　;将地址为 R1 的字数据读入 R0 中,并将地址 R1+R2
　　;写入到 R1 中
- LDR R0, [R1], #7　　;将地址为 R1 的字数据读入 R0 中,并将地址 R1+7
　　;写入到 R1 中

2) 字数据存储指令

指令书写格式：STR[<cond>]<Rd>,<addr_mode>

指令操作：将寄存器 Rd 中的字数据(32 位)写入到 addr_ mode 提供的指定内存单元。

STR 指令与 LDR 指令一样在程序设计中比较常用，且寻址方式灵活多样，使用方法也与 LDR 指令类似，具体可参考 LDR 指令。

【例 5-37】指令应用举例。

(1) STR R0, [R1, #6]　　;将 R0 中的字数据写入到 R1+6 地址开始的四个字节单元中

(2) STR R0, [R1], #6　　;将 R0 中的字数据写入到 R1 地址开始的四个字节单元中
　　;并将地址 R1+6 写入 R1

2. **字节数据加载/存储指令**

1) 字节数据加载指令

指令书写格式:

(1) LDRB[<cond>]<Rd>,<addr_mode>

指令操作:将 addr_mode 指定地址中的数据(8 位无符号字节数)传送到寄存器 Rd 中。使 Rd 最低 8 位有效,高 24 位清零。

【例 5-38】 指令应用举例。

①LDRB R0, [R1] ;将地址为 R1 的字节数据读入 R0,并将 R0 的高 24 位清零

②LDRB R0, [R1,#6] ;将地址为 R1+6 的字节数据读入 R0,并将 R0 的高 24 位清零

(2) LDRSB[<cond>]<Rd>,<addr_mode>

指令操作:将 addr_ mode 指定地址中的数据(8 位带符号字节数)传送到寄存器 Rd 中。使 Rd 最低 8 位有效,高 24 位用符号位扩展。

【例 5-39】 指令应用举例。

```
LDRSB R1,[R0, R3]     ;将地址为 R0+R3 的字节数读出,将读出的 8 位数按符号位扩展到
                      ;32 位后写入 R1 中
```

2) 字节数据存储指令

指令书写格式:STRB[<cond>]<Rd>,<addr_mode>

指令操作:将寄存器 Rd 中低 8 位的字节数据写入 addr_mode 提供的指定内存单元中。

【例 5-40】 指令应用举例。

(1) STRB R0, [R1] ;将 R0 中的低字节数据写入以 R1 为地址的存储单元中

(2) STRB R0, [R1, #6];将 R0 中的低字节数据写入以 R1+6 为地址的存储单元中

3. **半字数据加载/存储指令**

1) 半字数据加载指令

指令书写格式:

(1) LDRH[<cond>]<Rd>,<addr_mode>

指令操作:将 addr_mode 指定地址中的数据(16 位无符号半字数据)传送到寄存器 Rd 的低 16 位,高 16 位清零。

【例 5-41】 指令应用举例。

①LDRH R1,[R0] ;将地址为 R0 的半字数据读入 R1,并将 R1 的高 16 位清零

②LDRH R0,[R1,#6] ;将地址为 R1+6 的半字数据读入 R0,并将 R0 的高 16 位清零

(2) LDRSH[<cond>]<Rd>,<addr_mode>

指令操作:将 addr_mode 指定地址中的数据(16 位带符号半字数据)传送到寄存器 Rd 的低 16 位, 高 16 位用符号位扩展。

【例 5-42】 指令应用举例。

```
LDRSH R0, [R1]     ;将地址为 R1 的半字数读出,将读出的半字(16 位)数; 按符号位扩展到 32
                    位写入 R0 中
```

2) 半字数据存储指令

指令书写格式:STRH[<cond>]<Rd>,<addr_mode>

指令操作:将寄存器 Rd 中的数据的低 16 位写入 addr_ mode 提供的指定存储单元中。

【例 5-43】指令应用举例。

(1) STRH R0, [R1]　　;将 R0 中的半字数据(低 16 位)写入到 R1 地址开始的两个字节单元中

(2) STRH R0, [R1, #6];将 R0 中的半字数据(低 16 位)写入到 R1+6 地址开始的两个字节单元中

这里需要说明的是，半字数据传送时，存储器的地址必须是偶地址。

LDR/STR 指令通常用于对内存变量的访问、内存缓冲区数据的访问、查表和外围部件的控制操作等。若使用 LDR 指令加载数据到程序计数器 PC，则能实现程序跳转功能。

4. 双字数据加载/存储指令

1) 双字数据加载指令

指令书写格式：LDRD[<cond>]<Rd>,<Rn>,<addr_mode>

指令操作：将 addr_mode 指定连续地址中的低字数据加载到寄存器 Rd，高字数据加载到寄存器 Rn。

这里注意：Rd 与 Rn 不能为同一寄存器。

【例 5-44】指令应用举例。

(1) LDRD R1,R2,[R0]　　;将起始地址为 R0 的低字单元数据加载到 R1,高字单元数据加载到 R2

(2) LDRD R0, R1,[R1, #6];将起始地址为 R1+6 的低字单元数据加载到 R0,高字单元数据加载到 R1

2) 双字数据存储指令

指令书写格式：STRD[<cond>]<Rd>,<Rn>,<addr_mode>

指令操作：将寄存器 Rd 中的字数据存储到 addr_ mode 提供的指定字存储单元中，将寄存器 Rn 中的字数据存储到 addr_ mode 提供的指定字存储单元的下一字存储单元中。

【例 5-45】指令应用举例。

(1) STRD R0,R2,[R1]　　;将 R0 中的字数据存储到 R1 指定地址的字单元中,将 R2 中的字
　　　　　　　　　　　;数据存储到 R1+4 指定的字存储单元

(2) STRD R0,R2,[R1, #6];将 R0 中的字数据存储到 R1+6 指定地址的字单元中,将 R2 中的
　　　　　　　　　　　;字数据存储到 R1+6 指定地址的下一个字存储单元中

3. 批量数据加载/存储指令

批量数据加载/存储指令可以实现在连续的存储器单元和多个寄存器之间传送数据。该类指令主要用于现场保护、数据复制和参数传递等。它们特别适合两种情况：堆栈操作和数据块传送。

1) 数据块加载/存储指令

(1) 数据块加载指令。

指令书写格式：LDM<mode>[<cond>]<Rn>[<! >],<reglist>

指令操作：将数据从 Rn 指示的一片连续存储单元读到寄存器列表所指示的多个寄存器中。其中：

<mode>为地址处理方式后缀，在数据块传送时基址寄存器 Rn 的值可以随着数据的传送而发生变化，根据变化方式的不同，其地址处理方式选项可为 IA(Increase After 每次传送后地址增加)和 DB(Decrease Before 每次传送前地址减小)。

①LDM、LDMFD、LDMIA 含义相同，FD 表示满递减栈（Full Descending），LDMFD 表示从满递减栈中加载数据到寄存器。

②LDMEA、LDMDB 含义相同，EA 表示空递增栈（Empty Asceding），LDMEA 表示从

空递增栈中加载数据到寄存器。

<Rn>为基址寄存器，装有传送数据的初始地址，Rn 不允许为 R15。

<! >为可选后缀，若有<! >则表示最终的地址要被写回到 Rn。

<reglist>是寄存器列表，可以是 R0~R15 的任意组合。不同寄存器间用逗号分隔，完整的寄存器列表包含在“ {} ”中，编号低的寄存器对应于内存中的低地址单元，编号高的寄存器对应于内存中的高地址单元。注意：无论寄存器在寄存器列表中如何排列，都将遵循该规则。

这里 Rn 不能是 PC；<reglist>中若有 LR，则不能有 PC

【例 5-46】 指令应用举例。

```
(1)LDMIA R8, {R0, R2, R6}    ;将起始地址为 R8 的内存单元中的字数据,按增址传送,
                             ;依次读到寄存器 R0,R2 和 R6 中,R8 的内容保持不变
(2)LDMDB R8!, {R0, R2, R6}   ;将起始地址为 R8 的内存单元中的字数据,按减址传送,
                             ;依次传送到寄存器 R6,R2 和 R0 中。
                             ;R8 中的内容为最终修改后的新地址
```

数据块加载示例如图 5-8 和图 5-9 所示。

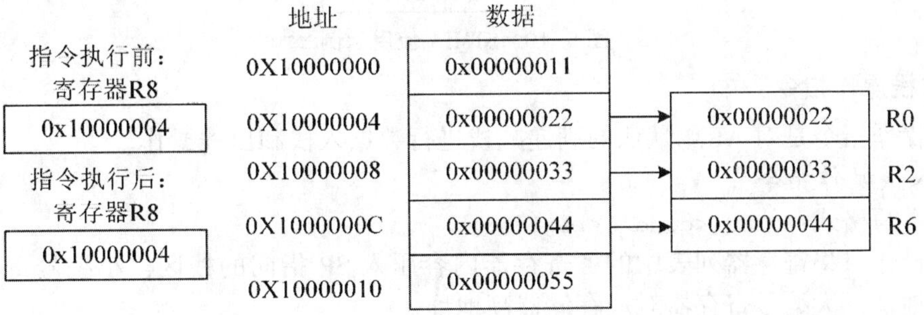

图 5-8 LDMIA 使用示例

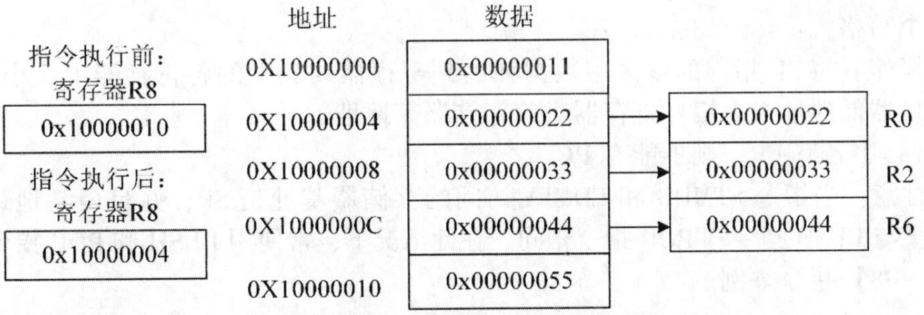

图 5-9 LDMDB 使用示例

2) 数据块存储指令

指令书写格式：`STM<mode>[<cond>]<Rn>[<! >],<reglist>`

指令操作：将寄存器列表指示的多个寄存器中的数据存储到由 Rn 指示的连续存储单元中。

这里需要注意：

(1)<reglist>中不能包含 PC

(2)STM、STMEA、STMIA 含义相同,STMEA 表示将寄存器中的数据压入空递增栈中。

（3）STMFD、STMDB 含义相同，STMFD 表示将寄存器中的数据压入满递减栈中。

【例 5-47】 指令应用举例。

```
STMIA R8,{R0, R2, R6}    ;将 R0,R2 和 R6 的值依次写入到 R8 指示地址开始
                         ;的字存储单元中
```

数据块存储示例，如图 5-10 所示。

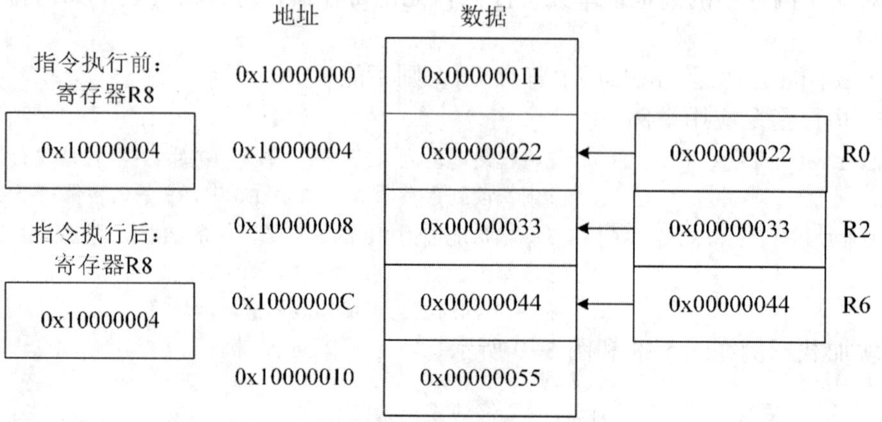

图 5-10 STMIA 使用示例

2. 堆栈操作指令

堆栈操作指令是对 ARM 默认的满递减栈进行数据入栈和出栈操作。

1） 入栈操作指令

指令书写格式：`PUSH[<cond>]<reglist>`

指令操作：将寄存器列表中的各寄存器内容压入 SP 指向的栈区，小编号寄存器对应存储器低地址，大编号寄存器对应存储器高地址。

<reglist>中不能包含 SP 和 PC。

2） 出栈操作指令

指令书写格式：`POP[<cond>]<reglist>`

指令操作：将 SP 指向的栈区中数据弹出到寄存器列表中的各寄存器中。小编号寄存器对应存储器低地址，大编号寄存器对应存储器高地址。

<reglist>中若有 LR，则不能有 PC。

这里注意：当指令 STMDB 和 LDMIA 访问的存储器基址是 SP，并且最终地址写入 SP 时，其含义与 PUSH 指令和 POP 指令相同。在此情况下，常使用 PUSH 和 POP 指令。

【例 5-48】 指令举例。

（1）PUSH{R1-R3}　　;将 R3、R2、R1 压入堆栈，操作示意图如图 5-11 所示

（2）PUSH{R3,R5,LR}　　;将 LR、R5、R3 压入堆栈

（3）POP{R3,R5,PC}　　;将堆栈 SP 指向的栈区中的数据弹回到寄存器 R3、R5、PC 中，出栈操作示意图如图 5-12 所示。

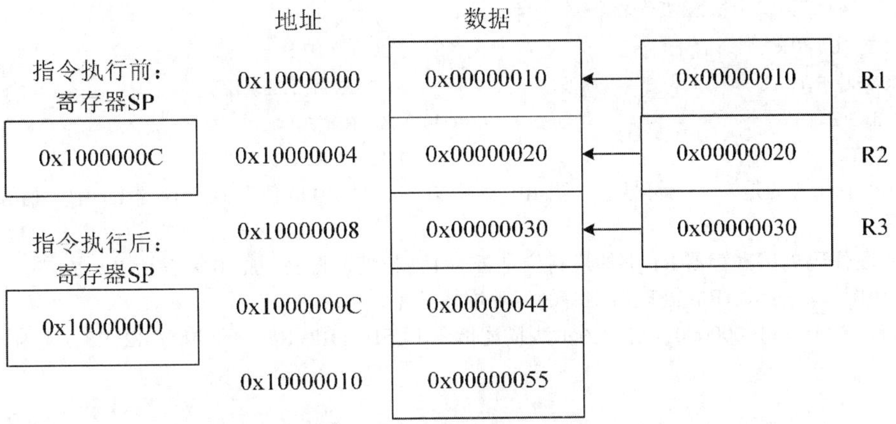

图 5-11 入栈操作示意图

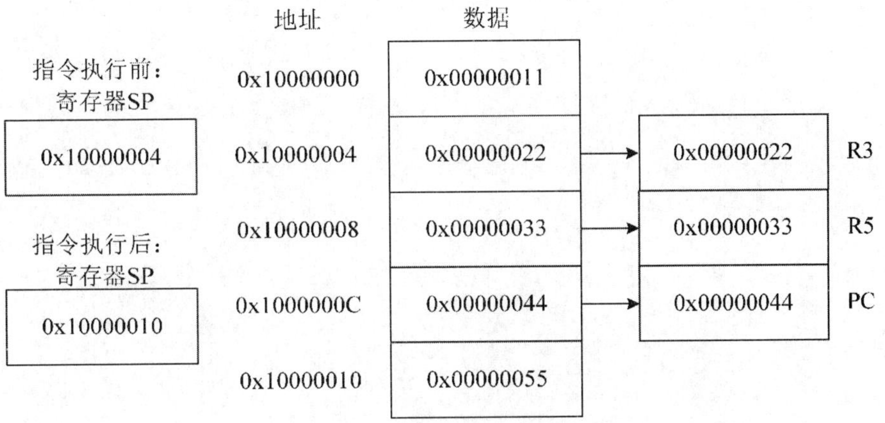

图 5-12 出栈操作示意图

习题

1. 什么是寻址方式?
2. 分别指出下列指令中源操作数和目的操作数的寻址方式。

(1) MOV R0, #36　　(2) ADD R0,R1,#10
(3) ADD R0,R1,R2,LSR#2　　(4) LDR R0,[R1,#4]
(5) STMIA R1,{R2,R3,R6}　　(6) BL LOOP

3. 说明寄存器寻址、寄存器间接寻址的特点及区别。
4. 判断下列指令是否正确，并对错误的指令说明出错的原因。

(1) MOV R1,#0x13a12　　(2) ADD R0,R1,PC
(3) SMLAL R0,R0,R2,R3　　(4) SBC R2,R3,ROR#3
(5) LDR R1,[R2]!　　(6) STRSB R0,[R1,R2,LSL#2]

5. 简述 Cortex-M3 指令的分类。
6. 举例说明指令中第二操作数有几种表示形式。

7. 写出下列指令组中运算指令执行的条件。

(1)
```
TST R0,#0x1
MOVEQ R0,R1
```

(2)
```
TEQ R3,R4
ADDNE R1,R1,#2
```

(3)
```
CMP R2,#10
MOVHI R1,R2
```

(4)
```
CMP R1,R2
ADDLE R1,R1,#5
```

8. 若 R0 中存放的是一个无符号数，当 R0 大于 20 时，将 R0 的值送到寄存器 R1 中，请写出实现该功能的代码。

9. 写一段代码测试寄存器 R1 中的最高位是否为 1，若是则将 R1 加 10 后存入 R2 中。

10. 请用图示法表示 ARM 处理器支持的四种堆栈类型。

11. 假定(SP)= 0x10000000，请用图示法描述指令 PUSH {R2-R4} 的功能(R2、R3、R4 内容自定)。

第 6 章　汇编程序设计

第 5 章介绍了 STM32 系列处理器的指令系统。在基于 STM32 系列处理器的计算机应用系统的开发过程中，常用的编程语言是以指令系统为基础、用助记符指令表达的汇编语言和 C/C++语言。编译器一般都支持汇编语言的程序设计和 C/C++语言的程序设计，以及两者的混合编程。

本章主要讨论 STM32 汇编程序设计的一些基本概念，如汇编语言的伪指令、汇编语言的语句格式和汇编语言的程序结构等，同时举例介绍汇编程序设计以及汇编语言与 C/C++的混合编程。

6.1　汇编语言与汇编器

计算机硬件只能接收和识别二进制编码形式的机器指令，也就是说，计算机的硬件只能运行使用机器指令编写的程序。由于机器语言不具备通用性，不同型号的计算机所用的机器语言不同。为此，引入了汇编语言和高级语言。

1. 汇编语言

汇编语言采用助记符指令编程，是一种面向处理器内核指令系统的程序设计语言。与机器语言相比，汇编语言程序较直观、易编程、易维护，但不能被计算机直接识别和运行，必须借助于汇编器，将汇编语言源程序翻译成机器语言程序，即目标代码，才能被处理器内核执行。

早期，人们把助记符指令和对应的机器指令编制成指令对照表，在用助记符语言编写完程序后，还要靠人工依照对照表把助记符指令翻译成机器指令，并且在翻译的过程中还要完成程序区地址、数据区地址、转移目标地址的安排以及文件的连接等工作，最后才能把程序以机器码的形式输入计算机运行。汇编程序是一种软件工具，用汇编程序翻译汇编语言源程序的过程称为汇编。

2. 汇编器

由于上述人工汇编的工作极其枯燥、乏味，并且容易出错，于是人们就编写了一种专门用于汇编的软件，把汇编工作交给计算机去完成，而编程者只要输入助记符指令就可以了。这个专门用来进行汇编的软件就叫作汇编器。

汇编工作不仅仅是把助记符指令简单地翻译成机器指令，在这个翻译过程中，还需要为程序分段，定义段属性，为程序段和数据段分配内存空间，对汇编器的汇编工作进行指导等。为此，人们设计了一些专门用于指导汇编器进行汇编工作的指令，由于这些指令不形成机器码指令，它们只是在汇编器进行汇编工作的过程中起管理作用，所以称为伪指令。除了伪指令外，为了提高编程效率和增强程序的可读性，人们还设计了一些宏指令。使用伪指令、宏指令和前面所学的指令系统中的助记符指令，再加上相应的语言规范编制的程序就称为汇编语言源程序(Assembly Language Program)。用汇编器将汇编语言源程序翻译成的机器代码程序就叫作目标程序。

6.2 汇编语言程序规范

6.2.1 汇编语言源程序的结构

这里先给出一个简单的STM32汇编语言源程序实例(程序的功能是将存储器中两个字数据相加,结果存入指定存储器单元)

```
;.......................................
    AREA  DATAFIELD, DATA, READWRITE      ;数据程序段
    DATA DCB  0xFC
    MASK DCD  0x000F
;.......................................
STACK_TOP EQU  0x00002000
  AREA WADD, CODE                         ;代码程序段
    DCD STACK_TOP
    DCD START
    ENTRY
START
    LDR R0, DATA
    LDR R1, MASK
    MOV R2, R0
    MOV R3, R1
    ADD R0, R2,R3
    STR R0, [R1]
;.......................................
    END                                   ;汇编结束
```

从上面的实例程序可以看出:

(1)一个汇编源程序是分段编写的，每一个段有一个名字，并以段定义伪指令AREA开始。源程序以END语句结束。

(2)一个汇编源程序由若干个段组成，每个段由若干条语句组成，每条语句需按规范编写。

6.2.2 语句的构成与规范

1. 语句类型

STM32汇编语言程序由以下三种类型语句组成。

(1)指令语句：以Cortex-M3指令系统的助记符指令为基础构成。经汇编后将产生相对应的机器代码构成目标程序，让机器执行。

(2)伪指令语句：是为汇编程序和连接程序提供一些必要的控制信息，由伪指令构成的管理性语句，其对应的伪操作是在汇编过程中完成的，汇编后不产生机器代码。

(3)宏指令语句：是编程者根据需要，按宏指令定义规则，将程序中一组反复出现的指令定义为一条宏指令。所定义的宏指令可代替宏中被定义的一组指令，从而使源程序的书写变得简洁。宏指令语句经汇编后再还原为这一组指令对应的目标代码。

2. 语句的格式与规范

STM32 汇编语言的语句格式为：

[标号] 指令或伪指令或宏指令 [;注释]

其中用 [ ] 括起的为可选项。

在汇编语言程序设计中，每一条指令的助记符可以全部用大写或全部用小写，但不允许在一条指令中大、小写混用。

同时，如果一条语句太长，可将该长语句分为若干行来书写，在行的末尾用“\”表示下一行与本行为同一条语句。

6.2.3 汇编语言程序中常用的符号

在汇编语言程序设计中，经常使用各种符号表示地址、变量和常量等，以增强程序的可读性。符号的命名由编程者设定，但必须遵循以下规定：

(1)符号区分大小写，同名的大、小写符号会被编译器认为是两个不同的符号。

(2)符号在其作用范围内必须唯一。

(3)自定义的符号名不能与系统的保留字相同。

(4)符号名不应与指令或伪指令助记符同名。

1. 变量

变量是指其值在程序的运行过程中可以改变的量。STM32 汇编程序所支持的变量有三种：数字变量、逻辑变量和字符串变量。

(1)数字变量用于在程序的运行中保存数字值。这里注意，数字值的大小不应超出数字变量所能表示的范围。

(2)逻辑变量用于在程序的运行中保存逻辑值。逻辑值只有两种：真或假。

(3)字符串变量用于在程序的运行中保存一个字符串。这里注意，字符串的长度不应超出字符串变量所能表示的范围。

在汇编语言程序设计中，可使用 GBLA、GBLL、GBLS 伪指令声明全局变量，使用 LCLA、LCLL、LCLS 伪指令声明局部变量，并可使用 SETA、SETL 和 SETS 对其进行初始化。

2. 常量

常量是指其值在程序的运行过程中不能被改变的量。STM32 汇编程序所支持的常量有数字常量、逻辑常量和字符串常量。

数字常量一般为 32 位的整数，当作为无符号数时，其取值范围为 $0\sim2^{32}-1$，当作为有符号数时，其取值范围为 $-2^{31}\sim2^{31}-1$。

逻辑常量：真或假。

字符串常量为一个固定的字符串，一般用于程序运行时的信息提示。

3. 变量代换

程序中的变量可通过代换操作符“$”取得一个常量。

如果在数字变量前面有一个代换操作符“ $ ”，编译器会将该数字变量的值转换为十六进制的字符串，并将该十六进制的字符串代换“ $ ”后的数字变量。

如果在逻辑变量前面有一个代换操作符“ $ ”，编译器会将该逻辑变量代换为它的取值(真或假)。

如果在字符串变量前面有一个代换操作符“ $ ”，编译器会将该字符串变量的值代换“ $ ”后的字符串变量。

使用示例：

```
LCLS S1                        ;定义局部字符串变量 S1
LCLS S2                        ;定义局部字符串变量 S2
S1 SETS "chengdu"
S2 SETS "china$S1"             ;字符串变量 S2 的值为"chinachengdu"
```

6.2.4　表达式和运算符

在汇编语言程序设计中，也经常使用各种表达式，表达式一般由变量、常量、运算符和括号构成。常用的表达式有数字表达式、逻辑表达式和字符串表达式，其运算规则如下：

(1)优先级相同的双目运算符的运算顺序为从左到右。

(2)相邻的单目运算符的运算顺序为从右到左，且单目运算符的优先级高于其他运算符。

(3)括号运算符的优先级最高。

1. 数字表达式及运算符

数字表达式一般由数字常量、数字变量、数字运算符和括号构成。构成数字表达式的运算符有以下几种。

1）算术运算符

算术运算符有：+(加)、-(减)、*(乘)、/(除)及 MOD(求余)。

例如，用 X 和 Y 两个操作数采用算术运算符表示的数字表达式如下。

```
X+Y          表示 X 与 Y 的和
X-Y          表示 X 与 Y 的差
X* Y         表示 X 与 Y 的乘积
X/Y          表示 X 除以 Y 的商
X:MOD:Y      表示 X 除以 Y 的余数
```

2）移位运算符

移位运算符有：ROL(循环左移)、ROR(循环右移)、SHL(逻辑左移)及 SHR(逻辑右移)。

例如，用 X 和 Y 两个操作数，采用移位运算符表示的数字表达式如下。

```
X:ROL:Y          表示将 X 循环左移 Y 位
X:ROR:Y          表示将 X 循环右移 Y 位
X:SHL:Y          表示将 X 逻辑左移 Y 位
X:SHR:Y          表示将 X 逻辑右移 Y 位
```

3）按位逻辑运算符

按位逻辑运算符有：AND(按位与)、OR(按位或)、NOT(按位非)及 EOR(按位异或)。

例如，用 X 和 Y 作为操作数，采用按位逻辑运算符表示的数字表达式如下。

```
X:AND:Y        表示将 X 和 Y 按位做逻辑与的操作
X:OR:Y         表示将 X 和 Y 按位做逻辑或的操作
:NOT:Y         表示将 Y 按位做逻辑非的操作
X:EOR:Y        表示将 X 和 Y 按位做逻辑异或的操作
```

2. 逻辑表达式及运算符

逻辑表达式一般由逻辑量、逻辑运算符和括号构成，其表达式的运算结果为真或假。构成逻辑表达式的运算符有以下几种。

1）关系运算符

关系运算符有：=（相等）、>（大于）、<（小于）、>=（大于或等于）、<=（小于或等于）、/=（不等）、<>（不等）。

例如，用 X 和 Y 两个操作数，采用关系运算符表示的逻辑表达式有如下。

```
X=Y        表示 X 等于 Y
X>Y        表示 X 大于 Y
X<Y        表示 X 小于 Y
X>=Y       表示 X 大于等于 Y
X<=Y       表示 X 小于等于 Y
X/=Y       表示 X 不等于 Y
X<>Y       表示 X 不等于 Y
```

2）逻辑运算符

逻辑运算符有：LAND（与）、LOR（或）、LNOT（非）及 LEOR（异或）。

例如，用 X 和 Y 表示两个逻辑表达式，采用逻辑运算符表示的逻辑表达式如下。

```
X:LAND:Y       表示将 X 和 Y 做逻辑与的操作
X:LOR:Y        表示将 X 和 Y 做逻辑或的操作
:LNOT:Y        表示将 Y 做逻辑非的操作
X:LEOR:Y       表示将 X 和 Y 做逻辑异或的操作
```

3. 字符串表达式及运算符

字符串表达式一般由字符串常量、字符串变量、运算符和括号构成。编译器所支持的字符串最大长度为 512 字节。

常用的与字符串运算有关的运算符有以下几种。

1）LEN 运算符

LEN 运算符是返回字符串的长度（字符数）。

若以 X 表示字符串，则构成的字符串表达式为

```
:LEN:X
```

2）CHR 运算符

CHR 运算符是将 0~255 之间的整数转换为一个字符。

若用 M 表示某一整数，则构成的字符串表达式为

```
:CHR:M
```

3）STR 运算符

STR 运算符是将一个数字表达式或逻辑表达式转换为一个字符串。对于数字表达式，STR 运算符是将其转换为一个以十六进制数组成的字符串；对于逻辑表达式，STR 运算符

是将其转换为字符串 T 或 F。

若用 X 表示一个数字表达式或逻辑表达式，则构成的字符串表达式为

```
:STR:X
```

4）LEFT 运算符

LEFT 运算符是返回字符串的左子串。

若用 X 表示一个字符串，用 Y 表示要返回的字符个数，则构成的字符串表达式为

```
X:LEFT:Y
```

5）RIGHT 运算符

RIGHT 运算符返回字符串的右子串。

若用 X 表示一个字符串，用 Y 表示要返回的字符个数，则构成的字符串表达式为

```
X:RIGHT:Y
```

6）CC 运算符

CC 运算符用于将两个字符串连接成一个字符串。

若用 X 表示字符串 1，Y 表示字符串 2，则采用 CC 运算符构成的字符表达式为

```
X:CC:Y
```

4. 与寄存器和程序计数器(PC)相关的表达式及运算符

1）BASE 运算符

BASE 运算符返回基于寄存器的表达式中寄存器的编号。

若用 X 表示与寄存器相关的表达式，则用 BASE 运算符构成的表达式为

```
:BASE:X
```

2）INDEX 运算符

INDEX 运算符返回基于寄存器的表达式中相对于其基址寄存器的偏移量。

若用 X 表示与寄存器相关的表达式，则用 INDEX 运算符表示的表达式为

```
:INDEX:X
```

5. 其他常用运算符

1)？运算符

？运算符返回某代码行所生成的可执行代码的长度，其结果为整数。

若用 X 表示某代码行，则用？运算符表示的表达式为

```
? X
```

2）DEF 运算符

DEF 运算符用于判断是否定义了某个符号，其结果为逻辑值。

若用 X 表示某符号，则用 DEF 运算符表示的表达式为

```
:DEF:X
```

6.3 伪指令及应用

在汇编语言程序里，有一些特殊指令助记符，这些助记符与指令系统的指令助记符不同，汇编后不产生机器代码，通常称这些特殊指令助记符为伪指令，它们所完成的操作称为伪操作。伪指令在源程序中的作用是为汇编程序和连接程序提供一些必要的控制信息。源程序中的伪指令仅在汇编过程中起作用，一旦汇编结束，伪指令的使命就完成了。

汇编器支持的伪指令有：符号定义伪指令、数据定义伪指令、汇编控制伪指令、宏指令及其他伪指令。

6.3.1 符号定义伪指令

符号定义(Symbol Definition)伪指令用于定义汇编程序中的变量、对变量赋值及定义寄存器的别名等操作。

常见的符号定义伪指令有：

(1)定义全局变量 GBLA、GBLL 和 GBLS；

(2)定义局部变量 LCLA、LCLL 和 LCLS；

(3)给变量赋值 SETA、SETL、SETS；

(4)定义寄存器列表名称 RLIST。

1. 定义全局变量伪指令 GBLA/GBLL/GBLS

语法格式：

```
GBLA/GBLL/GBLS 全局变量名
```

功能：用于定义程序中的全局变量，并将其初始化。

(1) GBLA 伪指令用于定义一个全局的数字变量，并初始化为0；

(2) GBLL 伪指令用于定义一个全局的逻辑变量，并初始化为F(假)；

(3) GBLS 伪指令用于定义一个全局的字符串变量，并初始化为空。

这里注意：已定义的全局变量，在整个程序范围内变量名必须唯一。

【例 6-1】

```
(1) GBLA TEST1                ;定义一个全局的数字变量,变量名为 TEST1
(2) TEST1 SETA 0xAA           ;将该变量赋值为 0xAA
(3) GBLL TEST2                ;定义一个全局的逻辑变量,变量名为 TEST2
(4) TEST2 SETL {TRUE}         ;将该变量赋值为真
(5) GBLS TEST3                ;定义一个全局的字符串变量,变量名为 TEST3
(6) TEST3 SETS "Testing"      ;将该变量赋值为"Testing"
```

2. 定义局部变量量伪指令 LCLA/LCLL/LCLS

语法格式：

```
LCLA/LCLL/LCLS 局部变量名
```

功能：用于定义程序中的局部变量，并将其初始化。

(1) LCLA 伪指令用于定义一个局部的数字变量，并初始化为0；

(2) LCLL 伪指令用于定义一个局部的逻辑变量，并初始化为F(假)；

(3) LCLS 伪指令用于定义一个局部的字符串变量，并初始化为空。

这里注意：已定义的局部变量，在其作用范围内变量名必须唯一。

【例 6-2】

```
(1)LCLA TEST4                 ;声明一个局部的数字变量,变量名为 TEST4
(2)TEST4 SETA 0xaa            ;将该变量赋值为 0xaa
(3)LCLL TEST5                 ;声明一个局部的逻辑变量,变量名为 TEST5
(4)TEST5 SETL {TRUE}          ;将该变量赋值为真
```

(5) LCLS TEST6 ;定义一个局部的字符串变量,变量名为 TEST6

(6) TEST6 SETS "Testing" ;将该变量赋值为"Testing"

3. 变量赋值伪指令 SETA/SETL/SETS

语法格式：

全局变量名/局部变量名 SETA/SETL/SETS 表达式

功能：用于给一个已经定义的全局变量或局部变量赋值。

(1) SETA 伪指令用于给一个数字变量赋值；

(2) SETL 伪指令用于给一个逻辑变量赋值；

(3) SETS 伪指令用于给一个字符串变量赋值。

其中，变量名为已经定义过的全局变量或局部变量，表达式为将要赋给变量的值。

【例 6-3】

(1) LCLA TEST3 ;声明一个局部的数字变量,变量名为 TEST3

(2) TEST3 SETA 0xAA ;将该变量赋值为 0xAA

(3) LCLL TEST4 ;声明一个局部的逻辑变量,变量名为 TEST4

(4) TEST4 SETL {TRUE} ;将该变量赋值为真

4. 寄存器列表命名 RLIST

语法格式：

名称 RLIST{寄存器列表}

功能：用于给一个通用寄存器列表定义名称，使用该伪指令定义的名称可在指令 LDM/STM 中使用。

【例 6-4】

```
REGLIST RLIST{R0-R5,R8,R10}      ;将寄存器列表名称定义为 REGLIST,可在 ARM 指
                                 ;令 LDM/STM 中通过该名称访问寄存器列表
```

6.3.2 数据定义伪指令

数据定义(Data Definition)伪指令一般用于为特定的数据分配存储单元，同时可完成对已分配存储单元的初始化。

常见的数据定义伪指令有如下几种。

(1) DCB 用于分配一片连续的字节存储单元并用指定的数据初始化。

(2) DCW(DCWU)用于分配一片连续的半字存储单元并用指定的数据初始化。

(3) DCD(DCDU)用于分配一片连续的字存储单元并用指定的数据初始化。

(4) DCFD(DCFDU)用于为双精度的浮点数分配一片连续的字存储单元并用指定的数据初始化。

(5) DCFS(DCFSU)用于为单精度的浮点数分配一片连续的字存储单元并用指定的数据初始化。

(6) DCQ(DCQU)用于分配一片以 8 字节为单位的连续的存储单元并用指定的数据初始化。

(7) SPACE 用于分配一片连续的存储单元

(8) MAP 用于定义一个结构化的内存表首地址

(9) FIELD 用于定义一个结构化的内存表的数据域

1. 定义字节数据伪指令 DCB

语法格式：

```
[标号]DCB 表达式
```

功能：用于分配一片连续的字节存储单元，并用伪指令中指定的表达式对存储单元进行初始化。其中，表达式可以为 0~255 的数字或字符串。DCB 也可用“=”代替。

【例 6-5】

```
STR1 DCB"This is a test!"  ;分配一片连续的字节存储单元并初始化,每个字符占 1 个字节
```

2. 定义字数据伪指令 DCW(或 DCWU)

语法格式：

```
标号 DCW(或 DCWU) 表达式
```

功能：用于分配一片连续的半字存储单元，并用伪指令中指定的表达式初始化。其中，表达式可以为程序标号或数字表达式。

用 DCW 分配的字存储单元是半字对齐的，而用 DCWU 分配的字存储单元并不严格半字对齐。

【例 6-6】

```
DATATEST DCW 1,2,3          ;分配一片连续的 3 个半字存储单元并初始化为 1,2,3
                            ;每个数据项占 2 个字节
```

3. 定义双字数据伪指令 DCD(或 DCDU)

语法格式：

```
标号 DCD(或 DCDU) 表达式
```

功能：用于分配一片连续的字存储单元，并用伪指令中指定的表达式初始化。其中，表达式可以为程序标号或数字表达式。DCD 也可用“&”代替。

用 DCD 分配的字存储单元是字对齐的，而用 DCDU 分配的字存储单元并不严格字对齐。

【例 6-7】

```
DATATEST DCD 4,5,6          ;分配一片连续的 3 个字存储单元并初始化为 4,5,6
                            ;每个数据项占 4 个字节
```

4. 定义双精度数据伪指令 DCFD(或 DCFDU)

语法格式：

```
标号 DCFD(或 DCFDU)表达式
```

功能：用于为双精度的浮点数分配一片连续的字存储单元，并用伪指令中指定的表达式初始化。每个双精度的浮点数占据两个字单元。

用 DCFD 分配的字存储单元是字对齐的，而用 DCFDU 分配的字存储单元并不严格字对齐。

【例 6-8】

```
FDATATEST DCFD 2E15,-5E7  ;分配一片连续的字存储单元并初始化为指定的双精度数
```

5. 定义单精度数据伪指令 DCFS(或 DCFSU)

语法格式：

```
标号 DCFS(或 DCFSU) 表达式
```

功能：用于为单精度的浮点数分配一片连续的字存储单元，并用伪指令中指定的表达式初始化。每个单精度的浮点数占据一个字单元。

用 DCFS 分配的字存储单元是字对齐的，而用 DCFSU 分配的字存储单元并不严格字对齐。

【例 6-9】

```
FDATATEST DCFS 2E5,-5E-7        ;分配一片连续的字存储单元并初始化为指定的单精度数
```

6. 定义 8 字节数据伪指令 DCQ(或 DCQU)

语法格式：

```
标号 DCQ(或 DCQU) 表达式
```

功能：用于分配一片以 8 个字节为单位的连续存储区域，并用伪指令中指定的表达式初始化。

用 DCQ 分配的存储单元是字对齐的，而用 DCQU 分配的存储单元并不严格字对齐。

【例 6-10】

```
DATATEST DCQ 100                ;分配一片连续的存储单元并初始化为指定的值
```

7. 分配存储空间伪指令 SPACE

语法格式：

```
标号 SPACE 表达式
```

功能：用于分配一片连续的存储区域并初始化为 0。其中，表达式表示要分配的字节数。SPACE 也可用“%”代替。

【例 6-11】

```
DATASPACE SPACE 100             ;分配连续 100 字节的存储单元并初始化为 0
```

8. 定义结构伪指令 MAP

语法格式：

```
MAP 表达式{,基址寄存器}
```

功能：用于定义一个结构化的内存表首地址。MAP 也可用“^”代替。

表达式可以为程序中的标号或数学表达式。基址寄存器为可选项，当基址寄存器选项不存在时，表达式的值即为内存表的首地址；当该选项存在时，内存表的首地址为表达式的值与基址寄存器的和。

MAP 伪指令通常与 FIELD 伪指令配合使用来定义结构化的内存表。

【例 6-12】

```
MAP 0x100,R0                    ;定义结构化内存表首地址的值为 0x100+R0
```

9. 定义结构中的数据域伪指令 FILED

语法格式：

```
标号 FIELD 表达式
```

功能：用于定义一个结构化内存表中的数据域。FILED 也可用“#”代替。

表达式的值为当前数据域在内存表中所占的字节数。

FIELD 伪指令常与 MAP 伪指令配合使用来定义结构化的内存表。MAP 伪指令定义内存表的首地址，FIELD 伪指令定义内存表中的各个数据域，并可以为每个数据域指定一个标号供其他的指令引用。

这里注意：MAP 和 FIELD 伪指令仅用于定义数据结构，并不实际分配存储单元。

【例 6-13】

```
(1)MAP 0x100          ;定义结构化内存表首地址的值为 0x100
   A FIELD 16         ;定义 A 的长度为 16 字节,位置为 0x100 到 0x10F
   B FIELD 32         ;定义 B 的长度为 32 字节,位置为 0x110 到 0x12F
   S FIELD 256        ;定义 S 的长度为 256 字节,位置为 0x130 到 0x22F
```

6.3.3 汇编控制伪指令

汇编控制(Assembly Control)伪指令用于控制汇编程序的执行流程。

常用的汇编控制伪指令有：

(1)IF、ELSE、ENDIF

(2)WHILE、WEND

1. 条件汇编伪指令 IF~ENDIF

语法格式：

```
IF    逻辑表达式
      指令序列 1
[ELSE
      指令序列 2]
ENDIF
```

功能：该伪指令能根据条件的成立与否决定是否执行某个指令序列。当 IF 后面的逻辑表达式为真，则执行指令序列 1，否则执行指令序列 2。其中，ELSE 及指令序列 2 可以缺省，此时，当 IF 后面的逻辑表达式为真，则执行指令序列 1，否则继续执行后面的指令。

IF、ELSE、ENDIF 伪指令可以嵌套使用。

【例 6-14】

```
GBLL  TEST             ;声明一个全局的逻辑变量,变量名为 TEST
……
IF TEST=TRUE
   指令序列 1
ELSE
   指令序列 2
ENDIF                  ;若 TEST 值为真,则汇编指令序列 1,否则汇编指令序列 2
```

2. 循环汇编伪指令 WHILE~WEND

语法格式：

```
WHILE  逻辑表达式
       指令序列
WEND
```

功能：根据逻辑表达式的值决定是否循环汇编指令序列。当 WHILE 后面的逻辑表达式为真，则汇编指令序列，该指令序列执行完毕后，再判断逻辑表达式的值，若为真则继续执行，一直到逻辑表达式的值为假。

WHILE、WEND 伪指令可以嵌套使用。

【例 6-15】

```
GBLA COUNTER            ;声明一个全局的数学变量,变量名为 COUNTER
COUNTER SETA 3          ;由变量 COUNTER 控制循环次数
……
WHILE COUNTER<10
    指令序列
WEND
```

6.3.4 其他常用的伪指令

其他常用的伪指令有：AREA、ALIGN、CODE16、CODE32、ENTRY、END、EQU、EXPORT(或 GLOBAL)、IMPORT、EXTERN、GET(或 INCLUDE))、INCBIN、RN、ROUT

1. 段定义伪指令 AREA

语法格式：

```
AREA 段名,属性 1,属性 2,……
```

功能：用于定义一个代码段或数据段。其中，段名若以数字开头，则该段名需用"｜"括起来，如｜1_ test｜。

属性字段表示该代码段(或数据段)的相关属性，多个属性用逗号分隔。

常用的属性有如下几种。

(1)CODE 属性：用于定义代码段，默认为 READONLY。

(2)DATA 属性：用于定义数据段，默认为 READWRITE。

(3)READONLY 属性：指定本段为只读，代码段默认为 READONLY。

(4)READWRITE 属性：指定本段为可读可写，数据段的默认属性为 READWRITE。

(5)ALIGN 属性：使用方式为 ALIGN 表达式。在默认时，ELF(可执行连接文件)的代码段和数据段是按字对齐的，表达式的取值范围为 0～31，相应的对齐方式为 2 表达式次方。

(6)COMMON 属性：该属性定义一个通用的段，不包含任何用户代码和数据。各源文件中同名的 COMMON 段共享同一段存储单元。

注意：一个汇编语言程序至少要包含一个段，当程序太长时，也可以将程序分为多个代码段和数据段。

【例 6-16】

```
AREA INIT,CODE,READONLY
指令序列;该伪指令定义了一个代码段,段名为 INIT,属性为只读
```

2. 设定对齐方式伪指令 ALIGN

语法格式：

```
ALIGN [表达式[,偏移量]]
```

功能：通过添加填充字节的方式，使当前位置满足一定的对齐方式。其中，表达式的值用于指定对齐方式，可能的取值为 2 的幂，如 1、2、4、8、16 等。若未指定表达式，则将当前位置对齐到下一个字的位置。偏移量也为一个数字表达式，若使用该字段，则当前位置的对齐方式为：2 的表达式次幂+偏移量。

【例 6-17】

```
AREA INIT,CODE,READONLY,ALIGN 3              ;指定后面的指令为 8 字节对齐
指令序列
END
```

3. 指定汇编程序入口的伪指令 ENTRY

语法格式：

```
ENTRY
```

功能：用于指定汇编程序的入口点。在一个完整的汇编程序中至少要有一个 ENTRY(也可以有多个,当有多个 ENTRY 时,程序的真正入口点由链接器指定)，但在一个源文件里最多只能有一个 ENTRY(可以没有)。

【例 6-18】

```
AREA INIT,CODE,READONLY
ENTRY                        ;指定应用程序的入口点
……
```

4. 汇编结束伪指令 END

语法格式：

```
END
```

功能：用于通知编译器源程序结束。

【例 6-19】

```
AREA INIT,CODE,READONLY
……
END                          ;表示汇编程序结束
```

5. 符号定义伪指令 EQU

语法格式：

```
名称 EQU 表达式{,类型}
```

功能：用于给程序中的常量、标号等定义一个等效的字符名称，类似于 C 语言中的 #define。其中，EQU 可用 " * " 代替。

【例 6-20】

```
TEST EQU 50                  ;定义标号 TEST 的值为 50
ADDR EQU 0x55                ;定义 ADDR 的值为 0x55
```

6. 声明全局符号的伪指令 EXPORT(或 GLOBAL)

语法格式：

```
EXPORT 标号[WEAK]
```

功能：用于在程序中声明一个全局的标号，该标号可在其他的文件中被引用。EXPORT 可用 GLOBAL 代替。标号在程序中区分大小写，［WEAK］选项声明其他的同名标号优先于该标号被引用。

【例 6-21】

```
AREA INIT,CODE,READONLY
EXPORT Stest                 ;声明一个可全局引用的标号 Stest
……
```

```
END
```

7. 声明已定义标号的伪指令 IMPORT/EXTERN

语法格式：

```
IMPORT  标号{[WEAK]}
```

功能：用于通知编译器要使用的标号在其他的源文件中已定义，需要在当前源文件中引用。注意：无论当前源文件是否引用该标号，该标号均会被加入当前源文件的符号表中。

标号在程序中区分大小写，[WEAK] 选项表示当所有的源文件都没有定义这样一个标号时，编译器也不给出错误信息，在多数情况下将该标号置为0。若该标号被B或BL指令引用，则将B或BL指令置为NOP操作。

【例6-22】

```
AREA INIT,CODE,READONLY
IMPORT MAIN                  ;通知编译器当前文件要引用标号 MAIN,而 MAIN 是在其他源
                             ;文件中定义
……
END
```

8. 包含源文件的伪指令 GET(或 INCLUDE)

语法格式：

```
GET 文件名
```

功能：用于将另一个源文件包含到当前的源文件中，并将被包含的源文件在当前位置进行汇编处理。可以使用 INCLUDE 代替 GET。

汇编程序中常用的方法是在某源文件中定义一些宏指令，用 EQU 定义常量的符号名称，用 MAP 和 FIELD 定义结构化的数据类型，然后用 GET 伪指令将这个源文件包含到其他的源文件中。使用方法与C语言中的“include”类似。

GET 伪指令只能用于包含源文件，包含目标文件需要使用 INCBIN 伪指令

【例6-23】

```
AREA INIT,CODE,READONLY
GET A1.S                     ;通知编译器当前源文件包含源文件 A1.S
GET  C:\A2.S                 ;通知编译器当前源文件包含源文件 C:\A2.S
……
END
```

9. 包含目标文件(或数据文件)的伪指令 INCBIN

语法格式：

```
INCBIN 文件名
```

功能：用于将一个目标文件或数据文件包含到当前的源文件中，被包含的文件不做任何变动的存放在当前文件中，编译器从其后开始继续处理。

【例6-24】

```
AREA INIT,CODE,READONLY
INCBIN A1.DAT                ;通知编译器当前源文件包含文件 A1.DAT
INCBIN C:\A2.TXT             ;通知编译器当前源文件包含文件 C:\A2.TXT
……
```

```
END
```

10. 定义寄存器别名的伪指令 RN

语法格式：

```
名称 RN 表达式
```

功能：用于给一个寄存器定义一个别名。采用这种方式可以方便程序员记忆该寄存器的功能。这里，名称是给寄存器定义的别名，表达式是寄存器的编码。

【例 6-25】

```
TEMP RN R0                    ;将 R0 定义一个别名 TEMP
```

11. 定义局部变量作用域的伪指令 ROUT

语法格式：

```
{名称}  ROUT
```

功能：用于给一个局部变量定义作用范围。在程序中未使用该伪指令时，局部变量的作用范围为所在的 AREA，而使用 ROUT 后，局部变量的作为范围为当前 ROUT 和下一个 ROUT 之间。

6.4 宏指令及应用

宏指令的使用必须是先定义后使用。

1. 宏指令的定义 MACRO～MEND

语法格式：

```
MACRO
 $标号 宏名 $参数 1, $参数 2,……
 指令序列
MEND
```

功能：将一组指令序列定义成一条宏指令。

在程序中通过宏指令可以多次调用该组指令序列。宏指令可以使用一个或多个参数，宏指令中的参数可以是常数、寄存器名、地址表达式以及指令助记符或助记符的一部分。包含在 MACRO 和 MEND 之间的指令序列称为宏定义体，在宏定义体的第一行应声明宏的原型(包含宏名、所需的参数)，然后就可以在汇编程序中通过宏名来调用该指令序列。在源程序被编译时，汇编器将宏调用展开，用宏定义中的指令序列代替程序中的宏调用，并将实际参数的值传递给宏定义中的形式参数。

MACRO、MEND 伪指令可以嵌套使用。

2. 宏调用

已定义的宏指令可以在程序中像其他指令一样直接使用。对于出现在程序中的宏指令，汇编程序在翻译时，按照其定义逐条还原为宏体中语句对应的代码。

使用宏指令时，需要将形式参数用一一对应的实参替换。

【例 6-26】

```
宏定义
MACRO
 $LABEL  TESTANDBRACH  $DEST, $REG, $CC
```

```
 $LABEL  CMP   $REG, #0
         B$CC  $DEST
MEND
……
宏调用
……
TEST  TESTANDBRACH NEXT, R0, NE
      ……
NEXT  ……
程序汇编时宏展开
……
TEST  CMP R0, #0
      BNE NEXT
……
NEXT  ……
```

宏指令的功能和使用方式与子程序有些类似，子程序可以提供模块化的程序设计，节省存储空间并提高运行速度。但在使用子程序结构时需要保护现场，从而增加了系统的开销。因此，在代码较短且需要传递的参数较多时，可以使用宏指令代替子程序。

6.5 汇编语言程序设计

6.5.1 汇编语言的程序结构

在STM32汇编语言程序中，是以程序段为单位组织代码。段是相对独立的指令或数据序列，具有特定的名称。段可以分为代码段和数据段，代码段的内容为执行代码，数据段存放代码运行时需要用到的数据。一个汇编程序至少应该有一个代码段，当程序较长时，可以分割为多个代码段和数据段，多个段在程序编译链接时最终形成一个可执行的映像文件。

可执行映像文件通常由以下几部分构成：

(1)一个或多个代码段，代码段的属性为只读。

(2)零个或多个包含初始化数据的数据段，数据段的属性为可读/写。

(3)零个或多个不包含初始化数据的数据段，数据段的属性为可读/写。

链接器根据系统默认或用户设定的规则，将各个段安排在存储器中的相应位置。因此源程序中段之间的相对位置与可执行的映像文件中段的相对位置一般不会相同。

以下是一个汇编语言源程序的基本结构。

```
STACK_TOP EQU 0x00002000
    AREA INIT,CODE
    DCD STACK_TOP
    DCD START
    ENTRY
START
    LDR    R0,=0x3FF5000
```

```
    LDR    R1,0xFF
    STR    R1,[R0]
    LDR    R0,=0x3FF5008
    LDR    R1,0x01
    STR    R1,[R0]
    ……
    END
```

在汇编语言程序中，用 AREA 伪指令定义一个段，并说明所定义段的相关属性，本例定义一个名为 INIT 的代码段，属性为只读。ENTRY 伪指令标识程序的入口点，接下来为实现程序功能的指令序列，程序的末尾为 END 伪指令，该伪指令告诉编译器，源文件至此结束，每一个汇编程序段都必须有一条 END 伪指令，指示代码段的结束。

6.5.2 顺序结构程序设计

顺序结构是程序设计中最简单的结构，按照解决问题的顺序写出相应的语句。程序中的指令逐条被执行，程序计数器 PC 内容线性增加。实现这种结构的指令有数据传送类、运算类指令。顺序结构的程序只能完成简单的功能。

【例 6-27】 存储器中的两个 64 位数相加，结果(不超过 64 位)存入指定内存单元。

【分析】 ARM 是 32 位的处理器，一次算术运算只能完成两个 32 位数相加。若要实现两个 64 位数相加，需要进行两次算术运算，先实现两个 64 位数的低 32 位相加并保存进位位，再实现两个 64 位数的高 32 位及低 32 位相加产生的进位之间的加法运算，最终得到 64 位加法运算结果。算法流程图如图 6-1 所示。

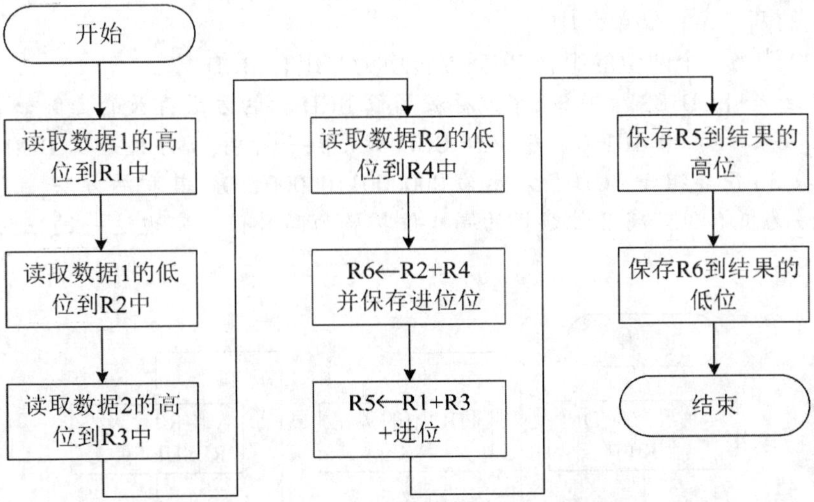

图 6-1 两个 64 位数相加的算法流程图

汇编程序如下。

```
STACK_TOP EQU 0x00002000
    AREA QADD,CODE
    DCD STACK_TOP
    DCD START
    ENTRY
```

```
START
    LDR R0,=DATA1         ;将 DATA1 送寄存器 R0
    LDR R1,[R0]           ;将 DATA1 作为地址的存储单元中的字数据(高 32 位)送给 R1
    LDR R2,[R0,#4]        ;将 DATA1+4 作为地址的存储单元中的字数据(低 32 位)送给 R2
    LDR R0,=DATA2         ;将 DATA1 送寄存器 R0
    LDR R3,[R0]           ;将 DATA1 作为地址的存储单元中的字数据(高 32 位)送给 R3
    LDR R4,[R0,#4]        ;将 DATA1+4 作为地址的存储单元中的字数据(低 32 位)送给 R4
    ADDS R6,R2,R4         ;低 32 位相加,结果影响进位标志位 C
    ADC R5,R1,R3          ;高 32 位相加,再加上低 32 位产生的进位标志位 C
    LDR R0,=RESULT        ;R0 中保存 RESULT 的首地址
    STR R5,[R0]           ;保存结果的高 32 位
    STR R6,[R0,#4]        ;保存结果的低 32 位
DATA1 DCD 0X11223344,0xFFDDCCBB
DATA2 DCD 0X11223344,0xFFDDCCBB
RESULT DCD 0,0
    END
```

上面程序中使用了 DCD 伪指令分配了连续的字存储单元，标号分别为 data1、data2 和 result，并对字存储单元初始化。用 R0 寄存器保存操作数的地址，采用基址变址寻址的方法分别读取两个数的高位到寄存器 R1 和 R3，读取两个数的低位到寄存器 R2 和 R4。通过加法指令先完成两个数的低 32 位相和，在加法指令 ADD 后加后缀 S 表示加法结果影响标志位，若两个低 32 位数相加产生进位，则标志位 C 为 1，否则为 0。然后再使用带进位的加法指令 ADC 实现两个数的高 32 位及进位 C 相加。相加结果的高 32 位存于寄存器 R5 中，低 32 位存于寄存器 R6 中。最后分别用存储指令将寄存器 R5 和 R6 的值存储到标号 result 所对应的两个字存储单元中。

【例 6-28】将一个两位的组合 BCD 数转换为非组合 BCD 数。

【分析】组合 BCD 数是按一个字节存放两位 BCD 数的方式存放的，例如十进制数 36，用组合 BCD 数表示为 00110110。非组合 BCD 数是按一个字节存放一位 BCD 数的方式存放，十进制数 36 用非组合 BCD 数表示为 0000001100000110。其扩展方法，是将 8 位数据的低 4 位扩展为低 8 位，将 8 位数据的高 4 位扩展为高 8 位。实现这一过程的算法流程图如图 6-2 所示。

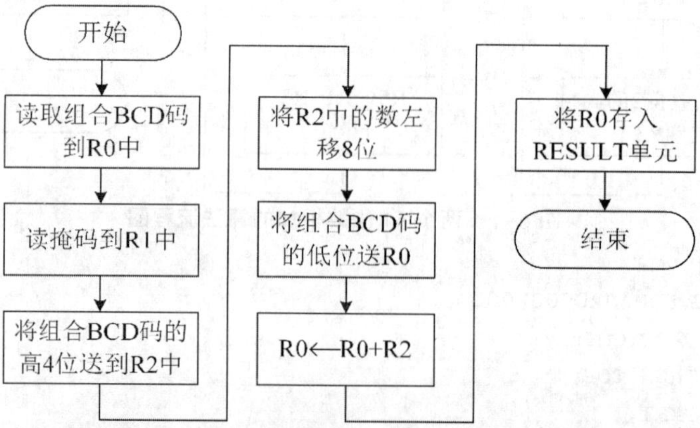

图 6-2　两位组合 BCD 数转换为非组合 BCD 数算法流程图

汇编程序如下。

```
STACK_TOP EQU 0x00002000
    AREA   TBCD,CODE
    DCD    STACK_TOP
    DCD    START
    ENTRY
START
    LDR R0,DATA                    ;将 DATA 中的数存入 R0
    LDR R1,MASK                    ;将 MASK(掩码)存入 R1
    MOV R2,R0,LSR  #4              ;将 R0 中的数逻辑右移 4 位后保存到 R2 中
    MOV R2,R2,LSL  #8              ;将 R2 中的数逻辑左移 8 位后保存到 R2 中
    AND R0,R0,R1                   ;将 R1 中的掩码与 R0 中的数据相与,结果存入 R0
    ADD R0,R0,R2                   ;将 R0 与 R2 相加结果存入 R0
    LDR R3,=RESULT                 ;R3 保存 RESULT 首地址
    STR R0,[R3]                    ;结果存入 R3 作为地址的存储单元
DATA DCB  0x36
      RESULT DCD  0
MASK DCD  0x000F
END
```

上面程序中，标号为 DATA 的字节存储单元存储了数据 0x36，将该地址中存储的数据读到 R0 中。将 R0 数据逻辑右移 4 位存入 R2，即将字节数的高 4 位数 0x3 赋给 R2。再将 R2 中的数据 0x3 左移 8 位得到数 0x0300 存入 R2。用 R1 中的掩码 0x000F 与 0x36 相与得到数 0x6 并将其保存到 R0 中。指令 ADD R0，R0，R2 完成 R0 中的值 0x6 和 R2 中的值 0x0300 相加，得到最终的结果 0x0306。

6.5.3　分支结构程序设计

单纯由顺序结构构成的程序虽然能解决计算、输出等问题，但用途有限。实际应用中还伴随有逻辑判断，根据处理过程中出现的不同情况决定程序的不同走向。程序中对于要先判断再选择的问题就要使用到分支结构。

通常将具有两个或两个以上可选执行路径的程序称为分支结构的程序。这种结构的程序执行到分支点处时，需要根据 PSR 中的状态标志值来选择执行路径。

因此，设计分支结构程序时实现分支有以下两个要点：

(1) 使用能影响状态标志的指令或带后缀 S 的指令，指定执行结果会影响状态标志位。

(2) 使用条件转移指令对状态标志位进行测试判断，形成分支，以确定程序的走向。

1. 两分支结构程序设计

使用带有后缀 S 的指令或比较指令可以很容易地实现两分支程序。

【例 6-29】 判断两无符号数大小，将大的数存入指定存储单元。

【分析】 先将两无符号存入寄存器 R0 和 R1 中，假定 R0 中最后存放两数中的大数。将 R0 和 R1 进行比较，若 R1>R0，则将 R1 中的数送到 R0 中；若 R1<R0，则保留 R0 中的值不变，最后将 R0 中的数存入指定存储单元。算法流程如图 6-3 所示。

汇编程序如下。

```
STACK_TOP EQU 0X00002000
    AREA CMP2DATA,CODE
    DCD STACK_TOP
    DCD START
    ENTRY
START
    LDR R0,DATA1                    ;R0 中保存 DATA1
    LDR R1,DATA2                    ;R1 中保存 DATA2
    LDR R2,=RESULT
    CMP R0,R1                       ;比较 R0 和 R1 中值的大小
    BHI SAVE                        ;R0>R1 则跳转到标号为 SAVE 处
    MOV R0,R1                       ;将 R1 的值赋给 R0
SAVE STR R0,[R2]                    ;将结果保存到 R2 中
DATA1 DCD 0X400
DATA2 DCD 0X200
RESULT DCD 0
    END
```

程序中采用了 CMP 指令比较寄存器 R0 和 R1 中值的大小，指令执行后将影响相应的标志位。转移指令 B 加上条件码 HI，表示 CMP 指令在比较两无符号数大小时，若 R0 大于 R1 条件满足则执行跳转指令，跳转到标号为 SAVE 处执行存储指令，将 R0 中的数存入 R2 所指存储单元中。若不满足条件则顺序向下执行指令 MOV R0，R1，即在 R0 的值小于等于 R1 的值时将 R1 的值赋给 R0，保证 R0 中保存的数是两个数中最大的。最终将 R0 中的值保存到 RESULT 对应的存储单元里。

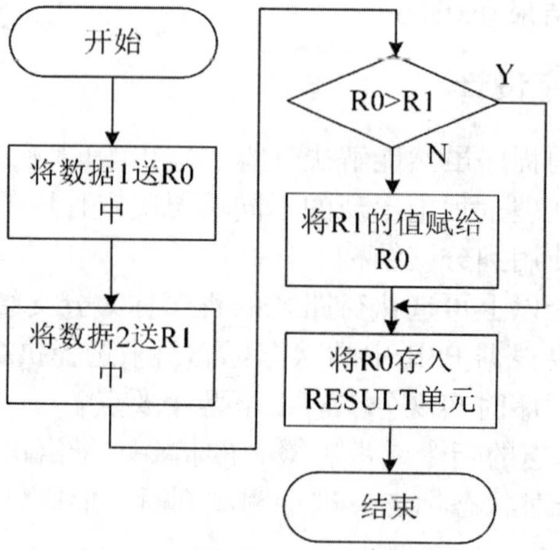

图 6-3　判断两无符号数大小算法流程图

【例 6-30】编程实现如下分段函数的值(假定 X,Y 是无符号数)。

$$X = \begin{cases} Y + 10, & X > Y \\ Y + 5, & X \leqslant Y \end{cases}$$

【分析】 先将 X，Y 的值分别存入寄存器 R0 和 R1，将 R0 和 R1 进行比较，若 R0 中的数据大于 R1 中的数据时，将 R1 中的数据加 10 存入寄存器 R0；否则将 R1 中的数据加 5 存入寄存器 R0。算法流程如图 6-4 所示。

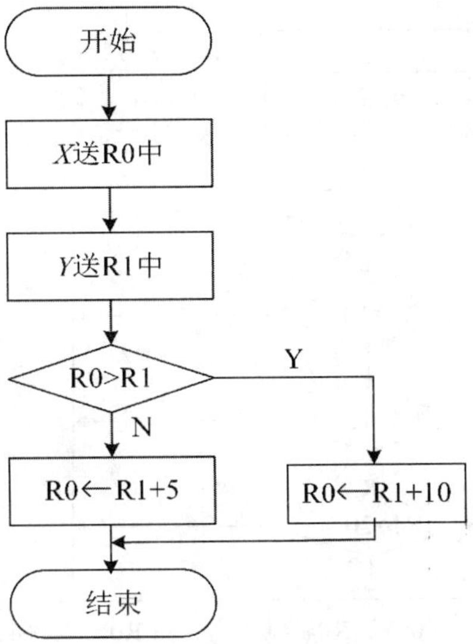

图 6-4 两分支程序流程图

汇编源程序如下。

```
AREA BRCH,CODE,READONLY
ENTRY
LDR R0,X
LDR R1,Y
CMP R0,R1
ADDHI R0,R1,#10
ADDLS R0,R1,#5
X DCD 5
Y DCD 9
END
```

程序中使用 CMP 指令比较 R0 和 R1 中数的大小，若 R0 中的数比 R1 中的数大，则使用带条件码 HI 的 ADD 加法指令将 R1 中的数加 10 存入 R0 中；否则使用带条件码 LS 的 ADD 指令使 R1 中的数加 5 后存入 R0，实现程序功能。

2. 多分支结构程序设计

在分支结构的程序设计中，除了两分支结构外，还存在有多分支结构，即程序分支点上有两个以上执行路径。

多分支结构程序设计通常使用测试指令或跳转表实现多分支。

【例 6-31】 判断寄存器 R1 中的数据是否为 5、10、15、20。若是，则将 R0 中的数据加 4；否则将 R0 的值设置为 0xF。(假定 R0 的初值为 0)

【分析】 用测试指令 TEQ 逐一判断 R1 中的数是否为 5、10、15、20 四个数中的一个。若满足条件，则将 R0 中的值加 4；否则继续向后判断，最后将 R0 的值设置为 0xF。算法流程如图 6-5 所示。

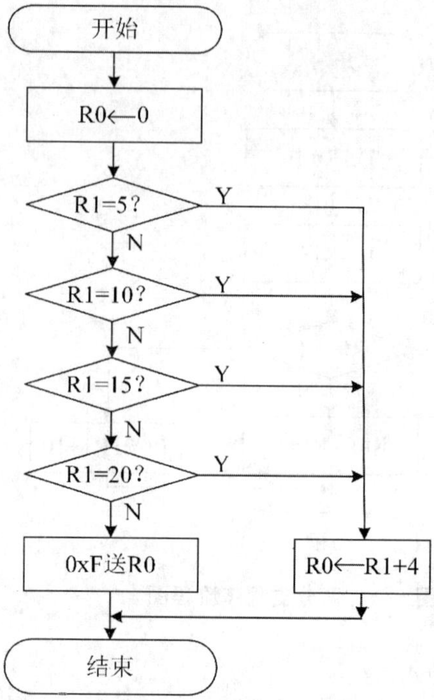

图 6-5　多分支程序流程图

汇编源程序如下。

```
AREA DBRCH,CODE,READONLY
ENTRY
MOV R0,#0
TEQ R1,#5
TEQNE R1,#10
TEQNE R1,#15
TEQNE R1,#20
ADDEQ R0,R0,#4
MOVNE R0,#0xF
END
```

程序中先对 R0 初始化，使用测试指令 TEQ 判 R1 的值是否为 5，结果影响标志位 Z，若不为 5，再用带条件码 NE 的测试指令 TEQNE 判 R1 的值是否为 10，若不为 10，类似的，再使用 TEQNE 向下继续判断，若 R1 的值为这四个数中任一个，则使 R0 的值加 4，否则最后将 R0 的值置为 0xF。

当多分支的每一个分支所对应的是一个程序段时，通常将各个分支程序段的首地址依次放在一个跳转表中，通过查跳转表中的跳转地址并传送到程序计数器 PC 实现多分支。

【例 6-32】根据寄存器 R0 中的值决定 R1 和 R2 中数据的运算方式，并将结果保存到 RESULT 中。其算法流程如图 6-6 所示。

【分析】根据算法流程图，发现此问题属于多分支结构。对于这个问题采用跳转表方式处理，将每个分支用一个程序段表示，将每个分支程序段的首地址(程序中一般用标号表示)依次写入跳转表，建立具有多个分支的跳转表。根据 R0 的取值查跳转表实现各个分支的跳转。

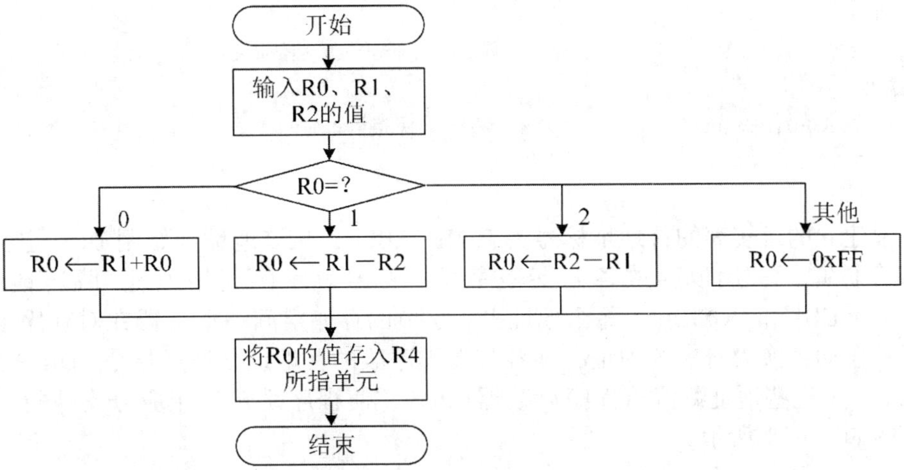

图 6-6　多分支算法流程图

汇编程序如下。

```
STACK_TOP EQU 0X00002000
AREA MBRCH,CODE
DCD STACK_TOP
DCD START
NUM EQU 2
    ENTRY
START
    MOV R0,#1                       ;设置 3 个参数
    MOV R1,#3
    MOV R2,#2
ARITHFUNC                           ;运算
    LDR R6,#NUM                     ;给 R6 赋值
    CMP R0,R6                       ;判断 R0 中的参数是否越界
    BHI OUTF                        ;参数超出跳转表范围,直接将 0xFF 赋给 R0
    ADR R3,JUMPTABLE                ;读跳转表首地址
    LDR PC,[R3,R0,LSL#2]            ;查跳转表,确定跳转地址
JUMPTABLE
    DCD DOADD
    DCD DOSUB1
    DCD DOSUB2
DOADD
    ADD R0,R1,R2                    ;操作 0
    B  SAVE                         ;跳转到保存
DOSUB1                              ;操作 1
    SUB R0,R1,R2
    B  SAVE                         ;跳转到保存
DOSUB2
    SUB R0,R2,R1                    ;操作 2
    B  SAVE                         ;跳转到保存
```

```
OUTF
    MOV R0,#0xFF                    ;越界,直接给 R0 赋值 0xFF
SAVE
    STR R0,RESULT                   ;将结果保存到 R4
    RESULT DCD 0
    END
```

程序中建立的跳转表的首地址标号为 JUMPTABLE，从该地址开始用 DCD 定义了一片连续的字存储单元，用以存放各分支程序段用标号表示的起始地址（跳转地址），即 DOADD、DOSUB1 和 DOSUB2，每个地址占 4 字节的存储空间。汇编器在对程序汇编时将这 3 个标号自动替换为对应的地址，即各分支程序段的首地址。通过指令 LDR PC，［R3，R0，LSL#2］将这些地址赋值给程序计数器（PC），使程序跳转到相应分支执行。程序的跳转示意图如图 6-7 所示。

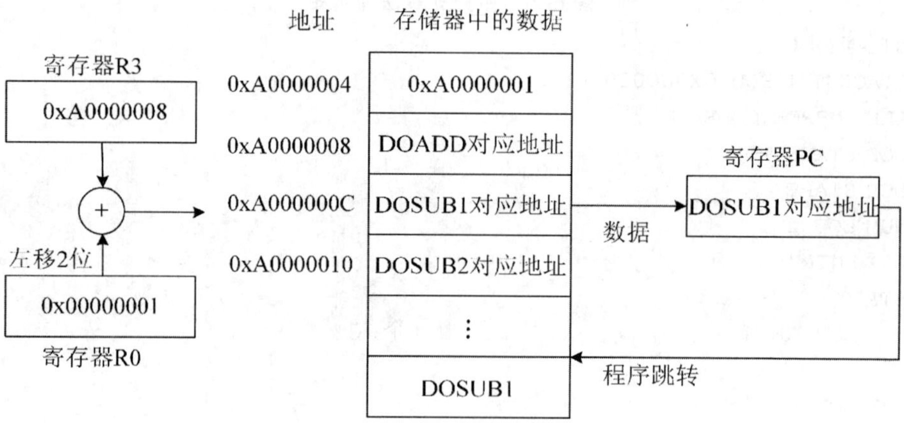

图 6-7　程序的跳转示意图

6.5.4　循环结构程序设计

循环结构通常用来描述重复执行某段算法的问题，是程序设计中最能发挥计算机特点的程序结构。这种结构既可以节省内存，又可以简化程序。

循环结构是重复执行循环体中的语句，直到循环条件不成立。循环结构有三要素：循环变量、循环体和循环终止条件。在高级语言如 C 语言中用 for 和 while 等不同的控制语句来设置循环条件，而在汇编语言中循环结构程序设计则主要依靠比较指令和带条件的跳转指令来实现。

循环结构程序通常由四部分组成。

（1）初始化：用于设置循环初值，如设置计数初值、建立地址指针、设置其他变量的初值等。

（2）循环处理：是程序中需要重复执行的部分，是循环结构中的核心。

（3）循环控制：设置循环控制条件来控制循环的运行和结束，这是循环结构程序设计的关键。循环控制条件可用计数控制循环，也可用条件控制循环。

（4）循环结束：对程序处理结果进行存储或输出的处理部分。

【例 6-33】编程求 1+2+3+…+100，并将累加和存入 RESULT 单元。

【分析】设一个寄存器作为累加和，另一个寄存器作为计数器。采用计数控制循环作为循环控制条件，将计数器的值累加到累加和，每累加一次，计数器的值减 1，如此重复直到计数器的值为 0 时为止。算法流程如图 6-8 所示。

汇编程序如下。

```
STACK_TOP EQU 0X00002000
AREA  SUMNUM,CODE,READONLY
    DCD STACK_TOP
    DCD START
ENTRY
START
    MOV R0,#0
    MOV R1,#100
AGAIN   ADD R0,R0,R1
        SUBS R1,R1,#1
        BNE AGAIN
        STR R0,RESULT
RESULT DCD  0
        END
```

程序中寄存器 R0 作为累加和(初始化为 0)，寄存器 R1 作为计数器(初始化为 100)，将 R1 的值累加到 R0，每累加一次后，将计数器 R1 的值减 1 并影响标志位 Z，若计数器的值不为 0，则继续累加，直到计数器的值减到 0 为止。最后将寄存器 R0 的值存入指定存储单元 RESULT。

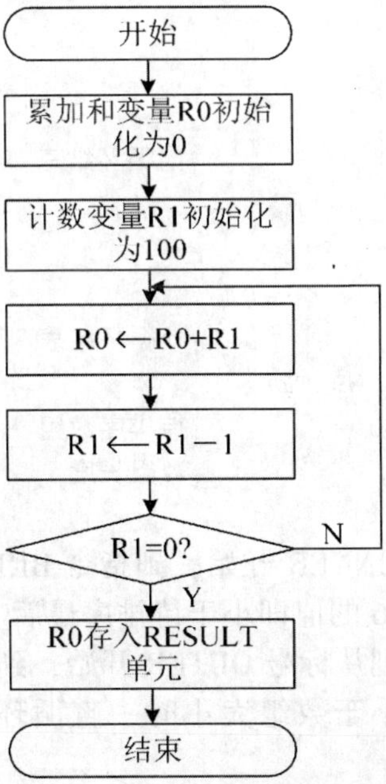

图 6-8　例 6-33 算法流程图

【例 6-34】如图 6-9 所示算法是采用冒泡法实现按升序排序，根据算法写出汇编源程序。

【分析】冒泡排序法是一种常用的程序算法，其基本思想是从数组的第一个元素开始将相邻的两个数进行比较，若两数不符合排序规则，则两数交换位置，每趟比较结果都能将无序表中的最大值冒出，并安放在有序表中固定位置。N 个数经过 $N-1$ 趟比较就能将无序表按升序排列成有序表。程序设计需要用到双重循环，外循环控制比较的趟数，内循环控制每趟比较的次数。

汇编程序如下。

```
STACK_TOP EQU 0X00002000
    AREA  SORT,CODE
    DCD STACK_TOP
    DCD START
    ENTRY
START
    MOV R4,#0
    LDR R6,=SRC                        ;设置 R6 保存待排序数组的首地址
    ADD R6,R6,#LEN-4                   ;让 R6 保存数组中最后一个数据
OUTER                                  ;外循环开始
    LDR R1,=SRC
INNER                                  ;内循环开始
    LDR R2,[R1]
    LDR R3,[R1,#4]
    CMP R2,R3
    STRGT R3,[R1]
    STRGT R2,[R1,#4]
    ADD R1,R1,#4
    CMP R1,R6
    BLT INNER                          ;内循环结束
    ADD R4,R4,#4
    CMP R4,#LEN
    SUBLE R6,R6,#4
    BLE OUTER                          ;外循环结束
    AREA ARRAY,DATA,READWRITE
SRC DCD 2,4,10,8,14,1,20               ;待排序数组
LEN EQU 7*4                            ;数组长度
    END
```

程序中内循环的起点从标号 INNER 开始，到指令 BLT INNER 结束。内循环控制变量存储在 R1 中，当 R1 的值小于 R6 的值即小于待排序最后一个数的地址时，重复执行循环体，直至 R1≥R6 为止。外循环则从标号 OUTER 开始，到指令 BLE OUTER 结束。外循环控制变量为 R4，当外循环次数小于数组大小时一直循环，直到大于或等于数组大小时为止。

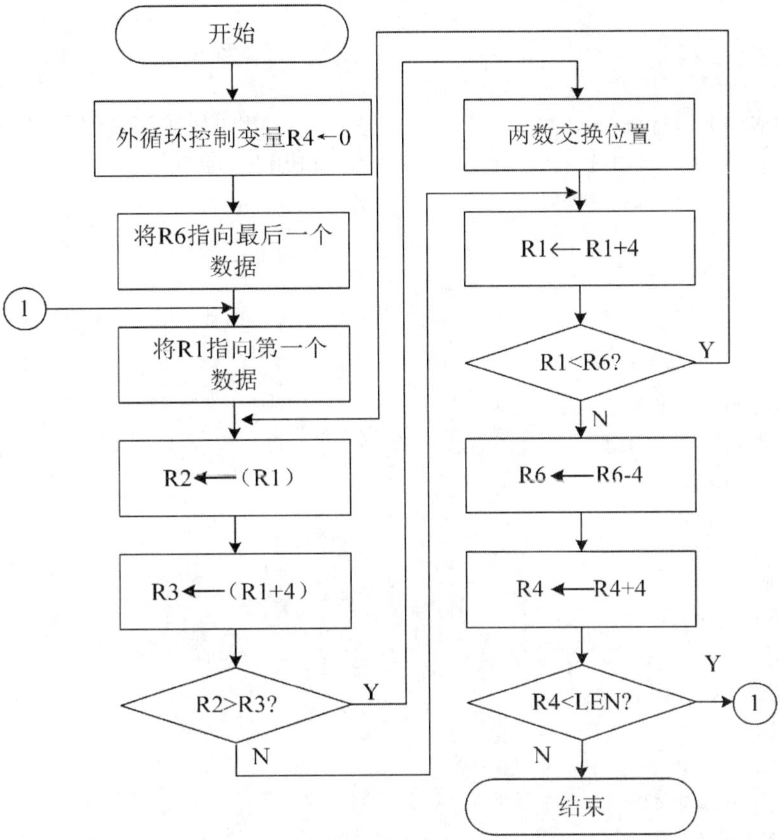

图 6-9　冒泡法排序算法流程图

6.5.5　子程序调用

实际应用中，通常将一个大程序分解为若干个相互独立的小程序段，并将其中重复的或功能相同的程序段设计成规定格式的独立程序段，这些独立程序段可提供给其他程序在不同的地方调用，以减少编写程序的重复劳动。这种能被反复调用且能完成指定功能的独立程序段称为子程序。

在 ARM 汇编语言程序中，子程序的调用一般是通过 BL 指令来实现。为便于识别，子程序的第一条指令必须要有标号，以便调用程序可以用标号调用对应的子程序。在程序中，使用指令“BL　子程序名(标号)”即可完成子程序的调用。

该指令在执行时完成如下操作：将子程序的返回地址存放在连接寄存器 LR 中，同时将程序计数器 PC 指向子程序的入口点，当子程序执行完毕需要返回调用处时，只需将存放在 LR 中的返回地址重新赋值给程序计数器 PC。调用子程序时若需要传递参数或从子程序返回处理结果，通常使用寄存器 R0~R3 实现。

在子程序设计时常用到堆栈，当子程序中要使用的寄存器与调用程序中使用的寄存器相同时，为防止调用程序中的这些寄存器中的数据丢失，在子程序的开头应将这些寄存器中的数据压入堆栈以保护现场信息，在子程序返回之前从堆栈中弹出保护的数据到原来的寄存器中，以恢复现场信息。

例如下面的程序段：

```
RELAY
    STMFD R13!,{R0-R12,LR}                  ;压入堆栈
    ……;子程序代码
    LDMFD R13!,{R0-R12,PC}                  ;弹出堆栈并实现子程序的返回
```

【例 6-35】编写调用子程序实现求 1 到 N 累加和的汇编程序。

```
    STACK_TOP EQU 0X00002000
    AREA CUMSUM,CODE
    DCD STACK_TOP
    DCD START
ENTRY
START
    LDR R0,N
    LDR R2,=RESULT
    BL SUBFUN
    STR R0,[R2]
N DCD 8
RESULT DCD 0
    END
SUBFUN
    PUSH{R1,LR}
MOV R1,#0
LOOP ADD R1,R0,R1
    SUB R0,R0,#1
    CMP R0,#0
    BNE LOOP
    MOV R0,R1
    POP R1,PC
```

程序中，指令 BL SUBFUN 实现了子程序的调用，执行该指令时 ARM 处理器将把返回地址即指令 STR R0，[R2] 在存储器中的地址保存到寄存器 LR，并跳转到标号 SUBFUN 所指指令 MOV R0，#0 开始向下执行。子程序执行完后，将 LR 的值恢复到 PC，返回调用程序。

6.6 STM32 编程

在嵌入式软件开发中，常用的主要编程语言是 C/C++语言，其优势是编程容易，有大量的库函数。但针对硬件底层的一些操作，如硬件系统初始化、CPU 状态设定、中断使能以及微控制器控制参数初始化等，还是需要用汇编语言来完成。因此，通常是汇编语言和 C/C++语言混合编程。

由于现代软件设计的目标都比较大，需要许多不同类型的文件来支持，所以，通常把一个软件的设计工作称为一个工程。一般情况下，一个 ARM 工程(project)应该由多个文件组成，其中包括扩展名为.s 的汇编语言源文件、扩展名为.c 的 C 语言源文件、扩展名为.cpp 的 C++源文件，以及扩展名为.h 的头文件等。大多数源文件都是由软件开发人员自己编写的文件。

这些源文件需要通过编译器或汇编器翻译成机器码文件即目标文件。通常，一个源文件对应生成一个目标文件。一个工程中除了需要用户源文件生成的目标文件外，还需要一些实现某些通用功能的库文件(C/C++库文件)。这些库文件通常都是由编译器以目标文件的形式提供给开发者。由源文件生成的目标文件以及库文件经链接器链接形成可执行文件。ARM 工程中各主要文件之间的关系如图 6-10 所示。

6.6.1 工程开发常用的集成开发环境

在创建及开发一个工程文件时，常需要用到各种开发工具。ARM 公司为了方便开发者，相继推出了一系列的集成开发工具。

ARM 公司最早推出的集成开发工具是 SDT，后对 SDT 改进推出了著名的 ADS，其中包括：Simulator、C 编译器、实时调试器、应用函数库四大模块，并提供完整的 Windows 界面开发环境。

ADS 的 C 编译器支持 C/C++，使开发者可以很方便地使用 C/C++语言进行程序开发。ADS 提供有软件模拟仿真功能，使没有仿真器的学习者也能够掌握 ARM 指令系统。另外，ADS 强大的实时调试跟踪功能，使开发者能详尽地掌握芯片的运行情况。ADS 的缺点是需要硬件支持才能发挥其强大的功能。

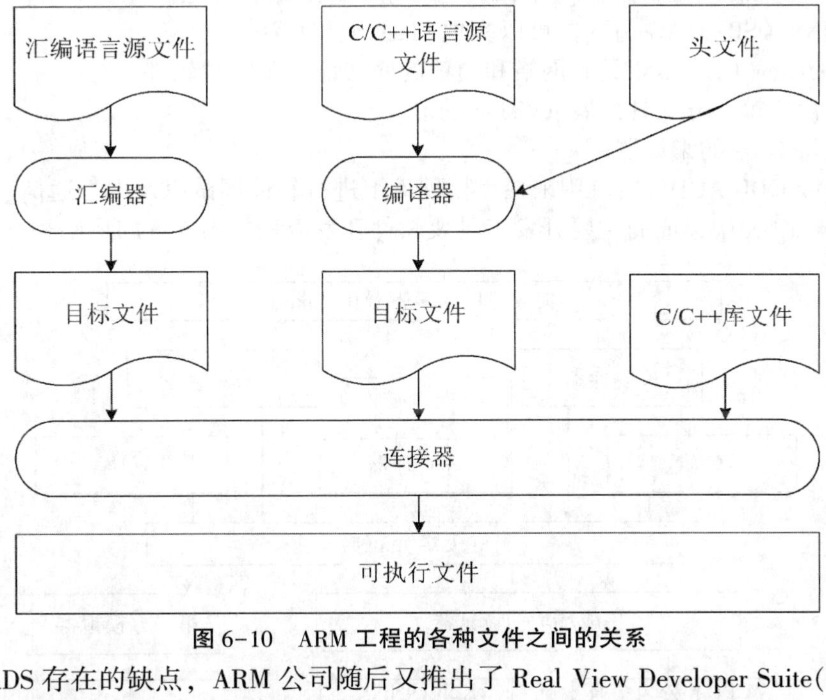

图 6-10 ARM 工程的各种文件之间的关系

针对 ADS 存在的缺点，ARM 公司随后又推出了 Real View Developer Suite(RVDS)。集成开发工具 RVDS 支持 ARM 系列的所有核，并在众多第三方实时操作系统及工具的合作支持下，简化了开发流程。RVDS 中包含有：完全优化的 IOSC/C++编译器、C++标准模板库、强大的宏编译器、支持代码和数据复杂存储器布局的链接器、可选 GUI 调试器、基于命令行的符号调试器、指令集仿真器、生成无格式二进制工具、Intel32 位和 Motorola32 位 ROM 映像代码的指令集模拟工具、库创建工具、内容丰富的在线文档等。

目前在嵌入式系统开发中常用的集成开发环境是 Realview MDK(Keil for RAM)。MDK

是 ARM 公司和 Keil 公司合作的产物。Keil 公司之前开发了单片机集成开发环境 μVision，该软件操作方便、界面友好、性能稳定，成为 MCU 开发工程师的首选工具。ARM 公司合并了 Keil 公司后，利用 μVision 作为平台，以 ARM 自己开发的针对 ARM 内核的编译器 RealView(RV)为核心推出了 Realview MDK。

Realview MDK 特性如下：

(1)可以开发基于 ARM7、ARM9、Cortex-M3 的微控制器应用程序，易学易用且功能强大。

(2)集成了一个能自动配置工具选项的设备数据库。

(3)工业标准的 Realview C/C++编译器能产生代码容量最小、运行速度最快的高效应用程序，同时它包含一个支持 C++ STL 的 ISO 运行库。

(4)集成在 μVision 中的在线帮助系统提供大量有价值的信息，可加速应用程序开发速度。

(5)包含大量的例程，帮助开发者快速配置 ARM 设备，以及应用程序的开发。

(6)能帮助工程人员开发稳健、功能强大的嵌入式应用程序。

(7)调试器能够精确地仿真整个微控制器，包括其片上外设，使得在没有目标硬件的情况下也能测试开发程序。

(8)包含标准的微控制器和外部 Flash 设备的 Flash 编程算法。

(9)ULINK USB-JTAG 仿真器可以实现 Flash 编程算法。

(10)Realview RL-ARM 具有网络和通信的库文件以及实时软件。

(11)可使用第三方工具扩展 μVision 功能。

(12)支持 GNU 的编译器。

(13)高级 GDI(AGDI)接口用来在目标硬件上进行软件调试以及进行通信。

Realview MDK 中集成的主要开发工具及软件开发流程如图 6-11 所示。

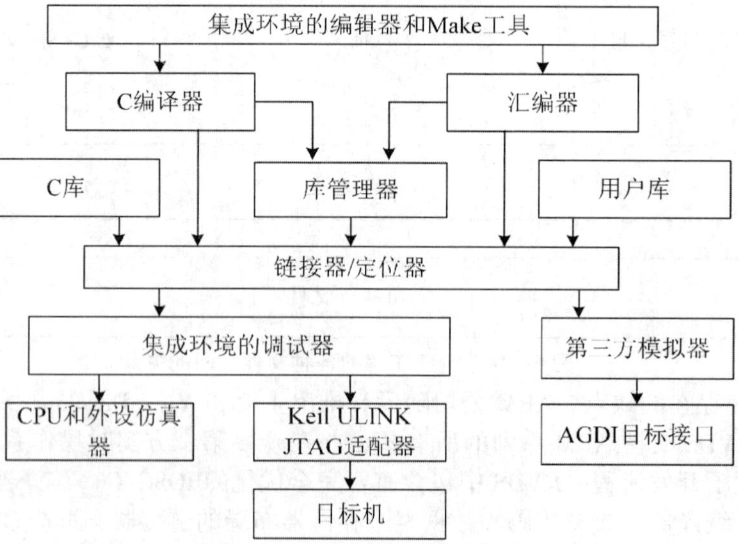

图 6-11 Realview MDK 工具及项目软件开发流程

从图 6-11 可见，工程开发流程可以有三个出口：

(1)利用开发环境提供的 CPU 和外设仿真器作为终端目标的出口。

(2)通过适配器以真正的目标机为终端目标的出口。

(3)使用第三方模拟器的 AGDI 目标接口。

其中，前两个属于集成开发环境的出口，工程可由集成开发环境提供的调试器来调试，第三个虽然也是以真实目标机为终端目标的出口，但必须使用第三方调试器并利用 AGDI 接口实施对目标机的调试。

Realview MDK 借助于 μVision 环境实现了各开发工具良好的图形化设置，极大地简化了工程开发人员的工作量。

6.6.2 软件接口标准 CMSIS

随着基于 Cortex-M3 内核的各种微控制器的推出、应用的快速发展，以及支持 Cortex-M3 处理器的软件不断涌现，为提高软件的可移植性和可重用性，简化应用程序设计，ARM 公司于 2008 年推出了 CMSIS(Cortex Microcontroller Software Interface Standard)，开发了设备驱动库，为基于 Cortex-M3 内核的处理器提供了标准的软件接口以及许多通用的系统和 I/O 函数。目前许多嵌入式 OS 供应商和编译器供应商在内的软件公司都支持这个库。CMSIS 可以帮助开发者快速可靠地开发嵌入式应用程序，CMSIS 应用示意如图 6-12 所示。

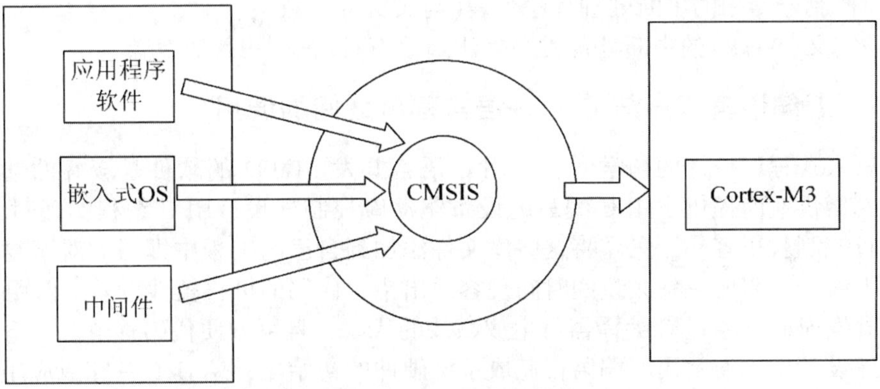

图 6-12 CMSIS 应用示意图

1. CMSIS 的组织结构

CMSIS 可以分为 3 个基本功能层。

1) 内核外设访问层

该层包含用于访问内核的寄存器设备的名称定义、地址定义以及内核外设的辅助功能。也为 ROTS(实时操作系统)定义了独立于微控制器的接口。

2) 中间件访问层

该层为软件提供了访问外设的通用方法。用于名称定义、地址定义和访问外设的驱动代码，以太网、UART 和 SPI 的通信接口，允许执行通信任务的软件在任何支持特定通信接口的 Cortex 微控制器上运行设备。

3) 外设访问层(与 MCU 相关)

该层是微控制器外设访问层，提供片上所有外设的定义。

2. CMSIS 文件

1） Cortex-M3 内核及其设备文件(core_cm3.h+core_ cm3.c)

(1)访问 Cortex-M3 内核及其设备：NVIC，SysTick 等。

(2)访问 Cortex-M3 的 CPU 寄存器和内核外设的函数。

2） 微控制器专用头文件(device.h)

(1)指定中断号码(与启动文件一致)。

(2)外设寄存器定义(寄存器的基地址和布局)；

(3)控制微控制器其他特有的功能的函数(可选)。

3） 微控制器专用系统文件(system_device.c)

(1)函数 SystemInit，用于初始化微控制器；

(2)函数 Sysem_ ExtMemCtl，用来配置外部存储器控制器。它位于文件 startup_ stm32f10x_ xx.s/.c，在跳转到 main 前调用。

(3)SystemFrequncy，该值代表系统时钟频率。

(4)微控制器的其他功能(可选)。

4） 编译器启动代码(汇编或者 C) (startup_ device.s)

(1)微控制器专用的中断处理程序列表(与头文件一致)；

(2)弱定义(Weak)的中断处理程序默认函数(可以被用户代码复盖)。

6.6.3 汇编语言程序与 C/C++语言程序之间的调用

对于嵌入式程序设计的初学者，选用 C 语言开发 STM32 的软件是较好的选择。由于多数微控制器供应商提供了用 C 编写的设备驱动库控制外设，用 C 编程实现对 STM32 微控制器进行控制就很容易，只需将这些库文件添加到自己的工程中即可。对于复杂程序的开发，用汇编语言需要花费大量的时间且容易出错，代码的可移植性也差。而用 C 编程可缩短程序开发时间，通过 C 编译器可生成高效的代码，且可方便代码移植。

在程序设计中，通常用汇编语言完成系统硬件的初始化，用 C/C++完成应用设计。一般情况下，系统执行时首先执行初始化部分，这部分程序常称为启动代码。为方便编程者，例如，Realview MDK 就提供了大多数基于 ARM 架构的处理器的启动代码存放在 Startup.s(汇编语言源程序)文件中。程序设计者可以在创建工程并选中了处理器型号后，选择是否使用系统提供的启动代码。在启动代码中有跳转指令，用于从启动代码转移到 C/C++编制的应用程序中。

因此，作为嵌入式软件开发人员必须了解基于 ARM 架构的处理器汇编语言与 C/C++语言混合编程技术。

在规模稍大的计算机软件工程中，C 程序调用汇编子程序及汇编程序调用 C 函数是经常会有的。为了使单独编译的 C 语言程序和汇编程序之间能够相互调用，必须为子程序之间的调用制订一定的规则。AAPCS(ARM Architecture Produce Call Standard)就是 ARM 架构过程调用的基本规则。

1. AAPCS 概述

AAPCS 是基于 ARM 架构规定了一些子程序之间调用的基本规则。AAPCS 规定了如何通过寄存器传递函数参数和返回值，以及函数调用过程中寄存器的使用规则、堆栈的使用规则、参数的传递规则和函数返回值规则。下面分别对这几个规则进行讨论。

1) 寄存器使用规则

寄存器的使用必须满足如下规则。

(1)子程序通过寄存器 R0~R3 来传递参数。寄存器 R0~R3 可以记为 A1~A4，被调用的子程序在返回前无须恢复寄存器 R0~R3 的内容。

(2)在子程序中，ARM 状态下使用 R4~R11 来保存局部变量，这时寄存器 R4~R11 可以记为 V1~V8。如果在子程序中用到 V1~V8 中的某些寄存器，则进入子程序时必须保存这些寄存器的值，在返回前必须恢复这些寄存器的值。对于子程序中没有用到的寄存器则不必执行这些操作。在 Thumb 状态下，通常只能使用寄存器 R4~R7 来保存局部变量。

(3)寄存器 R12 用作子程序间调用时临时保存栈指针，函数返回时使用该寄存器进行出栈，记为 IP。在子程序的连接代码段中常有这种使用规则。

(4)寄存器 R13 用来作为数据栈指针，记为 SP。在子程序中寄存器 R13 不能用于其他用途。寄存器 SP 在进入子程序时的值和退出子程序时的值必须相等。

(5)寄存器 R14 用作连接寄存器，记为 LR。R14 用于保存子程序的返回地址。如果在子程序中保存了返回地址，则寄存器 R14 可用于其他用途。

(6)寄存器 R15 是程序计数器，记为 PC，不能用于其他用途。

在 AAPCS 规则中的各寄存器别名和特殊名称在 ARM 编译器和汇编器中都是预定义的。

2) 数据栈使用规则

根据堆栈栈顶指针指向位置的不同将栈分为满栈(Full Stack)和空栈(Empty Stack)。当栈顶指针指向栈顶元素(即最后一个入栈的数据元素)单元时,称为满栈;当栈顶指针指向与栈顶元素相邻的待入栈的空数据单元时,称为空栈。

根据数据栈增长方向的不同又可将栈分为递增栈和递减栈。当数据栈向内存地址增加的方向增长时,称为递增栈;当数据栈向内存地址减小的方向增长时,称为递减栈。

因此,根据数据栈指针指向位置和增长方向的不同将数据栈分为 4 种:FD(Full Descending)、ED(Empty Descending)、FA(Full Ascending)和 EA(Empty Ascending)。

AAPCS 规定数据栈为 FD 类型，数据栈的操作必须是 8 字节对齐。

3) 参数传递规则

根据参数个数是否固定，可以将子程序分为参数个数固定的子程序和参数个数可变的子程序。这两种类型子程序的参数传递规则是不同的。

(1)参数个数可变的子程序参数传递规则。

对于参数个数可变的子程序，当参数不超过 4 个时，可以使用寄存器 R0~R3 来进行参数传递；当参数超过 4 个时，剩余的参数使用数据栈来传递。

在参数传递时，将所有参数看作存放在连续的内存单元中的字数据。然后，依次将各个字数据传送到寄存器 R0、R1、R2、R3 中，如果参数多于 4 个，将剩余的字数据传送到数据栈中，入栈的顺序与参数顺序相反，即最后一个字数据先入栈。

按照上面的规则，一个浮点数参数可以通过寄存器传递，也可以通过数据栈传递，也可以一半通过寄存器传递，另一半通过数据栈传递。

(2)参数个数固定的子程序参数传递规则。

对于参数个数固定的子程序，根据处理器是否包含浮点运算部件分为两种形式。

①不包含浮点运算部件。如果处理器不包含浮点运算部件且没有浮点参数，则依次将各参数传送到寄存器 R0~R3 中。若参数个数超过 4 个，将剩余的字数据通过数据栈传递。如果包含浮点参数则要通过相应的规则将浮点参数转换为整数参数，然后依次将各参数传送到寄存器 R0~R3 中。若参数超过 4 个，则将剩余字数据通过数据栈传递。

②包含浮点运算部件。如果处理器包含有浮点运算部件，则按如下规则传递：

- 各个浮点参数按顺序处理。
- 为每个浮点参数分配寄存器。分配方法是：找到编号最小的满足该浮点参数需要的一组连续的 FP 寄存器进行参数传递。

4）子程序结果返回规则

子程序执行完后，根据结果数据类型不同，需按如下规则返回数据：

（1）结果为一个 32 位的整数时，通过寄存器 R0 返回。

（2）结果为一个 64 位整数时，通过 R0 和 R1 返回，以此类推。

（3）对于位数更多的结果，需要通过调用内存来传递。

2. 汇编语言程序与 C 语言程序相互调用

1）汇编语言程序调用 C 程序

程序设计时要特别注意参数的传递，必须遵循 AAPCS 规则。在汇编语言程序中调用 C 函数时，要使用 IMPORT 伪指令声明所调用的 C 函数名。

【例 6-36】用汇编语言程序调用 C 函数实现求 5!。

```
IMPORT fact                  ;声明 fact 为外部引用符号
N  EQU  5
STACK_TOP EQU  0X00002000
        AREA   FAC,CODE
        DCD STACK_TOP
        DCD START
        ENTRY
START
        MOV R0,#N            ;将立即数 5 送寄存器 R0
        BL fact              ;调用 C 函数 fact()，返回值在寄存器 R0 中
STOP
        B STOP
        END

int fact(int n)
        {
            int i,p=1;
            for(i=1;i<=n;i++)
            p=p* i;
            return p;
        }
```

程序中用 C 函数 fact 实现求 n!，汇编程序需调用 fact 函数实现求 5!，由于两个程序不会在同一个源程序文件中，所以在汇编程序中用伪指令 IMPORT 声明 fact，程序中只有一个参数，用 R0 传递。

【例 6-37】汇编语言程序提供变量 i 值，C 语言程序实现 5 个数相加，由汇编程序调用 C 程序实现 i+2 * i+3 * i+4 * i+5 * i。

```
EXPORT S
STACK_TOP EQU 0X00002000
    AREA  SUMA,CODE,READONLY
    IMPORT g                    ;声明 g 为外部引用符号
    DCD STACK_TOP
    DCD S
    ENTRY
S
    STR LR,[SP, #-4]!           ;将断点存入堆栈
    ADD R1,R0, R0               ;(R1)=i*2
    ADD R2,R1, R0               ;(R2)=i*3
    ADD R3,R1, R2               ;(R3)=i*5
    STR R3,[SP, #-4]!           ;将(R3)即第 5 个参数 i*5 存入堆栈
    ADD R3,R1, R1               ;(R3)=i*4
    BL g                        ;调用 C 函数 g(),返回值在 R0 中
    ADD SP,SP, #4               ;调整数据栈指针,准备返回
    LDR PC,[SP], #4             ;恢复断点
    END
int g(int a,int b,int c,int d,int e)
    {
      return a+b+c+d+e;
    }
```

程序中汇编程序调用 C 函数时是通过寄存器 R0~R3 将 i~4 * i 传递给变量 a~d，通过数据栈将 5 * i 传递给变量 e。

2）C 程序调用汇编子程序

程序设计时要特别注意参数的传递，必须遵循 AAPCS 规则。在 C 程序中调用汇编子程序时，在 C 程序中要用 extern 声明要调用的汇编语言子程序名，在汇编语言程序中要使用 EXPORT 伪指令声明本程序可以被其他程序调用。

【例 6-38】用 C 语言程序调用汇编程序实现求 5!，最后将结果存入 RESULT 单元。

```
extern void fact(int n);
void main()
    {
      int n=5;
      fact(n);
    }

STACK_TOP EQU 0X00002000
    AREA  FAC,CODE
    DCD STACK_TOP
    DCD fact
RESULT  DCD 0
```

```
        EXPORT fact                 ;声明 fact 为外部可引用符号
        ENTRY
    fact
        MOV R2,#1
    AGN
        MUL R1,R2,R0
        MOV R2,R1
        SUBS R0,R0,#1
        BNE AGN
        STR R2,RESULT
        MOV PC,LR
        END
```

汇编程序 fact 实现求任意数的阶乘，C 程序调用汇编程序求 5!。在汇编程序中，由于外部可以使用符号 fact 调用本程序，所以程序中用 EXPORT 说明符号 fact，另外在 C 程序中用 extern 声明了自外部引用的符号 fact。

3. 汇编语言与 C/C++的混合编程

在嵌入式程序设计中，有时需要用汇编语言来实现对具体硬件资源的访问，可以采用在 C 语言程序中嵌入汇编语言程序实现。内嵌的汇编指令与一般指令系统中的指令有一些区别，是在 C 程序中嵌入一段汇编代码，这段汇编代码在形式上表现为独立定义的函数体，遵循 AAPCS 调用规则。

调用的语法格式如下：

```
_asm
{
  指令序列;
}
```

嵌入式汇编在形式上表现为独立定义的函数，具有真实汇编的所有特性，但不能直接引用 C 语言里定义的变量，数据交换必须遵循 AAPCS 规则。这里注意：嵌入式汇编函数的参数不能用在函数体内。

【例 6-39】嵌入式汇编举例。

```
#include<stdio.h>
__asm void strcopy(const char * s,const char * d)
{
  Loop
    LDRB  R2,[R0],#1
    STRB  R2,[R1],#1
    CMP  R2,#0
    BNE  LOOP
    MOV  PC,LR
 }
void main()
{
    const char  * a="computer";
    char b[10];
```

```
    Strcopy(a,b);
    printf("original string:% s\n",a);
    Printf("copied string:% s\n",b);
  }
```

嵌入式汇编函数的参数 s 和 d 虽然对应的是嵌入汇编指令中的 R0 和 R1，但在内嵌指令中不能直接引用，而是按 AAPCS 规则将实参 a 和 b 的值通过寄存器 R0 和 R1 传递。

习题

1. 用汇编实现 $Z = 2X + 3Y + 8$。已知 X、Y 均已放在数据段，其值由编程者自定。结果 Z 仍放在数据段。

2. 用汇编实现将 X、Y 中大的数放入 BIG 单元，若 $X = Y$，则将其中之一放入 BIG 单元。

3. 有如下程序段，请问程序执行后 R0 的值为多少？简述程序的功能。

```
    AREA BYTE,CODE,READONLY
    ENTRY
START
    LDR R0,VAL
    LDR R1,MASK
    MOV R2,R0,LSR#0x4
    MOV R2,R2,LSL#0x8
    AND R0,R0,R1
    ADD R0,R0,R2
    STR R0,REL
VAL DCD 0x83
MASK DCD 0x000f
REL DCD 0
    END
```

4. 分析下列程序段，说明程序的功能。

```
    AREA EXCH,CODE,READONLY
    ENTRY
START
    MOV R0,#0xAAAAAAAA
    MOV R1,#0
    MOV R2,#32
LOOP
    TST R0,#1
    ADDEQ R1,R1,#1
    MOV R0,R0,LSR#1
    MOV R0,R0,LSR #1
    SUBS R2,R2,#1
    BNE LOOP
    END
```

5. 设数据段中有 3 个变量单元 A、B、C 中存有 3 个数，若这 3 个数都不为 0，则求出这 3 个数之和存入 SUM 单元；若其中有一个为 0，则将其他两个单元也清零，试编写此汇编程序。

6. 试编一汇编程序，对字变量 X 和 Y 进行比较，若相等，则调用子程序 SUB1 将“SAME”字串写入 RES1 开始的字节单元；若不相等，则调用子程序 SUB2 将“NOSAME”字串写入 RES2 开始的字节单元。

7. 将如下 C 函数改写成汇编语言程序。

（1）
```
int sub1(int x,int y)
{
  return x+y;
}
```

（2）
```
int sub2(int x,int y)
{
  int z;
  If(x>y)z=x;
  else z=y;
  reurn z;
}
```

8. 将下面的汇编程序改写成 C 函数。

```
AREA STRCOPY,CODE,READONLY
EXPORT STRCOPY
LDRB R2,[R0],#1
STRB R2,[R1],#1
CMP R2,#0
BNE STRCOPY
MOV PC,LR
END
```

9. 在汇编程序中如何向一个子程序传递参数？如何获得一个子程序的返回值？

10. 简述 AAPCS 规则。

11. AAPCS 规则对寄存器的使用是如何规定的？

12. AAPCS 规则对数据栈的使用是如何规定的？

第 7 章　存储器及其接口技术

存储器是现代计算机系统中的记忆设备，其主要功能是存储程序和各种数据，并能在计算机运行过程中高速、自动地完成程序或数据的读/写。现代计算机系统以存储器为核心，通过运行程序来处理数据，并且还可以利用存储器长期大量地保存信息。

本章首先介绍存储器的分类及其性能指标；然后介绍层次化存储器系统：高速缓冲存储器和虚拟存储器的原理；接着介绍存储器的扩展及接口技术；最后介绍存储器的发展趋势及基本设计原则。

7.1　存储器分类

存储器是具有“记忆”功能的设备，它采用具有两种稳定状态的物理器件来存储信息，这些器件也称为存储位。现代计算机系统中采用两个数码“0”和“1”的二进制来表示数据，存储位的两种稳定状态也对应分别表示为“0”和“1”。计算机处理的各种数字和字符，例如英文字母、运算符号等，都需要转换成二进制代码才能存储和操作。若干个存储位组成一个存储单元，然后再由多个存储单元组成一个存储器。每个存储单元可存放一个字节(按字节编址)，并对应一个编号，即地址，一般用十六进制数表示。

现代计算机系统的存储系统由主存、高速缓冲存储器和辅助存储器组成。主存和高速缓冲存储器又称为内存，运行中的程序就是保存在内存中；辅助存储器又称为外存，属于外部设备，通常用于长期大量地保存数据。

存储器可按多种方式分类：按组织形式可分为主存、高速缓冲存储器和辅助存储器；按存储介质的不同可分为半导体存储器、磁表面存储器和光表面存储器等；按数据读/写顺序可分为随机读/写、顺序读/写和堆栈读/写存储器；按存储原理可分为随机存储器(RAM)和只读存储器(ROM)。

7.1.1　按存储介质分类

半导体存储器是一种以半导体电路作为存储介质的存储器，具有体积小、存储速度快、易集成等优点，但成本较高，因此主要用作高速缓冲存储器、主存储器、只读存储器、堆栈存储器等。目前广泛应用的半导体存储器主要有随机存储器(Random Access - Memory,RAM)和只读存储器(Read Only Memory,ROM)两大类。RAM 存储单元的内容可根据需要随意取出或存入，且读/写的速度与存储单元的位置无关。这种存储器在断电时存储内容将丢失，因此主要用于存储短时间内使用的程序，如用作内存。ROM 存储数据稳定，断电后存储内容不会改变。ROM 存储的内容一般是装入整机前事先写好的，工作过程中只能读出，而不像随机存储器那样能快速地、方便地加以改写。其结构较简单，读出较方便，因而常用于存储各种固定程序和数据，如 BIOS 程序。为便于使用和大批量生产，进一步发展了可编程只读存储器(PROM)、可擦可编程序只读存储器(EPROM)、带电可擦可编程只读存储器(E^2PROM)和闪存(Flash)。

磁表面存储器是利用涂覆在载体表面的磁性材料具有两种不同的磁化状态来表示二进制信息的“0”和“1”。将磁性材料均匀地涂覆在圆形的铝合金或塑料的载体上就成为磁盘，涂覆在聚酯塑料带上就成为磁带。磁表面存储器的优点有：存储容量大、单位价格低、记录介质可以重复使用、记录信息可以长期保存而不丢失，甚至可以脱机存档、非破坏性读出，读出时不需要再生信息。但是其读/写速度较慢，机械结构复杂，对工作环境要求较高。因此，磁表面存储器在计算机系统中通常作为大容量辅助存储器使用，用于存放系统软件、大型文件、数据库等大规模程序与数据。

光表面存储器是一种利用光学方法读/写数据的存储器，它通过改变存储单元的某种性质，如反射率、反射光极化方向等，利用这种性质的不同来存储二进制数据。在读取数据时，光检测器检测出光强和极化方向等的变化，从而读出存储在光盘上的数据。由于高能量激光束可以聚焦成微米级的光束，对准精度高，所以它比磁表面存储器等具有更高的存储容量，主要用作大容量数据的长期保存。

7.1.2 按数据存取顺序分类

1. 随机读/写存储器

随机读/写是指对数据的读/写不受任何特定顺序的限制，即：当存储器中的数据被读取或写入时，所需要的时间与数据所在的位置或所写入的位置无关；CPU 可按地址随机访问任意存储单元。在现代计算机系统中，CPU 直接寻址访问的存储器都采用随机读/写方式。

2. 顺序读/写存储器

顺序读/写存储器是指对数据只能按某种顺序来读/写，读/写时间与存储单元的物理位置有关，典型的顺序读/写存储器是 FIFO(First In First Out)存储器。FIFO 存储器是一个“先入先出”的双端口缓冲器，即第一个进入其内的数据第一个被移出，其中一个端口作为存储器的输入口，另一个端口作为存储器的输出口。顺序读/写存储器的结构原理如图 7-1 所示。

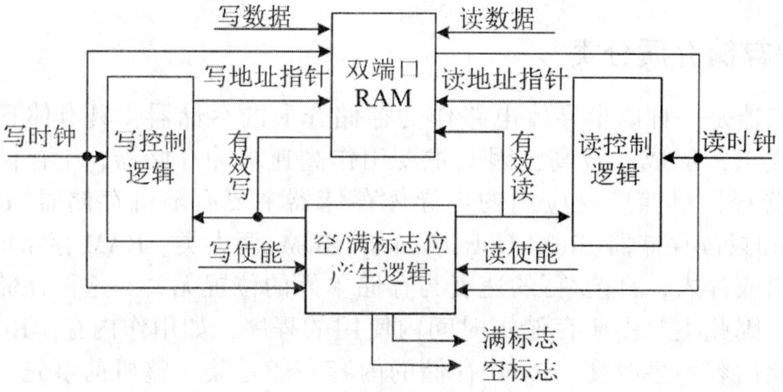

图 7-1 双端口 FIFO 结构图

其使用一个双端口 RAM 存放数据，数据发送方在一个端口写入数据，接收方在另一个端口读出数据，每个端口有独立的读/写控制信号和内部地址指针。访问 FIFO 时不需要地址线，只需要数据线和读/写控制信号线，数据地址由内部读/写指针自动加 1 完成。因此，利用 FIFO 实现数据的缓存具有接口简单、读/写方便、高效的优点，FIFO 存储器逐渐在高速数据的采集、处理、传输以及多机处理系统中得到越来越广泛的应用。

3. **堆栈存储器**

与顺序读/写不同，堆栈存储器采用“先进后出”（First In Last Out，FILO）或“后进先出”（Last In First Out，LIFO）的读/写原则。堆栈通常在主存中单独划分一个区域，一端固定作为栈底，另一端浮动作为栈顶，数据的写入和读出都针对栈顶单元进行操作。栈顶的地址存储在专用寄存器中，即堆栈指针（Stack Pointer，SP），其值随数据的进出自动修改。在计算机系统中，堆栈通常用于程序处理中断或子程序调用时保护断点和现场。

7.1.3 按存储原理分类

1. **随机读/写存储器**

随机读/写存储器 RAM 按照制造工艺可分为双极型 RAM 和金属氧化物（MOS）RAM。双极型 RAM 由双极型晶体三极管组成，读/写时间短，但集成度低、功耗大，价格也较高。因此双极型 RAM 主要用于读/写速度要求较高的计算机系统中。MOS 型 RAM 比双极型 RAM 集成度高，因此容量相对较大。RAM 用于存储临时工作数据，掉电后数据丢失，因此又称为易失性存储器。按照集成电路内部结构的不同，RAM 又分为静态 RAM 和动态 RAM 两种。

1）静态 RAM（Static Random Access Memory，SRAM）

静态 RAM 存储单元由多个半导体晶体三极管（双极型或 MOS 型）组合连接而成，用于保存数据状态。相对于动态 RAM 而言，它不需要刷新电路就能保存其内部存储的数据，因此称为静态 RAM。SRAM 读/写速度快，主要用作 CPU 与主存之间的高速缓存；但 SRAM 使用的晶体三极管数量较多，集成度低，掉电不能保存数据，功耗较大，价格也较高。

SRAM 由双稳态电路实现基本位存储，由 6 个 MOS 管（$M_1 \sim M_6$）组成的存储单元电路如图 7-2 所示。其中 M_1 和 M_2 构成一个反相器，M_3 和 M_4 构成一个反相器，两个反相器的输入与输出交叉连接，构成双稳态电路，两个稳态分别表示“0”和“1”。当 M_1 导通且 M_3 截止时，输出 $Q=1$，$\overline{Q}=0$；当 M_3 导通且 M_1 截止时，输出 $Q=0$，$\overline{Q}=1$。图中 BL 称为位线，WL 称为字线。

假如需要向指定存储单元写入“1”，CPU 送出的地址经行、列译码器译码后，选中对应单元的两条位线，令 $BL=1$，$\overline{BL}=0$，并使相应单元的 $WL=1$，晶体管 M_1、M_6 导通，把 BL、$\overline{BL}$ 上的信号分别送到 Q、$\overline{Q}$ 点，从而使 $Q=1$，$\overline{Q}=0$。当地址选择信号撤销后，相应的位线和字线信号也撤销（即为“0”），M_6 截止，M_1 和 M_3 将保持被写入的状态不变。只要系统不掉电，数据“1”就被锁存在晶体管 $M_1 \sim M_4$ 构成的锁存器中。写“0”的操作类似。

在读取 SRAM 的数据时，通过译码器选中某列位线对 BL、$\overline{BL}$ 进行预充电到电源电压 V_{DD}，预充电结束后，再通过行译码器选中某行，则某一存储单元被选中，由于其中存放的是“1”，则 $WL=1$，$Q=1$，$\overline{Q}=0$。晶体管 M_3、M_6 导通，有电流经 M_3、M_6 到地，从而使 $\overline{BL}$ 电位下降，BL、$\overline{BL}$ 间电位产生电压差，当电压差达到一定值后打开灵敏度放大器，对电压进行放大，再送到输出电路，读出数据。

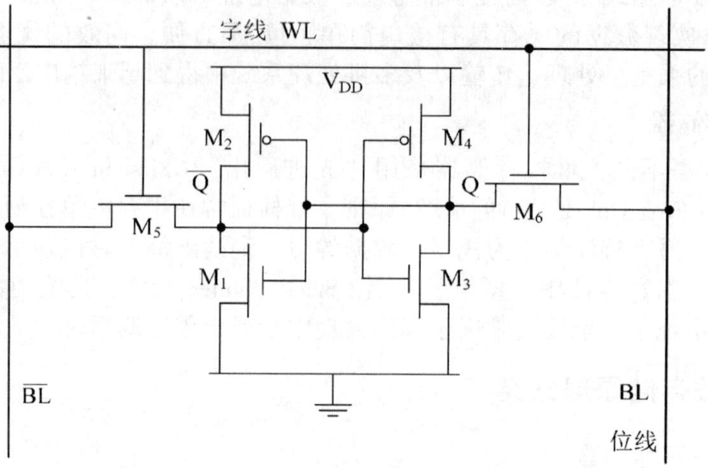

图 7-2　SRAM　基本存储单元结构图

图 7-2 所示电路只能存储一位二进制数，SRAM 存储器是由若干个这样的基本电路阵列构成的，以 16×16 阵列为例，如图 7-3 所示。

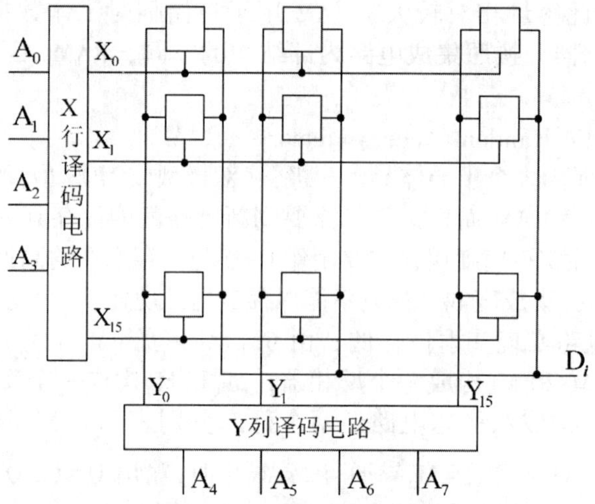

图 7-3　SRAM 位存储阵列

当执行内存“读”指令时，在指令提供的地址信息($A_0 \sim A_7$)作用下，经行、列译码后，唯一的选中某一行 X_i 和某一列 Y_j，其交叉节点处就是可进行读/写操作的数据位。读指令将选中的存储位数据经数据线 D_i 送给 CPU。若要以字节为单位进行数据操作，则需要 8 个这样的存储电路并联。16×16×8 的 SRAM 存储器框图如图 7-4 所示，8 个 16×16 的存储阵列芯片地址线并联，当某一片中的某一位被选中时，其他 7 片相同地址的数据位也同时被选中，这样，一次读/写的数据将是一个字节。

图 7-4 中，组成 16×16 存储阵列需要 8 根地址信号线($A_0 \sim A_7$)，称为片内地址线，不同容量的存储器所需的片内地址线不同。存储器的容量等于 2^N，其中 N 为片内地址线的根数。每增加一根地址线，可访问的存储器容量扩大 1 倍。

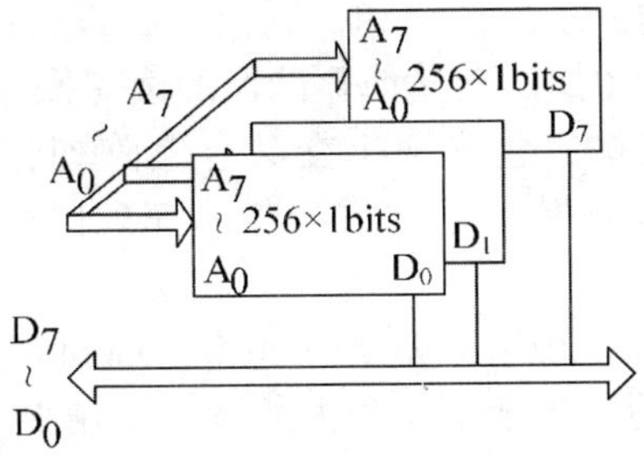

图 7-4 用 16×16×8 组成的 256 字节 SRAM 结构框图

2) 动态 RAM（Dynamic Random Access Memory，DRAM）

动态 RAM 由单个 MOS 和电容元件组成存储单元，需要存储器控制电路按一定周期对存储单元进行刷新才能保持数据状态，因此称为动态 RAM。DRAM 读/写速度与 SRAM 相当，但由于需要周期性的刷新数据状态，所以 DRAM 的工作速度远低于 SRAM。由于 DRAM 集成度较高，功耗低，价格比 SRAM 便宜，DRAM 成为大容量 RAM 的主流产品。

DRAM 存储单元电路如图 7-5 所示，通过电容 C 来保存信息：电容 C 存储有电荷时为逻辑“1”，没有存储电荷时为“0”。由于电容存在电荷泄漏(放电)现象，时间长了存储的信息会丢失或出现错误，因此，需要周期性地对电容进行充电或刷新。

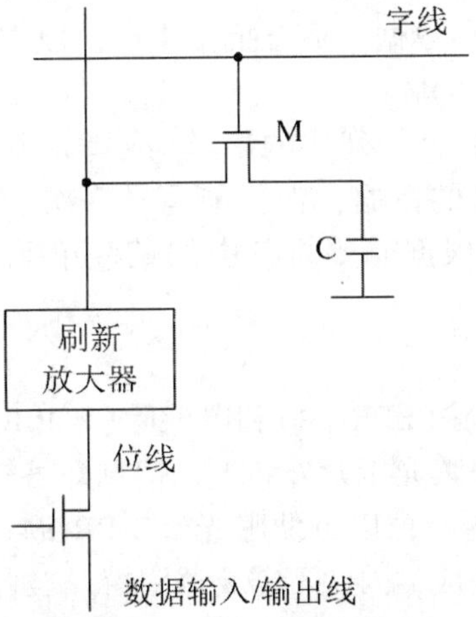

图 7-5 DRAM 结构图

读/写操作时，CPU 发出的地址信号经行、列译码后选通相应的字线和位线，M 导通，信息通过 M 读出电容 C 上的数据或写入电容 C。

电路刷新时，以行为单位进行操作。当某一行选择信号为“1”时，选中该字线，电容上的信息送到刷新放大器，刷新放大电路对电容进行重写。此时，位线始终为“0”，因此电容上的信息不会送到数据总线上。

3) 同步动态 RAM(Synchronous DRAM,SDRAM)

SDRAM 采用同步方式进行数据读/写，即送往存储器的地址信号、数据信号、控制信号都是在同一时钟信号变化沿(上升沿或下降沿)被采样和锁存；存储器输出的数据也在时钟变化沿(上升沿或下降沿)被锁存到 CPU 内部寄存器。SDRAM 在进行数据读/写时，从输入地址信号、控制信号到数据输出所需的时钟个数可以通过对 CPU 的方式寄存器编程来确定。这样，在 SDRAM 输入地址信号和控制信号后进行内部操作期间，CPU 和总线主控器可以安全地处理其他任务(如启动其他存储器的读写操作)，从而提高系统性能。

SDRAM 采用双存储体结构，包含两个交叉存储阵列，CPU 从一个存储阵列访问数据时，另一个已准备好读/写数据，通过两个存储阵列的交互切换，读数据效率得到成倍提高。

随着集成技术的发展，又出现了双倍数据速率(Double Data Rate，DDR)SDRAM。DDR 运用了更先进的同步电路，使指定地址、数据的输入和输出主要步骤既独立执行，又保持与 CPU 完全同步。SDRAM 只在时钟的上升沿或下降沿进行数据读/写操作，而 DDR 不仅在时钟上升沿进行操作，在时钟脉冲的下降沿可以进行对等操作。这样，在理论上，DDR 的数据传输能力比同频率的 SDRAM 提高一倍。目前 DDR SDRAM 已从 DDR 发展到 DDR4，最多可以在一个时钟周期内传输 16 次数据。

2. 只读存储器

只读存储器 ROM 的特点是信息写入存储器后，能长期保存，不会因电源掉电而丢失信息。计算机中运行过程中，只能读出 ROM 中的信息，不能再次写入。通常，ROM 用于存放计算机系统中固定的程序和数据，如操作系统程序或用户固化程序。

1)掩膜 ROM

掩膜 ROM 利用掩膜工艺制造，数据由厂家一次性写入，一旦做好，不能更改，因此只适用于存储成熟的固定程序和数据，适合批量生产，成本低。

2)一次性可编程 ROM(PROM)

可编程 ROM 存储单元内部有行列式的熔丝(或肖特基二极管)，可以利用电流将其烧断(或反向击穿)，写入所需的数据，但仅能写录一次。PROM 在出厂时，存储的内容全为“1”或“0”，用户可以根据需要将其中的某些单元写入数据“0”或“1”，实现对其“编程”的目的。

3)可擦除 ROM

可擦除 ROM 分为紫外光擦除(EPROM)和电擦除(E^2PROM)ROM。EPROM 利用高电压将数据编程写入，抹除时将线路曝光于紫外线下，信息即可被清除，并且可重复使用。通常在封装外壳上会预留一个石英透明窗以方便曝光。E^2PROM 的工作原理类似于 EPROM，但是抹除的方式是使用高电场来完成，因此不需要透明窗。二者的结构如图 7-6 所示。

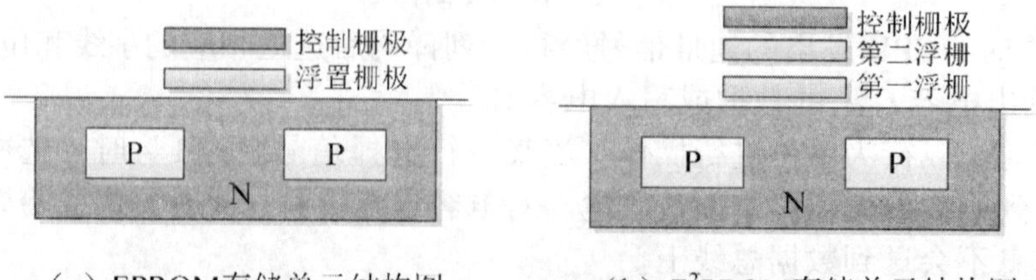

(a) EPROM存储单元结构图　　(b) E^2PROM存储单元结构图

图 7-6　可擦除 ROM 存储单元结构图

EPROM 常采用浮空栅雪崩注入式 MOS 电路，简称为 FAMOS。它与 MOS 电路相似，是在 N 型基片上生长出两个高浓度的 P 型区，分别引出源极 S 和漏极 D。在源极和漏极之间有一个多晶硅栅极浮空在绝缘层中，与四周无直接电气连接。这种电路以浮空栅极是否带电来表示存“1”或者“0”，浮空栅极带电后(例如负电荷)，在源极和漏极之间感应出正的导电沟道，使MOS管导通，即表示存入“0”；若浮空栅极不带电，则不能形成导电沟道，MOS管不导通，即表示存入“1”。

E^2PROM是在EPROM基本单元电路的浮空栅极的上面再生成一个浮空栅，前者称为第一级浮空栅，后者称为第二级浮空栅。在第二级浮空栅引出一个电极，接某一电压V_G。若V_G为正电压，第一浮空栅极与漏极之间产生隧道效应，使电子注入第一浮空栅极，即编程写入。若使V_G为负电压，第一浮空栅极的电子散失，即擦除。擦除后可重新写入。

EPROM芯片中若某一位数据需要重写，需要从电路板上将芯片取下，整个芯片擦除重写。而E^2PROM可以以字节为单位擦除重写，且不需要把芯片拔下插入编程器，因此应用更广泛。

4)闪存(Flash Memory)

闪存是一种长寿命的非易失性存储器，是E^2PROM的变种。二者之间不同的是，E^2PROM能在以字节进行删除和重写而不是整个芯片擦写，而闪存可以按块擦除，在系统中电可擦除和可重复编程，因此读/写速度快、成本低、密度大。闪存通常被用来保存系统设置信息，如计算机系统的BIOS信息。随着半导体技术发展，闪存成为比硬盘驱动器更好的存储方案，广泛应用于数码设备中的Smart Media(SM卡)、Compact Flash(CF卡)、Multi-Media Card(MMC卡)、Secure Digital(SD卡)、Memory Stick(记忆棒)、XD-Picture Card(XD卡)以及固态硬盘(Solid State Drives，SSD)等都是应用闪存技术存储信息的。

NOR和NAND是现在市场上两种主要的非易失闪存技术。Intel公司于1988年首先开发出NOR闪存技术，彻底改变了原先由EPROM和E^2PROM一统天下的局面。紧接着，1989年，东芝公司发布了NAND闪存结构，强调可以更低的成本获得更高的性能，并且像磁盘一样可以通过接口轻松升级。

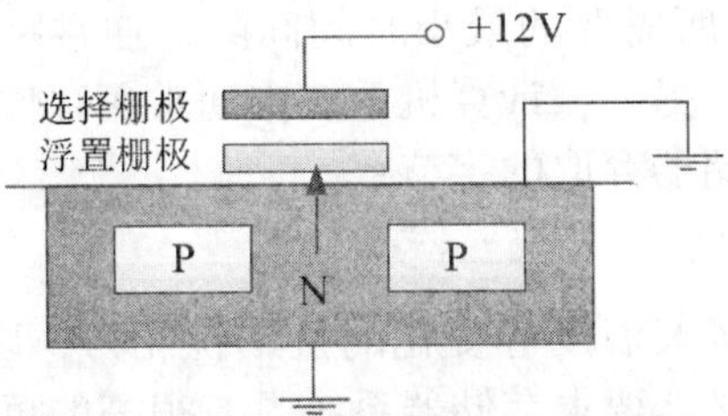

图7-7 NAND存储单元结构图

NAND闪存的基本单元电路与E^2PROM类似，也是由双层浮空栅MOS管组成，如图7-7所示。但是其第一层栅介质很薄，作为隧道氧化层。写入方法与E^2PROM相同，在第二级浮空栅加正电压，使电子进入第一级浮空栅。读出方法与EPROM相同。擦除方法是在源极加正电压利用第一级浮空栅与漏极之间的隧道效应，将注入浮空栅的负电荷吸引到源极。由于利用源极加正电压擦除，所以各单元的源极连在一起，这样，擦除不能按字节擦除，而是全片或者分块擦除。

NAND结构能提供极高的单元存储密度，并且写入和擦除的速度也很快。因此，NAND较适合存储文件。NAND器件使用复杂的I/O口来串行地读/写数据，各个产品或厂商的方法可能各不相同。所以在使用NAND器件时，必须先写入驱动程序，才能继续执行其他操作。

NOR 的随机读/写与 SDRAM 类似，存储应用程序后可以直接在其内部运行，这样可以减少 SRAM 的容量从而节约成本，这是嵌入式应用经常需要的一个功能。NOR 带有 SRAM 接口，有足够的地址引脚来寻址，可以很容易地读/写其内部的每一个字节。NOR 的传输效率很高，在 1～4MB 的小容量时具有很高的成本效益。

一般来说，NOR 类型的闪存相当于计算机的主存，但是可以存储数据；而 NAND 则相当于硬盘，适合大量数据的存储。

7.2 存储器主要性能指标

选择存储器时，需要注意存储器的性质和应用范围：是主存还是外存，是 ROM 还是 RAM。不同类型存储器，其性能指标不相同，通常需要注意以下几个指标。

1. 存储容量

存储容量指存储器可存储的二进制信息量。基本存储单位为位(bit)，一般以字节(Byte)或字(Word)来计算。如 SRAM6264 的容量为 8K×8bit，即它有 8K 个存储单元，每个单元存储 8bit(=1Byte)。存储容量常用单位有 KB(1024Byte)、MB(1024KB)、GB(1024MB)和 TB(1024GB)。存储器容量越大，存储的信息越多，计算机运行速度也越快。计算机系统可访问的存储容量由 CPU 的地址总线宽度决定。假设一个存储器有 1MB($=2^{20}$)个存储单元，但是 CPU 地址总线宽度为 16 条，则 CPU 最大可访问的存储空间为 64KB($=2^{16}$)。

2. 存取时间

存储器的工作速度，通常用读/写时间和读/写周期表示。读/写时间是指从存储器接收到稳定的寻址地址开始，到完成一次数据读取或写入所需的时间。读/写周期是指连续两次独立的存储器读/写操作所需要的最小时间间隔，通常略大于读/写时间。读/写时间越短，计算机运行速度越快。另外，计算机系统中通常用存储器带宽衡量系统性能。存储器带宽定义为单位时间里存储器存取的字节数。

3. 可靠性

可靠性指存储器对电磁场及温度等变化的抗干扰能力，以及高速使用时的正确读/写能力。计算机要正确运行，必然要求存储器系统具有很高的可靠性，主存的任何错误都可能导致计算机无法工作。

4. 功耗

使用低功耗的存储器芯片构成存储系统，不仅可以降低对电源容量的要求，还可以提高存储系统的可靠性。一般来说，MOS 型存储器功耗小于双极性存储器。功耗是便携式系统的关键指标之一，它不仅表示存储芯片所需的能量，还影响系统的散热。但功耗与速度通常成正比。

5. 工作电压

存储器芯片的供电电压根据芯片类型的不同而不同。一般 TTL 型存储器芯片的供电电压为+5V，而 MOS 型存储器芯片的供电电压为+3～+18V。

6. 价格

存储器芯片的价格通常包括两部分：单位存储单元的价格和存储芯片所需外围电路的价格。在半导体存储器中，存取时间短的存储器价格较高；单片容量大的芯片相对成本低；不需要外围电路的存储芯片相对成本低。存储器芯片的价格是确定计算机存储系统的重要因素，合理配置存储器芯片的类型非常重要。

7.3 计算机的层次化存储技术

计算机系统总希望存储器速度能与 CPU 速度匹配，使 CPU 的高速性能得到最大限度发挥；在存储系统的容量上又希望能存放所有系统软件和多个用户软件；同时，又希望存储器的价格占整个计算机系统硬件价格中一个较小而合理的比例。然而，实际上，存储器的价格、速度和容量的要求是相互冲突的。在存储器所用器件一定的条件下，容量越大，会因延迟增加而使速度降低；容量越大，价格越高；存储器读/写速度越快，价格也越高。因此，为满足系统对存储器性能的要求，系统中必然使用多种不同工艺的存储器组成存储系统，使所有信息以各种方式分布于不同的存储器上。

7.3.1 存储系统的分层结构

尽管计算机程序运行需要巨大、快速的存储空间，但程序对存储空间的访问并不是均匀的。在一个较短的时间内，CPU 对存储器的访问往往集中在一个很小的地址范围内。程序指令的地址通常都是连续的，加上程序运行的循环操作和子程序的重复调用，CPU 对指令地址的访问相对集中。虽然数据空间的集中性不如指令明显，但对数组的操作和数据单元的选择也可能使 CPU 的访问地址相对集中。这种对局部范围主存储空间的频繁访问，称为存储器访问的局部性。多层存储系统正是利用这种存储器访问的局部性原理搭建的。

存储系统的层次化结构如图 7-8 所示，可分为 5 级：寄存器组、高速缓存 Cache、主存、虚拟存储器和外部存储器。其中，寄存器组总是在 CPU 内部，程序员可通过寄存器名访问，无总线操作，访问速度最快；其余 4 级均在 CPU 外部，Cache 和主存构成内存储系统，程序员通过总线寻址访问存储单元，访问速度较寄存器差；虚拟存储器对程序员而言是透明的；外部存储系统容量大，需通过 I/O 接口与 CPU 交换数据，访问速度最慢。

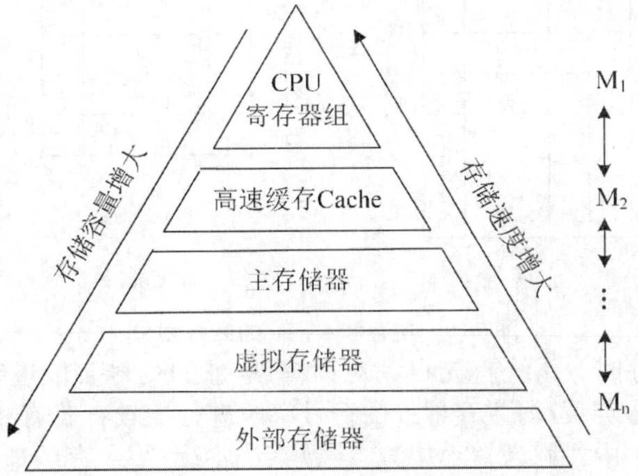

图 7-8 层次化存储系统

总体而言，要求不同存储器间(M_1~M_n)结合辅助软硬件功能，在逻辑上组成一个整体，使得整个存储系统，访问速度上接近于速度最快的 M_1，容量接近于容量最大的 M_n，价格接近于价格最低的 M_n。CPU 访问存储器时，首先访问 M_1，如果在 M_1 中找到所需的数据(称为“命中”)，则直接读/写；如果在 M_1 中找不到所需的数据(称为“失效”)，则将 M_2 中的包含数据的块调入 M_1；若在 M_2 中仍然找不到所需数据，则继续访问 M_3，以此类推。

7.3.2 高速缓存

高速缓存(Cache)是由 SRAM 组成的，是存在于主存与 CPU 之间的存储器，容量较小，但访问速度比主存高，接近于 CPU 的速度。Cache 技术是为了把主存看作高速存储器而设置的小容量局部存储器，又称为 Cache-主存存储层次。它有效地利用程序访问存储器中时间上和空间上有局部区域性的特点，针对某个特定的时间段，用连接在局部总线上的 Cache 代替低速大容量主存，作为 CPU 集中重复访问的区域，系统的性能就会明显改善。

1. Cache 工作原理

Cache 通常由三部分组成：高速存储体，用于存放由主存调入的指令与数据块；地址转换部件，用于建立目录表以实现主存地址到 Cache 地址的转换，又称为联想存储器；替换部件，用于在 Cache 已满时按一定策略进行数据块替换，并修改地址转换部件内容。

在有 Cache 的计算机系统中，CPU 将主存的地址划分为行、列和组三个地址字段。于是，主存就在逻辑上被划分为若干区域(对应地址行)；每个区域划分为若干页或者块(对应地址列)；每页(块)包含若干字节单元(对应组内地址)。Cache 也相应地划分为相同大小的页。二者的页大小相同，列和组的大小也相同，但 Cache 的行数却比主存储器的行数少得多。

例如，某计算机主存容量大小为 1GB，对应主存地址线宽度为 30 位，其中行地址段为 14 位，列地址段为 8 位，组地址段为 8 位，如图 7-9 所示。则主存被划分为 16K 行，每行划分为 256 页，每页包含 256 个存储单元。相应地，Cache 容量大小为 256KB，对应地址线宽度为 18 位，行地址段 2 位，列地址段 8 位，组地址段为 8 位。则 Cache 被划分为 4 个行，每行划分为 256 页，每页包含 256 个存储单元。

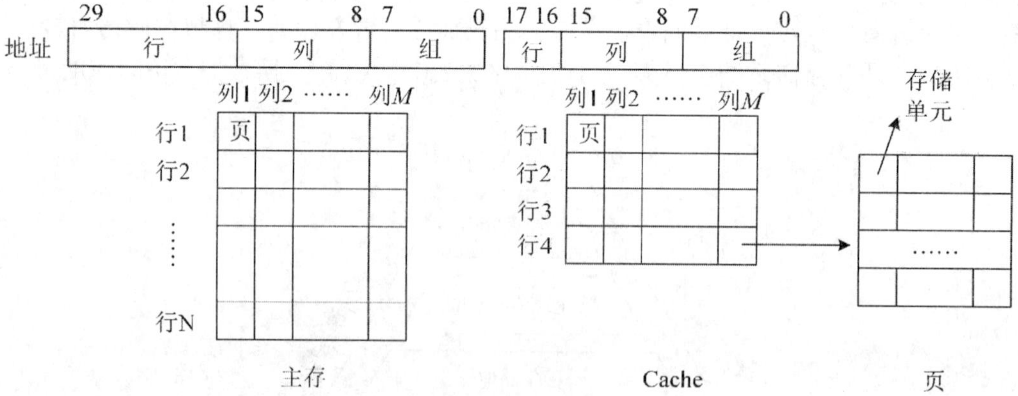

图 7-9 主存和 Cache 的区域划分

当 CPU 读/写主存时，系统首先自动对读/写地址的列号字段进行译码，以便将联想存储器该列的全部行号与读/写主存地址的行号字段进行比较；若有相同的，表明要读/写的主存单元已在 Cache 中，称为“命中”，于是系统将读/写主存的地址映射为 Cache 的地址并执行读/写操作；若都不相同，表明该单元不在Cache中，称为“脱靶”，系统将执行读/写主存操作，并自动将该单元所在的主存单元组调入Cache相同列空闲的存储单元组中，同时将该组在主存中的行号存入联想存储器对应位置的单元内。

Cache命中的统计概率称为命中率。由于CPU对Cache的操作速度远大于对主存的操作速度，所以，CPU访问Cache的命中率越高，系统性能越好。Cache的命中率取决于Cache的大小、Cache的组织结构和程序的特性。容量相对较大的Cache命中率会相应提高；但容量太大，成本会变得不合理。遵循局部性原理的程序在运行时，命中率也会很高。但Cache组织结构的好坏，对命中率的影响较大。

Cache的存在对用户来说是透明的。在CPU访问存储器时，系统自动地将地址转换成Cache地址，如果需要访问的数据不在Cache中，则需要将其从主存中调入Cache。Cache的地址变换和数据替换都需要用硬件来实现。

2. **Cache 地址映像规则**

地址映像是指某一数据在主存中的地址与在Cache中的地址之间的对应关系。由于Cache的页的个数远远小于主存，需要根据一定规则将主存中的部分页映像到Cache中，同时还需要确定主存中的哪些块占用着Cache的存储空间。因此，映像规则决定了Cache的结构。Cache的地址映像的方式主要有三种：全相联、直接相联和成组相联。下面以容量为1GB的主存和256KB的Cache为例，分别介绍这三种地址映像方式。

1) 全相联映像

这种方式的特点是：主存的任意一页都可以映像到Cache中的任意一页；主存与Cache划分成相同大小的数据块；主存的某一数据块可以装入Cache的任意一块空间中。如果Cache的页数为C，主存的页数为M，则映像关系共有$C \times M$种。全相联映像的Cache组织结构如图7-10所示，1GB的主存被划分为4M个大小为256B的页，256KB的Cache被划分为1K个相同大小的页。主存地址被分为两部分，低8位为页内地址，高22位为主存页标记(页号)。地址映像目录表存放在联想存储器中，由于每个Cache页都可以映像为主存中的任意一页，所以，联想存储器也需要22位，且目录表的容量与Cache的页数相同。全相联映像方式的优点是命中率比较高，Cache存储空间利用率较高。但这种方式也存在严重的缺陷：访问联想存储器时，每次都要与目录表全部内容比较，速度低，成本高，因而应用少。

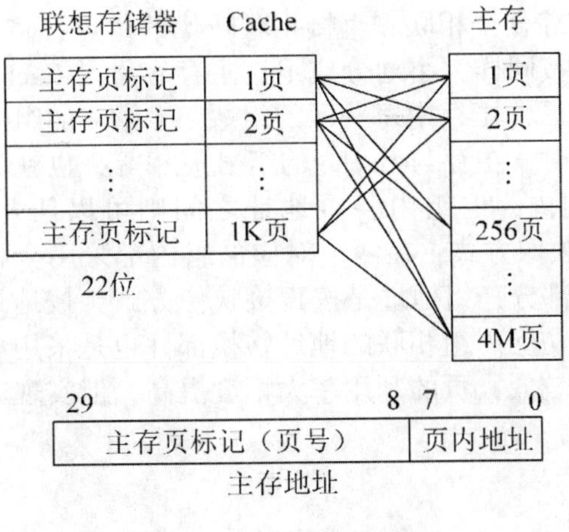

图7-10 全相联映像

2) 直接相联映像

这种方式的特点是：主存储器中一页只能映像到 Cache 的一个特定的页中；主存与 Cache 划分成相同大小的数据块；主存容量应是 Cache 容量的整数倍。主存空间按 Cache 的容量分成区，主存中每一区的页数与 Cache 的总页数相等；主存中某区的一页存入 Cache 时只能存入 Cache 中页号相同的位置，如图 7-11 所示。进行映像时，主存的 1K 页的内容可以同时映像到 Cache 中。由于主存、Cache 页号及页内地址两个字段完全相同，所以，地址映像目录表登记时，只记录调入页的主存页标记(区号)即可，即联想存储器的位数为 12 位，相比较于全相联方式，节约了存储空间。联想存储器的目录表容量仍与 Cache 的页数相同。直接相联映像方式地址映像简单，数据访问时，只需检查区号是否相等即可，因而可以得到比较快的访问速度。硬件设备简单，但不够灵活，每次操作需要进行整个 Cache 容量大小数据的替换，替换操作频繁，命中率较低。

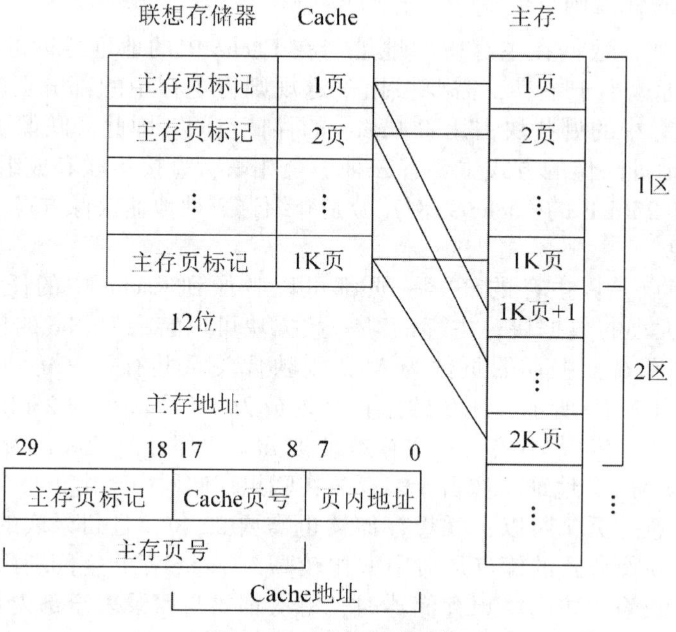

图 7-11　直接相联映像

3) 组相联映像

这种方式的特点是：综合全相联和直接相联映像的优点，将主存和 Cache 按同样大小划分成页；主存和 Cache 按同样大小划分成组；主存容量是 Cache 容量的整数倍，将主存空间按缓冲区的大小分成区，主存中每一区的组数与 Cache 的组数相同，如图 7-12 所示。当主存的数据调入 Cache 时，主存与 Cache 的组号应相等，也就是各区中的某一页只能存入 Cache 的同组号的空间内，但组内各页地址之间则可以任意存放，即从主存的组到 Cache 的组之间采用直接映像方式；在两个对应的组内部采用全相联映像方式。主存地址与 Cache 地址的转换有两部分，组地址是按直接映像方式，按地址进行访问，而页地址是采用全相联方式，按内容访问。组相联的地址转换部件也是采用相关存储器实现。组相联映像中，页的冲突概率比较低，页的利用率大幅度提高，但实现难度和造价要比直接映像方式高。

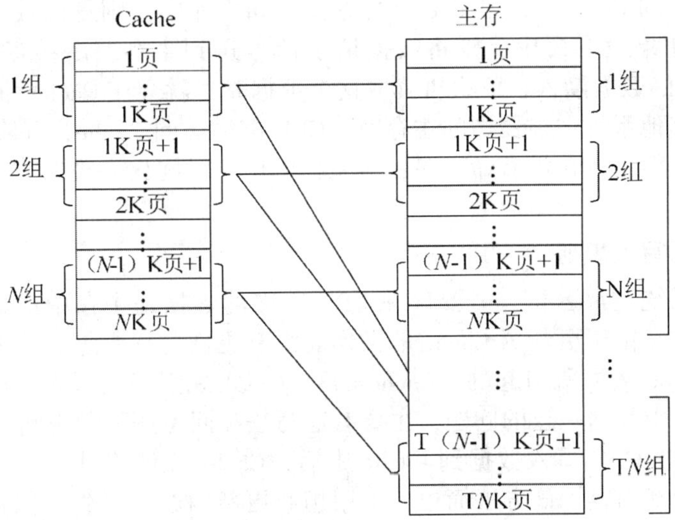

图 7-12 组相联映像

3. Cache 的读取结构

CPU 对 Cache 的访问主要是读操作，因此 Cache 读取的结构对系统性能影响很大。Cache 的读取结构主要有旁视结构和通视结构两种。

(1) Cache 的旁视结构如图 7-13(a)所示。在这种结构中，Cache 和主存并行地连接到系统总线上，Cache 和主存能够同时监视一个总线周期，因此称为旁视结构。当 CPU 发出数据请求时，Cache 检查是否命中。如果命中，则 Cache 对数据请求进行响应，并终止该总线周期；如果没有命中，则由主存响应数据请求，Cache 同时将要获取的数据读入，这样，下一次再读取这个数据时，就会在 Cache 命中。

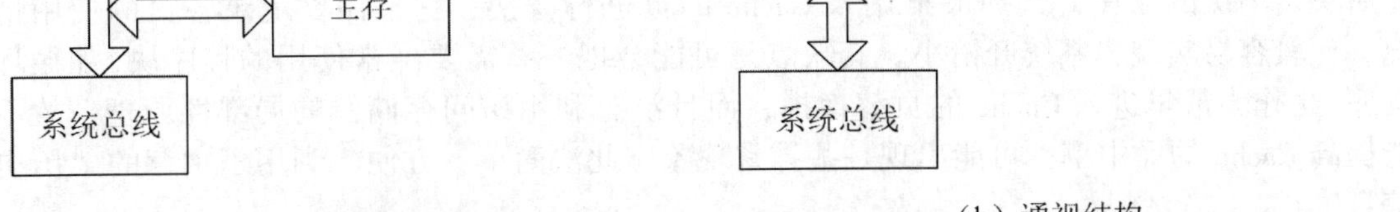

(a) 旁视结构　　(b) 通视结构

图 7-13 Cache 的读取结构

旁视结构简单，成本低，Cache 和主存同时监视系统总线，数据请求的延迟低。但是对系统总线的占用率高，且当其他系统主控器正在访问主存时，CPU 不能访问 Cache。

(2) Cache 的通视结构如图 7-13(b)所示。在这种结构中，Cache 位于 CPU 和系统总线间，CPU 发出的所有数据请求必须通过 Cache，因此被称为通视结构。CPU 对主存的所有数据请求都首先送到 Cache，由 Cache 自行查找。如果命中，则送出数据，不再将数据请求发送到主存；如果没有命中，则将数据请求信号送到主存，由主存响应数据请求，Cache 同时将要获取的数据读入，下次再读取这个数据时，就会在 Cache 命中。

通视结构允许其他系统主控器访问主存时，CPU 能够访问 Cache，并降低了 CPU 对系统总线的请求频率。但是，在没有命中时，对主存的访问时间比旁视结构长，系统结构更复杂。

4. Cache 的数据写入规则

为了使存储器系统正常运行，需要确保 CPU 获得的数据是主存中最新的备份。出现数据不一致问题往往是由于更新了 Cache 的数据而没有更新主存数据，或者是更新了主存数据而没有更新 Cache 数据所引起的。Cache 的数据写入规则解决写入存储器的过程中如何控制 Cache 和主存中数据一致的问题，主要有通写法和回写法两种规则。

(1)通写法中，当 CPU 写入数据到 Cache 中后，Cache 立即将其写入主存，使主存始终保持 Cache 中的最新内容。该方法简单，不用担心更新内容的丢失。但每次对 Cache 的修改同时需要写入主存，系统总线操作频繁，系统性能降低。

(2)回写法是将 Cache 当作缓冲区，当 CPU 写入数据到 Cache 中后，Cache 并不立即将该数据回写到主存，而是等系统总线空闲时才将 Cache 中的数据回写到主存。这种方法使 CPU 可以持续运行而不必等待主存更新，性能比通写法高，但 Cache 的控制系统更复杂，价格更高。

5. Cache 的数据替换规则

当 Cache 已经装满，出现脱靶时，需要将主存中的数据替换掉 Cache 中的部分数据，这就产生了 Cache 的替换规则。常用的替换规则有：最近最少使用算法(LRU)、先进先出法(FIFO)和随机法(RAND)等。替换逻辑电路是执行这个功能的部件。另外，当执行写主存操作时，为保持主存和 Cache 内容的一致性，对命中和脱靶需分别处理。

(1)最近最少使用法(Least Recently Used,LRU)：依据各页使用的情况，总是选择那个最近最少使用的页被替换。这种方法虽然比较好地反映了程序局部性规律，但是需要随时记录 Cache 中各页的使用情况，需要对每一页设置一个称为计数器的硬件或软件模块，以便确定哪个页是近期最少使用的页。LRU 算法相对合理，但实现起来比较复杂，系统开销较大。

(2)先进先出法：将最先进入 Cache 的信息页替换出去。这种算法是按调入 Cache 的先后决定淘汰的顺序，选择最早调入 Cache 的页进行替换，它不需要记录各页的使用情况，比较容易实现，系统开销小。其缺点是可能会把一些需要经常使用的程序块(如循环程序)也作为最早进入 Cache 的页替换掉，而且没有利用访问存储器的局部性原理，故不能提高 Cache 的命中率，可能出现一些异常现象。此法简单、方便，利用了主存的“历史信息”。

(3)随机法：随机地确定替换的存储页。设置一个随机数产生器，依据所产生的随机数，确定替换页。这种方法简单、易于实现，而且它不考虑 Cache 页过去、现在及将来的使用情况。但是没有利用主存使用的“历史信息”，没有利用访问存储器的局部性原理，故不能提高 Cache 的命中率，命中率较低。

6. 影响 Cache 性能的因素

影响 Cache 性能的因素主要有以下几方面。

(1) Cache 容量的大小。Cache 容量越大，保存的信息越多，命中率越高，但成本相对越高。

(2) Cache 页的大小。当每次 Cache 页不命中而进行数据更新时，要从主存中读取数据，Cache 页越大，填充的数据越多，运行时间也越长，但有效数据越多，命中率越高。

(3) 地址映像方式。全相联、直接映像和组相联三种不同的映像方式命中率不同，系统性能差异较大。

7.3.3 虚拟存储器

由于程序指令和数据可以存储在辅助存储器中，用户程序的大小可以不受实际主存空间的限制，好像计算机系统向用户提供了一个大容量的“主存”。而这个大容量“主存”是靠大容量的辅助存储器作为后援而获得的，在对存储器的操作过程中，人们感觉不到主存、辅存的区别，因此将这个大容量“主存”称为虚拟存储器。

虚拟存储器是因为主存容量不能满足需求而提出的，在主存和辅存之间，增设辅助软硬件设备构成一个整体，因此又称之为主存-辅存存储层次。从 CPU 看，虚拟存储器速度接近于主存，容量接近于辅存，价格接近于辅存。主存是 CPU 可访问的存储空间，其容量由 CPU 的地址总线宽度决定；而虚拟存储器是程序占有的空间，其容量由 CPU 内部结构所决定。

虚拟存储器将主存容量扩大，大大超过了 CPU 可以直接访问的空间。用户编制程序时使用的地址称为虚地址或逻辑地址，其对应的存储空间称为虚拟存储空间或逻辑地址空间；而计算机物理主存的访问地址则称为实地址或物理地址，其对应的存储空间称为物理存储空间或主存空间。程序进行虚地址到实地址转换的过程称为程序的再定位。虚拟存储器的用户程序按照虚地址编程并存放在辅存中。程序运行时，由地址变换机构依据当时分配给该程序的实地址空间把程序的一部分调入主存。每次访存时，首先判断该虚地址所对应的部分是否在主存中：如果是，则进行地址转换并用实地址访问主存；否则，按照某种替换算法将辅存中的部分程序调度进主存，再按同样的方法访问主存。由此可见，每个程序的虚地址空间可以远大于实地址空间，也可以远小于实地址空间。

从工作原理上看，尽管“主存-辅存”和“主存-Cache”是不同层次的存储体系，但二者在概念和方法上有许多相同点：二者都是基于程序访问的局部性原理，把程序划分为多个信息块，运行时都能自动将信息块从低速存储器向高速存储器调度，这种调度所采用的地址变换、映像方法以及替换策略原理上是相同的。

当然，二者也存在不同点：信息块的大小不同，Cache 每块的大小为几个至几十字节，而虚拟存储器每块的大小通常为几百字节至几百 K 字节；CPU 访问 Cache 的速度比访问主存快 5~10 倍，而虚拟存储器中主存的工作速度比辅存快 100~1000 倍；Cache 存储器的信息存取过程、地址变换和替换策略全部通过硬件实现，对程序员来说是透明的，而虚拟存储器基本上是操作系统辅以硬件来实现，对系统程序员并不是完全透明的。

虚拟存储器的地址映像规则和替换规则与 Cache 所采用的策略很相似，一般分为页式管理、段式管理和段页式管理方式。

1. 页式管理

页式虚存地址映射存储系统中，虚地址空间被分成等长大小的页，称为逻辑页；主存空间也被分成同样大小的页，称为物理页。相应地，虚地址分为两个字段，高字段为逻辑页号，低字段为页内地址(偏移量)；实存地址也分两个字段，高字段为物理页号，低字段为页内地址。通过页表可以把虚地址(逻辑地址)转换成物理地址。

在大多数系统中，每个进程对应一个页表。页表中对应每一个虚存页面有一个表项，表项的内容包含该虚存页面所在的主存页面的地址(物理页号)，以及指示该逻辑页是否已调入主存的有效位。地址变换时，用逻辑页号作为页表内的偏移地址索引页表(将虚页号看作页表数组下标)并找到相应物理页号，用物理页号作为实存地址的高字段，再与虚地址的页内偏移量拼接，就构成完整的物理地址。现代的中央处理机通常有专门的硬件支持地址变换。

由于页表通常在主存中，所以即使逻辑页已经在主存中，也至少要访问两次物理存储器才能实现一次访存，这将使虚拟存储器的读/写时间加倍。为了避免对主存访问次数的增多，可以对页表本身实行二级缓存，把页表中最活跃的部分存放在高速存储器中，组成快表。这个专用于页表缓存的高速存储部件通常称为转换后援缓冲器(TLB)。保存在主存中的完整页表则称为慢表。

内页表是虚地址到主存物理地址的变换表。与内页表对应的还有外页表，用于虚地址与辅存地址之间的变换。当主存缺页时，调页操作首先要定位辅存，而外页表的结构与辅存的寻址机制密切相关。例如对磁盘而言，辅存地址包括磁盘机号、磁头号、磁道号和扇区号等。

2. 段式管理

段是按照程序的自然分界划分的长度可以动态改变的区域。通常，程序员把子程序、操作数和常数等不同类型的数据划分到不同的段中，并且每个程序可以有多个相同类型的段。在段式虚拟存储系统中，虚地址由段号和段内地址(偏移量)组成。虚地址到实主存地址的变换通过段表实现。

每个程序设置一个段表，段表的每一个表项对应一个段。每个表项至少包含下面三个字段：有效位，指明该段是否已经调入主存；段起址，指明在该段已经调入主存的情况下，该段在主存中的首地址；段长，记录该段的实际长度。设置段长字段的目的是为了保证访问某段的地址空间时，段内地址不会超出该段长度导致地址越界而破坏其他段。段表本身也是一个段，可以存在辅存中，但一般驻留在主存中。

段式虚拟存储器有许多优点：段的逻辑独立性使其易于编译、管理、修改和保护，也便于多道程序共享；段长可以根据需要动态改变，允许自由调度，以便有效利用主存空间。

段式虚拟存储器也有一些缺点：因为段的长度不固定，主存空间分配比较麻烦；容易在段间留下许多碎片，造成存储空间利用率降低；由于段长不一定是2的整数次幂，所以不能简单地像分页方式那样用虚地址和实地址的最低若干二进制位作为段内偏移量，并与段号进行直接拼接，必须用加法操作通过段起址与段内偏移量的求和运算求得物理地址。因此，段式存储管理比页式存储管理方式需要更多的硬件支持。

3. 段页式管理

段页式虚拟存储器是段式虚拟存储器和页式虚拟存储器的结合。主存被等分成页。每个程序则先按逻辑结构分段，每段再按照主存的页大小分页，程序按页进行调入和调出操作，但可按段进行编程、保护和共享。它把程序按逻辑单位分段以后，再把每段分成固定大小的页。程序对主存的调入/调出是按页面进行的，但它又可以按段实现共享和保护，兼备页式和段式的优点。其缺点是在映像过程中需要多次查表。在段页式虚拟存储系统中，每道程序是通过一个段表和一组页表来进行定位的。段表中的每个表目对应一个段，每个表目有一个指向该段的页表起始地址及该段的控制保护信息。由页表指明该段各页在主存中的位置以及是否已装入、已修改等状态信息。如果有多个用户在机器上运行，多道程序的每一道都需要一个基号，由它指明该道程序的段表起始地址。

7.3.4 存储器时序

为了使存储器与 CPU 很好地配合构成一个计算机系统，存储芯片的工作时序应与 CPU 的读/写时序合理配合。存储器的工作时序包括：读/写时间和访问时间。读/写时间是指在存储器的读/写周期中，对存储单元进行一次数据读取/写入的时间；访问时间是指存储器进行两次读/写操作的间隔时间，是从存储器接收到稳定的地址输入信号到读/写操作完成所需要的时间。

1. 存储器的读周期时序

存储器的读操作时序如图 7-14 所示。其中各项参数说明如下。

(1) t_A：读取时间，地址有效到数据读出有效间的时间。

(2) t_{CO}：片选稳定时间，片选有效到数据稳定输出的时间。

(3) t_{CX}：片选到输出有效时间，片选有效到数据输出有效时间。

(4) t_{AR}：读恢复时间，数据输出后，存储器需要一定的时间来进行内部操作。

(5) t_{RC}：读周期，存储器启动一次读操作到下一次读/写操作所需要的时间，$t_{RC}=t_A+t_{AR}$。

在对存储器进行读操作时，CPU 送出存储单元地址(图 7-14 中 A 点)，为了保证 t_A时间后，读出的数据在数据线上稳定，要求在地址信号有效后，在 t_A-t_{CO}的时间内片选信号 $\overline{CS}$ 有效。若 $\overline{CS}$ 不能及时有效，则 t_A时间后可能数据仅出现在内部数据总线，而不能将数据送到系统总线上。输出数据有效后(图 7-14 中 C 点)，只要地址信号和输出允许信号有效，输出数据一直有效。

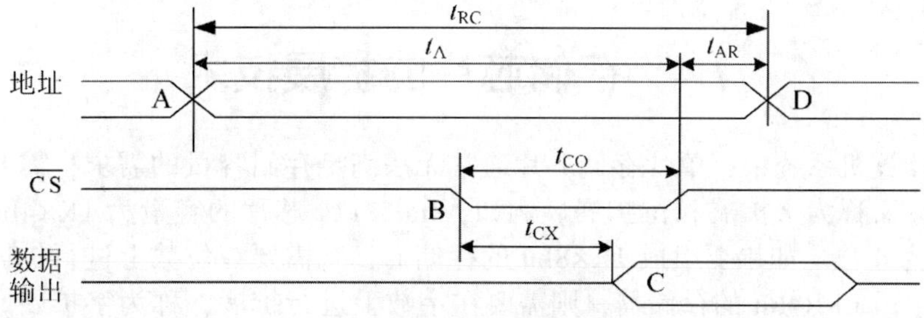

图 7-14 存储器读周期

在存储器与 CPU 连接时，需要保证以下时序要求：地址信号有效到 CPU 要求的数据稳定之间的时间间隔应大于 t_A；片选信号有效到 CPU 要求的数据稳定之间的时间间隔应大于 t_{CO}，否则需用外电路产生 $\overline{WAIT}$ 信号，迫使 CPU 插入等待周期 T_W 来满足上面的要求。

2. 存储器的写周期时序

存储器的写操作时序如图 7-15 所示。其中各项参数说明如下。

(1) t_{WC}：写周期。

(2) t_{AW}：地址建立时间，地址信号有效到稳定的时间。

(3) t_W：写脉冲宽度，读/写控制信号保持低电平的时间。

(4) t_{DW}：数据有效时间。

(5) t_{DH}：数据保持时间。

(6) t_{WR}：写操作恢复时间，存储器完成内部操作所需的时间。

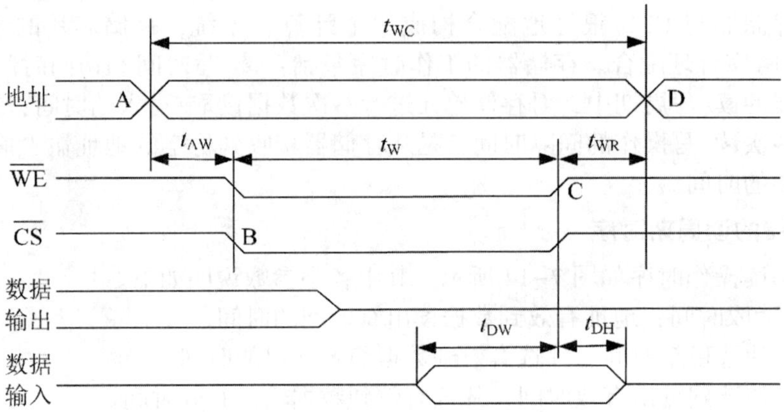

图 7-15　存储器写周期

存储器开始写周期时，要求有一段地址建立时间(图 7-15 中 A 点到 B 点)，此时写信号 $\overline{WE}$ 必须为高电平，否则在地址变化期间可能会有误写入。因此在 $\overline{WE}$ 有效前地址应已稳定。同样，在 $\overline{WE}$ 变为高电平后，要经过写操作恢复时间，地址信号才能改变(C 点到 D 点)。在进行写操作时，片选信号 $\overline{CS}$ 和写信号 $\overline{WE}$ 为低电平，要求写脉冲宽度 t_W 大于一定的值，以保障可靠写入。同时，要写入的数据必须在 $\overline{CS}$ 和 $\overline{WE}$ 有效前已稳定出现在数据总线上，并在 $\overline{CS}$ 和 $\overline{WE}$ 变高电平前保持稳定。

7.4　存储芯片的扩展技术

在实际计算机系统中，单片存储芯片通常无法满足存储容量的需求，需要进行容量和位数的扩展，又称为字扩展和位扩展。例如，Intel2114 芯片的容量为 1K×4bit，即字数为 1K，每个字为 4 位。如果要组成 1K×8bit 的存储器，则需要在位数上进行扩展，称为位扩展。如果要组成 2K×4bit 的存储器，则需要在字数上进行扩展，称为字扩展。如果要组成 2K×8bit 的存储器，则需要在字位上同时进行扩展，称为字位扩展。存储芯片进行扩展时，各存储芯片的对应地址线、读/写控制线、片选信号和数据线应与 CPU 系统总线正确连接。

7.4.1 位扩展

位扩展技术是指增大存储芯片的数据位数，即数据字长。存储器进行位扩展时，将多片存储芯片的地址、片选、读/写信号线并联，数据线单独引出，连接到数据总线。例如，要用 1K×4bit 的 Intel2114 芯片组成 1K×8bit 的存储器，线路连接如图 7-16 所示。当 CPU 访问该 1KB 存储器时，发出的地址和控制信息同时送到 2 个芯片，选中各芯片中相同地址单元，2 个芯片同时向数据总线送出组成一个字节的 8 位数据位，完成一个字节的读/写操作。

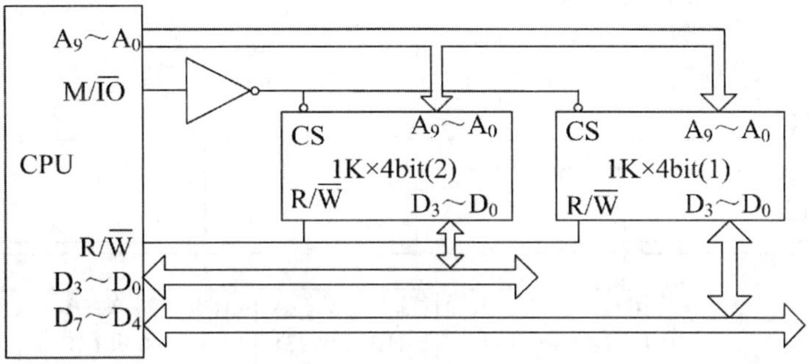

图 7-16 存储系统位扩展

7.4.2 字扩展

字扩展技术是指增加存储器的字节数量，即容量。当用一片字长为 8 位或经位扩展后的一个 8 位芯片组不能满足存储容量要求时，就需要进行字扩展。存储器进行字扩展时，将各芯片的地址、数据、读/写信号线并联，而由片选信号线来区分各芯片地址范围。例如，要用 1K×8bit 的芯片组成 2K×8bit 的存储器，线路连接如图 7-17 所示，其中 74LS139 为 2-4 译码器。各芯片的地址线（$A_0 \sim A_9$）、数据线（$D_0 \sim D_7$）和读/写控制线（$R/\overline{W}$）按功能分别与 CPU 系统总线连接，而 2 片芯片的片选分别连接到片选地址译码器的不同输出。系统高位地址线 A_{10}和 A_{11}作为译码器输入，当 $A_{11}A_{10}=00$ 时选中芯片(1)，当 $A_{11}A_{10}=01$ 时选中芯片(2)，每个芯片有不同的地址，扩展了存储单元数量。

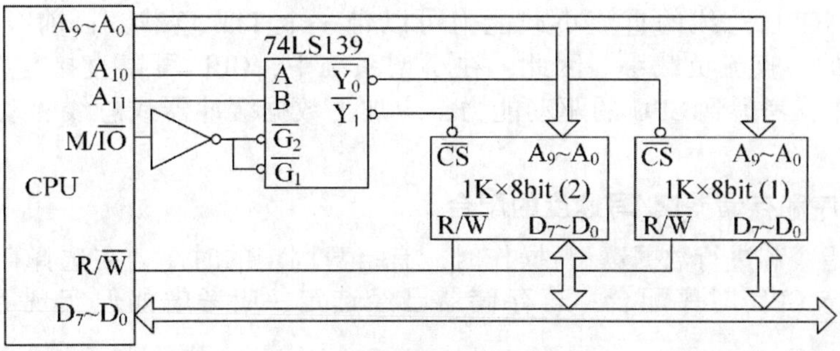

图 7-17 存储系统字扩展

7.4.3 字位扩展

实际存储器通常需要字和位同时扩展。若一个存储芯片容量为 $M \times N$bit，需要组成一个容量为 $L \times K$bit 的存储器，那么该存储器需要的这类芯片数量应为 $L/M \times K/N$ 个。例如，要用 1K×4bit 的芯片组成 2K×8bit 的存储器，线路连接如图 7-18 所示。各芯片的地址线($A_0 \sim A_9$)、数据线($D_0 \sim D_7$)和读/写控制线($R/\overline{W}$)按功能分别与 CPU 系统总线连接，而 4 片芯片的片选分别连接到片选地址译码器的不同输出。系统高位地址线 A_{10} 和 A_{11} 作为译码器输入，当 $A_{11}A_{10}=00$ 时选中芯片(1)和(2)，2 片芯片的数据同时输出组合为一个字节；当 $A_{11}A_{10}=01$ 时选中芯片(3)和(4)，2 片芯片的数据同时输出组合为一个字节；即同时扩展了存储器数据位和单元数量。

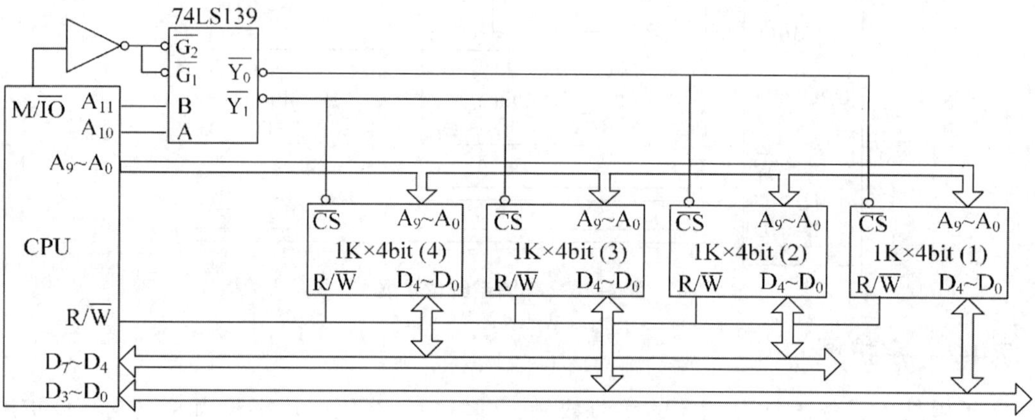

图 7-18 存储系统字位扩展

7.5 存储器接口技术

在 CPU 对存储器进行读/写操作时，首先在地址总线上给出地址信号，然后发出相应的读/写控制信号，最后才能在数据总线上进行数据交换。所以 CPU 与存储器的连接应包括地址线、数据线和控制线 3 部分的连接。在连接时需要考虑以下几个方面。

1. CPU 总线的负载能力

一般来说，CPU 总线的直流负载能力可以带一个 TTL 负载，目前存储器基本是由 MOS 电路组成的，直流负载小。因此，在小型系统中，CPU 可以直接与存储芯片连接；在较大型系统中，考虑到 CPU 的驱动能力，应加上数据缓冲器或总线驱动器来提高负载能力。

2. CPU 时序和存储器读/写速度的配合

CPU 在取指令和进行数据读/写操作时，有自身固定的时序。在选择存储器时，应考虑存储器时序与 CPU 时序配合；若存储器已经选定，应考虑如何实现等待周期 T_w 的插入。

3. 存储器地址的分配和片选

存储器通常由多个存储芯片组成，每个芯片的片内地址由 CPU 地址总线的低位寻址，而芯片的片选则由 CPU 地址总线的高位通过一定译码方式选择。应考虑选择何种译码方式实现存储芯片的选择。

4. **控制信号的选择**

CPU 与存储器进行数据交换时，通常需要提供多个控制信号，如：$M/\overline{IO}$、$R/\overline{W}$、READY 和 $\overline{WAIT}$ 等，连接好这些信号与存储器要求的控制信号才能实现所需要的控制功能。

7.5.1 存储器接口中的片选控制

一个存储器通常由多个存储芯片组成，CPU 对存储器的寻址通常采用两级地址译码方式：CPU 的低位地址总线连接到所有存储芯片，实现片内寻址；CPU 的高位地址总线通过译码电路或线性组合后输出作为芯片的片选信号，实现片间寻址(片选)。根据高位地址线的分配方式不同，存储器接口中实现片选控制的方式主要有线译码、全译码和部分译码方式。

1. **线译码方式**

将 CPU 地址总线中的某些高位地址线作为存储芯片的片选信息，称为线译码。线译码方式连接简单，片选信号的产生不需要复杂的逻辑电路。

例如，某计算机 CPU 地址总线位宽为 20 位，用 2 片容量为 8K×8bit 的静态 RAM 组成存储系统。CPU 地址总线的低 13 位($A_{12} \sim A_0$)作为 RAM 芯片片内存储单元寻址，2 片 RAM 的片选信号可由 $A_{19} \sim A_{13}$中的任意一条地址线来控制，如图 7-19 所示，A_{13}和 $M/\overline{IO}$ 结合作为片选信号。A_{13}为 1 时选中 SRAM(1)，A_{14}为 1 时选中 SRAM(2)。必须注意的是，A_{13}和 A_{14}不能同时为 1，否则将会同时选中两个存储芯片，造成访问错误。此时 SRAM(1)的段内地址为 02000～03FFFH，SRAM(2)的段内地址为 04000～05FFFH。但是由于 $A_{19} \sim A_{15}$未做连接，可以为任意值，只要 $A_{13}=1$，都选中 SRAM(1)。因此 SRAM 的片内地址是有重叠的，且内存地址不连续，如表 7-1 所示。

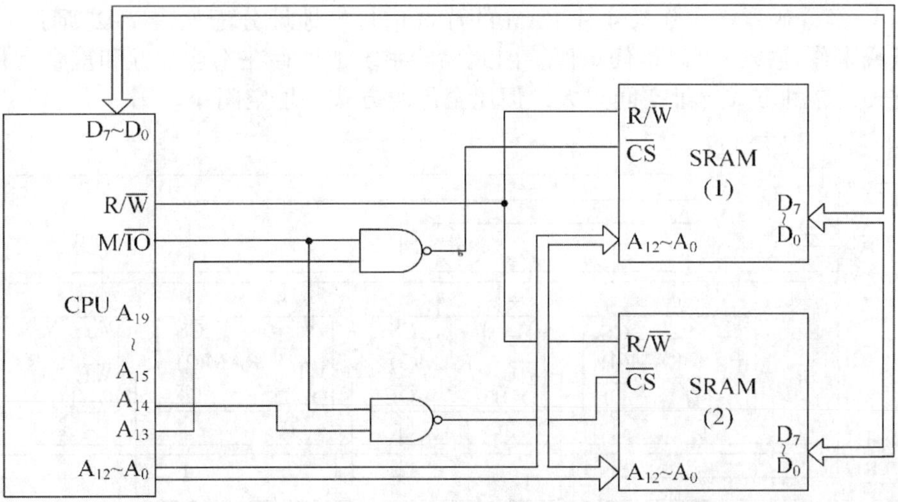

图 7-19 线译码方式

表 7-1 线译码地址分配表

芯片号	A_{19}~A_{15}	A_{14}	A_{13}	A_{12}~A_0	地址范围
SRAM(1)	00000	0	1	0000000000000 ~ 1111111111111	02000~03FFFH
	00001				0A000~0BFFFH
	00010				12000~13FFFH
	00011				1A000~1BFFFH
	……				……
	11100				E2000~E3FFFH
	11101				EA000~EBFFFH
	11110				F2000~F3FFFH
	11111				FA000~FBFFFH
SRAM(2)	00000	1	0		04000~05FFFH
	00001				0C000~0DFFFH
	00010				14000~15FFFH
	00011				1C000~1DFFFH
	……				……
	11100				E4000~E5FFFH
	11101				EC000~EDFFFH
	11110				F4000~F5FFFH
	11111				FC000~FDFFFH

总之,线译码方式结构简单,节省译码电路,但地址分配重叠,且不连续,不利于存储空间的管理。在存储容量较小且不要求扩充的系统中,线译码方式是一种简单经济的方法。

2.部分译码方式

部分译码方式是将高位地址线中的几位经译码器输出后作为片选信号。

例如,用 4 片容量为 8K×8bit 的 RAM 芯片构成 32K×8bit 的存储系统,部分译码方式电路连接如图 7-20 所示。CPU 地址总线低 13 位(A_{12}~A_0)作为 RAM 芯片片内存储单元寻址，A_{14}~A_{13}经译码器输出作为 4 片 RAM 的片选信号。地址分配如表 7-2 所示。由于 A_{19}~A_{15}地址线未作连接，可以是任意值，因此存储系统地址存在不连续性和重叠。相比较于线译码方式，这种方式寻址空间更大，但比全译码方式寻址空间小。

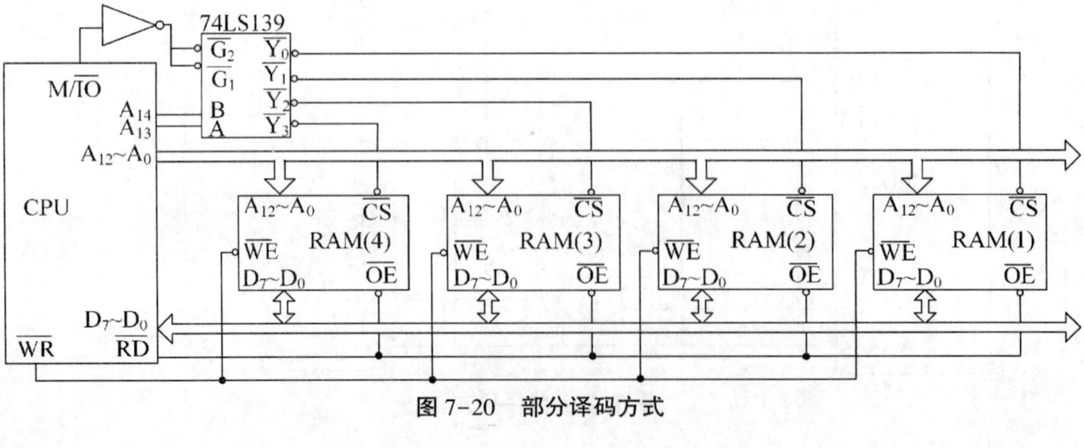

图 7-20 部分译码方式

表 7-2 部分译码地址分配表

SRAM 芯片号	$A_{19}\sim A_{15}$	$A_{14}A_{13}$	$A_{12}\sim A_0$	地址范围
1	00000	00	0000000000000 ~ 1111111111111	00000~01FFFH
	00001			08000~09FFFH
	⋮			⋮
	11110			F0000~F1FFFH
	11111			F8000~F9FFFH
2	00000	01		02000~03FFFH
	00001			0A000~0BFFFH
	⋮			⋮
	11110			F2000~F3FFFH
	11111			FA000~FBFFFH
3	00000	10		04000~05FFFH
	00001			0C000~0DFFFH
	⋮			⋮
	11110			F4000~F5FFFH
	11111			FC000~FDFFFH
4	00000	11		06000~07FFFH
	00001			0E000~0FFFFH
	⋮			⋮
	11110			F6000~F7FFFH
	11111			FE000~FFFFFH

3. 全译码方式

全译码方式是将 CPU 所有地址线都进行译码，低位地址线直接连接至存储芯片的地址输入端，高位地址线译码输出作为各存储芯片的片选信号。

例如，某计算机 CPU 地址总线位宽为 20 位，用 4 片存储芯片组成存储系统，其中 2 片为容量为 4K×8bit 的 ROM 芯片，2 片为容量为 8K×8bit 的 RAM 芯片。CPU 地址总线的低 12 位（$A_{11}\sim A_0$）作为 ROM 芯片片内存储单元寻址，$A_{19}\sim A_{12}$经译码器输出作为 2 片 ROM 的片选信号；低 13 位（$A_{12}\sim A_0$）作为 RAM 芯片片内存储单元寻址，$A_{19}\sim A_{13}$经译码器输出作为 2 片 RAM 的片选信号，如图 7-21 所示。各芯片的地址分配如表 7-3 所示。

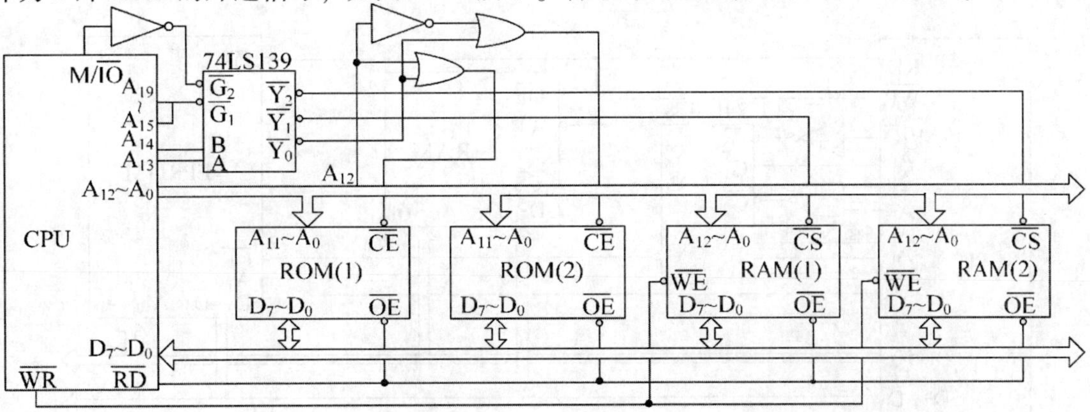

图 7-21 全译码方式

表 7-3　全译码地址分配表

芯　片	$A_{19}\sim A_{15}$	$A_{14}A_{13}$	$A_{12}A_{11}\sim A_0$	地址范围
ROM(1)	00000	00	0000000000000 ~ 0111111111111	00000~00FFFH
ROM(2)		00	1000000000000 ~ 1111111111111	01000~01FFFH
RAM(1)		01	0000000000000 ~ 1111111111111	02000~03FFFH
RAM(2)		10	0000000000000 ~ 1111111111111	04000~05FFFH

总之，CPU 与存储器相连接时，应将低位地址线与存储芯片地址线相连接，实现片内寻址；将高位地址线作为存储芯片的片选信号，实现芯片间寻址。采用线译码方式和部分译码方式时，需要注意地址不连续和重叠问题。

另外，CPU 与存储芯片连接的控制信号主要有地址锁存信号(ALE)、读/写选通信号($R/\overline{W}$)、存储器或 I/O 选择信号($M/\overline{IO}$)、数据允许输出信号($\overline{DEN}$)等。数据线经数据缓冲器输出。如前述存储器扩展技术和地址译码技术中，都需要将对应的控制信号线进行正确连接，存储系统才能正确工作。

7.5.2　存储器接口分析与设计举例

为了进一步理解存储器接口技术，下面分别对存储器接口分析与设计举例说明。存储器接口分析，是指对给定的存储器接口电路，正确指出存储器容量以及各存储芯片的地址范围；存储器接口设计，是指根据给定的存储芯片、存储容量和地址范围要求，设计满足要求的存储器系统。

【例 7-1】已知一个存储器系统结构如图 7-22 所示，试分析其中 RAM 和 EPROM 的存储容量及各自的地址范围。

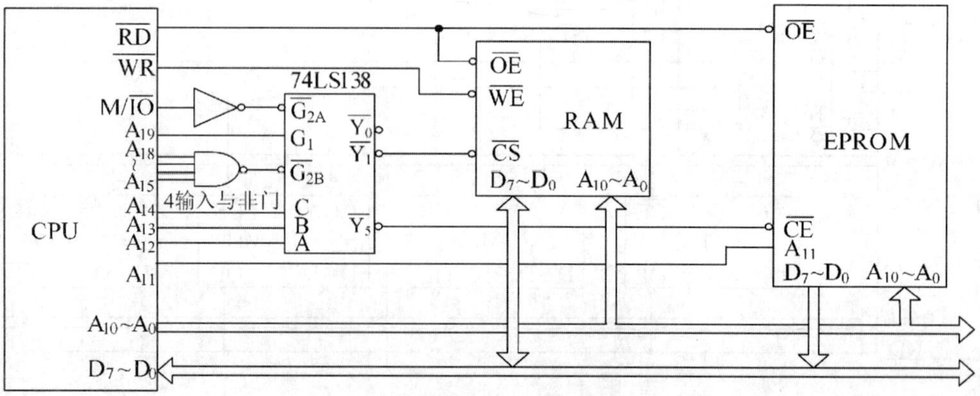

图 7-22　例 7-1 连接图

解：地址分配如表 7-4 所示。RAM 的存储容量为 2KB，EPROM 的容量为 4KB。由于 A_{11} 没有参与 RAM 地址译码，所以存在地址重叠现象。

表 7-4 地址分配表

芯 片	$A_{19} \sim A_{15}$	$A_{14}A_{13}A_{12}$	$A_{11} \sim A_0$	地址范围
RAM	11111	001	000000000000 ~ 111111111111	F9000 ~ F97FFH
RAM	11111	001	100000000000 ~ 111111111111	F9800 ~ F9FFFH
ROM	11111	101	000000000000 ~ 111111111111	FD000 ~ FDFFFH

【例 7-2】试利用 EPROM2732(4K×8 位)、SRAM6116(2K×8 位)以及 74LS138 译码器设计一个存储容量为 16KB 的 ROM 和 8KB 的 RAM 存储系统。要求 ROM 的地址范围为 F8000 ~ FBFFFH，RAM 的地址范围为 FC000 ~ FDFFFH。系统 CPU 地址总线 20 位($A_{19} \sim A_0$)，数据总线 8 位($D_7 \sim D_0$)，控制信号为 $\overline{RD}$、$\overline{WR}$、M/ $\overline{IO}$。

解：16KB 的 ROM 需用 2732 的片数 = 16KB/4KB = 4 片。

8KB 的 RAM 需用 6116 的片数 = 8KB/2KB = 4 片。

4KB 的 2732 片内寻址需要地址线 12 条，使用地址线 $A_{11} \sim A_0$，CPU 剩余地址线 $A_{19} \sim A_{12}$ 经译码后作为片选信号。

2KB 的 6116 片内寻址需要地址线 11 条，使用地址线 $A_{10} \sim A_0$，CPU 剩余地址线 $A_{19} \sim A_{11}$ 经译码后作为片选信号。

用 74LS138 译码器的输出作为 8 片芯片的片选信号。

按地址范围设计要求，CPU 地址总线参数如表 7-5 所示。

表 7-5 地址分配表

芯 片 号	$A_{19} \sim A_{16}$	$A_{15} \sim A_{12}$	A_{11}	$A_{10} \sim A_0$	地址范围
ROM1 ~ ROM4	1111	1000	0 ~ 1	00000000000 ~ 11111111111	F8000 ~ F8FFFH
		1001			F9000 ~ F9FFFH
		1010			FA000 ~ FAFFFH
		1011			FB000 ~ FBFFFH
RAM1 ~ RAM4		1100	0		FC000 ~ FC7FFH
			1		FC800 ~ FCFFFH
		1101	0		FD000 ~ FD7FFH
			1		FD800 ~ FDFFFH

接口连接图如图 7-23 所示。

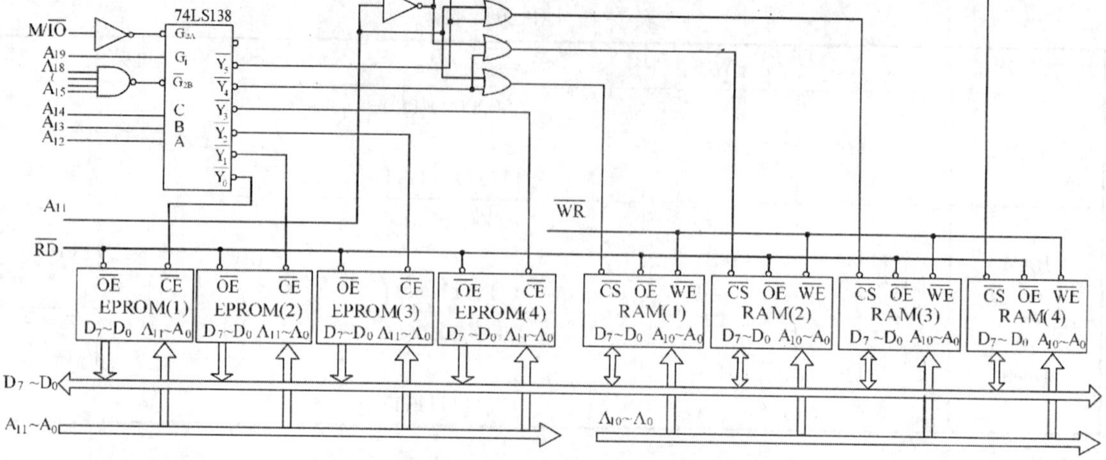

图 7-23 例 7-2 接口连接图

7.5.3 多字节存储器接口

在计算机系统中，存储器通常是按字节编址，为支持不同宽度的存储器访问，现代计算机系统的存储器往往由多个 8 位宽度的存储体构成，由各种存储体访问的组合来实现不同宽度的数据访问。

对于 CPU 的外部数据总线为 8 位的计算机系统，其存储器只需要用单个 8 位的存储体构成即可，且完全按照字节顺序来组织存储器。对于 CPU 外部数据总线为 16 位的计算机系统，存储器一般由 2 个 8 位宽的存储体来构成，以便既支持 8 位操作，又支持 16 位操作。类似地，对于外部数据总线为 32 位和 64 位的计算机系统，存储器通常由 4 个和 8 个 8 位宽的存储体构成。

例如，对于 8086 计算机系统，其 1MB 的物理存储器空间被分为偶地址存储体和奇地址存储体，并把偶存储体的 8 位数据线与 CPU 的 16 位数据总线的低 8 位相连，把奇存储体的 8 位数据线与 16 位数据总线的高 8 位相连，如图 7-24 所示。

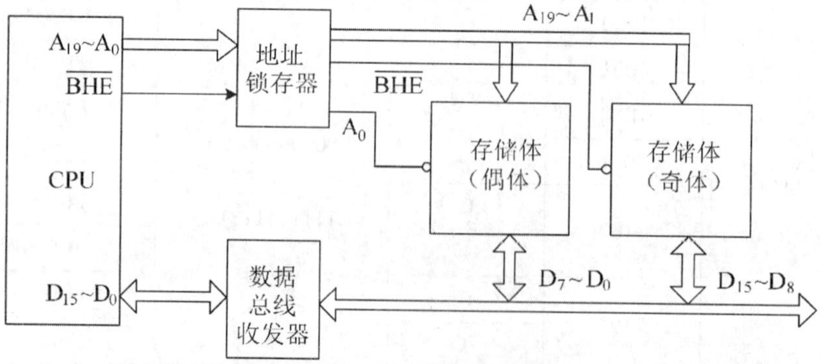

图 7-24 16 位存储器接口

由此可见，CPU 输出的 20 位地址线（A_{19} ~ A_0），其中高 19 位（A_{19} ~ A_1）同时连接到两

个存储体，作为存储体内寻址；最低位 A_0 作为偶存储体的选择信号；奇存储体的选择信号则由 CPU 内部信号线 $\overline{BHE}$（总线高位有效）承担。

类似地，对于 32 位存储器系统，其内部存储体被分为 4 个 8 位宽的存储体，并分别用 $\overline{BE_0}$ ~ $\overline{BE_3}$ 作为存储体选择信号。一个典型的 32 位存储系统接口如图 7-25 所示，其 CPU 地址总线宽度为 32 位，其中高 30 位 A_{31} ~ A_2 作为存储体内部寻址，低 2 位 A_1 ~ A_0 经译码器输出作为存储体选择信号 $\overline{BE_0}$ ~ $\overline{BE_3}$。通过 $\overline{BE_0}$ ~ $\overline{BE_3}$ 的各种不同代码组合，可实现不同数据宽度的存储器访问。例如，当 $\overline{BE_3}\ \overline{BE_2}\ \overline{BE_1}\ \overline{BE_0}$ = 1100，将通过数据总线 D_{15} ~ D_0 完成 16 位的数据传送；当 $\overline{BE_3}\ \overline{BE_2}\ \overline{BE_1}\ \overline{BE_0}$ = 0000 时，完成 32 位的数据传送。

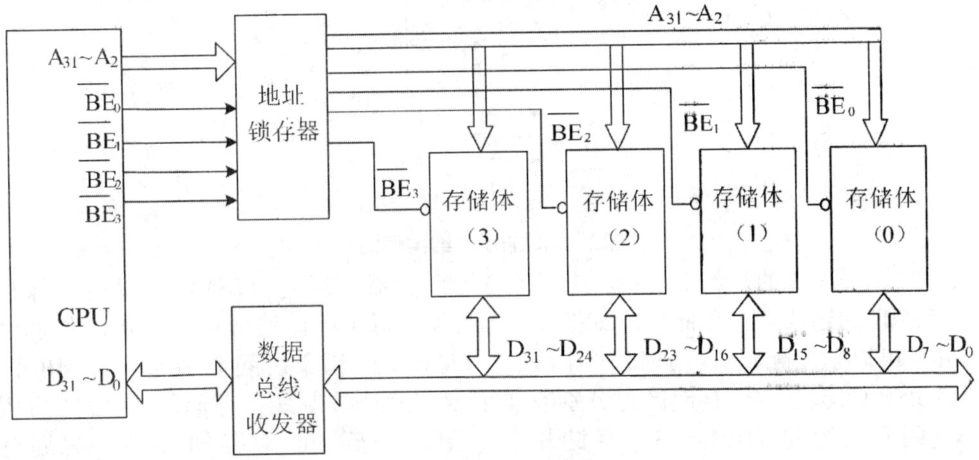

图 7-25 32 位存储器接口

7.5.4 STM32 存储器扩展技术

可变静态存储控制器（Flexible Static Memory Controller, FSMC）是 STM32 系列采用的一种新型的存储器扩展技术。它在外部存储器扩展方面具有独特的优势，可根据系统的应用需要，方便地进行不同类型大容量静态存储器的扩展。

STM32 特殊的可变静态存储技术 FSMC 具有高度的灵活性，对于存储容量要求较高的嵌入式系统设计，能够在不增加外部分立器件的情况下，扩展多种不同类型和容量的存储芯片，降低了系统设计的复杂性，提高了系统的可靠性。

FSMC 包括 4 个主要模块：AHB 总线接口（内部有配置寄存器）、NOR 闪存和 PSRAM 控制器、NAND 闪存和 PC 卡控制器、外部设备接口，如图 7-26 所示。由于外部扩展存储器的数据宽度可能与 AHB 总线宽度不一致，当 AHB 总线宽度大于外部存储器的数据宽度时，FSMC 可将 AHB 操作的数据宽度分割成几个连续的较小数据宽度，以适应外部设备。

FSMC 不仅支持多种数据宽度的异步读/写操作，而且支持对 NOR 闪存、PSRAM（Pseudo SRAM，伪静态随机存储器）、NAND 闪存的同步突发访问，支持程序从 FSMC 扩展的外部存储器直接运行。

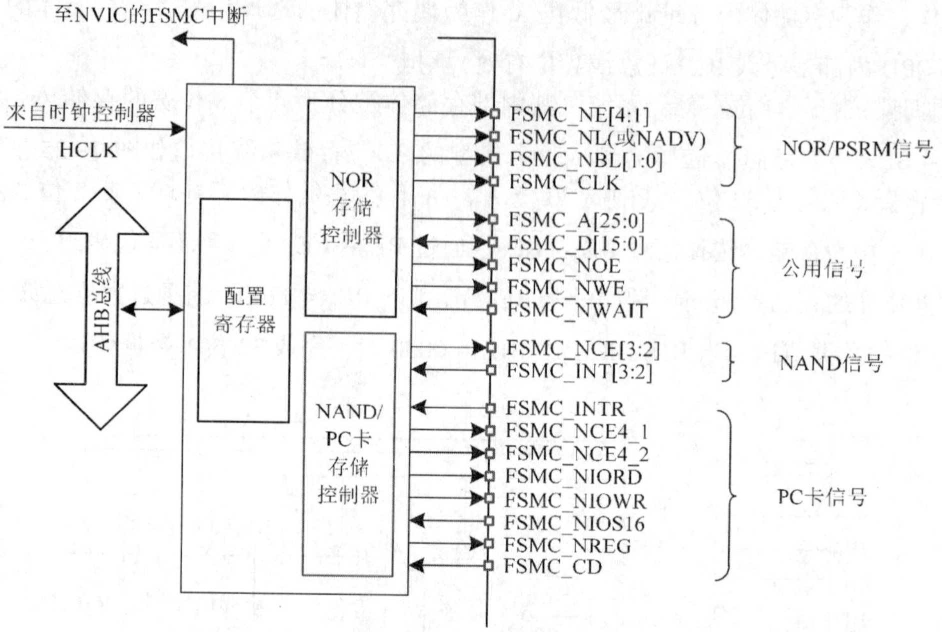

图 7-26　FSMC 结构框图

STM32 支持 1GB 的外部 RAM 扩展。在进行存储器扩展时，FSMC 可以将外部存储器划分为 256MB 的连续 4 个存储块，如图 7-27 所示。每个存储块分别有专用的片选信号控制线，并且可以独立配置读/写时序和协议。存储块(1)用于访问最多 4 个 64MB 的 NOR 闪存或者 PSRAM，这 4 个存储区也分别有 4 个专用片选控制线。存储块(2)和(3)用于访问 NAND 闪存，容量为 512MB。存储块(4)用于访问 PC 卡存储设备，被划分为 4 个 64MB。

为满足不同存储器的时序操作要求，FSMC 可编程不同时序，可编程等待周期，可编程总线恢复周期，可编程输出使能和写使能延迟。

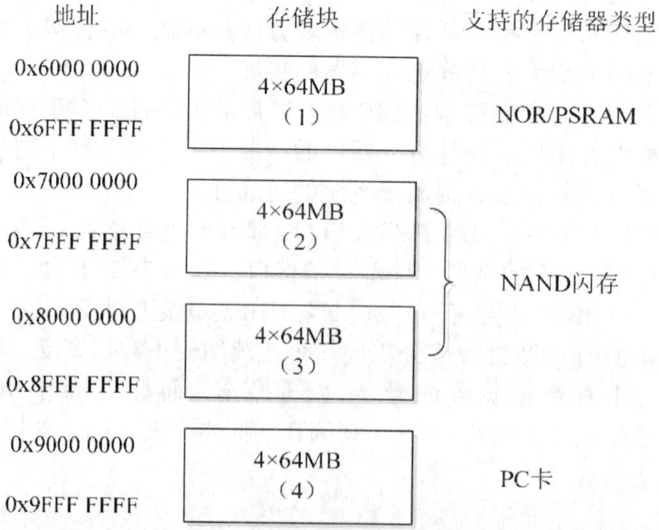

图 7-27　FSMC 存储区扩展地址分配

7.6 存储器发展趋势

现代计算机系统中，存储系统的访问速度与CPU的工作速度是否匹配，对系统的整体性能影响很大。为适应更复杂的信息处理需求，改善主存的访问速度和吞吐量，可以在前述字/位扩展技术基础上，构建一些特殊的存储系统。

1．多字宽存储器

普通存储器、Cache和CPU等部件的操作都是按照计算机的一个字长进行，为了提高数据访问速率，多字宽存储器通过增加存储器和Cache的宽度来提高读/写操作的并行性。多字宽存储器内部包括多个并行存储体，如图7-28所示。每个存储体的数据操作均为一个字宽。由于使用同一个地址寄存器，当CPU给出一个地址时，各存储体中的相应单元被同时选中，存储器接收或发出多字宽的并行数据。

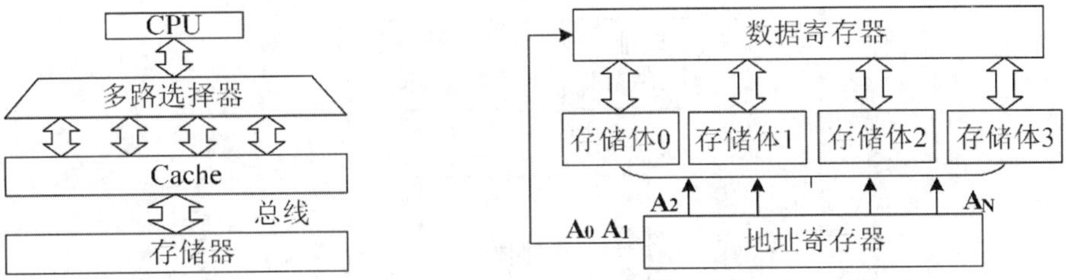

（a）多字宽存储系统　　（b）多字宽存储器内部结构

图7-28　多字宽存储器组织结构

2．多体交叉存储器

多体并行交叉存储器（Interleaved Memory）是由多个独立的、容量相同的存储模块构成的多体模块存储器。每个存储模块都有相同的容量和存储速度，各模块都有各自独立地址寄存器（MAR）、数据寄存器（MDR）、地址译码、驱动电路和读/写电路。每个模块各自以等同的方式与CPU传递信息，既能并行工作，又能交叉工作。交叉访问的存储器通常有两种工作方式：地址码高位交叉和地址码低位交叉。下面以地址码低位交叉为例说明其工作原理，如图7-29所示。

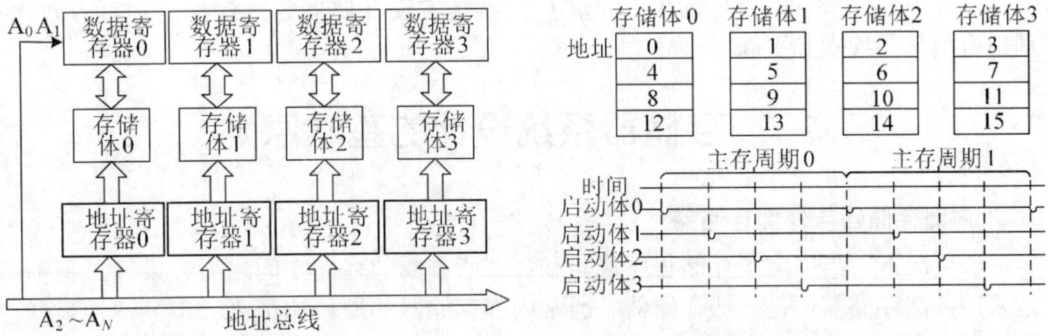

（a）多体交叉存储器内部结构　　（b）4体交叉存储器地址分配及分时启动时序图

图7-29　多体交叉存储器组织结构

CPU 输出的地址总线高位用于寻址不同存储单元，低位地址线用于寻址不同存储体，则各存储体的内存单元地址将按字节交叉编址，如图 7-29(b)所示。一般情况下，程序和数据会连续地存放在内存单元中，但由于交叉存储结构中连续地址单元分布在不同物理存储体，所以，当 CPU 访问存储体时，可以在一个存取周期内分时访问多个存储体，各存储体的读/写过程重叠进行，相当于存储器带宽提高为原来的 4 倍。

3. 双端口存储器

双端口存储器是指同一个存储器具有两组相互独立的读/写控制线路，用于进行并行的独立操作，如图 7-30 所示。当两个端口的地址不相同时，在两个端口上进行读/写操作，一定不会发生冲突。当任一端口被选中驱动时，就可对整个存储器进行读/写，每一个端口都有自己的片选控制和输出驱动控制。当两个端口同时读/写存储器同一存储单元时，便发生读/写冲突。为解决此问题，特设置了仲裁电路，由片上的判断逻辑决定对哪个端口优先进行读/写操作，而暂时关闭另一个被延迟的端口。

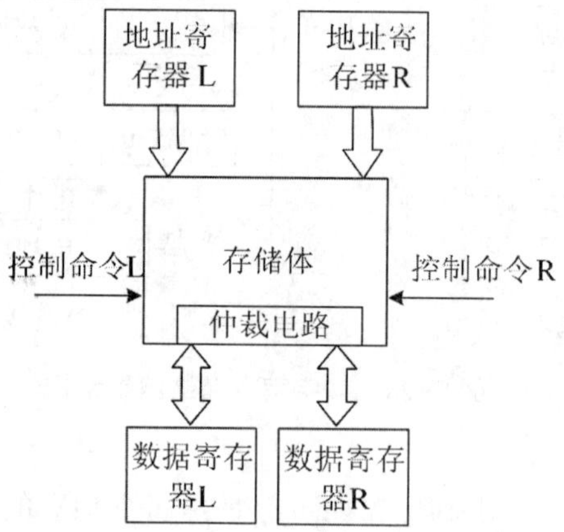

图 7-30　双端口存储器

4. 相联存储器

又称关联存储器或联想存储器，是一种不根据地址而是根据存储内容来进行读/写的存储器，可以实现快速地查找块表。写入信息时按顺序写入，不需要地址。读出时，要求 CPU 给出一个相联关键字，用它和存储器中所有单元中的一部分信息进行比较，若它们相等，则将此单元中余下的信息读出。相联存储器是实现存储器并行操作的一种有效途径，特别适合信息的检索和更新。

7.7　存储器系统设计的基本原则

1. 内部存储器与外部存储器

一般情况下，当确定了存储程序代码和数据所需要的存储空间之后，设计工程师将决定是采用内部存储器还是外部存储器。通常内部存储器的性价比最高，但灵活性最低，因此设计工程师必须确定对存储的需求将来是否会增长，以及是否有某种途径可以升级到代码空间更大的微控制器。基于成本考虑，人们通常选择能满足应用要求的存储器容量最小的微控制器，因此在预测代码规模的时候必须特别小心，因为代码规模增大可能要求更换微控制器。

市场上存在各种规模的外部存储器器件，我们很容易通过增加存储器来适应代码规模的增加。有时这意味着以封装尺寸相同但容量更大的存储器替代现有的存储器，或者在总线上增加存储器。即使微控制器带有内部存储器，也可以通过增加外部串行 E^2PROM 或闪存来满足系统对非易失性存储器的需求。

2. 引导存储器

在较大的微控制器系统或基于处理器的系统中，设计工程师可以利用引导代码进行初始化。应用本身通常决定了是否需要引导代码，以及是否需要专门的引导存储器。例如，如果没有外部的寻址总线或串行引导接口，通常使用内部存储器，而不需要专门的引导器件。但在一些没有内部程序存储器的系统中，初始化是操作代码的一部分，因此所有代码都将驻留在同一个外部程序存储器中。某些微控制器既有内部存储器也有外部寻址总线，在这种情况下，引导代码将驻留在内部存储器中，而操作代码在外部存储器中。这很可能是最安全的方法，因为改变操作代码时不会出现意外而修改引导代码。在所有情况下，引导存储器都必须是非易失性存储器。

3. 配置存储器

对于现场可编程门阵列(FPGA)或片上系统(SoC)，人们使用存储器来存储配置信息。这种存储器必须是非易失性 EPROM、E^2PROM 或闪存。大多数情况下，FPGA 采用 SPI 接口，但一些较老的器件仍采用 FPGA 串行接口。串行 E^2PROM 或闪存器件最为常用，EPROM 用得较少。

4. 程序存储器

所有带处理器的系统都采用程序存储器，但设计工程师必须决定这个存储器是位于处理器内部还是外部。在做出了这个决策之后，设计工程师才能进一步确定存储器的容量和类型。当然有的时候，微控制器既有内部程序存储器也有外部寻址总线，此时设计工程师可以选择使用它们当中的任何一个，或者两者都使用。这就是为什么为某个应用选择最佳存储器的问题，常常由于微控制器的选择变得复杂起来，以及为什么改变存储器的规模也将导致改变微控制器的选择的原因。

如果微控制器既利用内部存储器也利用外部存储器，则内部存储器通常被用来存储不常改变的代码，而外部存储器用于存储更新比较频繁的代码和数据。设计工程师也需要考虑存储器是否将被在线重新编程或用新的可编程器件替代。对于需要重编程功能的应用，人们通常选用带有内部闪存的微控制器，但带有内部 OTP （One Time Programable） 或 ROM 和外部闪存或 E^2PROM 的微控制器也满足这个要求。为降低成本，外部闪存可用来存储代码和数据，但在存储数据时必须小心避免意外修改代码。

在大多数嵌入式系统中，人们利用闪存存储程序以便在线升级固件。代码稳定的较老的应用系统仍可以使用 ROM 和 OTP 存储器，但由于闪存的通用性，越来越多的应用系统正转向闪存。

5. 数据存储器

与程序存储器类似，数据存储器可以位于微控制器内部或者外部器件，但这两种情况存在一些差别。有时微控制器内部包含 SRAM(易失性)和 E^2PROM(非易失)两种数据存储器，但有时不包含内部 E^2PROM。在这种情况下，当需要存储大量数据时，设计工程师可以选择外部的串行 E^2PROM 或串行闪存器件。当然，也可以使用并行 E^2PROM 或闪存，但通常它们只被用作程序存储器。

当需要外部高速数据存储器时，通常选择并行 SRAM 并使用外部串行 E^2PROM 器件来满足对非易失性存储器的要求。一些设计还将闪存器件用作程序存储器，但保留一个扇区作为数据存储区。这种方法可以降低成本、空间并提供非易失性数据存储器。

针对非易失性存储器要求，串行 E^2PROM 器件支持 I^2C、SPI 或微线（Microwire）通信总线，而串行闪存通常使用 SPI 总线。由于写入速度很快且带有 I^2C 和 SPI 串行接口，FRAM（Ferromagnetic RAM）在一些系统中得到应用。

6. 易失性和非易失性存储器

存储器可分成易失性存储器或者非易失性存储器，前者在断电后将丢失数据，而后者在断电后仍可保持数据。设计工程师有时将易失性存储器与后备电池一起使用，使其表现犹如非易失性器件，但这可能比简单地使用非易失性存储器更加昂贵。然而，对要求存储器容量非常大的系统而言，带有后备电池的 DRAM 可能是满足设计要求且性价比很高的一种方法。

在有连续能量供给的系统中，易失性或非易失性存储器都可以使用，但必须基于断电的可能性做出最终决策。如果存储器中的信息可以在电力恢复时从另一个信源中恢复出来，则可以使用易失性存储器。

选择易失性存储器与电池一起使用的另一个原因是速度。尽管非易失存储器件可以在断电时保持数据，但写入数据（一个字节、页或扇区）的时间较长。

7. 串行存储器和并行存储器

在定义了应用系统之后，微控制器的选择是决定选择串行或并行存储器的一个因素。对于较大的应用系统，微控制器通常没有足够大的内部存储器，这时必须使用外部存储器，因为外部寻址总线通常是并行的，外部的程序存储器和数据存储器也将是并行的。

较小的应用系统通常使用带有内部存储器但没有外部地址总线的微控制器。如果需要额外的数据存储器，外部串行存储器件是最佳选择。大多数情况下，这个额外的外部数据存储器是非易失性的。

根据不同的设计，引导存储器可以是串行也可以是并行的。如果微控制器没有内部存储器，并行的非易失性存储器件对大多数应用系统而言是正确的选择。但对一些高速应用，可以使用外部的非易失性串行存储器件来引导微控制器，并允许主代码存储在内部或外部高速 SRAM 中。

习题

1. 存储器有哪几种分类方式？
2. 存储器有哪些性能指标？
3. NOR 和 NAND 闪存的主要区别和特点是什么？
4. 某微处理系统的最大内存寻址范围为 0x00000～0x3FFFF，若采用 8K×8bit 的 SRAM 6264 芯片构成该存储系统，需要多少片芯片？该微处理系统的地址线为多少条？

5. 内存地址从 0x30000 到 0xBCFFF 有多少千字节(KB)？

6. 微机系统中采用层次化存储技术的目的是什么？

7. Cache 的主要作用是什么？

8. Cache 的地址映像规则有哪些？各有什么特点？

9. Cache 和虚拟存储器有什么异同点？

10. 用 1K×4bit 的 Intel 2114 芯片组成 2K×8bit 的存储系统，采用全译码方式，起始地址为 0x0000，试画出芯片与 CPU 的连接图。

11. 有 2 片 4K×8bit 的存储芯片，现将它们连接到一个微处理系统中，要求起始地址为 0x4000，两片芯片连续寻址，试画出电路连接图，并确定每片存储芯片的地址范围。

12. 简述线译码、部分译码和全译码的原理和优缺点。

13. 一个具有 8 个存储体的多体交叉存储器中，如果 CPU 的访问地址为以下 8 进制值。求该存储器比单体存储器的平均访问速度提高了多少？

(1) $(1001)_8$, $(1002)_8$, $(1003)_8$, ……, $(1100)_8$；

(2) $(1002)_8$, $(1004)_8$, $(1006)_8$, ……, $(1200)_8$；

(3) $(1003)_8$, $(1006)_8$, $(1011)_8$, ……, $(1300)_8$。

第 8 章　输入/输出接口

计算机处理的数据通常由输入设备提供；处理完成后的数据，也要传送给输出设备，以各种形式报告给用户。由于输入/输出设备形式多种多样，其速度和数据形式与 CPU 存在很大差异。所以，为保证 CPU 与外部设备间能正常可靠地进行信息传输，必须在其间加入中间环节，解决 CPU 与外设间的差异，这个中间环节就是输入/输出接口。

本章首先介绍接口的基本概念和信息传输方式；然后介绍两种常用的输入/输出接口应用：键盘接口和 LED 显示接口；再介绍通用的并行接口和串行接口；最后介绍典型的嵌入式通用输入/输出接口 GPIO。

8.1　接口的基本概念

输入/输出接口又简称 I/O 接口，不仅包括外部设备与 CPU 之间的硬件电路，还包括相应的驱动程序。不同的外部设备所需要的接口电路和驱动程序不同，同一种外设连接到不同 CPU 时，所需要的接口电路和驱动程序也不同。

8.1.1　接口的结构与功能

CPU 对外设的访问和对存储器的读/写操作非常相似。但是由于外设与存储器的巨大差异性，也导致了 CPU 对外设和存储器访问速度的差异。存储器是用来保存信息的，功能单一，数据传输方式也比较简单，一次传送一个或者多个字节；存储器的访问速度与 CPU 运行速度相比，基本可以相匹配。因此，基本的三总线结构和简单的接口电路就可以实现信息的交互。而外设，功能繁多，响应速度大不相同，数据格式和信号电平也多种多样。因此，为了实现计算机系统的通用处理能力，必须在计算机与外设间增加一个数据转换部件，这就是接口。接口是 CPU 与外设的连接部件，完成信号电平匹配、数据缓冲、存储、变换和寻址等功能。

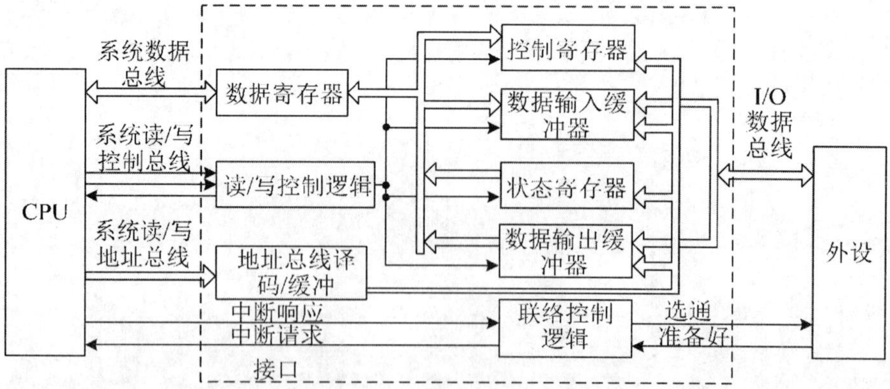

图 8-1　接口电路典型结构框图

I/O 接口由数据寄存器、控制寄存器、状态寄存器、地址译码器和时序控制电路等组成，如图 8-1 所示，其中的寄存器又被称为端口寄存器，简称端口，即端口实际上是接口中的存储单元。I/O 接口与 CPU 的数据传输通过数据总线进行，地址译码信号用于确定该接口是否被选中。被选中时，CPU 结合状态寄存器信息和读/写控制信号，通过数据寄存器对 I/O 接口进行数据的读/写操作。其中，"读"意味着数据从 I/O 端口传输到 CPU，"写"意味着数据从 CPU 传输到 I/O 端口。

CPU 在对 I/O 进行读/写操作时，首先通过地址信号选通 I/O 端口，控制寄存器根据读/写信号产生数据缓冲器选通信号，将外设数据送到 CPU 数据总线或将 CPU 数据总线数据送到外设接口。读/写操作结束时，数据缓冲器选通信号无效，数据缓冲器呈高阻状态，外设数据被隔离，不影响 CPU 数据总线上数据的传输处理。

I/O 接口的基本功能包括：寻址、数据缓冲、数据收发和转换、联络和电平转换等功能。

(1)寻址功能：计算机系统中通常包含多个外部设备，相应地就有多个接口。为了实现接口选择，必须给它们分配不同的地址，这个地址实际上是端口地址，因此寻址原理与存储器寻址原理一致。需要指出的是，一个 I/O 接口中可能包含多个端口寄存器，用于数据输入、输出或控制。因此，一个接口通常占用多个端口地址。

(2)数据缓冲功能：当外设的速度与 CPU 不匹配时，通过 I/O 接口进行缓冲。并且，缓冲器具有三态门电路控制，当片选信号无效时，数据缓冲器中的数据在数据总线上呈高阻状态，相当于断开，不影响 CPU 数据总线上其他数据的传输。

(3)数据收发和转换功能：当接口被选中，外设的数据、状态和控制信息都以数据形式通过数据总线进行交互。同时，接口需要将外设数据转换为满足 CPU 操作的数据格式，如串/并转换、单字节/多字节转换、模拟/数字转换等。

(4)联络功能：接口从外设接收到数据后，向 CPU 提供"数据准备好"信息，通知 CPU 及时进行读操作。当 CPU 向外设传送数据时，先要读取外设状态，如"忙/不忙"等，若不忙，CPU 可以通过接口向外设写数据，否则不写数据。

(5)电平转换功能：包括电平匹配、驱动能力匹配等。现代 CPU 除了经典的+5V 供电电源外，还有 3.3V、2.5V 等低压等级，两种以上不同电压等级的芯片中一起工作时，就需要电平匹配。I/O 与 CPU 或系统总线连接，也需要满足 CPU 和系统总线的驱动能力要求。

8.1.2 端口的编址方式

接口中的寄存器被称为端口，每个端口对应一个地址，也可能多个端口对应一个地址。CPU 为了能够访问接口中的端口，需要对端口进行编址；同时，CPU 访问存储器也是按地址访问。如何区分 I/O 端口和存储器地址？如何编址？通常有两种编址方式：统一编址和独立编址。

1. 统一编址

统一编址方式中，将 I/O 端口和存储器单元同等看待，统一编址，相当于给 I/O 端口分配存储器地址。也就是说，I/O 端口地址空间是存储器地址空间的一部分，在存储器地址分配中，预先指定一部分地址空间为 I/O 空间，如图 8-2(a)所示。

统一编址的优点：CPU 对 I/O 端口的操作与对存储器的操作完全相同，存储器操作指令可以用来操作 I/O 端口。这样，对 I/O 端口的操作方便、灵活，读/写控制逻辑和信号简单。另外，在统一编址方式下，外设数目或 I/O 端口数目不受限制，而只受控于地址总线宽度，大大提高了系统的吞吐率。

统一编址的缺点：I/O 端口占用了一部分地址空间，使得存储器地址码的数量减少。另外，必须对全部地址线译码才能识别 I/O 端口，提高了地址译码电路的复杂性，对外设的寻址时间也相对较长。

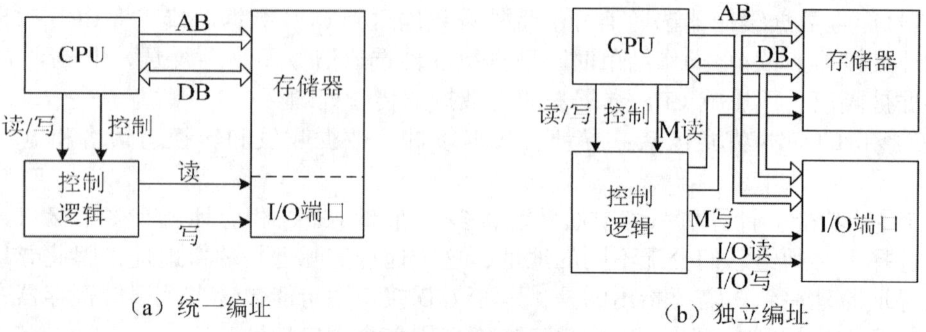

图 8-2　端口编址方式

2. 独立编址

独立编址是对存储器和 I/O 端口分别做不同处理，二者的地址空间是隔离的，I/O 端口结构不影响存储器的地址空间，如图 8-2(b) 所示。CPU 对存储器和 I/O 端口的访问通过不同的读/写控制信号来区分。由于系统需要的 I/O 端口一般比存储器单元数量少得多，所以，I/O 端口地址总线的宽度一般较小。

独立编址的优点：I/O 端口地址不占用存储器地址空间，CPU 可寻址的内存空间可以是全部内存容量。由于 I/O 端口地址线较少，所以地址译码电路简单，寻址速度较快。CPU 对 I/O 端口的操作指令与对存储器操作指令不同，程序清晰，便于理解和检查。

独立编址缺点：专用 I/O 端口指令通常较少，因此程序的灵活性较差。由于需要 CPU 提供存储器读/写和 I/O 端口读/写两组控制信号，系统控制逻辑较复杂。

8.1.3　接口的地址译码方式

CPU 对接口的访问最终归结于端口的控制访问，因此端口的地址译码和存储器译码方式相似，包括片选和字选两部分。字选由接口芯片内部地址译码电路实现，以确定内部端口的具体地址。片选由外部译码电路实现，以确定接口芯片内所有端口的地址范围。

8.2　接口信息传输方式

由于外设和接口电路的多样性，外设的数据格式多种多样，外设提供数据的速度也各不相同。CPU 在执行输入指令前，要求外设已经把数据转换为 CPU 能够处理的形式，并送入接口中的输入缓冲器；当 CPU 在执行输出指令前，外设应已把前一个数据从输出缓存器中取走，否则前一个数据将丢失。也就是说，为了保证数据传输的正确可靠，需要在外设准备好后，CPU 才执行 I/O 操作。而外设的工作过程相对于 CPU 是完全独立和随机的，CPU 无法预测外设准备就绪的时刻。因此，CPU 与外设要进行有效的数据交换，必须使 CPU 的 I/O 操作与外设的工作在时间上相互协调，实现同步，这就需要 CPU 对外设进行控制。

CPU 与外设接口信息的交换形式主要有：程序控制方式、中断传输方式、直接存储器访问(DMA)方式和通道方式等。

8.2.1 程序控制方式

程序控制方式是指 CPU 通过程序指令对 I/O 接口进行访问控制，CPU 与外设交换信息的每一个过程均在程序中表现出来。程序控制方式又分为无条件传送方式和条件查询方式。

1. 无条件传送方式

无条件传送方式又称为同步传送方式，主要针对简单外设进行操作，或者外设的定时是固定的或已知场合。对于这类外设，在任何时刻或固定时刻，都处于数据准备好或准备好接收数据状态，程序可以不检测外设状态而直接进行数据输入或输出。无条件传送方式对系统的硬件和软件开销都较小，适合应用简单、成本较低的系统。

2. 条件查询方式

CPU 在与外设进行数据交换时，为了保证双方数据的正确接收，一般情况下，需要先确认外设是否已处于数据准备好或准备好接收数据状态，这就是条件查询方式。在进行数据传送前，CPU 要先执行一条指令，从外设的状态口读取它的当前状态。如果外设没有准备好数据或者处于忙碌状态，则 CPU 会反复执行读取状态指令，直到外设准备好；如果外设已经准备好数据或处于空闲状态，CPU 便可执行输入或输出指令，从外设读取数据或向外设输出数据。

这种控制方式的接口电路中，除了数据缓冲器，还必须有状态寄存器，如图 8-3 和图 8-4 所示。其中 A_d 和 A_s 分别表示数据端口和状态端口地址。

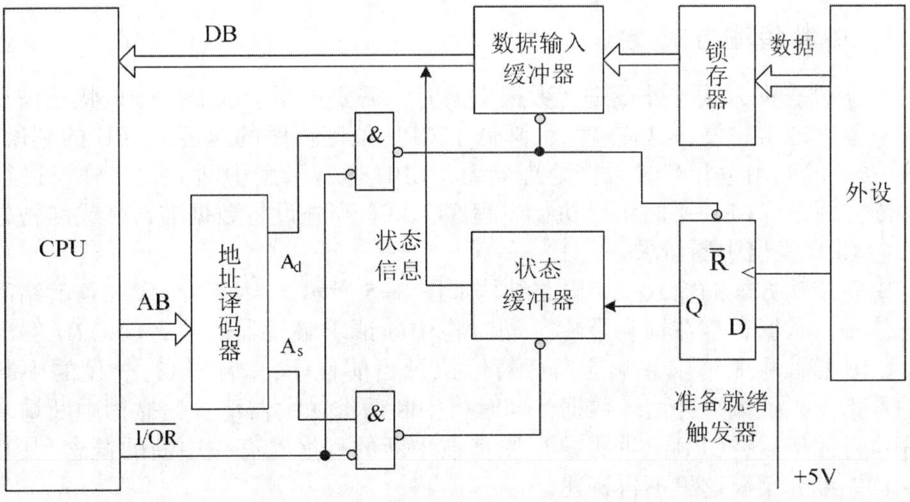

图 8-3　条件查询式输入接口电路结构

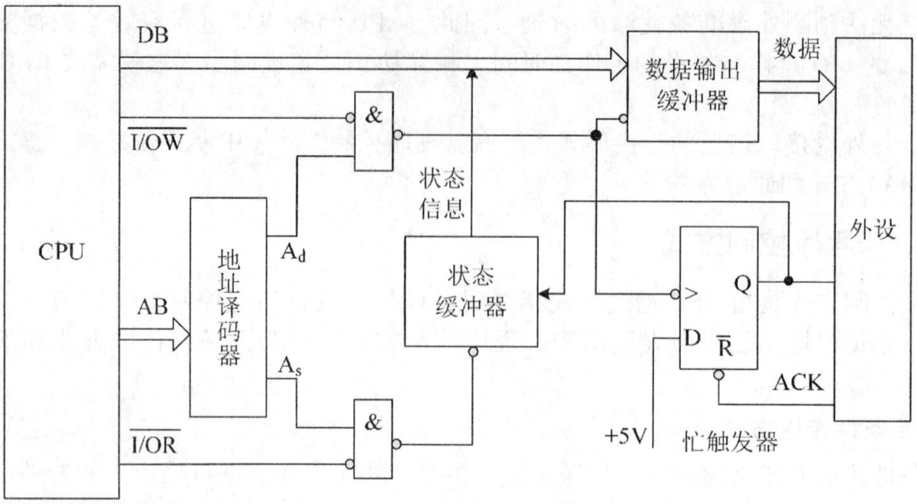

图 8-4 条件查询式输出接口电路结构

以输入接口为例，其查询式数据输入过程为：CPU 通过数据总线读取状态端口信息，判断输入设备是否准备就绪，若未就绪，程序循环等待、查询；若就绪，执行输入指令，从数据总线读入数据，同时使准备就绪触发器复位，表示一次数据输入操作完成。当输入设备的数据再次准备就绪后，发出准备就绪状态信息，一方面把输入设备的数据暂存入数据锁存器；另一方面使准备就绪触发器置位，等待 CPU 查询。如此循环，每输入一个数据都重复上述过程。

CPU 输出数据的过程与输入过程类似，读者可自行分析。

条件查询方式总是由 CPU 主动发出控制命令，I/O 数据的传送与程序的执行严格同步。因此，能很好地协调 CPU 与外设之间的工作，数据传输可靠，接口电路简单，查询程序也不复杂。但 CPU 需要不断地重复检测外设状态，直到外设准备就绪后才能进行数据传输，CPU 利用率较低。为提高 CPU 利用率，可采用定时查询方式，但这样又会使 I/O 的实时处理性降低。这是查询方式本身难以解决的矛盾。

8.2.2 中断传输方式

CPU 用条件查询方式与外设进行数据交换时，需要不断读取 I/O 接口状态信息，并且外设的响应速度通常较慢，这样就大大降低了 CPU 处理程序的速度，CPU 的利用率很低。为了提高 CPU 的利用率和实时数据处理能力，CPU 通常采用中断方式与外设进行数据交换。在中断方式下，CPU 平时可以执行主程序，只有当外设将数据准备好或准备好接收数据了，才向 CPU 发出中断请求。

具有中断传输方式的输入接口电路结构如图 8-5 所示。当输入外设准备就绪时，发出就绪状态信号，数据暂存在锁存器中，同时将中断请求触发器置位，向 CPU 发出中断请求信号。CPU 接收中断请求并响应后，暂停执行当前程序，转向执行外设的中断服务程序，由输入指令寻址端口并读入数据，同时将中断请求触发器清零，撤销中断请求。中断服务程序执行完毕后，CPU 又回去执行原来被中断的程序。有关中断的概念和中断系统，将在第 9 章详细介绍，这里不再赘述。

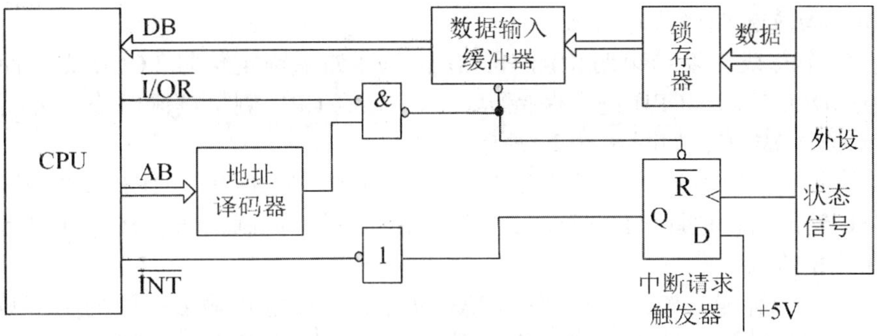

图 8-5 中断传输方式输入接口电路结构

中断传输方式既能提高 CPU 工作效率，又能及时响应外设的服务请求，很适合用在计算机工作量十分饱满，而 I/O 处理的实时性要求又很高的系统中。但这种传输方式需要一系列的中断逻辑控制电路，硬件结构比较复杂。另外，中断方式是一种异步控制模式，中断请求信号的出现是随机的，在主程序指令执行过程中，中断请求可能随机插入一段完全不同的子程序。因此，中断传输方式的软件开发和调试比程序查询方式复杂和困难。

8.2.3 直接存储器访问方式

中断方式可以提高 CPU 的利用率，能够处理随机事件。但是，每次进行中断响应时，都需要进行断点保护、现场保护、读/写操作、现场恢复、断点恢复等操作，如果要进行大批量数据的传输，中断传输方式很难达到高速处理效果。为此，计算机系统中引入了直接存储器访问(DMA)方式。

DMA 是通过专用硬件控制电路实现主存与 I/O 接口间的直接数据传送。外设接口试图通过总线直接向内存发送大批量数据时，它会先向 CPU 发送 DMA 请求信号。外设通过 DMA 的一种专门接口电路——DMA 控制器(DMAC)，向 CPU 提出接管总线控制权的总线请求。CPU 收到该信号后，在当前的总线周期结束后，会按 DMA 信号的优先级和提出 DMA 请求的先后顺序响应 DMA 信号。CPU 对某个设备接口响应 DMA 请求时，会让出总线控制权。于是在 DMA 控制器的管理下，外设和存储器直接进行数据交换，而不需要 CPU 干预。数据传送完毕后，设备接口会向 CPU 发送 DMA 结束信号，交还总线控制权。

DMA 方式主要适用于一些高速的 I/O 设备。这些设备传输字节或字的速度非常快。对于这类高速 I/O 设备，如果用输入/输出指令或采用中断的方法来传输字节信息，会大量占用 CPU 的时间，同时也容易造成数据的丢失。而 DMA 方式能使 I/O 设备直接和存储器进行成批数据的快速传送，可以大大提高 CPU 响应其他程序的效率。

1. DMA 工作过程

目前计算机系统中普遍采用的 DMA 控制器接管总线方式为 CPU 暂时放弃总线控制权的模式，整个过程分为三个阶段。

1）DMA 请求阶段

当 I/O 设备准备就绪后，要求以 DMA 方式进行数据传输时，先将准备就绪标志位置位，向 DMAC 发出请求信号 DMAREQ；DMAC 检查该信号是否被屏蔽以及其优先权，如果承认它有效，则向 CPU 发出总线请求保持信号 HOLD，如图 8-6(a)所示。

2）DMA 响应和数据传输阶段

CPU 在每个总线周期结束时检测 HOLD 状态，如果锁定信号 LOCK 无效而 HOLD 有效，则响应 HOLD 请求，CPU 进入保持状态，三总线 CPU 侧呈高阻状态，并将保持响应信号 HLDA 通知 DMAC，如图 8-6(b)所示。

DMAC 接收到响应信号后，接管总线，将 DMA 请求响应信号 DMAACK 发送给外设；然后，DMAC 给出内存地址、I/O 读/写、存储器读/写等控制信号，在 I/O 设备和存储器间完成高速数据传输。

在进入 DMA 操作前，CPU 应先对 DMAC 初始化，设定传输数据块的字节数、数据块在存储器中的起始地址、数据传输方向等信息。在初始化过程中，DMAC 工作于受控状态，进入 DMA 操作后，DMAC 处于主控状态。因此，DMAC 是一种典型的总线主/从模块。

3）传输结束阶段

当数据传输完毕后，DMAC 发出结束信号给 I/O 设备，I/O 设备根据此信号撤销 DMAREQ 信号，CPU 重新获得总线控制权，完成一次 DMA 传输。

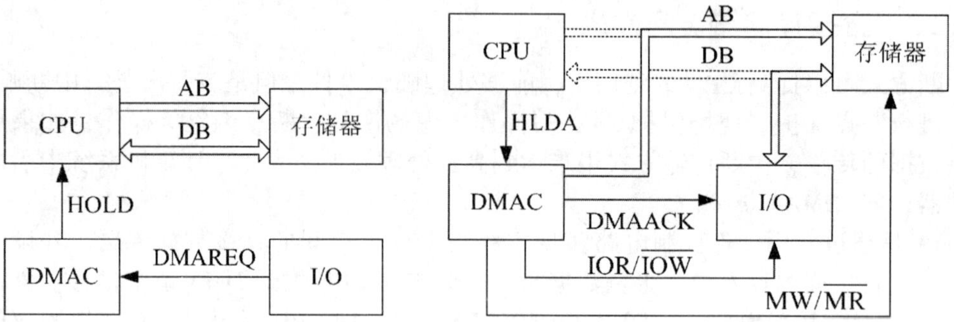

（a）DMA请求阶段　　（b）DMA响应和传输阶段

图 8-6　DMA 操作过程示意图

2. DMA 控制器(DMAC)

DMA 控制器一般包括四个寄存器：状态寄存器、数据寄存器、地址寄存器、计数器。这些寄存器在信息传送之前需要进行初始化设置。

（1）状态寄存器：由控制和时序电路以及状态标志寄存器等组成，用于修改内存地址计数器和计数器，指定传送类型(输入或输出)，并对“DMA 请求”信号和 CPU 响应信号进行协调和同步。状态标志寄存器用于存储 DMA 请求标志，每当设备准备好一个数据字后给出一个控制信号，使“DMA 请求”标志置“1”。该标志置位后向“控制/状态”逻辑发出 DMA 请求，后者又向 CPU 发出总线使用权的请求(HOLD)，CPU 响应此请求后发回响应信号 HLDA，“控制/状态”逻辑接收此信号后发出 DMA 响应信号，使“DMA 请求”标志复位，为交换下一个字做好准备。

（2）数据缓冲寄存器：用于暂存每次传送的数据(一个字)。当输入时，由设备(如磁盘)送往数据缓冲寄存器，再由缓冲寄存器通过数据总线送到内存；反之，输出时，由内存通过数据总线送到数据缓冲寄存器，然后再送到设备。

（3）地址寄存器：用于存放内存中要交换的数据的地址。在 DMA 传送前，须通过程序将数据在内存中的起始位置(首地址)送到地址寄存器。而当 DMA 传送时，每交换一次数据，将地址自动加 1 或减 1，从而以增量方式给出内存中要交换的一批数据的地址。

(4) 计数器：用于记录传送数据块的长度(字节数)。其内容也是在数据传送之前由程序预置，交换的字数通常以补码形式表示。在 DMA 传送时，每传送一个字，计数器就加 1 或减 1。当计数器溢出即最高位产生进位或为零时，表示这批数据传送完毕，于是引起 DMA 控制器向 CPU 发出中断信号。

DMA 控制器是内存储器同外设之间进行高速数据传送时的硬件控制电路，是一种实现直接数据传送的专用处理器，它必须能取代在程序控制传送中由 CPU 和软件所完成的各项功能；它的主要功能有如下几方面。

(1) DMAC 同外设之间有一对联络信号线：外设的 DMA 请求信号 DMAREQ 以及 DMAC 向外设发出的 DMA 响应信号 DMAACK。

(2) DMAC 在接收到 DMAREQ 后，同 CPU 之间也有一对联络信号线：DMAC 向 CPU 发出总线请求信号(HOLD 或 BUSRQ)，CPU 在当前总线周期结束后向 DMAC 发出总线响应信号(HLDA 或 BUSAK)，DMAC 接管对总线的控制权，进入 DMA 操作方式。

(3) 能发出地址信息，对存储器寻址，并修改地址指针，DMAC 内部必须有能自动加 1 或减 1 的地址寄存器。

(4) 能决定传送的字节数，并能判断 DMA 传送是否结束。DMA 内部必须有能自动减 1 的字计数寄存器，计数结束产生终止计数信号。

(5) 能发出 DMA 结束信号，释放总线，使 CPU 恢复总线控制权。

(6) 能发出读、写控制信号，包括存储器访问信号和 I/O 访问信号。DMAC 内部必须有时序和读/写控制逻辑。

有些 DMAC 芯片和模块在这些基本功能的基础上还增加了一些新的功能。例如：在 DMA 传送结束时产生中断请求信号；在传送完一个字节数后输出一个脉冲信号，用于记录已传送的字节数、为外部提供周期性的脉冲序列；在一个数据块传送完后能自动装入新的起始地址和字节数，以便重复传送一个数据块或将几个数据块链接起来传送；产生两个存储器地址，从而实现存储器与存储器之间的传送以及能够对 I/O 设备寻址，实现 I/O 设备之间的传送，以及能够在传送过程中检索某一特定字节或者进行数据检验等等。

8.2.4 通道方式

计算机中连接着许多输入/输出设备，为每一个设备都配置一个专用的 DMA 控制器是不经济的，而且多个 DMA 的并行工作还会使存储器的访问发生冲突。因而必须在多个设备之间共享 DMA 控制器，这样就形成了输入/输出通道的概念。通道是一个具有输入/输出处理器控制的输入/输出部件。通道控制器有自己的指令，即通道命令，能够根据程序控制多个外部设备，并且提供了 DMA 共享的功能，而 DMA 只能进行固定的数据传输操作。

通道的功能：根据 CPU 的要求选择某一指定外设与系统相连，向外设发出操作命令，并进行初始化；确定外设读/写信息的位置以及与外设交换信息的主存缓冲区地址；控制外设与主存之间的数据交换，完成数据的分拆与组合；确定数据传送结束时的操作内容，并检查外设的状态。

一个计算机系统可以有多条通道，一条通道总线可以连接多个输入/输出接口，一个输入/输出接口又可以连接多个同类型的设备，只要这些设备是轮流工作的。通道处理器只运行输入/输出控制程序，根据数据传送方式，通道可以分成字节多路通道、选择通道和成组多路通道。

字节多路通道是一种共享通道，主要用于连接大量的低速设备。它包含多个子通道，每个通道服务一个设备，可以独立执行通道指令。每个子通道都需要数据缓冲器、I/O 请求标志、控制寄存器、主存地址寄存器和字节计数器，而对通道的控制是分时公用的，不同设备在各自时间段内与通道建立连接，实现数据传输。

选择通道在物理上也连接多个设备，但这些设备不能同时工作，在某一时间段内通道只能选择其中一个设备进行工作，且通道与设备的传输一直维持到设备请求的传输完成。选择通道适合于信息以数据块的方式成组高速传输，因此主要用于连接高速外设，但外设申请使用通道的等待时间较长。

成组多路通道综合了字节通道和选择通道的特点，有多个子通道，既可以像字节多路通道那样执行多路通道程序，所有子通道分时共享总通道，又可以用选择通道那样的成组方式高速传输数据。因此成组多路通道在实际系统中应用较多。

字节多路通道和成组多路通道都是多路通道，在一段时间内可以多个设备交替执行通道程序。但两者也有区别：首先，成组多路通道允许多个设备同时工作，但只允许一个设备进行数据传输型操作，其他设备进行控制型操作；而字节多路通道不仅允许多路同时操作，而且允许它们同时进行传输型操作。其次，成组多路通道与设备之间的数据传送的基本单位是数据块，通道必须为一个设备传送完一个数据块后才能为另一个设备传送数据块；而字节多路通道与设备间的数据传送基本单位是字节，通道为一个设备传送完一个字节后，可以为另一个设备传送下一个字节。

8.3 LED 显示接口

由于发光二极管 LED 成本低、结构简单，被广泛应用于单片机系统、嵌入式系统、控制系统等场合的数码显示。其中常用的 8 段 LED 显示如图 8-7 所示。根据 LED 的连接方式，可以分为共阳极和共阴极两种结构。

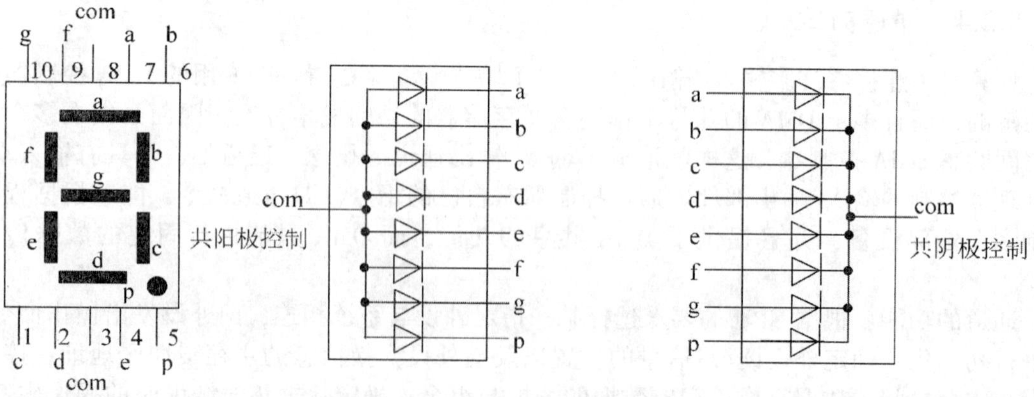

图 8-7 常用 8 段 LED 显示器件及结构

共阳极结构下，8 端 LED 的阳极控制端共同连接在一起，阴极与 CPU 输出数据端连接。如果阳极接高电平，某一段或几段 LED 阴极接低电平时，LED 发光；如果阳极接低电平，则无论阴极连接何种电平，LED 都不发光。

共阴极结构下，8 段 LED 的阴极控制端共同连接在一起，阳极作为输入端分别与 CPU 输出数据端连接。如果阴极接低电平，当某一段或几段 LED 阳极接高电平时，LED 发光；如果阴极接高电平，则无论阳极输入电平如何，所有 LED 都不发光。表 8-1 为 0-9 数码管的显示码表。

表 8-1 八段数码管显示码表

数字	共阳极接法									共阴极接法								
	D_7	D_6	D_5	D_4	D_3	D_2	D_1	D_0	代码	D_7	D_6	D_5	D_4	D_3	D_2	D_1	D_0	代码
	p	g	f	e	d	c	b	a		p	g	f	e	d	c	b	a	
0	1	1	0	0	0	0	0	0	C0H	0	0	1	1	1	1	1	1	3FH
1	1	1	1	1	1	0	0	1	F9H	0	0	0	0	0	1	1	0	06H
2	1	0	1	0	0	1	0	0	A4H	0	1	0	1	1	0	1	1	5BH
3	1	0	1	1	0	0	0	0	B0H	0	1	0	0	1	1	1	1	4FH
4	1	0	0	1	1	0	0	1	99H	0	1	1	0	0	1	1	0	66H
5	1	0	0	1	0	0	1	0	92H	0	1	1	0	1	1	0	1	6DH
6	1	0	0	0	0	0	1	0	82H	0	1	1	1	1	1	0	1	7DH
7	1	1	1	1	1	0	0	0	F8H	0	0	0	0	0	1	1	1	07H
8	1	0	0	0	0	0	0	0	80H	0	1	1	1	1	1	1	1	7FH
9	1	0	0	1	0	0	0	0	90H	0	1	1	0	1	1	1	1	6FH
不显示	1	1	1	1	1	1	1	1	FFH	0	0	0	0	0	0	0	0	00H

LED 显示接口电路有静态显示和动态显示两种。由 4 个 8 段 LED 数码管组成的共阴极控制静态显示接口电路如图 8-8 所示。阳极各输入端分别通过并行端口与 CPU 数据总线连接，且各数码管输入端相互独立；共阴极控制端共同接地。因此，当有 *N* 个数码管时，需要的接口线数目为 8× *N*，系统开销较大。

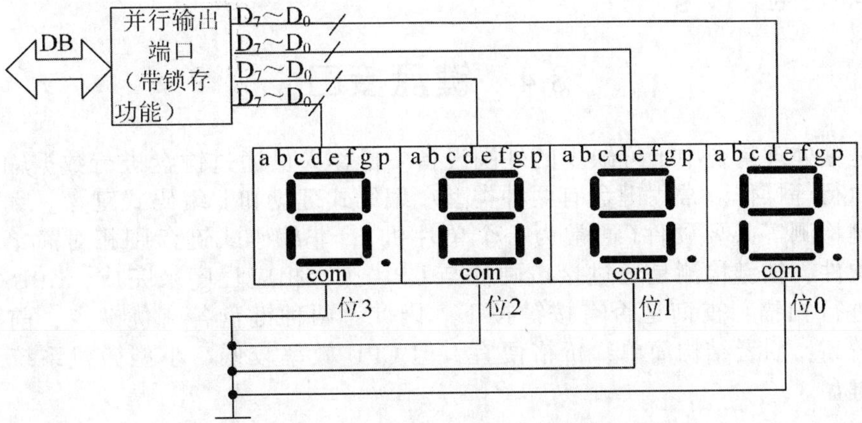

图 8-8 静态 LED 数码管显示接口电路

动态显示方式是将各数码管的对应段输入端分别连接在一起，则无论数码管的个数是多少，需要的输入线只需要 8 条；各数码管的公共端分别连接另一个端口的输出，作为位选口。当有 N 个数码管时，需要的位选线为 N 条。因此，动态显示方式下总共需要的数据线为 $8+N$ 条。

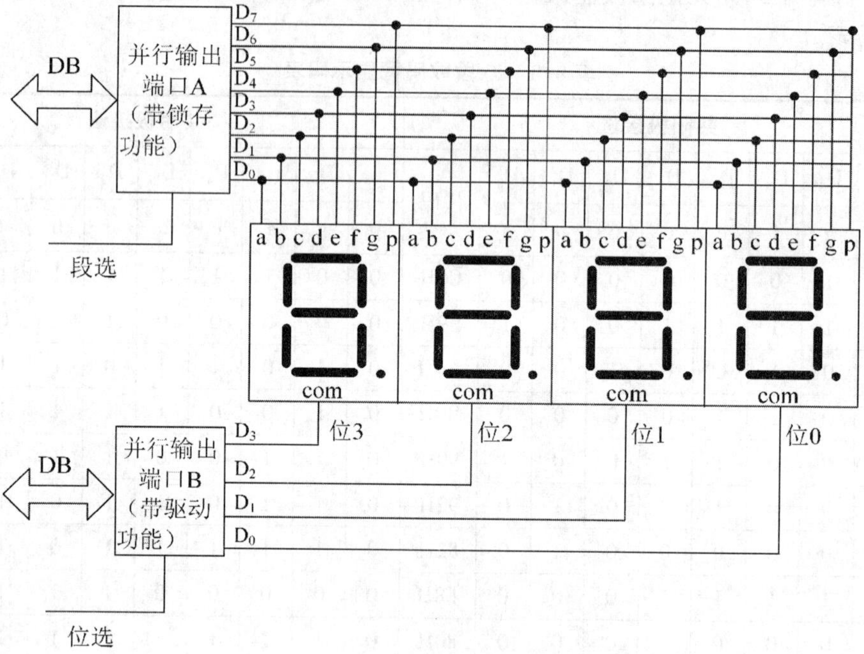

图 8-9　动态 LED 数码管显示接口电路

由 4 个 8 段 LED 数码管组成的共阴极控制动态显示接口电路如图 8-9 所示。8 位段选线由一个并行 I/O 端口 A 控制，每次输出段选信号后，4 个数码管同时获得段选信号。要使得每个数码管显示不同的字符，必须采用扫描法，轮流点亮各个数码管。即在每一时刻，通过并行端口 B 输出位选信号，使得只有一个数码管的共阴极接低电平，该数码管显示字符。在下一时刻，选择下一个数码管显示，端口 A 对应输出需显示的字符。这样，当扫描速度较快时，由于 LED 的余辉现象和人眼视觉暂留特性，就能同时看到多个数码管显示出不同的字符。

8.4　键盘接口

键盘是微处理系统中不可缺少的外围设备。操作人员通过键盘进行数据输入/输出、控制程序执行等操作。常用键盘有两种类型：编码式键盘和非编码式键盘。编码式键盘包括有按键检测等必要硬件(通常为一个单片机)；非编码式键盘则相对简单，没有这些独立的硬件，按键检测是通过接口硬件与 CPU 执行相应程序来完成，CPU 需要周期性对键盘进行扫描，查询是否有按键按下。因此，两种键盘各有优缺点，前者硬件复杂，价格较高；后者结构简单，价格便宜，但 CPU 效率较低。小型微机系统通常使用非编码式键盘。

8.4.1 非编码式键盘接口

1. 键盘的基本结构

一般非编码式键盘采用矩阵结构，如图 8-10 所示。图中采用 8×8 矩阵，可接 64 个按键。每一行的一端经 8 位并行端口 A 与 CPU 数据总线连接，另一端经上拉电阻接 5V 高电平；每一列经另一个 8 位并行端口 B 与 CPU 数据总线连接。每一个键占有唯一的行与列的交叉点，每一个交叉点分配一个键值。CPU 通过对行和列进行扫描来确定是否有按键按下。如果有按键按下，经键盘译码程序可以得到相应的键值，从而确定是哪一个按键被按下。

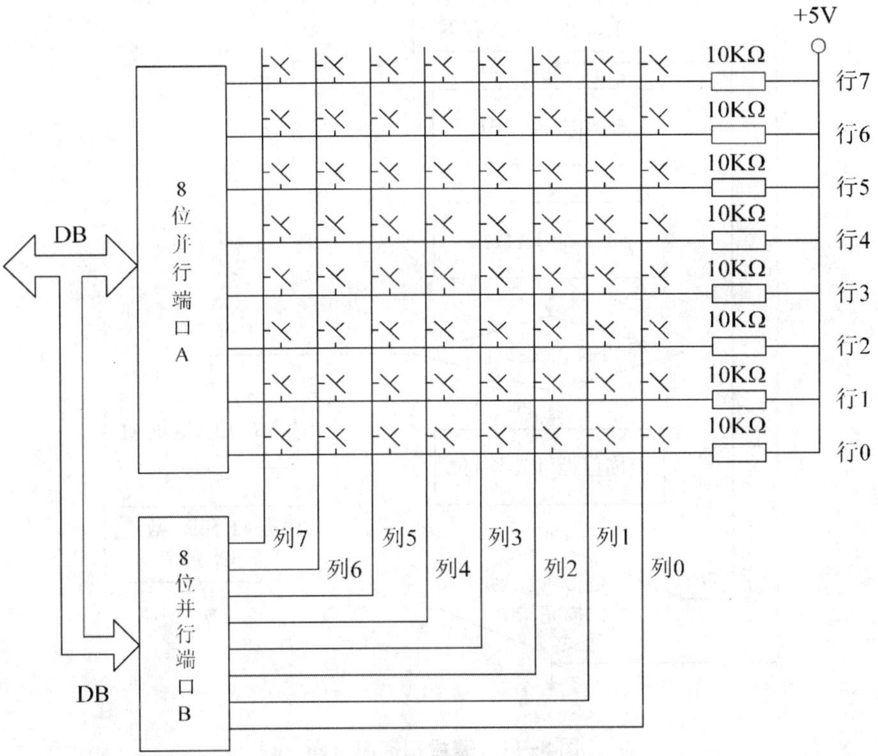

图 8-10 矩阵式键盘结构及接口

2. 键值的确定

CPU 的扫描过程如下：初始状态时，端口 B 的输出为低电平，即 CPU 将数据 0x00 写入端口 B，所有列线为 0。CPU 从端口 A 读入数据，如果所读入的数据不为 0xFF，则表示有按键被按下；如果有按键被按下，开始扫描。首先将第 0 列设为低电平，即 CPU 将数据 0xFE 写入端口 B，随后读入端口 A 的数据，判断是否有行线处于低电平；如果有行线处于低电平，根据行号和列号，就可以判断哪一个按键被按下；如果没有行线处于低电平，则扫描下一列，将第 1 列设为低电平，再检查行线，如此循环，直到检测到行线为低。扫描流程如图 8-11 所示。

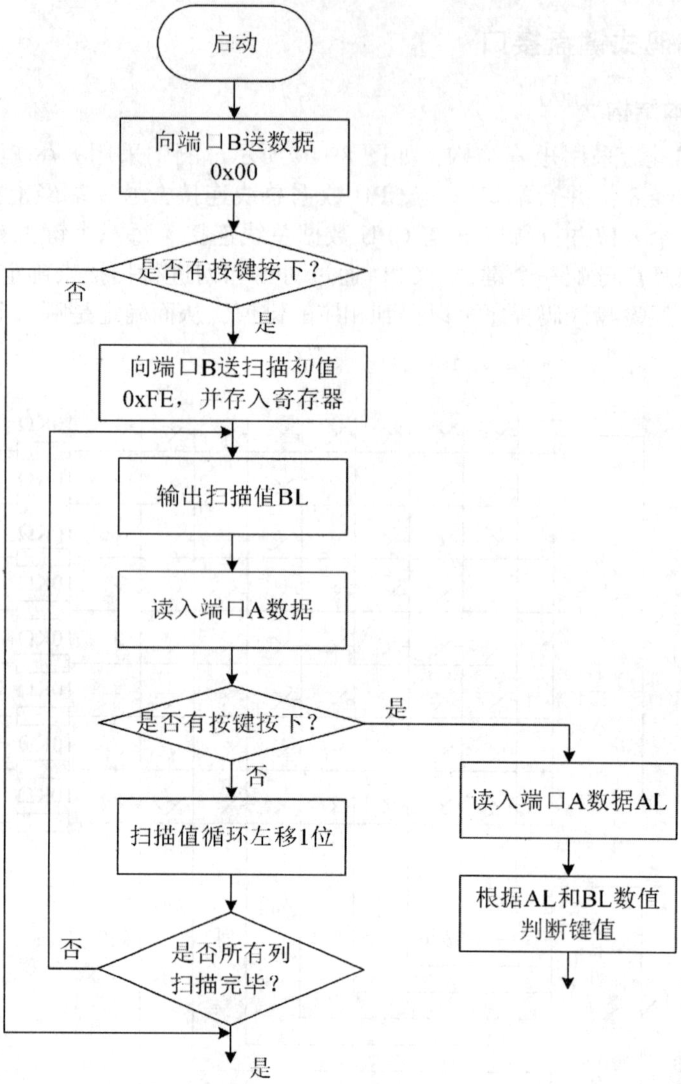

图 8-11 键盘扫描流程图

8.4.2 编码式键盘接口

目前微机系统采用的 101/102 键盘或 104 键盘属于编码式键盘。由于这类键盘按键较多，如果采用非编码式键盘的扫描处理方法，为了及时发现按键是否被按下，需要 CPU 周期性定时扫描键盘，降低了 CPU 的利用率。为此，有厂商开发了用于键盘接口的集成电路芯片：键盘扫描及键值读取都由这些芯片完成，无须 CPU 干预；只有在按键按下时，接口才向 CPU 提出中断请求，要求 CPU 进行响应。这样就大大提高了 CPU 的效率。因此，编码式键盘大多是通过专用芯片接口与计算机系统进行连接，其接口框图如图 8-12 所示。

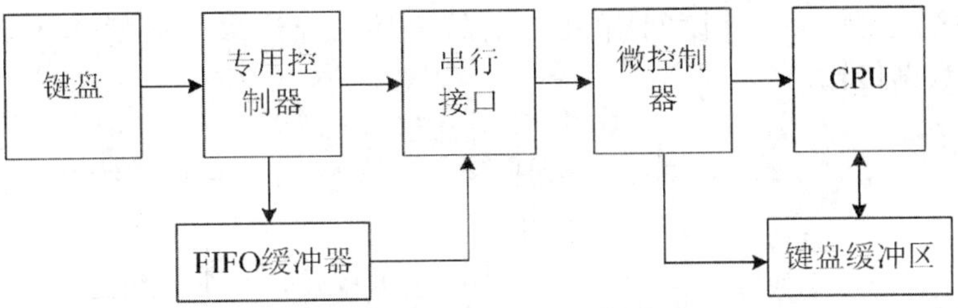

图 8-12 编码式键盘与 CPU 接口框图

编码式键盘上的专用控制器负责对键盘的周期性扫描，并将按下的键值以队列的形式存入 FIFO 缓冲器；当 CPU 允许键盘输入时，FIFO 缓冲器的内容通过串行接口送往 CPU 接口。CPU 利用一个通用微控制器扩展键盘接口，以便兼容不同型号的键盘。键盘接口与 CPU 的数据通信是利用键盘缓冲区以中断的方式完成的。

8.5 通用并行接口

并行接口，是指采用并行传输方式来传输数据的接口标准。从最简单的一个并行数据寄存器或专用接口集成电路芯片如 8255、6820 等，直至较复杂的 SCSI 或 IDE 并行接口，种类有数十种。一个并行接口的接口特性可以从两个方面加以描述：(1) 以并行方式传输的数据通道的宽度，也称接口传输的位数；(2) 用于协调并行数据传输的额外接口控制线或称交互信号的特性。数据的宽度可以为 1~128 位或者更宽，最常用的是 8 位，可通过接口一次传送 8 个数据位。在计算机领域最常用的并行接口是通常所说的 LPT 接口。

通常所说的并行接口一般称为 Centronics 接口，也称 IEEE1284，最早由 Centronics 公司在 20 世纪 60 年代中期制定。Centronics 公司当初是为点阵行式打印机设计的并行接口，1981 年被 IBM 公司采用，后来成为 IBM PC 计算机的标准配置。它采用了当时已成为主流的 TTL 电平，每次单向并行传输 1 字节数据，速度高于当时的串行接口(每次只能传输 1bit)，获得广泛应用，成为打印机的接口标准。1991 年，Lexmark、IBM、Texas Instruments 等公司为扩大其应用范围而与其他接口竞争，改进了 Centronics 接口，使它实现更高速的双向通信，以便能连接磁盘机、磁带机、光盘机、网络设备等计算机外部设备，最终形成了 IEEE 1284-1994 标准，数据率从 10KB/s 提高到 2MB/s(16Mbit/s)。但事实上这种双向并行通信并没有获得广泛使用，并行接口仍主要用于打印机和绘图仪，其他方面只有少量设备应用，这种接口一般被称为打印接口或 LPT 接口。

8.5.1 SCSI 接口

小型计算机系统接口 SCSI(Small Computer System Interface)，是一种用于计算机和智能设备之间(硬盘、软驱、光驱、打印机、扫描仪等)系统级接口的通用接口标准，它具备与多种类型的外设进行通信的功能。SCSI 采用 ASPI(高级 SCSI 编程接口)的标准软件接口，使驱动器和计算机内部安装的 SCSI 适配器进行通信。SCSI 接口广泛应用于小型机上的高速数据传输技术。SCSI 接口具有应用范围广、多任务、带宽大、CPU 占用率低，以及热插拔等优点。

SCSI 接口的典型结构如图 8-13 所示，主控设备与适配器(接口转换器)通过系统总线或局部总线连接，适配器与外设间用 SCSI 总线连接。允许多个适配器和多个控制器通过 SCSI 总线实现数据传输。

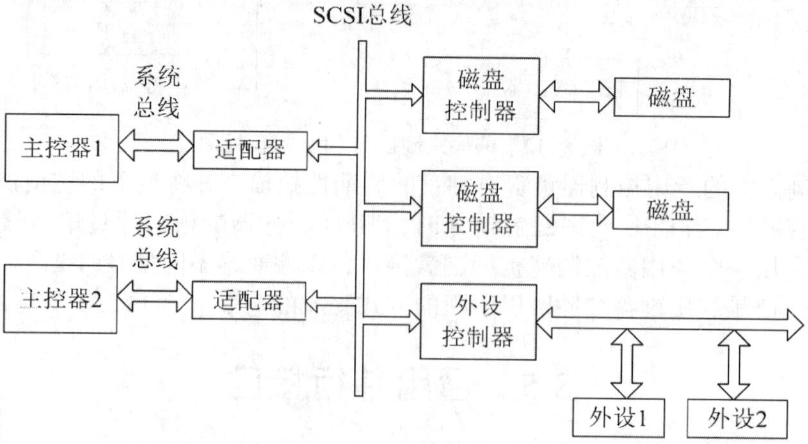

图 8-13　SCSI 接口的典型结构

SCSI 是一个多任务接口，设有母线仲裁功能。挂在一个 SCSI 母线上的多个外设可以同时工作，即 SCSI 上的设备平等占有总线。SCSI 接口可以同步或异步传输数据，同步传输速率可以达到 10MBps，异步传输速率可以达到 1.5MBps。

SCSI 接口的主要性能特点有：

(1) SCSI 是系统级接口，不依赖于具体设备，用一组通用命令控制各种设备，不需要设计外设的物理特性。

(2) SCSI 总线上的设备之间是平等关系，一个设备既可以成为主控设备，也可以成为受控设备。

(3) SCSI 设备以菊花链式连接成系统，每个 SCSI 设备有两个连接器，分别用于输入和输出。

(4) SCSI 使用单端传输方式或差分传输方式传输数据。

(5) SCSI 可以按同步方式和异步方式传输数据，同步方式通常采用 DMA 传输数据。

(6) SCSI 接口是一个多主控多从机设备系统，具有总线仲裁功能。

8.5.2　IEEE 488 接口

IEEE 488 是一种并行总线接口，它是 20 世纪 70 年代由 HP 公司制定的。HP 公司为了解决各种仪器仪表与各类计算机的接口由于互相不兼容而带来的连接麻烦，而研制了通用接口总线 HP—IB 总线。1975 年 IEEE 以 IEEE 488 标准总线予以推荐，1977 年国际电工委员会(IEC)也对该总线进行认可与推荐，定名为 IEC—IB。所以这种总线同时使用了 IEEE—488、IEC—IB(IEC 接口总线)、HP—IB(HP 接口总线)或 GP—IB(通用接口总线)多种名称。IEEE 488 总线是当前工业上应用最广泛的通信总线之一。

IEEE 488 总线接口使用的约定包括：

(1) 数据传输速率≤1MB/s。

(2) 连接在总线上的设备(包括作为主控器的微型机)≤15 个。

(3) 设备间的最大距离≤20m。

(4)整个系统的电缆总长度≤220m，若电缆长度超过220m，则会因延时而改变定时关系，从而造成工作不可靠。这种情况应附加调制解调器。

(5)所有数据交换都必须是数字化的。

(6)总线规定使用24线的组合插头座，并且采用负逻辑，即用小于+0.8V的电平表示逻辑“1”；用大于2V的电平表示逻辑“0”。

利用IEEE 488总线将微型计算机和其他若干设备连接，可以采用串行连接，也可以采用星形连接，如图8-14所示。

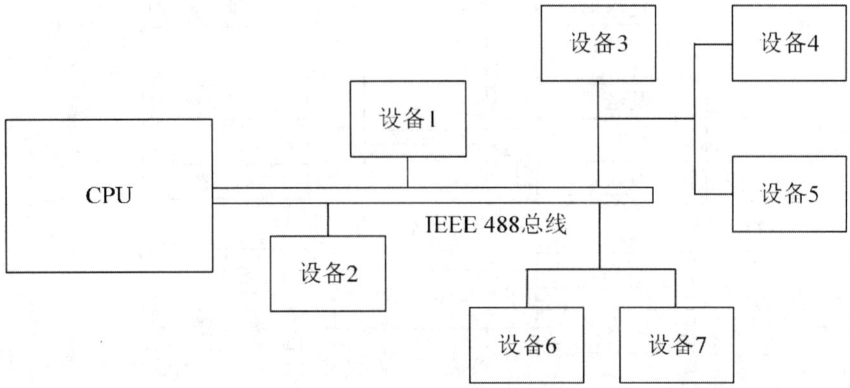

图8-14 IEEE 488连接形式

在IEEE 488系统中的每一个设备可按如下3种方式工作。

(1)“听者”方式：这是一种接收器，它从数据总线上接收数据，一个系统在同一时刻，可以有两个以上的“听者”在工作。可以充当“听者”功能的设备有微型计算机、打印机、绘图仪等。

(2)“讲者”方式：这是一种发送器，它向数据总线发送数据，一个系统可以有两个以上的“讲者”，但任一时刻只能有一个讲者在工作。具有“讲者”功能的设备有微型计算机、磁带机、数字电压表、频谱分析仪等。

(3)“控制者”方式：这是一种向其他设备发布命令的设备，例如对其他设备寻址，或允许“讲者”使用总线。控制者通常由微型机担任。一个系统可以有不止一个控制者，但每一时刻只能有一个控制者在工作。

在IEEE 488总线上的各种设备可以具备不同的功能。有的设备如微型计算机可以同时具有控制者、听者、讲者3种功能。有的设备只具有收、发功能，而有的设备只具有接收功能，如打印机。在某一时刻系统只能有一个控制者，而当进行数据传送时，某一时刻只能有一个发送器发送数据，允许多个接收器接收数据，也就是可以进行一对多的数据传送。

8.6 通用串行接口

串行接口中数据按位顺序传送。其特点是通信线路简单，只要一对传输线就可以实现双向通信（可以直接利用电话线作为传输线），从而大大降低了成本，特别适用于远距离通信，但传送速度较慢。一条信息的各位数据被逐位按顺序传送的通信方式称为串行通信。

8.6.1 串行通信工作方式

串行通信的特点是：数据位的传送，按位顺序进行，最少只需一根传输线即可完成，成本低但传送速度慢；串行通信的距离可以从几米到几千米。根据信息的传送方向，串行通信可以进一步分为单工、半双工和全双工三种，如图 8- 15 所示。根据数据发送与接收方式，又可以分为同步通信和异步通信。

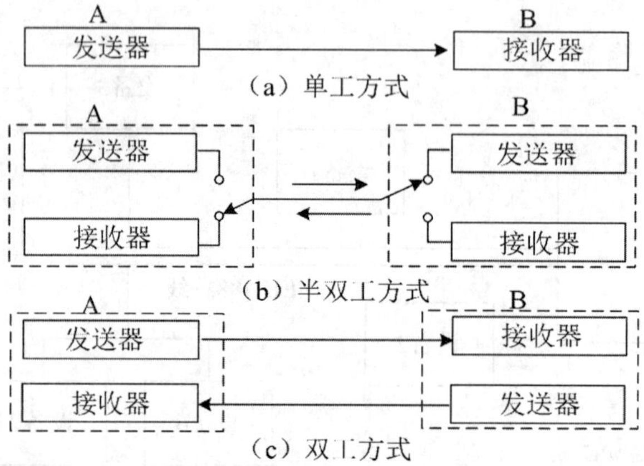

图 8-15 串行通信方式

1. 单工通信

如果在通信过程中的任意时刻，信息只能由一方 A 传到另一方 B，则称为单工。在单工通信中，通信的信道是单向的，发送端与接收端也是固定的，即发送端只能发送信息，不能接收信息；接收端只能接收信息，不能发送信息。基于这种情况，数据信号从一端传送到另一端，信号流是单方向的。

例如，生活中的广播就是一种单工通信的工作方式。广播站是发送端，听众是接收端。广播站向听众发送信息，听众接收获取信息。广播站不能作为接收端获取到听众的信息，听众也无法作为发送端向广播站发送信号。

2. 半双工通信

如果在任意时刻，信息既可由 A 传到 B，又能由 B 传 A，但只能有一个方向上的传输存在，称为半双工传输。半双工通信可以实现双向的通信，但不能在两个方向上同时进行，必须轮流交替地进行。在这种工作方式下，发送端可以转变为接收端；相应地，接收端也可以转变为发送端。但是在同一个时刻，信息只能在一个方向上传输。因此，也可以将半双工通信理解为一种切换方向的单工通信。

例如，对讲机是日常生活中最为常见的一种半双工通信方式，手持对讲机的双方可以互相通信，但在同一个时刻，只能由一方在讲话。

3. 全双工通信

如果在任意时刻，线路上存在 A 到 B 和 B 到 A 的双向信号传输，则称为全双工。全双工通信允许数据同时在两个方向上传输，又称为双向同时通信，即通信的双方可以同时发送和接收数据。在全双工方式下，通信系统的每一端都设置了发送器和接收器，因此，能控制数据同时在两个方向上传送。全双工方式无须进行方向的切换，因此，没有切换操作所产生的时间延迟。这种方式要求通信双方均有发送器和接收器；同时，需要 2 根数据线传送数据信号(可能还需要控制线和状态线，以及地线)。

例如，电话线就是二线全双工信道。由于采用了回波抵消技术，双向的传输信号不会混淆不清。双工信道有时也将收、发信道分开，采用分离的线路或频带传输相反方向的信号，如回线传输。

4. **同步串行通信**

同步串行通信是指在约定的通信速率下，发送端和接收端的时钟信号频率和相位始终保持一致(同步)，这就保证了通信双方在发送和接收数据时具有完全一致的定时关系。同步通信把许多字符组成一个信息组，或称为信息帧，每帧的开始用同步字符(通常约定 1~2 个)来指示，如图 8-16 所示。由于发送和接收的双方采用同一时钟，所以在传送数据的同时还要传送时钟信号，以便接收方可以用时钟信号来确定每个信息位。同步串行通信接收端检测到规定的同步字符后，就连续按顺序传送数据，直到一块数据传送完毕。

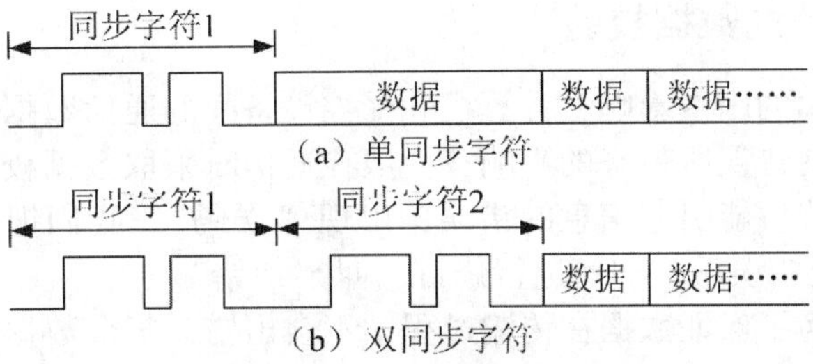

图 8-16 同步串行通信数据格式

同步通信要求在传输线路上始终保持连续的字符位流，若计算机没有数据传输，则线路上要用专用的“空闲”字符或同步字符填充。同步通信传送信息的位数几乎不受限制，通常一次通信传的数据有几十到几千个字节，通信效率较高。但它要求在通信中保持精确的同步时钟，所以其发送器和接收器比较复杂，成本也较高，一般用于传送速率要求较高的场合。

5. **异步串行通信**

异步方式通信 ASYNC(Asynchronous Data Communication)，又称起止式异步通信，是计算机通信中最常用的数据信息传输方式。它是以字符为单位进行传输的，字符之间没有固定的时间间隔要求，而每个字符中的各位则以固定的时间传送。异步串行通信采用固定的通信格式，数据以相同的帧格式传送，数据格式如图 8-17 所示。收、发双方取得同步的方法是采用在字符格式中设置起始位和停止位。在一个有效字符正式发送前，发送器先发送一个起始位，然后发送有效数据位（通常为 5~8 位），在数据结束时再发送一个停止位(可以为为 1 位、1.5 位或 2 位)，起始位至停止位构成一帧。为了保证数据在传输过程中不会出错，每个数据包的停止位前一般都会加上校验位。另外，数据帧格式可能包含空闲位，表示线路处于空闲状态，此时线路上为逻辑“1”电平。

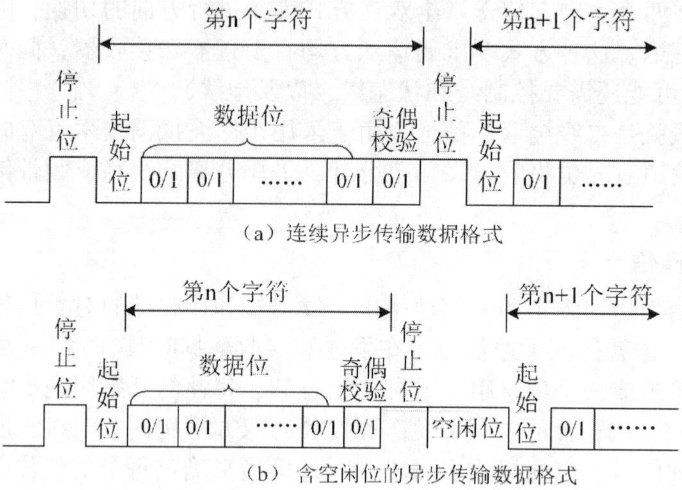

图 8-17 异步串行通信数据格式

8.6.2 串行通信的数据校验

由于数据传输距离的因素影响，计算机和受控设备间的通信数据就常常出现不可预知的错误。为了防止这些错误所带来的影响，一般在通信时采取数据校验方法。串行数据在传输过程中，由于干扰可能引起信息的错误，出现“误码”。我们把如何发现传输中的错误，叫“检错”；发现错误后，如何进行修订，叫“纠错”。

之前就有提到，为了保证数据在传输过程中不会出错，每个数据包后面一般都会加上校验位。校验过程是发送端(TX 端)和接收端(RX 端)共同完成的过程。首先，TX 端按照数据包格式，将有效传输数据根据校验算法计算出 TX 校验位数据格式，并将按协议放在数据包的指定位置。RX 端接收到数据包后，在指定位置取出 TX 校验位，同时再将接收到的数据按规定方式计算出 RX 校验字节，如果 RX 校验字节与接收到的 TX 校验字节相等，则说明数据包是有效的，否则就应该放弃该数据包。常用的校验方式有奇偶校验和循环冗余码校验。

1. 奇偶校验

奇偶校验(Parity Check)是一种校验代码传输正确性的方法。根据被传输的一组二进制代码的数位中“1”的个数是奇数或偶数来进行校验。采用奇数的称为奇校验；反之，称为偶校验。采用何种校验是事先约定好的。通常专门设置一个奇偶校验位，用它使这组代码中“1”的个数为奇数或偶数。若用奇校验，则当接收端收到这组代码时，校验“1”的个数是否为奇数，从而确定传输代码的正确性。

(1) 奇校验：所有传送的数位(含字符的各数位和校验位)中，“1”的个数为奇数。

如：(数据) 0110 0101⇒校验位为 1，组合为数据帧 011001011 或 101100101

(数据) 0100 0101⇒校验位为 0，组合为数据帧 010001010 或 001000101

(2) 偶校验：所有传送的数位（含字符的各数位和校验位）中，“1”的个数为偶数。

如：(数据) 0100 0101⇒校验位为 1

(数据) 0101 0101⇒校验位为 0

奇偶校验能够检测出信息传输过程中的部分误码（奇数位误码能检出，偶数位误码不能检出)，同时，它不能纠错。在发现错误后，只能要求重发。但由于其实现简单，仍得到了广泛使用。

2. 循环冗余码校验

循环冗余码校验(Cyclical Redundancy Check,CRC)是利用除法和余数的原理来做检错的：将需要发送的数据包当做一个很大的二进制数，用它来除以一个固定的二进制数，所得到的余数即是所求得的CRC校验码。实际应用时，发送装置计算出CRC值并随数据一同发送给接收装置RX，RX对收到的数据重新计算CRC并与收到的CRC值相比较，若两个CRC值不同，则说明数据通信出现了错误，该数据包应该舍弃不用。CRC是对一个传送数据块进行校验，是一种非常高效的差错控制方法。

8.6.3 串行外围设备接口

串行外围设备接口(Serial Peripheral Interface,SPI)是Motorola公司推出的一种全双工同步串行通信方式，采用主从模式架构，支持一个或多个从设备。由于其结构简单实用，性能优异，得到广泛应用。SPI接口主要应用于E^2PROM、Flash、实时时钟、AD转换器、数字信号处理器和数字信号解码器之间，使MCU与各种外围设备以串行方式进行通信以交换信息。

1. 基本结构

SPI采用主从式连接架构，通信双方分别为主控端和从动端，通常MCU的SPI接口工作在主控模式，其他外围设备的SPI接口工作在从动模式。通信过程完全由主控端设备发起并控制，从动端被动响应，数据流在时钟信号驱动下同步传输。SPI包含多个寄存器：控制寄存器、状态寄存器、数据寄存器、CRC多项式寄存器、CRC接收/发送寄存器。SPI数据帧的格式根据SPI_CR1寄存器中LSBFIRST位的设置，可以在输出数据位时高位(MSB)在先，也可以低位(LSB)在先；并且根据SPI_CR1寄存器的DFF位的设置，每个数据帧可以是8位或是16位。

STM32的SPI结构如图8-16示，对外4个引脚分别是：MOSI(数据输出)、MISO(数据输入)、SCK(时钟)和NSS(从设备选择)。

(1)MOSI：主机输出/从机输入(Master Output/Slave Input)，该引脚在主模式下发送数据，在从模式下接收数据。

(2)MISO：主机输入/从机输出(Master Input/Slave Output)，该引脚在从模式下发送数据，在主模式下接收数据。

(3)SCK：时钟信号，由主设备产生。

(4)NSS：从设备选择信号，由主设备控制，可以用作输入和输出。其功能是用来作为“片选引脚”，让主设备可以单独地与特定从设备通信，避免数据线上的冲突。从设备的NSS引脚可以由主设备的一个标准I/O引脚来驱动。一旦被使能(SSOE位)，NSS引脚也可以作为输出引脚，并在SPI处于主模式时拉低。此时，所有的SPI设备，如果它们的NSS引脚连接到主设备的NSS引脚，则会检测到低电平，如果它们被设置为NSS硬件模式，就会自动进入从设备状态。当配置为主设备、NSS配置为输入引脚(MSTR=1,SSOE=0)时，如果NSS被拉低，则这个SPI设备进入主模式失败状态，即MSTR位被自动清除，此设备进入从模式。

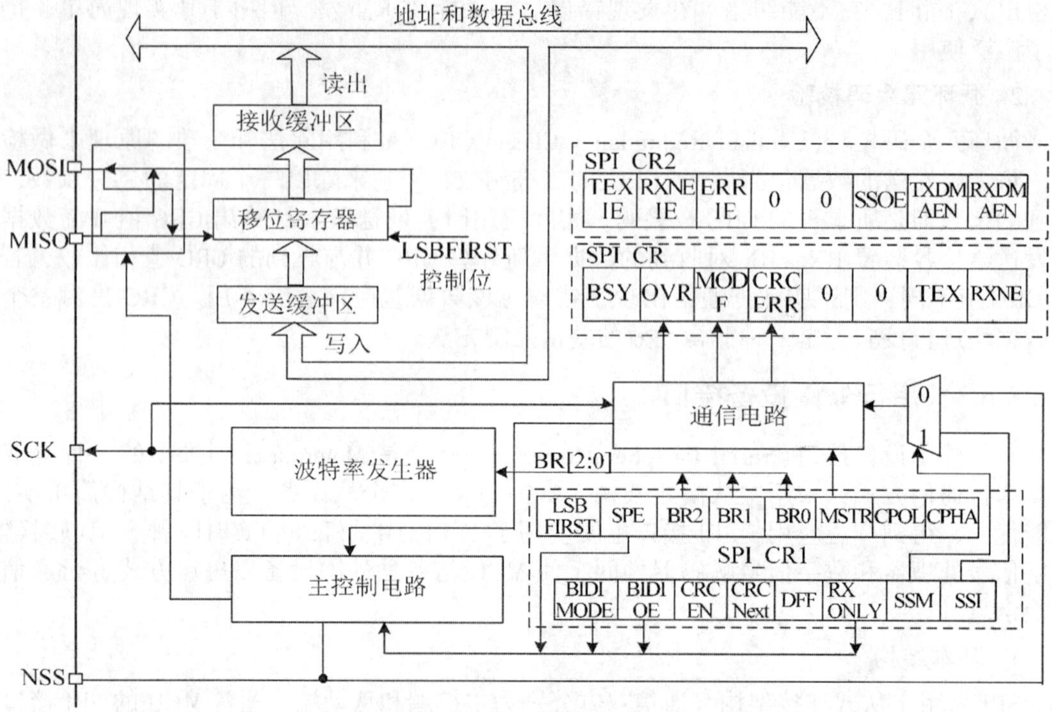

图 8-18　STM32 的 SPI 结构图

图 8-19 展示了一个主设备和从设备互连的例子。此时 NSS 引脚不可用，但需要将主设备的 NSS 配置为输入类型，并上拉至 V_{DD}，从设备的 NSS 需下拉至地。MOSI 脚相互连接，MISO 脚相互连接。这样，数据在主和从之间串行地传输(最高位 MSB 在前)。通信总是由主设备发起。主设备通过 MOSI 脚把数据发送给从设备，从设备通过 MISO 引脚回传数据。这意味全双工通信的数据输出和数据输入是用同一个时钟信号同步的；时钟信号由主设备通过 SCK 引脚提供。

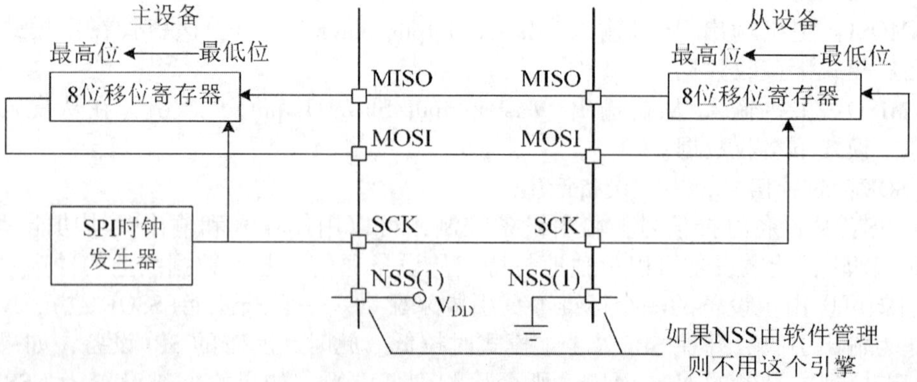

图 8-19　SPI 的链接方式及 NSS 配置

2. 数据传输校验

为了保证通信的可靠性，SPI 采用循环冗余校验，数据发送和数据接收分别使用单独的 CRC 计算器。通过对每一个接收位进行可编程的多项式运算来计算 CRC。CRC 的计算是在由 SPI_CR1 寄存器中 CPHA 和 CPOL 位定义的采样时钟边沿进行的。STM32 的 SPI 接口提供了两种 CRC 计算方法，取决于所选的发送和/或接收的数据帧格式：8 位数据帧采用 CR8；16 位数据帧采用 CRC16。CRC 计算可以通过设置 SPI_CR1 寄存器中的 CRCEN 位启用。

3. 利用 DMA 的 SPI 通信

为了达到最大通信速度，需要及时往 SPI 发送缓冲器填数据，同样接收缓冲器中的数据也必须及时读走以防止溢出。为了方便高速率的数据传输，SPI 实行了一种采用简单的请求/应答的 DMA 机制。当 SPI_CR2 寄存器上的对应使能位被设置时，SPI 模块可以发出 DMA 传输请求。发送缓冲器和接收缓冲器有各自的 DMA 请求。

发送时，在每次 TXE 被设置为“1”时发出 DMA 请求，DMA 控制器则写数据至 SPI_DR 寄存器，TXE 标志因此被清除。当只使用 SPI 发送数据时，只需使能 SPI 的发送 DMA 通道。此时，因为没有读取收到的数据，OVR 被置为“1”。

接收时，在每次 RXNE 被设置为“1”时发出 DMA 请求，DMA 控制器则从 SPI_DR 寄存器读出数据，RXNE 标志因此而被清除。当只使用 SPI 接收数据时，只需使能 SPI 的接收 DMA 通道。

在发送模式下，当 DMA 已经传输了所有要发送的数据(DMA_ISR 寄存器的 TCIF 标志变为“1”)后，可以通过监视 BSY 标志来确认 SPI 通信结束，这样可以避免在关闭 SPI 或进入停止模式时，破坏最后一个数据的传输。因此软件需要先等待 TXE = 1，然后等待 BSY = 0。

8.6.4 通用同步异步收发传输器 USART

USART (Universal Synchronous/Asynchronous Receiver/ Transmitter) 是一种通用串行数据总线接口，用于同步/异步通信，支持单/双向通信，可以实现半/全双工传输和接收。USART 利用分数波特率发生器提供宽范围的波特率选择。在嵌入式设计中，USART 用于主机与辅助设备通信，如汽车音响与外接接口之间的通信，与计算机通信包括与监控调试器和其他器件，如 E^2PROM 通信。其主要特性包括：

(1)全双工的异步通信；

(2)单线半双工通信；

(3)信号编码为不归零码(Non-Return to Zero,NRZ)标准格式；

(4)分数波特率发生器系统，发送和接收共用的可编程波特率，最高达 4.5Mbps；

(5)可编程数据字长度(8 位或 9 位)；

(6)可配置的停止位，支持 1 或 2 个停止位；

(7)发送方为同步传输提供时钟；

(8)IRDA(红外数据)SIR 编码器解码器，在正常模式下支持 3/16 位的持续时间；

(9)智能卡模拟功能，智能卡接口支持 ISO 7816-3 标准里定义的异步智能卡协议，0.5 和 1.5 个停止位；

(10)可配置的使用 DMA 的多缓冲器通信，在 SRAM 里利用集中式 DMA 缓冲接收/发送字节；

(11)单独的发送器和接收器使能位；

(12)检测标志：接收缓冲器满、发送缓冲器空、传输结束标志；

(13)校验控制：发送校验位，对接收数据进行校验；

(14)多处理器通信。

STM32F10X 的 USART 的内部结构如图 8-20 所示。内部主要部件包括：用于收发数据的缓冲寄存器(TDR 和 RDR)和移位寄存器、保护时间寄存器(GTPR)、状态寄存器(USART_SR)、控制寄存器(USART_CR)、波特率寄存器(USART_BRR)。USART 双向通信至少需要两个引脚：接收数据输入(RX)和发送数据输出(TX)。利用 USART 进行数据通信时，需要对各寄存器进行相应配置。

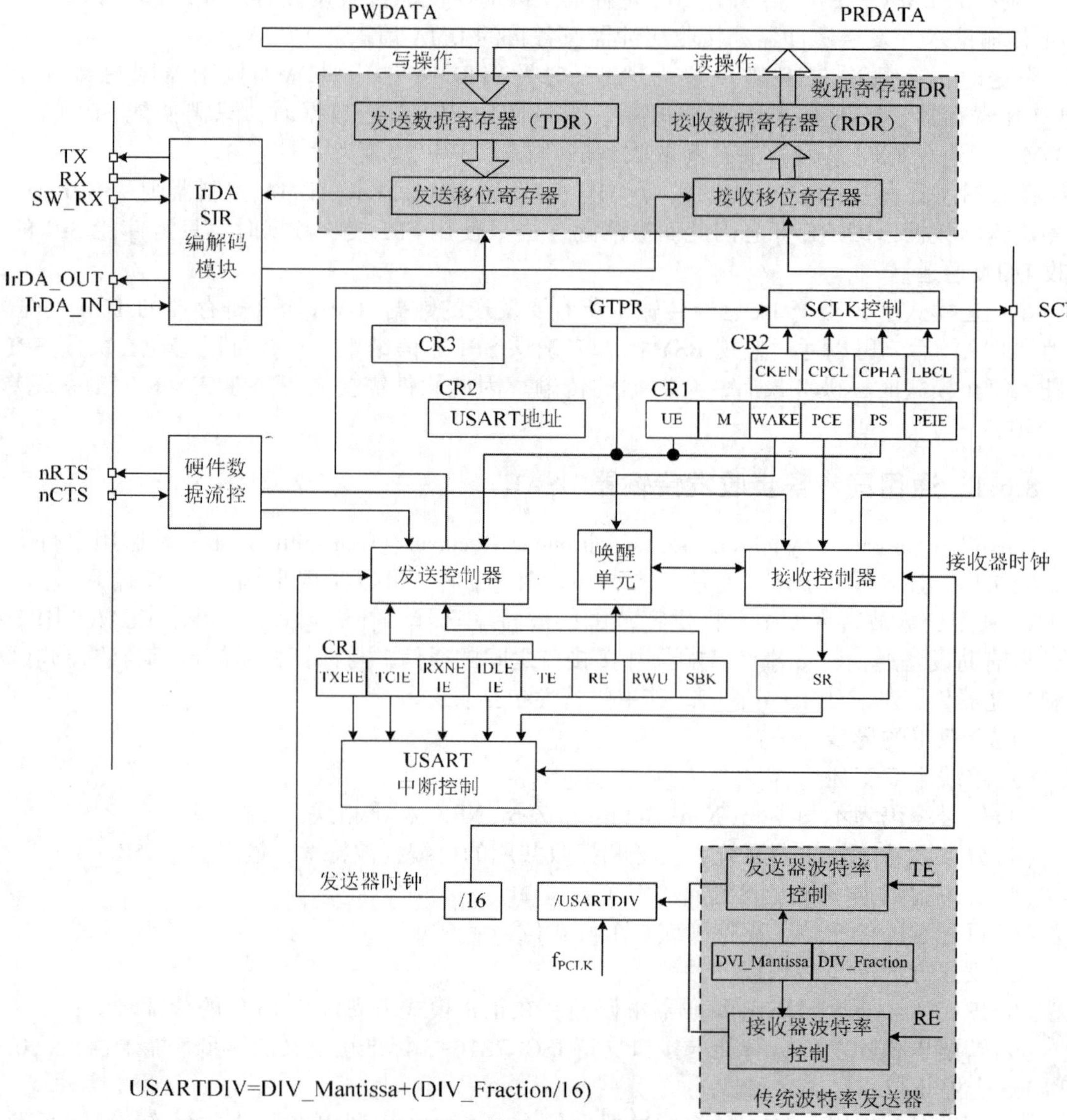

图 8-20　STM32F10× USART 结构图

RX：接收数据串行输入。通过过采样技术来区别数据和噪音，从而恢复数据。

TX：发送数据输出。当发送器被禁止时，输出引脚恢复到它的 I/O 端口配置。当发送器被激活，并且不发送数据时，TX 引脚处于高电平。在单线和智能卡模式里，此 I/O 口被同时用于数据的发送和接收。在 USART 发送期间，在 TX 引脚上首先移出数据的最低有效位。

在同步模式中需要下列引脚：SCLK，发送器时钟输出；IRDA_IN，IrDA(红外数据)模式下的数据输入；IRDA_OUT，IrDA 模式下的数据输出；nCTS，清除发送，若是高电平，在当前数据传输结束时阻断下一次的数据发送；nRTS，发送请求，若是低电平，表明 USART 准备好接收数据。

USART 的波特率与外设时钟频率和 USARTDIV 的参数值相关：

$$\text{TX/RX 波特率} = \frac{f_{CK}}{16 * \text{USARTDIV}}$$

其中 f_{CK} 是外设时钟频率，USARTDIV 是一个 12 位无符号的定点数，设置在 USART_BRR 寄存器中，由 DIV_Mantissa 和 DIV_Fraction 两项数值确定：

$$\text{USARTDIV} = \text{DIV\_Mantissa} + \text{DIV\_Fraction}/16。$$

需要注意的是，在写入 USART_BRR 之后，波特率计数器会被波特率寄存器的新值替换。因此，不应在通信进行中改变波特率寄存器的数值。

1. **字长设置**

通信传输的字长可以通过编程 USART_CR1 寄存器中的 M 位，选择成 8 或 9 位，如图 8-21 所示。每个字符之前都有一个低电平的起始位；之后跟着的停止位，其数目可配置。

在起始位期间，TX 引脚处于低电平，在停止位期间处于高电平。空闲符号被视为完全由“1”组成的一个完整的数据帧，后面跟着包含了数据的下一帧的开始位(“1”的位数也包括了停止位的位数)。断开符号被视为在一个帧周期内全部收到“0”（包括停止位期间,也是“0”）。

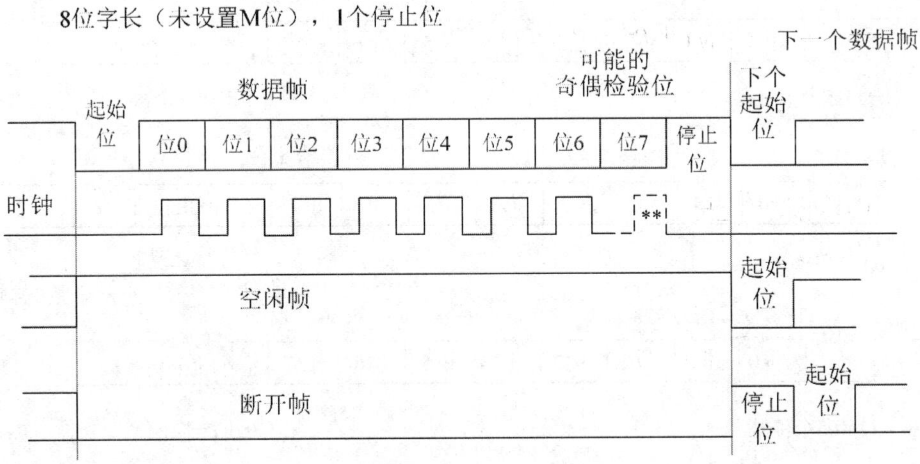

图 8-21 USART 字长设置

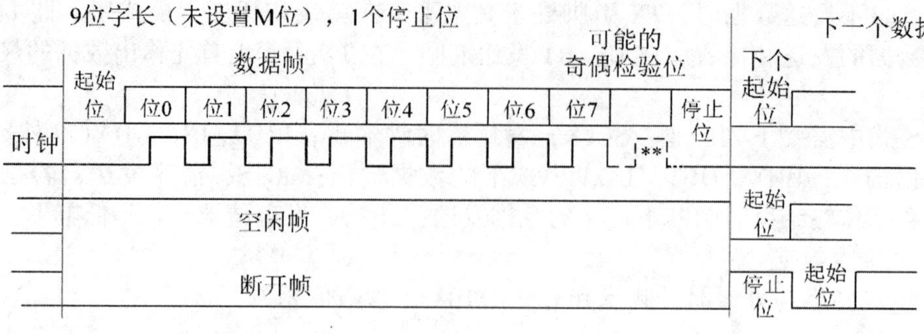

图 8-21　USART 字长设置（续）

在断开帧结束时，发送器再插入 1 或 2 个停止位“1”来应答起始位。每个字符发送的停止位的位数可以通过控制寄存器 USART_CR2 的位 13、12 进行编程，如图 8-22 所示。默认停止位位数是 1 个停止位；2 个停止位可用于常规 USART 模式、单线模式及调制解调器模式；0.5 个停止位在智能卡模式下接收数据时使用；1.5 个停止位在智能卡模式下发送和接收数据时使用。

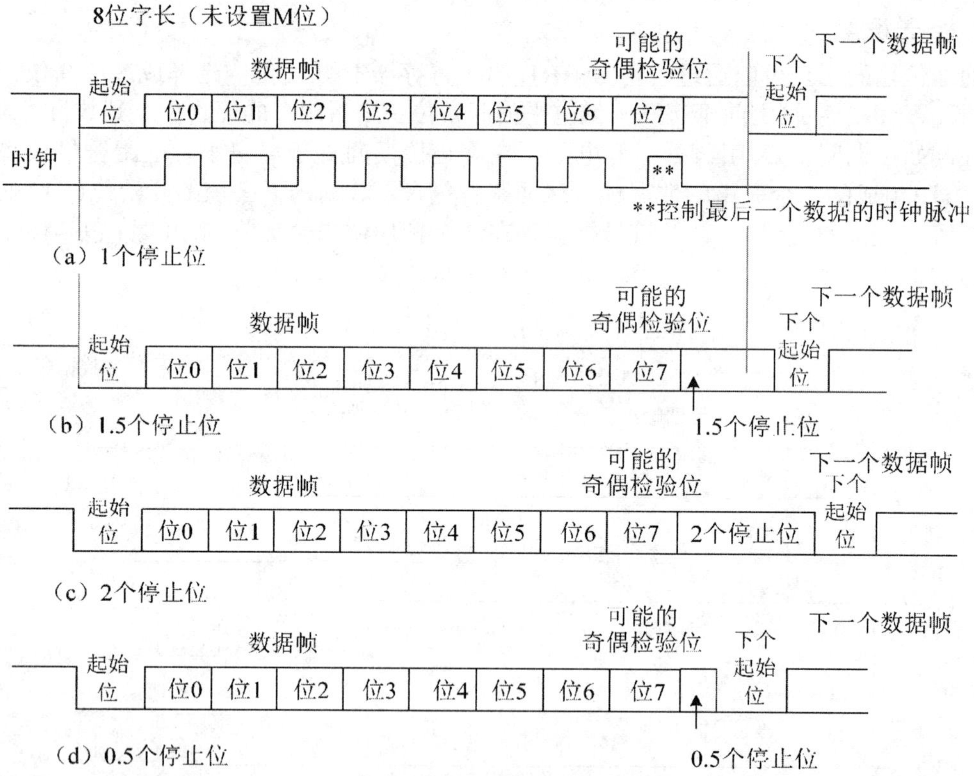

图 8-22　USART 停止位配置

2. 字符接收与配置

在 USART 接收期间，数据的最低有效位首先从 RX 引脚移进。接收配置步骤包括：将 USART_CR1 寄存器的 UE 置 1 来激活 USART；编程 USART_CR1 的 M 位定义字长；在 USART_CR2 中编写停止位的个数；如果需多缓冲器通信，选择 USART_CR3 中的 DMA 使能位(DMAR)，并按多缓冲器通信所要求的配置 DMA 寄存器；利用波特率寄存器 USART_BRR 选择希望的波特率；设置 USART_CR1 的 RE 位，然后激活接收器，使它开始寻找起始位。

当一个字符被接收到时，RXNE 位被置位，它表明移位寄存器的内容被转移到 RDR。换句话说，数据已经被接收并且可以被读出(包括与之有关的错误标志)。如果 RXNEIE 位被设置，产生中断。在接收期间如果检测到帧错误、噪音或溢出错误，错误标志将被置位。在多缓冲器通信时，RXNE 在每个字节接收后被置起，并由 DMA 对数据寄存器的读操作而清零。在单缓冲器模式里，由软件读 USART_DR 寄存器完成对 RXNE 位清除。RXNE 标志也可以通过对它写 0 来清除。RXNE 位必须在下一字符接收结束前被清零，以避免溢出错误。在接收数据时，RE 位不应该被复位。如果 RE 位在接收时被清零，当前字节的接收被丢失。

3. 多处理器通信

通过 USART 可以实现多处理器通信(将几个 USART 连在一个网络里)。例如某个 USART 设备可以是主设备，它的 TX 输出和其他 USART 从设备的 RX 输入相连接；USART 从设备各自的 TX 输出逻辑地连在一起，并且和主设备的 RX 输入相连接。

在多处理器配置中，通常希望只有被寻址的接收者才被激活，来接收随后的数据，这样就可以减少由未被寻址的接收器的参与带来的多余的 USART 服务开销。未被寻址的设备可启用其静默功能置于静默模式。

4. 同步模式

USART 允许用户以主模式方式控制双向同步串行通信。通过在 USART_CR2 寄存器上写 CLKEN 位选择同步模式。同步模式主从设备连接如图 8-23 所示。SCLK 引脚是 USART 发送器时钟的输出，在起始位和停止位期间，SCLK 引脚上没有时钟脉冲；在总线空闲期间，实际数据到来之前以及发送断开符号的时候，外部 SCLK 时钟也不被激活，如图 8-24 所示。根据 USART_CR2 寄存器中 LBCL 位的状态，决定在最后一个有效数据位期间是否产生时钟脉冲。USART_CR2 寄存器的 CPOL 位和 CPHA 位允许用户选择时钟极性和相位。

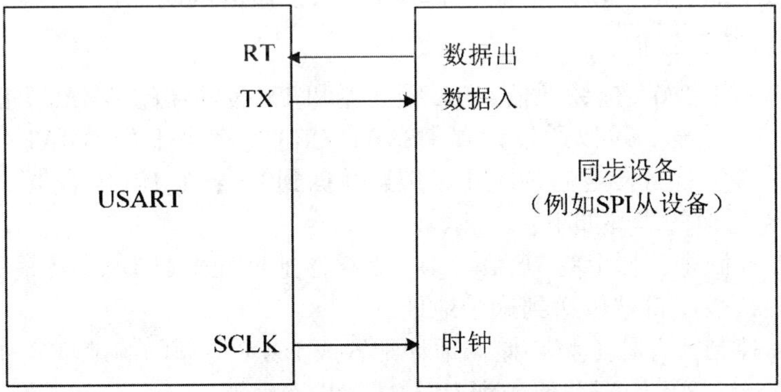

图 8-23 USART 同步模式

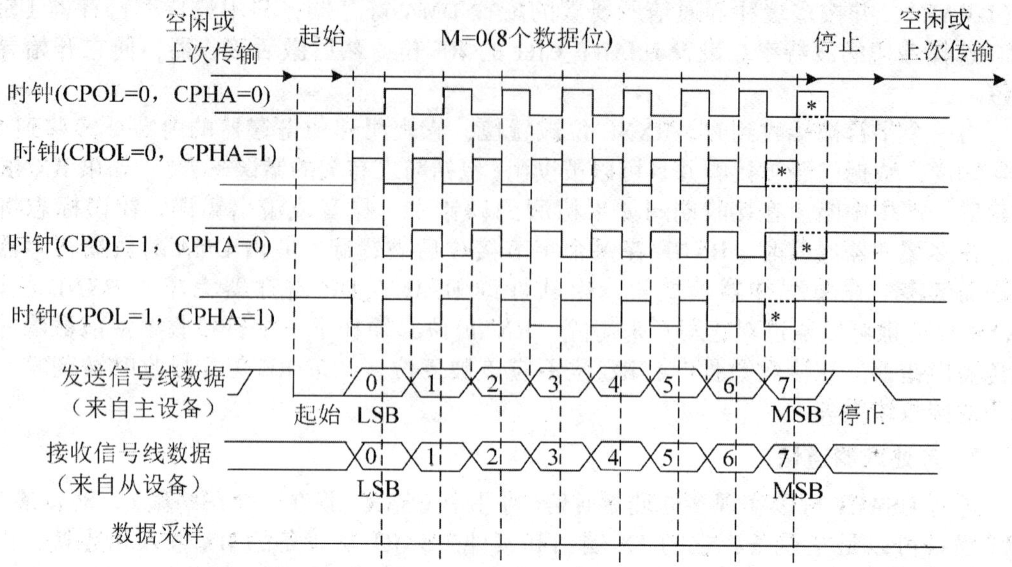

图 8-24　USART 同步时钟序列

5. 单线半双工通信

USART 可以配置成遵循单线半双工协议。在单线半双工模式下，TX 和 RX 引脚在芯片内部互连。使用 USART_CR3 中的控制位 HDSEL 选择半双工和全双工通信。当 HDSEL 为 1 时，RX 不再被使用；当没有数据传输时，TX 总是被释放。因此，它在空闲状态或接收状态时表现为一个标准 I/O 接口。这就意味该 I/O 接口在不被 USART 驱动时，必须配置成悬空输入(或开漏时输出高)。

在这个模式里，下面的位必须保持清零状态：USART_CR2 寄存器的 LINEN 和 CLKEN 位；USART_CR3 寄存器的 SCEN 和 IREN 位。除此以外，通信与正常 USART 模式类似。由软件来管理线上的冲突(例如通过使用一个中央仲裁器)。特别的是，发送不会被硬件所阻碍。当 TE 位被设置时，只要数据一写到数据寄存器上，发送就继续。

另外，USART 的智能卡模式也是一个单线半双工通信协议。

6. 利用 DMA 连续通信

USART 可以利用 DMA 连续通信。RX 缓冲器和 TX 缓冲器的 DMA 请求是分别产生的。

使用 DMA 进行发送，可以通过设置 USART_CR3 寄存器上的 DMAT 位激活。当 TXE 位被置为 1 时，DMA 就从指定的 SRAM 区传送数据到 USART_DR 寄存器。为 USART 的发送分配一个 DMA 通道的步骤如下：

(1)在 DMA 控制寄存器上将 USART_DR 寄存器地址配置成 DMA 传输的目的地址。在每个 TXE 事件后，数据将被传送到这个地址。

(2)在 DMA 控制寄存器上将存储器地址配置成 DMA 传输的源地址。在每个 TXE 事件后，将从此存储器区读出数据并传送到 USART_DR 寄存器。

(3)在 DMA 控制寄存器中配置要传输的总的字节数。

(4)在 DMA 寄存器上配置通道优先级。

(5)根据应用程序的要求，配置在传输完成一半还是全部完成时产生 DMA 中断。

(6)在 DMA 寄存器上激活该通道。

当传输完成DMA控制器指定的数据量时，DMA控制器在该DMA通道的中断向量上产生一中断。

在发送模式下，当DMA传输完所有要发送的数据时，DMA控制器设置DMA_ISR寄存器的TCIF标志；监视USART_SR寄存器的TC标志可以确认USART通信是否结束，这样可以在关闭USART或进入停机模式之前避免破坏最后一次传输的数据；软件需要先等待TXE=1，再等待TC=1。

通过设置USART_CR3寄存器的DMAR位激活使用DMA进行接收，每次接收到一个字节，DMA控制器就就把数据从USART_DR寄存器传送到指定的SRAM区。为USART的接收分配一个DMA通道的步骤如下：

(1)通过DMA控制寄存器把USART_DR寄存器地址配置成传输的源地址。在每个RXNE事件后，将从此地址读出数据并传输到存储器。

(2)通过DMA控制寄存器把存储器地址配置成传输的目的地址。在每个RXNE事件后，数据将从USART_DR传输到此存储器区。

(3)在DMA控制寄存器中配置要传输的总的字节数。

(4)在DMA寄存器上配置通道优先级。

(5)根据应用程序的要求配置在传输完成一半还是全部完成时产生DMA中断。

(6)在DMA控制寄存器上激活该通道。

当接收完成DMA控制器指定的传输量时，DMA控制器在该DMA通道的中断矢量上产生一中断。

7. USART中断请求

中断机制是协调软硬件运行的重要手段。USART的驱动程序除了可以采用查询方式工作以外，还可以设置为中断模式，在中断中执行相应处理。STM32F10X的USART支持的中断类型如表8-2所示。

表8-2 USART中断请求

中断事件	事件标志	使能位
发送数据寄存器空	TXE	TXEIE
CTS标志	CTS	CTSIE
发送完成	TC	TCIE
接收数据就绪可读	TXNE	TXNEIE
检测到数据溢出	ORE	TXNEIE
检测到空闲线路	IDLE	IDLEIE
奇偶检验错	PE	PEIE
断开标志	LBD	LBDIE
噪声标志，多缓冲通信中的溢出错误和帧错误	NE或ORT或FE	EIE

以下各种中断事件被分为两类。

(1)发送期间：发送完成、清除发送、发送数据寄存器空。

(2)接收期间：空闲总线检测、溢出错误、接收数据寄存器非空、校验错误、LIN断开符号检测、噪音标志(仅在多缓冲器通信)和帧错误(仅在多缓冲器通信)。

如果设置了对应的使能控制位，这些事件就可以产生各自的中断。需要注意的是，USART的各种中断事件被连接到同一个中断向量，因此，中断服务程序需根据中断标志位区分各中断源，然后执行相应程序。

8.7 嵌入式通用输入/输出接口 GPIO

GPIO(General Purpose Input Output)端口即通用输入/输出端口，或总线扩展器，利用工业标准I^2C、SMBus或SPI接口简化了I/O口的扩展。当微控制器或芯片组没有足够的I/O端口，或当系统需要采用远端串行通信或控制时，GPIO产品能够提供额外的控制和监视功能。

GPIO是可编程通用并行I/O接口，主要用于需要数字量输入/输出的场合。GPIO可编程为输入/输出端口，作为输入端口使用时，具有缓冲功能；作为输出端口使用时，具有锁存功能。GPIO端口可以对整个一个并口进行操作，如对一个GPIO端口(8位、16位或32位)进行读/写；也可以单独对某一指定引脚进行操作，即进行位操作。例如：作为输出端口时，可以对LED、蜂鸣器等控制；作为输入端口时，可以获取传感器状态、高低电平等信息。

嵌入式微控制器一般有多个GPIO引脚，这些引脚分配在多个GPIO端口上。

8.7.1 GPIO的功能描述

GPIO的I/O可以由软件独立配置为不同工作模式，每个引脚上配有100kΩ以上的上拉电阻接高电平。在STM32F10X系列中，每个GPIO端口有两个32位配置寄存器(GPIOx_CRL,GPIOx_CRH)、两个32位数据寄存器(GPIOx_IDR,GPIOx_ODR)、一个32位置位/复位寄存器(GPIOx_BSRR)、一个16位复位寄存器(GPIOx_BRR)和一个32位锁定寄存器(GPIOx_LCKR)。

STM32F10X系列控制器GPIO的主要特征包括如下几方面。

(1)端口的每一位的可工作在多种模式下。

①高阻输入；输入上拉；输入下拉；模拟输入。

②开漏输出；推挽式输出。

③推挽式复用功能；开漏复用功能。

(2)可编程消抖时间。

(3)所有端口都有外部中断能力。为了使用外部中断线，端口必须配置成输入模式。具有中断功能的GPIO每个I/O引脚可以设置成边沿/电平触发中断；边沿触发中断又可设置为上升沿/下降沿触发；电平触发可以设置为高电平/低电平触发中断。

(4)每个I/O端口位可以自由编程，但是I/O端口寄存器必须按32位字被访问(不允许半字或字节访问)。

当对数据寄存器的个别位编程时，软件不需要禁止中断：在单次高速高级外围总线预分频(Advanced Peripheral Bus,APB2)写操作里，可以通过对“置位/复位寄存器”中想要更改的位写1，实现一个或多个位的数据更改。

(5)复位和置位寄存器允许对任何 GPIO 寄存器进行独立的读/写操作。

(6)通用 I/O(GPIO)在复位期间和刚复位后，复用功能未开启，I/O 端口被配置成浮空输入模式。

复位后，JTAG 引脚被置于输入上拉或下拉模式：JTDI 置于上拉模式，JTCK 置于下拉模式，JTMS 置于上拉模式，JNTRST 置于上拉模式。

(7)GPIO 模块支持通过软件编程实现 I/O 端口的重新映射，从而实现 I/O 端口的复用功能(Alternate Function I/O,AFIO)。

(8)GPIO 锁定机制：当在一个端口位上执行了锁定(LOCK)程序，在下一次复位之前，将不能再更改端口位的配置。

8.7.2 GPIO 的工作模式

GPIO 的一个 I/O 端口位的基本机构如图 8-25 所示。通常有 5 种方式使用某个引脚端口，配置方式如下。

(1)普通 GPIO 输入：根据需要配置为高阻、带上拉或下拉的输入，同时禁止该引脚对应的所有复用功能模块。

(2)普通 GPIO 输出：根据需要配置为推挽或开漏输出，同时禁止该引脚对应的所有复用功能模块。

(3)普通模拟输入：配置为模拟输入，同时禁止该引脚对应的所有复用功能模块。

(4)内置外设的输入：根据需要配置为高阻、带上拉或下拉的输入，同时使能该引脚对应的所有复用功能模块。

(5)内置外设的输出：根据需要配置为推挽或开漏输出，同时使能该引脚对应的所有复用功能模块。

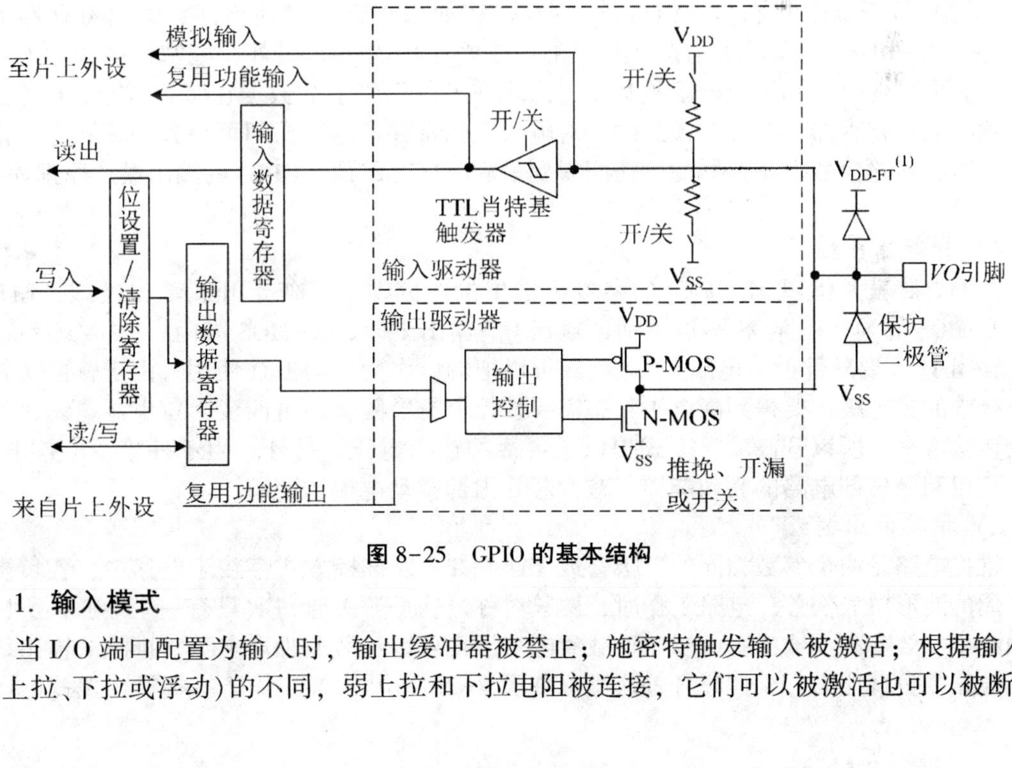

图 8-25 GPIO 的基本结构

1. 输入模式

当 I/O 端口配置为输入时，输出缓冲器被禁止；施密特触发输入被激活；根据输入配置(上拉、下拉或浮动)的不同，弱上拉和下拉电阻被连接，它们可以被激活也可以被断开；

出现在I/O引脚上的数据在每个APB2时钟被采样到输入数据寄存器；对输入数据寄存器的读访问可得到I/O状态。

1）高阻输入模式

GPIO的输入模式决定了GPIO具有输入缓冲功能，由其内部的三态门控制，如图8-23所示。由于三态门控制输入状态的读取，输入模式在读无效时呈高阻状态，因此输入模式又称高阻输入模式。在高阻输入模式下，只有在读GPIO端口时，该端口的三态门才打开，端口引脚状态(0/1)经三态门缓冲器到达内部总线。读操作结束，三态门关闭，外部引脚状态的变化不能影响到微控制器的内部总线，起到隔离作用。

2）输入上拉和下拉

所谓上拉，是指引脚与正电源 V_{DD}之间接一个100kΩ左右的电阻；下拉是指引脚与负电源Vss之间接一个100kΩ左右的电阻，如图8-23所示。GPIO的引脚内部可配置为上拉或下拉，如果内部没有配置方式，可以外接上拉电阻或下拉电阻。

GPIO的引脚接一个大小合适的上拉电阻，可以起到一定的抗干扰作用，电阻越小，抗干扰能力越强。但也需要考虑GPIO的电流承受能力，不同芯片GPIO引脚能承受的最大电流不同。当GPIO工作在开漏模式时，必须有一个上拉电阻才能输出正常的逻辑状态。

3）模拟输入

当I/O端口被配置为模拟输入时，输出缓冲器被禁止；禁止施密特触发输入，实现了每个模拟I/O引脚上的零消耗。施密特触发输出值被强置为0；弱上拉和下拉电阻被禁止；读取输入数据寄存器时数值为0。

2. **输出模式**

当I/O端口被配置为输出时，输出缓冲器被激活，可以以推挽模式或开漏模式使用输出驱动器。如果工作于开漏模式，输出寄存器上的“0”激活N-MOS，而输出寄存器上的“1”将端口置于高阻状态(P-MOS不被激活)；如果工作于推挽模式，输出寄存器上的“0”激活N-MOS，而输出寄存器上的“1”将激活P-MOS。另外，施密特触发输入被激活；引脚内部弱上拉和下拉电阻被禁止；出现在I/O引脚上的数据在每个APB2时钟被采样到输入数据寄存器；在开漏模式时，对输入数据寄存器的读访问可得到I/O状态；推挽式模式时，对输出数据寄存器的读访问得到最后一次写的值。GPIO的输出模式原理如图8-23所示。

1）开漏输出模式

开漏电路就是指以MOSFET的漏极为输出的电路。当工作于开漏输出模式，输出0时，N-MOS导通，P-MOS不被激活，输出0。输出1时，N-MOS高阻，P-MOS不被激活，输出1(需要外部上拉电路)。此模式可以把端口作为双向I/O使用。由于输出端相当于三极管的集电极，要得到高电平状态需要外接上拉电阻，通过改变上拉电源电压，可以改变传输电平，所以开漏输出模式提供了灵活的输出电压。另外，由于外接了上拉电阻，芯片可以利用外部电路的驱动能力，减少芯片内部驱动电流的使用。

2）推挽输出模式

推挽电路是两个参数相同的三极管或MOSFET，以推挽方式存在于电路中，各负责正负半周的波形放大任务，电路工作时，两只对称的功率开关管每次只有一个导通，所以导通损耗小、效率高。输出既可以向负载灌电流，也可以从负载抽取电流。推拉式输出级既提高电路的负载能力，又提高开关速度。如图8-23所示，当工作于推挽输出模式时，输出 0 时，N-MOS 导通，P-MOS 高阻，输出 0；输出 1 时，N-MOS 高阻，P-MOS 导通，输出 1(不需要外部上拉电路)。

在输出模式下，有 2MHz、10MHz 和 50MHz 三种输出速度可选择。这个速度是指 I/O 端口驱动电路的响应速度，而不是输出信号的速度(输出信号的速度与程序相关)。通过选择不同速度的驱动电路，可以达到最佳的噪声控制和降低功耗的目的。高频驱动电路噪声较高，选用低频驱动电路可以降低噪声，有利于提高系统的抗电磁干扰性能。但如果需要输出较高频率的信号，却选用了较低频率的驱动模块，也可能导致输出信号失真。

3. 复用功能

当 I/O 端口被配置为复用功能时：在开漏或推挽式配置中，输出缓冲器被打开；内置外设的信号驱动输出缓冲器(复用功能输出)；施密特触发输入被激活；弱上拉和下拉电阻被禁止；在每个 APB2 时钟周期，出现在 I/O 脚上的数据被采样到输入数据寄存器；开漏模式时，读输入数据寄存器时可得到 I/O 口状态；在推挽模式时，读输出数据寄存器时可得到最后一次写的值。

使用默认复用功能前必须对端口位配置寄存器编程：

(1)对于复用的输入功能，端口必须配置成输入模式(浮空、上拉或下拉)且输入引脚必须由外部驱动。

(2)对于复用输出功能，端口必须配置成复用功能输出模式(推挽或开漏)。

(3)对于双向复用功能，端口位必须配置复用功能输出模式(推挽或开漏)。这时，输入驱动器被配置成浮空输入模式。

(4)如果把端口配置成复用输出功能，则引脚和输出寄存器断开，并和片上外设的输出信号连接。

(5)如果软件把一个 GPIO 脚配置成复用输出功能，但是外设没有被激活，它的输出将不确定。

8.7.3 复用功能(AFIO)配置

为了优化外设数目，可以设置复用重映射和调试 I/O 配置寄存器(AFIO_MAPR)实现引脚的重新映射，把一些复用功能重新映射到其他引脚上。STM32F10X 中密度 LQFP100 管脚分布如 3-10 所示，下面以该芯片为例说明 GPIO 的重映射功能。

1. JTAG/SWD 复用功能重映射

调试接口信号被映射到 GPIO 端口上，如表 8-3 所示。

表 8-3 调试接口信号

复用功能	GPIO 端口
JTMS/SWDIO	PA13
JTCK/SWCLK	PA14
JTDI	PA15
JTDO/TRACESWO	PB3
JNTRST	PB4

(续表)

复用功能	GPIO 端口
TRACECK	PE2
TRACED0	PE3
TRACED1	PE4
TRACED2	PE5
TRACED3	PE6

2. 定时器复用功能重映射

定时器 1 的通道 1~4 可以从端口 A 重映射到端口 E，表 8-4 以定时器 1 为例说明。

表 8-4　定时器 1 复用功能重映射

复用功能	TIM1_REMAP=00 (没有重映射)	TIM1_REMAP=01 (部分重映射)	TIM1_REMAP=11 (完全重映射)
TIM1_CH1	PA8		PE9
TIM1_CH2	PA9		PE11
TIM1_CH3	PA10		PE13
TIM1_CH4	PA11		PE14
TIM1_ETR	PA12		PE7
TIM1_BKIN	PB12	PA6	PE15
TIM1_CH1N	PB13	PA7	PE8
TIM1_CH2N	PB14	PB0	PE10
TIM1_CH3N	PB15	PB1	PE12

3. USART 复用功能重映射

USART3 的复用功能重映射可以从端口 B 映射到端口 C 或 D，如表 8-5 所示。

表 8-5　USART3 复用功能重映射

复用功能	USART3_REMAP=00 (没有重映射)	USART3_REMAP=01 (部分重映射)	USART3_REMAP=11 (完全重映射)
USART3_CH1	PB10	PC10	PD8
USART3_CH2	PB11	PC11	PD9
USART3_CH3	PB12	PC12	PD10
USART3_CH4	PB13		PD11
USART3_ETR	PB14		PD12

4.I^2C 复用功能重映射

I^2C1 的复用功能重映射如表 8-6 所示。

表 8-6 I^2C1 复用功能重映射

复用功能	I^2C1_REMAP=0 (没有重映射)	I^2C1_REMAP=1 (重映射)
I^2C1_SCL	PB6	PB8
I^2C1_SDA	PB7	PB9

5.SPI 复用功能重映射

SPI1 复用功能重映射如表 8-7 所示。

表 8-7 SPI 复用功能重映射

复用功能	SPI1_REMAP=0 (没有重映射)	SPI1_REMAP=1 (重映射)
SPI1_NSS	PA4	PA15
SPI1_SCK	PA5	PB3
SPI1_MISO	PA6	PB4
SPI1_MOSI	PA7	PB5

8.8 应用实例

8.8.1 USART 应用实例

利用 USART1 实现 ARM 芯片到计算机的查询方式单字节发送。系统连接如图 8-26 所示。其中，ARM 芯片 CPU 主频 72MHz，数据传输波特率 115200Hz，8 位数据位，1 位停止位，无校验位。

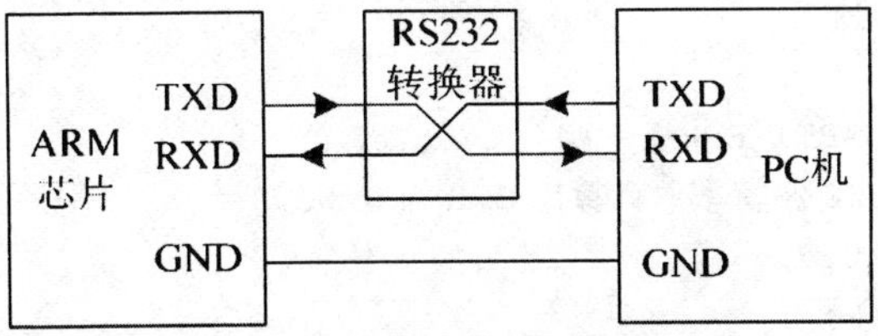

图 8-26 USART 单字节数据发送连接图

```
AREA USART_PROC, CODE, READONLY
RCC_APB2RSTR     EQU     0x4002100C
RCC_APB2ENR      EQU     0x40021018
GPIOA_CRH        EQU     0x40010804
```

```
USART1_BASE     EQU     0X40013800
USART1_SR       EQU     (USART1_BASE+0X00)
USART1_DR       EQU     (USART1_BASE+0X04)
USART1_BRR      EQU     (USART1_BASE+0X08)
USART1_CR1      EQU     (USART1_BASE+0X0C)
ENTRY
USART1_INIT  PROC                       ;串口 1 初始化
    EXPORT  USART1_INIT
    IMPORTNVIC_SET_ENABLE
    IMPORTNVIC_SET_PRIO

    PUSH{R0-R8, LR}
    ;PORTA 时钟使能,USART1 时钟使能
    LDR    R0,  =RCC_APB2ENR
    LDR    R1,  [R0];
    ORR    R1,  #Bit2
    ORR    R1,  #Bit14
    STR    R1,  [R0]
    ;初始化 RX、TX、I/O 功能
    LDR    R0,  =GPIOA_CRH
    LDR    R1,  [R0]
    LDR    R2,  =0XFFFFF00F
    AND    R1,  R2
    LDR    R2,  =0X000008B0
    ORR    R1,  R2
    STR    R1,  [R0]
    ;复位 USART1,先置位,再清零
    LDR    R0,  =RCC_APB2RSTR
    LDR    R1,  [R0]
    ORR    R1,  #Bit14
    STR    R1,  [R0]
    LDR    R1,  [R0]
    BIC    R1,  #Bit14
    STR    R1,  [R0]
    ;设置波特率
    LDR    R0,  =USART1_BRR
    ;72MHz 主频 115200 波特率时计算出 BRR 为 0x0271
    LDR    R1,  =0X0271
    STR    R1,  [R0]
    ;USART1 使能,发送使能,接收使能,8 位数据位,无校验
    LDR    R0,  =USART1_CR1
    LDR    R1,  =0X200C
    STR    R1,  [R0]
 USART1_PUTC      PROC                  ;发送一个字节的数据,R0 为参数
```

```
    EXPORT USART1_PUTC
    PUSH    {R0-R8,LR}
    ;等待数据发送完毕
  USART1_TX_BUSY
    LDR     R1,  =USART1_SR
    LDR     R2,  [R1]
    ANDS     R2,  #Bit7
    ;将数据放入数据发送寄存器
    BEQ     USART1_TX_BUSY
    LDR     R1,  =USART1_DR
    STR     R0,  [R1]
    POP     {R0-R8, PC}
    ENDP


    ALIGN
    END
```

8.8.2 GPIO 应用实例

利用 GPIO 接口及其操作，实现 4 个 LED 按照 LED1、LED2、LED3 和 LED4 的顺序循环点亮。硬件连接如图 8-27 所示。4 个 LED 分别对应 PB 端口的 8、9、10、11 引脚。通过控制 GPIO 引脚的电平，使得 4 个 LED 循环点亮。

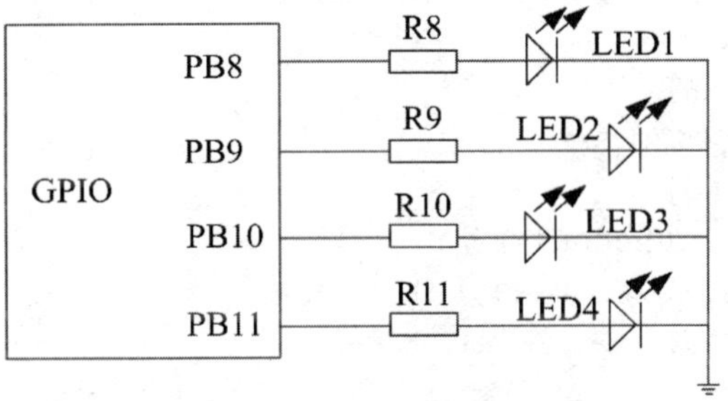

图 8-27 LED 循环点亮硬件连接图

解：首先需要对 GPIO 的 B 端口各寄存器进行配置。端口寄存器如表 8-8。

表 8-8 端口 B 寄存器表

寄存器名	地 址	功 能	复位值
GPIOB_CRH	0x40010C04	端口配置高寄存器	0x44444444
GPIOB_ODR	0x40010C0C	端口输出数据寄存器	0x00000000

由于使用端口 B 的 8、9、10、11 引脚作为输出，需要设置端口配置高寄存器。本例中 B 端口作为通用推挽输出，工作频率为 50MHz，因此 GPIOB_CRH 中的[15:0]位应设置为 0x3333，如表 8-9 所示。

表 8-9 端口配置高寄存器

GPIOB_CRH	功 能	寄存器位	配 置 值
PB11	CNF11	[14: 15]	00
	MODE11	[12: 13]	11
PB10	CNF10	[10: 11]	00
	MODE10	[8: 9]	11
PB9	CNF9	[6: 7]	00
	MODE9	[4: 5]	11
PB8	CNF8	[2: 3]	00
	MODE8	[0: 1]	11

GPIOB_ODR 低 16 位对应 16 个引脚输出，当引脚输出高电平时，LED 被点亮。完整汇编程序如下。

```
    AREA LED_Shine， CODE， READONLY
    GPIOB_CRH      EQU      0x40010C04
    GPIOB_ODR      EQU      0x40010C0C
    GPIO_pin_8     EQU      0x0100
    RCC_APB2ENR    EQU      0x40021018
    ENTRY
Init_CRH                              ; 初始化端口 B 外部时钟，配置 GPIOB_CRH 寄存器，
    LDR R6，  =RCC_APB2ENR            ; 使能端口 B 外部时钟
    MOV R0，  0x08
    STR R0，   [R6]
    LDR R0，  =GPIOB_CRH
    LDR R1，   [R0]
    BIC R1，  R1， 0x0000FFFF
    ORR R1，  R1， 0x00003333
    STR R1，   [R0]
Init_R
    LDR R1，  =GPIO_pin_8             ; 初始引脚
    LDR R3，  #4                      ; LED 个数
    LDR R0，  =GPIOB_ODR
LED_shine                             ; 点亮 LED
    STR R1，   [R0]
LED_delay                             ; 点亮延时
    LDR R2，  =0xFF
LOOP1
    SUBS R2， R2， #1
    BNE LOOP1
NEXT                                  ; 点亮下一个 LED
    LSL R1， #1
    SUBS R3， R3， #1
```

```
BNE LED_shine
B Init_R                    ;4 个 LED 依次点亮后再循环
END
```

习题

1. 简述 I/O 接口的功能和作用，以及接口中端口的作用。

2. 端口的编址方式有哪些？各有什么优缺点？

3. 某微机系统中有 8 个 I/O 接口芯片，每个芯片占用 4 个端口地址。若端口起始地址为 0x1000，8 个接口芯片地址连续分布，用 74LS138 作为译码器，试画出端口译码电路图，并说明每个芯片的地址范围。

4. CPU 与 I/O 设备间数据的传送方式有哪些？各有什么特点？

5. 简述 DMA 工作过程。

6. 简述 DMAC 的主要功能。

7. LED 静态显示与动态显示各有什么优缺点？

8. 简述矩阵键盘的扫描方式。

9. 通用串行接口的通信方式有哪些？

10. 利用 STM32 的 USART1 接口实现串行通信，CPU 外设时钟 72MHz，要求传输速率 19200bps，8 位数据位，1 位起始位，1 位停止位，奇校验，不采用中断，试编写初始化程序段。

11. STM32 的 GPIO 有哪几种工作模式？如何配置？

12. 利用 STM32 的 GPIO 端口 A，设计包含 8 个 LED 的点亮电路。每个 LED 间隔 1s 轮流点亮。试画流程图，并编写程序。

第 9 章 总线

计算机系统由多个模块组成，每个模块都具有独立的功能。为实现各模块间数据的传输和控制，计算机系统采用了一种公用通路的信息传输方式，这个公用通信干线称为总线(Bus)。

本章首先介绍总线的基本概念、仲裁方式、总线时序和数据传输方式；然后介绍几种标准串行总线和并行总线；最后介绍嵌入式系统总线。

9.1 总线的概念

总线是计算机系统中的信息传输通道，由系统中各个部件所共享，是计算机系统中模块与模块间、部件与部件间、设备与设备间传输信息的公用传输线。总线的特点在于其公用性，它可以挂接多个模块、部件或设备。而模块间、部件间、设备间的信号连接线不能称为总线。

为什么计算机系统采用总线结构连接各模块呢？考虑具有 M 个发送模块和 N 个接收模块的计算机系统，如果模块间采用直接连接方式，要实现任意收发模块间的信息传输，共需要 $M \times N$ 组连接线。而如果采用总线形式连接，则只需要一组总线，将所有模块都连接在总线上，通过控制模块实现各模块间的信息传输。这样，总线结构大大简化了计算机系统的连接复杂度，也降低了信息传输的错误率。

计算机系统中，总线不仅仅是一组传输线，它还包括一套控制模块和信息传输协议，因此，总线也可以看作一个具有独立功能的组成部件。

总线标准又称总线协议，是为了实现对总线传输信息的分时共享而制定的相关规则。所有连接到总线上的设备或模块都必须遵守和满足该协议，才能有序地分时共享总线。总线标准一般包括信号线的定义、数据格式、时序控制方式、信号电平、控制逻辑和物理连接器的定义等。

9.1.1 总线分类

总线可以从多种角度进行分类。按总线在系统中所处的位置，可分为片总线、系统内总线、系统外总线；按总线功能，可分为地址总线、数据总线和控制总线；按数据传输形式，可分为并行总线和串行总线；按时序控制方式，可分为同步总线和异步总线；按组织形式，可分为单总线、双总线和多级总线。

1. 按总线所处位置分类

(1)片总线：是在 CPU 芯片内部的总线，如图 9-1 所示，是元件级总线，把各种不同芯片连接在一起构成特定功能的信息传输通路，如 ARM 的 AMBA 总线。

(2)系统内总线：(又称系统总线或内总线)是系统中各模块间的信息传输通路，是板级总线，如 CPU 模块与主存模块或 I/O 接口之间的传输通路。

(3)系统外总线:(又称外总线或通信总线)是计算机系统间或计算机与其他外部设备间的信息传输通路，如USB、RS232总线等。

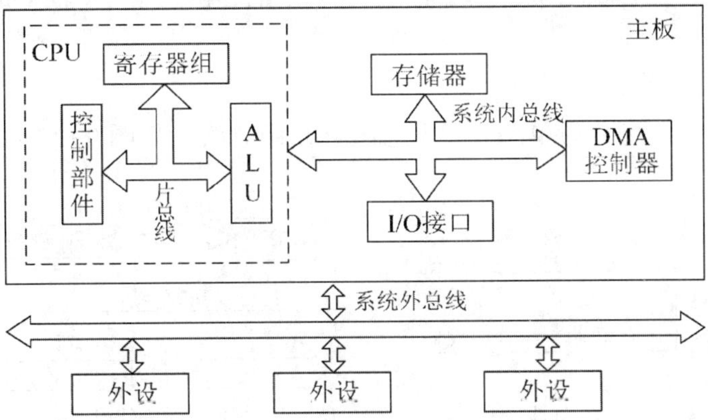

图9-1　按总线所处位置分类

2. **按功能分类**

(1)数据总线(DB)：用于传送数据信息。通常是双向三态形式的总线，即它既可以把CPU的数据传送到存储器或I/O接口等其他部件，也可以将其他部件的数据传送到CPU。数据总线的位数是计算机的一个重要指标，通常与CPU的字长相一致。例如ARM7微处理器字长32位，其数据总线宽度也是32位。需要指出的是，数据的含义是广义的，它可以是真正的数据，也可以是指令代码或状态信息，有时甚至是一个控制信息。因此，在实际工作中，数据总线上传送的并不一定仅仅是真正意义上的数据。常见的数据总线有ISA、EISA、VESA、PCI等总线。

(2)地址总线(AB)：是专门用来传送地址的。由于地址只能从CPU传向外部存储器或I/O端口，所以地址总线总是单向三态的。地址总线的位数决定了CPU可直接寻址的主存空间大小。一般来说，若地址总线为n位，则最大可寻址空间为2^n字节。

(3)控制总线(CB)：用来传送控制信号和时序信号。控制信号中，有的是CPU送往存储器和I/O接口电路的，如读/写信号、片选信号、中断响应信号等；也有从其他部件反馈给CPU的，比如：中断请求信号、复位信号、总线请求信号、设备就绪信号等。因此，控制总线的传送方向由具体控制信号而定，但总体表现出双向传输特性。控制总线的位数要根据系统的实际控制需要而定。

3. **按数据传输形式分类**

(1)串行总线：只有一条数据线，二进制数据逐位通过这条数据线发送到目的器件。系统外总线通常采用串行总线，以节约成本，实现远距离信息传输。有些串行总线有2条或多条数据线，以实现两个方向的数据传输或差分传输，但每次传输的数据仍是按位传输。

(2)并行总线：数据线通常超过2条，同时并行传输多个二进制位，一般为字节或字长，其位数为总线宽度。片总线和内总线一般为并行总线。

4. **按时序控制方式分类**

(1)同步总线：进行数据传输时，由严格的时钟周期来定时，数据按一定时钟周期进行传输。同步时钟信号独立于数据。同步总线广泛应用于模块间数据传输时间差异较小的场合，控制电路简单，效率高。

(2)异步总线：进行数据传输时，没有固定的时钟周期，采用应答方式，操作时间根据数据长度确定。异步总线通常应用于各模块间数据传输时间差异较大的系统，控制电路较复杂。

5. **按组织形式分类**

按组织形式，总线可分为单总线、双总线和多级总线，如图 9-2 所示。

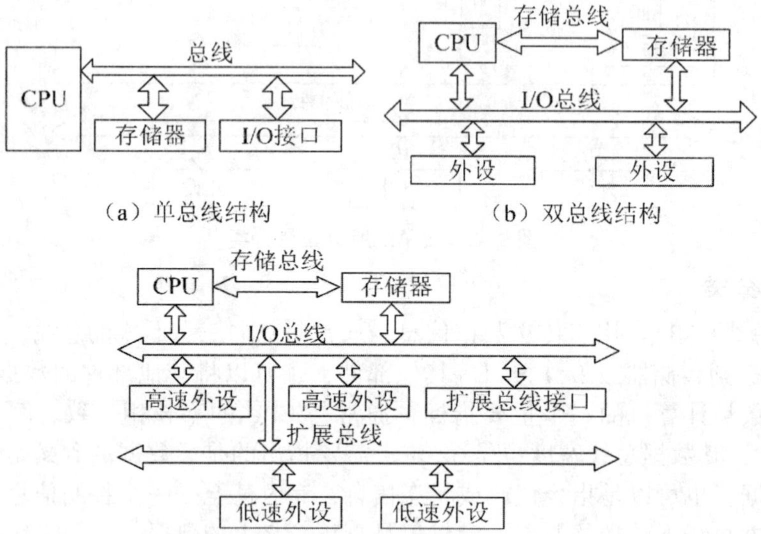

（a）单总线结构　（b）双总线结构
（c）多级总线

图 9-2　按总线组织形式分类

(1)单总线：CPU 与存储器、I/O 设备间的连接通过一条总线进行连接，存储器和 I/O 分时复用同一条总线。传统的冯·诺依曼模型就采用单总线结构。单总线结构简单、成本低廉，且容易扩充。但带宽有限，传输效率不高。

(2)双总线：为提高总线带宽和数据传输速率，以及克服存储器与 I/O 访问速度不一致的矛盾，将存储总线和 I/O 总线分离，构成了双总线结构。

(3)多级总线：随着计算机结构和工艺的不断改进和提高，计算机系统越来越复杂，为解决不同模块、设备和系统间的传输速率不一致问题，现代计算机系统通常采用了多级总线结构。

9.1.2　总线性能指标

总线是计算机系统中信息的传输通道，其性能在很大程度上影响着整体系统的数据传输和处理性能。总线性能指标包括：总线时钟频率、总线宽度、总线速率、总线带宽、同步方式和总线负载能力等。

(1)总线时钟频率：是总线操作的时钟源每秒产生的脉冲数，反映了总线的工作速度。

(2)总线宽度：是总线单次并行传输数据的位数，一般为数据总线的条数。总线宽度越大，每秒传输的数据量越大。但总线宽度越大，需要的物理连接线越多，也需要占据更多的物理空间，系统成本也越高。

(3)总线周期数：是总线传输一次数据所需要的时钟周期数。

(4)总线速率：单位时间内总线所能传输数据的最大次数。

总线速率=总线时钟频率/总线周期数

(5)总线带宽，单位时间内总线传输的数据量，单位为MB/s。

总线的带宽=总线的速率×总线的位宽/8

或者，总线的带宽=时钟频率×总线宽度/8/总线周期数

(6)总线负载能力，是指当总线接上负载后，总线输入/输出的逻辑电平保持在正常范围内，所能挂接的最大模块数目。

9.2 总线仲裁

总线是计算机系统中公用数据通路，系统中多个设备或模块可能同时申请对总线的使用权，为避免产生总线使用冲突，需由总线仲裁机构合理地控制和管理系统中需要占用总线的申请者，在多个申请者同时提出总线请求时，以一定的优先算法仲裁哪个设备或模块应获得对总线的使用权。总线仲裁按照仲裁控制机构的设置可分为集中式仲裁和分布式仲裁两种。

9.2.1 集中式仲裁

集中式总线仲裁的控制逻辑基本集中在一处，需要中央仲裁器。集中式仲裁又分为串行仲裁、并行仲裁和混合仲裁。

1. 串行仲裁

串行仲裁又称菊花链式仲裁。常用的三线式菊花链仲裁由总线请求信号(Bus Request, BR)、总线允许信号(Bus Grant, BG)和总线忙信号(Bus Busy, BB)完成，如图9-3所示。串行仲裁模式下，各主控模块在提出总线请求前，首先应检测总线忙信号BB是否处于空闲状态，只有在BB信号空闲时，模块才能提出总线请求。仲裁器在接收到总线请求信号BR后，总线允许信号BG串行地从一个模块接口传送到下一个模块接口。假如BG到达的接口无总线请求，则继续往下查询；假如BG到达的接口有总线请求，BG信号便不再往下查询，该模块获得了总线控制权，并将总线忙信号BB置为有效，通知其他设备或模块总线被占用，同时撤销BG信号。模块的总线操作结束后，通知仲裁器撤销BB信号，从而允许其他设备重新申请总线使用权。这样，距离总线仲裁器最近的模块具有使用总线的最高优先级，通过模块的优先级排队电路来实现总线使用权的排队。

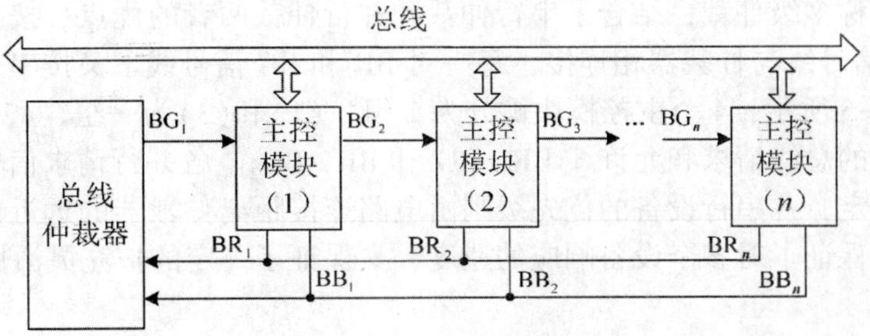

图9-3 串行仲裁原理图

串行仲裁方式的优点是只用很少几根控制线就能按一定优先次序实现总线仲裁，且与主控设备数量无关，无论是在逻辑上还是物理实现上都很简单；很容易扩充设备，增加主控设备时，只需要将设备“挂”到总线上。但是，串行仲裁方式 BG 信号需要逐级传递，响应速度慢；对询问链的电路故障很敏感，如果第 i 个设备的接口中有关链的电路有故障，那么第 i 个以后的设备都不能进行工作；查询链的优先级是固定的，如果距离总线仲裁器近的设备出现频繁的请求时，距离较远的设备可能长期不能使用总线。

2. 并行仲裁

并行仲裁原理如图 9-4 所示，每一个共享在总线上的主控设备均有一对总线请求线 BR 和总线授权线 BG。当设备 i 要求使用总线时，便发出该设备的请求信号。总线仲裁器中的排队电路决定首先响应哪个设备的请求，给设备以授权信号 BG_i，并输出 BB 信号，通知其他设备总线被占用。

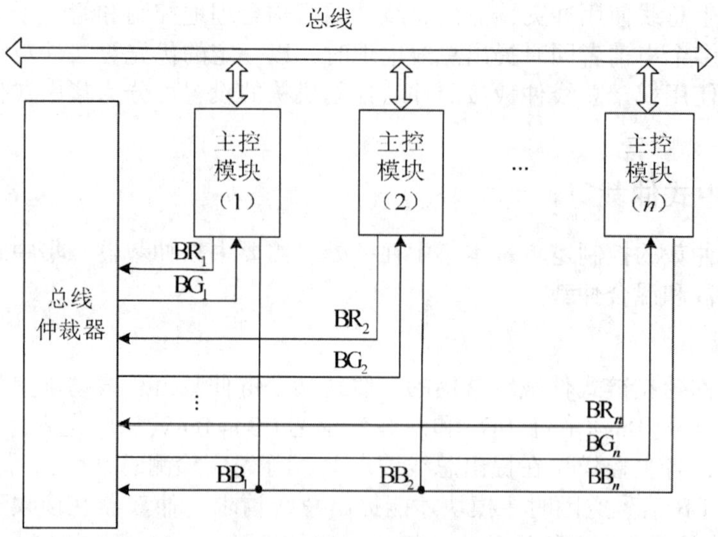

图 9-4　并行仲裁原理图

并行仲裁方式的优点是响应时间快，避免了总线请求和总线允许信号的逐级传递延迟；对优先次序的控制相当灵活，可以预先固定也可以通过程序来改变优先次序；还可以用屏蔽(禁止)某个请求的办法，不响应来自无效设备的请求。但这种方式控制信号较多，逻辑复杂；系统可扩充性差，一旦系统设计好，就不易扩充。

3. 混合仲裁

混合仲裁又称多级仲裁，结合了串行仲裁和并行仲裁两者的优点。按并行仲裁方式有多对 BR 和 BG 信号线与仲裁器相连接，每一对 BR 和 BG 信号线下又按串行方式可挂接多个设备。如图 9-5 所示，4 个主控模块被分为 2 组，(1)和(3)为一组，(2)和(4)为一组，每组有自己独立的总线请求和允许线 BR_1/BG_1 和 BR_2/BG_2。各并行请求信号的优先级由仲裁器内部逻辑确定，各串行设备的优先级则由电路连接距离仲裁器的远近确定。这样，混合式仲裁方式既保证了对多个设备响应的速度，又保证了一定的扩充灵活性。

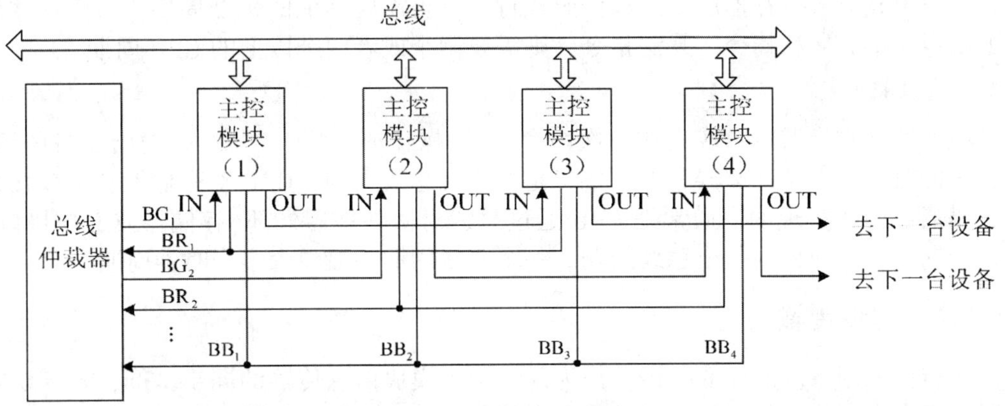

图 9-5 混合仲裁原理图

9.2.2 分布式仲裁

分布式仲裁不需要中央仲裁器，每个潜在的主控模块都有自己的仲裁号和仲裁器。当它们有总线请求时，把它们唯一的仲裁号发送到共享的仲裁总线上，每个仲裁器将仲裁总线上得到的号与自己的号进行比较。如果仲裁总线上的号大，则它的总线请求不予响应，并撤销它的仲裁号。最后，获胜者的仲裁号保留在仲裁总线上。显然，分布式仲裁是以优先级仲裁策略为基础。

9.3 总线时序和数据传输方式

总线仲裁解决计算机系统中多个设备分时使用总线的问题，总线数据传输方式解决掌控总线控制权的设备如何实现模块间数据的可靠传输问题。目前常用的总线传输方式主要有同步传输、异步传输和半同步传输。

9.3.1 总线时序

1. 时钟周期

一般也称振荡周期(如果晶振的输出没有经过分频就直接作为 CPU 的工作时钟,则时钟周期就等于振荡周期)，即 CPU 的晶振的工作频率的倒数，是计算机中最基本的、最小的时间单位。通常称为节拍脉冲或者 T 周期。

2. CPU 周期

也称为机器周期。在计算机中，为了便于管理，常把一条指令的执行过程划分为若干个阶段(如取指、译码、执行等)，每一阶段完成一个基本操作。完成一个基本操作所需要的时间称为 CPU 周期。一般情况下，一个 CPU 周期由若干个时钟周期组成。

3. 指令周期

指令周期是执行一条指令所需要的时间，即 CPU 从内存取出一条指令并执行这条指令的时间总和。一般由若干个机器周期组成，从取指令、分析指令到执行完所需的全部时间。指令不同，所需的机器周期数也不同。对于一些简单的单字节指令，在取指令周期中，指令取出到指令寄存器后，立即译码执行，不再需要其他的机器周期。对于一些比较复杂的指令，例如转移指令、乘法指令，则需要两个或者两个以上的 CPU 周期。

4. **总线周期**

总线周期通常指通过总线完成一次内存读/写操作或完成一次输入/输出设备的读/写操作所需的时间。由于存储器和 I/O 端口是挂接在总线上的，CPU 对存储器和 I/O 接口的访问，是通过总线实现的。通常把 CPU 通过总线对微处理器外部(存储器或 I/O 接口)进行一次访问所需时间称为一个总线周期。一个总线周期一般包含多个时钟周期。

9.3.2 同步传输

同步传输利用系统的标准时钟，作为系统中各模块信息传输的同步基准，各模块在统一的时钟频率下工作，数据的传送是以一个数据区块为单位。如图 9-6 所示，在总线的读周期，CPU 在 T_1 周期输出被访问模块的地址，T_2 时钟周期 CPU 输出读命令，T_3 时钟周期被选中的模块将数据输出到系统数据总线上，T_4 时钟周期 CPU 从总线上撤销被访问模块的地址信号和读命令，完成一次读操作。同步传输方式下，系统中各模块在统一的时钟频率下工作，无须应答信号，控制电路简单，总线传输效率高。目前 CPU 和主存间的数据传输采用同步传输方式。但由于系统中各模块以相同的速度工作，灵活性差，当主设备和从设备的工作速度差异较大时，系统效率低下。

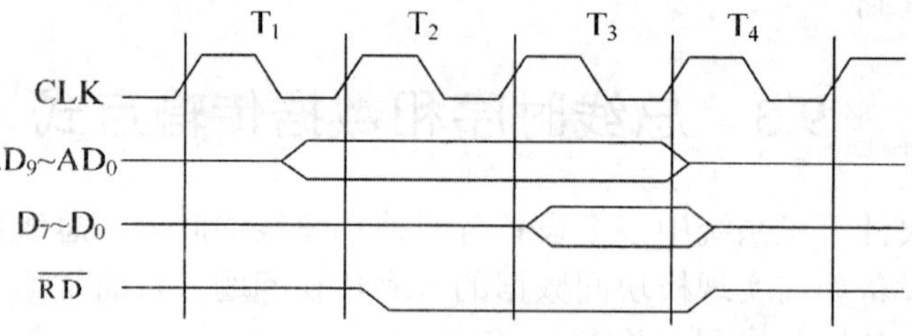

图 9-6 同步传输方式

9.3.3 异步传输

异步传输采用“应答”方式进行数据传输，总线所连接的各模块可根据实际工作速度自动调整总线的数据传输速率。异步传输没有统一的时钟信号，通过非互锁、半互锁和全互锁方式实现收/发双方数据的同步，如图 9-7 所示。

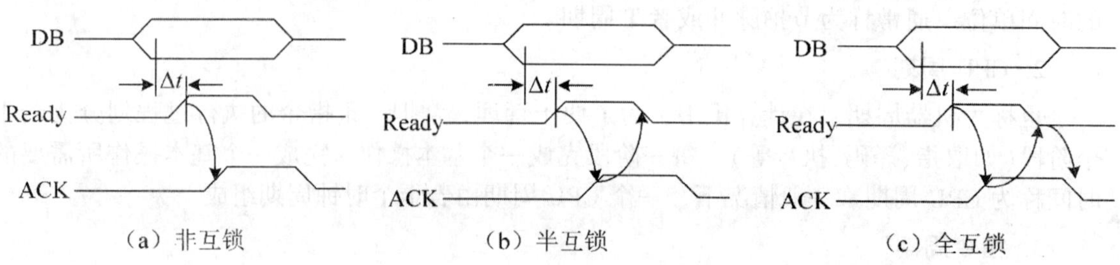

图 9-7 异步传输方式

(1) 非互锁方式中，主控模块将数据输出到总线并延迟 Δt 后，便输出准备好 Ready 信号通知从模块数据总线上已经有数据，从模块接收到数据准备好信号，将数据总线的数据读取后，输出握手信号 ACK 通知主模块可撤销当前数据总线上的数据，执行下一个数据的传输。由于主/从模块通过固定延时完成读/写操作，所以，当主/从设备的工作速度差异较大时，不能完全确保接收方在规定的时间内收到握手信号，存在工作不可靠的问题。

（2）半互锁方式中，主模块在输出准备好 Ready 信号后，只有在接收到从模块输出的握手信号 ACK 后，才撤销准备好信号 Ready。

（3）全互锁方式中，控模块将数据输出到总线并延迟 Δt 后，便输出 Ready 信号通知从模块数据总线上已经有数据，从模块接收到 Ready 信号，将数据总线的数据读取后，输出握手信号 ACK 通知主模块可撤销当前数据总线上的数据，同时继续检测 Ready 信号是否有效，主模块在接收到从模块的 ACK 信号后，使 Ready 信号无效，从模块在检测到 Ready 信号无效后，撤销 ACK 信号，等待执行下一个数据的传输。在全互锁方式中，Ready 和 ACK 信号的宽度是主/从模块根据数据传输的实际情况而实时确定，这样，同一总线上工作速度各异的模块可根据实际情况调整数据传输速率，实现数据的可靠传输。

9.3.4 半同步传输

半同步传输是结合同步传输和异步传输优点的混合传输方式。采用同步传输方式的主/从模块均以系统时钟为标准，但为适应系统中速度各异的模块，又采用异步传输的应答技术，通过设置等待(WAIT)或就绪(READY)信号线，延长总线时钟周期，使各种操作的时间可以变化，同时又解决了异步传输在工程中对噪声敏感的问题。如图 9-8 所示，当从模块速度较慢，不能在给定的总线周期(T_1~T_4)内完成读/写操作时，通过 READY 信号线发出一个要求 CPU 等待的信号。在 T_3周期开始，CPU 检测 READY 信号，若 READY 为低电平，则在 T_3 周期后插入一个等待周期 T_W，以后在每个 T_W周期 CPU 都检测 READY 信号，只要 READY 为低电平就继续插入 T_W，直到 READY 为高电平，进入 T_4周期结束总线操作。若 T_3周期 READY 为高电平，则直接进入 T_4周期结束总线操作。

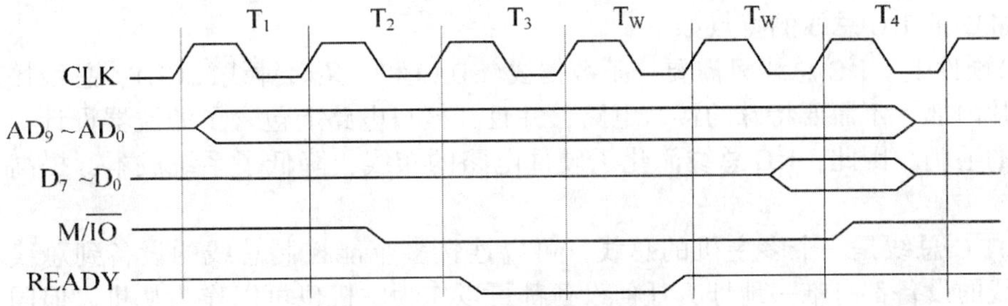

图 9-8 半同步传输方式

9.4 串行总线

9.4.1 I²C 总线

I²C(Inter-Integrated Circuit)总线是一个双向的两线连续总线，提供集成电路(ICs)之间的通信线路。I²C 总线是一种串行扩展技术，最早由 Philips 公司推出，广泛应用于电视、录像机和音频设备。I^2C 总线采用一条数据线(SDA)和一条时钟线(SCL)来完成数据的传输及外围器件的扩展；对各个节点的寻址是软寻址方式，节省了片选线，标准的寻址字节 SLAM 为 7 位，可以寻址 127 个单元。

STM32 的 I^2C 总线结构如图 9-9 所示。由数据收发模块、时钟逻辑模块和控制逻辑模块组成，负责 I^2C 数据收发、时钟产生、总线仲裁和中断、DMA 等功能的实现。其中包含了 2 个控制寄存器(I^2_CR)、2 个自身地址寄存器(I^2_OAR)、数据寄存器(I^2_DR)、2 个状态寄存器(I^2_SR)、时钟控制寄存器(I^2_CCR)等。

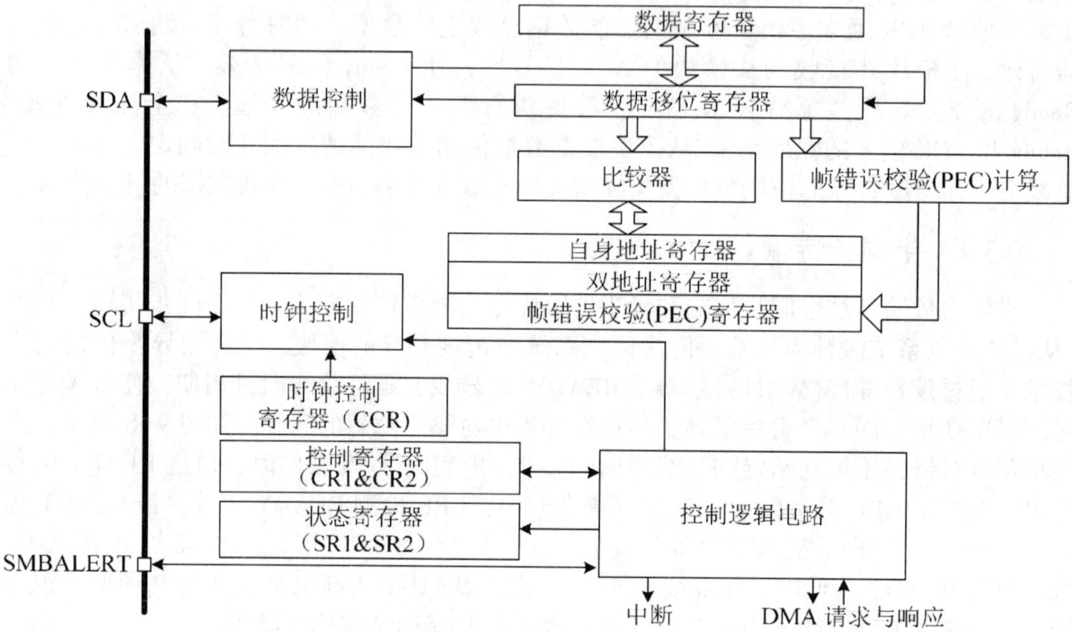

图 9-9　I^2C 总线结构

STM32 的 I^2C 总线的特点如下。

(1)硬件上，I^2C 总线只需要一条数据线(SDA)和一条时钟线(SCL)，总线接口已经集成在芯片内部，不需要特殊的接口电路，并且在接口电路上包含了滤波器设计，可以滤除总线上的毛刺。因此，I^2C 总线简化了硬件电路的布线，降低了系统成本，提高了系统可靠性。

(2)I^2C 总线是一个多主机的总线，可以连接多个能控制总线的设备到总线。每个连接到总线的设备都有唯一地址，任何设备都可以作为主机也可以作为从机，但同一时刻只允许一个主机。数据传输和地址设定由软件完成，非常灵活。总线上设备的增减不影响其他设备的正常工作。

(3)I^2C 总线可以通过外部连线进行在线检测，便于系统故障诊断和调试。

(4)I^2C 总线有三种数据传输速度：标准、快速模式和高速模式。标准的是 100kbps，快速模式为 400kbps，高速模式支持快至 3.4Mbps 的速度。

(5)I^2C 总线支持 7 位和 10 位地址空间设备和在不同电压下运行的设备。

(6)完善的错误监测：主模式时的仲裁丢失、地址/数据传输后的应答(ACK)错误、检测到错位的起始或停止条件或禁止拉长时钟功能时的上溢或下溢。

(7)两个中断向量，一个中断用于地址/数据通信成功；另一个中断用于错误。

(8)具有单字节缓冲器的 DMA。

1. I²C 总线功能描述

I²C 模块接收和发送数据，并将数据从串行转换成并行，或并行转换成串行。可以开启或禁止中断。总线通过数据引脚(SDA)和时钟引脚(SCL)连接到 I²C 总线。允许连接到标准(高达 100kHz)或快速(高达 400kHz)的 I²C 总线。

I²C 总线模块可工作于 4 种模式：从发送器模式、从接收器模式、主发送器模式和主接收器模式。默认工作于从模式。总线在生成起始条件后自动地从模式切换到主模式；当仲裁丢失或产生停止信号时，则从主模式切换到从模式。

主模式时，I²C 模块启动数据传输并产生时钟信号。串行数据传输总是以起始条件开始并以停止条件结束。起始条件和停止条件都是在主模式下由软件控制产生。从模式时，I²C 模块能识别它自己的地址(7 位或 10 位)和广播呼叫地址。可由软件控制开启或禁止广播呼叫地址的识别。数据和地址按 8 位/字节进行传输，高位在前。跟在起始条件后的 1 或 2 个字节是地址(7 位模式为 1 个字节,10 位模式为 2 个字节)。地址只在主模式发送。在一个字节传输的 8 个时钟后的第 9 个时钟期间，接收器必须回送一个应答位(ACK)给发送器，如图 9-10 所示。

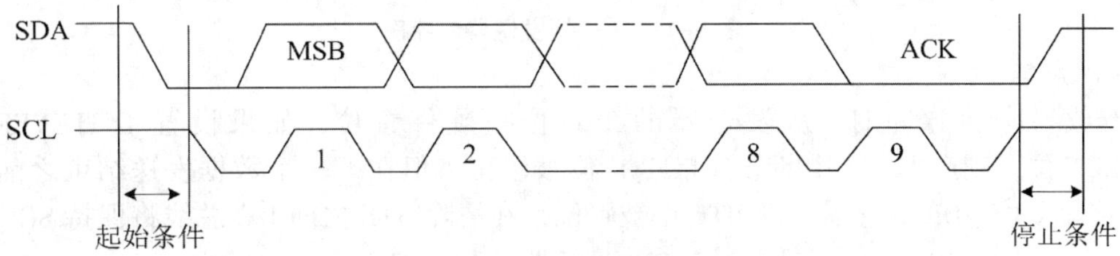

图 9-10　I²C 总线协议

2. I²C 总线从模式

默认情况下，I²C 模块总是工作在从模式。其工作时序如下。

1) 检测起始位和从机地址，启动通信

一旦检测到起始条件，在 SDA 线上接收到的地址被送到移位寄存器。然后与芯片自己的地址 OAR1 和 OAR2(当 ENDUAL=1)或者广播呼叫地址(如果 ENGC=1)相比较。若头段或地址不匹配，I²C 总线将其忽略并等待另一个起始条件。如果头段匹配(仅 10 位模式)，且 ACK 位被置 1，I²C 总线产生一个应答脉冲并等待 8 位从地址。如果地址匹配，I²C 总线产生以下时序：

(1)如果 ACK 被置 1，则产生一个应答脉冲。

(2)硬件设置 ADDR 位；如果设置了 ITEVFEN 位，则产生一个中断。

(3)如果 ENDUAL=1，软件必须读 DUALF 位，以确认响应了哪个从地址。

在 10 位模式下，接收到地址序列后，从设备总是处于接收器模式。在收到与地址匹配的头序列并且最低位为 1(即 11110xx1)后，当接收到重复的起始条件时，将进入发送器模式。在从模式下 TRA 位指示当前是处于接收器模式还是发送器模式。

2) 发送数据

在接收到地址和清除 ADDR 位后，从发送器将字节从 DR 寄存器经由内部移位寄存器发送到 SDA 线上。从设备保持 SCL 为低电平，直到 ADDR 位被清除并且待发送数据已写入 DR 寄存器，如图 9-11 中的 EV1 和 EV3。

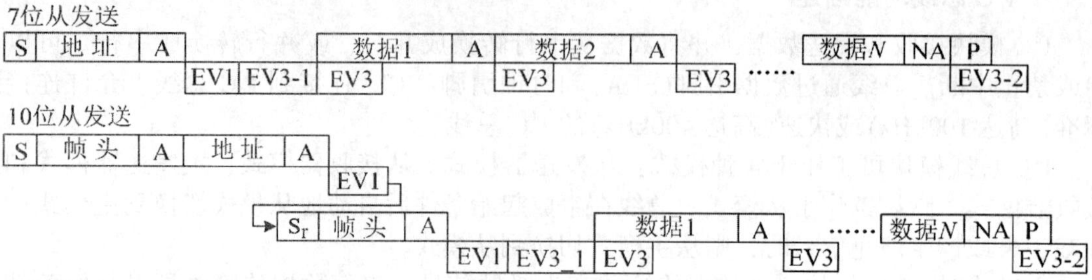

S=Start(起始条件)，Sr=重复的起始条件，P=Stop(停止条件))，

A=响应，NA=非响应，EVx=事件(ITEVFEN=1 时产生中断)

EV1：ADDR=1，读 SR1 然后读 SR2 将清除该事件。

EV3-1：TxE=1，移位寄存器空，数据寄存器空，写 DR。

EV3：TxE=1，移位寄存器非空，数据寄存器空，写 DR 将清除该事件。

EV3-2：AF=1，在 SR1 寄存器的 AF 位写 0 可清除 AF 位。

注：(1)EV1 和 EV3_1 事件拉长 SCL 低的时间，直到对应的软件序列结束。

(2)EV3 的软件序列必须在当前字节传输结束之前完成。

图 9-11 I^2C 从发送器时序图

3) 应答

当收到应答脉冲时，从发送器的 TxE 位被硬件置位，如果设置了 ITEVFEN 和 ITBUFEN 位，则产生一个中断。如果 TxE 位被置位，但在下一个数据发送结束之前没有新数据写入 I^2C_DR 寄存器，则 BTF 位被置位，在清除 BTF 之前 I^2C 总线将保持 SCL 为低电平；读出 I^2C_SR1 之后再写入 I^2C_DR 寄存器将清除 BTF 位。

在接收到地址并清除 ADDR 后，从接收器将通过内部移位寄存器从 SDA 线接收到的字节存进 DR 寄存器。I^2C 总线在接收到每个字节后都执行下列操作：如果设置了 ACK 位，则产生一个应答脉冲；硬件设置 RxNE=1。如果设置了 ITEVFEN 和 ITBUFEN 位，则产生一个中断。

如果 RxNE 被置位，并且在接收新的数据结束之前 DR 寄存器未被读出，BTF 位被置位，在清除 BTF 之前 I^2C 总线将保持 SCL 为低电平；读出 I^2C_SR1 之后再写入 I^2C_DR 寄存器将清除 BTF 位。时序如图 9-12 所示。

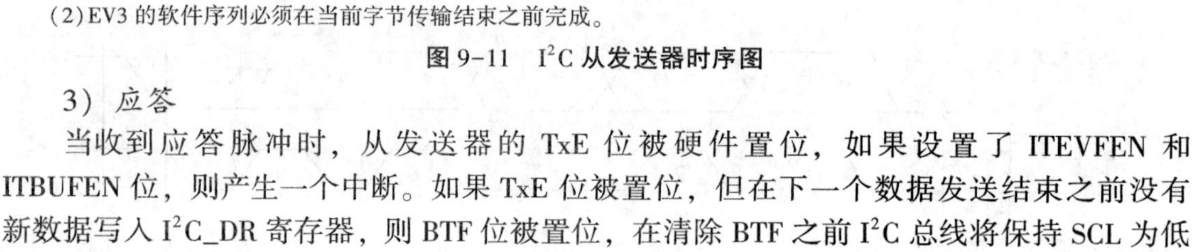

EV2：RXNE=1，读 DR 将清除该事件。

EV4：STOPF=1，读 SR1 然后写 CR1 寄存器将清除该事件。

图 9-12 I^2C 从接收器时序图

4）关闭从机通信

在传输完最后一个数据字节后，主设备产生一个停止条件，I^{2}C 总线检测到这一条件时，设置 STOPF=1，如果设置了 ITEVFEN 位，则产生一个中断。然后 I^{2}C 总线等待读 SR1 寄存器，再写 CR1 寄存器。如图 9-12 的 EV4。

3. I^{2}C 总线主模式

在主模式时，I^{2}C 总线启动数据传输并产生时钟信号。串行数据传输总是以起始条件开始并以停止条件结束。当通过 START 位在总线上产生了起始条件，设备就进入了主模式。在进入主模式时，要求以下操作顺序：在 I^{2}C_CR2 寄存器中设定该模块的输入时钟以产生正确的时序；配置时钟控制寄存器；配置上升时间寄存器；编程 I^{2}C_CR1 寄存器启动外设；置 I^{2}C_CR1 寄存器中的 START 位为 1，产生起始条件。

1）发起起始条件

当总线空闲 BUSY=0 时，设置 START=1，I^{2}C 总线将产生一个开始条件并切换至主模式。一旦发出开始条件，SB 位被硬件置位，如果设置了 ITEVFEN 位，则会产生一个中断。然后主设备等待读 SR1 寄存器，紧跟着将从地址写入 DR 寄存器(如图 9-13 和图 9-14 中的 EV5)。

2）从地址发送

从地址通过内部移位寄存器被送到 SDA 线上，如图 9-13 和图 9-14 所示。在 10 位地址模式时，发送一个头段序列产生以下事件：ADD10 位被硬件置位，如果设置了 ITEVFEN 位，则产生一个中断。然后主设备等待读 SR1 寄存器，再将第二个地址字节写入 DR 寄存器。ADDR 位被硬件置位，如果设置了 ITEVFEN 位，则产生一个中断。随后主设备等待一次读 SR1 寄存器，跟着读 SR2 寄存器。

在 7 位地址模式时，只需送出一个地址字节。一旦该地址字节被送出，ADDR 位被硬件置位，如果设置了 ITEVFEN 位，则产生一个中断。随后主设备等待一次读 SR1 寄存器，跟着读 SR2 寄存器。

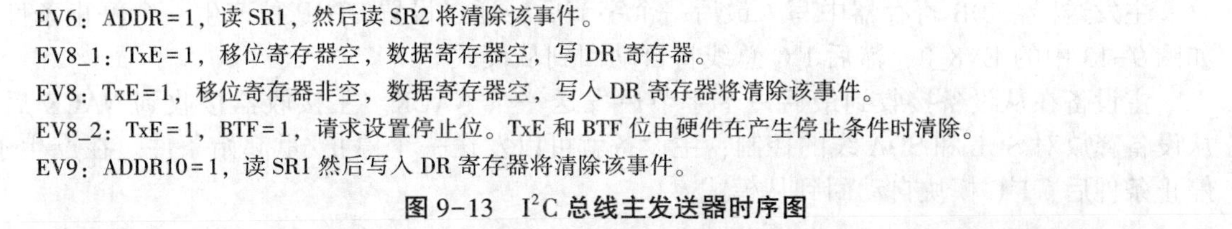

EV5：SB=1，读 SR1，然后将地址写入 DR 寄存器将清除该事件。

EV6：ADDR=1，读 SR1，然后读 SR2 将清除该事件。

EV8_1：TxE=1，移位寄存器空，数据寄存器空，写 DR 寄存器。

EV8：TxE=1，移位寄存器非空，数据寄存器空，写入 DR 寄存器将清除该事件。

EV8_2：TxE=1，BTF=1，请求设置停止位。TxE 和 BTF 位由硬件在产生停止条件时清除。

EV9：ADDR10=1，读 SR1 然后写入 DR 寄存器将清除该事件。

图 9-13 I^{2}C 总线主发送器时序图

根据送出从地址的最低位，主设备决定进入发送器模式还是进入接收器模式。在 7 位地址模式时，要进入发送器模式，主设备发送从地址时置最低位为 0；要进入接收器模式，主设备发送从地址时置最低位为 1。在 10 位地址模式时，要进入发送器模式，主设备先送头字节(11110xx0)，然后送最低位为 0 的从地址(这里 xx 代表 10 位地址中的最高 2 位)；要进入接收器模式，主设备先送头字节(11110xx0)，然后送最低位为 1 的从地址。再重新发送一个开始条件，后面跟着头字节(11110xx1)。

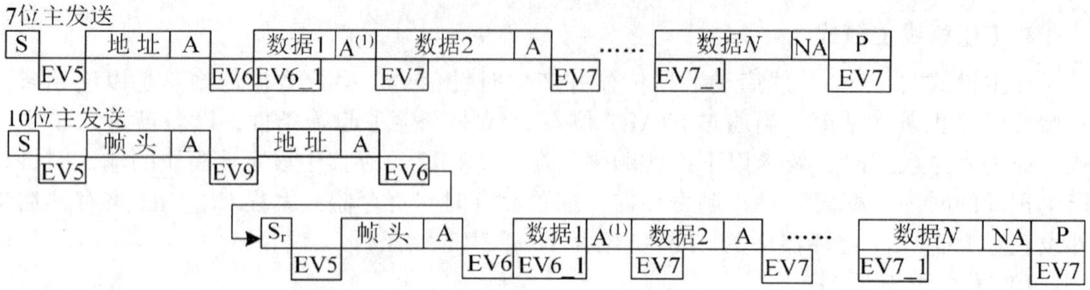

EV6：ADDR=1，读 SR1，然后读 SR2 将清除该事件。在 10 位主接收模式下，该事件后应设置 CR2 的 START=1。

EV6_1：没有对应的事件标志，只适于接收 1 个字节的情况。恰好在 EV6 之后(即清除了 ADDR 之后)，要清除响应和停止条件的产生位。

EV7：RxNE=1，读 DR 寄存器清除该事件。

EV7_1：RxNE=1，读 DR 寄存器清除该事件。设置 ACK=0 和 STOP 请求。

图 9-14　I^2C 总线主接收器时序图

3）发送/接收数据

主发送器在发送了地址和清除了 ADDR 位后，主设备通过内部移位寄存器将字节从 DR 寄存器发送到 SDA 线上。主设备等待，直到 TXE 被清除，如图 9-13 中 EV8 所示。当收到应答脉冲时，TXE 位被硬件置位，如果设置了 INEVFEN 和 ITBUFEN 位，则产生一个中断。如果 TxE 被置位并且在上一次数据发送结束之前没有写新的数据字节到 DR 寄存器，则 BTF 被硬件置位，在清除 BTF 之前 I^2C 总线将保持 SCL 为低电平；读出 I^2C_SR1 之后再写入 I^2C_DR 寄存器将清除 BTF 位。

主接收器在发送地址和清除 ADDR 之后，I^2C 总线进入主接收器模式。在此模式下，I^2C 总线从 SDA 线接收数据字节，并通过内部移位寄存器送至 DR 寄存器。在每个字节后，I^2C 总线依次执行以下操作：如果 ACK 位被置位，发出一个应答脉冲。硬件设置 RxNE=1，如果设置了 INEVFEN 和 ITBUFEN 位，则会产生一个中断，如图 9-14 中的 EV7。如果 RxNE 位被置位，并且在接收新数据结束前，DR 寄存器中的数据没有被读走，硬件将设置 BTF=1，在清除 BTF 之前 I^2C 总线将保持 SCL 为低电平；读出 I^2C_SR1 之后再读出 I^2C_DR 寄存器将清除 BTF 位。

4）关闭通信

主发送器在 DR 寄存器中写入最后一个字节后，通过设置 STOP 位产生一个停止条件，如图 9-13 中的 EV8_2，然后 I^2C 总线将自动回到从模式。

主设备在从设备接收到最后一个字节后发送一个 NACK。主接收器接收到 NACK 后，从设备释放对 SCL 和 SDA 线的控制；主设备就可以发送一个停止/重起始条件。在产生了停止条件后，I^2C 模块自动回到从模式。

4. I^2C 的 DMA 操作

通过设置 I^2C_CR2 寄存器中的 DMAEN 位可以激活 I^2C 的 DMA 模式。只要 TxE 位被置位，数据将由 DMA 从预置的存储区装载进 I^2C_DR 寄存器。为 I^2C 利用 DMA 进行发送或接收数据，需执行以下步骤(x 是通道号)：

(1)在 DMA_CPARx 寄存器中设置 I^2C_DR 寄存器地址。数据将在每个 TxE 事件后从存储器传送至这个地址，或在每次 RxNE 事件后从此地址传送到存储区。

(2)在 DMA_CMARx 寄存器中设置存储器地址。数据在每个 TxE 事件后从这个存储区传送至 I^2C_DR，或在每次 RxNE 事件后从 I^2C_DR 寄存器传送到此存储区。

(3)在 DMA_CNDTRx 寄存器中设置所需的传输字节数。在每个 TxE 或 RxNE 事件后，此值将被递减。

(4)利用 DMA_CCRx 寄存器中的 PL [0：1] 位配置通道优先级。

(5)设置 DMA_CCRx 寄存器中的 DIR 位，并根据应用要求可以配置在整个传输完成一半或全部完成时发出中断请求。

(6)通过设置 DMA_CCTx 寄存器上的 EN 位激活通道。

当 DMA 控制器中设置的数据传输数目已经完成时，DMA 控制器给 I^2C 接口发送一个传输结束的 EOT/EOT_1 信号。在中断允许的情况下，将产生一个 DMA 中断。

9.4.2 USB 总线

通用串行总线(Universal Serial Bus,USB)是由 Intel、Compaq 等 7 家世界著名的计算机和通信公司共同推出的一种新型总线标准。它基于通用连接技术，主要用于低中速设备，具有即插即用和热拔插功能，实现外设的简单快速连接，达到方便用户、降低成本、扩展 PC 连接外设范围的目的。它可以为外设提供电源，而不像普通的使用串、并口的设备需要单独的供电系统。另外，USB 还能支持多媒体数据通信。目前 USB 版本如表 9-1 所示。

表 9-1 USB 版本特性

USB 版本	最大传输速率	速率称号	F 最大输出电流	推出时间
USB1.0	1.5Mbps(192kbps)	低速(Low-Speed)	5V/500mA	1996 年 1 月
USB1.1	12Mbps(1.5Mbps)	全速(Full-Speed)	5V/500mA	1998 年 9 月
USB2.0	480Mbps(60Mbps)	高速(High-Speed)	5V/500mA	2000 年 4 月
USB3.0	5Gbps(500Mbps)	超高速(Super-Speed)	5V/900mA	2008 年 11 月
USB3.1	10Gbps(1280Mbps)	超高速+(Super-speed+)	20V/5A	2013 年 12 月

USB 采用四线电缆，其中两根是用来传送数据的串行通道，另两根为下游设备提供电源。以 USB1.1 为例，对于高速且需要高带宽的外设，USB 以全速 12Mbps 的传输数据；对于低速外设，则以 1.5Mbps 的传输速率来传输数据。USB 总线会根据外设情况在两种传输模式中自动地动态转换。

1. USB 系统的硬件组成

USB 系统的硬件主要由三部分组成。

(1)USB 主控器/根集线器(Host Controller/Root Hub)：控制 USB 总线上的数据和控制信息的流动。每个 USB 系统只能有一个根集线器，它连接在主控制器上。

(2)USB 集线器(USB Hub)：提供端口连接点将外部设备连接到 USB 总线上，同时检测连接在总线上的设备，并为这些设备提供电源管理，负责总线的故障检测和恢复。集线器可为总线提供能源，亦可为自身提供能源(从外部得到电源)。自身提供能源的设备可插入总线提供能源的集线器中，但总线提供能源的设备不能插入自身提供能源的集线器或支持超过四个的下游端口中，如总线提供能源设备的需要超过 100mA 电源时，不能同总线提供电源的集线器连接。

(3) USB 设备(USB Device)：通过端口与总线连接。USB 同时可做 Hub 使用。

2. USB 的传输方式

根据 USB 设备的使用特点和对系统资源的需求不同，USB 支持四种基本的数据传输方式：控制传输、等时传输、中断传输及数据块传输。

(1) 控制传输方式(Control)：用于外设与主机之间的控制、状态、配置等信息的传输，为外设与主机之间提供一个控制通道。每种外设都支持控制传输方式，这样主机与外设之间就可以传送配置和命令/状态信息。当 USB 设备收到这些控制信息后，根据先进先出的原则，按队列方式处理数据。控制传输方式数据量较小，且实时性要求不高。

(2) 等时传输方式(Isochronous)：用于连续传输且对数据正确率要求不高，而对时间较为敏感的外部设备。等时传输以固定的传输速率，连续不断地在主机和 USB 设备之间传输数据，但无差错校验，故不能保证正确地传输数据。如电话和音频系统中的连续传输，允许一定的数据错误率，但对传输的连续性要求较高。

(3) 中断传输方式(Interrupt)：主要用于数据传输量小、无周期性，但对响应时间敏感，要求马上响应的设备，如游戏手柄、鼠标和键盘等输入设备。

(4) 数据块传输方式(Bulk)：用于传输数据量大且正确率要求较高，但对实时性要求不高的数据，例如打印机、扫描仪、数码相机等外设与主机的数据传输。这类设备的运行时间长，而运行所需要的数据要求在短时间传输完毕，因此在传输中的优先级较低，当有时效性的操作出现时，数据块传输将被暂停。USB 只有在满足带宽的情况下才进行该方式的数据传输。

在这四种数据传输方式中，除等时传输方式外，其余三种方式都要求差错校验，在数据传输发生错误时，会重新发送数据以保证其准确性。

3. USB 的连接结构

通常，USB 采用树状连接方式，如图 9-15 所示，利用 USB 集线器对 USB 设备进行树状连接。USB 系统通过根集线器与系统总线连接，以根节点向下分多层对外设进行连接。

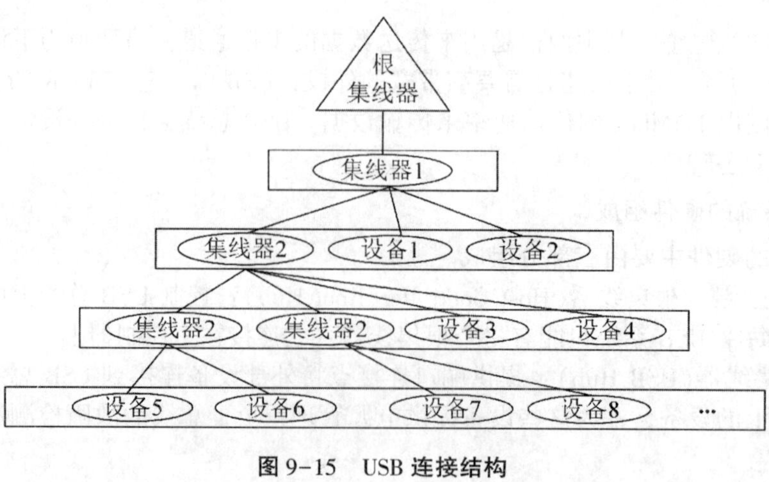

图 9-15　USB 连接结构

4. STM32F10X 系列的 USB 总线

STM32F10X 系列的 USB 模块为计算机主机和微控制器所实现的功能之间提供了符合 USB 规范的通信连接。计算机主机和微控制器之间的数据传输是通过共享一专用的数据缓冲区来完成的，该数据缓冲区能被 USB 外设直接访问。这块专用数据缓冲区的大小由所使用的端点数目和每个端点最大的数据分组大小所决定，每个端点最大可使用 512 字节缓冲区，最多可用于 16 个单向或 8 个双向端点。USB 模块同计算机主机通信，根据 USB 规范实现令牌分组的检测，数据发送/接收的处理，握手分组的处理。整个传输的格式由硬件完成，其中包括 CRC 的生成和校验。

STM32F10X 系列的 USB 外设实现了 USB2.0 全速总线和 APB1 总线间的接口；支持 USB 挂起/恢复操作，可以停止设备时钟实现低功耗；可配置 1～8 个 USB 端点；CRC(循环冗余校验)生成/校验，反向不归零(NRZI)编码/解码和位填充；支持同步传输；支持批量/同步端点的双缓冲区机制。

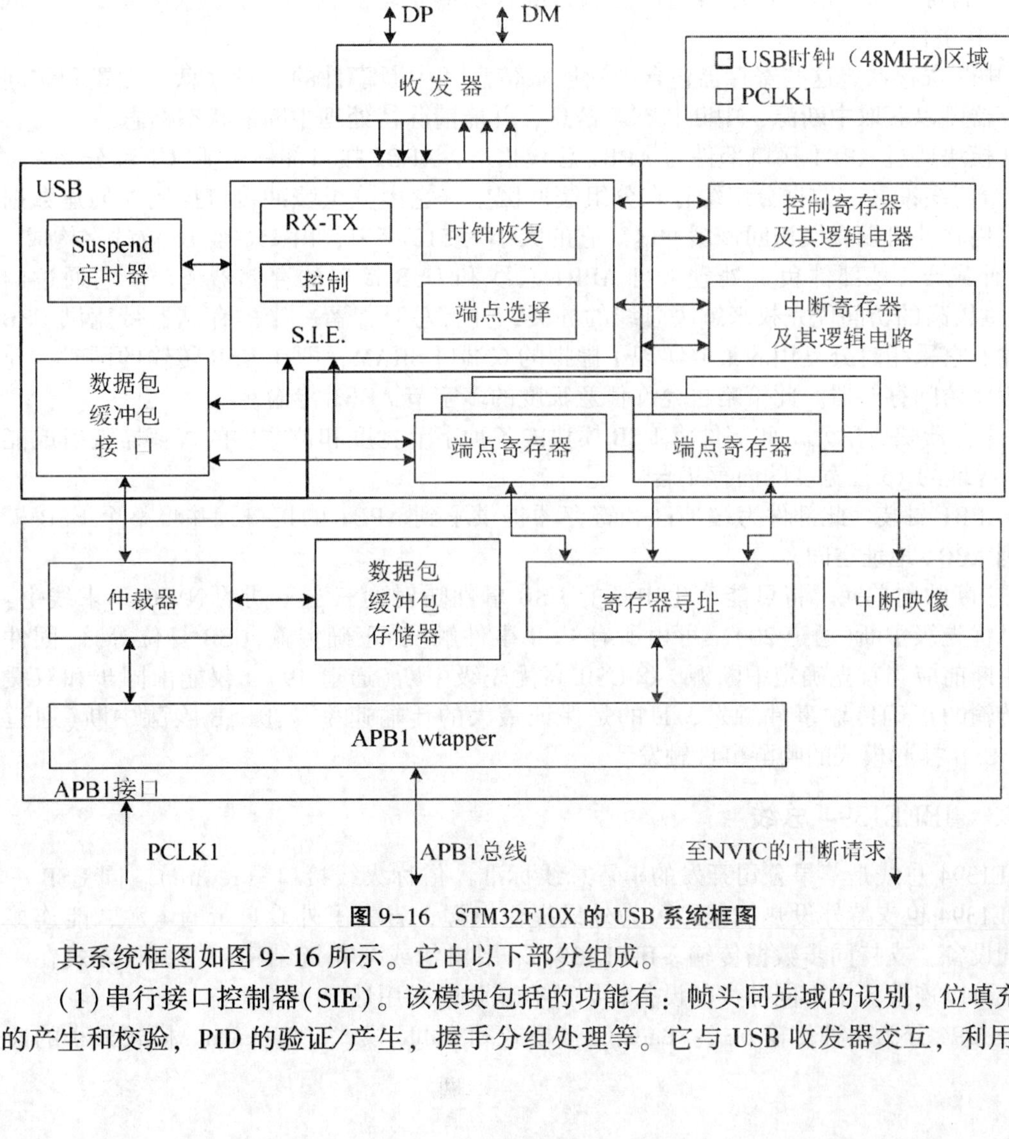

图 9-16 STM32F10X 的 USB 系统框图

其系统框图如图 9-16 所示。它由以下部分组成。

(1)串行接口控制器(SIE)。该模块包括的功能有：帧头同步域的识别，位填充，CRC 的产生和校验，PID 的验证/产生，握手分组处理等。它与 USB 收发器交互，利用分组缓冲接口提供的虚拟缓冲区存储局部数据。它也根据USB事件，以及类似于传输结束或一个包正确接收等与端点相关事件生成信号，如帧首(Start of Frame)、USB复位、数据错误等，这些信号用于产生中断。

(2)定时器。本模块的功能是产生一个与帧开始报文同步的时钟脉冲，并在3ms内没有数据传输的状态，检测出(主机的)全局挂起条件。

(3)分组缓冲器接口。此模块管理那些用于发送和接收的临时本地内存单元。它根据SIE的要求分配合适的缓冲区，并定位到端点寄存器所指向的存储区地址。它在每个字节传输后，自动递增地址，直到数据分组传输结束。它记录传输的字节数并防止缓冲区溢出。

(4)端点相关寄存器。每个端点都有一个与之相关的寄存器，用于描述端点类型和当前状态。对于单向和单缓冲器端点，一个寄存器就可以用于实现两个不同的端点。一共8个寄存器，可以用于实现最多16个单向/单缓冲的端点或者7个双缓冲的端点或者这些端点的组合。例如，可以同时实现4个双缓冲端点和8个单缓冲/单向端点。

(5)控制寄存器。这些寄存器包含整个USB模块的状态信息，用来触发诸如恢复、低功耗等USB事件。

(6)中断寄存器。这些寄存器包含中断屏蔽信息和中断事件的记录信息。配置和访问这些寄存器可以获取中断源、中断状态等信息，并能清除待处理中断的状态标志。

USB模块通过APB1接口部件与APB1总线相连，APB1接口部件包括以下部分。

(1)分组缓冲区。数据分组缓存在分组缓冲区中，它由分组缓冲接口控制并创建数据结构。应用软件可以直接访问该缓冲区。它的大小为512字节，由256个16位的字构成。

(2)仲裁器。该部件负责处理来自APB1总线和USB接口的存储器请求。它通过向APB1提供较高的访问优先权来解决总线的冲突，并且总是保留一半的存储器带宽供USB完成传输。它采用时分复用的策略实现了虚拟的双端口SRAM，即在USB传输的同时，允许应用程序访问存储器。此策略也允许任意长度的多字节APB1传输。

(3)寄存器映射单元。此部件将USB模块的各种字节宽度和位宽度的寄存器映射成能被APB1寻址的16位宽度的内存集合。

(4)APB1封装。此部件为缓冲区和寄存器提供了到APB1的接口，并将整个USB模块映射到APB1地址空间。

(5)中断映射单元。将可能产生中断的USB事件映射到三个不同的NVIC请求线上：①USB低优先级中断(通道20)，可由所有USB事件触发(正确传输,USB复位等)。固件在处理中断前应当首先确定中断源。②USB高优先级中断(通道19)，仅能由同步和双缓冲批量传输的正确传输事件触发，目的是保证最大的传输速率。③USB唤醒中断(通道42)，由USB挂起模式的唤醒事件触发。

9.4.3 IEEE1394总线

IEEE1394总线是苹果公司开发的串行总线标准，俗称火线接口(firewire)。同USB一样，IEEE1394也支持外设热插拔，可为外设提供电源，省去了外设自带的电源，能连接多个不同设备，支持同步数据传输。IEEE1394采用树状或菊花链结构，以级联方式在一个接口上可以连接多个不同种类的设备，因此有较强的通用性。

IEEE1394分为两种传输方式：Backplane模式和Cable模式。Backplane模式最小的速率也比 USB1.1 最高速率高，分别为 12.5Mbps、25Mbps、50Mbps，可以用于多数的高带宽应用。Cable 模式是速度非常快的模式，分为 100Mbps、200Mbps 和 400Mbps 几种，在 200Mbps 下可以传输不经压缩的高质量数据电影。

一种典型的 IEEE1394 系统连接如图 9-17 所示，系统允许有多个 CPU，且相互独立，IEEE1394 桥接器用于实现系统内外环境的连接，完成数据接收和格式封装。

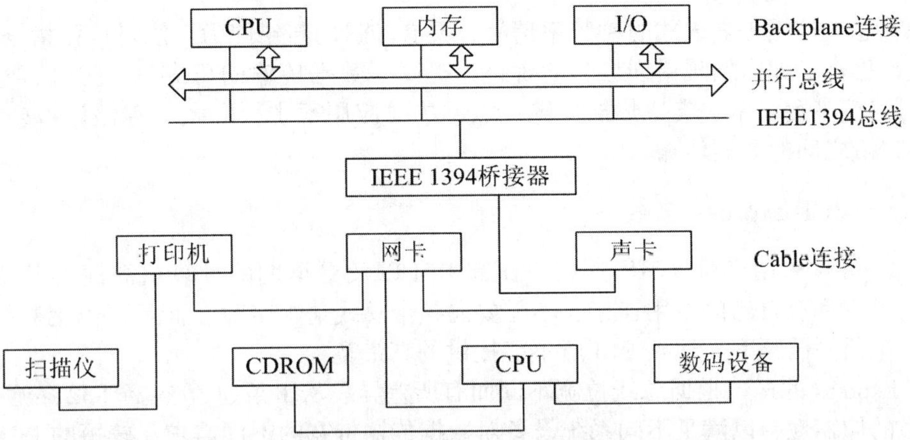

图 9-17 IEEE1394 总线结构

IEEE1394 总线的数据传输通过分层协议实现，包含物理层、链路层和处理层，如图 9-18 所示。其中串行总线管理器负责系统结构控制。各层的具体功能如下。

(1) 处理层：支持异步协议读、写和锁定指令。锁定是读、写功能的组合。

(2) 链路层：提供数据包传输服务，具有异步和同步传送功能。

(3) 物理层：提供 IEEE1394 电缆与 IEEE1394 设备间的电气及机械连接，除了完成实际数据传输任务外，还提供初始化设置和仲裁服务，以确保在同一时刻只有一个外设传输数据。

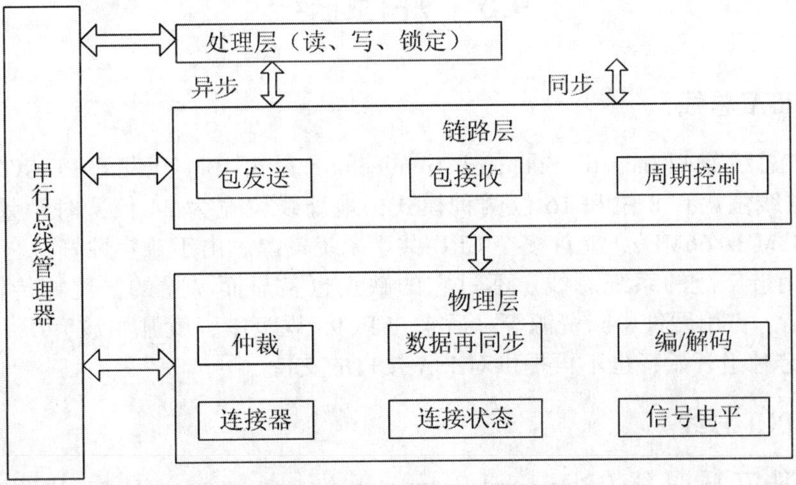

图 9-18 IEEE1394 的分层协议

9.4.4 SATA 总线

串行 ATA(Serial ATA)是英特尔公司发布的接口类型，它以连续串行的方式传送数据，在同一时间点内只会有 1 位数据传输。这样能减少接口的针脚数目，降低电力消耗，减小发热量。只需要四个针脚就能完成所有的工作：第 1 针发送信号，第 2 针接收信号，第 3 针供电，第 4 针为地线。

SATA 总线使用了嵌入式时钟频率信号，具有较强的纠错能力，能对传输指令(不仅是数据)进行检查，如果发现错误会自动矫正，提高了数据传输的可靠性。另外，它还有高速度、可连接多台设备、支持热插拔等优点，主要应用于主板和大量存储设备(如硬盘及光盘驱动器)之间的数据传输。

9.4.5 PCI Express 总线

PCI Express 采用点对点串行连接，比起 PCI 以及更早期的计算机总线的共享并行架构，每个设备都有自己的专用连接，不需要向整个总线请求带宽，而且可以把数据传输率提高到一个很高的频率，达到 PCI 所不能提供的高带宽。

PCI Express 的接口根据总线位宽不同而有所差异，从 1 条通道连接到 32 条通道连接，有非常强的伸缩性，以满足不同系统设备对数据传输带宽的不同需求。较短的 PCI Express 卡可以插入较长的 PCI Express 插槽中使用，并接口能够支持热拔插。例如，PCI Express×1 规格支持双向数据传输，每向数据传输带宽 250MB/s，PCI Express×1 已经可以满足主流声效芯片、网卡芯片和存储设备对数据传输带宽的需求，但是远远无法满足图形芯片对数据传输带宽的需求。因此，必须采用 PCI Express×16，即 16 条点对点数据传输通道连接来取代传统的 AGP 总线。PCI Express×16 也支持双向数据传输，每向数据传输带宽高达 4GB/s，双向数据传输带宽有 8GB/s 之多，相比之下，广泛采用的 AGP 8×数据传输只提供 2.1GB/s 的数据传输带宽。

9.5 并行总线

9.5.1 ISA 总线

工业标准总线 ISA(Industry Standard Architecture)是由 IBM 开发的 PC/AT 总线。其并行总线的数据线位宽有 8 位和 16 位两种模式，地址线位宽为 24 位，时钟频率为 8MHz，工作频率为 33MHz/66MHz，允许多个 CPU 共享系统资源。由于兼容性好，它在 20 个世纪 80 年代是应用最广泛的系统总线。不过它的缺点也是显而易见的，比如传输速率过低、CPU 占用率高、占用硬件中断资源等。后来在 PC98 规范中，就开始放弃了 ISA 总线，而 Intel 从 i810 芯片组开始，也不再提供对 ISA 接口的支持。

9.5.2 PCI 总线

外围器件互联总线(Peripheral Component Interconnect)，是由 PCISIG(PCI Special Interest Group)推出的一种局部并行总线标准。PCI 总线是由 ISA 总线发展而来的，是一种同步的独立于处理器的 32 位或 64 位局部总线。从结构上看，PCI 是在 CPU 的供应商和原来的系统总线之间插入的一级总线，具体由一个桥接电路实现对这一层的管理，并实现上下之间的接口以协调数据的传送。从1992年创立规范到如今，PCI总线已成为了计算机的一种局部标准总线，广泛用于当前高档微机、工作站及便携式微机，主要用于连接显示卡、网卡、声卡。PCI总线是32位地址和数据同步复用总线，其工作频率为33MHz。

PCI总线是一种树型结构，并且独立于CPU总线，可以和CPU总线并行操作，如图9-19所示。PCI总线采用了中间缓冲器设计，将CPU与外设分离，这样使得PCI的结构不受CPU种类的限制。PCI总线为外设提供一个统一的总线接口：PCI总线控制器，以协调设备间的数据传输。通常，高速设备(如高性能显卡、高速LAN卡等)可以直接挂接在PCI总线上，与CPU并行工作。标准总线控制器作为PCI总线的特殊设备提供标准总线(如ISA等)与PCI总线的接口。

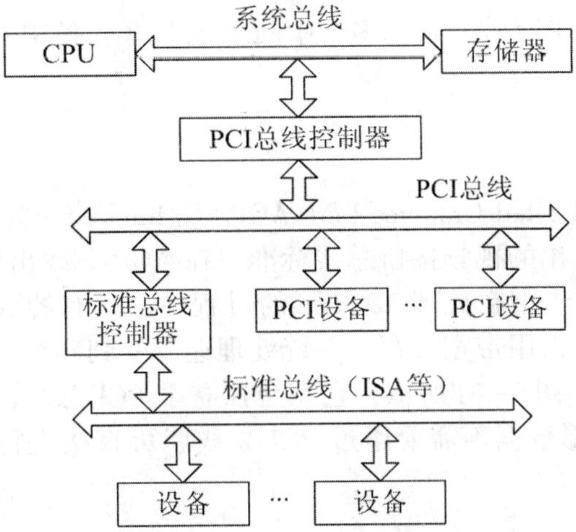

图9-19 PCI总线系统结构

PCI总线具有如下特点。

1. 数据以帧格式传输

PCI总线数据以帧格式进行传输，可以确保总线不断满载，从而提高数据传输速度。

2. 多总线主控方式

PCI总线上可以存在多个具有总线管理控制能力的主控设备，当其中一个主控设备需要使用总线时，可以向PCI总线申请总线请求，在响应后接管总线，从而提高系统吞吐量。

3. 独立于处理器

PCI独立于处理器的结构，形成一种独特的中间缓冲器设计方式，将CPU子系统与外围设备分开。这样用户可以随意增添外围设备，以扩充系统而不必担心在不同时钟频率下会导致性能的下降。与ISA总线相比，PCI总线增加了奇偶校验错(PERR)、系统错(SERR)、从设备结束(STOP)等控制信号及超时处理等可靠性措施，使数据传输的可靠性大为提高。

4. 编码总线命令

PCI总线没有读/写等控制线，总线操作命令以信号线编码形式表示，可以在总线规模较小的情况下提供较强的功能。

5. 自动配置

PCI 总线规范规定 PCI 插卡可以自动配置。PCI 定义了 3 种地址自动配置空间：存储器空间、输入/输出空间和配置空间，每个 PCI 设备中都有 256 字节的配置空间用来存放自动配置信息，当 PCI 插卡插入系统，BIOS 将根据读到的有关该卡的信息，结合系统的实际情况为插卡分配存储地址、中断和某些定时信息。

6. 地址/数据总线复用

在 PCI 总线中为了优化设计，采用了地址线和数据线共用一组物理线路，即多路复用，从而减少元件和引脚个数，提高效率。

7. 中断共享

PCI 总线是采用低电平有效方式，多个中断可以共享一条中断线，而 ISA 总线是边沿触发方式。

9.5.3 AGP 总线

加速图形端口(Accelerated Graphics Port,AGP)是 Intel 公司为提高视频带宽、解决 3D 图形数据的传输问题而提出的视频接口总线标准。在 AGP 总线出现之前，PCI 总线是计算机系统中最快的外部总线，但在处理 3D 图形的过程中，所有的数据都要通过 PCI 总线在系统和显卡间进行交换，占用带宽较宽，系统处理速度受到制约。

AGP 总线系统结构如图 9-20 所示，它完全独立于 PCI 总线，直接将显卡与主板控制芯片连接在一起，3D 图形数据不需要通过 PCI 总线就可直接进行显示系统，从而提高了 3D 图形的描绘功能。

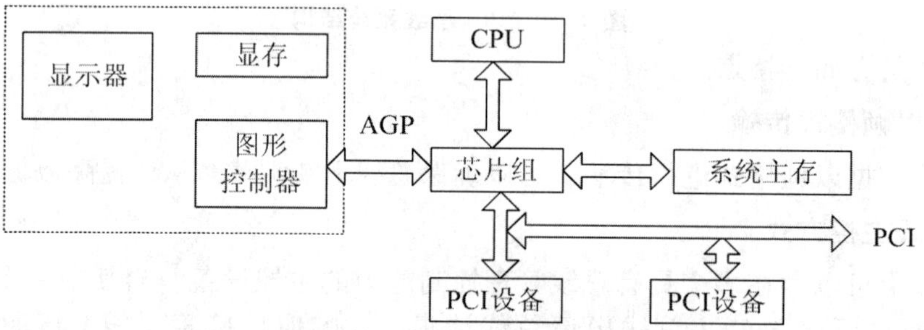

图 9-20 AGP 总线连接方式

AGP 总线标准具有以下特点：

(1)采用流水线技术进行内存读/写操作，提高了数据传输速率。

(2)采用直接存储器执行(Direct Memory Excute)技术，允许 3D 数据不经过图形显示控制器内的缓冲区，而直接存入系统内存，从而提高数据传输速率，又避免了 PCI 总线上的数据拥挤。

(3)采用边带寻址(Sideband Address)方式，允许图形控制器在上一次数据还没有传输完成就发出下一次数据的地址和请求，提高随机内存访问速度。

(4)允许 CPU 访问系统 RAM 和 AGP 显卡访问 AGP RAM 并行操作，进一步提高系统性能。

9.6 嵌入式系统总线

由 ARM 公司研发推出的 AMBA(Advanced Microcontroller Bus Architecture)片上总线，是用于连接和管理片上系统(SoC)中功能模块的开放标准和片上互连规范，将 RISC 处理器集成在其他 IP 芯核和外设中，2.0 版 AMBA 标准定义了三组总线：高级高性能总线(Advanced High-performance Bus,AHB)、高级系统总线(Advanced System Bus,ASB)和高级外设总线(Advanced Peripheral Bus,APB)。基于 AMBA 总线系统的一个典型微控制器结构如图 9-21 所示。

完整的 AHB/ASB 可以用作：总线主机；片上存储模块；片外存储器接口；带 FIFO 接口的高带宽外设；DMA 从机外设。简单的 APB 外设接口可用作：简单的寄存器映射从机设备；时钟不能够全局布通的超低功耗接口；分组总线外设，以避免挂接到系统总线上。

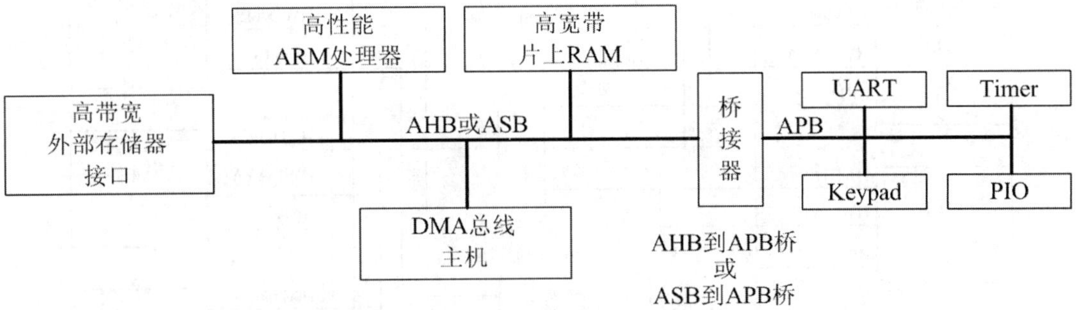

图 9-21 基于 AMBA 的微控制器

9.6.1 AHB 总线

AHB 是为提出高性能可综合设计的要求而产生的新一代 AMBA 总线。它是一种支持多总线主机和提供高带宽操作的高性能总线。AHB 实现了高性能、高时钟频率系统的以下特征要求：突发传输；分块处理；单周期总线主机移交；单时钟沿操作；非三态执行；更宽的数据总线架构(64 位或者 128 位)。AHB 和 ASB/APB 能够有效地桥接，确保了能够方便集成任何现有的设计。

AMBA AHB 的设计可能包含一个或者多个主机，一个典型的系统至少包含处理器和测试接口。外部存储器接口、APB 桥和片内存储器是 AHB 最常见的从机，低带宽的外设通常连接到 APB 上。如图 9-22 所示，典型的 AMBA AHB 系统设计包含以下成分。

1. AHB 主机

总线主机能够通过提供地址和控制信息发起读/写操作。任何时候只允许一个总线主机处于有效状态并能使用总线。

2. AHB 从机

总线从机在给定的地址空间范围内响应读/写操作。总线从机将成功、失败或者等待数据传输的信号返回给有效的主机。

3. AHB 仲裁器

总线仲裁器确保每次只有一个总线主机被允许发起数据传输。即使仲裁协议已经固定，任何一种仲裁算法，比如最高优先级或者公平访问都能够根据应用要求而得到执行。AHB 必须只包含一个仲裁器。

4. AHB 译码器

AHB 译码器用来对每次传输进行地址译码并且在传输中包含一个从机选择信号。所有 AHB 执行都必须仅要求有一个中央译码器。

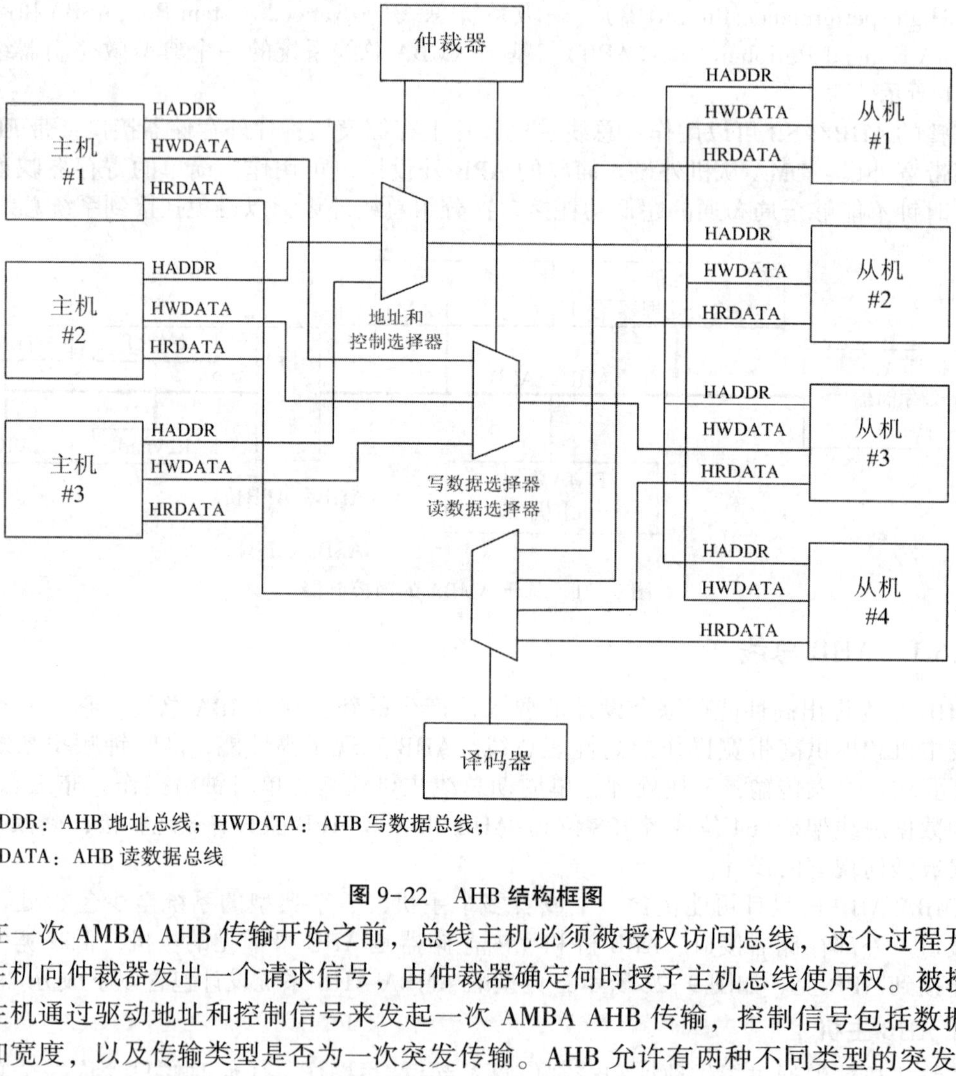

HADDR：AHB 地址总线；HWDATA：AHB 写数据总线；
HRDATA：AHB 读数据总线

图 9-22　AHB 结构框图

在一次 AMBA AHB 传输开始之前，总线主机必须被授权访问总线，这个过程开始于总线主机向仲裁器发出一个请求信号，由仲裁器确定何时授予主机总线使用权。被授权的总线主机通过驱动地址和控制信号来发起一次 AMBA AHB 传输，控制信号包括数据传输方向和宽度，以及传输类型是否为一次突发传输。AHB 允许有两种不同类型的突发传输：增量突发，在地址边界处不回环；回环突发，在特定的地址边界上回环。

写数据时，总线将数据从主机传输到从机上；读数据时，总线将数据从从机传输到主机上。每次传输包含：一个地址和控制周期；一个或多个数据周期。在数据传输过程中，地址不长期有效，所以所有从机必须在地址有效期内采样地址。在数据周期，可以通过 HREADY 信号可以延长数据保持时间，当该信号为低时，会在传输周期中插入等待状态，以便从机有额外的时间提供或者采样数据，如图 9-23 所示。主机在 HCLK 的上升沿之后将地址和控制信号驱动到总线上；然后在时钟的下一个上升沿，从机采样地址和控制信息；在从机采样了地址和控制信号后，根据当然状态对主机进行响应。若未准备好，可插入等待周期。

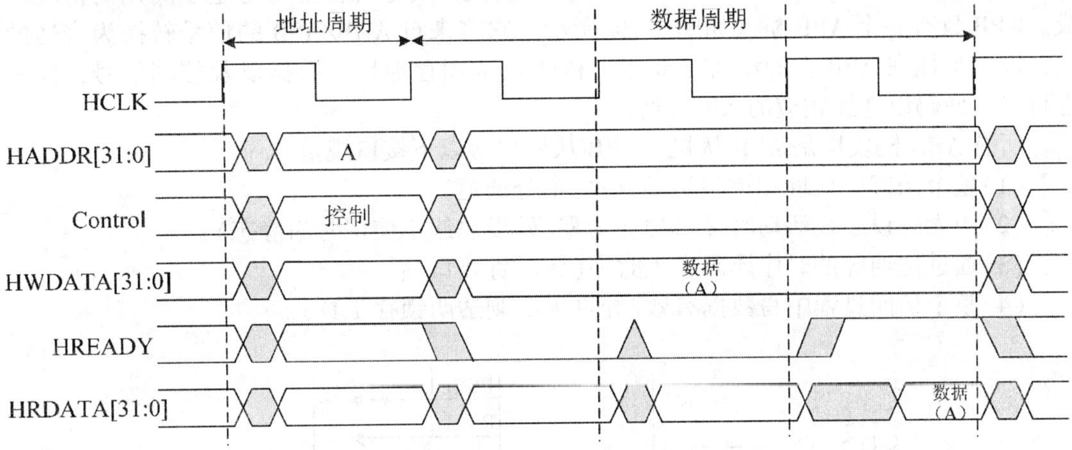

图 9-23 AHB 传输时序图

9.6.2 ASB 总线

ASB 是第一代 AMBA 系统总线，位于当前的 APB 之上，并且实现高性能系统的以下要求：突发传输；通道传输操作；多总线主机。典型的 ASB 系统包括一个或者多个总线主机。例如，至少有处理器和测试接口。外部存储器接口，APB 桥和片内存储器是 ASB 最常见的从机，低带宽的外设通常都连接到 APB 上。

AMBA ASB 系统设计典型的包括以下成分。

1. ASB 主机

总线主机能够通过提供地址和控制信息发起读/写操作。任何时候只允许一个总线主机处于有效状态并能使用总线。

2. ASB 从机

总线从机在给定的地址空间范围内响应读/写操作。总线从机将成功、失败或者等待数据传输的信号返回给有效的主机。

3. ASB 译码器

总线译码器将传输地址译码并且选择合适的从机。总线译码器也确保总线在没有总线传输时也保持运作。所有 ASB 工具都必须要求仅有一个中央译码器。

4. ASB 仲裁器

总线仲裁器确保每次只有一个总线主机被允许发起数据传输。即使仲裁协议已经固定，任何一种仲裁算法，比如最高优先级或者公平访问都能够根据应用要求而得到执行。ASB 必须只包含一个仲裁器。

9.6.3 APB 总线

APB 是本地二级总线(Localse Secondary Bus)，通过桥和 AHB/ASB 相连。它主要是为了满足不需要高性能流水线接口或不需要高带宽接口的设备的互联，具有存储器映射的寄存器接口，通过可编程控制来访问。APB 的总线信号经改进后全和时钟上升沿相关，这种改进的主要优点如下：更易达到高频率的操作，性能和时钟的占空比无关，静态时序分析(STA)单时钟沿简化了，无须对自动插入测试链做特别考虑，更易与基于周期的仿真器集成。APB 只有一个 APB 桥，如图 9-24 所示。它将来自 AHB/ASB 的信号转换为合适的形式，以满足挂在 APB 上的设备的要求。桥要负责锁存地址、数据以及控制信号，同时要进行二次译码以选择相应的 APB 设备。

所有 APB 模块均是 APB 从机，APB 从机包含以下接口规范：

(1)整个访问中地址和控制信号有效(不分通道)；

(2)当无外设总线活动时接口功耗为零(外设总线不使用时为静态)；

(3)通过选通脉冲时序译码产生时序(无时钟接口)；

(4)整个访问过程中写数据有效(允许无毛刺透明锁存工具)。

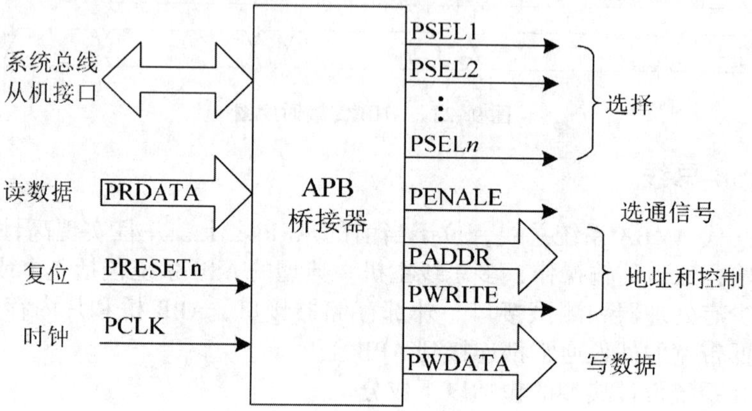

图 9-24　APB 桥接口框图

习题

1. 简述总线的概念和层次化结构。
2. 简述总线的分类方式。
3. 什么是总线带宽？什么是总线宽度？
4. 总线仲裁方式有哪些？各有什么特点？
5. 时钟周期、机器周期、指令周期和总线周期间相互有什么联系？
6. 总线的数据传输方式有哪些？各有什么特点？
7. I^2C 总线与并行总线相比有哪些优点？
8. I^2C 总线与 USB 总线有哪些异同点？
9. USB 总线数据传输方式有哪些？
10. PCI 总线有什么特点？
11. AHB 总线包含哪些功能部件？
12. APB 总线的功能是什么？

第 10 章 中断系统

中断,是指系统在执行当前程序的过程中,由于某种随机出现的外设请求,使得 CPU 暂停当前执行程序而转去执行为外设服务的程序;当外设服务程序执行完毕后,CPU 再返回原暂停处继续执行原程序。中断装置和中断处理程序统称为中断系统。中断系统是计算机的重要组成部分,它在系统中起着通信网络作用,以协调系统对各种外部事件的响应和处理,实时控制、故障自动处理、计算机与外围设备间的数据传送往往采用中断系统。随着计算机技术的发展,中断的概念被延伸,内部软件中断的概念和指令执行中产生的错误情况也被纳入中断处理范畴,这两类现象又称为异常。中断系统的应用大大提高了计算机效率,加强了 CPU 对多任务事件的处理能力。不同的计算机的硬件结构和软件指令是不完全相同的,因此,中断系统也不尽相同的。

本章首先介绍中断系统的基本概念、分类和优先级;然后介绍中断嵌套概念和中断处理过程;最后介绍嵌入式中断系统的特点。

10.1 中断系统基本概念

1. 中断源

引起中断的事件称为中断源，80x86 系列的 CPU 可响应 256 个中断源。通常中断源有以下几种。

(1)外部设备请求中断。一般的外部设备(如键盘、打印机和 A/D 转换器等)在完成自身的操作后，向 CPU 发出中断请求，要求 CPU 为它服务。由计算机硬件异常或故障引起的中断，也称为内部异常中断。

(2)故障强迫中断。计算机在一些关键部位都设有故障自动检测装置。如运算溢出、存储器读出出错、外部设备故障、电源掉电以及其他报警信号等，都能使 CPU 中断，进行相应的中断处理。

(3)实时时钟请求中断。在控制中遇到定时检测和控制，为此常采用一个外部时钟电路(可编程)控制其时间间隔。需要定时时，CPU 发出命令使时钟电路开始工作，一旦到达规定时间，时钟电路发出中断请求，由 CPU 转去完成检测和控制工作。

(4)数据通道中断。数据通道中断也称为直接存储器读/写(DMA)操作中断，如磁盘、磁带机或 CRT 等直接与存储器交换数据所要求的中断。

(5)程序自愿中断。CPU 执行了特殊指令(自陷指令)或由硬件电路引起的中断是程序自愿中断，是指当用户调试程序时，程序自愿中断检查中间结果或寻找错误所在而采用的检查手段，如断点中断和单步中断等。

2. 中断请求(Inter Ruptre Quest,IRQ)

中断源向 CPU 提出处理的请求称为中断请求。计算机中，除了使用 PCI 总线的

PCI卡之外，每一组件都会单独占用一个IRQ，且不能重复使用。中断请求的价值就在于计算机中有个特殊的装置，当装置发送关于它运行的信号时可以在指定位置中断它。例如，当打印机完成了打印任务时，它就发送一个中断信号到计算机，信号即刻中断计算机以至于它能够判断下一个进程。如果多个信号同样发送到计算机请求中断，那么计算机可能不能理解，所以每个装置必须设定一个唯一值以及它到达计算机的路径。在即插即用(PnP)设备之前，当添加一个新的设备到计算机时，用户经常不得不用手动设置IRQ值(或者已经意识到这一点)。

3. 中断响应

CPU暂停现行程序而转为响应中断请求的过程称为中断响应。中断响应是解决中断的发现和接收问题的过程，是由中断装置完成的。中断响应是硬件对中断请求做出响应的过程，包括识别中断源、保留现场、引出中断处理程序等过程。

4. 中断断点和中断返回

发生中断时被打断程序的暂停点称为断点，即程序即将执行但由于中断没有被执行的指令地址。返回断点的过程称为中断返回。系统在处理完中断程序后，通常将断点赋给PC指针，实现中断返回。

5. 中断向量

中断服务程序的入口地址称为中断向量。通常，中断向量的位置存放一条跳转到中断服务程序入口地址的跳转指令。由硬件产生的中断标识码被称为中断类型号。CPU是根据中断号获取中断向量值，即对应中断服务程序的入口地址值。为了让CPU由中断号查找到对应的中断向量，就需要在主存中建立一张查询表，即中断向量表。

6. 中断屏蔽

在某些情况下，CPU可能暂时不对中断请求信号做出响应，这称为中断屏蔽。

按照是否可以被屏蔽，可将中断分为两大类：不可屏蔽中断(又叫非屏蔽中断, Non Maskable Interrupt, NMI)和可屏蔽中断(Interrupt Require, INTR)。不可屏蔽中断源一旦提出请求，CPU必须无条件响应；而对可屏蔽中断源的请求，CPU可以响应，也可以不响应。对于可屏蔽中断，除了受本身的屏蔽位控制外，还都要受一个总的控制，即CPU标志寄存器中的中断允许标志位(Interrupt Flag, IF)的控制。IF位为1，可以得到CPU的响应；否则，得不到响应。IF位可以由用户控制。

10.2 中断分类

根据中断源是由CPU内部产生或是外部产生，中断源分为硬中断(外中断)、软中断(内中断)和异常中断。

1. 硬中断

硬中断信号分为不可屏蔽中断NMI、可屏蔽中断INTR、复位RESET、调试中断、初始化中断和系统管理类中断等。CPU一般至少设置两根中断请求输入线：不可屏蔽中断请求和可屏蔽中断请求。

不可屏蔽中断NMI是CPU为响应各种突发致命事件而设置的，它与当前中断标志位

IF 的状态无关，当 CPU 的 NMI 输入端收到 0 变为 1(或 1 变为 0)的边沿触发信号后，直接执行相应的中断服务程序。若 CPU 在处理 NMI 中断过程中，另一突发致命事件又发生，导致 NMI 输入信号又有效，则该新的中断请求在 CPU 内部被锁定，必须在当前中断服务程序执行完毕后，CPU 才响应新的被锁定的 NMI 中断请求。计算机系统中，当出现：数据传输通道奇偶校验错、后备电池故障、适配器插拔错误和协处理器有中断请求时，均产生 NMI 中断请求。

可屏蔽中断 INTR 是 CPU 为响应各种外设请求而设置的，通常为电平触发。当 CPU 的 INTR 输入端接收到 0 变为 1(或 1 变为 0)的信号后，若中断标志位 IF 为 1，CPU 响应该中断；若 IF 为 0 则不响应该中断。INTR 信号应保持到 CPU 将当前正在执行的指令运行结束，以及输出中断响应信号后。在实时模式下，CPU 每执行一条指令，便通过内部中断控制逻辑检测是否有硬中断请求。当检测到 INTR 输入信号有效且 IF 为 1，CPU 便实时响应外设中断请求，同时向外设输出中断响应信号，根据外设提供的中断向量号执行对应的中断服务程序。

2. 软中断

软中断和 NMI 类似，不受 IF 状态控制。软中断向量号由指令给出，因此不需要执行中断响应周期识别中断向量。另外，软中断在指令中位置已知，不具有硬中断的随机性。

3. 异常中断

异常中断和软中断类似，不受 IF 状态控制，是某些指令在执行过程中检测到不可预测的错误而产生的，分为故障(faults)、陷阱(traps)和失败(aborts)等。

故障，是在当前指令执行结束前产生的异常中断，通常可以纠正。例如，在虚拟存储系统中，当 CPU 访问页中的操作数不在当前主存中，便产生缺页异常中断，该中断服务程序执行从辅助存储器中读取所需的操作数，并送入指定的主存区域，然后再从中断服务程序返回主程序，重新执行该指令。

陷阱，是在产生异常指令结束后才被报告，CPU 根据报告转入执行对应的中断服务程序，中断服务程序返回主程序时，执行产生陷阱的指令的下一条指令。

失败，是系统硬件故障或系统信息表中的非法值或不一致值产生的。在此情况下，无法提供异常指令所在的确切位置，程序无法继续执行，所以不保存有关错误发生位置的任何信息，是不可恢复的。一般失败中断的处理程序是用于搜集有关 CPU 的诊断信息，重新建立系统各信息表，禁止用户程序继续执行，必要时重新启动系统。

10.3 中断优先级和中断嵌套

10.3.1 中断优先级

通常，系统中有多个中断源，当有多个中断源同时发出中断请求时，要求计算机能确定哪个中断更紧迫，以便首先响应。为此，计算机给每个中断源规定了优先级别，称为优先权。这样，当多个中断源同时发出中断请求时，优先权高的中断能先被响应，只有优先权高的中断处理结束后才能响应优先权低的中断。计算机按中断源优先权高低逐次响应的过程称优先权排队，这个过程可通过硬件电路来实现，亦可通过软件查询来实现。

计算机中断优先级从高到低通常为：软中断、不可屏蔽中断、可屏蔽中断。对可屏蔽中断的优先级设定通常有如下三种。

1. 软件查询法

软件查询式中断优先级排序，是将各外设的中断请求信号通过逻辑或门电路后，送到CPU的INTR端，同时把几个外设的中断请求状态位组成一个端口，赋予端口号。任一外设有中断请求时，CPU响应中断，进入中断处理程序，通过软件读取端口内容，逐一查询端口的每一位状态，若查询到某一外设有中断请求，就转入对应的中断服务程序。查询程序中设置了外设优先级的高低，先查询优先级高的端口状态位。

2. 硬件查询法——菊花链式

菊花链式的硬件查询法，是在每个外设的对应接口上连接一个逻辑电路，构成一个链式结构控制中断响应信号的通路，如图10-1所示。

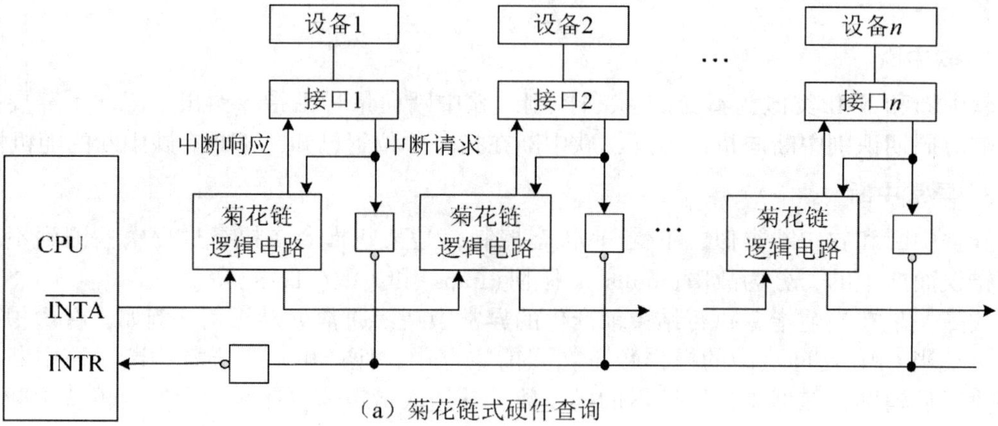

（a）菊花链式硬件查询

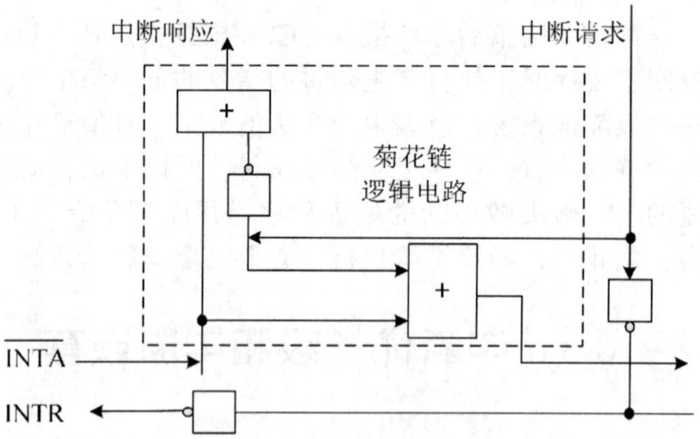

（b）菊花链逻辑电路

图10-1 菊花链式中断优先级硬件查询原理

当任一外设向CPU的INTR端发出中断请求信号后，CPU发出中断响应$\overline{INTA}$信号。当前一个外设没有发出中断申请时，INTA信号会沿菊花链线路向后传递，直至传送到发出中断请求的端口。当某一外设发出中断请求，该端口连接的逻辑电路就会阻塞$\overline{INTA}$通路，后面的外设就无法接收到 $\overline{INTA}$ 信号。该外设收到 $\overline{INTA}$ 信号后，撤销中断请求信号，向总线发送中断类型号，从而 CPU 可以转入相应的中断服务程序。

当多个外设同时向 CPU 发送中断请求信号时，最接近 CPU 的接口优先得到中断响应，从硬件线路上确定了 CPU 对外设中断响应的优先级。

3. **矢量法**

矢量法中断优先级设置是采用中断优先级控制器，如图 10-2 所示为一个典型的矢量中断优先权控制器原理框图。

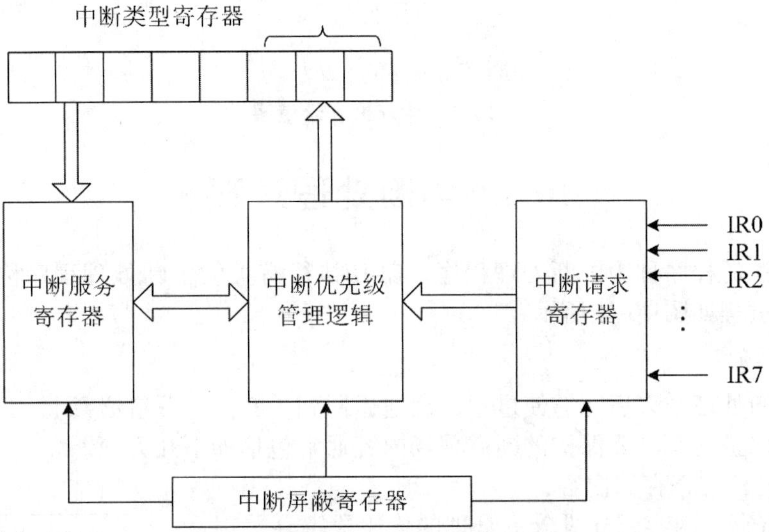

图 10-2 矢量中断优先权控制器原理

该控制器可以有 8 个外设中断请求 IR0～IR7 送入中断请求寄存器，中断屏蔽寄存器可由用户设置屏蔽某些位的中断请求。中断优先级管理逻辑电路判别出最高优先级的中断请求，将其编号送入中断类型寄存器低 3 位以及中断服务寄存器。此后，中断优先级控制器向 CPU 发出中断请求信号，当 CPU 开中断时，发出中断响应信号，开始中断处理过程。中断处理结束后，中断服务寄存器相应位清零，级别较低的中断请求才能得到响应。

10.3.2 中断嵌套

当 CPU 响应某一中断时，若有优先权高的中断源发出中断请求，则 CPU 能中断正在进行的中断服务程序，并保留这个程序的断点(类似于子程序嵌套)，响应高级中断；高级中断处理结束以后，再继续进行被中断的中断服务程序，这个过程称为中断嵌套。如果发出新的中断请求的中断源的优先权级别与正在处理的中断源同级或更低，CPU 不会响应这个中断请求，直至正在处理的中断服务程序执行完以后才能去处理新的中断请求。

图 10-3 给出一个二级可屏蔽中断嵌套示意图。CPU 在响应中断时，首先需要保护现场，这样在中断服务程序执行完毕后才能正确返回；其次，由于在响应可屏蔽中断请求后，CPU 将 IF 置为 0，因此在中断服务程序中必须开中断才能实现中断嵌套；在中断服务程序执行最后，为了保证恢复现场正确，必须关中断，恢复现场后开中断返回。

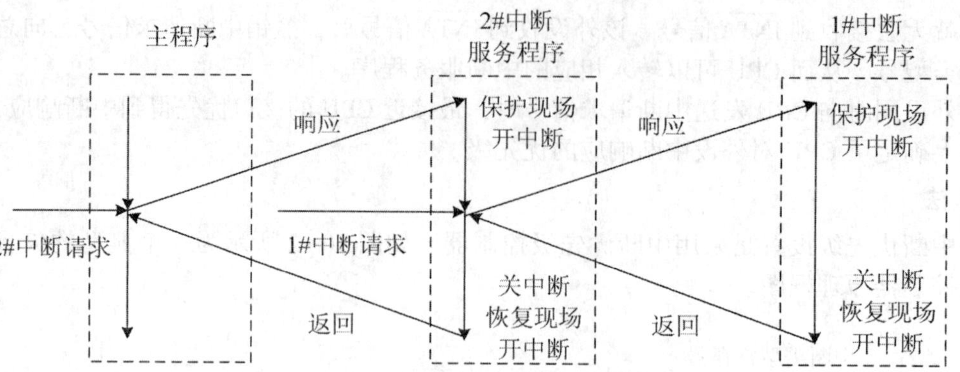

（中断优先级：1#＞2#）

图 10-3　中断嵌套示意图

10.4　中断处理过程

处理中断源的程序称为中断处理程序。CPU 执行有关的中断处理程序称为中断处理。中断处理一般过程如图 10-4 所示。

1. 保护现场

为了在中断处理结束后能够使进程准确地返回到中断点，系统必须将相关寄存器的当前值压入堆栈保护起来。要保护的断点现场内容通常包括如下几方面。

(1) CPU 的标志寄存器内容；

(2) 程序寄存器内容或分段分页管理的代码段寄存器和指令指针内容；

(3) 中断处理程序中将用到的 CPU 内部寄存器内容。

2. 开中断

以便执行中断服务程序时，能响应更高级别的中断源请求。

3. 中断服务处理

分析中断原因，转去执行相应的中断处理程序。在多个中断请求同时发生时，处理优先级最高的中断源发出的中断请求。

4. 关中断

保证在恢复现场时不被新的中断打断。

5. 恢复现场

恢复被中断进程的现场，将堆栈里的信息弹出，以便 CPU 继续执行原来被中断的程序。

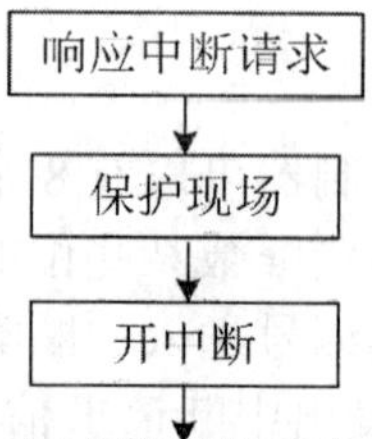

图 10-4　一般中断处理过程

6. 开中断

以便中断返回后可以响应新的中断请求。

7. 中断返回

通过返回指令将断点地址送回程序计数器，继续执行被中断的程序。

10.5 嵌入式中断系统

ARM STM32F10×系列相比较于早期的 ARM 版本具有了更先进的中断处理系统：

(1)内建的嵌套向量中断控制器 NVIC 支持多达 240 个外部中断源；中断嵌套由硬件完成；向量化的中断功能缩短了中断延迟，不需要软件判断中断源。

(2)在进入中断异常服务程序时，自动将 R0~R3、R12、LR、PSR 和 PC 入栈，并且在返回时自动弹出，不需要汇编语言程序控制，加速了中断响应。

(3)NVIC 支持给每一个中断设置不同的优先级，中断管理灵活，并且能动态修改优先级。

(4)提供新的中断响应机制："尾链中断机制" 和 "迟到中断机制"。

(5)某些需要多周期才能执行完毕的指令，可以被中断，然后再继续执行，如多寄存器加载/存储指令(LDM/STM)、多寄存器参与的堆栈指令(PUSH/POP)。

(6)除非系统被彻底锁定，不可屏蔽中断 NMI 会在收到请求后立即响应。

10.5.1 ARM STM32 控制器的中断概念

1. 中断类型及优先级

基于 ARM STM32F10×系列微控制器的中断类型有：系统复位(Reset)、不可屏蔽中断(NMI)、硬件故障(Hard Fault)、存储器管理故障(Mem Manage)、总线故障(预取中止或数据中止)、使用故障(Usage)、SVC 指令产生的异常(SVCall)、可挂起的系统服务异常(PendSV)、系统定时器中断(SysTick)以及外部中断(IRQ)等 256 个中断。其中，系统内部中断类型编号为 0~15，外部中断编号为 16~255。由于每个中断向量占 4 个字节，所以中断向量表占据内存最低 1KB 的地址范围，即 0x00000000~0x000003FF。它们的优先级及其对应的中断向量如表 10-1 所示。系统复位的优先级最高，在任何情况下，只要进入复位状态，系统无条件将 PC 指向 0x00000004，执行系统的第一条指令。通常，该地址处存放一条无条件转移指令，指向系统初始化程序首地址。并且，利用中断类型号，可以直接计算出中断向量地址=中断类型 ID×4。

表 10-1 ARM STM32F1××系列部分中断类型定义

中断类型号 ID	中断号	中断类型	优先级	中断向量地址	说 明
0	-16	NA	NA	0x00000000	初始主堆栈指针 MSP 的值
1	-15	系统复位	-3(最高)	0x00000004	复位引脚 Reset 有效时进入该状态
2	-14	不可屏蔽中断	-2	0x00000008	外部不可屏蔽中断引脚 NMI 有效
3	-13	硬件故障	-1	0x0000000C	用户定义的中断指令，可用于用户模式下的程序调特权操作

(续表)

中断类型号 ID	中断号	中断类型	优先级	中断向量地址	说　明
4	−12	存储器管理故障	可编程	0x00000010	MPU 访问冲突及访问非法位置异常
5	−11	总线故障	可编程	0x00000014	总线错误(预取中止或数据中止)
6	−10	使用故障	可编程	0x00000018	程序错误导致的异常
11	−5	SVCall	可编程	0x0000002C	系统服务调用(SVC 指令调用)
14	−2	PendSV	可编程	0x00000038	为系统设备而设置的可挂起请求
15	−1	SysTick	可编程	0x0000003C	系统定时器溢出
16~255	0~239	IRQ0~IRQ239	可编程	0x00000040 ~ 0x000003FC	外部中断 0~239

2. 中断输入及挂起行为

中断挂起是指当有中断请求在等待处理器处理时，这个中断被保存起来以便处理器后续处理。中断挂起寄存器相当于中断请求寄存器，用于记录请求中断但还没有被响应的中断。

当中断输入有效后，该中断就被挂起，如图 10-5(a)所示。如果后来中断源撤销了该中断请求，已经被标记挂起的中断，当系统中它的优先级最高时，系统也会执行它的中断处理程序。但是，如果在某个中断得到响应前，其挂起状态被清除，则中断被取消，如图 10-5(b)所示。当某个中断服务程序开始执行时，中断进入活跃状态，其挂起状态会被硬件自动清零。在某一个中断被执行并且返回后，才能对同一中断的新请求给予响应，如图 10-5(c)所示。中断服务程序也可以在执行过程中，把自己的中断重新挂起。如果某一中断源始终保存有效，则该中断会在上一次中断服务程序返回后，再次被挂起，系统再次进入中断服务响应，如图 10-5(d)所示。

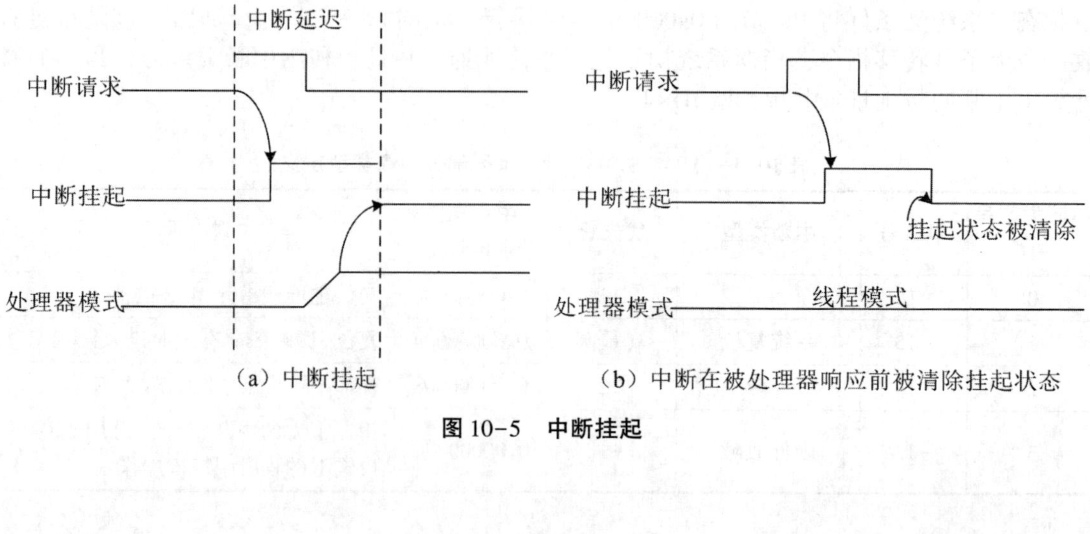

(a) 中断挂起　　(b) 中断在被处理器响应前被清除挂起状态

图 10-5　中断挂起

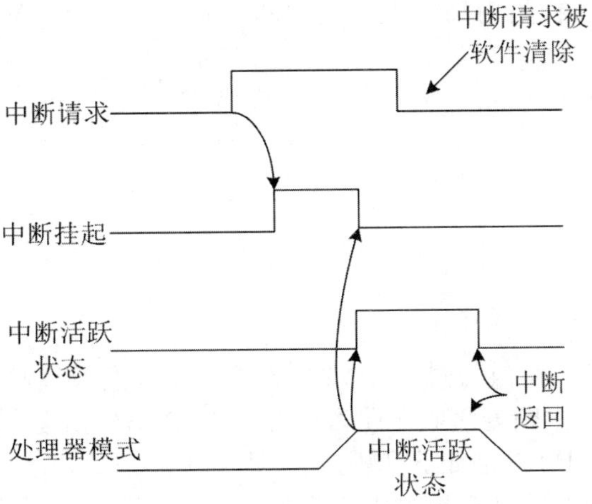

（c）处理器进入中断服务程序后对中断活跃状态的设置

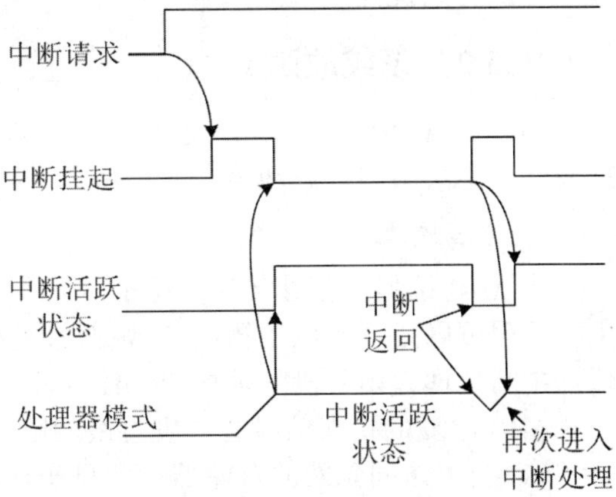

（d）一直维持的中断请求导致服务程序返回后再次挂起

图 10-5 中断挂起（续）

3. 堆栈

ARM STM32F10×处理器堆栈的入栈过程采用满递减方式，入栈时地址减小，堆栈指针指向最后一个存储单元。ARM STM32F10×处理器支持两个堆栈区域，一是主堆栈，另一个是进程堆栈，分别采用两种不同的堆栈指针。在线程模式下使用主堆栈或进程堆栈；在处理模式下使用主堆栈。在线程模式下，由控制寄存器 CONTROL 的第 1 位 SPSEL 来决定使用主堆栈还是进程堆栈，当 SPSEL=0 时，使用主堆栈指针 MSP 作为当前堆栈指针；当 SPSEL=1 时，使用进程堆栈指针 PSP 作为当前堆栈指针。

4. 尾链中断

当处理器在响应某中断时，如果又发生其他中断，但它的优先级不够高，则被挂起。当当前中断处理完返回后，处理器不再 POP 堆栈内容，而继续响应被挂起的中断。这样，后一个中断好像和前一个中断的尾链接起来，处理器只执行一次 PUSH/POP 操作，大大缩短了两个中断服务程序之间的响应间隔，如图 10-6 所示。

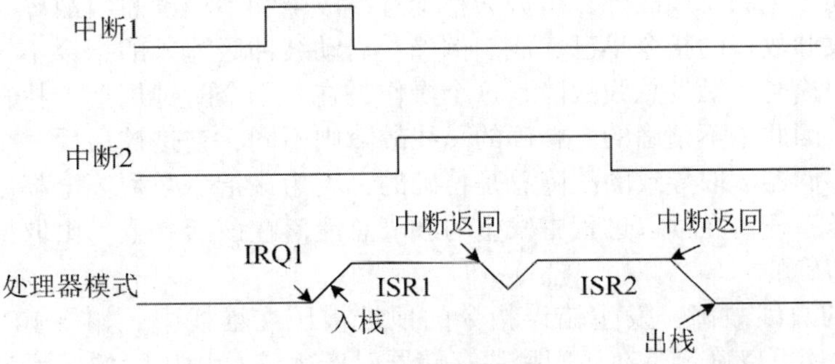

图 10-6 尾链中断

5. 迟到中断

当处理器对某中断/异常的响应还在早期，即入栈阶段，还未进入中断服务程序时，如果此时收到更高优先级的中断请求，则本次入栈是为高优先级的中断所做，入栈后，处理器将执行高优先级中断的服务程序。

10.5.2 系统故障

ARM STM32F10×系列定义了若干个系统故障专用处理，包括：总线故障、存储器管理故障、用法故障和硬故障。

1. 总线故障

当AHB接口上正在传送数据时，如果回复了一个错误信号，则会产生总线故障，产生的原因可以是：预取指错误；数据读/写错误。在执行过程中如下动作可以触发总线故障：中断处理起始阶段的堆栈PUSH入栈错误或中断处理收尾阶段的堆栈POP出栈错误。

AHB回复的错误信号会触发总线故障，诱因可以是如下几种。

(1)企图访问无效的存储器，常见于访问的地址没有相对应的存储器。

(2)设备还没有做好传送数据的准备。比如，在尚未初始化SDRAM控制器的时候试图访问SDRAM。

(3)在企图启动一次数据传送时，传送的尺寸不能为目标设备所支持。例如，某设备只接受字型数据，却试图送给它字节型数据。

(4)因为某些原因，设备不能接受数据传送。例如，某些设备只有在特权级下才允许访问，可当前却是用户级。

当上述这些总线故障发生时，只要没有同级或更高优先级的异常正在服务，且FAULT-MASK=0，就会执行总线故障的服务程序。如果在检测到总线故障时还检测到了更高优先级的异常，则先处理后者，而总线故障则被标记成挂起。如果总线故障发生时正在处理同级或更高优先级异常，则总线故障被迫成为“硬伤”——变成硬故障，使得最后执行的是硬故障的服务程序(如果当前没有执行NMI服务程序,则立即执行硬故障服务程序)。

使能总线故障服务程序，需要在NVIC的系统控制及状态寄存器中置位BUS-FAULTENA位。要注意的是：在使能之前，总线故障服务程序的入口地址必须已经在向量表中配置好，否则程序可能跑飞。NVIC提供了总线故障状态寄存器(BFSR)，通过它，总线故障服务程序可以确定产生故障的场合：是在数据访问时、在取指时，还是在中断的堆栈操作时。

由数据访问产生的总线故障，可分为精确总线故障和不精确总线故障。在不精确的总线故障中，导致此故障的指令早已完成。例如，启动缓冲区写入的指令不知何时已经执行了，但是写到中途时才触发总线故障。这个操作是在若干个时钟周期前执行的，无法确认发生错误起因，因此是不精确的。精确的总线故障则不同，它是被最后一个完成的操作触发的。例如，存储器读取导致的故障总是精确的，因为该指令必须等全部读操作完成才算执行完成。这样，任何在读取过程中发生的故障总能落在该指令上。由取指和堆栈操作产生的故障总是精确的。

对于精确的总线故障，发生错误指令的地址被压在堆栈中。如果BFSR中的BFAR-VALID位为1，还可以确定是在访问哪块存储器时产生该总线故障的，因为该存储器的地址被放到总线故障地址寄存器(BFAR)中。然而，如果是不精确的总线故障，就无从定位了。

总线故障状态寄存器BFSR模型如表10-2所示。它是一个8位的寄存器，并且可以使用字传送和字节传送方式来读取。如果以字方式访问，地址是 0xE000ED28，并且第 2 个字节有效；如果以字节方式访问，则地址直接就是 0xE000ED29。

表 10-2 总线故障状态寄存器 BFSR，地址 0xE000ED29

位	名 称	类 型	复位值	说 明
7	BFARVALID	-	0	=1 时表示 BFAR 有效
6 : 5	保留	-	-	-
4	STKERR	R/Wc	0	入栈时发生错误
3	UNSTKERR	R/Wc	0	出栈时发生错误
2	IMPRECISERR	R/Wc	0	不精确的数据访问出错
1	PRECISERR	R/Wc	0	精确的数据访问出错
0	IBUSERR	R/Wc	0	取指时的访问出错

2. 存储器管理故障

存储器管理故障多与存储器保护单元(MPU)有关，其诱因常常是某次访问触犯了 MPU 设置的保护策略。另外，某些非法访问，例如，在不可执行的存储器区域试图取指，也会触发一个存储器管理故障，而且即使没有 MPU 也会触发。存储器管理故障的常见诱因包括：访问了 MPU 设置区域覆盖范围之外的地址；往只读区域写数据；用户级下访问了只允许在特权级下访问的地址。

在存储器管理故障发生后，如果其服务程序是使能的，则执行服务程序。如果同时还发生了其他高优先级异常，则优先处理这些高优先级的异常，存储器管理故障被挂起。如果此时处理器已经在处理同级或高优先级异常，或者存储器管理故障服务程序被禁止，则和总线故障一样变成硬故障，最终执行的是硬故障的服务程序。如果硬故障服务程序或 NMI 服务程序的执行也导致了存储器管理故障，内核将被锁定。

可见，和总线故障一样，存储器管理故障必须被使能才能正常响应。存储器管理故障在 NVIC 系统控制及状态寄存器中的使能位是 MEMFAULTENA。如果把向量表置于 RAM 中，应优先建立好存储器管理故障服务程序的入口地址。

NVIC 中有一个存储器管理故障状态寄存器(MFSR)，由它存储导致存储器管理故障的原因。如果是因为一个数据访问错误(DACCVIOL 位)或是一个取指访问错误(IACCVIOL 位)，则发生错误指令的地址已经被压入栈中。如果还有 MMARVALID 位被置位，则还能进一步通过读取 NVIC 存储器管理地址寄存器(MMAR)的值，得到引发此故障时访问的地址。

MFSR 寄存器的程序员模型如表 10-3 所示。它是一个 8 位的寄存器，并且可以使用字传送和字节传送来读取。并且两种访问方式的地址都是 0xE000ED28，按字节访问时第 1 个字节有效。

表 10-3　存储器管理故障状态寄存器 MFSR，地址 0xE000ED28

位	名 称	类 型	复位值	说 明
7	MMARVALID	–	0	=1 时表示 MMAR 有效
6:5	保留	–	–	–
4	MMSTKERR	R/Wc	0	入栈时发生错误
3	MUNSTKERR	R/Wc	0	出栈时发生错误
2	–	–	–	–
1	DACCVIOL	R/Wc	0	数据访问出错
0	IACCVOL	R/Wc	0	取指访问出错

3. 用法故障

用法故障发生的场合可能是如下几种。

(1)执行了未定义的指令;

(2)执行了协处理器指令(Cortex-M3 不支持协处理器,但是可以通过异常机制来使用软件模拟协处理器的功能,从而可以方便地在其他 Cortex 处理器间移植);

(3)尝试进入 ARM 状态(因为 CM3 不支持 ARM 状态,所以用法故障会在切换时产生。软件可以利用此机制来测试某处理器是否支持 ARM 状态);

(4)无效的中断返回(LR 中包含了无效/错误的值);

(5)使用多重加载/存储指令时，地址没有对齐。

另外，通过设置 NVIC 的对应控制位，可以在下列场合下也产生用法故障。

(1)除数为零;

(2)任何未对齐的访问。

如果用法故障被使能，在发生用法故障时通常会执行其服务程序。但是如果当时还发生了更高优先级的异常，则用法故障被挂起。如果此时处理器已经在处理同级或高优先级异常，或者用法故障服务程序被禁止，则与总线故障和存储器管理故障一样变成硬故障，最终执行的是硬故障的服务程序。如果硬故障服务程序或 NMI 服务程序的执行导致了用法故障，内核又将被锁定。

可见，和总线故障和存储器管理故障一样，用法故障必须被使能才能正常响应。用法故障在 NVIC 系统控制及状态寄存器中的使能位是 USGFAULTENA。如果把向量表置于 RAM 中，应优先建立好用法故障服务程序的入口地址。NVIC 中的用法故障状态寄存器(UFSR)，存储导致用法故障的原因。在服务程序中，导致用法故障的指令地址被压入堆栈中。

UFSR 的定义如表 10-4 所示。它占用 2 个字节，可以按半字访问或按字访问。按字访问时的地址是 0xE000ED28，高半字有效；按半字访问时的地址是 0xE000ED2A。和其他的故障状态寄存器类似，它里面的位可以通过写 1 来清零。

表 10-4　用法故障状态寄存器 UFSR，地址 0xE000ED2A

位	名 称	类 型	复位值	说 明
9	DIVBYZERO	R/Wc	0	表示除法运算时除数为零(只有在 DIV_0_TRP 置位时才会发生)

(续表)

位	名 称	类 型	复位值	说 明
8	UNALIGNED	R/Wc	0	未对齐访问导致的故障
7 : 4	-	-	-	保留
3	NOCP	R/Wc	0	试图执行协处理器相关指令
2	INVPC	R/Wc	0	在异常返回时试图非法地加载 EXC_RETURN 到 PC。包括非法的指令、非法的上下文以及非法的 EXC_RETURN 值。ThereturnPC 指向的指令试图设置 PC 的值
1	INVSTATE	R/Wc	0	试图切入 ARM 状态
0	UNDEFINSTR	R/Wc	0	执行的指令其编码是未定义的——解码出错

4. 硬故障

硬故障是上文讨论的总线故障、存储器管理故障以及用法故障上访的结果。如果这些故障的服务程序无法执行，它们就会成为“硬伤”——上访(escalation)成硬故障。另外，在取向量(异常处理是对异常向量表的读取)时产生的总线故障也按硬故障处理。在 NVIC 中的硬故障状态寄存器(HFSR)，存储产生硬故障的原因。如果不是由于取向量造成的，则硬故障服务程序必须检查其他故障状态寄存器，以最终决定是谁上访的。HFSR 的定义如表 10-5 所示。

表 10-5 硬故障状态寄存器 HFSR，地址 0xE000ED2C

位	名 称	类 型	复位值	说 明
31	DEBUGEVT	R/Wc	0	硬故障因调试事件而产生
30	FORCED	R/Wc	0	硬故障是总线故障，存储器管理故障或是用法故障上访的结果
29 : 2	-	-	-	-
1	VECTBL	R/Wc	0	硬故障是在取向量时发生的
0	-	-	-	-

10.5.3 嵌套向量中断控制器 NVIC

中断控制器是介于 ARM 内核与其他硬件之间的一个部件，负责对其他硬件的中断请求进行管理和控制，一般采用向量中断或者嵌套向量中断方式管理中断。当一个外设需要处理器服务时，会向处理器提出中断请求，中断控制器提供一套可编程管理机制，通过软件设置决定如何对哪一个外设进行中断响应。嵌套向量中断控制器 NVIC 通过对中断优先级的区分，只有当收到一个新的更高优先级的中断请求时，才向处理器提出中断请求，并且可以中断当前正在处理的低级别中断处理过程。

NVIC 中包含了一系列用于中断设置和响应的控制寄存器，并以存储器映射的方式来访问。除了包含控制寄存器和中断处理的控制逻辑之外，NVIC 还包含了 MPU 的控制寄存器、SysTick 定时器及调试控制。每个外部中断都在 NVIC 的下列寄存器中具有标志位：使能与除能寄存器、挂起与解挂寄存器、优先级寄存器和活动状态寄存器。

NVIC 共支持 1~240 个外部中断输入(通常外部中断写作 IRQs)和不可屏蔽中断(NMI)。NVIC 的访问地址是 0xE000E000。除了软件触发中断寄存器可以在用户级下访问以产生软件中断，所有 NVIC 的中断控制/状态寄存器都只能在特权级下访问，所有的中断控制/状态寄存器均可按字/半字/字节的方式访问。

每一个外部中断都与 NVIC 的下列寄存器相关：中断允许与禁止寄存器、中断挂起与解挂寄存器、中断优先级寄存器、中断活动状态寄存器和中断控制及状态寄存器。另外，异常掩蔽寄存器(PRIMASK、FAULTMASK 及 BASEPRI)、向量表偏移量寄存器、软件触发中断寄存器和优先级分组位段寄存器也对中断处理有重要影响。

1. **中断允许寄存器** SETENA(ISER)

中断设置允许寄存器 SETENA 可以允许指定中断，每一位控制一个中断。当该位置 1 时，允许中断；置 0 时无效。对于 STM32F10×及以上系列，NVIC 配置了 8 个 SETENA，分别为 SETENA0~SETENA7，可设置 256 个(实际上最多 240 个)外部中断是否被允许，如表 10-6 所示。

表 10-6　中断允许寄存器 SETENA

名　称	类　型	复位值	地　址	说　明
SETENA0	R/Wc	0	0xE000E100	中断 0~31 的允许寄存器，共 32 个使能位 位［n］，中断#n 允许(异常号 16+n)
SETENA1	R/Wc	0	0xE000E104	中断 32~63 的允许寄存器，共 32 个使能位
……	……	……	……	……
SETENA7	R/Wc	0	0xE000E11C	中断 224~239 的允许寄存器，共 16 个使能位

2. **中断禁止寄存器** CLRENA(ICER)

中断禁止寄存器 CLRENA 可以禁止指定中断，每一位控制一个中断。当该位置 1 时，清除允许，禁止中断；置 0 时无效。对于 STM32F10×及以上系列，NVIC 配置了 8 个 CLRENA，分别为 CLRENA0~CLRENA7，可设置 256 个(实际上最多 240 个)外部中断是否被禁止，如表 10-7 所示。

表 10-7　中断禁止寄存器 CLRENA

名　称	类　型	复位值	地　址	说　明
CLRENA0	R/Wc	0	0xE000E180	中断 0~31 的禁止寄存器，共 32 个禁止位 位［n］，中断#n 禁止(异常号 16+n)
CLRENA1	R/Wc	0	0xE000E184	中断 32~63 的禁止寄存器,共 32 个禁止位
……	……	……	……	……
CLRENA7	R/Wc	0	0xE000E19C	中断 224~239 的禁止寄存器,共 16 个禁止位

3. **中断设置挂起寄存器** SETPEND(ISPR)

中断设置挂起寄存器 SETPEND 可以设置指定的中断被挂起，每一位控制一个中断。

当该位置1时，挂起该中断；置0时无效。对于STM32F10×及以上系列，NVIC配置了8个SETPEND，分别为SETPEND0~SETPEND7，可设置256个(实际上最多240个)外部中断是否被挂起，如表10-8所示。

表10-8 中断挂起寄存器SETPEND

名 称	类 型	复位值	地 址	说 明
SETPEND0	R/Wc	0	0xE000E200	中断0~31的挂起寄存器，共32个挂起位 位［n］，中断#n挂起(异常号16+n)
SETPEND1	R/Wc	0	0xE000E204	中断32~63的挂起寄存器，共32个挂起位
……	……	……	……	……
SETPEND7	R/Wc	0	0xE000E21C	中断224~239的挂起寄存器，共16个挂起位

4. **中断清除挂起寄存器CLRPEND(ICPR)**

中断清除挂起寄存器CLRPEND可以清除指定中断的申请被挂起，每一位控制一个中断。当该位置1时，清除挂起中断；置0时无效。对于STM32F10×及以上系列，NVIC配置了8个CLRPEND，分别为CLRPEND0~CLRPEND7，可设置256个外部中断是否被清除挂起，如表10-9所示。

表10-9 中断解挂寄存器CLRPEND

名 称	类 型	复位值	地 址	说 明
CLRPEND0	R/Wc	0	0xE000E280	中断0~31的解挂寄存器，共32个解挂位 位［n］，中断#n解挂(异常号16+n)
CLRPEND1	R/Wc	0	0xE000E284	中断32~63的解挂寄存器，共32个解挂位
……	……	……	……	……
CLRPEND7	R/Wc	0	0xE000E29C	中断224~239的解挂寄存器，共16个解挂位

5. **中断优先级寄存器PRI**

中断优先级寄存器PRI可以设置外部中断源的优先级，数字越低优先级越高。每8位编码决定一个中断源的优先级。由于STM32F10×及以上系列支持240个外部中断，中断优先级寄存器分别为PRI0~PRI239，如表10-10所示。

表10-10 中断优先级寄存器PRI

名 称	类 型	复位值	地 址	说 明
PRI0	R/Wc	0(8位)	0xE000E400	外中断#0的优先级
PRI1	R/Wc	0(8位)	0xE000E401	外中断#1的优先级
……	……	……	……	……
PRI239	R/Wc	0(8位)	0xE000E4EF	外中断#239的优先级

6. 中断活动状态寄存器 ACTIVE

每个外部中断都有一个活动状态位。在处理器执行了其 ISR 的第一条指令后，它的活动位就被置 1，并且直到 ISR 返回时才硬件清零。由于支持嵌套，允许高优先级异常抢占某个 ISR。所以，尽管一个中断被抢占，其活动状态也依然为 1。活动状态寄存器按字/半字/字节访问，但是是只读的，如表 10-11 所示。

表 10-11 中断活动状态寄存器 ACTIVE

名 称	类 型	复位值	地 址	说 明
ACTIVE0	R	0	0xE000E300	中断 0～31 的活动状态寄存器，共 32 个状态位[n]，中断#n 活动状态(异常号 16+n)
ACTIVE1	R	0	0xE000E304	中断 32～63 的活动状态寄存器，共 32 个状态位
……	……	……	……	……
ACTIVE7	R	0	0xE000E31C	中断 224～239 的活动状态寄存器，共 16 个状态位

7. 中断控制及状态寄存器 ICSR

中断控制及状态寄存器 ICSR，对于 NMI、SysTick 定时器及 PendSV，可以通过 ICSR 进行设定，同时 ICSR 也记录外部设备申请中断的中断类型号。对于 STM32F10×及以上系列，由 ICSR 的低 9 位设定中断类型号，利用中断类型号得到中断向量地址，从而找到中断服务程序入口地址，转入中断服务程序。ICSR 的功能如表 10-12 所示。

表 10-12 中断控制及状态寄存器 ICSR(0xE000ED04)

位	名 称	类型	复位值	说 明
31	NMIPENDSET	R/W	0	写 1 以挂起 NMI。因为 NMI 的优先级最高且从不被屏蔽，在置位此位后将立即进入 NMI 服务程序
28	PENDSVSET	R/W	0	写 1 以挂起 PendSV；读取它则返回 PendSV 的状态
27	PENDSVCLR	W	0	写 1 以清除 PendSV 悬起状态
26	PENDSTSET	R/W	0	写 1 以挂起 SysTick；读取它则返回 PendSV 的状态
25	PENDSTCLR	W	0	写 1 以清除 SysTick 悬起状态
23	ISRPREEMPT	R	0	为 1 时，表示一个挂起的中断将在下一步时进入活动状态(用于单步执行时的调试)
22	ISRPENDING	R	0	为 1 表示当前正有外部中断被挂起(不包括 NMI)
21：12	VECTPENDING	R	0	挂起的 ISR 的编号。如果不止一个中断挂起，则它的值是这些中断中优先级最高的中断
11	RETTOBASE	R	0	如果异常返回后将回到基级(baselevel)，并且没有其他异常挂起时，此位为 1。若是在线程模式下，在某个服务程序中，有不止一级的异常处于活动状态，或者在异常没有活动时执行了异常服务例程，则此位为 0
9：0	VECTACTIVE	R	0	当前活动的 ISR 编号，包括 NMI 和硬故障

10.5.4 外部中断/事件控制器 EXTI

外部中断/事件控制器(EXTI)由 19 个能产生事件/中断请求的边沿检测器组成。每条输入线可以独立地配置输入类型(脉冲或挂起)和对应的触发事件(上升沿或下降沿或者双边沿都触发)，并且都可以独立地被屏蔽。挂起寄存器保持着状态线的中断请求。EXTI 控制器的主要特性如下：

(1)每个中断/事件都有独立的触发和屏蔽；

(2)每个中断线都有专用的状态位；

(3)支持多达 20 个软件的中断/事件请求；

(4)检测脉冲宽度低于 APB2 时钟宽度的外部信号。

EXTI 的内部结构框图如图 10-7 所示。

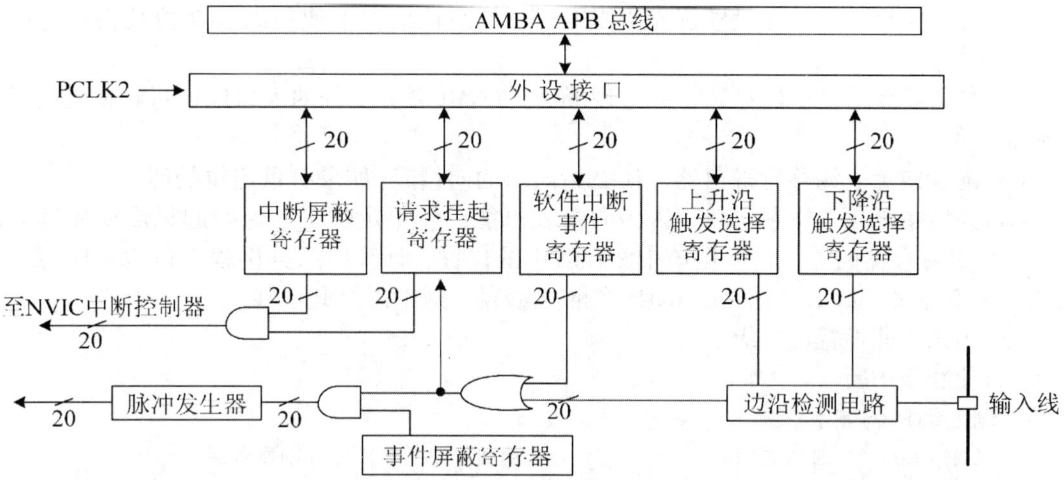

图 10-7 外部中断/事件控制器框图

要产生中断，必须先配置好并使能中断线。根据需要的边沿检测设置 2 个触发寄存器，同时在中断屏蔽寄存器的相应位写 1 允许中断请求。当外部中断线上发生了期待的边沿时，将产生一个中断请求，对应的挂起位也随之被置 1。在挂起寄存器的对应位写 1，将清除该中断请求。

如果需要产生事件，必须先配置好并使能事件线。根据需要的边沿检测通过设置 2 个触发寄存器，同时在事件屏蔽寄存器的相应位写 1 允许事件请求。当事件线上发生了需要的边沿时，将产生一个事件请求脉冲，对应的挂起位不被置 1。通过在软件中断/事件寄存器写 1，也可以通过软件产生中断/事件请求。

1. 硬件中断选择

通过下面的过程来配置 20 个线路为中断源：

(1)配置 20 个中断线的屏蔽位(EXTI_IMR)；

(2)配置所选中断线的触发选择位(EXTI_RTSR 和 EXTI_FTSR)；

(3)配置对应到外部中断控制器(EXTI)的 NVIC 中断通道的使能和屏蔽位，使得 20 个中断线中的请求可以被正确地响应。

2. 硬件事件选择

通过下面的过程，可以配置 20 个线路为事件源：

(1)配置 20 个事件线的屏蔽位(EXTI_EMR)；

(2)配置事件线的触发选择位(EXTI_RTSR 和 EXTI_FTSR)。

3. 软件中断/事件的选择

20 个线路可以被配置成软件中断/事件线。下面是产生软件中断的过程：

(1)配置 20 个中断/事件线屏蔽位(EXTI_IMR，EXTI_EMR)；

(2)设置软件中断寄存器的请求位(EXTI_SWIER)。

10.5.5 中断响应过程

下面给出一个简单的例子，以演示如何建立一个外部中断。

(1)当系统启动后，先设置优先级组寄存器。默认情况下使用组 0(7 位抢占优先级,1 位亚优先级)。

(2)如果需要重定位向量表，先把硬 fault 和 NMI 服务例程的入口地址写到新表项所在的地址中。

(3)配置向量表偏移量寄存器，使之指向新的向量表(如果有重定位的话)

(4)为该中断建立中断向量。因为向量表可能已经重定位了，保险起见需要先读取向量表偏移量寄存器的值，再根据该中断在表中的位置，计算出服务例程入口地址应写入的表项，再填写之。如果一直使用 ROM 中的向量表，则不需要此步骤。

(5)为该中断设置优先级。

(6)使能该中断。

示例汇编代码如下。

```
LDR  R0, =0xE000ED0C              ;应用程序中断及复位控制寄存器
LDR  R1, =0x05FA0500              ;使用优先级组 5
STR  R1, [R0]                     ;设置优先级组
……
MOV  R4, #8                       ;ROM 中的向量表
LDR  R5, =(NEW_VECT_TABLE+8 )
LDMIA  R4!, {R0-R1}               ; 读取 NMI 和硬 fault 的向量
STMIA  R5!, {R0-R1}               ; 复制它们的向量到新表中
……
LDR  R0,  =0xE000ED08             ; 向量表偏移量寄存器的地址
LDR  R1,  =NEW_VECT_TABLE
STR  R1,  [R0]                    ; 把向量表重定位
……
LDR  R0,  =IRQ7_Handler           ; 取得 IRQ#7 服务例程的入口地址
LDR  R1,  =0xE000ED08             ; 向量表偏移量寄存器的地址
LDR  R1,  [R0]
ADD  R1,  R1, #(4*(7+16))         ;计算 IRQ#7 服务例程的入口地址
STR  R0, [R1]                     ;在向量表中写入 IRQ#7 服务例程的入口地址
……
```

```
LDR   R0, =0xE000E400            ;外部中断优先级寄存器阵列的基地址
MOV   R1, #0xC0
STRB  R1, [R0,#7]                ;把 IRQ#7 的优先级设置为 0xC0
......
LDR   R0, =0xE000E100            ;SETEN 寄存器的地址
MOV   R1, #0x80                  ;置位 IRQ#7 的使能位
STR   R1, [R0]                   ;使能 IRQ#7
```

另外，如果优先级组设置使得中断嵌套层次可以很深，则务必确认主堆栈空间足够用。因为异常服务程序总是使用 MSP，为安全起见，主堆栈的容量应是最大可能需求的量（嵌套最深时需要的量）。如果应用程序储存在 ROM 中，并且不需要改变异常服务程序，则可以把整个向量表编码到 ROM 的起始区域(从 0 地址开始的那段)。在这种情况下，向量表的偏移量将一直为 0，并且中断向量一直在 ROM 中，因此上例可以大大简化，只需 3 步：

(1)建立优先级组；

(2)为该中断指定优先级；

(3)使能该中断。

如果在 I/O 密集型系统中，软件需要控制大量的硬件设备，则可能必须考虑如下因素：该芯片支持的中断数；该芯片中表达优先级的位数。

10.6 外部中断应用实例

将 STM32 的 USART1 作为外部中断输入，实现单字节数据接收。

```
RCC_APB2RSTR        EQU       0x4002100C
RCC_APB2ENR         EQU       0x40021018
GPIOA_CRH           EQU       0x40010804

USART1_BASE         EQU       0X40013800
USART1_SR           EQU        (USART1_BASE+0X00)
USART1_DR           EQU        (USART1_BASE+0X04)
USART1_BRR          EQU        (USART1_BASE+0X08)
USART1_CR1          EQU        (USART1_BASE+0X0C)
USART1_RX_BUF_LEN     EQU       0X000000FF
USART1_RX_BUF_MASK    EQU       0X000000FF
USART1_RX_BUF_EMPTY   EQU       0X00000001
USART1_RX_BUF_FULL    EQU       0X00000002
    AREA USART_DATA, DATA, READWRITE
    ENTRY

USART1_RX_SEEK   DCD  0
USART1_RX_SIZE   DCD  0
USART1_RX_STAT   DCD  0
USART1_RX_BUF    SPACE USART1_RX_BUF_LEN
```

```
    AREA  USART_PROC,  CODE,  READONLY
; 串口 1 初始化
USART1_INIT        PROC
    EXPORT          USART1_INIT
    IMPORTNVIC_SET_ENABLE
    IMPORTNVIC_SET_PRIO

    PUSH            {R0-R8,  LR}
    ; PORTA 时钟使能，USART1 时钟使能
    LDR             R0,  =RCC_APB2ENR
    LDR             R1,  [R0];
    ORR             R1,  #Bit2
    ORR             R1,  #Bit14
    STR             R1,  [R0]
    ; 初始化 RX、TX、I/O 功能
    LDR             R0,  =GPIOA_CRH
    LDR             R1,  [R0]
    LDR             R2,  =0XFFFFF00F
    AND             R1,  R2
    LDR             R2,  =0X000008B0
    ORR             R1,  R2
    STR             R1,  [R0]
    ; 复位 USART1，先置位，再清零
    LDR             R0,  =RCC_APB2RSTR
    LDR             R1,  [R0]
    ORR             R1,  #Bit14
    STR             R1,  [R0]
    LDR             R1,  [R0]
    BIC             R1,  #Bit14
    STR             R1,  [R0]
    ; 设置波特率
    LDR             R0,  =USART1_BRR
    ; 72MHz 主频 115200 波特率时计算出 BRR 为 0x0271
    LDR             R1,  =0X0271
    STR             R1,  [R0]
    ; USART1 使能，发送使能，接收使能，8 位数据位，无校验
    LDR             R0,  =USART1_CR1
    LDR             R1,  =0X200C
    STR             R1,  [R0]
    ; 数据接收配置，接收数据缓冲区配置
    LDR             R0,  =USART1_RX_SIZE
    MOV             R1,  #0
    STR             R1,  [R0]
    LDR             R0,  =USART1_RX_SEEK
```

```
        STR             R1,  [R0]
        LDR             R0,  =USART1_RX_STAT
        MOV             R1,  #0
        ORR             R1,  #USART1_RX_BUF_EMPTY
        STR             R1,  [R0]
        ; 数据接收相关寄存器配置
        LDR             R0,  =USART1_CR1
        LDR             R1,  [R0]
        ; 数据接收使能，奇偶校验中断开启
        ORR             R1,  #0X0120
        STR             R1,  [R0]
        ; 串口 1 中断配置
        LDR             R0,  =USART1_IRQChannel
        MOV             R1,  #10; 设置抢占优先级 10
        BL              NVIC_SET_PRIO
        ; 使能 USART1 中断
        LDR             R0,  =USART1_IRQChannel
        BL              NVIC_SET_ENABLE
        POP             {R0-R8,  PC}
        ENDP

; 从串口读一个字节数据，由 R0 返回
USART1_GETC             PROC
        EXPORT          USART1_GETC
        PUSH {R1-R8, LR}
        ; 判断缓冲区是否为空
        LDR             R1,  =USART1_RX_STAT
        LDR             R2,  [R1]
        ANDS            R2,  #USART1_RX_BUF_EMPTY
        BNE             USART1_RX_ERR
        ; 读当前数据
        LDR             R1,  =USART1_RX_BUF
        LDR             R2,  =USART1_RX_SEEK
        LDR             R3,  [R2]
        LDRB            R0,  [R1, R3]
        ; 偏移量右移一位
        ADD             R3,  #1
        AND             R3,  #USART1_RX_BUF_MASK
        STR             R3,  [R2]; 偏移量回写
        ; 判断缓冲区是否读完
        LDR             R1,  =USART1_ RX_ SIZE
        LDR             R4,  [R1]
        LDR             R1,  =USART1_ RX_ STAT
        LDR             R5,  [R1]
```

```
    CMP          R3, R4
    ; 如果读完，设置缓冲区空标记
    ORREQ        R5, #USART1_ RX_ BUF_ EMPTY
    ; 清缓冲区满标记
    BIC          R5, R5, #USART1_ RX_ BUF_ FULL
    STR          R5, [R1]   ; 缓冲区状态回写
    B            USART1_ RX_ OK
USART1_ RX_ ERR
    MOV          R0, #0
USART1_ RX_ OK
    POP      {R1-R8, PC}
    ENDP

USART1_ IRQHandlerPROC
      EXPORT          USART1_ IRQHandler
      PUSH            {R0-R8, LR}
      ; 关闭当前中断及优先级更低的中断
      LDR             R0, =USART1_ IRQChannel
      MSR             BASEPRI, R0
      ; 判断当前缓冲区是否为满
      LDR             R0, =USART1_ RX_ STAT
      LDR             R1, [R0]
      ANDS            R1, #USART1_ RX_ BUF_ FULL
      ; 如果满，放弃当前操作
      BNE             USART1_ PUT_ BUF_ ERR
      ; 读取数据寄存器中的数据
      LDR             R0, =USART1_ DR
      LDR             R1, [R0]
      ; 将数据存入缓冲区
      LDR             R0, =USART1_ RX_ BUF
      LDR             R2, =USART1_ RX_ SIZE
      LDR             R3, [R2]
      STRB            R1, [R0, R3]
      ; 修改缓冲区偏移量
      ADD             R3, #1
      AND             R3, #USART1_ RX_ BUF_ MASK
      STR             R3, [R2]
      ; 判断缓冲区是否写满，并设置标记位
      LDR             R0, =USART1_ RX_ SEEK
      LDR             R1, [R0]
      LDR             R0, =USART1_ RX_ STAT
      LDR             R2, [R0]
      CMP             R1, R3
      ; 如果满，设置满标记
```

```
    ORREQ           R2, #USART1_ RX_ BUF_ FULL
    ; 清缓冲区空标记
    BIC             R2, #USART1_ RX_ BUF_ EMPTY
    STR             R2, [R0]
    ; 开中断
USART1_ PUT_ BUF_ ERR
    MOV             R0, #0
    MSRBASEPRI, R0
    POP             {R0-R8, PC}
    ENDP
  ALIGN
  END
```

习题

1. 中断的定义是什么？中断有哪些分类？中断技术的引入有哪些优点？
2. 什么是中断源和中断向量？两者有什么联系？
3. 常用中断优先级的管理方式有哪些？各有什么优缺点？
4. 什么是中断嵌套？
5. 简述中断处理过程。
6. 简述STM32F10×系列中断不同于传统中断的概念有哪些？
7. STM32F10×系列有哪些系统故障？
8. 简述STM32F10×系列嵌套向量中断控制器(NVIC)的作用和特点。

第 11 章　ARM 嵌入式计算机系统设计

嵌入式系统设计是一个复杂的综合优化问题。针对同样功能的嵌入式计算机系统设计，可以提出多种技术方案，设计嵌入式系统需要考虑最佳的技术途径，还要考虑其可用性和鲁棒性。工程化设计中还要在降低成本、提高维护性、提高产品质量和便于管理等方面考虑优化设计。

本章阐述嵌入式计算机系统设计的基本问题、基本过程和方法，嵌入式计算机系统的测试方法和 ARM 嵌入式系统设计的一个简单实例。

11.1　嵌入式计算机系统及其设计方法

11.1.1　嵌入式系统

随着我国传统产业结构升级的加速，常规的设备设计开发和使用方法已无法满足当前和未来高性能的应用与发展需求。同时，激烈的市场竞争和技术竞争，要求产品的开发周期越来越短，显然，嵌入式系统的软、硬件技术和开发手段，正日益受到重视，成为各领域技术创新的重要基础。

所谓嵌入式系统，是指以应用为中心，以计算机技术为基础，软硬件可裁剪，适用于应用系统对功能、可靠性、成本、体积、功耗有严格要求的专用计算机系统。嵌入式系统一般由嵌入式微处理器、外围硬件设备、嵌入式操作系统及用户的应用程序四个部分组成，用于实现对其他设备的控制、监视或管理等功能。它是将先进的计算机技术、半导体技术和电子技术和各个行业的具体应用相结合后的产物，这一点就决定了嵌入式系统必然是一个技术密集、资金密集、高度分散、不断创新的知识集成系统。

嵌入式系统有如下的特点：①是专用的计算机系统，用于特定的任务；②资源较少，可以裁减；③功耗低，体积小，集成度高，成本低；④可使用实时操作系统；⑤可靠性要求更高，具有系统测试和可靠性评估体系；⑥运行环境差异大；⑦大部分程序固化在 ROM 中；⑧较长的生命周期；⑨嵌入式微处理器通常包含专用调试电路。

在工程应用领域中，嵌入式系统这个概念并非新近才出现的。从 20 世纪 70 年代单片机的出现到今天各式各样的嵌入式微处理器、微控制器的大规模应用，嵌入式系统已经有了近五十年的发展历史。

嵌入式系统诞生于微型机时代，其嵌入性本质是将一个计算机嵌入一个对象体系中去，这些是理解嵌入式系统的基本出发点。由于嵌入式计算机系统要嵌入对象体系中，实现的是对象的智能化控制，所以，它有着与通用计算机系统完全不同的技术要求与技术发展方向。

通用计算机系统的技术要求是高速、海量的数值计算；技术发展方向是总线速度的无限提升，存储容量的无限扩大。而嵌入式计算机系统的技术要求则是对象的智能化控制能力；技术发展方向是与对象系统密切相关的嵌入性能、控制能力与控制的可靠性。

嵌入式计算机系统走上了一条与通用计算机系统完全不同的道路，这条独立发展的道路就是单芯片化道路。它动员了原有的传统电子系统领域的厂家与专业人士，接合了起源于计算机领域的嵌入式系统，承担起发展与普及嵌入式系统的历史任务，迅速地将传统的电子系统发展到智能化的现代电子系统时代。

嵌入式系统装置一般由嵌入式计算机系统和执行装置组成，嵌入式计算机系统是整个嵌入式系统的核心，由硬件层、中间层、系统软件层和应用软件层组成。执行装置也称为被控对象，它可以接受嵌入式计算机系统发出的控制命令，执行所规定的操作或任务。执行装置可以很简单，如手机上的一个微型的电动机，当手机处于震动接收状态时被打开；也可以很复杂，如 Zoomer 智能机器狗，上面集成了多个微型电动机和多种传感器，从而可以执行各种复杂的动作和感受多种状态信息。

嵌入式系统的应用前景是非常广泛的，人们将会随时随地接触到嵌入式产品，从家里的洗衣机、电冰箱，到作为交通工具的自行车、小汽车，到办公室里的远程会议系统等。在家中、办公室、公共场所，人们可能会使用数十片甚至更多的嵌入式无线电芯片，将一些电子信息设备甚至电气设备构成无线网络；在车上、旅途中，人们利用嵌入式无线电芯片可以实现远程办公、远程遥控，真正实现把网络随身携带。移动电话、掌上 PDA、家用电器、汽车、机器人、移动计算设备、电视机顶盒、数字电视、多媒体、数字相机、家庭自动化系统、电梯、空调、安全系统、自动售货机、消费电子设备、工业自动化仪表与医疗仪器等领域都有嵌入式设备的踪影。

嵌入式芯片因其体积小、可靠性高、功能强、灵活方便等许多优点，其应用已深入工业、农业、教育、国防、科研以及日常生活等各个领域，对各行各业的技术改造、产品更新换代、加速自动化进程、提高生产率等方面都起到了极其重要的推动作用。从 20 世纪 90 年代开始，嵌入式技术已全面展开，成为通信产品和消费类产品的共同发展方向，在通信、广播电视等领域得到广泛应用。个人领域嵌入式产品主要是个人商用，作为个人移动的数据处理和通信软件得到普及。由此可见，嵌入式系统技术的发展空间是无比广阔的。

下面介绍几种具体的应用。

1. 汽车电子领域

随着汽车产业的飞速发展，汽车电子近年来也有了较快的发展。但是不得不承认，目前国内的嵌入式车载领域的发展与国际相比差距还是比较大的。电子导航系统在汽车电子中占据的比重是较大的，目前导航系统在国外已经有了广泛的应用。在国内近年来也已经开始起步，可以预料未来几年内会有比较快速的发展。嵌入式芯片在汽车电子领域的另外一个应用是与汽车的自身机械相结合，从而实现故障诊断和故障定位等功能。

2. 消费类电子产品

消费类电子产品的销量早就超过了个人计算机若干倍。并且还在以每年 10%左右的速度增长。消费类电子产品主要包括便携音频视频播放器、数码相机、掌上游戏机等。目前，消费类电子产品已形成一定的规模，并且已经相对成熟。对于消费类电子产品，真正体现嵌入式特点的是在系统设计上经常要考虑性价比的折中，如何设计出让消费者觉得价廉物美的产品是很重要的。

3. 军工航天

军工和航天领域是不为大众所知的领域，在这个领域里面，无论是硬件还是操作系统、编译器，通常并不是市场上可以见到的通用设备，它们大多数都是专用的。但是并不意味着嵌入式技术在这个领域的应用很落后，许多最先进的嵌入式技术，往往都会应用在这个领域。

在科技快速发展的今天，嵌入式产品将会越来越多地被广泛应用。只要开发者遵循嵌入式产品的开发规律，适应市场的需求，就一定能开发出越来越多的嵌入式产品。

嵌入式系统是21世纪科技领域的重大创新，它必将推进全球经济社会高速发展，实现人类发展史上的重大突破。科学在发展，人类在进步，随着一代又一代IT精英们的不断努力，未来的嵌入式系统一定会是为人们的工作、学习、生活提供方便的好伙伴。

嵌入式系统的硬件部分，包括处理器/微处理器、存储器、外设器件和I/O端口、图形控制器等。嵌入式系统有别于一般的计算机处理系统，它不具备像硬盘那样大容量的存储介质，而大多使用EPROM、E^2PROM或闪存(Flash Memory)作为存储介质。软件部分可包括操作系统软件(要求实时和多任务操作)和应用程序编程。应用程序控制着系统的运作和行为，而操作系统控制着应用程序与硬件的交互作用。

嵌入式处理器是嵌入式系统的核心。嵌入式微处理器一般具备4个特点：(1)对实时和多任务有很强的支持能力，能完成多任务并且有较短的中断响应时间，从而使内部的代码和实时操作系统的执行时间减少到最低限度；(2)具有功能很强的存储区保护功能，这是由于嵌入式系统的软件结构已模块化，而为了避免在软件模块之间出现错误的交叉作用，需要设计强大的存储区保护功能，同时也有利于软件诊断；(3)可扩展的处理器结构，以及能迅速地扩展出满足应用的高性能的嵌入式微处理器；(4)嵌入式微处理器的功耗越低越好，尤其是靠电池供电的嵌入式系统更是如此，譬如便携式无线设备或移动的计算设备和通信设备，功耗只能为mW甚至μW级。

嵌入式操作系统是一种支持嵌入式系统应用的操作系统软件，它是嵌入式系统(包括硬、软件系统)极为重要的组成部分，通常包括与硬件相关的底层驱动软件、系统内核、设备驱动接口、通信协议、图形界面、标准化浏览器等。嵌入式操作系统具有通用操作系统的基本特点，如能够有效管理越来越复杂的系统资源；能够把硬件虚拟化，将开发人员从繁忙的驱动程序移植和维护工作中解脱出来；能够提供库函数、驱动程序、工具集以及应用程序。

目前嵌入式操作系统有：①μC/OS-II嵌入式操作系统内核；②VxWorks嵌入式实时操作系统；③WinCE操作系统；④Linux操作系统；⑤Symbian操作系统。嵌入式系统的BootLoader是在系统加电后、操作系统内核或用户应用程序运行之前，首先必须运行的一段程序代码。通过这段程序，为最终调用操作系统内核、运行用户应用程序准备好正确的环境。对于嵌入式系统来说，有的使用操作系统，也有的不使用操作系统，但在系统启动时都必须运行BootLoader，为系统运行准备好软硬件环境。

构造嵌入式开发环境有几种形式：①交叉开发环境；②软件模拟环境；③评估电路板。可编程片上系统是用可编程逻辑技术把整个系统放到一块硅片上，称作可编程片上系统SOPC。它是一种特殊的嵌入式系统，首先它是SOC，即由单个芯片实现整个系统的主要逻辑功能，具有一般SOC基本属性；其次，它又具备软硬件在系统可编程的功能，是可编程系统，具有可裁剪、可扩充、可升级等灵活的设计方式。

与一般的操作系统作比较，嵌入式操作系统在系统实时高效性、硬件的相关依赖性、软件固态化以及应用的专用性等方面具有较为突出的特点。嵌入式操作系统的种类可以分为两类：一类是面向控制、通信等领域的实时操作系统，如 WindRiver 公司的 VxWorks、ISI 的 pSOS、QNX 系统软件公司的 QNX、ATI 的 Nucleus 等；另一类是面向消费电子产品的非实时操作系统，这类产品包括个人数字助理(PDA)、移动电话、机顶盒、电子书、WebPhone 等。

嵌入式操作系统还可以分为非实时操作系统和实时操作系统。早期的嵌入式系统中没有操作系统的概念，程序员编写嵌入式程序通常直接面对裸机及裸设备。在这种情况下，通常把嵌入式程序分成两部分，即前台程序和后台程序。前台程序通过中断来处理事件，其结构一般为无限循环；后台程序则掌管整个嵌入式系统软、硬件资源的分配、管理以及任务的调度，是一个系统管理调度程序。这就是通常所说的前后台系统。一般情况下，后台程序也叫任务级程序，前台程序也叫事件处理级程序。在程序运行时，后台程序检查每个任务是否具备运行条件，通过一定的调度算法来完成相应的操作。对于实时性要求特别严格的操作通常由中断来完成，仅在中断服务程序中标记事件的发生，不再做任何工作就退出中断，经过后台程序的调度，转由前台程序完成事件的处理，这样就不会造成在中断服务程序中处理费时的事件而影响后续和其他中断的问题。

实际上，前后台系统的实时性比预计的要差。这是因为前后台系统认为所有任务具有相同的优先级别，即是平等的，而且任务的执行又是通过 FIFO 队列排队，所以对那些实时性要求高的任务不可能立刻得到处理。另外，由于前台程序是一个无限循环的结构，一旦在这个循环体中正在处理的任务崩溃，将使得整个任务队列中的其他任务得不到被处理的机会，从而造成整个系统的崩溃。由于这类系统结构简单，几乎不需要 RAM/ROM 的额外开销，所以在简单的嵌入式应用中被广泛使用。

实时操作系统是指能在确定的时间内执行其功能并对外部的异步事件做出响应的计算机系统。其操作的正确性不仅依赖于逻辑设计的正确程度，而且与这些操作进行的时间有关。“在确定的时间内”是该定义的核心。也就是说，实时系统是对响应时间有严格要求的。实时系统对逻辑和时序的要求非常严格，如果逻辑和时序出现偏差将会引起严重后果。实时系统有两种类型：软实时系统和硬实时系统。软实时系统仅要求事件响应是实时的，并不要求限定某一任务必须在多长时间内完成；而在硬实时系统中，不仅要求任务响应要实时，而且要求在规定的时间内完成事件的处理。通常，大多数实时系统是两者的结合。实时应用软件的设计一般比非实时应用软件的设计困难。实时系统的技术关键是如何保证系统的实时性。

实时多任务操作系统是指具有实时性、能支持实时控制系统工作的操作系统。其首要任务是调度一切可利用的资源完成实时控制任务，其次才着眼于提高计算机系统的使用效率，重要特点是要满足对时间的限制和要求。实时操作系统具有如下功能：任务管理(多任务和基于优先级的任务调度)、任务间同步和通信(信号量和邮箱等)、存储器优化管理(含 ROM 的管理)、实时时钟服务、中断管理服务。实时操作系统具有如下特点：规模小，中断被屏蔽的时间很短，中断处理时间短，任务切换很快。

实时操作系统可分为可抢占型和不可抢占型两类。对于基于优先级的系统而言，可抢占型实时操作系统是指内核可以抢占正在运行任务的 CPU 使用权并将使用权交给进入就绪态的优先级更高的任务，是内核抢了 CPU 让别的任务运行。不可抢占型实时操作系统使用某种算法并决定让某个任务运行后，就把 CPU 的控制权完全交给了该任务，直到它主动将 CPU 控制权还回来。中断由中断服务程序来处理，可以激活一个休眠态的任务，使之进入就绪态；而这个进入就绪态的任务还不能运行，一直要等到当前运行的任务主动交出 CPU 的控制权才能运行。使用这种实时操作系统的实时性比不使用实时操作系统的系统性能好，其实时性取决于最长任务的执行时间。

不可抢占型实时操作系统的缺点也恰恰是这一点，如果最长任务的执行时间不能确定，系统的实时性就不能确定。可抢占型实时操作系统的实时性好，优先级高的任务只要具备了运行的条件，或者说进入了就绪态，就可以立即运行。也就是说，除了优先级最高的任务，其他任务在运行过程中都可能随时被比它优先级高的任务中断，让后者运行。通过这种方式的任务调度保证了系统的实时性，但是，如果任务之间抢占 CPU 控制权处理不好，会产生系统崩溃、死机等严重后果。

嵌入式操作系统的发展经历了四个比较明显的阶段。

第一阶段是无操作系统的嵌入算法阶段，是以单芯片为核心的可编程控制器形式的系统，同时具有与监测、伺服、指示设备相配合的功能。这种系统大部分应用于一些专业性极强的工业控制系统中，一般没有操作系统的支持，通过汇编语言编程对系统进行直接控制，运行结束后清除内存。这一阶段系统的主要特点是：系统结构和功能都相对单一，处理效率较低，存储容量较小，几乎没有用户接口。由于这种嵌入式系统使用简便、价格很低，以前在国内工业领域应用较为普遍，但是已经远远不能适应高效的、需要大容量存储介质的现代化工业控制和新兴的信息家电等领域的需求。

第二阶段是以嵌入式 CPU 为基础、以简单操作系统为核心的嵌入式系统。这一阶段系统的主要特点是：CPU 种类繁多，通用性比较差；系统开销小，效率高；一般配备系统仿真器，操作系统具有一定的兼容性和扩展性；应用软件较专业，用户界面不够友好；系统主要用来控制系统负载以及监控应用程序运行。

第三阶段是通用的嵌入式实时操作系统阶段，是以嵌入式操作系统为核心的嵌入式系统。这一阶段系统的主要特点是：嵌入式操作系统能运行于各种不同类型的微处理器上，兼容性好；操作系统内核精简、效率高，并且具有高度的模块化和扩展性；具备文件和目录管理、设备支持、多任务、网络支持、图形窗口以及用户界面等功能；具有大量的应用程序接口(API)，开发应用程序简单；嵌入式应用软件丰富。

第四阶段是以基于 Internet 为标志的嵌入式系统，这是一个正在迅速发展的阶段。目前大多数嵌入式系统还孤立于 Internet 之外，但随着 Internet 的发展以及 Internet 技术与信息家电、工业控制技术等结合日益密切，嵌入式设备与 Internet 的结合将代表着嵌入式技术的真正未来。

实时操作系统的采用是必要的。嵌入式实时操作系统在目前的嵌入式应用中用得越来越广泛，尤其在功能复杂、系统庞大的应用中显得愈来愈重要。首先，嵌入式实时操作系统提高了系统的可靠性。在控制系统中，出于安全方面的考虑，要求系统起码不能崩溃，而且还要有自愈能力。不仅要求在硬件设计方面提高系统的可靠性和抗干扰性，而且也应在软件设计方面提高系统的抗干扰性，尽可能地减少安全漏洞和不可靠的隐患。长期以来的前后台系统软件设计在遇到强干扰时，常使得运行的程序产生异常、出错、跑飞，甚至死循环，造成了系统的崩溃。而对于有实时操作系统管理的嵌入式系统，这种干扰可能只是引起若干进程中的一个被破坏，可以通过系统监控进程对其进行修复。通常情况下，这个系统监视进程用来监视各进程运行状况，遇到异常情况时采取一些利于系统稳定可靠的措施，如把有问题的任务清除掉。

其次，提高了开发效率，缩短了开发周期。在嵌入式实时操作系统环境下，开发一个复杂的应用程序，通常可以按照软件工程中的解耦原则将整个程序分解为多个任务模块。每个任务模块的调试、修改几乎不影响其他模块。商业软件一般都提供了良好的多任务调试环境。

再次，嵌入式实时操作系统充分发挥了32位CPU的多任务潜力。32位CPU比8位、16位CPU快，另外它本来是为运行多用户、多任务操作系统而设计的，特别适于运行多任务实时系统。32位CPU采用利于提高系统可靠性和稳定性的设计，使其更容易做到不崩溃。例如，CPU运行状态分为系统态和用户态，将系统堆栈和用户堆栈分开，以及实时地给出CPU的运行状态等，允许用户在系统设计中从硬件和软件两方面对实时内核的运行实施保护。如果还是采用以前的前后台方式，则无法发挥32位CPU的优势。从某种意义上说，没有操作系统的计算机(裸机)是没有用的。在嵌入式应用中，只有把CPU嵌入系统中，同时又把操作系统嵌入进去，才是真正的计算机嵌入式应用。

实时操作系统的引入对系统设计和系统性能既有优点也有其缺点。在嵌入式实时操作系统环境下开发实时应用程序使程序的设计和扩展变得容易，不需要大的改动就可以增加新的功能。通过将应用程序分割成若干个独立的任务模块，可以使应用程序的设计过程大为简化；而且对实时性要求苛刻的事件都得到了快速、可靠的处理。通过有效的系统服务，嵌入式实时操作系统使得系统资源得到更好的利用。但是，使用嵌入式实时操作系统还需要额外的ROM/RAM开销、2%~5%的CPU额外负荷，以及内核的费用。

11.1.2 嵌入式系统项目开发方法

基于嵌入式Linux应用程序开发方式与流程，与基于Windows的应用程序开发有很大的不同。在Windows环境中，开发者喜欢使用各种功能强大的集成编译开发环境(IDE)，完成程序的编辑、编译后，直接运行即可。但在基于嵌入式Linux的应用程序开发过程中，目前还缺乏比较简单、高效的开发工具和手段；同时，由于最终程序运行平台是嵌入式目标系统，程序的开发与调试还需要借助于个人计算机平台的桌面系统来完成，因此在程序的开发与调试过程中，需要频繁地将目标文件从桌面Linux系统中加载到嵌入式目标设备中，这是一个相对耗时的过程。

在桌面Linux上编辑源文件，交叉编译生成ELF可执行文件后，需要将生成的可执行文件加载到嵌入式目标系统上运行，此过程的实现有多种方式，最常见的方式有U盘复制、FTP下载和NFS挂载方式。

如果提高一个视角层次，站在项目研发的高度来看，嵌入式系统项目的开发涉及大量人力、物力，为了使各种资源协同工作，充分保证项目开发质量，减少因质量问题所引起的开发延迟和投入运行后可能发生的大量维护费用，定义一个合适的项目研发流程显得尤为重要。其作用具体表现有：对项目组的内部管理有力，使工作有条不紊；项目组可以控制项目研发质量，提高研发水平。本节将介绍嵌入式系统项目开发的一些基本方法和原则，为嵌入式系统开发者提供一些参考。

1. 嵌入式系统项目开发模型

一个项目的开发要经历数个流程，需要合理安排，才能做到最终优质高效地完成项目的开发。根据不同的工程要求，研发过程采用不同的模型来展开，具体的模型有下面几种。

1）线性顺序模型（瀑布模型）

瀑布模型（Waterfall Model）是由 W. W. Royce 在 1970 年最初提出的软件开发模型，它是一个经典的软件生命周期模型。在瀑布模型中，一般将软件的开发分为可行性研究（计划）、需求分析、软件设计（概要设计、详细设计）、编码（含单元测试）、测试、运行维护等几个阶段。一般认为上一项开发活动的成果是本次活动的输入，各项活动阶段顺次地进行。

瀑布模型最早强调系统开发应有完整的周期，且必须完整地经历周期的每一开发阶段，并系统化地考虑分析与设计的技术、时间与资源投入等，因此瀑布模型又可以称为"系统发展生命周期"（System Development Life Cycle, SDLC）。由于该模式强调系统开发过程需有完整的规划、分析、设计、测试及文件等的管理与控制，所以能有效地确保系统品质，如今它已经成为业界大多数软件开发的标准。

2）迭代模型

迭代模型是 RUP（Rational Unified Process，统一软件开发过程/统一软件过程）推荐的研发周期模型。在 RUP 中，迭代被定义为：包括产品发布（稳定、可执行的产品版本）的全部开发活动和要使用该发布所必需的所有其他外围元素。所以，在某种程度上，开发迭代是一次完整地经过所有工作流程的过程，它至少包括需求工作流程、分析设计工作流程，实施工作流程和测试工作流程。实质上，它类似小型的瀑布式项目。RUP 认为，所有的阶段（需求及其他）都可以细分为迭代。每一次迭代都会产生一个可以发布的产品，这个产品是最终产品的一个子集。

3）增量模型

增量模型又称螺旋模型，是一个演化的软件过程模型，也是一种非整体开发的模型。该模型将原型实现的迭代特征与线性顺序（瀑布）模型中控制和系统化的方面结合起来，使得软件的增量版本的快速开发成为可能，软件的开发是一系列的增量发布。该模型具有较大的灵活性，适用于软件需求不明确、设计方案有一定风险的软件项目。

增量模型和瀑布模型之间的本质区别是：瀑布模型属于整体开发模型，它规定在开始下一个阶段的工作之前，必须完成前一阶段的所有细节。而增量模型属于非整体开发模型，它推迟某些阶段或所有阶段中的细节，从而较早地产生工作软件。

4）喷泉模型

喷泉模型的开发过程有分析、系统设计、软件设计和实现四个阶段，各阶段相互重叠，它反映了软件过程并行性的特点，以分析为基础，资源消耗呈塔状。喷泉模型强调增量开发，整个过程是一个迭代的逐步提炼的过程。

5）智能模型

智能模型也称为基于知识的软件开发模型，是知识工程与软件工程相结合的软件开发模型。其主要特点是必须建立知识库，并将模型本身、软件工程知识、特定领域知识放入知识库。其具体描述可以使用形式功能规约，也可以只是处理语言描述。

2. 嵌入式系统项目开发流程

嵌入式系统项目主要开发流程包括以下步骤：问题定义和可行性分析（预研报告、立项报告）；产品商标和型号；立项和计划；需求分析；概要设计（总体设计）；专利申请；详细设计；实现；测试；验收评审；版权登记；中试；试运行；申请证书；生产定型鉴定、开始批量生产；结题和维护。

其中，在几个主要步骤之间均需要进行审查。由项目外的专家组成审查小组对该项目的设计进行审核确认，如果有问题则返回进行修正后再进入下一个步骤。

1）需求分析

在开发一个嵌入式系统项目之前，首先要进行需求分析。需求分析是整个项目开发的基础，需求分析做得好，产品才能得到市场的认可，所开发的项目才有意义。

（1）需求分析的任务。对产品的需求(包括功能、性能、可生产性、可靠性、可维护性、可测试性等)进行定义，描述实现的初步考虑，对技术难点的解决方案制订实施计划和进一步的任务分解。

（2）需求分析的步骤。

①获取用户的需求：这是需求分析中的第一项任务，也是最重要的一项任务。明确用户需要什么样的产品，包括产品的功能、性能、价格、尺寸、质量和功耗等，将需求细分为功能需求和非功能需求。对收集到的需求做进一步的分析和整理，然后将用户需求以文档及项目视图等方式呈交给相关人员，大家共同确认需求分析是否真实地反映了用户的意图。最后，确定系统的整体目标和系统的工作范围。

②分析用户的需求：分析用户需求是与获取用户需求并行的，主要通过建立模型的方式来描述用户的需求，这为系统研发人员提供了一个交流的渠道。这些模型是指对需求进行抽象，以可视化的方式提供一个易于沟通的桥梁。用户需求的分析与获取有着相似的步骤，区别在于分析需求时使用模型来描述，以获取用户更明确的需求。

③编写需求分析文档：在明确用户需要的产品标准和分析好怎样满足用户的需求之后，应该编写一份需求分析文档。尤其对一个大型系统而言，进行需求分析是一项复杂而费时的工作，而编写文档正是一个简化需求分析过程的好方法。总的来说，需求分析文档主要包括以下内容。

工程名称：这一项十分简单，但却十分有用。给该工程取一个名字不仅在和别人讨论这个工程时更加方便，也可以使设计的目的更加明确。

目的：确定研发中的目标和要求。

输入和输出：这两项内容比较复杂，包含了大量细节。

数据类型：模拟电信号和数字数据。

数据特性：数据的表示方法，每个数据元素多少位等。

输入/输出设备的类型：按键、模/数转换器、视频显示器等。

功能：系统所做工作更详细的描述。从输入到输出进行分析是提出功能的一种好方法。

性能：对系统使用中应该具备的各项性能参数的描述。

生产成本：生产成本主要包含了硬件结构的花费，如果不能确定要花费在硬件构件上费用的确切数目，那么要对最终产品的价格有一个粗略的了解，因为价格最终会影响系统的体系结构。

功耗：嵌入式系统功耗是一个重要的指标，设计中需要重点考虑这方面的信息。

物理尺寸和质量：系统的物理尺寸和质量是系统体系结构设计的基础。

（3）需求审查。需求分析的最后一步是根据需求文档对需求分析进行审查，主要包括有效性检查、一致性检查、完备性检查和现实性检查等。

2）总体方案设计

在完成项目的需求分析、写好需求分析文档之后，就要进行总体方案设计了，这部分工作也称为概要设计阶段。概要设计部分必须描述所设计的总体结构、外部接口、各主要部件的功能以及各主要部件之间的接口，必要时还必须对主要部件的每一个部件进行描述。在这个阶段，设计者会大致考虑各模块的内部实现，但不要过多纠缠于此，应主要集中于划分模块、分配任务、定义调用关系。模块间的接口与传递参数在这个阶段要定得十分细致明确，应编写严谨的数据手册，避免后续设计产生不解或误解。概要设计一般不是一次就能做到位的，而是要反复地进行结构调整。典型的调整是合并功能重复的模块，或者进一步分解出可以复用的模块。在概要设计阶段，应最大限度地提取可以重用的模块，建立合理的结构体系，节省后续环节的工作量。概要设计文档最重要的部分是分层数据流图、结构图、数据字典以及相应的文字说明等。以概要设计文档为依据，各个模块的详细设计可以并行展开。

在概要设计阶段需要编写概要设计说明书。概要设计说明书的内容包括：提出系统体系结构，划分软硬件功能；定义软件和硬件之间的协议和其他接口关系；关键技术的研究及实现。

将硬件总体逻辑划分为独立的物理实体，定义每个物理实体的接口关系（协议、时序关系、电气特征）；物理实体定位为板级。

将软件总体逻辑划分为相对独立的模块，定义每个模块的接口关系（协议、时序关系等）；模块至少要划分界面和后台部分，对于界面部分，还需要列出它基于的硬件平台。

3）详细设计

有了以上的基础，才可进行详细的设计，分配好各功能模块的具体层次结构、具体实现的人员工作目标等细节最终实现系统的整体功能要求。

11.1.3 嵌入式系统的设计流程

嵌入式系统分为4层，硬件层、驱动层、操作系统层和应用层。

（1）硬件层：是整个嵌入式系统的根本，如果对单片机及接口比较熟悉，并且能用C和汇编语言来编程，那么从嵌入式系统的硬件层开始设计是相对容易的，硬件层也是驱动层的基础，一个优秀的驱动工程师要能够看懂硬件的电路图和自行完成CPLD的逻辑设计，同时还要对操作系统内核及其调度相当熟悉。但硬件平台是基础，增值还要靠软件。硬件层比较适合于电子、通信、自动化、机电一体、信息工程类专业的人来完成，需要掌握的专业基础知识有：单片机原理及接口技术、微机原理及接口技术、C语言。

（2）驱动层：这部分比较难，驱动工程师不仅要能看懂电路图还要能对操作系统内核十分精通，以保证其所写的驱动程序在系统调用时，不会独占操作系统时间片，而导至其他任务不能运行，不懂操作系统内核架构和实时调度性，没有良好的驱动程序编写风格，按参考书上所说添加的驱动的方式，很多人都能做到，但可能这样的编程人员水平不算高。按参考书上所写的驱动在应用调用时就如同Windows下打开一个程序运行后，再打开一个程序时，或者是中断以前的程序，或者是等一段时间才能运行后来打开的程序。想做个好的驱动层开发人员需要三四年功底，需要研究几个操作系统内核，否则是不能胜任的。驱动层比较适合电子、通信、自动化、机电一体、信息工程类专业尤其是计算机偏体系结构类专业的人来完成，除硬件层所具备的基础学科外，还要对数据结构与算法、操作系统原理、编译原理比较熟悉。

（3）操作系统层：对于操作系统层目前可能只能说是简单的移植，而很少有人来自已写操作系统，这部分工作大都由驱动工程师来完成。操作系统是负责系统任务的调试、磁盘和文件的管理，而嵌入式系统的实时性十分重要。据悉，WindowsXP 操作系统是微软投入 300 人用两年时间才完成的，总工时是 600 人·年，中科院软件所自己的女娲 Hopen 操作系统估计也需花费几百人·年才能完成。

（4）应用层：相对来讲较为容易的，如果会在 Windows 下进行编程接口函数调用，到操作系统下只是编译和开发环境有相应的变化而已。涉及 Java 方面的编程也是如此的。嵌入式系统中涉及算法的由专业算法的人来处理的，不必归结到嵌入式系统范畴内。但如果涉及嵌入式系统下的嵌入式数据库、基于嵌入式系统的网络编程和基于某些应用层面的协议应用开发(比如基于 SIP、H.323、Astrisk)方面又较为复杂，并且有一定难度。

嵌入式系统开发的基本流程为：①系统定义与需求分析；②系统设计方案的初步确立；③初步设计方案性价比评估与方案评审论证；④完善初步方案，初步方案实施；⑤软硬件集成测试；⑥系统功能性能测试及可靠性测试。

从开发者的角度来看，一个完整的嵌入式系统设计包括七个阶段：产品定义，软件与硬件的划分，迭代与实现，详细的软件硬件设计，硬件与软件的集成，产品测试与发布，持续维护与升级。

一项技术总是在不断革新中完善发展；嵌入式系统设计技术也是如此。就设计流程而言，在现代，嵌入式系统的设计可以大体分为两个设计阶段：①传统设计；②现代软硬件协同设计。传统设计流程的基本特征如下：系统在一开始就被划分为软件和硬件两大部分；软件和硬件进行独立开发；常采用“hardware first”原则。因此这就导致了一系列的问题，例如软硬件交互受到很大限制；软硬件之间的相互性能影响无法评估；系统集成相对滞后，NRE(Non-Recurring Engineering)较大。从而使得设计出的嵌入式系统质量差、难以修改；同时，设计周期也难以得到有效保障。随着设计复杂程度的提高，软硬件设计中的一些错误将使得开发过程变得困难；“hardware first”原则也将大大提高系统设计耗费的成本。

为了解决传统式设计流程中的一系列问题，现代的嵌入式系统设计多采用软硬件协同式开发方法。一个典型的软硬件协同开发流程如图 11-1 所示。

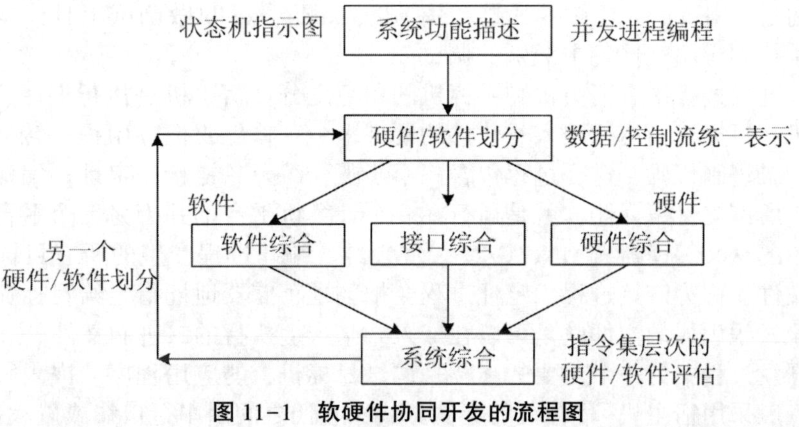

图 11-1 软硬件协同开发的流程图

软硬件协同开发包括以下的步骤：设计描述，设计建模，综合与优化，设计验证，设计实现。软硬件协同设计有一系列的基本需求。它强调统一的软硬件描述方式，具体体现在：软硬件支持统一的设计和分析工具；允许在一个集成环境中仿真系统软硬件设计；支持系统任务在软件和硬件设计之间的相互移植。交互式的软硬件设计技术允许多个不同的软硬件划分设计进行仿真和比较。该技术可以辅助最优系统实现方式决策，合理划分以更好地满足系统设计标准。同时，软硬件协同设计需要有完整的软硬件模型基础，有正确的检验方法。软硬件协同设计的优点体现在如下几个方面：在设计初始阶段就能够进行软硬件交互设计与调整关键技术(例如 PLD,器件接口和功能模型的描述)的发展使得软硬件交互设计变得简单。但是这一方法也有其缺点，例如缺少标准表示方法、缺少评估和验证方法。这些可以通过 SOPC 等方面技术的进步进行解决。

嵌入式系统是多种先进技术的融合体，它是计算机技术、IC 技术、电子技术与特定行业接轨的产物。因此在嵌入式系统开发中要做好规划，以尽力地满足其功能性和非功能性指标。在设计整个嵌入式系统时，关键技术体现在：①嵌入式系统开发流程的具体实现。②保证系统开发中交叉编译和链接的正确实施。③确保嵌入式系统的内核要精巧，这是系统自身特点与市场的要求。④设计时要面向应用，突出效率，减少冗余，精简系统。⑤嵌入式系统大都有实时的要求，因此在开发时要尽量做到性能优化；嵌入式软件可靠性等方面必须保证。⑥嵌入式系统本身不支持二次开发功能，在开发完成后若需进行二次开发，需要借助专业的开发工具。⑦嵌入式系统开发要尽量做到减少功耗，降低成本。这些都依赖于嵌入式系统开发中各个环节技术的革新。

就嵌入式系统开发平台来讲，笼统地说包括硬件平台和软件平台。硬件平台包括多种多样的微处理器，例如 AVR、ARM、FPGA、DSP 等，甚至较为简单的 8051 都可以作为开发的硬件平台。具体选择哪一种开发硬件平台，这就要看项目本身：开发周期、开发成本、开发目标及技术等。

具体到嵌入式开发的软件平台，这就涉及嵌入式开发的系统以及其中的具体编程问题。目前可供嵌入式系统开发移植的系统包括 Linux、WinCE 等适合移植的系统。其中 Linux 是比较常用的移植系统。Linux 系统开源，为用户提供了广阔的发挥空间。在移植系统后，就要进行嵌入式软件开发、界面制作等工作；这就要用到 C/C++、汇编，其中 C 和 C++是使用较为广泛的。

另外在开发嵌入式系统时，要有一些优秀的开发工具，例如 LINUX 嵌入式开发中的工具链，它通过 GNU 的 GCC 做编译器，用 gdb、kgdb、xgdb 做调试工具，能够很方便地实现从操作系统到应用软件各个级别的调试。

在嵌入式开发过程中有宿主机和目标机的角色之分：宿主机是执行编译、链接、定址过程的计算机；目标机指运行嵌入式软件的硬件平台。首先要把应用程序转换成可以在目标机上运行的二进制代码。这一过程包含三个步骤：编译、链接、定址。编译过程由交叉编译器实现。所谓交叉编译器，就是运行在一个计算机平台上并为另一个平台产生代码的编译器。常用的交叉编译器有 GNU C/C++(GCC)。编译过程产生的所有目标文件被链接成一个目标文件，称为链接过程。定址过程会把物理存储器地址指定给目标文件的每个相对偏移处。该过程生成的文件就是可以在嵌入式平台上执行的二进制文件。

嵌入式开发过程中另一个重要的步骤是调试目标机上的应用程序。嵌入式调试采用交叉调试器，一般采用宿主机-目标机的调试方式，它们之间由串行口线或以太网或 BDM 线相连。交叉调试有任务级、源码级和汇编级的调试，调试时需将宿主机上的应用程序和操作系统内核下载到目标机的 RAM 中或直接烧录到目标机的 ROM 中。目标监控器是调试器对目标机上运行的应用程序进行控制的代理(Debugger Agent)，事先被固化在目标机的 Flash、ROM 中，在目标机上电后自动启动，并等待宿主机方调试器发来的命令，配合调试器完成应用程序的下载、运行和基本的调试功能，将调试信息返回给宿主机。

大部分嵌入式开发人员选用的软件开发模式是先在 PC 机上编写软件，再向嵌入式平台移植软件，即进行软件的移植工作。在计算机上编写软件时，要注意软件的可移植性，尽量选用具有较高移植性的编程语言(如 C 语言)，尽量少调用操作系统函数，注意屏蔽不同硬件平台带来的字节顺序、字节对齐等问题。

11.1.4 基于 ARM 处理器的嵌入式系统

当前，嵌入式应用面临的挑战有以下几方面。

(1)性能与内核速度之间的矛盾。更高的性能意味着更高的内核速度，但是：内核与存储器之间的速度存在一条鸿沟；系统性能受限于慢速系统组件；连线长度限制了能以内核速度访问片上内存的大小；接插连接技术影响了高速跟踪的实现；0.13μm 及以下工艺条件下，发生软件错误的风险大。

(2)复杂的系统带来的问题。更复杂的系统意味着内存开销的增加，可预测性方面面临更大的压力，更复杂的总线模型。可靠性及应用水平越来越高和网络连接已是一种明显的走向，所集成的部件越来越多，从意义上将可以说是万用机了，功耗要求越来越低，和模拟电路结合更加紧密。

作为嵌入式系统核心的嵌入式微处理器必须应对嵌入式应用面临的挑战，ARM 嵌入式微处理器，以其完整的体系结构发展系列，极小的体积、极低的功耗、极低的成本、极高的性能，及时根据嵌入的对象的不同进行功能上的扩展的优势，在众多种类的嵌入式微处理器中脱颖而出。

32 位嵌入式系统处理器有不少种类，如 DSP(T1:2000、3000、4000、5000、6000 系列)、AD、X86(PC104,lntel 和 AMD)、POWER PC(Motorola 和 IBM PC)、MPS 和 ARM。在激烈的竞争中，ARM 表现出了不少的优势。

ARM 提供了一种嵌入式应用的有效解决方案，以其成熟的结构标准、有效的 32 位 RISC 结构、优秀的代码密度、可能的低成本、执行高度稳定等特性，为所有主流市场所认可。在 2002 年，ARM 嵌入式微处理器系列市场占有率达到了 79.5%，成为世界上销量最大的 32 位微处理器。可以预见，在将来的一段时间内，ARM 仍将主宰 32 位微处理器市场。

ARM 嵌入式微处理器的竞争优势表现在以下几方面。

(1)采用了 RISC 结构与 Thumb 指令集的扩充，采用的加载/存储体系结构是典型的 RISC 结构。ARM 体系结构继承了 RISC 结构中的加载/存储体系结构、固定长 32 位指令和三地址指令格式。大量使用寄存器，指令执行速度更快，大多数数据操作都在寄存器间完成。ARM 体系结构 v4T 及以上版本定义了称为 Thumb 的 16 位指令集，能很好地兼容 8 位/16 位器件。Thumb 体系的扩充使得在 8 位/16 位系统价格下可得到 32 位系统性能，能获得比通常的 8 位/16 位 CISC/RISC 控制器更好的代码密度。例如 ARM9 系列，代码密度提高了 35%，这意味着程序存储器可以更小，因而降低了成本。

(2)ARM 片上调试特性。ARM 提供了两个前沿特性——嵌入式 ICE-RT(Embedded In Circuit-Real Time)逻辑和嵌入式跟踪宏单元，用以辅助带有深嵌入式处理器核的、高度集成的SOC器件的调试；ARM业界领先的跟踪解决方案——嵌入式跟踪宏单元ETM(Embedded Trace Macro cell)，被设计成驻留在ARM处理器上，用以监控内部总线，并能以内核速度无障碍地跟踪指令和数据的访问。Embedded ICE-RT逻辑由2个实时观察点单元、3个独立的寄存器（调试控制寄存器、调试状态寄存器、中止状态寄存器）、调试通信通道(Debug Communication Channel,DCC)组成。可访问内核总线，控制内核调试状态，可访问内核ID寄存器，可访问DCC，可以编程1个或2个观察点单元来暂停内核程序的执行。ETM由跟踪端口和触发装置两部分组成。能完成指令跟踪，即捕获间接的跳转；数据跟踪，即捕获数据和地址的读、写；过滤以保留捕获的数据；在FIFO中压缩数据与缓冲；通过跟踪端口将数据送至片外。嵌入式跟踪缓冲(Embedded Trace BufferTM,ETB)是可选的片上ETM数据缓冲，高时钟频率下的捕获，通过(Joint Test Action Group,JTAG)端口将数据送至片外，JTAG调试接口配置了Embedded ICE宏单元、嵌入式跟踪宏单元，可以访问芯片扫描链。

(3)ARM不断呈现新技术以应对嵌入式应用的挑战。ARM体系结构的Jazelle技术是移动平台的最佳解决方案，快速byte code执行、低功耗、低成本、能够进行快速可靠的产品整合。能支持Jazelle技术的ARM处理器内核包括：ARM7EJ-S、ARM926EJ-S、ARM1026EJ-S和ARM1136EJ-S。Jazelle技术能提供在虚拟机下工作的JTEK(Jazelle Technology Enabling Kit)。Jazelle技术适用于中、低端：①具有一致的性能，最佳响应与最佳功耗利用率；②能够改进虚拟机整体性能的加速；③能够与许多Java虚拟机兼容；④随着程序变得更复杂，而不需要额外的资源需求。ARM的Java目标是在ARM体系结构上为合作伙伴提供高质量、领先的解决方案，满足高性能低功耗与低成本的最优组合。

ARM内核技术采用Thumb-2指令集，这是专门针对代码密度、功耗、性能与系统成本要求而设计的。Thumb-2内核技术在EPF03上发布，它混合了16位、32位指令集，比Thumb指令快25%，比ARM代码小26%。Thumb-2内核技术最大化了Cache和紧耦合内存储器的用途，性能分析中包含了EEMBC基准。

ARM Trust Zone技术是针对CPU安全性的架构而扩展的。Trust Zone技术是ARM内核的新的安全模式：①将硬件与软件系统区分为敏感与非敏感区；②将易受到安全攻击的区域减少到一个点(The Secure Monitor)；③减少安全代码大小到一个可控的范围内，以获得程序最大的稳定性。Trust Zone在硬件层面上为带缓冲的处理器提供更高的安全性，跟踪和清除缓冲当中的安全数据，以免受到安全攻击；为存储器提供硬件保护。Trust Zone技术提供了一种在OS中集成安全特征方法。这种方法为第三方创造了一个安全应用市场，提高和简化了安全设计，增强了设计可复用性，节约了开发时间。

ARM新的系统级功能：①针对高带宽利用率的AMBA AXI互联；②针对低功耗的IEM(Intelligent Energy Manager)技术。IEM是一项令人激动的技术，它动态地控制ARM处理器与其他片上组件使之运行在能耗率最高的水平上同时保证良好的用户体验。IEM增加了电池的寿命：在传统的功耗控制方法上增加性能比例控制硬件，可以减少静态和动态功耗；在一个最终产品中IEM技术将延长超过25%的电池寿命。IEM的操作：通过控制动态电压与频率的硬件与软件能源管理方案，IEM软件与操作系统内核连接并收集数据，基于多种软件负载的策略类别，能够做出关于未来性能需求的预测，设置合适的操作点(电压与频率)。

(4)更多的第三方支持知识产权(IP)是新经济最热门、最希望得到的商品。因为知识产权是日新月异的微处理器技术的核心。而 ARM 率先推出 32 位 RISC 微处理器系统(SOC)知识产权授权概念，通过出售芯片技术授权，而非生产或销售芯片，建立了新型的微处理设计、生产、销售商业模式。ARM 知识产权授权用户众多，其中包括世界顶级的半导体和系统公司，由于 ARM 在所有合作中保持了结构一致，所以全世界采用 ARM 技术的解决方案完全兼容，主要的半导体公司伙伴有安捷伦、英特尔、三星、飞利浦、摩托罗拉等；操作系统伙伴有微软公司、Wind River、Sun Microsystems 等 50 多家；开发工具伙伴有 Green Hills Software、Wind River 等 30 多家。这些公司通过使用 ARM 价格低且性能高的 IP 核技术，能够研制出满足不同需求的微控制器，外围设备和系统芯片。

ARM 给中国电子产业带来了益处。它缩短了中国与发达国家的技术差距，提高了中国企业的竞争力，加快了产品上市速度，扩展中国电子产业价值链。ARM 进入中国后，已经和中兴等几家公司签订了芯片核心技术授权。2003 年，大唐公司购买了 ARM946E 微处理器内核授权。开发了基于 ARM946E 微处理器内核的 SCDMA 基带信号处理器芯片。该芯片是国内首片有自主知识产权的无线基带信号处理器芯片。中兴集成购买 ARM922T CPU 授权用于 Java 智能卡。通过引进 ARM 技术并给予授权，企业可以得到相关的设计和制造技术，在主流芯片的设计和制造中占有一席之地，投资少，风险小。成功的 ARM 中国合作伙伴项目有中国晶原代工厂，已生产出 ARM7TDMI 0.18μ 测试芯片等。目前，嵌入式微处理器的核心技术仍然掌握在美国和欧洲手中，如果国内新兴的半导体厂商能够利用 ARM 内核，生产出具有自己知识产权的微处理器，不失为赶超欧美的一条捷径。中国若干年后，也会出现像 TI、Intel、Motorola 这样的芯片巨人。

2016 年 5 月，ARM 发布了首款采用台积电公司(台湾积体电路制造公司,简称台积电) 10 纳米 Fin FET 工艺技术的多核 64 位 ARMv8-A 处理器测试芯片。芯片内集成了四个 Artemis CPU 核心，频率有 1.82/2.34/2.49/2.7GHz 等不同档次，同时还有当代的 Mali GPU (ARM 的嵌入式图形处理)，和其他各种 IP 模块、IO 接口等。SOC 设计人员能利用基础 IP 模块(包括标准组件库、嵌入式内存及标准 I/O)开发出最具竞争力的 SOC，以达到最高效能、最低功耗及最小面积的目标。

11.2 嵌入式系统的硬件系统设计

片外的外围电路与片内的周边电路共同构成了周边电路。嵌入式系统如果要具有实用的功能，除了完成主要运算的核心处理器之外，还需要有一些周边电路来进行信号的传输。虽然电路会随着 MCU 型号有所改变，但是基本的一些系统功能是不会改变的，如 I/O 端口、定时器及 DMA 等，这些周边电路保证了 CPU 的正常运转，并且能够在实际的运用中发挥自己的作用。目前主要用于应用的 32 位嵌入式芯片只有定时器、DMA 以及 I/O 端口等基本周边电路，一个完整的系统还需要一些提供供电、存储、调试以及复位等功能支持的周边电路，对于不同的处理器芯片而言，所需要匹配的电路也是不相同的，但是起到的支持功能是一致的。例如：复位电路在系统无法响应时做出反应，帮助系统快速重启。

对于一个能够运用到实际的嵌入式设备，除了处理器、外围电路以及片内电路等基本组成单位外，还需要能够支持这些部件以及提供一些特殊功能的外部接口功能，包括语言处理、图像处理、板级支持等功能的外部接口设备，这些设备与通用计算机比较有两个特点：其一，接口的种类多样。通用计算机一般只有鼠标、键盘、硬盘、软盘等设备，这些设备的功能，嵌入式计算机都是具有的，但除了这些设备者外，A/D 接口、D/A 接口等设备也是嵌入式计算机的主要功能，所以嵌入式计算机所有的接口种类比通用计算机多。其二，嵌入式计算机对接口的要求也比普通计算机的接口要求高很多，在串行接口中，由于嵌入式计算机处理数据时要保证数据的正确性，所以对传输信息的正确性提出了较高的要求，要保证设备能够高速地传输数据，保持稳定的误码率，而通用计算机的 RS232 明显是很难满足传输速率、传输距离和驱动能力的要求的，这就需要设备的接口采用 RS422 和 RS485 等接口才能满足要求，并且还要在并行接口上安装上光电隔离接口。

11.2.1 嵌入式微处理器的选型

据不完全统计，目前全世界嵌入式处理器的品种总量已经超过 1000 种，流行的体系结构有 30 多个系列。其中 8051 体系占多半，生产这种单片机的半导体厂商有 20 多家，共 350 多种衍生产品，仅飞利浦就有近 100 种。现在几乎每个半导体制造商都生产嵌入式处理器，越来越多的公司设立了处理器设计部门。嵌入式处理器的寻址空间一般从 64kB 到 16MB，处理速度为 0.1~2000MIPS，常用封装有 8~144 个引脚。

(1)嵌入式微处理器(Embedded Microprocessor Unit,EMPU)。由于嵌入式系统通常应用于环境比较恶劣的环境中，所以嵌入式微处理器在工作温度、电磁兼容性以及可靠性方面的要求较通用的标准微处理器高。但是，嵌入式微处理器在功能方面与标准的微处理器基本上是一样的。根据实际嵌入式应用要求，将嵌入式微处理器装配在专门设计的主板上，只保留和嵌入式应用有关的主板功能，这样可以大幅度减小系统的体积和功耗。和工业控制计算机相比，嵌入式微处理器组成的系统具有体积小、重量轻、成本低、可靠性高的优点，但在其电路板上必须包括 ROM、RAM、总线接口、各种外设等器件，从而降低了系统的可靠性，技术保密性也较差。由嵌入式微处理器及其存储器、总线、外设等安装在一块电路主板上构成一个单板机系统。嵌入式处理器目前主要有 Am186/88、386EX、SC-400、Power PC、68000、MIPS、ARM 系列等。

(2)嵌入式微控制器(Microcontroller Unit,MCU)。嵌入式微控制器又称单片机，它将整个计算机系统集成到一块芯片中。嵌入式微控制器一般以某种微处理器内核为核心，根据某些典型的应用，在芯片内部集成了 ROM/EPROM、RAM、总线、总线逻辑、定时/计数器、看门狗、I/O、串行口、脉宽调制输出、A/D、D/A、Flash RAM、E^2PROM 等各种必要功能部件和外设。为适应不同的应用需求，对功能的设置和外设的配置进行必要的修改和裁减定制，使得一个系列的单片机具有多种衍生产品，每种衍生产品的处理器内核都相同，不同的是存储器和外设的配置及功能的设置。这样可以使单片机最大限度地和应用需求相匹配，从而减少整个系统的功耗和成本。与嵌入式微处理器相比，微控制器的单片化使应用系统的体积大大减小，从而使功耗和成本大幅度下降、可靠性提高。由于嵌入式微控制器目前在产品的品种和数量上是所有种类嵌入式处理器中最多的，而且上述诸多优点决定了微控制器是嵌入式系统应用的主流，微控制器的片上外设资源一般比较丰富，适合于控制，所以称为微控制器。通常，嵌入式微处理器可分为通用和半通用两类，比较有代表性的通用系列包括 8051、P51XA、MCS-251、MCS-96/196/296、C166/167、68300 等。而比较有代表性的半通用系列，如支持 USB 接口的 MCU8XC930/931、C540、C541；支持 I^2C、CAN 总线、LCD 等的众多专用 MCU 和兼容系列。目前 MCU 约占嵌入式系统市场份额的 70%。

(3)嵌入式DSP处理器(Embedded Digital Signal Processor,EDSP)。在数字信号处理应用中，各种数字信号处理算法相当复杂，这些算法的复杂度可能是O(nm)的，甚至是NP的，一般结构的处理器无法实时地完成这些运算。由于DSP处理器对系统结构和指令进行了特殊设计，使其适合于实时地进行数字信号处理。在数字滤波、FFT、谱分析等方面，DSP算法正大量进入嵌入式领域，DSP应用正从在通用单片机中以普通指令实现DSP功能，过渡到采用嵌入式DSP处理器。嵌入式DSP处理器有两类：①DSP处理器经过单片化、EMC改造、增加片上外设成为嵌入式DSP处理器，TI的TMS320C2000/C5000等属于此范畴；②在通用单片机或SOC中增加DSP协处理器，例如Intel的MCS-296和Infineon(Siemens)的TriCore。另外，在有关智能方面的应用中，也需要嵌入式DSP处理器，例如各种带有智能逻辑的消费类产品、生物信息识别终端、带有加解密算法的键盘、ADSL接入、实时语音压解系统、虚拟现实显示等。这类智能化算法一般都是运算量较大，特别是向量运算、指针线性寻址等较多，而这些正是DSP处理器的优势所在。嵌入式DSP处理器比较有代表性的产品是TI的TMS320系列和Motorola的DSP56000系列。TMS320系列处理器包括用于控制的C2000系列、移动通信的C5000系列，以及性能更高的C6000和C8000系列。DSP56000目前已经发展成为DSP56000、DSP56100、DSP56200和DSP56300等几个不同系列的处理器。另外，飞利浦公司最近也推出了基于可重置嵌入式DSP结构，采用低成本、低功耗技术制造REAL DSP处理器，其特点是具备双Harvard结构和双乘/累加单元，应用目标是大批量消费类产品。

(4)嵌入式片上系统(System On Chip,SOC)。随着EDI(电子数据交换)的推广和VLSI设计的普及化，以及半导体工艺的迅速发展，现在已经可以在一块硅片上实现一个更为复杂的系统，这就产生了SOC技术。各种通用处理器内核将作为SOC设计公司的标准库，和其他许多嵌入式系统外设一样，成为VLSI设计中一种标准的器件，用标准的VHDL、Verlog等硬件语言描述，存储在器件库中。用户只需定义出其整个应用系统，仿真通过后就可以将设计图交给半导体工厂制作样品。这样除某些无法集成的器件以外，整个嵌入式系统大部分均可集成到一块或几块芯片中去，应用系统电路板将变得很简单，对于减小整个应用系统体积和功耗、提高可靠性非常有利。SOC可分为通用和专用两类，通用SOC如Infineon(Siemens)的TriCore、Motorola的M-Core，以及某些ARM系列器件，如Echelon和Motorola联合研制的Neuron芯片等；专用SOC一般专用于某个或某类系统中，如飞利浦的Smart XA，它将XA单片机内核和支持超过2048位复杂RSA算法的CCU单元制作在一块硅片上，形成一个可加载Java或C语言的专用SOC，可用于互联网安全方面。

嵌入式微处理器选择主要应该考虑以下几点：(1)根据系统处理数据的主要类型来选择CPU总线的位数，如果主要数据的位数大于8位，就应该选择16位或32位的CPU。如对信号采样时，A/D或D/A为12位的，如果采用8位的CPU，在输入或输出以及在中间的数据处理时都要进行数据的类型转换，影响程序运行效率。(2)对于工业应用来说，价格成本是影响CPU选型的一个比较重要的原因，8位的MCU基本都在1美元以下，32位的CPU相对较贵。但是对于武器系统来说，通常供货稳定性和可靠性是选择的一个非常重要的原因，因为从武器设计到退役往往几十年，不仅要保证设计时能买到CPU，更要保证在设备维护时有相应的备件来替换。(3)开发工具的支持。开发工具在嵌入式系统的开发中具有重要地位，不仅影响开发的进度，而且直接关系到设备的性能，甚至项目的成败。

11.2.2 处理器最小系统

微处理器最小系统，是指围绕处理器芯片通过连接最少的原件或部件的连接能够让处理器进入工作状态，即最基本的硬件环境。例如一般要添加电源模块给系统供电，增加相应的时钟、复位或启动电路等。一般的数字电路系统的运行条件包含电源、复位和时钟。不同的处理器有不同的最小系统，不能一概而论。现在有很多单片机都把复位电路和时钟电路集成到芯片里了，对于这些芯片，供电就能工作。早期的80C31，内部没有程序存储器，所以最小系统中不但需要上面提到的电源、复位和时钟，还需要外扩程序存储器。

嵌入式最小系统即是在尽可能减少上层应用的情况下，能够使系统运行的最小化模块配置。以 ARM 内核嵌入式微处理器为中心，具有完全相配接的 Flash 电路、SDRAM 电路、JTAG 电路、电源电路、晶振电路、复位信号电路和系统总线扩展等，保证嵌入式微处理器正常运行的系统，可称为嵌入式最小系统。

例如一个采用 S3C2410A 微处理器的嵌入式系统，其最小系统还包括：

(1) 电源模块——运用 5V 的直流电源通过两个三端稳压器转换成所设计的最小系统所需要的两个电压，分别是 3.3V 和 1.8V，3.3V 的给相应的模块供电，1.8V 的给 VDD 和 RTC 供电。

(2) 时钟模块(晶振)——通常经 ARM 内部锁相环进行相应的倍频，以提供系统各模块运行所需的时钟频率输入。32.768kHz 给 RTC 和 Reset 模块，产生计数时钟，10MHz 作为主时钟源。

(3) Flash 存储模块——存放嵌入式操作系统、用户应用程序或者其他在系统掉电后需要保存的用户数据等。

(4) SDRAM 模块——为系统运行提供动态存储空间，是系统代码运行的主要区域。

(5) 复位模块——实现对系统的复位。

11.2.3 电源模块

嵌入式系统的电源模块是嵌入式板级开发的一个热点问题，电源模块的好坏与电子设备的性能密切相关。因此电源模块的设计对于电子工程师来说日渐重要。随着板级开发日趋小型化、高速化，这也要求电源模块必须向着高转换效率、高稳定性、低压大电流以及完善的监控管理功能发展。一个完整的嵌入式系统电源模块的设计，应该包括电源模块的搭建以及电源完整性(Power Integrity，PI)的评估。电源模块的设计要求电子工程师能够根据电子设备的需要考虑电源的电压、功耗以及可监控性等多方面因素，并以此来搭建电源模块。

模拟电源：即变压器电源，通过铁芯、线圈来实现，线圈的匝数决定了两端的电压比，铁芯的作用是传递变化磁场，主线圈在 50Hz 频率下产生了变化的磁场，这个变化的磁场通过铁芯传递到副线圈，在副线圈上产生感应电压，于是变压器就实现了电压的转变。模拟电源的缺点：线圈、铁芯本身是导体，它们在转化电压的过程中会由于自感电流而发热(损耗)，所以变压器的效率很低，一般不会超过 35%。

开关电源：在电流进入变压器之前，通过晶体管的开关功能，将通常 50Hz 的电流频率提升到数万赫兹。在这么高的频率下，磁场变化频率也达到数万赫兹，就可以减少线圈匝数、铁芯体积获得同样的电压转化比。由于线圈匝数、铁芯体积的减少，损耗大大降低，一般开关电源效率可达到90%，而体积可以做得非常小，并且输出稳定，所以开关电源具有模拟电源难以达到的优点。开关电源也有自己的不足，如输出电压有纹波及开关噪声，线性电源是没有的。

数字电源：在简单易用、参数变更要求不多的应用场合，模拟电源产品更具优势，因为其应用的针对性可以通过硬件固化来实现；而在可控因素较多、实时反应速度更快、需要多个模拟系统电源管理、复杂的高性能系统应用中，数字电源则具有优势。此外，在复杂的多系统业务中，相对模拟电源，数字电源是通过软件编程来实现多方面的应用，其具备的可扩展性与重复使用性使用户可以方便地更改工作参数，优化电源系统。通过实时过电流保护与管理，它还可以减少外围器件的数量。

数字电源有用 DSP 控制的，还有用 MCU 控制的。相对来讲，DSP 控制的电源采用数字滤波方式，较 MCU 控制的电源更能满足复杂的电源需求，实时反应速度更快，电源稳压性能更好。

数字电源的独特优点是它是可编程的，比如通信、检测、遥测等所有功能都可用软件编程实现。另外，数字电源具有高性能和高可靠性，非常灵活。

单片机中数字部分和模拟部分之间存在相互干扰。因为数字信号是频谱很宽的脉冲信号，所以主要是数字部分对模拟部分的干扰更强，一般情况下的预防措施是采用数字电源和模拟电源分开，二者之间用滤波器连接，在一些要求较高的场合，例如某些单片机内部的 AD 转换器进行 AD 转换时，常常要让数字部分进入休眠状态，绝大部分数字逻辑停止工作，以防止它们对模拟部分形成干扰。如果干扰严重，甚至可以分别用两个电源，再用电感和电容隔离就行了。也可以将整个板子上数字和模拟部分的电源分别连在一起，用分别的通路直接接到电源滤波电容的焊点上。如果对抗干扰要求不高，也可以随便接在一起。另外嵌入式系统如果不使用芯片的 A/D 或者 D/A 功能，可以不区分数字电源和模拟电源。如果嵌入式系统使用了 A/D 或者 D/A，还需考虑参考电源的设计。

11.2.4 时钟模块

数字电路要工作起来是需要脉冲来驱动的，嵌入式计算机系统也一样，可以通过有源晶振来提供时钟脉冲信号，再通过锁相环配置成各种总线时钟。单片机有很多模块如定时器、PWM、ECT、运算器、存储器等在把总线时钟配制成自己所需要的时钟，所以在开发单片机程序前就需要学习配置时钟的方式和方法。

嵌入式计算机系统一般由时钟模块来为整个系统提供多种频率的周期脉冲，还含有实时时钟(RTC)，有内部的也有外部的。时钟模块不仅仅是为嵌入式处理器服务的，有很多还可以为其他部件或模块提供时钟服务，比如 DS12B887 等，用户可以设置、读取其内的计时寄存器值。有的时钟模块带电池，有的不带，用户设置后，就可以正常自动计时了，用户可以访问其内部的寄存器，获取当前时间，有当前时间的年、月、日、时、分、秒值，一般应用中常见到时钟模块以秒为周期输出时钟脉冲。

11.2.5 人机交互模块

人机交互系统是伴着计算机的诞生就发展起来的。在现代和未来的社会里，只要有人利用通信、计算机等信息处理技术，为社会、经济、环境和资源进行活动，人机交互都是永恒的主题。鉴于它对科技发展的重要性，研究如何实现自然、便利和无所不在的人机交互，就成为现代信息技术、人工智能技术研究的至高目标，也是数学、信息科学、智能科学、神经科学，以及生理、心理科学多科学交叉的新结合点，并将引导着21世纪前期信息和计算机研究的热门方向。

人机交互系统有四个发展阶段。

(1)基于键盘和字符显示器的交互阶段。这一阶段所使用的主要交互工具为键盘及字符显示器，交互的内容主要有字符、文本和命令，交互过程显得呆板和单调。这一阶段可称为第一代人机交互技术。

(2)基于鼠标和图形显示器的交互阶段。这一阶段所使用的主要交互工具为鼠标及图形显示器，交互的内容主要有字符、图形和图像。20世纪70年代发明的鼠标，极大地改善了人机之间的交互方式，在窗口系统大量使用的今天几乎是必不可少的输入设备。应该说，鼠标和窗口系统的出现，是人机交互技术发展历史上的一次技术革命。这一阶段可称为第二代人机交互技术。

(3)基于多媒体技术的交互阶段。20世纪80年代末出现的多媒体技术，使计算机产业出现了前所未有的繁荣，声卡、图像卡等硬件设备的出现使得计算机处理声音及视频图像成为可能，从而使人机交互技术开始向声音、视频过渡。

(4)第四代人机自然交互与通信。它是一种以多模信息交互为输入/输出，以Agent为交互通信界面，具有基于知识对话的网络信息交互和检索能力，并具有二维和三维虚拟交互环境可视化显示的人机交互技术。

进入21世纪以来，基于嵌入式的数字化产品在全球范围内得到了突飞猛进的发展，产生了许多形态各异的嵌入式设备，如PDA、智能手机、机顶盒等。嵌入式系统由于具有体积小、屏幕尺寸小、操作界面简单、实时性要求高、处理器资源匮乏、存储空间不大等特点，其用户交互界面设计方法与计算机平台有很大不同。

人机交互接口主要用于人与设备之间的信息交换，通常包括用于信息输入的键盘以及信息输出的各类显示器。下面主要介绍嵌入式计算机系统中常用的人机接口的硬件结构与使用。

1. 键盘与LED

键盘和LED是最常用的两种输入/输出器件，使用它们可以实现简单的信号输入和输出，在嵌入式系统中有重要用途。这类简单外设与处理器进行连接时，通常有如下两种方式。

(1)使用处理器的GPIO直接控制，由处理器运行相应软件来实现所需功能；

(2)使用专用的控制芯片来获取按键信息以及驱动显示。

通用输入/输出(General Purpose Input Output,GPIO)可以用来实现任何一般用途的信号输入/输出。ARM处理器的大部分引脚都可以通过设定相应的控制寄存器实现基本的GPIO功能，并可编程设置信号方向、电平上拉/下拉等功能。

2. 键盘及数码管

当系统中需要较多的按键或需要驱动较多的LED显示时，由于处理器GPIO数量有限(某些引脚需留给特殊功能使用,进一步减少了可用的GPIO数量)，无法满足硬件电路设计需求；同时，采用GPIO的驱动方式需要CPU执行软件来完成相应的功能，需占用大量的处理器时间，在多任务系统中很难满足实时性要求，所以需要采用专用的控制芯片来驱动键盘及数码管。

常用的此类芯片有 HD7279A、CH451/452、BC7281 和 ZLG7289/90 等，其功能基本相同。例如，ZLG7290 是广州周立功单片机发展有限公司自行设计的数码管显示驱动及键盘扫描管理芯片，能够直接驱动 8 位共阴式数码管(或 64 个独立的 LED)，同时还可以扫描管理多达 64 个按键。其内部含有显示译码器，可直接接受 BCD 码或十六进制码，并同时具有两种译码方式。此外，该芯片还具有多种控制指令，如消隐、闪烁、左移、右移、段寻址等。利用片选信号，多片 ZLG7290 还可以并接在一起使用，能够方便地实现多于 8 位的显示或多于 64 个按键的应用。此外其内部还设置有连击计数器，能够使某键按下后不松手而连续有效。这类芯片通常采用 I2C 等串行总线的方式与处理器连接，在硬件设计中只占用较少的几个 I/O 引脚，在软件设计时可以作为系统的一个标准外设来驱动。

3. LCD 显示

液晶显示器(LCD)具有功耗低、外形厚度薄、价格低、驱动简单等特点，并有出色的字符和图形显示能力，已经成为嵌入式系统中一类重要的显示输出设备。液晶是在 1888 年，由奥地利植物学家 Reinitzer 发现的，是一种介于固体与液体之间，具有规则性分子排列的有机化合物。一般最常用的液晶形态为向列型液晶，分子形状为细长棒形，长宽 1~10nm，在不同电流电场作用下，液晶分子会做规则旋转 90°排列，产生透光度的差别，因此在不同电压的控制下即可产生明暗的区别，依此原理控制每个像素，便可构成所需图像。LCD 显示器的基本原理就是通过给不同的液晶单元供电，控制其光线的通过与否，从而达到显示的目的。因此，LCD 的驱动控制归于对每个液晶单元的通断电的控制，每个液晶单元都对应着一个电极，对其通电，便可使光线通过(也有刚好相反的,即不通电时光线通过,通电时光线不通过)。

在嵌入式系统中常用的 LCD 产品主要有两种，一种是带有驱动电路的 LCD 显示模块；另一种则仅是 LCD 显示屏，没有驱动电路，需要与驱动电路配合使用。前者可以方便地与各种低档单片机进行接口，但是由于硬件驱动电路的存在，体积比较大，这种模块常常使用总线方式来驱动，而后者特点是体积小，但是却需要另外的驱动芯片，当然也可以使用带有 LCD 驱动能力的高档处理器来直接驱动它。

11.2.6 通信接口

通信接口通常用于嵌入式设备与其他设备进行信息交换，由于各类设备性能指标差异巨大，要实现信息的传递需要进行速率、电平、时序、信息格式等多方面的转换和匹配，所以该类接口种类十分丰富，例如串行通信接口(Serial Communication Interface,SCI)、串行外设接口(Serial Peripheral Interface,SPI)、两线式串行总线(Inter Integrated Circuit,I^2C)、I^2S、CAN、USB、1394 和以太网接口等。

在嵌入式设备中最常用的串行通信接口是 SCI 接口，通常该接口以通用异步收发器(UARIT)为核心，通过电平转换以遵从 RS-232 等标准实现设备间的数据通信。UART 模块几乎内置于所有的嵌入式处理器中。

其他常用通信接口包括 SPI、I^2C、CAN 和 USB 等，它们具有各自不同的性能特点，适用于不同的通信场合，下面做一些简要介绍。

串行外设接口 SPI 总线系统是一种同步串行外设接口，是 Motorola 公司首先在其 MC68HC 系列处理器上定义的。它可以用于各类设备之间以串行方式进行方式进行通信以交换信息。在嵌入式设备中该接口主要应用于处理器与 E^2PROM、Flash、实时时钟和 ADC

等外围低速模块之间的信号传递。SPI 接口通常以主从方式工作，这种模式通常有一个主器件和一个或多个从器件。该总线系统可直接与各个厂家生产的多种标准外围器件直接接口，接口一般使用 4 条连线：串行时钟线(SCLK)、主机输入/从机输出数据线 MISO，主机输出/从机输入数据线 MOSI 和低电平有效的从机选择线 SS(有的 SPI 接口芯片带有中断信号线 INT,有的 SPI 接口芯片没有主机输出/从机输入数据线 MOSI)。在 SPI 控制器中有 3 个寄存器，分别为控制寄存器 SPCR、状态寄存器 SPSR 和数据寄存器 SPDR。

I2C 总线是由恩智浦半导体公司开发的两线式串行总线，可用于连接微控制器及其外围设备，是微电子通信控制领域广泛采用的一种总线标准。它是同步通信的一种特殊形式，具有接口线少、控制方式简单、器件封装形式小、通信速率较高等优点。I2C 总线最主要的优点是其简单性和有效性。由于接口直接在组件之上，所以 I2C 总线占用的空间非常小，减少了电路板的空间和芯片引脚的数量，降低了互连成本。总线的长度可达 7.6 米，并且能够以 10kbps 的最大传输速率支持 40 个组件。I2C 总线的另一个优点是，它支持多主控(Multimastering)，其中任何能够进行发送和接收的设备都可以成为主控。一个主控能够控制信号的传输和时钟频率。当然，在任何时刻只能有一个主控。

控制器局域网络(Controller Area Network,CAN)是由以研发和生产汽车电子产品著称的德国 BOSCH 公司开发的，并最终成为国际标准，是国际上应用最广泛的现场总线之一。在北美和西欧国家中，CAN 总线协议已经成为汽车计算机控制系统和嵌入式工业控制局域网的标准总线，并且拥有以 CAN 为底层协议的专为大型货车和重型机械车辆设计的 J1939 协议。近年来，其高可靠性和良好的错误检测能力受到重视，广泛应用于汽车计算机控制系统和环境温度恶劣、电磁辐射强及振动大的工业环境。现在，CAN 的高性能和可靠性已被认同，并广泛应用于工业自动化、船舶、医疗设备和工业设备等方面。现场总线是当今自动化领域技术发展的热点之一，被誉为自动化领域的计算机局域网。它的出现为分布式控制系统实现各节点之间的实时、可靠数据通信提供了强有力的技术支持。

通用串行总线(Universal Serial Bus,USB)是一个外部总线标准，用于规范计算机与外部设备的连接和通信。该标准在 1994 年年底由 Intel，Compaq、IBM、Motorola 等多家公司联合提出，自 1994 年 11 月 11 日发布了 USBV0.7 版本以后，USB 版本经历了多年的发展，到现在已经发展为 3.0 版本，成为目前计算机中的标准扩展接口，并在嵌入式设备中得到广泛应用。USB 用一个 4 针(USB3.0 标准为 9 针)插头作为标准插头，采用菊花链形式，可以把所有的外设连接起来，最多可以连接 127 个外部设备，并且不会损失带宽。USB 需要主机硬件、操作系统和外设三方面的支持才能发挥作用。USB 接口还可以通过 HUB 扩展出更多的接口。USB 具有传输速度快(USB1.1 可达 12Mbps,USB2.0 可达 480Mbps,USB3.0 可达 5Gbps)，使用方便，支持热插拔和即插即用，具有连接灵活和独立供电等优点，可用于连接如鼠标、键盘、打印机和调制解调器等几乎所有的外部设备。USB 自从 1996 年推出后，已成功替代串行口和并行口，并成为当今个人计算机和大量智能设备的必配接口之一。

11.3 嵌入式系统的软件系统设计

嵌入式软件系统一般包括引导程序、操作系统、驱动程序和应用软件等，它们是整个系统的控制核心，提供人机交互能力和与其他设备通信的功能。在基于 ARM 微处理器的嵌入式系统中，通常都会使用操作系统作为基本的软件平台，由专有的引导程序在系统上电时进行系统引导，对底层硬件采用驱动程序的方式进行调用，各类应用程序则运行在操作系统之上。

11.3.1 嵌入式软件的系统结构

应用在嵌入式计算机中的各种软件统称为嵌入式软件，作为嵌入式系统的一个组成部分，它除了具有通用软件一般的特性外，同时还具有特点是规模较小、开发难度较大、高实时性和高可靠性要求等。

通常嵌入式软件可分为系统软件、应用软件和支撑软件三大类，在嵌入式系统中，系统软件、应用软件运行在目标平台上(即嵌入式设备上)，而对于各种软件开发工具来说，它们大部分都运行在开发平台的 Windows 或 Linux 系统上。

对于嵌入式系统的开发主要分为无操作系统和有操作系统的嵌入式软件的开发。

1. 无操作系统的嵌入式软件开发

早期的嵌入式系统的应用范围主要集中在控制领域，硬件的配置比较低，嵌入式软件的设计主要是以应用为核心，应用软件直接建立在硬件上(即嵌入式设备上)，没有专门的操作系统，软件的规模也很小。无操作系统的嵌入式软件主要采用循环轮转和中断(前后台)两种实现方式。

1) *循环轮转方式*

循环轮转方式的基本思想是：把系统的功能分解成若干个不同的任务，放置在一个永不结束的循环语句当中，按照时间的顺序逐一执行。当程序执行完一轮后，又回到程序的开头，重新执行，循环不断。

循环轮转方式的程序简单、直观、开销小、可预测。软件的开发可以按照自顶向下、逐步求精的方式，将系统要完成的功能逐级划分成若干个小的功能模块进行编程，最后组合在一起。循环轮转方式的软件只有一条执行流程和一个地址空间，不需要任务之间的调度和切换，其程序的代码都是固定的，函数之间的调用关系也是明确的，整个系统的执行过程是可预测的。其缺点是程序必须顺序执行，无法处理异步事件，缺乏并行处理的能力，缺乏硬件上的时间控制机制，无法实现定时功能。

2) *中断方式*

中断方式又称为前后台系统形式，系统在轮询方式的基础上，增加了中断处理功能。中断服务程序(Interrupt Service Routine,ISR)负责处理异步事件，即前台程序(foreground)，也称事件处理程序。而后台程序(background)是一个系统管理调度程序，一般采用的是一个无限循环形式，负责掌管整个嵌入式系统的软、硬件资源分配、管理及任务调度。后台程序也称为任务级程序。一般情况下，后台程序会检查每个任务是否具备运行条件，通过一定的调度算法来完成相应的操作。而对一些实时性有要求的操作，通常由中断服务程序来完成，大多数的中断服务程序只做一些最基本的操作，如标记中断事件的发生等，其余的事情会延迟到后台程序去完成。

2. 有操作系统的嵌入式软件开发

目前大部分结构简单的嵌入式系统中并不含有嵌入式操作系统，这是由系统的功能应用需求决定的。但是，随着嵌入式系统要解决问题的复杂性不断增加，在嵌入式系统中加入嵌入式操作系统显得就更为重要了。功能的不断复杂、应用的不断广泛，就需要对嵌入式计算机的操作系统进行改进。目前，已经用在嵌入式系统中的操作系统主要有三类：专用系统、商用系统及开发系统。其中专用系统是某些专业人厂商为了增加本公司生产的产品特别订制的一些嵌入式操作系统，这些系统对用户而言是透明的。例如：CISCO 公司与 IOS、NOKIA 合作研制出的用于网络产品的 EPOC。专用系统的整体功能比较差，但是其针对性强，所以安全性远远强于其他普通操作系统。商用系统的功能强大，可以适用于不同领域。例如：WindRiver 公司生产的 vxWorks 等系统，以及中科院设计的 Hopen 系统等都是功能强大的商用性质的嵌入式操作系统。嵌入式计算机的应用程序是实现嵌入式系统功能的关键所在，嵌入式应用程序与通用计算的应用程序相比也有很大的不同，如嵌入式应用程序的存储方式、运用开发工具、所需系统以及设计语言等都是不同的。

从 20 世纪 80 年代开始，操作系统出现在嵌入式系统上，如今嵌入式系统已获得广泛应用，尤其在功能复杂、系统庞大的应用中显得越来越重要。在应用软件的开发时，程序员不是直接面对嵌入式的硬件设备，而是采用一种嵌入式的软件开发环境，在操作系统的基础上编写程序。

在控制系统中，采用前后台系统体系结构的软件，在遇到强干扰时，可能会使应用程序产生异常、出错，甚至死循环的现象，从而造成系统的崩溃。而采用嵌入式操作系统管理的系统，在遇到强干扰时，可能只会引起系统中某一个进程被破坏，但这可通过系统监控程序对其进行修复，系统具有自愈能力，不会引起系统崩溃。

在嵌入式操作系统环境下，开发一个复杂的应用程序，可以按照软件工程的思想，将整个程序分解为多个任务模块，每个任务模块的调试、修改几乎不影响其他的模块。利用商业软件提供的多任务调试环境，可以大大提高软件系统的开发效率，降低开发成本，缩短开发周期。

嵌入式操作系统本身是可裁减的，嵌入式系统外设及相关应用也可以配置，所开发的应用软件可以在不同的应用环境、不同的处理器芯片之间移植，软件构件可复用，有利于系统的扩展和移植。

嵌入式软件的分层体系结构如图 11-2 所示，主要包括设备驱动层、操作系统层、中间件层和应用层。

最底层是嵌入式硬件系统，包括嵌入式微处理器、存储器、键盘、LCD 显示器等输入/输出设备。在硬件层之上是设备驱动层、操作系统层、中间件层、应用层。

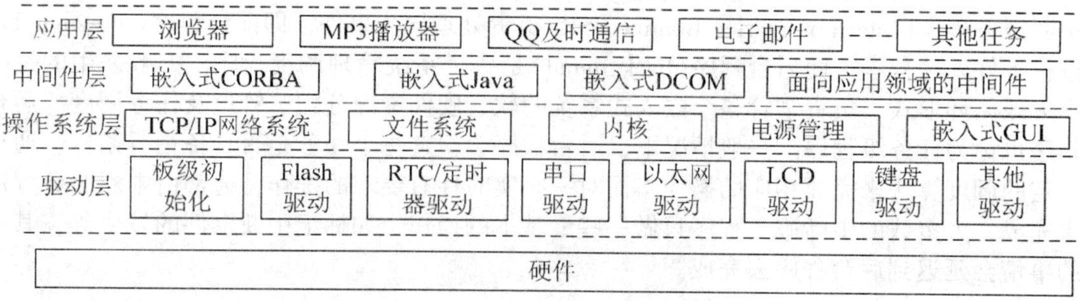

图 11-2 嵌入式软件体系结构

1）驱动层

驱动层是负责与硬件直接打交道的一层，为操作系统和应用提供所需驱动的支持。该层主要包括如下 3 种类型的程序。

(1)板级初始化程序。这些程序在嵌入式系统上电后，初始化系统的硬件环境，包括嵌入式处理器、存储器、中断控制器、DMA 和定时器等的初始化。

(2)与系统软件相关的驱动。这类驱动是操作系统和中间件等系统软件所需的驱动程序，它们的开发需按照系统软件的要求进行。目前操作系统内核所需的硬件支持一般都已集成在嵌入式处理器中了，因此操作系统厂商提供的内核驱动一般不用修改。开发人员主要编写与网络、键盘、显示和外存等相关的驱动程序。

(3)与应用软件相关的驱动。与应用软件相关的驱动不一定需要与操作系统连接，这些驱动的设计和开发取决于不同的应用。

2) 操作系统层

操作系统层分为基本部分和扩展部分。基本部分是造作系统的核心，负责整个系统的任务调度、存储管理、时钟管理和中断管理等功能；扩展部分为用户提供括嵌入式 TCP/IP 网络系统、嵌入式文件系统、嵌入式图形用户界面 GUI 系统、数据库和电源管理等部分。其中，嵌入式内核是基础和必备的部分，其他部分要根据嵌入式系统的需要进行裁减。

3) 中间件层

目前在一些复杂的嵌入式系统中也开始采用中间件技术，主要包括嵌入式 CORBA、嵌入式 Java、嵌入式 DCOM 和面向应用领域的中间件软件。

4) 应用层

应用层软件主要由多个相对独立的应用任务组成，每个应用任务完成特定的工作，如 I/O 任务、计算的任务和通信任务等，由操作系统调度各个任务的运行。

11.3.2 嵌入式软件系统工作流程

嵌入式基于操作系统的嵌入式软件系统工作的主要流程如图 11-3 所示，该执行流程主要分为 5 个阶段。

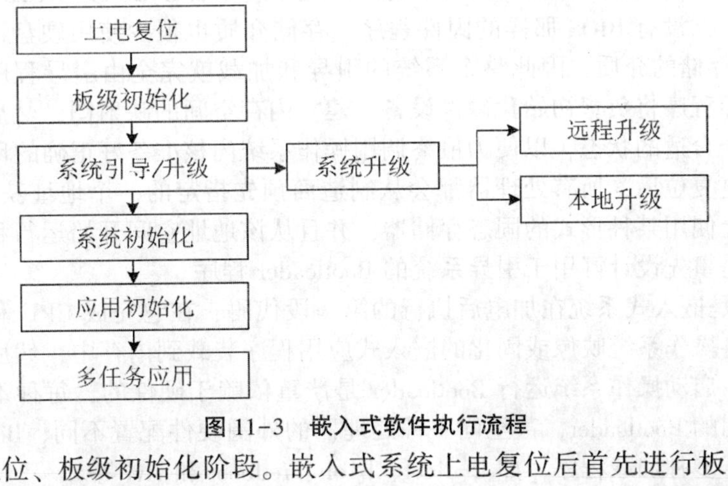

图 11-3 嵌入式软件执行流程

(1)上电复位、板级初始化阶段。嵌入式系统上电复位后首先进行板级初始化工作，一般采用汇编语言实现。对于不同的嵌入式系统，板级初始化时要完成的工作各有不同，但以下工作一般是必须完成的：

①CPU 中堆栈指针寄存器的初始化；

②BSS 段(Block Storage Space,表示未被初始化的数据)的初始化;

③CPU 芯片级的初始化，如中断控制器和内存等的初始化。

(2)系统引导/升级阶段。软件可通过判断特定开关状态或测试通信接口数据的方式来检测系统是否需要升级，然后根据需要分别进入软件系统引导阶段或系统升级阶段。

如果进入系统引导阶段，则有如下多种不同的引导方式。

将系统软件从 Flash 中读出并加载到 RAM 中运行。这种方式可以解决成本及 Flash 速度比 RAM 慢的问题，软件可压缩存储在 Flash 中。

将软件从外设(如 CF 卡和 SD 卡等)中读出并加载到 RAM 中运行，这种方式的成本更低。

不需要将软件引导到 RAM 中，让其直接在 Flash 中运行。

如果进入系统升级阶段，那么系统可通过网络进行远程升级，或通过串行接口等进行本地升级。远程升级一般支持 FTP 和 HTTP 等方式。本地升级可通过控制台端口，使用超级终端或特定的升级软件来实现。

(3)系统初始化阶段。在该阶段进行操作系统等系统软件的各功能部分所必需的初始化工作，如根据系统配置初始化堆栈空间、数据空间，初始化系统所需的接口和外设等。系统初始化阶段需要按特定顺序进行，如首先完成内核的初始化，然后完成网络、文件系统等的初始化，最后完成中间件等的初始化工作。

(4)应用初始化阶段。在该阶段进行应用任务的创建，信号量和消息队列等的创建以及与应用相关的其他初始化工作。

(5)多任务应用阶段。各种初始化工作完成后，系统进入多任务状态，操作系统按照已确定的算法进行任务的调度，各应用任务分别完成特定的功能。

11.3.3 嵌入式系统软件的引导和加载

在计算机的体系结构中，系统的引导加载程序由 BIOS(Basic Input Output System,其本质是一段固件程序)和位于硬盘 MBR 中的系统引导程序(如 LTLO 或 GRUB 等)组成。而在嵌入式系统中，并没有 BIOS 那样的固件程序，存储介质也很少使用硬盘，而是主要使用 Flash 作为系统存储的介质，因此整个系统的引导和加载就完全由引导程序来完成。嵌入式系统中的引导程序将负责初始化硬件设备、建立内存空间的映射图，然后将系统的软硬件环境带到一个合适的状态，以便为最终调用操作系统内核准备好正确的环境。

在系统上电复位后，所有处理器都会从制造商预先指定的一个地址获得第一条指令，都会在该位置上使用某种形式的固态存储器，并且从该地址空间开始运行程序，因此这部分代码通常就是事先设计好用于引导系统的 Bootloader 程序。

Bootloader 是嵌入式系统在加电后执行的第一段代码，在它完成 CPU 和相关硬件的初始化之后，再将操作系统映像或固化的嵌入式应用程序装载到内存中，然后跳转到操作系统所在的空间。启动操作系统运行 Bootloader 是严重依赖于硬件的，每种不同体系结构的处理器都有不同的 Bootloader，甚至同一种处理器的外围硬件配置不同，Bootloader 也有差别，因此出现了多种加载程序，如 U-Boot、b1ob、redboot 和 vivi 等。

对于大多数 Bootloader 来说，都具有两种不同的操作模式：启动加载模式和下载模式。在通常情况下，下载模式仅对开发人员有意义，因为从最终用户的角度看，Bootloader 的作用就是用来加载操作系统，而并不存在所谓的启动加载模式与下载模式的区别。

(1)启动加载(Bootloading)模式。又称为“自主”(Autonomous)模式。就是 Bootloader 从目标机上的某个固态存储设备上将操作系统加载到 RAM 中运行，整个过程并没有用户的介入。这种模式是 Bootloader 的正常工作模式，因此在嵌入式产品发布时，Bootloader 必须工作在这种模式下。

(2)下载(Downloading)模式。在该模式下，目标机上的 Bootloader 将通过串口连接或网络连接等通信手段从主机下载文件，比如下载内核映像和根文件系统映像等。从主机下载的文件通常首先被 Bootloader 保存到目标机的 RAM 中，然后再被 Bootloader 写到目标机上的 Flash 类固态存储者设备中。Bootloader 的这种模式通常用在第一次安装内核与根文件系统时。此外，以后的系统更新也会使用 Bootloader 的这种工作模式。工作于这种模式下的 Bootloader 通常都会向它的终端用户提供一个简单的命令行接口。

对于从 Flash 这样的设备上启动的 Bootloader，其运行大多分为两个阶段。第一个阶段主要包含依赖于 CPU 体系结构的硬件初始化代码，通常都用汇编语言来实现。这个阶段依次有以下几项主要任务：

①硬件设备初始化；

②为加载 Boatloader 的 stage2 准备 RAM 空间；

③复制 Bootloader 的 stage2 到 RAM 空间中；

④设置堆栈；

⑤跳转到 stage2 的入口点。

第二阶段通常用 C 语言完成，主要实现加载操作系统内核映像与根文件系统、调用操作系统运行的功能。这个阶段依次有以下几项主要任务：

①初始化本阶段要用到的硬件设备；

②检测系统内存映射；

③将 kernel 映像和根文件系统映像从 Flash 上读入 RAM 空间中；

④为内核设置启动参数；

⑤调用操作系统内核。

第二阶段使用 C 语言完成，是为了便于实现更复杂的功能和获得更好的代码可读性和可移植性。但是与普通 C 语言应用程序不同的是，在编译和链接 Bootloader 这样的程序时，不能使用 glibc 库中的任何支持函数。

Bootloader 的设计与实现是一个非常复杂的过程，在通常的基于 ARM 处理器的嵌入式系统中，一般使用已有的 Bootloader 程序，根据需求进行修改和移植即可。

11.3.4 嵌入式操作系统 LINUX 移植

操作系统也是嵌入式系统的重要组成部分。当今的嵌入式操作系统各种各样，国际上常见的嵌入式操作系统大约有 40 种左右，如：Linux、ucLinux、WinCE、PalmOS、Symbian、ECOS、uCOS-II、VxWorks、pSOS、Nucleus、ThreadX、Rtems、QNX、INTEGRITY、OSE、C Executive。它们基本可以分为两类，一类是面向控制、通信等领域的实时操作系统，如 Wind River 公司的 VxWorks、ISI 的 pSOS、QNX 系统软件公司的 QNX、ATI 的 Nucleus 等；另一类是面向消费电子产品的非实时操作系统，这类产品包括个人数字助理(PDA)、移动电话、机顶盒、电子书、WebPhone 等，系统有 Microsoft 的 WinCE，3Com 的 Palm，以及 Symbian 和 Google 的 Android 等。每种操作系统都有其与众不同之处。实时操作系统是嵌入式系统目前最主要的组成部分。实时性需要调度一切可利用的资源完成实时控制任务，着眼于提高计算机系统的使用效率，满足对时间的限制和要求。

嵌入式操作系统是用来负责嵌入式系统中的全部软件和硬件资源的分配以及调度工作，控制协调嵌入式系统中的并发活动。嵌入式操作系统要体现所嵌入系统的特征，可以通过对某些模块的装卸，从而实现应用系统所要求的功能。

在嵌入式系统的发展过程中，将操作系统当作嵌入式系统的原型进行了广泛的研究。而 Linux 系统的特点，在研究嵌入式系统的研究中更具优势。按照嵌入式系统的具体需求，对 Linux 内核代码进行不断的更新和优化，从而形成嵌入式 Linux 操作系统。在嵌入式 Linux 操作系统的设计中需要注意以下三点。

1. 嵌入式 Linux 的内存管理

内存管理不仅可以用向操作系统提供具有一致的地址映射，还可以对内存页面进行申请和释放操作。在没有操作系统嵌入的情况下，内存管理的工作是由嵌入式应用程序自己来完成。通过程序设计人员对程序的编写，将内存的访问设置一个界限，防止内存访问越界，提高程序运行的可靠性。通过操作系统对嵌入式应用程序的内存空间的统一管理，使嵌入式应用程序在设计中得到简化，并提高了嵌入式应用程序运行的稳定性。随着一些嵌入式处理器提供的 MMU 功能的加强，不仅使内存地址形成了映射，还加强了寻址功能，使操作系统在内存管理上更加便利。

2. 嵌入式 Linux 的 Bootloader 固件

Bootloader 固件是驻留在 ROM 中，用于启动 RAM 或 ROM 中所嵌入的软件的程序。在嵌入式 Linux 的开发中，要利用硬件目标板的特性，开发 Bootloader 程序。首先，要使用 Bootloader 对一些配置寄存器进行初始化处理；其次，对一些必备的硬件进行初始化，如内存或者中断控制器等；最后，通过 Bootloader 所提供的命令行指定系统映像所要下载的位置，利用 Bootloader 初始化操作系统并且准备启动系统。

3. 嵌入式 Linux 的实时支持

嵌入式系统需要操作系统的内核要具有实时性，能够支持多任务的操作，使嵌入式系统可以具备与外界实时交互的能力。Linux 的内核是非抢占式的，在设计时要实现 Linux 内核的实时性。嵌入式 Linux 的实时支持，可以通过对 Linux 的调度算法、中断机制以及实时信号机制等技术的运用来实现。

移植：程序或应用软件从一个系统平台移动到另一个系统平台，其功能、结构、执行结果保持不变。

移植的目的：

(1)硬件平台的升级；

(2)实现软件重用；

(3)实现软件/硬件并行设计。

移植的要求：

(1)移植对象具有硬件无关性；

(2)移植对象具有系统无关性；

(3)移植对象采用标准语言编程。

Linux 是以 UNIX 为基础发展起来的操作系统，其最大优点是源代码公开，可以任意剪裁和修改后将其移植到自己的硬件平台上，因此可以说是嵌入式操作系统的最佳选择。嵌入式 Linux 系统的开发是一个庞大的工程，在硬件搭建完毕之后，主要是下面几个基本的步骤：①系统引导程序 BootLoader 编写(用于设备加电后的系统定位引导)；②Linux 微内核的编译(内存管理、程序管理)；③进程的初始化。除此之外，如果要成为完整的操作系统并继续保持小型化，还必须加上硬件驱动程序、硬件接口程序和应用程序等。可见，嵌入式 Linux 操作系统开发具有一定的层次性，应按其结构自下而上逐层进行。

11.4 嵌入式系统的测试

对于嵌入式系统而言，嵌入式软件测试与硬件测试并没有明显的分界。嵌入式系统工作环境不同于一般软件，嵌入式软件的开发和测试通常处于跨平台的交叉工作环境。在进行嵌入式软件测试的时候，需要将软件运行在目标机上。然后将目标机的输入/输出重定位为主机的输入/输出设备，即可借助主机的资源完成对目标机的操作，一旦具备这样的条件，就可以将传统的软件测试方法应用于嵌入式软件测试中。

嵌入式系统测试对测试人员的要求较高，要求他们能够熟练掌握软、硬件两方面的知识，不仅要懂底层的硬件知识，而且对软件知识也有较高的要求，包含了大量的专业性很强的理论和实践技术。市场上需要的嵌入式测试人才必须具备高级语言编程经验、嵌入式系统开发经验等。

测试人员若仅有软件方面的知识，而缺少对硬件方面的了解，则无法达到理想的测试效果。很多时候即使发现了错误，也很难立即分清到底是软件的错误还是硬件本身的错误。因此嵌入式测试学习过程中需要有较强的动手实践能力。

11.4.1 手工测试

手工测试就是由测试工程师一个一个地输入用例，然后观察结果，与机器测试相对应，属于比较原始但是必需的一个步骤。设计用例有很多选择的原则，但是最基础的原则是覆盖性，就是要覆盖所有可能的种类。当然还有枚举覆盖、路径覆盖等不同的覆盖类型，还有就是要考虑到可能和不可能的类型，在测试过程中，手工测试的比例一般在 30% 左右。手工测试一般能够发现一些自动化测试不能发现的问题，这也是自动化测试不能取代手工测试的原因。

需要使用手工测试的场景包括以下四项。

(1)如果某项测试工作难以采用自动测试完成(甚至根本无法采用自动测试完成)。例如：在程序执行的关键时刻，需要从物理上断开一个网络连接，其目的在于验证程序处理错误条件的能力，此时就可以采用手工测试。

(2)对于某些测试，如果采用自动测试，可能导致投资回报率(Return On Investment, ROI)过低。例如，如果需要验证一个图形用户界面组件确实能够应用于某个软件产品的某项功能的开发，而这项功能又将被其他功能替换。此时，假设使用手工测试方法只需要花费 10 秒时间，但是如果使用自动测试，却需要花费几个小时甚至几天的时间编写测试，并且还要维护测试，那么在这种情况下，显然应该使用手工测试来解决问题。

(3)需要使用自动测试，但是时间不允许进行自动测试的场合。

(4)需要使用自动测试，但是开发团队当前技术水平尚不足以支持自动测试的场合。

手工测试一般是基于后面两个原因：①时间资源不足；②技术水平不足。在这些情况下，手工测试能够发挥重要的作用。利用手工测试，可以定义测试，还可以跟踪测试，直到这些测试因为产品变更被废弃为止。在许多开发团队中，手工测试是以工作任务清单形式存在的，而且将来可以将这些内容进行自动化——除非这个团队采用手工测试的原因是前面两个因素，即：①自动化是不可能的；②测试自动化的投资回报率太低。

如在应用程序的收/发功能测试中，创建测试时，许多测试人员遇到的困难是他们无法定义一个完美的测试场景。建议不要让这个困难妨碍测试，也就是说一开始测试时，必须抛开一些次要因素，将来可以逐步完善测试。例如，在第一个场景中，可以在测试过程中执行其他一些工作。举例来说，可以观察当网络连接断开时，应用程序需要用多长时间才能够将此情况通知用户。但是在进行手工测试时，一开始并不需要强调将某项功能的响应时间作为测试是否通过的标准。

编写手工测试时，首先要描述测试目的，测试环境及其局限，以及执行测试时常犯错误，然后需要深入到测试场景中。此时，必须详细列出测试步骤。

手工测试类型也存在不足之处(此处所说的不足之处,指除了需要人工交互之外的其他不足之处)。如果某个测试需要在远程计算机上运行，那么手工测试是不能作为这个测试的组成部分的；此外，如果某个测试被配置为验证一个团队完成的某个构件的稳定性，那么这类测试无法作为这个测试的组成部分来执行；最后，这类测试无法用命令行工具(即mstest.exe)来执行。之所以存在这些问题，其根本原因都是因为手工测试需要人工干预，而很难远程执行手工测试，也就是说，这个功能要求执行测试的远程计算机停止运行，并且在继续执行之前提示用户采取行动。因为这会导致无法事先预料的测试暂停(因为测试人员可能会忘记测试中包括了手工测试)，而团队也常常没有时间来解决这些方面的问题，所以可以采用的唯一解决方案是：将手工测试步骤打印出来，带到实验室，然后在某台合适的计算机上运行手工测试。完成测试后，返回办公室，在本地计算机上运行手工测试，然后根据测试过程中发现的情况，将测试结果标记为 Passed 或 Failed。确实，这种方法不是最优方法，但是在产品开发时间的限制下，常常无法及时实现手工测试，所以也只能采用这个办法。

11.4.2 自动化测试

测试工作无论是手工测试还是自动化测试都是软件质量保障的一个途径。如何更好地使两者相互结合也是一个重要问题。

对于一些基本的、逻辑性不强的操作，可以使用自动化测试工具。应该说，现在在性能测试、压力测试等方面，自动化测试有其不可替代的优势。它可以用简单的脚本，实现大量的重复的操作，从而通过对测试结果的分析得出结论，这样不仅节省了大量的人力和物力，而且使测试的结果更准确。对于一些逻辑性很强的操作，如果自动化测试不是很健全的话，不建议使用。因为这需要比较复杂的脚本语言，不可避免地会增加由于测试脚本的缺陷而造成测试结果错误的误差。这时就需要手动测试了。

手工测试也存在着一些缺陷。手工测试者最常做的就是重复的手工回归测试，不但代价昂贵，而且容易出错。自动化测试可以减少但不能消除这种工作的工作量。测试者可以有更多的时间去从事更有趣的测试，例如在应用程序在复杂的场景下的不同处理等，尽管测试就是要花费更长的时间找到错误，但比不意味着因此而要付出更高的代价。所以选择正确的测试方法是尤为重要的。

自动化测试的优点包括：

(1)对程序的回归测试更方便。这可能是自动化测试最主要的任务，特别是在程序修改比较频繁时，效果是非常明显的。由于回归测试的动作和用例是完全设计好的，测试期望的结果也是完全可以预料的，将回归测试自动运行，可以极大提高测试效率，缩短回归测试时间。

(2)可以运行更多更烦琐的测试。自动化的一个明显的好处是可以在较少的时间内运行更多的测试。

(3)可以执行一些手工测试困难或不可能进行的测试。比如，对于大量用户的测试，不可能同时让足够多的测试人员同时进行测试，但是却可以通过自动化测试模拟同时有许多用户，从而达到测试的目的。

(4)更好地利用资源。将烦琐的任务自动化，可以提高准确性和测试人员的积极性，将测试技术人员解脱出来投入更多精力设计更好的测试用例。有些测试不适合于自动测试，仅适合于手工测试。将可自动测试的测试自动化后，可以让测试人员专注于手工测试部分，提高手工测试的效率。

(5)测试具有一致性和可重复性。由于测试是自动执行的，每次测试的结果和执行的内容的一致性是可以得到保障的，从而达到测试的可重复的效果。

(6)测试的复用性。由于自动测试通常采用脚本技术，这样就有可能只需要做少量的修改的甚至不做修改，实现在不同的测试过程中使用相同的用例。

(7)增加软件信任度。由于测试是自动执行的，所以不存在执行过程中的疏忽和错误，完全取决于测试的设计质量。一旦软件通过了强有力的自动测试后，它的被信任度自然会提高。

自动化测试的缺点包括：

(1)不能取代手工测试。

(2)手工测试比自动测试发现的缺陷更多。

(3)对测试质量的依赖性极大。

(4)测试自动化不能提高有效性。

(5)测试自动化可能会制约软件开发。由于自动测试比手动测试更脆弱，所以维护会受到限制，从而制约软件的开发。

(6)自动化测试工具本身并无自行更新的能力。

综上所述，可以归结为自动化测试完成不了的工作，手工测试都能弥补，两者有效地结合是保证测试质量的关键。

11.4.3 功能测试和性能测试

嵌入式系统的性能的覆盖面比较广泛，对一个具体系统而言，包括任务执行效率、资源占用、稳定性、安全性、兼容性、可扩展性、可靠性等。性能测试用于保证系统运行的性能满足用户需求。

功能测试主要根据产品业务需求、产品行业特征，模拟用户操作方式来测试一个产品的特性，以确定它们是否满足用户需求。性能测试则是通过某种特定的方式对被测试系统按照一定的测试策略进行施压，获取该系统的响应时间、运行效率、资源利用情况等各项性能指标，来评价系统是否满足用户性能需求的过程。通俗地说，功能测试用于确保软件系统做了正确的事情，性能测试则用于确保软件系统快速地完成了任务。

性能测试的目标：评价系统的当前性能；分析系统瓶颈；优化系统；预见系统未来性能；容量可扩充性。

评价系统的当前性能是指系统刚上线使用，即处于试运行时，用户需要确定当前系统是否满足验收要求。

项目组不同角色眼中的软件性能：(1) 系统管理员作为软件系统的操作和维护人员，主要关注服务器的资源使用状况、系统的扩展性、系统支持的最大用户量、系统稳定性，以及系统可能出现的瓶颈、出现异常的情况下如何处理等。(2) 研发人员会更关注软件系统架构设计的合理性、数据库的设计是否存在问题、代码是否存在性能方面问题、内存使用方式是否正确、线程同步方式是否合理、是否存在不合理的资源竞争等。(3) 测试人员是软件性能质量的把关者，在软件性能生命周期中占据至关重要的位置，软件性能测试工程师要对性能问题进行监控，分析及模拟实际使用过程中所出现的性能问题；还要跟各个角色做好沟通工作，对测试出的各种性能问题，要提供充分有力的数据，为后续的分析和定位性能问题、性能优化工作做好充分的准备。

11.4.4 黑/白盒测试

白盒测试：是通过程序的源代码进行测试而不使用用户界面。这种类型的测试需要从代码句法去发现内部代码在算法、溢出、路径、条件等方面的缺点或者错误，进而加以修正。黑盒测试：又称为功能测试、数据驱动测试或基于规格说明的测试，是通过使用整个软件或某种软件功能来严格地测试，而并没有通过检查程序的源代码或者很清楚地了解该软件的源代码程序具体是怎样设计的。测试人员输入他们的数据然后看输出的结果，从而了解软件是怎样工作的。

它不管程序内部结构是什么样的，只是从用户出发，根据产品应该实现的实际功能和已定义好的产品规格来验证产品所应该具有的功能是否实现，每个功能是否都能正常使用，是否满足用户要求。

黑盒测试是从用户的角度，从输入数据与输出数据的对应关系出发进行测试的。很明显，如果外部特性本身设计有问题或规格说明的规定有误，用黑盒测试方法是发现不了这类错误的。

黑盒测试并不能取代白盒测试，它是与白盒测试互补的测试方法，它很可能发现白盒测试不易发现的其他类型错误。

黑盒测试的具体方法有：等价类划分法、边界值分析法、错误推测法、因果图等。黑盒测试主要试图发现下列几类错误：功能不正确或遗漏；界面错误；输入和输出错误；数据库访问错误；性能错误；初始化和终止错误等。

11.5 基于 STM32 处理器的嵌入式计算机系统实例

下面介绍一种基于 ARM Cortex-M3 的处理器 STM32F103ZET6 为核心的金属杂质拣选系统，它可以实现的功能包括：经由传送装置将被拣选药品传送到金属杂质检测头内进行检测，将含有金属杂质的药品单独分颗发送出来进行自动剔除，对无金属杂质的良好药品进行收集。本质上它是一个按颗粒药品中是否含有金属杂质进行拣选分类的机电装置。

11.5.1 检测系统原理

针对药品的金属杂质检测系统包括装置机械结构、检测头、硬件和软件四个方面的设计。机械结构包含药品发送装置、传送装置和自动剔除装置；选取“同轴型”线圈模式对检测头进行基于互感原理的设计，嵌入式计算机的硬件部分是STM32核心的嵌入式芯片，给出最小系统、外围电路以及电源转换部分电路图，需对直流电动机、直流电动机驱动器、舵机、电流传感器分别选型，设计出相应的典型电路。嵌入式软件方面，给出主程序流程图，可以实现的功能包括直流电机的驱动和控制、舵机控制、检测信号的采集和处理、模数转换等。

设计的金属杂质检测系统含检测头、药品传送装置、药品发送装置、控制面板。系统原理框图如图11-4所示。

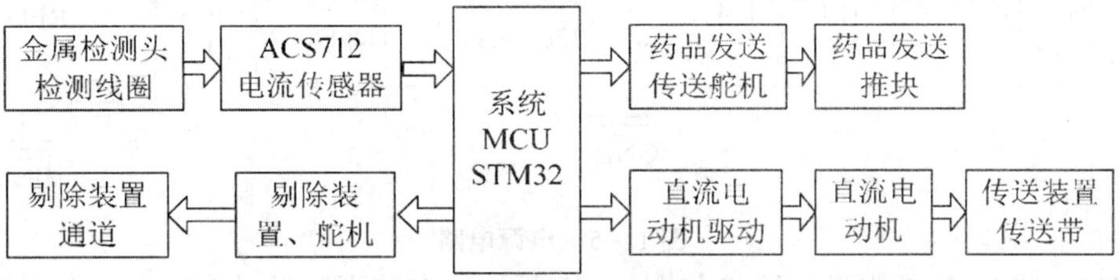

图11-4 金属杂质检测系统原理框图

使用“线圈式”金属杂质检测头，检测头设置了专门的药品发送装置，可以保证每颗药品都是单独通过检测头，并且都有一定的时间间隔，含金属杂质的药品颗粒经过互感电路所发出的信号超过预定的“触发”值时，检测仪器开始工作，采取幅值检测方法，选出良好产品，剔除含金属杂质的药品颗粒。

11.5.2 硬件系统

1. 电源系统

金属杂质检测系统采用±12V电源为整个检测系统供电。首先分析一下检测头、控制和驱动系统的用电情况。

STM32控制板：+5V、+3.3V；

舵机：+5V；

电动机驱动器：+5V；

传感器电源输入：+5V；

金属杂质检测头发射线圈振荡电路输入：±12V。

整个金属杂质检测系统的电源设计为12V转5V，然后5V转3.3V。其中+12V电源转为+5V这一步尤为重要，因为+5V电源的效率、稳定性和可靠性直接影响着后面3.3V电源的性能，而且，+5V电源还是两个舵机、电机驱动器、传感器的工作电源，所以+5V电源的设计和工作效果会影响到整个金属杂质检测系统。

2. 金属杂质检测系统Cortex板级设计

STM32F103ZET6具有核内64K RAM，512KB Flash存储器，5个通用定时/计数器。又因为程序设计本身并不十分复杂，所以，STM32F103ZET6控制板无须外接Flash和

RAM，只需该款 MCU 的最小系统和所需功能引脚扩展，便可完成指定任务。STM32 在装置中负责：①控制传送装置的直流电机一个，需要方向控制 GPIO 两个(10 和 01 分别代表正向和反向)；②控制药品发送装置和自动剔除装置的舵机各一个，一共两个，需要 PWM 波两路，占用 GPIO 口两个；③捕捉电流传感器信息，需要 GPIO 两个。

STM32F103ZET6 一单片机最小系统包括：STM32F103ZET6、电源电路、时钟电路、复位电路、JTAG 接口、其他接口电路。

1) 电源电路

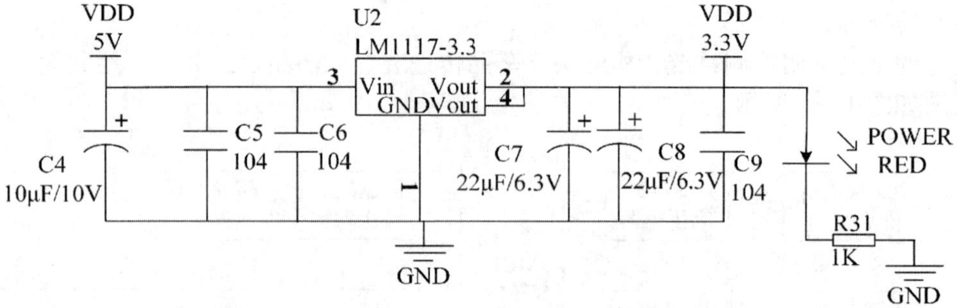

图 11-5 电源电路

STM32F103ZET6 的电源电路（如图 11-5 所示）在前面已经讨论。在一个系统中，电源部分负载提供稳定的能量，其他一些系统有时候出现故障并不一定单纯是出故障部分的问题，有可能是电源问题引起的，也就是说电源故障具有很强的隐蔽性，且对整机影响很大，所以一个稳定性高的电源模块对于整块板子乃至系统的其他部分都十分重要。

2) 时钟电路

晶振，也就是晶体振荡器，在单片机中的作用是为系统提供一个原始的时钟频率，系统中其他总线频率都是由这个原始频率经过倍频或分频变换而来的。一般情况下，一块单片机只有一个晶振，而 STM32F103ZET6 却有两个晶振。其中一个为高速外部时钟(HSE)，由 8MHz(4~16MHz 均可)的晶体谐振器构成的振荡器产生，作为 PPL(锁相回路、锁相环，Phase Locked Loop)倍频用，具体电路如图 11-6 所示；另一个为低速外部时钟(LSE)，由 32.768kHz 的晶体谐振器构成的振荡器产生，系统待机或者低功耗时使用。

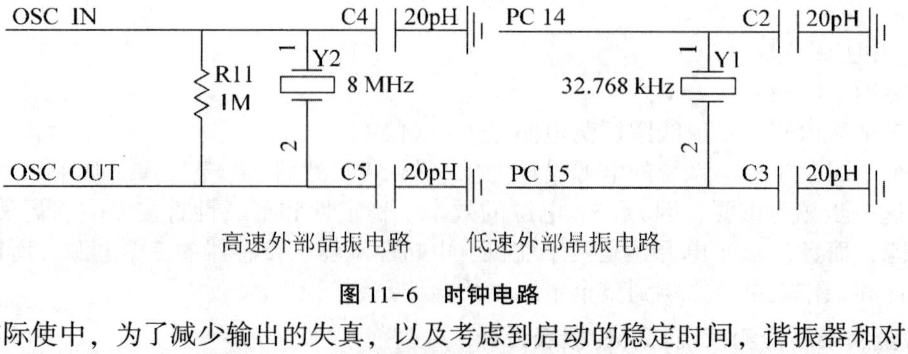

图 11-6 时钟电路

在实际使中，为了减少输出的失真，以及考虑到启动的稳定时间，谐振器和对应的负载电路都要尽可能地靠近震荡器。高速外部晶振电路上附加了 1MΩ 的电阻以便于起振。

3）复位电路

复位电路是单片机系统稳定工作必不可少的一环。这里采用的是最常见的 RC 复位电路，复位端接 STM32 处理器的 $\overline{\text{RESET}}$ 引脚。系统正常工作，振荡器稳定以后，$\overline{\text{RESET}}$ 引脚上有一个高电平，并需要维持至少 2 个机器周期(即 24 个振荡周期)，CPU 才能够响应进而系统复位。复位电路如图 11-7 所示。

$\overline{\text{RESET}}$ 引脚和电源 VCC 之间有一个按钮，人工按下按钮，$\overline{\text{RESET}}$ 就被手动接上+5V 的高电平。于是人工按动，保持接通时间能够达到数十毫秒，可以满足系统复位的时间要求。

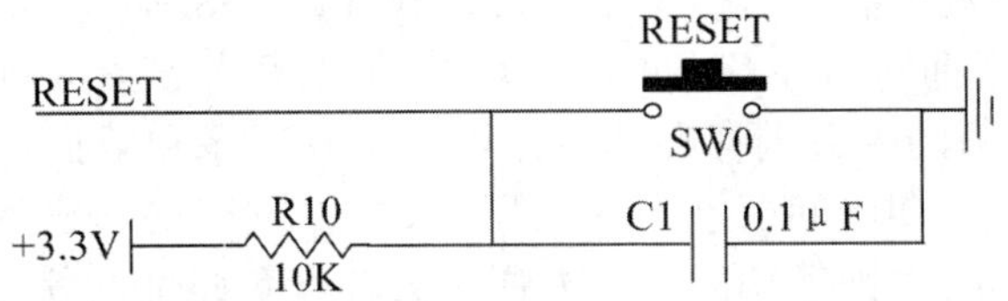

图 11-7　STM32 处理器的复位电路

4）JTAG 调试口和其他接口

处理器内嵌了 ARM 的 SWJ-DP 接口，这个接口结合了 JTAG(联合调试)和串行单线调试，可以实现 JTAG(联合调试)和串行单线接口的连接。JTAG 的 TMS 和 TCK 两个信号引脚是与 SWDIO 和 SWCLK 共用的。JTAG-DP 和 SW-DP 之间的切换是由 TMS 引脚上的特殊信号序列来实现的，具体 JTAG 接口电路如图 11-8 所示。其他接口即为一些 GPIO，不做赘述。

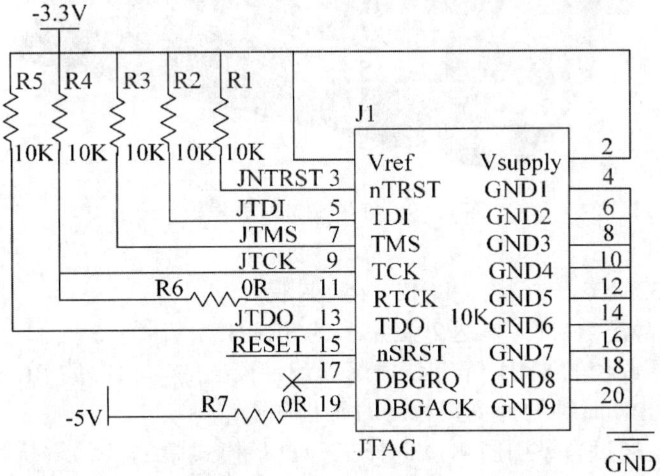

图 11-8　JTAG 接口电路

3. STM32F103ZFT6 开发系统简介

红牛 STM32 开发板（如图 11-9 所示）是一款功能强大的 32 位 ARM 单片机开发板，开发板核心芯片为 STM32F103ZET6。这款处理器是 ARM Cortex-M3 系列的最高配置芯片，采用了 ARMS CortexTM-M3 的 RISC(Reduced Instruction Set Computing)内核、具有 JTAG

线上调试等功能。开发板上提供了指示灯、蜂鸣器、液晶接口、按键等部件，并具有 SD 存储卡接口、CAN 接口和 USB2.0 全速接口等，极大地方便了用户在 32 位 ARM 嵌入式系统领域进行开发试验。

STM32F103ZET6 工作频率为 72MHz，具有非常丰富的 I/O 端口以及内部的 ADC、普通定时器和 PWM 定时器等，具有高速存储器和丰富的外设。通信接口方面，包括 2 个 RS232 接口、1 个 SDIO 接口、1 个 USB 接口、1 个 CAN 接口等。工作温度范围是-40℃~+105℃，供电电压为 2.0~3.6V。为了实现低功耗，系统还提供了一系列的省电模式。

STM32 增强型系列微控制器具有丰富的外设，主要适用于以下场合：工业方面的可编程控制器(PLC)、变频器、打印机和扫描仪；一些简单的医疗设备；生活中的空调系统；实验开发中的电动机驱动控制：对讲系统以及游戏外设，等等。

红牛 STM32 开发板拥有自主版权的 JTAG 仿真技术，支持 Keil μVision3 集成开发环境；具有高达 512K 字节的内置闪存存储器，用于存放程序和数据；多达 64K 字节的内置 SRAM CPU 能以零等待周期访问(读/写)；开发板提供友善的人机界面，可以用于在普通电脑上实现，为调试实时时钟等功能提供方便。另外配套详细的使用教材和实验例程，可以实现的实验包括以下几类：GPIO 控制实验，可以实现蜂鸣器的控制等；外部中断实验，I^2C 总线实验，SPI 接口数据发送、接收实验；PWM 输出实验、DAC 实验、ADC 数据采集试验；配套提供详细的技术资料。

图 11-9 红牛 STM32 开发板

开发板特性如下：

(1)32 位 STM32F103ZET6 核，LQFP 144 封装。

(2)64KB 片内静态 RAM，高达 20K 字节的 SRAM。

(3)内嵌经出厂调校的 8MHz 的 RC 振荡器和带校准的 40kHz 的 RC 振荡器。

(4)具有产生 CPU 时钟的片内锁相环时钟倍频器。

(5)在启动时，通过自举引脚可以选择三种自举模式中的一种：从程序闪存存储器自举、从系统存储器自举、从内部 SRAM 自举。自举加载程序(Bootloader)存放于系统存储器中，可以通过 USART1 对闪存重新编程。

(6)3 个 12 位 ADC，输入通道多，转换时间低至 1μs，接收信号范围为 0~3.6V，具有双采样和保持功能。

(7)1 个 16 位紧急刹车。

(8)多种通信接口，包括：I^2C 接口、USART 接口、SPI 接口、CAN 接口。

(9)驱动器芯片为 SN65VHD230；具有 USB 2.0 全速接口。

(10)通用 I/O 口数量丰富(可承受 5V 电压)，以及多个外部中断引脚。

(11)3 个低功耗模式：睡眠、停机和待机。

(12)可通过个别使能/禁止外部功能来优化功耗。

本装置所涉及的 STM 处理器的功能描述如下。

1) 通用并行 I/O 口

通用的并行 I/O 口引脚如果没有预设或指定特定功能，就由 GPIO 寄存器控制。寄存器可以自由地把引脚定义为输入或输出，也可以随时对任意输出口清零或者重新置于高低电平。定义为输出功能的 I/O 口引脚状态都可以随时读出。另外，当系统复位后，所有的 I/O 口引脚都默认为输入状态。

2) 12 位 A/D 转换器

STM32F103ZET6 包含 3 个 12 位的模拟/数字转换器(ADC)，每个 ADC 共用多达 21 个外部通道，可以实现单次或扫描转换。采集信号的范围为 0~3.6V，采样速度为每秒 12 位采样四十万次。输入转换模式可以在单路和多路之间迅速转换。

3) 中断源 USART

STM32F103ZET6 包含了 3 个通用同步/异步收发器(USART1、USART2 和 USART3)，和 2 个通用异步收发器(UART4 和 DART5)。

USARTI 接口通信速率可达 4.5Mbps，其他接口的通信速率可达 2.25Mbps。USART1、USART2 和 USART3 接口具有硬件的 CTS 和 RTS 信号管理、兼容 IS07816 的智能卡模式和类 SPI 通信模式，除了 USART3 之外所有其他接口都可以使用 DMA 操作。

4) 通用定时器

处理器内置了多达 4 个可同步运行的标准定时器，每个定时器都有 1 个 16 位的自动加载递加/递减计数器、1 个 16 位的预分频器和 4 个独立的通道，每个通道都可以实现的功能包括：输入采集、输出比较、PWM 和单脉冲模式输出。

这些定时器还能够处理增量编码器的信号，也能处理 1 至 3 个霍尔传感器的数字输出。

11.5.3 软件系统

主程序流程图如图 11-10 所示。

系统初始化后，首先判断允许启动 GPIO 电平，如不为高电平，即为系统内部某些部件没有准备好，或者处于待机状态，不适合工作，药品发送舵机不启动，则药品在发送装置中不会放出，直流电动机不启动，则药品不会被送入检测头监测区域；如为高电平，即为系统内各部分都已做好工作准备，且没有异常情况发生，则可以开始传送药品进行检测。药品经传送装置进入检测区域，检测头检测结果 GPIO 口输入为低电平的，即为不含有金属污染物的良好药品，检测后会被传入正常药品收集箱；如果检测结果输入高电平，即为含有金属污染物的污染药品，系统会启动剔除装置舵机，将药品送入污染药品收集箱。

除了正常运行的程序，还会设计一应对突发意外状况的急停程序，出现意外时，系统会停止工作，药品发送舵机停止发送工作，传送直流电动机停止运转，剔除装置也会将正在检测的药品全部导入污染药品收集箱，避免可能存在的金属污染药品进入正常收集箱所带来的风险。

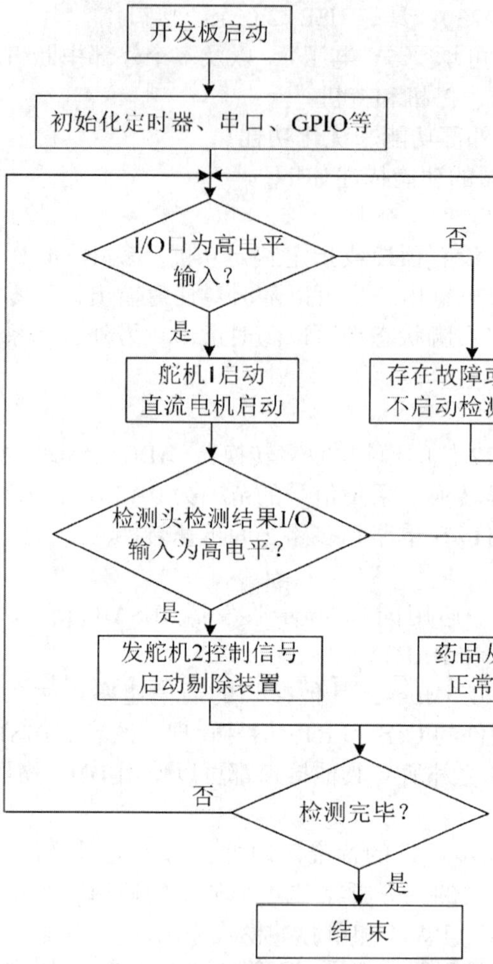

图 11-10 金属杂质检测系统程序流程图

11.5.4 检测过程

药品胶囊经发送装置传送到传送带上，然后进入检测阶段。整个过程的电信号传递如图 11-11 所示。

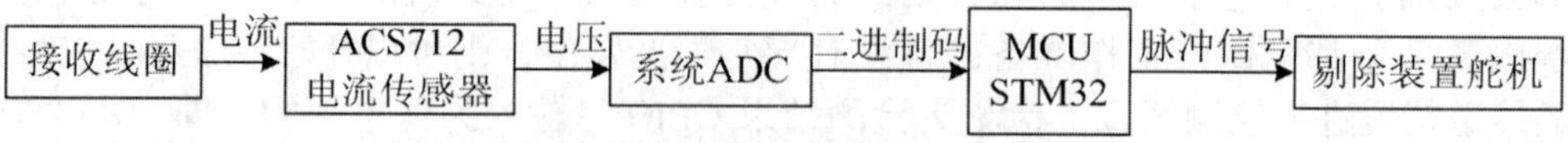

图 11-11 检测过程的信号传输

如果被检测的是良品，不含金属杂质，则检测过程全程都不会发出检测信号，即接收线圈两端检测不到电流，ACS712 电流传感器输出的电压值一直都是 2.5V。电压值经过 ADC 模/数转换之后输出的二进制码在这一阶段内也都是不变的。系统在数据采集比较之后，没有发现数据的波动，则表示检测电流没有反向，没有金属杂质通过检测头，默认药品没被污染，不启动剔除装置，将药品传入正常药品收集箱。

如果被检测的是含有金属杂质的胶囊，那么检测全程的检测信号都会发生变化。当胶囊在第一个接受线圈正下方时，检测电流达到正向最大值。随着胶囊的移动，电流幅值逐渐变小，直到到达发射线圈正下方，电流幅值减小到0。胶囊继续前行，检测电流逐渐反向增大，直到到达第二个接受线圈正下方时，检测电流幅值达到反向最大值。这个过程中，ASC712电流传感器的输出电压会由一个大于2.5V的数值，逐渐减小到0~2.5V之间的数值，但是具体的电压值因金属杂质的大小、材质等不同而不同。经过ADC转换输出的二进制码也会不断变化，系统发现变化，识别到电流反向、电压变化超过2.5V后，会启动剔除装置，将污染药品传入污染药品回收箱。

习题

1. 嵌入式系统的基本含义是什么？
2. 简述嵌入式系统的特点及应用领域。
3. 嵌入式系统的常用术语有哪些？
4. 嵌入式操作系统有哪些？
5. 嵌入式计算机系统的常用测试方法有哪些？
6. ARM嵌入式计算机系统的设计流程包括哪些步骤？

附录 A ASCII 码

ASCII 码(表中二进制代码按顺序 b6b5b4b3b2b1b0 排列)

LSD $b_3b_2b_1b_0$ MSD $b_6b_5b_4$		0	1	2	3	4	5	6	7	8	9	A	B	C	D	E	F
		0000	0001	0010	0011	0100	0101	0110	0111	1000	1001	1010	1011	1100	1101	1110	1111
0	000	NUL	SOH	STX	ETX	EOT	ENQ	ACK	BEL	BS	HT	LF	VT	FF	CR	SO	SI
1	001	DLE	DCI	DC2	DC3	DC4	NAK	SYN	ETB	CAN	EM	SUB	ESC	FS	GS	RS	US
2	010	SP	!	“	#	$	%	&	´	(	)	*	+	,	–	.	/
3	011	0	1	2	3	4	5	6	7	8	9	:	;	<	=	>	?
4	100	@	A	B	C	D	E	F	G	H	I	J	K	L	M	N	0
5	101	P	Q	R	S	T	U	V	W	X	Y	Z	[	\	]	↑	←
6	110	、	a	b	c	d	e	f	g	h	i	j	k	l	m	n	o
7	111	p	q	r	s	t	u	v	w	x	y	z	{	ǀ	}	~	DEL

NUL 空
SOH 标题开始
STX 标题结束
ETX 本文结束
EOT 传输结束
ENQ 询问
ACK 应答
BEL 报警
BS 退格
HT 横向列表
LF 换行
VT 垂直列表
FF 走纸控制
CR 回车
SO 移位输出
SI 移位输入
DLE 数据链换码
DC1 设备控制 1
DC2 设备控制 2
DC3 设备控制 3
DC4 设备控制 4
NAK 否定
SYN 同步
ETB 信息组传送结束
CAN 取消
EM 纸尽
SUB 减
ESC 换码
FS 文字分隔符
GS 组分离符
RS 记录分离符
US 单元分隔符
SP 空格

注:

字符 0~9 的 ASCII 码依次为:30H,31H,32H,……,39H;

字符 a~z 的 ASCII 码依次为:61H,62H,63H,……,7AH;

字符 A~Z 的 ASCII 码依次为:41H,42H,43H,……,5AH。

附录 B Cortex-M3 指令

助记符	操作数	简介	标志
ADC,ADCS	{Rd,}Rn,Op2	带进位的加法	N,Z,C,V
ADD,ADDS	{Rd,}Rn,Op2	加法	N,Z,C,V
ADD,ADDW	{Rd,}Rn,#imm12	加法	N,Z,C,V
ADR	Rd,label	加载 PC 相关地址	—
AND,ANDS	{Rd,}Rn,Op2	逻辑与	N,Z,C
ASR,ASRS	Rd,Rm,<Rs|#n>	算术右移	N,Z,C
B	Label	跳转	—
BFC	Rd,#lsb,#width	位域清除	—
BFI	Rd,Rn,#lsb,#width	位域插入	—
BIC,BICS	{Rd,}Rn,Op2	位清除	N,Z,C
BKPT	#imm	断点	—
BL	Label	带链接的跳转	—
BLXRm	Label	带链接的间接跳转	—
BX	Rm	间接跳转	—
CBNZ	Rn,label	若比较非零则跳转	—
CBZ	Rn,label	若比较为零则跳转	—
CLREX	—	排他清除	—
CLZ	Rd,Rm	前导零计数	—
CMN	Rn,Op2	负比较	N,Z,C,V
CMP	Rn,Op2	比较	N,Z,C,V
CPSID	iflags	改变处理器状态,禁止中断	—
CPSIE	iflags	改变处理器状态,使能中断	—
DMB	—	数据存储器屏障	—
DSB	—	数据同步屏障	—
EOR,EORS	{Rd,}Rn,Op2	异或	N,Z,C
ISB	—	指令同步屏障	—
IT	—	If-Then 条件块	—
LDM	Rn{!},reglist	加载多个寄存器后增加	—

（续表）

助记符	操作数	简　介	标　志
LDMDB,LDMEA	Rn{!},reglist	加载多个寄存器先减小	—
LDMFD,LDMIA	Rn{!},reglist	加载多个寄存器后增加	—
LDR	Rt,[Rn,#offset]	将字加载到寄存器	—
LDRB,LDRBT	Rt,[Rn,#offset]	将字节加载到寄存器	—
LDRD	Rt,Rt2,[Rn,#offset]	将 2 个字加载到寄存器	—
LDREX	Rt,[Rn,#offset]	排他加载寄存器	—
LDREXB	Rt,[Rn]	排他加载字节到寄存器	—
LDREXH	Rt,[Rn]	排他加载半字到寄存器	—
LDRH,LDRHT	Rt,[Rn,#offset]	加载半字到寄存器	—
LDRSB,LDRSBT	Rt,[Rn,#offset]	加载有符号字节到寄存器	—
LDRSH,LDRSHT	Rt,[Rn,#offset]	加载有符号半字到寄存器	—
LDRT	Rt,[Rn,#offset]	将字加载到寄存器	—
LSL,LSLS	Rd,Rm,<Rs|#n>	逻辑左移	N,Z,C
LSR,LSRS	Rd,Rm,<Rs|#n>	逻辑右移	N,Z,C
MLA	Rd,Rn,Rm,Ra	乘累加,结果为 32 位	—
MLS	Rd,Rn,Rm,Ra	乘相减,结果为 32 位	—
MOV,MOVS	Rd,Op2	移动	N,Z,C
MOVT	Rd,#imm16	移到顶部	—
MOVW,MOV	Rd,#imm16	移动 16 位常量	N,Z,C
MRS	Rd,spec_reg	从特殊寄存器移至普通寄存器	—
MSR	spec_reg,Rm	从普通寄存器移至特殊寄存器	N,Z,C,V
MUI,MULS	Rd,Rn,Rm	乘法,结果为 32 位	N,Z
MVN,MVNS	Rd,Op2	移动取反	N,Z,C
NOP	—	无操作	—
ORN,ORNS	{Rd,}Rn,Op2	逻辑或取反	N,Z,C
ORR,ORRS	{Rd,}Rn,Op2	逻辑或	N,Z,C
POP	reglist	将寄存器出栈	—
PUSH	reglist	将寄存器压栈	—
RBIT	Rd,Rn	位反转	—
REV	Rd,Rn	反转字中的字节序	—
REV16	Rd,Rn	反转每个半字中的字节序	—
REVSH	Rd,Rn	反转低半字的字节序并有符号展开	—
ROR,RORS	Rd,Rm,<Rs|#n>	右移	N,Z,C

（续表）

助记符	操作数	简　介	标　志
RRX,RRXS	Rd,Rm	右移并展开	N,Z,C
RSB,RSBS	｛Rd,｝Rn,Op2	反转相减	N,Z,C,V
SBC,SBCS	｛Rd,｝Rn,Op2	带借位减法	N,Z,C,V
SBFX	Rd,Rn,#lsb,#width	有符号位域提取	—
SDIV	｛Rd,｝Rn,Rm	有符号除法	—
SEV	—	发送事件	—
SMLAL	RdLo,RdHi,Rn,Rm	有符号乘法并累加(32×32+64),64 位结果	—
SMULL	RdLo,RdHi,Rn,Rm	有符号乘法(32×32),64 位结果	—
SSAT	Rd,#n,Rm｛,shift#s｝	有符号饱和	Q
STM	Rn｛!｝,reglist	存储多个寄存器后增加	—
STMIA,STMEA	Rn｛!｝,reglist	存储多个寄存器后增加	—
STMFD,STMDB	Rn｛!｝,reglist	存储多个寄存器先减小	—
STR	Rt,[Rn,#offset]	存储寄存器字	—
STRB,STRBT	Rt,[Rn,#offset]	存储寄存器字节	—
STRD	Rt,Rt2,[Rn,#offset]	将两个字存入寄存器	—
STREX	Rd,Rt,[Rn,#offset]	排他存储寄存器	—
STREXB	Rd,Rt,[Rn]	排他将字节存入寄存器	—
STREXH	Rd,Rt,[Rn] Rt,[Rn,#offset]	排他将半字存入寄存器	—
STRH,STRHT	Rt,[Rn,#offset]	将半字存入寄存器	—
STRT	Rt,[Rn,#offset]	将字存入寄存器	—
SUB,SUBS	｛Rd,｝Rn,Op2	减法	N,Z,C,V
SUB,SUBW	｛Rd,｝Rn,#imm12	减法	N,Z,C,V
SVC	#imm	请求管理调用	—
SXTB	Rd,Rm｛ROR#n｝	有符号展开字节	—
SXTH	Rd,Rm｛ROR#n｝	有符号展开半字	—
TBB	[Rn,Rm]	表格跳转字节	—
TBH	[Rn,Rm,LSL#1]	表格跳转半字	—
TEQ	Rn,Op2	测试相等	N,Z,C
TST	Rn,Op2	测试	N,Z,C
UBFX	Rd,Rn,#lsb,#width	无符号位域提取	—
UDIV	｛Rd,｝Rn,Rm	无符号除法	—
UMLAL	RdLo,RdHi,Rn,Rm	无符号乘法并累加(32×32+64),64 位结果	—

(续表)

助记符	操作数	简介	标志
UMULL	RdLo,RdHi,Rn,Rm	无符号乘法(32×32),64 位结果	—
USAT	Rd,#n,Rm{,shift#s}	无符号饱和	Q
UXTB	Rd,Rm{,ROR#n}	零展开字节	—
UXTH	Rd,Rm{,ROR#n}	零展开半字	—
WFE	—	等待事件	—
WFI	—	等待中断	—

附录 C　常用寄存器描述

1. RCC 寄存器描述

1）RCC 寄存器列表

RCC 寄存器基地址 0x40021000。

名　称	说　明
RCC_CR	时钟控制寄存器
RCC_CFGR	时钟配置寄存器
RCC_CIR	时钟中断寄存器
RCC_APB2RSTR	APB2 外设复位寄存器
RCC_APB1RSTR	APB1 外设复位寄存器
RCC_AHBENR	AHB 外设时钟使能寄存器
RCC_APB2ENR	APB2 外设时钟使能寄存器
RCC_APB1ENR	APB1 外设时钟使能寄存器
RCC_BDCR	备份域控制寄存器
RCC_CSR	控制/状态寄存器

2）RCC 时钟控制寄存器（RCC_CR）

地址偏移：0x00。
复位值：0x0000xx83。

位	名　称	说　明
31：26	–	保留，始终读为 0
25	PLLRDY	PLL 时钟就绪标志。PLL 锁定后由硬件置 1 0：PLL 未锁定；1：PLL 锁定
24	PLLON	PLL 使能。由软件置 1 或清零。当进入待机和停止模式时，该位由硬件清零。当 PLL 时钟被用作或被选择将要作为系统时钟时，该位不能被清零 0：PLL 关闭；1：PLL 使能
23：20	–	保留，始终读为 0
19	CSSON	时钟安全系统使能。由软件置 1 或清零以使能时钟监测器。0：时钟监测器关闭；1：如果外部 4~16MHz 振荡器就绪，时钟监测器开启

（续表）

位	名 称	说 明
18	HSEBYP	外部高速时钟旁路。在调试模式下由软件置 1 或清零来旁路外部晶体振荡器。只有在外部 4~16MHz 振荡器关闭的情况下，才能写入该位。 0：外部 4~16MHz 振荡器没有旁路； 1：外部 4~16MHz 外部晶体振荡器被旁路
17	HSERDY	外部高速时钟就绪标志。由硬件置 1 来指示外部 4~16MHz 振荡器已经稳定。在 HSEON 位清零后，该位需要 6 个外部 4~25MHz 振荡器周期清零。 0：外部 4~16MHz 振荡器没有就绪； 1：外部 4~16MHz 振荡器就绪
16	HSEON	外部高速时钟使能。由软件置 1 或清零。当进入待机和停止模式时，该位由硬件清零，关闭 4~16MHz 外部振荡器。当外部 4~16MHz 振荡器被用作或被选择将要作为系统时钟时，该位不能被清零。 0：HSE 振荡器关闭；1：HSE 振荡器开启
15：8	HSICAL	内部高速时钟校准。在系统启动时，这些位被自动初始化
7：3	HSITRIM	内部高速时钟调整。由软件写入来调整内部高速时钟，它们被叠加在 HSICAL［5：0］数值上。这些位在 HSICAL［7：0］的基础上，让用户可以输入一个调整数值，根据电压和温度的变化调整内部 HSIRC 振荡器的频率。默认数值为 16，可以把 HSI 调整到 8MHz±1%；每步 HSICAL 的变化调整约 40kHz
2	–	保留，始终读为 0
1	HSIRDY	内部高速时钟就绪标志。由硬件置 1 来指示内部 8MHz 振荡器已经稳定。在 HSION 位清零后，该位需要 6 个内部 8MHz 振荡器周期清零。 0：内部 8MHz 振荡器没有就绪； 1：内部 8MHz 振荡器就绪
0	HSION	内部高速时钟使能。由软件置 1 或清零。当从待机和停止模式返回或用作系统时钟的外部 4~16MHz 振荡器发生故障时，该位由硬件置 1 来启动内部 8MHz 的 RC 振荡器。当内部 8MHz 振荡器被直接或间接地用作或被选择将要作为系统时钟时，该位不能被清零。 0：内部 8MHz 振荡器关闭；1：内部 8MHz 振荡器开启

3）RCC 时钟配置寄存器（RCC_CFGR）

地址偏移：0x04。

复位值：0x0000 0000。

位	名 称	说 明
31：27	–	保留，始终读为 0
26：24	MCO	微控制器时钟输出。由软件置 1 或清零。 0xx：没有时钟输出； 100：系统时钟（SYSCLK）输出；

（续表）

位	名 称	说 明
26：24	MCO	101：内部 RC 振荡器时钟（HSI）输出； 110：外部振荡器时钟（HSE）输出； 111：PLL 时钟 2 分频后输出。 注意：①该时钟输出在启动和切换 MCO 时钟源时可能会被截断。②在系统时钟作为输出至 MCO 引脚时，请保证输出时钟频率不超过 50MHz（I/O 口最高频率）
22	USBPRE	USB 预分频。由软件置 1 或清零来产生 48MHz 的 USB 时钟。在 RCC_APB1ENR 寄存器中使能 USB 时钟之前，必须保证该位已经有效。如果 USB 时钟被使能，该位不能被清零。 0：PLL 时钟 1．5 倍分频作为 USB 时钟； 1：PLL 时钟直接作为 USB 时钟
21：18	PLLMUL	PLL 倍频系数。由软件设置来确定 PLL 倍频系数。只有在 PLL 关闭的情况下才可被写入。 0000～1101：PLL2～15 倍频输出； 1110，1111：PLL16 倍频输出
17	PLLXTPRE	HSE 分频器作为 PLL 输入由软件置 1 或清零来分频 HSE 后作为 PLL 输入时钟。只能在关闭 PLL 时才能写入此位。 0：HSE 不分频；1：HSE2 分频
16	PLLSRC	PLL 输入时钟源。由软件置 1 或清零来选择 PLL 输入时钟源。只能在关闭 PLL 时才能写入此位。 0：HSI 振荡器时钟经 2 分频后作为 PLL 输入时钟； 1：HSE 时钟作为 PLL 输入时钟
15：14	ADCPRE	ADC 预分频。由软件置 1 或清零来确定 ADC 时钟频率。 00～11：PCLK2 分别按 2、4、6、8 分频后作为 ADC 时钟
13：11	PPRE2	高速 APB 预分频。由软件置 1 或清零来控制高速 APB2 时钟（PCLK2）的预分频系数。 0xx：HCLK 不分频；100：HCLK2 分频； 101：HCLK4 分频；110：HCLK8 分频； 111：HCLK16 分频
10：8	PPRE1	低速 APB 预分频（APB1）。由软件置 1 或清零来控制低速 APB1 时钟（PCLK1）的预分频系数。软件必须保证 APB1 时钟频率不超过 36MHz。 0xx：HCLK 不分频；100：HCLK2 分频； 101：HCLK4 分频；110：HCLK8 分频； 111：HCLK16 分频
7：4	HPRE	AHB 预分频。由软件置 1 或清零来控制 AHB 时钟的预分频系数。 0xxx：SYSCLK 不分频； 1000：SYSCLK2 分频；1100：SYSCLK64 分频； 1001：SYSCLK4 分频；1101：SYSCLK128 分频；

（续表）

位	名 称	说 明
7：4	HPRE	1010：SYSCLK8 分频；1110：SYSCLK256 分频； 1011：SYSCLK16 分频；1111：SYSCLK512 分频
3：2	SWS	系统时钟切换状态。由硬件置 1 或清零来指示哪一个时钟源被作为系统时钟。 00：HSI 作为系统时钟；01：HSE 作为系统时钟； 10：PLL 输出作为系统时钟；11：不可用
1：0	SW	系统时钟切换。由软件置 1 或清零来选择系统时钟源。在从停止或待机模式中返回时或直接或间接作为系统时钟的 HSE 出现故障时，由硬件强制选择 HSI 作为系统时钟（如果时钟安全系统已经启动）。 00：HSI 作为系统时钟；01：HSE 作为系统时钟； 10：PLL 输出作为系统时钟；11：不可用

2. SPI 寄存器描述

1）SPI（Serial Peripheral Interface——串行外设接口）寄存器列表

SPI1 寄存器基地址：0x40013000。

SPI2 寄存器基地址：0x40003800。

SPI3 寄存器基地址：0x40003C00。

名 称	说 明
SPI_CR1	SPI 控制寄存器 1
SPI_CR2	SPI 控制寄存器 2
SPI_SR	SPI 状态寄存器
SPI_DR	SPI 数据寄存器
SPI_CRCPR	SPICRC 多项式寄存器
SPI_RxCRCR	SPI 接收 CRC 寄存器
SPI_TxCRCR	SPI 发送 CRC 寄存器

2）SPI 控制寄存器 1（SPI_CR1）

地址偏移：0x00。

复位值：0x0000。

位	名 称	说 明
15	BIDIMODE	双向数据模式使能。 0：选择“双线双向”模式； 1：选择“单线双向”模式

（续表）

位	名　称	说　明
14	BIDIOE	双向模式下的输出使能。和 BIDIMODE 位一起决定在“单线双向”模式下数据的输出方向。 0：输出禁止（只收模式）； 1：输出使能（只发模式）。 这个“单线”数据线在主设备端为 MOSI 引脚，在从设备端为 MISO 引脚
13	CRCEN	硬件 CRC 校验使能。 0：禁止 CRC 计算； 1：启动 CRC 计算。 注：只有在禁止 SPI 时（SPE=0），才能写该位，否则出错。 该位只能在全双工模式下使用
12	CRCNEXT	下一个发送 CRC。 0：下一个发送的值来自发送缓冲区。 1：下一个发送的值来自发送 CRC 寄存器。 注：在 SPI_DR 寄存器写入最后一个数据后应马上设置该位
11	DFF	数据帧格式。 0：使用 8 位数据帧格式进行发送/接收； 1：使用 16 位数据帧格式进行发送/接收。 注：只有当 SPI 禁止（SPE=0）时，才能写该位，否则出错
10	RXONLY	只接收。该位和 BIDIMODE 位一起决定在“双线双向”模式下的传输方向。在多个从设备的配置中，在未被访问的从设备上该位被置 1，使得只有被访问的从设备有输出，从而不会造成数据线上数据冲突。 0：全双工（发送和接收）； 1：禁止输出（只接收模式）
9	SSM	软件从设备管理。当 SSM 被置位时，NSS 引脚上的电平由 SSI 位的值决定。 0：禁止软件从设备管理； 1：启用软件从设备管理
8	SSI	内部从设备选择。 该位只在 SSM 位为 1 时有意义。它决定了 NSS 上的电平，在 NSS 引脚上的 I/O 操作无效
7	LSBFIRST	帧格式。 0：先发送 MSB； 1：先发送 LSB。 注：当通信在进行时不能改变该位的值
6	SPE	SPI 使能。 0：禁止 SPI 设备； 1：开启 SPI 设备
5：3	BR	波特率控制

（续表）

位	名 称	说 明
2	MSTR	主设备选择。 0：配置为从设备； 1：配置为主设备。 注：当通信正在进行的时候，不能修改该位
1	CPOL	时钟极性。 0：数据采样从第一个时钟边沿开始； 1：数据采样从第二个时钟边沿开始。 注：当通信正在进行的时候，不能修改该位
0	CPHA	时钟相位。 0：数据采样从第一个时钟边沿开始； 1：数据采样从第二个时钟边沿开始。 注：当通信正在进行的时候，不能修改该位

3）SPI 控制寄存器 2（SPI_CR2）

地址偏移：0x04。

复位值：0x0000。

位	名 称	说 明
15：8	–	保留
7	TXEIE	发送缓冲区空中断使能。 0：禁止 TXE 中断； 1：允许 TXE 中断，当 TXE 标志置位为 1 时产生中断请求
6	RXNEIE	接收缓冲区非空中断使能。 0：禁止 RXNE 中断； 1：允许 RXNE 中断，当 RXNE 标志置位时产生中断请求
5	ERRIR	错误中断使能。当错误（CRCERR、OVR、MODF）产生时，该位控制是否产生中断。 0：禁止错误中断； 1：允许错误中断
4：3	–	保留位，硬件强制为 0
2	SSOE	SS 输出使能。 0：禁止在主模式下 SS 输出，该设备可以工作在多主设备模式； 1：设备开启时，开启主模式下 SS 输出，该设备不能工作在多主设备模式
1	TXDMAEN	发送缓冲区 DMA 使能。 当该位被设置时，TXE 标志一旦被置位就发出 DMA 请求。 0：禁止发送缓冲区 DMA； 1：启动发送缓冲区 DMA
0	RXDMAEN	接收缓冲区 DMA 使能。 当该位被设置时，RXNE 标志一旦被置位就发出 DMA 请求

（续表）

位	名 称	说 明
0	RXDMAEN	0：禁止接收缓冲区 DMA； 1：启动接收缓冲区 DMA

4）SPI 状态寄存器（SPI_SR）
地址偏移：0x08。
复位值：0x0000。

位	名 称	说 明
15：8	–	保留，硬件强制为 0
7	BSY	忙标志。 0：SPI 不忙； 1：SPI 正忙于通信，或者发送缓冲非空。 该位由硬件置位或者复位
6	OVR	溢出标志。 0：没有出现溢出错误； 1：出现溢出错误。 该位由硬件置位，由软件序列复位
5	MODF	模式错误。 0：没有出现模式错误； 1：出现模式错误。 该位由硬件置位，由软件序列复位
4	CRCERR	CRC 错误标志。 0：收到的 CRC 值和 SPI_RXCRCR 寄存器中的值匹配； 1：收到的 CRC 值和 SPI_RXCRCR 寄存器中的值不匹配。 该位由硬件置位，由软件写 0 而复位
3	UDR	下溢标志位。 0：未发生下溢； 1：发生下溢。 该标志位由硬件置 1，由一个软件序列清零
2	CHSIDE	声道。 0：需要传输或者接收左声道； 1：需要传输或者接收右声道。 注：在 SPI 模式下不使用
1	TXE	发送缓冲为空。 0：发送缓冲非空； 1：发送缓冲为空

（续表）

位	名 称	说 明
0	RXNE	接收缓冲非空。 0：接收缓冲为空； 1：接收缓冲非空

5）SPI 数据寄存器（SPI_DR）

地址偏移：0x0C。

复位值：0x0000。

位	名 称	说 明
15：0	DR	数据寄存器。 数据寄存器对应两个缓冲区：一个用于写（发送缓冲）；另一个用于读（接收缓冲）。写操作将数据写到发送缓冲区；读操作将返回接收缓冲区里的数据。 根据 SPI_CR1 的 DFF 位对数据帧格式进行选择，数据的发送和接收可以是 8 位或者 16 位的。为保证正确的操作，需要在启用 SPI 之前就确定好数据帧格式。 对于 8 位的数据，缓冲器是 8 位的，发送和接收时只会用到 SPI_DR［7：0］。在接收时，SPI_DR［15：8］被强制为 0。 对于 16 位的数据，缓冲器是 16 位的，发送和接收时会用到整个数据寄存器

6）SPICRC 多项式寄存器（SPI_CRCPR）

地址偏移：0x10。

复位值：0x0000。

位	名 称	说 明
15：0	CRCPOLY	CRC 多项式寄存器。 该寄存器包含了 CRC 计算时用到的多项式。 其复位值为 0x0007，根据应用可以设置其他数值

7）SPIRxCRC 寄存器（SPI_RXCRCR）

地址偏移：0x14。

复位值：0x0000。

位	名 称	说 明
15：0	RXCRC	接收 CRC 寄存器。 在启用 CRC 计算时，RXCRC［15：0］中包含了依据收到的字节计算的 CRC 数值。当在 SPI_CR1 的 CRCEN 位写入 1 时，该寄存器被复位。CRC 计算使用 SPI_CRCPR 中的多项式

（续表）

位	名 称	说 明
15：0	RXCRC	当数据帧格式被设置为 8 位时，仅低 8 位参与计算，并且按照 CRC8 的方法进行；当数据帧格式为 16 位时，寄存器中的所有 16 位都参与计算，并且按照 CRC16 的标准。 当 BSY 标志为 1 时读该寄存器，将可能读到不正确的数值

8）SPITxCRC 寄存器（SPI_TXCRCR）

地址偏移：0x18。

复位值：0x0000。

位	名 称	说 明
15：0	TXCRC	发送 CRC 寄存器。 在启用 CRC 计算时，TXCRC［15：0］中包含了依据将要发送的字节计算的 CRC 数值。当在 SPI_CR1 中的 CRCEN 位写入 1 时，该寄存器被复位。CRC 计算使用 SPI_CRCPR 中的多项式。 当数据帧格式被设置为 8 位时，仅低 8 位参与计算，并且按照 CRC8 的方法进行；当数据帧格式为 16 位时，寄存器中的所有 16 个位都参与计算，并且按照 CRC16 的标准。 当 BSY 标志为 1 时读该寄存器，将可能读到不正确的数值

3．USART 寄存器描述

1）USART 寄存器列表

USART1 寄存器基地址：0x40013800。

USART2 寄存器基地址：0x40004400。

USART3 寄存器基地址：0x40004800。

USART4 寄存器基地址：0x40004C00。

USART5 寄存器基地址：0x40005000。

名 称	说 明
USART_SR	USART 状态寄存器
USART_DR	USART 数据寄存器
USART_BRR	USART 波特率寄存器
USART_CR1	USART 控制寄存器 1
USART_CR2	USART 控制寄存器 2
USART_CR3	USART 控制寄存器 3
USART_GTPR	USART 保护时间和预分频寄存器

2）USART 状态寄存器（USART_SR）

地址偏移：0x00。

复位值：0x00C0。

位	名 称	说 明
31：10	–	保留，硬件强制为 0
9	CTS	CTS 标志。如果设置了 CTSE 位，当 nCTS 输入变化状态时，该位被硬件置高。由软件将其清零。如果 USART_CR3 中的 CTSIE 为 1，则产生中断。 0：nCTS 状态线上没有变化； 1：nCTS 状态线上发生变化
8	LBD	LIN 断开检测标志。当探测到 LIN 断开时，该位由硬件置 1，由软件清零（向该位写 0）。如果 USART_CR3 中的 LBDIE=1，则产生中断。 0：没有检测到 LIN 断开； 1：检测到 LIN 断开
7	TXE	发送数据寄存器空。当 TDR 寄存器中的数据被硬件转移到移位寄存器的时候，该位被硬件置位。如果 USART_CR1 寄存器中的 TXEIE 为 1，则产生中断。对 USART_DR 的写操作，将该位清零。 0：数据还没有被转移到移位寄存器； 1：数据已经被转移到移位寄存器。 注意：单缓冲器传输中使用该位
6	TC	发送完成。当包含有数据的一帧发送完成后，并且 TXE=1 时，由硬件将该位置 1。如果 USART_CR1 中的 TCIE 为 1，则产生中断。由软件序列清除该位（先读 USART_SR，然后写入 USART_DR）。TC 位也可以通过写入 0 来清除，只有在多缓存通信中才推荐这种清除程序。 0：发送还未完成； 1：发送完成
5	RXNE	读数据寄存器非空。当 RDR 移位寄存器中的数据被转移到 USART_DR 寄存器中，该位被硬件置位。如果 USART_CR1 寄存器中的 RXNEIE 为 1，则产生中断。对 USART_DR 的读操作可以将该位清零。RXNE 位也可以通过写入 0 来清除，只有在多缓存通信中才推荐这种清除程序。 0：数据没有收到； 1：收到数据，可以读出
4	IDLE	监测到总线空闲。当检测到总线空闲时，该位被硬件置位。如果 USART_CR1 中的 IDLEIE 为 1，则产生中断。由软件序列清除该位（先读 USART_SR，然后读 USART_DR）。 0：没有检测到空闲总线； 1：检测到空闲总线 注意：IDLE 位不会再次被置高直到 RXNE 位被置起（即又检测到一次空闲总线）

（续表）

位	名 称	说 明
3	ORE	过载错误。当 RXNE 仍然是 1 的时候，当前被接收在移位寄存器中的数据，需要传送至 RDR 寄存器时，硬件将该位置位。如果 USART_CR1 中的 RXNEIE 为 1，则产生中断。由软件序列将其清零（先读 USART_SR，然后读 USART_CR）。 0：没有过载错误； 1：检测到过载错误。 注意：该位被置位时，RDR 寄存器中的值不会丢失，但是移位寄存器中的数据会被覆盖。如果设置了 EIE 位，在多缓冲器通信模式下，ORE 标志置位会产生中断的
2	NE	噪声错误标志。在接收到的帧检测到噪声时，由硬件对该位置位。由软件序列对其清零（先读 USART_SR，再读 USART_DR）。 0：没有检测到噪声； 1：检测到噪声。 注意：该位不会产生中断，因为它和 RXNE 一起出现，硬件会在设置 RXNE 标志时产生中断。在多缓冲区通信模式下，如果设置了 EIE 位，则设置 NE 标志时会产生中断
1	FE	帧错误。当检测到同步错位、过多的噪声或者检测到断开符，该位被硬件置位。由软件序列将其清零（先读 USART_SR，再读 USART_DR）。 0：没有检测到帧错误； 1：检测到帧错误或者 break 符。 注意：该位不会产生中断，因为它和 RXNE 一起出现，硬件会在设置 RXNE 标志时产生中断。如果当前传输的数据既产生了帧错误，又产生了过载错误，硬件还是会继续该数据的传输，并且只设置 ORE 标志位。 在多缓冲区通信模式下，如果设置了 EIE 位，则设置 FE 标志时会产生中断
0	PE	校验错误。在接收模式下，如果出现奇偶校验错误，硬件对该位置位。由软件序列对其清零（依次读 USART_SR 和 USART_DR）。在清除 PE 位前，软件必须等待 RXNE 标志位被置 1。如果 USART_CR1 中的 PEIE 为 1，则产生中断。 0：没有奇偶校验错误； 1：奇偶校验错误

3）USART 数据寄存器（USART_DR）

地址偏移：0x04。

复位值：不确定。

位	名 称	说 明
31：9	–	保留，硬件强制 0

（续表）

位	名 称	说 明
8：0	DR	数据值。 包含了发送或接收的数据。由于它是由两个寄存器组成的，一个给发送用（TDR），另一个给接收用（RDR），该寄存器兼具读和写的功能。TDR 寄存器提供了内部总线和输出移位寄存器之间的并行接口。RDR 寄存器提供了输入移位寄存器和内部总线之间的并行接口。 当使能校验位（USART_CR1 中 PCE 位被置位）进行发送时，写到 MSB 的值（根据数据的长度不同，MSB 是第 7 位或者第 8 位）会被后来的校验位该取代。 当使能校验位进行接收时，读到的 MSB 位是接收到的校验位

4）USART 波特率寄存器（USART_BRR）

地址偏移：0x08。

复位值：0x0000。

位	名 称	说 明
31：16	–	保留，硬件强制为 0
15：4	DIV_Mantissa	USARTDIV 的整数部分
3：0	DIV_Fraction	USARTDIV 的小数部分

5）USART 控制寄存器 1（USART_CR1）

地址偏移：0x0C。

复位值：0x0000。

位	名 称	说 明
31：14	–	保留，硬件强制为 0
13	UE	USART 使能。当该位被清零，在当前字节传输完成后 USART 的分频器和输出停止工作，以减少功耗。该位由软件设置和清零。 0：USART 分频器和输出被禁止； 1：USART 模块使能
12	M	字长。该位定义了数据字的长度，由软件对其设置和清零 0：一个起始位，8 个数据位，n 个停止位； 1：一个起始位，9 个数据位，n 个停止位。 注意：在数据传输过程中（发送或者接收时），不能修改这个位
11	WAKE	唤醒的方法。该位决定了把 USART 唤醒的方法，由软件对该位设置和清零。 0：被空闲总线唤醒； 1：被地址标记唤醒

（续表）

位	名 称	说 明
10	PCE	检验控制使能。用该位选择是否进行硬件校验控制（对于发送来说就是校验位的产生；对于接收来说就是校验位的检测）。当使能了该位，在发送数据的最高位（如果 M=1，最高位就是第 9 位；如果 M=0，最高位就是第 8 位）插入校验位；对接收到的数据检查其校验位。软件对它置 1 或清零。一旦设置了该位，当前字节传输完成后，校验控制才生效。 0：禁止校验控制； 1：使能校验控制
9	PS	校验选择。当校验控制使能后，该位用来选择是采用偶校验还是奇校验。软件对它置 1 或清零。当前字节传输完成后，该选择生效。 0：偶校验； 1：奇校验
8	PEIE	PE 中断使能。该位由软件设置或清除。 0：禁止产生中断； 1：当 USART_SR 中的 PE 为 1 时，产生 USART 中断
7	TXEIE	发送缓冲区空中断使能。该位由软件设置或清除。 0：禁止产生中断； 1：当 USART_SR 中的 TXE 为 1 时，产生 USART 中断
6	TCIE	发送完成中断使能。该位由软件设置或清除。 0：禁止产生中断； 1：当 USART_SR 中的 TC 为 1 时，产生 USART 中断
5	RXNEIE	接收缓冲区非空中断使能。该位由软件设置或清除。 0：禁止产生中断； 1：当 USART_SR 中的 ORE 或者 RXNE 为 1 时，产生 USART 中断
4	IDLEIE	IDLE 中断使能。该位由软件设置或清除。 0：禁止产生中断； 1：当 USART_SR 中的 IDLE 为 1 时，产生 USART 中断
3	TE	发送使能。该位使能发送器。该位由软件设置或清除。 0：禁止发送； 1：使能发送。 注意：①在数据传输过程中，除了在智能卡模式下，如果 TE 位上有个 0 脉冲（即设置为 0 之后再设置为 1），会在当前数据字传输完成后，发送一个“前导符”（空闲总线）。 ②当 TE 被设置后，在真正发送开始之前，有一个比特时间的延迟
2	RE	接收使能。该位由软件设置或清除。 0：禁止接收； 1：使能接收，并开始搜寻 RX 引脚上的起始位
1	RWU	接收唤醒。该位用来决定是否把 USART 置于静默模式。该位由软件设置或清除。当唤醒序列到来时，硬件也会将其清零。 0：接收器处于正常工作模式； 1：接收器处于静默模式

（续表）

位	名 称	说 明
1	RWU	注意：①在把 USART 置于静默模式（设置 RWU 位）之前，USART 要已经接收了一个数据字节；否则在静默模式下，不能被空闲总线检测唤醒。 ②当配置成地址标记检测唤醒（WAKE 位=1），在 RXNE 位被置位时，不能用软件修改 RWU 位
0	SBK	发送断开帧。使用该位来发送断开字符。该位可以由软件设置或清除。操作过程应该是软件设置位它，然后在断开帧的停止位时，由硬件将该位复位。 0：没有发送断开字符； 1：将要发送断开字符

6）USART 控制寄存器 2（USART_CR2）

地址偏移：0x10。

复位值：0x0000。

位	名 称	说 明
31：15	-	保留，硬件强制为 0
14	LINEN	LIN 模式使能。该位由软件设置或清除。 0：禁止 LIN 模式； 1：使能 LIN 模式。 在 LIN 模式下，可以用 USART_CR1 寄存器中的 SBK 位发送 LIN 同步断开符（低 13 位），以及检测 LIN 同步断开符
13：12	STOP	停止位。这 2 位用来设置停止位的位数。 00：1 个停止位； 01：0.5 个停止位； 10：2 个停止位； 11：1.5 个停止位； 注：UART4 和 UART5 不能用 0.5 停止位和 1.5 停止位
11	CLKEN	时钟使能。该位用来使能 CK 引脚。 0：禁止 CK 引脚； 1：使能 CK 引脚。 注：UART4 和 UART5 上不存在这一位
10	CPOL	时钟极性。在同步模式下，可以用该位选择 SLCK 引脚上时钟输出的极性。该位和 CPHA 位一起配合来产生需要的时钟/数据的采样关系。 0：总线空闲时 CK 引脚上保持低电平； 1：总线空闲时 CK 引脚上保持高电平。 注：UART4 和 UART5 上不存在这一位
9	CPHA	时钟相位。在同步模式下，可以用该位选择 SLCK 引脚上时钟输出的相位。该位和 CPOL 位一起配合来产生需要的时钟/数据的采样关系。 0：在时钟的第一个边沿进行数据捕获； 1：在时钟的第二个边沿进行数据捕获。 注：UART4 和 UART5 上不存在这一位

（续表）

位	名 称	说 明
8	LBCL	最后一位时钟脉冲。在同步模式下，使用该位来控制是否在 CK 引脚上输出最后发送的那个数据字节（MSB）对应的时钟脉冲 0：最后一位数据的时钟脉冲不从 CK 输出； 1：最后一位数据的时钟脉冲会从 CK 输出。 注意：①最后一个数据位就是第 8 或者第 9 个发送的位（根据 USART_CR1 寄存器中的 M 位所定义的 8 或者 9 位数据帧格式）。 ②UART4 和 UART5 上不存在这一位
7	-	保留位，硬件强制为 0
6	LBDIE	LIN 断开符检测中断使能。断开符中断屏蔽（使用断开分隔符来检测断开符）。 0：禁止中断； 1：只要 USART_SR 寄存器中的 LBD 为 1 就产生中断
5	LBDL	LIN 断开符检测长度。该位用来选择是 11 位还是 10 位的断开符检测。 0：10 位的断开符检测； 1：11 位的断开符检测
4	-	保留位，硬件强制为 0
3：0	ADD	本设备的 USART 节点地址。该位域给出本设备 USART 节点的地址。这是在多处理器通信下的静默模式中使用的，使用地址标记来唤醒某个 USART 设备

7）USART 控制寄存器 3（USART_CR3）

地址偏移：0x14。

复位值：0x0000。

位	名 称	说 明
31：11	-	保留位，硬件强制为 0
10	CTSIE	CTS 中断使能。 0：禁止中断； 1：USART_SR 寄存器中的 CTS 为 1 时产生中断。 注：UART4 和 UART5 上不存在这一位
9	CTSE	CTS 使能。 0：禁止 CTS 硬件流控制。 1：CTS 模式使能，只有 nCTS 输入信号有效（拉成低电平）时才能发送数据。如果在数据传输的过程中，nCTS 信号变成无效，那么发完这个数据后，传输就停止。当 nCTS 为无效时，往数据寄存器里写数据，则要等到 nCTS 有效时才会发送这个数据。 注：UART4 和 UART5 上不存在这一位

（续表）

位	名 称	说 明
8	RTSE	RTS 使能。 0：禁止 RTS 硬件流控制； 1：RTS 中断使能，只有接收缓冲区内有空余的空间时才请求下一个数据。当前数据发送完成后，发送操作就需要暂停。如果可以接收数据，将 nRTS 输出置为有效（拉至低电平）。 注：UART4 和 UART5 上不存在这一位
7	DMAT	DMA 使能发送。该位由软件设置或清除。 0：禁止发送时的 DMA 模式； 1：使能发送时的 DMA 模式。 注：UART4 和 UART5 上不存在这一位
6	DMAR	DMA 使能接收。该位由软件设置或清除。 0：禁止接收时的 DMA 模式； 1：使能接收时的 DMA 模式。 注：UART4 和 UART5 上不存在这一位
5	SCEN	智能卡模式使能。该位用来使能智能卡模式。 0：禁止智能卡模式； 1：使能智能卡模式。 注：UART4 和 UART5 上不存在这一位
4	NACK	智能卡 NACK 使能。 0：校验错误出现时，不发送 NACK； 1：校验错误出现时，发送 NACK。 注：UART4 和 UART5 上不存在这一位
3	HDSEL	半双工选择。选择单线半双工模式。 0：不选择半双工模式； 1：选择半双工模式。
2	IRLP	红外低功耗。该位用来选择普通模式还是低功耗红外模式。 0：通常模式； 1：低功耗模式。
1	IREN	红外模式使能。该位由软件设置或清除。 0：不使能红外模式； 1：使能红外模式。
0	EIE	错误中断使能。在多缓冲区通信模式下，当有帧错误、过载或者噪声错误时（USART_SR 中的 FE=1，或者 ORE=1，或者 NE=1）产生中断。 0：禁止中断； 1：只要 USART_CR3 中的 DMAR=1，并且 USART_SR 中的 FE=1，或者 ORE=1，或者 NE=1，则产生中断。

8）USART 保护时间和预分频寄存器（USART_GTPR）

地址偏移：0x18。

复位值：0x0000。

位	名 称	说 明
31：16	-	保留位，硬件强制为 0
15：8	GT	保护时间值。该位域规定了以波特时钟为单位的保护时间。在智能卡模式下，需要这个功能。当保护时间过去后，才会设置发送完成标志。 注：UART4 和 UART5 上不存在这一位
7：0	PSC	对系统时钟分频以获得低功耗模式下的频率。 源时钟被寄存器中的值（仅有 8 位有效）分频。 00000000：保留 - 不要写入该值； 00000001：对源时钟 1 分频； 00000010：对源时钟 2 分频； …… 预分频器值。 • 在红外（IrDA）低功耗模式下： PSC［7：0］=红外低功耗波特率
7：0	PSC	• 在红外（IrDA）的正常模式下：PSC 只能设置为 00000001。 • 在智能卡模式下： PSC［4：0］：预分频值。 对系统时钟进行分频，给智能卡提供时钟。 寄存器中给出的值（低 5 位有效）乘以 2 后，作为对源时钟的分频因子。 00000：保留 - 不要写入该值； 00001：对源时钟进行 2 分频； 00010：对源时钟进行 4 分频； 00011：对源时钟进行 6 分频； …… 注意：①位［7：5］在智能卡模式下没有意义； ②UART4 和 UART5 上不存在这一位

4. GPIO 寄存器描述

1）GPIO 寄存器列表

GPIOA 寄存器基地址：0x40010800。
GPIOB 寄存器基地址：0x40010C00。
GPIOC 寄存器基地址：0x40011000。
GPIOD 寄存器基地址：0x40011400。
GPIOE 寄存器基地址：0x40011800。
GPIOF 寄存器基地址：0x40011C00。
GPIOG 寄存器基地址：0x40011200。

名 称	说 明
GPIOx_CRL	端口配置低寄存器

（续表）

名　称	说　明
GPIOx_CRH	端口配置高寄存器
GPIOx_IDR	端口输入数据寄存器
GPIOx_ODR	端口输出数据寄存器
GPIOx_BSRR	端口位设置/复位寄存器
GPIOx_BRR	端口位复位寄存器
GPIOx_LCKR	端口配置锁定寄存器

2）GPIO 端口配置低寄存器（GPIOx_CRL，x=A,B,…,E）

地址偏移：0x00。

复位值：0x4444 4444。

31 30	29 28	27 26	25 24	23 22	21 20	19 18	17 16
CNF7	MODE7	CNF6	MODE6	CNF5	MODE5	CNF4	MODE4
rw	rw	rw	rw	rw	rw	rw	rw

15 14	13 12	11 10	9 8	7 6	5 4	3 2	1 0
CNF3	MODE3	CNF2	MODE2	CNF1	MODE1	CNF0	MODE0
rw	rw	rw	rw	rw	rw	rw	rw

名　称	说　明
MODEy（y=0,…,7）	配置端口 x 低 16 位的工作模式。 00：输入模式； 01：输出模式，最大速度 10MHz； 10：输出模式，最大速度 2MHz； 11：输出模式，最大速度 50MHz
CNFy（y=0,…,7）	端口 x 的模式位。 在输入模式（MODE=00）： 00：模拟输入模式； 01：高阻输入模式； 10：上拉/下拉输入模式； 11：保留。 在输出模式（MODE>00）： 00：通用推挽输出模式； 01：通用开漏输出模式； 10：复用功能推挽输出模式； 11：复用功能开漏输出模式

3）GPIO 端口配置高寄存器（GPIOx_CRH，x=A，B，……，E）

地址偏移：0x04。

复位值：0x4444 4444。

31　30	29　28	27　26	25　24	23　22	21　20	19　18	17　16
CNF15	MODE15	CNF14	MODE14	CNF13	MODE13	CNF12	MODE12
rw	rw	rw	rw	rw	rw	rw	rw

15　14	13　12	11　10	9　8	7　6	5　4	3　2	1　0
CNF11	MODE11	CNF10	MODE10	CNF9	MODE9	CNF8	MODE8
rw	rw	rw	rw	rw	rw	rw	rw

名　称	说　明
MODEy（y=8,…,15）	配置端口 x 高 16 位的工作模式。 00：输入模式； 01：输出模式，最大速度 10MHz； 10：输出模式，最大速度 2MHz； 11：输出模式，最大速度 50MHz
CNFy（y=8,…,15）	端口 x 的模式位。 在输入模式（MODE=00）： 00：模拟输入模式； 01：高阻输入模式； 10：上拉/下拉输入模式； 11：保留。 在输出模式（MODE>00）： 00：通用推挽输出模式； 01：通用开漏输出模式； 10：复用功能推挽输出模式； 11：复用功能开漏输出模式

4）GPIO 端口输入数据寄存器（GPIOx_IDR）（x=A，B,…,E）
地址偏移：0x08。
复位值：0x0000 ××××。

位	名　称	说　明
31：16	-	保留，始终读为 0
15：0	IDRy（y = 0，…，15）	端口输入数据，只读，并只能以字（16 位）的形式读出。读出的值为对应 I/O 口的状态

5）GPIO 端口输出数据寄存器（GPIOx_ODR）（x=A，B,…,E）
地址偏移：0x0C。
复位值：0x00000000。

位	名 称	说 明
31：16	-	保留,始终读为0
15：0	ODRy（y = 0, …, 15）	端口输出数据,可读/写,并只能以字(16位)的形式读/写。 注:对GPIOx_BSRR,可以分别地对各个ODR位进行独立的设置/清除

6）GPIO端口置位/复位寄存器（GPIOx_BSRR）（x=A,B,…,E）
地址偏移：0x10。
复位值：0x00000000。

位	名 称	说 明
31：16	BRy(y=0,…,15)	复位位，只写，并只能以字（16位）的形式写入。 0：对对应的ODRy位不产生影响； 1：复位对应的ODRy位为0。 注：如果同时设置了BSy和BRy的对应位，BSy位起作用
15：0	BSy（y=0,…,15）	置位位，只写，并只能以字（16位）的形式写入。 0：对对应的ODRy位不产生影响； 1：设置对应的ODRy位为1

7）GPIO端口复位寄存器（GPIOx_BRR）（x=A,B,…,E）
地址偏移：0x14。
复位值：0x00000000。

位	名 称	说 明
31：16	-	保留
15：0	BSy（y = 0, …, 15）	复位位，只写，并只能以字（16位）的形式写入。 0：对对应的ODRy位不产生影响； 1：复位对应的ODRy位为0

8）GPIO端口配置锁定寄存器（GPIOx_LCKR）（x=A,B,…,E）
地址偏移：0x18。
复位值：0x00000000。

位	名 称	说 明
31：17	-	保留
16	LCKK	锁键。该位可随时读出,只可通过锁键写入序列修改。 0:端口配置锁键位激活； 1:端口配置锁键位被激活,下次系统复位前GPIOx_LCKR寄存器被锁住。 锁键的写入序列：写1→写0→写1→读0→读1。 最后一个读可省略，但可以用来确认锁键已被激活。

（续表）

位	名 称	说 明
16	LCKK	注：在操作锁键的写入序列时，不能改变 LCK［15：0］的值。操作锁键写入序列中的任何错误将不能激活锁键
15：0	LCKy(y=0,…,15)	端口 x 的锁位，可读写，但只能在 LCKK 位为 0 时写入。 0：不锁定端口的配置； 1：锁定端口的配置

5. EXTI 寄存器描述

1）EXTI 寄存器列表

EXTI 寄存器基地址：0x40010400。

名 称	说 明
EXTI_IMR	中断屏蔽寄存器
EXTI_EMR	事件屏蔽寄存器
EXTI_RTSR	上升沿触发选择寄存器
EXTI_FTSR	下降沿触发选择寄存器
EXTI_SWIR	软件中断事件寄存器
EXTI_PR	挂起寄存器

2）EXTI 中断屏蔽寄存器（EXTI_IMR）

地址偏移：0x00。

复位值：0x0000。

位	名 称	说 明
31：20	–	保留，必须始终保持为复位状态（0）
19：0	MRx	线 x 上的中断屏蔽。 0：屏蔽来自线 x 上的中断请求； 1：开放来自线 x 上的中断请求

3）EXTI 事件屏蔽寄存器（EXTI_EMR）

地址偏移：0x04。

复位值：0x00000000。

位	名 称	说 明
31：20	–	保留，必须始终保持为复位状态（0）
19：0	MRx	线 x 上的事件屏蔽。 0：屏蔽来自线 x 上的事件请求；

（续表）

位	名　称	说　明
19：0	MRx	1：开放来自线 x 上的事件请求

4）EXTI 上升沿触发选择寄存器（EXTI_RTSR）

地址偏移：0x08。

复位值：0x00000000。

位	名　称	说　明
31：19	-	保留，必须始终保持为复位状态（0）
18：0	TRx	线 x 上的上升沿触发事件配置位。 0：禁止输入线 x 上的上升沿触发（中断和事件）； 1：允许输入线 x 上的上升沿触发（中断和事件）

5）EXTI 下降沿触发选择寄存器（EXTI_FTSR）

地址偏移：0x0C。

复位值：0x00000000。

位	名　称	说　明
31：19	-	保留，必须始终保持为复位状态（0）
18：0	TRx	线 x 上的下降沿触发事件配置位。 0：禁止输入线 x 上的下降沿触发（中断和事件）； 1：允许输入线 x 上的下降沿触发（中断和事件）

6）EXTI 软件中断事件寄存器（EXTI_SWIER）

地址偏移：0x10。

复位值：0x00000000。

位	名　称	说　明
31：19	-	保留，必须始终保持为复位状态（0）
18：0	SWIERx	线 x 上的软件中断。当该位为 0 时，写 1 将设置 EXTI_PR 中相应的挂起位。如果在 EXTI_IMR 和 EXTI_EMR 中允许产生该中断，则此时将产生一个中断。 注：通过清除 EXTI_PR 的对应位（写入 1），可以清除该位为 0

7）EXTI 挂起寄存器（EXTI_PR）

地址偏移：0x14。

复位值：0x××××××××。

位	名称	说明
31：19	–	保留，必须始终保持为复位状态（0）
18：0	PRx	挂起位。 0：没有发生触发请求； 1：发生了选择的触发请求。 当在外部中断线上发生了选择的边沿事件，该位被置1。在该位中写入1可以清除它，也可以通过改变边沿检测的极性清除

附录 D STM32F103××引脚定义

脚位	引脚名称 (LQFP100)	类型[(1)]	I/O 电平[(2)]	主功能[(3)] (复位后)	可选的复用功能	
					默认复用功能	重定义功能
1	PE2	I/O	FT	PE2	TRAECK/FSMC_A23	
2	PE3	I/O	FT	PE3	TRACED0/FSMC_A19	
3	PE4	I/O	FT	PE4	TRACED1/FSMC_A20	
4	PE5	I/O	FT	PE5	TRACED2/FSMC_A21	
5	PE6	I/O	FT	PE6	TRACED3/FSMC_A22	
6	V_{BAT}	S		V_{BAT}		
7	PS13-TAMPER-RTC[(4)]	I/O		PC13	TAMPER-RTC	
8	PS14-OSC32_IN[(4)]	I/O		PC14	OSC32_IN	
9	PS14-OSC32_IN[(4)]	I/O		PC15	OSC32_OUT	
-	PF0	I/O	FT	PF0	FSMC_A0	
-	PF1	I/O	FT	PF1	FSMC_A1	
-	PF2	I/O	FT	PF2	FSMC_A2	
-	PF3	I/O	FT	PF3	FSMC_A3	
-	PF4	I/O	FT	PF4	FSMC_A4	
-	PF5	I/O	FT	PF5	FSMC_A5	
10	V_{SS_5}	S		V_{SS_5}		
11	V_{DD_5}	S		V_{DD_5}		
-	PF6	I/O		PF6	ADC3_IN4/FSMC_NIORD	
-	PF7	I/O		PF7	ADC3_IN5/FSMC_NREG	
-	PF8	I/O		PF8	ADC3_IN6/FSMC_NIOWR	
-	PF9	I/O		PF9	ADC3_IN7/FSMC_CD	
-	PF10	I/O		PF10	ADC3_IN8/FSMC_INTR	
12	OSC_IN	I		OSC_IN		
13	OSC_OUT	O		OSC_OUT		

（续表）

脚位	引脚名称（LQFP100）	类型[1]	I/O 电平[2]	主功能[3]（复位后）	可选的复用功能	
					默认复用功能	重定义功能
14	NRST	I/O		NRST		
15	PC0	I/O		PC0	ADC123_IN10	
16	PC1	I/O		PC1	ADC123_IN11	
17	PC2	I/O		PC2	ADC123_IN12	
18	PC3	I/O		PC3	ADC123_IN13	
19	V_{SSA}	S		V_{SSA}		
20	V_{REF-}	S		V_{REF-}		
21	V_{REF+}	S		V_{REF+}		
22	V_{DDA}	S		V_{DDA}		
23	PA0-WKUP	I/O		PA0	WKUP/USART2_CTS[7] ADC123_IN0 TIM2_CH1_ETR TIM5_CH1/TIM8_ETR	
24	PA1	I/O		PA1	USART2_RTS[7] ADC123_IN1/ TIM5_CH2/TIM2_CH2[7]	
25	PA2	I/O	FT	PA2	USART2_TX[7]/TIM5_CH3 ADC123_IN3/TIM2_CH3[7]	
26	PA3	I/O		PA3	USART2_RX[7]/TIM5_CH4 ADC123_IN3/TIM2_CH4[7]	
27	V_{SS_4}	S		V_{SS_4}		
28	V_{DD_4}	S		V_{DD_4}		
29	PA4	I/O		PA4	SPI1_NSS[7]/USART2_CK[7] DAC_OUT1/ADC12_IN4	
30	PA5	I/O		PA5	SPI1_SCK[7] DAC_OUT2/ADC12_IN5	
31	PA6	I/O		PA6	SPI1_MISO[7]/TIM8_BKIN ADC12_IN6/TIM3_CH1[7]	TIM1_BKIN
32	PA7	I/O		PA7	SPI1_MOSI[7]/TIM8_CH1N ADC12_IN7/TIM3_CH2[7]	TIM1_CH1N
33	PC4	I/O		PC4	ADC12_IN14	
34	PC5	I/O		PC5	ADC12_IN15	

（续表）

脚位	引脚名称（LQFP100）	类型[1]	I/O 电平[2]	主功能[3]（复位后）	可选的复用功能	
					默认复用功能	重定义功能
35	PB0	I/O		PB0	ADC12_IN8/TIM3_CH3 TIM8_CH2N	TIM1_CH2N
36	PB1	I/O		PB1	ADC12_IN9/TIM3_CH4[7] TIM8_CH3N	TIM1_CH3N
37	PB2	I/O	FT	PB2/BOOT1		
–	PF11	I/O	FT	PF11	FSMC_NIOS16	
–	PF12	I/O	FT	PF12	FSMC_A6	
–	V_{SS_6}	S		V_{SS_6}		
–	V_{DD_6}	S		V_{DD_6}		
–	PF13	I/O	FT	PF13	FSMC_A7	
–	PF14	I/O	FT	PF14	FSMC_A8	
–	PF15	I/O	FT	PF15	FSMC_A9	
–	PG0	I/O	FT	PG0	FSMC_A10	
–	PG1	I/O	FT	PG1	FSMC_A11	
38	PE7	I/O	FT	PF7	FSMC_D4	TIM1_ETR
39	PE8	I/O	FT	PF8	FSMC_D5	TIM1_CH1N
40	PE9	I/O	FT	PE9	FSMC_D6	TIM1_CH1
–	V_{SS_7}	S		V_{SS_7}		
–	V_{DD_7}	S		V_{DD_7}		
41	PE10	I/O	FT	PE10	FSMC_D7	TIM1_CH2N
42	PE11	I/O	FT	PE11	FSMC_D8	TIM1_CH2
43	PE12	I/O	FT	PE12	FSMC_D9	TIM1_CH3N
44	PE13	I/O	FT	PE13	FSMC_D10	TIM1_CH3
45	PE14	S	FT	PE14	FSMC_D11	TIM1_CH4
46	PE15	S	FT	PE15	FSMC_D12	TIM1_BKIN
47	PB10	S	FT	PE10	I2C2_SCL/USART3_TX[7]	TIM2_CH3
48	PB11	S	FT	PE11	I2C2_SDA/USART3_RX[7]	TIM2_CH4
49	V_{SS_1}	S		V_{SS_1}		
50	V_{DD_1}	S		V_{SS_1}		
50	PB12	I/O	FT	PB12	SPI2_NSS/I2S2_WS/ I2C2_SMBA/USART3_CK[7] TIM1_BKIN[7]	

（续表）

脚位	引脚名称（LQFP100）	类型[1]	I/O 电平[2]	主功能[3]（复位后）	可选的复用功能	
					默认复用功能	重定义功能
52	PB13	I/O	FT	PB13	SPI2_SCK/I2S2_CK USART3_CTS[7]/ TIM1_CH1N	
53	PB14	I/O	FT	PB14	SPI2_MISO/TIM1_CH2N USART3_RTS[7]	
54	PB15	I/O	FT	PB15	SPI2_MOSI/I2S2_SD TIM1_CH3N[7]	
55	PD8	I/O	FT	PD8	FSMC_D13	USART3_TX
56	PD9	I/O	FT	PD9	FSMC_D14	USART3_RX
57	PD10	I/O	FT	PD10	FSMC_D15	USART3_CK
58	PD11	I/O	FT	PD11	FSMC_A16	USART_CTS
59	PD12	I/O	FT	PD12	FSMC_A17	TIM4_CH1/ USART3_RTS
60	PD13	I/O	FT	PD13	FSMC_A18	TIM4_CH2
–	PC5	S		V_{SS_8}		
–	V_{SS_8}	S		V_{DD_8}		
61	V_{DD_8}	I/O	FT	PD14	FSMC_D0	TIM4_CH3
62	PD14	I/O	FT	PD15	FSMC_D1	TIM4_CH4
–	PD15	I/O	FT	PG2	FSMC_A12	
–	PG2	I/O	FT	PG3	FSMC_A13	
–	PG3	I/O	FT	PG4	FSMC_A14	
–	PG4	I/O	FT	PG5	FSMC_A15	
–	PG5	I/O	FT	PG6	FSMC_INT2	
–	PG6	I/O	FT	PG7	FSMC_INT3	
–	PG7	I/O	FT	PG8		
–	V_{SS_9}	S		V_{SS_9}		
–	V_{DD_7}	S		V_{DD_9}		
63	PC6	I/O	FT	PC6	I2S2_MCK/TIM8_CH1 SDIO_D6	TIM3_CH1
64	PC7	I/O	FT	PC7	I2S3_MCK/TIM8_CH2 SDIO_D7	TIM3_CH2
65	PC8	I/O	FT	PC8	TIM8_CH3/SDIO_D0	TIM3_CH3
66	PC9	I/O	FT	PC9	TIM8_CH4/SDIO/D1	TIM3_CH4

（续表）

脚位	引脚名称（LQFP100）	类型(1)	I/O 电平(2)	主功能(3)（复位后）	可选的复用功能	
					默认复用功能	重定义功能
67	PA8	I/O	FT	PA8	USART1_CK TIM1_CH1(7)/MCO	
68	PA9	I/O	FT	PA9	USART1_TX(7) TIM1_CH2(7)	
69	PA10	I/O	FT	PA10	USART1_RX(7)/ TIM1_CH3(7)	
70	PA11	I/O	FT	PA11	USART1_CTS/USBDM CAN_RX(7)/TIM1_CH4(7)	
71	PA12	I/O	FT	PA12	USART1_RTS/USBDP/ CAN_TX(7)/TIM1_ETR(7)	
72	PA13	I/O	FT	JTMS/ SWDIO		PA13
73	未连接					
74	V_{SS_2}	S	V_{SS_2}			
75	V_{DD_2}	S	V_{DD_2}			
76	PA14	I/O	FT	JTCK/ SWCLK		PA14
77	PA15	I/O	FT	JTDI	SPI3_ NSS/I2S3_ WS	TIM2_ CH1_ ETR PA15/SPI1_ NSS
78	PC10	I/O	FT	PC10	USART4_ TX/SDIO_ D2	USART_ TX
79	PC11	I/O	FT	PC11	USART4_ RX/SDIO_ D3	USART_ RX
80	PC12	I/O	FT	PC12	USART5_ TX/SDIO_ CK	USART_ CK
81	PD0	I/O	FT	OSC_ IN(8)	FSMC_ D2(9)	CAN_ RX
82	PD1	I/O	FT	OSC_ OUT(8)	FSMC_ D3(9)	CAN_ TX
83	PD2	I/O	FT	PD2	TIM3_ETRUSART _RX/SDIO_CMD	USART2_CTS
84	PD3	I/O	FT	PD3	FSMC_CLK	USART2_CTS
85	PD4	I/O	FT	PD4	FSMC_NOE	USART2_RTS
86	PD5	I/O	FT	PD5	FSMC_NWE	USART2_TX
–	V_{SS_10}	S		V_{SS_10}		
–	V_{DD_10}	S		V_{DD_10}		
87	PD6	I/O	FT	PD6	FSMC_NWAIT	USART2_RX

（续表）

脚位	引脚名称（LQFP100）	类型[1]	I/O 电平[2]	主功能[3]（复位后）	可选的复用功能	
					默认复用功能	重定义功能
88	PD7	I/O	FT	PD7	FSMC_NE1/FSMC_NCE2	USART_CK
–	PG9	I/O	FT	PG9	FSMC_NE2/FSMC_NCE3	
–	PG10	I/O	FT	PG10	FSMC_NCE4_1/FSMC_NE3	
–	PG11	I/O	FT	PG11	FSMC_NCE4_2	
–	PG12	I/O	FT	PG12	FSMC_NE4	
–	PG13	I/O	FT	PG13	FSMC_A24	
–	PG14	I/O	FT	PG14	FSMC_A25	
–	V_{SS_11}	S	FT	V_{SS_11}		
–	V_{DD_11}	S		V_{DD_11}		
–	PG15	I/O	FT	PG15		
89	PB3	I/O	FT	JTDO	SPI3_SCK/I2S3_CK	PB3/TRACESWO TIM2_CH2/ SPI1_SCK
90	PB4	I/O	FT	NJTRST	SPI3_MISO	PB4/TIM3_CH1/ SPI1_MISO
91	PB5	I/O		PB5	I2C1_SMBA/SPI3_MOSI I2S3_SD	TIM3_CH2/ SPI1_MOSI
92	PB6	I/O	FT	PB6	I2C1_SCL[7]/TIM4_CH1[7]	USART1_TX
93	PB7	I/O	FT	PB7	I2C1_SDA[7]/FSMC_NADV TIM4_CH2[7]	USART1_RX
94	BOOT0	I	FT	BOOT0		
95	PB8	I/O	FT	PB8	TIM4_CH3[7]/SDIO_D4	I2C1_SCL/ CAN_RX
96	PB9	I/O	FT	PB9	TIM4_CH4[7]/SDIO_D5	I2C1_SDA/ CAN_TX
97	PE0	I/O	FT	PE0	TIM4_ETR/FSMC_NBL0	
98	PE1	I/O	FT	PE1	FSMC_NBL1	
99	V_{SS_3}	S		V_{SS_3}		
100	V_{DD_3}	S		V_{DD_3}		

1. I=输入，O=输出，S=电源，Hiz=高阻。
2. FT：容忍 5V。
3. 有些功能仅在部分型号芯片中支持。

4. PC13、PC14 和 PC15 引脚通过电源开关进行供电，而这个电源开关只能够吸收有限的电流（3mA）。因此这三个引脚作为输出引脚时有以下限制：在同一时间只有引脚能作为输出，作为输出脚时只能工作在 2MHz 模式下，最大驱动负载为 30pF，并且不能作为电流源（如驱动 LED）。

5. 这些引脚在备份区域第一次上电时处于主功能状态下，之后即使复位，这些引脚的状态由备份区域寄存器控制（这些寄存器不会被主复位系统所复位）。关于如何控制这些 I/O 口的具体信息，请参考 STM32F10×××参考手册的电池备份区域和 BKP 寄存器的相关章节。

6. 与 LQFP64 的封装不同，在 WLCSP 封装上没有 PC3，但提供了 V_{REF+} 引脚。

7. 此类复用功能能够由软件配置到其他引脚上（如果相应的封装型号有此引脚），详细信息请参考 STM32F10×××参考手册的复用功能 I/O 章节和调试设置章节。

8. LQFP64 封装的引脚 5 和引脚 6 在芯片复位后默认配置为 OSC_IN 和 OSC_OUT 功能脚。软件可以重新设置这两个引脚为 PD0 和 PD1 功能。但对于 LQFP100/BGA100 封装和 LQFP144/BGA144 封装，由于 PD0 和 PD1 为固有的功能引脚，所以没有必要再由软件进行重映像设置。更多详细信息请参考 STM32F10×××参考手册的复用功能 I/O 章节和调试设置章节。

9. LPFP64 封装的产品，没有 FSMC 功能。

译注：

表中的引脚名称标注中出现的 ADC12_INx（x 表示 4~9 或 14~15 之间的整数），表示这个引脚可以是 ADC1_INx 或 ADC2_INx。例如：ADC12_IN9 表示这个引脚可以配置为 ADC1_IN9，也可以配置为 ADC2_IN9。

同样，表中的引脚名称标注中出现的 ADC123_INx（x 表示 0~3 或 10~13 之间的整数），表示这个引脚可以是 ADC1_INx 或 ADC3_INx。

表中的引脚 PA0 对应的复用功能中的 TIM2_CH1_ETR，表示可以配置该功能为 TIM2_TI1 或 TIM2_ETR。同理，PA15 对应的重映射复用功能的名称 TIM2_CH1_ETR，具有相同的意义。

附录 E 缩写和封装

缩 写	全 称	中 译
ARM	Acorn RISC Machine	英国 Acorn 有限公司 RISC 微处理器
ARM	Advanced RISC Machines	高级精简指令集的处理器架构
ADC	Analog-to-Digital Converter	数模转换器
APB	Advanced Peripheral Bus	外围总线
AAPCS	ARM Architecture Produce Call Standard	ARM 架构过程调用基本规则
AHB	Advanced High Performance Bus	高级高性能总线
CISC	Complex Instruction Set Computer	复杂指令集计算机
CAN	Controller Area Network	控制器局域网络
DMA	Direct Memory Access	直接存储器访问
DMAC	Direct Memory Access Controller	直接存储器访问控制器
DAC	Digital to Analog Converter	模数转换器
DSP	Digital Singnal Processor	数字信号处理器
EA	Empty Ascending	空递增
EXTI	External Interrupt	外部中断
ED	Empty Descending	空递减
EPROM	Erasable Programmable Read-Only Memory	可擦除可编程只读存储器
E^2PROM	Electrically Erasable Programmable Read - Only Memory	电可擦可编程只读存储器
PROM	Programmable Read-Only Memory	可编程只读存储器
OTPROM	One-Time Programmable ROM	一次可编程只读存储器
FA	Full Ascending	满递增
FD	Full Descending	满递减
Flash ROM	Flash Read-Only Memory	闪存，一种长寿命的非易失性 ROM
Harvard	Harvard Architecture	哈佛结构
ISA	Industry Standard Architecture	工业标准体系结构
ISA	Instruction Set Architecture	指令集结构
ISP	In-System Programming	在线系统可编程
I2C \ I2C \ IIC	Inter-Integrated Circuit	集成电路总线

（续表）

缩写	全称	中译
GPIO	General Purpose Input Output	通用输入/输（出），或简称为总线扩展器
JATG	Joint Test Active Group	一种国际标准测试协议，与 IEEE1149.1 兼容
MCU	Micro Controller Unit	微控制单元
LED	Light Emitting Diode	发光二极管
MIPS	Million Instructions Per Second	每秒处理的百万级机器语言指令数
IAP	In Application Programming	在线应用可编程
MPU	Microprocessor Unit	微处理器
NVIC	Nested Vectored Interrupt Controller	嵌套向量中断控制器
PC	Program Counter	程序计数器/指令地址计数器
PCI	Peripheral Component Interconnect	外设部件互连标准
RISC	Reduced Instruction Set Computer	精简指令集计算机
ROM	Read-Only Memory	只读存储器
RTC	Real-Time Clock	实时时钟
ST	SGS-THOMSON Microelectronics	意法微电子
SPI	Serial Peripheral Interface	串行外设接口总线系统
SP	Stack Pointer	堆栈指针
SATA	Serial Advanced Technology Attachment	串行高级技术附件
SCSI	Small Computer System Interface	小型计算机系统接口
SoC	System on a Chip	系统级芯片/片上系统
PIC	Peripheral Interface Controller	外围接口控制器，或是一个单片机系列的名称
PLC	Programmable Logic Controller	可编程逻辑控制器
PLL	Phase Locked Loop	锁相回路或锁相环
PWM	Pulse Width Modulation	脉冲宽度调制
UART	Univesal Asynchronous Receiver/Transmitter	通用异步接收发送器
USART	Unives Alsync/Async Receiver/Transmitter	通用同步异步收发器
USB	Universal Serial Bus	通用串行总线
SCMC	Single Chip Microcomputer	单片微型计算机
Von-Neumann	Von-Neumann Architecture	冯·诺伊曼结构
WDT	Watchdog Timer	看门狗定时器

封　装	全　称	中　译
DIP	Dual Inline Package	双列直插式封装
LCC	Leadless Chip Carriers	无阵脚芯片封装/贴片式封装
SH-PDIP	Shrink Plastic Dual Inline Package	紧缩塑料双列封装
PQFP	Plastic Quad Flat Package	塑料方块平面封装
SO	Small Outline	小外形集成电路封装
LQFP	Low-profile Quad Flat Package	四方扁平式封装
PBGA	Plastic Ball Grid Array	陶瓷焊球阵列封装
DFN	Dual Flat No-Lead	双侧引脚扁平无铅封装
QFN	Quad Flat No-Lead	方块扁平无铅封装
WLCSP	Wafer-Level Chip-Scale Package	晶圆片级芯片规模封装

参考文献

［1］周立功，王祖麟，陈明计等．ARM嵌入式系统基础教程［M］．2版．北京：北京航空航天大学出版社，2008．

［2］李广军，阎波，林水生等．微处理器系统结构与嵌入式系统设计［M］．2版．北京：电子工业出版社，2011．

［3］陈赜．ARM嵌入式技术原理与应用［M］．北京：北京航空航天大学出版社，2011．

［4］陈志旺．STM32嵌入式微控制器快速上手［M］．2版．北京：电子工业出版社，2014．

［5］庄志红，黄文生．微型计算机原理及其接口技术［M］．北京：国防工业出版社，2011．

［6］黄俊．ARM嵌入式系统基础及应用［M］．西安：西安电子科技大学出版社，2010．

［7］张玥．基于Cortex-M3的金属检测系统．北京邮电大学硕士学位论文，2013．

［8］ARM Architecture Reference Manual．ARM，July，2005．

［9］Joseph Yiu．ARM Cortex-M3权威指南［M］．吴常玉，程凯译．北京：清华大学出版社．2014．

［10］杜春雷．ARM体系结构与编程［M］．北京：清华大学出版社，2006．

［11］原菊梅，田生喜．微型计算机原理及其接口技术［M］．北京：机械工业出版社，2007．

［12］钱晓捷．微机原理与接口技术：基于IA-32处理器和32位汇编语言［M］．北京：机械工业出版社，2007．

［13］黄冰，覃伟年，黄知超．微机原理及应用［M］．重庆：重庆大学出版社，2003．

［14］刘乐善，欧阳星明，刘学清．微型计算机接口技术及应用［M］．武汉：华中科技大学出版社，2000．

［15］周明德．微型计算机系统原理及应用［M］．北京：清华大学出版社，2002．

［16］朱定华．微机原理与接口技术［M］．北京：北方交通大学出版社，清华大学出版社，2002．

［17］孙德文．微型计算机及接口技术［M］．北京：经济科学出版社，2007．

［18］刘峰，董秀．微机原理与接口技术［M］．北京：机械工业出版社，2009．

［19］于英民．计算机通信接口技术［M］．北京：中国人民大学出版社，2004．

［20］顾元刚，韩燕．汇编语言与微机原理教程［M］．北京：电子工业版社，2000．

［21］黄玉清，刘双虎，杨胜波．微机原理与接口技术［M］．北京：电子工业出版社，2011．

［22］冯博琴，吴宁．微机原理与接口技术：第3版［M］．北京：清华大学出版社，2012．

［23］周国运，白政民，王海琳．微机原理与接口技术［M］．北京：机械工业出版社，2013．